人工智能在新能源发电系统中的应用

Artificial Intelligence Applications in Renewable Energy Systems

杨 博 余 涛 孙立明 著

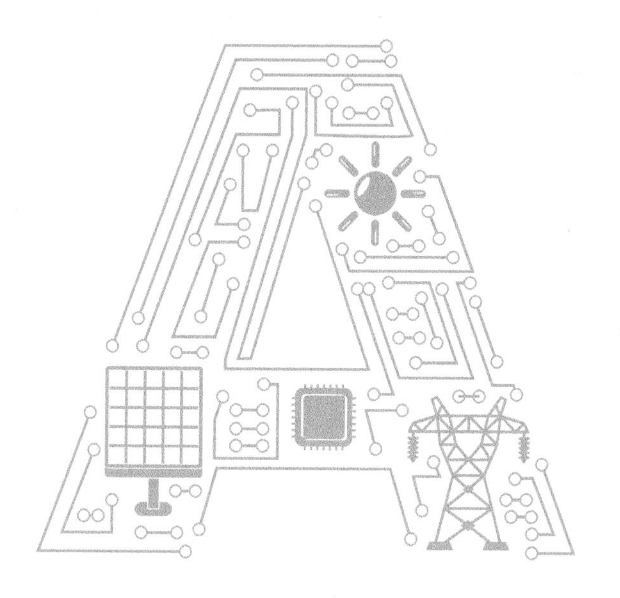

中国电力出版社
CHINA ELECTRIC POWER PRESS

内 容 提 要

本书主要围绕人工智能在新能源发电系统中的应用展开，共9章。包括新能源发电系统概述、人工智能算法概述、人工智能在新能源发电系统功率预测中的应用、人工智能在新能源发电系统最优规划中的应用、人工智能在新能源发电系统参数识别中的应用、人工智能在新能源发电系统最优重构中的应用、人工智能在新能源发电系统最大功率点跟踪中的应用、人工智能在新能源发电系统控制器调参中的应用、人工智能在新能源发电系统参与电网调频和调压中的应用。并结合算例对多种人工智能算法进行了深入分析、讲解，内容准确，表达严谨。

本书可为相关专业的教师、本科生、研究生以及科研工作者开展相关研究工作提供参考，推动相关方向的工程应用研究和工程性人才培养。

图书在版编目（CIP）数据

人工智能在新能源发电系统中的应用/杨博，余涛，孙立明著．—北京：中国电力出版社，2023.9（2024.11重印）

ISBN 978-7-5198-7275-5

Ⅰ.①人…　Ⅱ.①杨…②余…③孙…　Ⅲ.①人工智能—应用—新能源—发电　Ⅳ.①TM61

中国国家版本馆CIP数据核字（2023）第046593号

出版发行：中国电力出版社
地　　址：北京市东城区北京站西街19号（邮政编码100005）
网　　址：http：//www.cepp.sgcc.com.cn
责任编辑：乔　莉（010-63412535）　代　旭
责任校对：黄　蓓　李　楠　郝军燕
装帧设计：王英磊
责任印制：吴　迪

印　　刷：固安县铭成印刷有限公司
版　　次：2023年9月第一版
印　　次：2024年11月北京第二次印刷
开　　本：787毫米×1092毫米　16开本
印　　张：26.25
字　　数：632千字
定　　价：116.00元

序言1

随着全球能源结构的变化，新能源产业发展迅速。以风电、光伏为代表的分布式能源高比例渗透和大规模接入电网，使其结构更加复杂灵活，具有强随机性、高度非线性、耦合关系复杂等特点，制约了新能源产业和新能源技术的发展。

近年来，电网呈现智能化发展的趋势，为此，电力系统的应用技术趋向于平稳、高效和自动化。然而，传统技术存在可靠性低、缺乏长期实践验证、运行机制不明确等问题。因此，人工智能技术凭借其丰富的数据积累和优越的算法性能，已经成为解决复杂电力系统问题的有力手段和有效工具。采用人工智能技术设计稳定、高效的新能源发电系统应用技术，对提高电力系统的监管能力，增强新能源消纳能力，发展先进高效的节能技术，实现资源优化配置，最终实现能源生产和消费的高度自动化和智能化具有突破性的意义。

本书集成了杨博教授、余涛教授、孙立明博士及其研究团队多年来的研究成果，他们在新能源发电系统控制和优化领域取得了斐然的成就。他们在主持的一系列国家级、省部级、厅局级和企业横向项目的科研支持下，针对高比例新能源接入电力系统存在的不确定性与波动性增强等突出问题，先后利用人工智能技术对风电与光伏系统的预测、分布式电源与配电网储能系统的最优选址定容、光伏电池与燃料电池的参数识别、光伏发电系统与温差发电系统的最优重构及最大功率跟踪、风机与储能系统的参数调节以及新能源发电系统参与电网调频进行了技术架构设计，并通过模拟仿真实验与硬件在环实验验证了所提技术的优越性，一定程度上减小了不确定性，从而更好地支撑电力系统的规划与运行。本书一方面涵盖了新能源发电系统的先进优化控制技术，另一方面涉及多种具有代表性的启发式算法、神经网络、深度学习等人工智能算法，在构建新型电力系统框架、介绍新能源发电系统基础理论、探索与人工智能算法结合的电力系统优化与控制新技术方法以及应用实践等方面有许多独到见解。本书可为相关专业的教师、本科生、研究生以及科研工作者开展相关研究工作提供参考，推动相关方向的工程应用研究和工程性人才培养。

Prof Z. Y. Dong

新加坡南洋理工大学　电气与电子工程学院

2023 年 5 月于新加坡

序言2

力争 2030 年前实现“碳达峰”、2060 年前实现“碳中和”是我国为应对气候变化而向国际社会做出的庄严承诺。君子一诺必践，全国上下正在为实现“双碳”目标而不懈努力。

电力生产承担着保障经济社会发展和满足人们追求美好生活愿望的重任，现行的电力生产 60%以上依赖于煤炭，从而使我国的电力行业成为最主要的碳排放部门。实现“双碳”目标的重要举措之一是努力实现电能生产的可再生能源替代。据有关预测，到 2060 年我国电能的 80%要来自可再生能源。要实现如此高比例的可再生能源供电，必须构建以新能源为主体的新型电力系统。

以风电、光伏为主体的新能源发电存在很强的随机性和间歇性，劣化了电网的运行条件，给电网的功率电量平衡、电压频率调节和运行稳定性带来严峻的挑战。随着新能源渗透率的持续提高，这些问题将变得更加突出。

近年来，伴随着芯片技术进步带来的算力易得性，以深度神经网络和强化学习等新方法为代表的新一代人工智能技术取得了井喷式的发展，应用到弈棋、基因组计划、图像识别、自动驾驶、制造，甚至写作、绘画、编曲等很多领域，取得了显著成效。人工智能在新能源技术领域的应用，推动了先进通信技术、智能控制和优化技术的融合，可以为破解新能源联网的技术难题提供新的解决方案。

杨博教授、余涛教授与孙立明博士及他们所带领的研究团队多年来紧跟“双碳”目标和云南省“绿色能源牌”的美好愿景，开展了人工智能应用于新能源发电系统的研究工作，取得了丰厚的研究成果。本书系统地梳理和展示了该团队多年来的理论成果和工程经验，凝结了他们多年研究的心血。本书介绍了多种先进的风力发电系统、光伏发电系统、储能系统的智能优化控制技术。在理论研究方面，介绍了人工智能的基础理论和方法。在应用研究方面，介绍了所研发的光伏发电系统、风力发电系统的预测技术，分布式电源和储能系统的最优选址定容技术，光伏电池和燃料电池的参数识别技术，光伏发电系统、温差发电系统的功率优化技术，风电机组、储能系统的参数调节技术，以及新能源发电系统参与电网调频技术。

从本书中，读者不仅可以学习人工智能优化的基本方法，也可以学习作者团队分析问题的思路和解决工程问题的经验。相信本书会对我国人工智能技术的推广普及和构建以新能源为主体的新型电力系统发挥积极的推动作用。

穆钢 Prof G. Mu

东北电力大学电气工程学院

2023 年 5 月于吉林

前言

中国是世界上最大的能源生产和消费国。为应对气候变化，中国将采取更有效的政策和措施，实现 2030 年二氧化碳排放量达到峰值，力争于 2060 年实现碳中和。同时，云南省全力打造世界一流“绿色能源牌”，全面推动绿色低碳发展，实现能源资源配置更加合理，促进生产生活方式绿色转型。发展新能源对保障国家能源安全十分重要，也是应对全球气候变化、实现碳峰值排放和中和目标的有效途径。近年来，我国可再生能源发展迅速，正在经历从替代能源向主要能源的转变。

近年来，以风力发电和光伏发电为代表的新能源发电技术在我国得到了极大的发展，电力转型正在顺利进行，风力发电和光伏发电能够提供逐步淘汰所有化石燃料所需的大部分清洁电力，同时帮助提高能源安全。为重塑现有的能源体系，需要迅速部署新能源发电系统，以扭转全球排放增加的趋势，应对气候变化。在相关政策支持的推动下，中国可再生能源发电技术已经成熟和完善。能源生产成本不断降低，市场竞争力不断增强，为可再生能源的大规模应用和未来电网的互联互通奠定了重要基础。

然而，新能源由于其波动性、间歇性和反向调峰输出特性，很难准确预测与部署。在电力系统中，新能源的渗透率较低，且可能出现波动问题，这就为新能源的开发和利用带来了困难。传统的新能源优化技术主要考虑其经济性，且整体效率较低，无法保障当前的电力需求，不顺应低碳清洁的潮流。因此，依据新能源发电系统的运行特性，在优化技术上进行创新是解决新型电力系统中新能源消纳难题的必由之路。

本书介绍了多种新能源发电系统的前沿优化技术，涵盖了作者近几年来在新能源发电系统优化技术领域的研究成果，试图为相关领域的研究提供理论与技术参考。本书所有仿真算例均基于 MATLAB R2020b 软件，所有硬件在环实验均基于 RTLAB 或 dSpace 平台。希望读者通过阅读本书内容，掌握新能源发电技术的基础理论、运行特点和相关优化技术，并能参考本书设计更多具有工程实用性的优化技术。

本书内容准确、表达严谨。完整地建立了新能源发电系统的数学模型，并翔实地给出了新能源发电系统的运行特点，存在的问题及解决方法，具有一定的工程实用价值。

本书行文精炼、层次分明。介绍了新能源发电系统和人工智能的发展现状和基础理论，适用不同基础的相关工程技术人员和学生使用。

本书创新性强、重点突出。提出了多种基于人工智能算法的新能源发电系统优化技术，为相关研究人员提供了新颖的研究思路。

本书重点在于介绍相关领域的前沿技术，内容较为繁复，又因作者水平有限，难免有不足之处，敬请专家和读者批评指正。

作者

2023 年 4 月

目录

本书专有名词缩写一览表

AC	行动者-评论家算法	DJOA	深度军队联合作战算法
AE	绝对误差	DLCI	动态领导的集体智慧
AI	人工智能	DNN	深度神经网络
ABC	人工蜂群算法	EO	均衡优化器
ACO	蚁群优化算法	ECM	电化学模型
ACS	自适应罗盘搜索算法	ECN	荷兰能源研究中心
AEO	人工生态系统优化算法	ELM	极限学习机
ALO	蚁狮优化算法	ESS	储能系统
ANN	人工神经网络	EELA	基于进化的集成学习方法
ASO	原子搜索优化算法	EMCO	AEO-MRFO 协调优化器
AACO	自适应蚁群优化	ELM-MhAs	基于极限学习的启发式算法
AMRFO	自适应蝠鲼觅食优化算法	FA	萤火虫算法
ATLDE	基于差分进化算法的混合自适应教学优化方法	FC	燃料电池
AFOSMC	自适应分数阶滑模控制	FASO	快速原子搜索优化算法
AEO-MRFO	基于人工生态系统优化与蝠鲼觅食优化算法	FOSMC	分数阶滑模控制
BL	桥式连接	GA	遗传算法
BP	反向传播算法	GWO	灰狼优化算法
BES	秃鹰搜索算法	GELA	通用集成学习方法
BSA	回溯搜索算法	GGWO	群灰狼优化算法
BRNN	贝叶斯正则神经网络	GOA	蚱蜢优化算法
BESS	电池储能系统	GMPP	全局最大功率点
BRNN-MhAs	基于贝叶斯正则神经网络的启发式算法	GSNN	基于贪婪搜索的神经网络算法
CI	集体智慧	GA-BP	基于遗传算法的反向传播算法
CM	电流测量模块	HC	蜂巢
CS	布谷鸟搜索算法	HBO	堆栅优化器
CFD	计算流体动力学	HIL	硬件在环实验
CSA	全局搜索算法	IA	免疫算法
CELA	基于聚类的集成学习方法	IGA	免疫遗传算法
DA	蜻蜓算法	IGGA	改进免疫遗传算法
DC	直流	IMA	改进蜉蝣算法
DE	差分进化算法	INC	增量电导法
DCELA	基于分解聚类的集成学习方法	IGBT	绝缘栅双极型晶体管
DG	分布式电源	IIPBD	改进理想点决策方法
DDM	双二极管模型	JOA	军队联合作战算法
DELA	基于分解的集成学习方法	LED	发光二极管
DFIG	双馈感应发电机	LMBP	列文伯格-马夸尔特反向传播法

续表

LMPP	局部最大功率点	POA	孔雀优化算法
LCASO	Logistic 混沌原子搜索算法	PSC	局部阴影条件
LCASO-BP	基于 Logistic 混沌映射的原子搜索优化反向传播	PSO	粒子群优化算法
MA	蜉蝣算法	PWM	脉冲宽度调制
MAE	平均绝对误差	PMSG	永磁同步发电机
MDP	马尔科夫决策过程	PEMFC	质子交换膜燃料电池
MFO	飞蛾扑火算法	PWM-CSC	脉宽调制电流源型换流器
MPP	最大功率点	QGA	量子遗传算法
MRL	模因强化学习	QWO	灰狼优化算法
MSE	均方误差	RE	相对误差率
MVO	多元优化算法	RES	可再生能源发电系统
MAPE	平均绝对误差率	RL	强化学习
MhAs	启发式算法	RMSE	均方根误差
MPPT	最大功率跟踪	SP	串并联
MRFO	蝠鲼觅食优化算法	SCC	短路电流法
MSSA	改进樽海鞘群算法	SDM	单二极管模型
MOPOA	多目标孔雀优化算法	SSA	樽海鞘算法
MOPSO	多目标粒子群优化算法	SMES	超导磁储能
MPA	海洋捕食者算法	SOFC	固体氧化物燃料电池
MSU	蒙大拿州立大学	SOP	创新解决方案优化程序
NTD	非均匀温差分布	STC	标准测试条件
NWP	数值天气预报	Sudoku	数独算法
NSGA-II	非支配解排序遗传算法	TD	时序差分
OCV	开路电压法	TS	禁忌搜索算法
OTEC	海洋温差能	TCT	网状连接
PG	策略梯度	TDM	三二极管模型
PS	模式搜索算法	TEG	温差发电
PV	光伏	UTD	均匀温差条件
P&O	扰动观测法	VM	电压测量模块
PID	比例-积分-微分	VSC	电压源换流器
PSO-BP	基于粒子群优化算法的反向传播算法	WOA	鲸鱼优化算法

第1章

新能源发电系统概述

1.1 新能源发电系统技术

1.1.1 新能源发电系统类型及其特点

1. 新能源发展现状

能源是社会发展和人类进步的不竭动力，是经济社会发展的重要物质基础。改革开放以来，随着中国城市化的快速发展，能源消费总量显著增加，城市已成为中国能源消费的主体，到2030年，城市能源消耗的比例将上升到83%。与传统能源系统相比，新一代能源系统着眼于未来以能源为中心的能源发展趋势。截至2021年，可再生能源发电实现了有史以来最大的年度增长，2021年全球新能源的发展现状如图1.1.1所示。

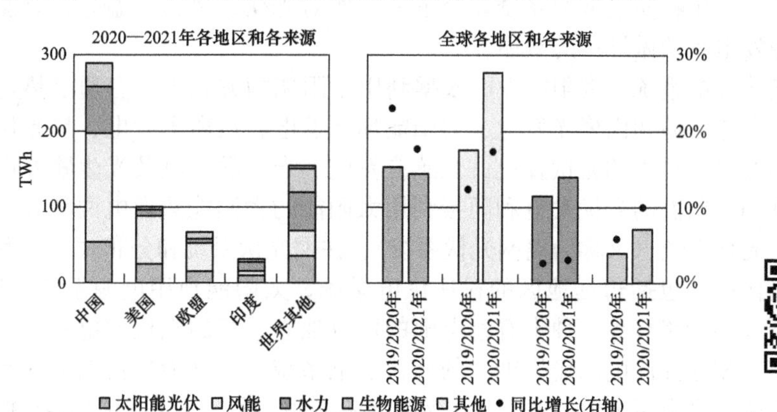

图1.1.1 2021年全球新能源的发展现状[1]

2021年，中国可再生能源新增装机1.34亿kW，占全国新增发电装机的76.0%。其中，水电新增2349万kW，风电新增4757万kW，光伏发电新增5488万kW，生物质发电新增808万kW，分别占全国新增装机的13.3%、27%、31.1%和4.6%。可再生能源发电装机达到10.63亿kW，占总发电装机容量的44.8%。其中，水电装机3.91亿kW（其中抽水蓄能0.36亿kW），风电装机3.28亿kW，光伏发电装机3.06亿kW，生物质发电装

[1] 为便于读者阅读，扫图旁边的二维码可以查看对应彩图。

机3798万kW，分别占全国总发电装机容量的16.5%、13.8%、12.9%和1.6%。2019—2021年中国发电量变化如图1.1.2所示。我国也终于在2021年实现了超过1/10的电力来自风能和太阳能，占比为11.2%。促进新能源产业的发展，仍需继续努力。就云南省而言，目前云南省以绿为底，以绿赋能，实施绿色能源战略，发展绿色能源产业，全力打造世界一流“绿色能源牌”，统筹谋划推进绿色能源开发，明确就地消纳全产业链发展，这将在一定的程度上推动我国新能源产业更上一层楼。

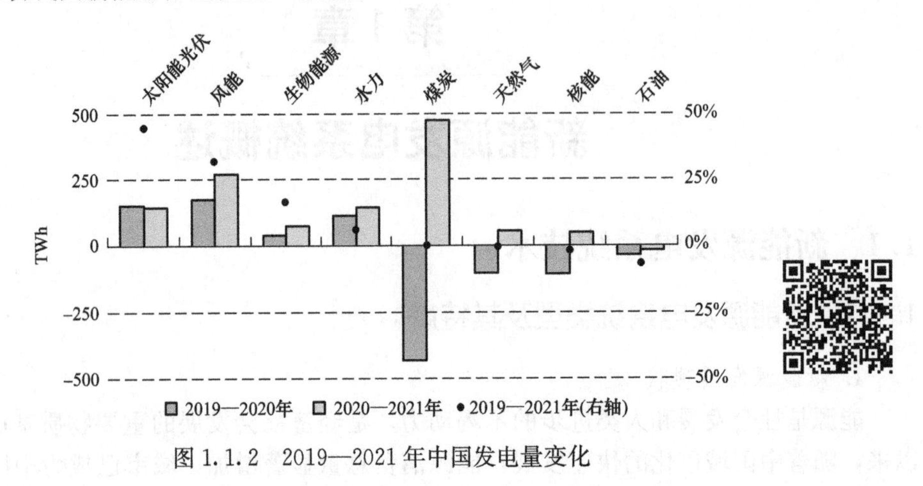

图1.1.2 2019—2021年中国发电量变化

2. 新能源发电系统分类

新能源发电系统分为光伏发电系统、风力发电系统、温差发电系统、水力发电系统、氢能发电系统、生物质发电等系统，接下来主要对光伏、风力、温差、氢能和其他发电系统等新能源发电系统做详尽的叙述。

(1) 光伏发电系统。太阳能发电根据利用太阳能的方式主要有通过热过程的太阳能热发电（塔式发电、抛物面聚光发电、太阳能烟囱发电、热离子发电、热光伏发电及温差发电等）和不通过热过程的光伏发电、光感应发电、光化学发电及光生物发电等。主要应用的是直接利用太阳能的光伏发电和间接利用太阳能的太阳能热发电两种方式。光伏发电系统分为独立光伏系统（又称为离网光伏系统）、并网光伏系统和分布式光伏系统。

独立光伏电站包括边远地区的村庄供电系统、太阳能户用电源系统、通信信号电源、阴极保护、太阳能路灯等各种带有蓄电池的可以独立运行的光伏发电系统；并网光伏发电系统是与电网相连并向电网输送电力的光伏发电系统，可分为带蓄电池的和不带蓄电池的并网发电系统。带有蓄电池的并网发电系统具有可调度性，可以根据需要并入或退出电网，还具有备用电源的功能，当电网因故停电时可紧急供电，这种系统常常安装在居民建筑上。不带蓄电池的并网发电系统不具备可调度性和备用电源的功能，一般安装在较大型的系统上；分布式光伏发电系统，又称分散式发电或分布式供能，是指在用户现场或靠近用电现场配置较小的光伏发电供电系统，以满足特定用户的需求，支持现存配电网的经济运行，分布式光伏发电运行模式是在有太阳辐射的条件下，光伏发电系统的太阳能电池组件阵列将太阳能转换输出的电能，经过直流汇流箱集中送入直流配电柜，由并网逆变器逆变成交流电供给建筑自身负载，多余或不足的电力通过连接电网来调节。

(2) 风力发电系统。风能是一种清洁无公害的可再生能源。风力发电是利用风能来发电，而风力发电机组是将风能转化为电能的机械。风轮是风电机组最主要的部件，由桨叶和轮毂组成。桨叶具有良好的空气动力外形，在气流作用下能产生空气动力使风轮旋转，将风能转换成机械能，再通过齿轮箱增速，驱动发电机运转。由于风速随时在变化，风电机组处在野外运行，承受十分复杂恶劣的交变载荷，目前风电机组的设计寿命是20年，机组的可利用率要达到95%以上。

风力发电的运行方式主要有两类，一类是独立运行供电系统，即在电网未通达的偏远地区，用小型风电机组为蓄电池充电，再通过逆变器转换成交流电向终端电器供电，单机容量一般在100W～10kW，或采用中型风电机组与柴油发电机或太阳光电池组成混合供电系统，系统的容量约10～200kW，可解决小的社区用电问题。另一类是作为常规电网的电源，与电网并联联网风力发电是大规模利用风能最经济的方式。机组单机容量为150kW～1650MW，既可以单独并网，也可以由多台，甚至成百上千台组成风力发电场，简称风电场。

风电技术进步很快，风电机组高科技含量大，机组可靠性提高，虽然目前风电机组成本还比较高，但随着生产批量的增大和进一步技术改进，成本仍将继续下降。现代风力发电机技术在中国的开发利用起源于20世纪70年代初。经过初期发展、单机分散研制、示范应用、重点攻关、实用推广、系列化和标准化6个阶段的发展，无论在科学研究、设计制造还是试验、示范、应用推广等方面均有了长足的进步和很大的提高，并取得了明显的经济效益和社会效益，特别是在解决常规电网外无电地区农牧渔民用电方面走在世界的前列，生产能力、保有量和年产量都居世界第一。

（3）温差发电系统。温差发电技术是利用温差电材料的塞贝克效应直接将热能转换成电能的一种新型清洁能源技术。温差发电法是利用温差进行发电。不同水层之间的温差很大，一般表层水温度比深层或底层水高得多。发电原理是温水流入蒸发室之后，在低压下海水沸腾变为流动蒸气或丙烷等蒸发气体作为流体，推动透平机旋转，启动交流发电机发电，用过的废蒸气进入冷凝室被深层水冷却凝结，再进行循环。

由于独特的优势，温差发电技术在航天、军用领域展示了很好的应用前景同时作为一种绿色环保的发电方式，近年来民用领域的应用同样发展迅速。尽管目前温差发电的效率普遍低于14%，但随着新型高性能热电材料以及性能可靠的温差发电器的研究与开发，温差发电技术将会更大地发挥其在低品位能源利用方面的优势。

随着环保意识的加强以及对传统能源未来匮缺的担心，充分利用温差发电的技术手段日益受到关注。2003年黎巴嫩大学的学者将温差发电器的热端与该国的一种做饭用的火炉外壁连接，冷端置于空气中，利用炉壁的高温与环境的温差来发电。其实验中所使用的温差电元件即产自中国，因为中国的元件性价比最高，该设备实验中单片元件可产生4W的电功率。中国目前已成为世界上最大的温差电元件生产出口国，这为我国未来温差发电的广泛应用打下了坚实的基础。

（4）氢能发电系统。要将氢能转化为电能，目前有两种方法：一种是利用氢能发电机；另一种是燃料电池（fuel cell，FC）。

氢能发电机和普通的发电设备相比，首先是环保，几乎没有有害物体的排放，而且在运行过程中无噪声、可移动。尽管氢能发电机在原理上和传统内燃机大致相同，都要经过吸气、压缩、爆炸、排气这些过程，从而带动发电机输出电流，但是氢能发电的过程需要制氢装置和氢能发电机协同作用。当用电量比较小的时候，制氢装置就通过电解水来制氢气，储存氢能，当用电高峰期来临的时候再用氢能发电机发电，然后送入电力传输网，这样同时达到了节能环保的效果。

燃料电池技术是目前世界上最成熟的一种能将氢气与空气中的氧气化合成洁净水并释放出电能的技术。燃料电池在外形上和普通电池基本相似，其工作原理的实质就是电解水的逆反应，即氢气和氧气发生化学反应生成水并释放电能。其工作原理为在催化剂的催化作用下，阳极的氢气分解成质子和电子，然后通过各类型交换膜达到阴极，和氧气结合生成水，并产生电能。在阴极，氧气经过压缩装置进入，在催化剂的作用下和电子、氢离子结合成水。

（5）其他发电系统。

1）波浪能发电系统。波浪能实际是来源于风能，风把能量传递给海洋从而产生了波浪能，其之间的转化效率和风速及风区有关。波浪能发电技术就是在现有波能研究的基础上，将当下已经相对成熟的发电原理和精密精准的机械制造工艺进行高效的融合，将广阔大海里的波浪能转化成清洁、高效、可供人类直接使用的电能。对波浪能行之有效的利用不仅可以对海洋能源进行合理开采，也是解决当下能源短缺的一种正确措施。波浪能对船舶而言是一种储量丰富的可再生清洁能源，其应用在船舶上有着得天独厚的优势，若能将波浪能发电技术应用在航行船舶上，将会降低船舶能源损耗，实现绿色航运。

2）地热能发电系统。地热资源是一种新型可持续再生能源。它来自地球的熔融岩浆和放射性物质的衰变。地下水在深处循环和来自极深处的岩浆侵入到地壳后，把热量从地下深处带至近地表层。有些地方，热能随自然涌出的热蒸汽和热水到达地面。自史前起，地热就已被用于洗浴和蒸煮。通过钻井，这些热能可以从地下的储层引入水池、房间、温室和发电站。其具有持续供能、无废料、无污染、无需地面存储的低用地的特点。地热能发电是利用地下热水和蒸汽为动力源的一种新型发电技术。其基本原理与火力发电类似，也是根据能量转换原理，首先把地热能转换为机械能，再把机械能转换为电能。针对温度不同的地热资源，地热发电有 4 种基本发电方式，即直接蒸汽发电法、扩容（闪蒸）发电法、中间介质（双循环式）发电法和全流循环式发电法。

3）生物质发电系统。生物质发电是利用生物质所具有的生物质能进行发电的技术。用于发电的生物质通常为农业和林业的废物，如秸秆、稻草、木屑、甘蔗渣、棕榈壳等。生物质发电技术可以分为生物质直接燃烧发电、燃煤耦合生物质发电以及生物质气化发电技术。生物质耦合发电实际上是推动煤电向可再生能源发电过渡，也是推动风光电加速与可靠发展的保障，因此，制定相应政策大力推动煤电在高效低煤耗基础上耦合生物质发电，直至实现生物质燃料替换，最终实现煤电零碳排放，对电力行业的结构调整具有重要意义。我国生物质具有储量丰富、分布广泛的特点，是一种可靠的低碳替代燃料，由于生物质燃料同时具有储能属性，合理有效地利用生物质对实现我国低碳/零碳的排放目标，构建以新能源为主体的电力系统具有重要作用。

1.1.2 新能源发电系统应用

鉴于传统发电模式受科学技术的制约，导致其资源消耗量大、产物污染率高、产率较低不符合当前可持续发展战略推进的发电模式。长期使用不可再生资源作为发电的原材料，导致目前石油等多种资源紧缺，资源匮乏成了当下经济社会实现进一步发展的最大阻力。随着科学技术的不断发展，发电技术也随之变革，目前我国的新能源发电技术已经趋向于成熟。降低了对不可再生资源的消耗，通过使用新型资源实现了“低消耗、低污染、高效率”以及“5个R”[Reduction（减量）、Reuse（重复使用）、Recycling（回收）、Regeneration（再生）、Rejection（拒用）] 原则的应用，一定程度地减少了发电的成本，为我国经济的可持续发展创造了良好的条件。

我国长期以来使用传统的发电技术以及电力传输模式，造成了不可再生能源的大量消耗以及电力传输过程中电的无用消耗。此外，传统的电网以及发电技术具备一定的不稳定性和危险性，一旦电网或发电设施出现故障就会出现大面积的停电，导致当地发展受限。在目前推行的新能源发电技术中则可以有效避免这些问题，鉴于新能源发电技术方式众多且受地域限制以及时空限制较小，可以因地制宜地选择多模式发电技术，因此能够有效减少输电距离，降低电路传输中电能的消耗，提升新能源发电技术的产率，并且新能源发电技术采取了“发电小电网”系统，即使在发电过程出现故障，也只会造成小面积的停电，能够在短时间内更换发电系统恢复电力供给，进一步提升了百姓用电的安全性。

1.1.3 新能源发电系统优缺点

新能源发电系统优缺点如图1.1.3所示。

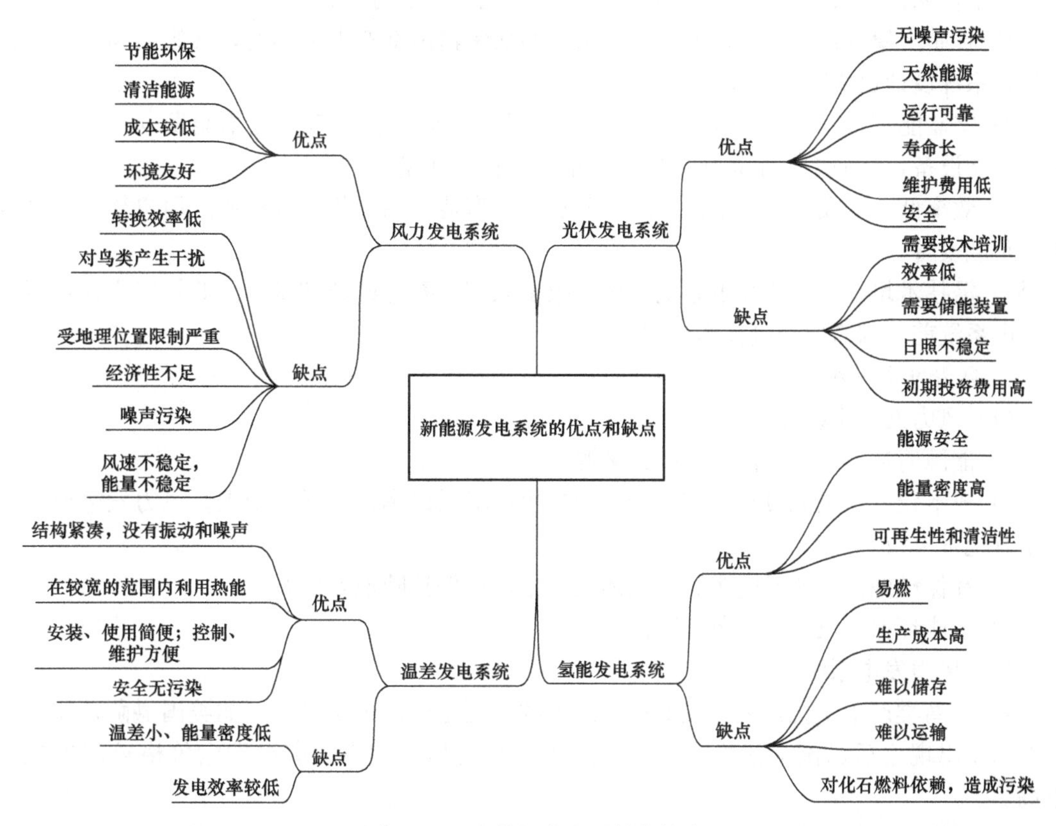

图1.1.3 新能源发电系统优缺点

图1.1.3所示的光伏发电系统、风力发电系统、温差发电系统、氢能发电系统和其他发电系统的优点和缺点在下述将做具体介绍。

1. 光伏发电系统

（1）光伏发电系统优点。

1）运行可靠：即使在恶劣的环境和气候条件下也可正常供电。

2）寿命长：晶体硅组件寿命通常在25年以上，非晶硅组件寿命通常在20年以上。

3）维护费用低：建成后只需少量工作人员，对系统进行定期检查和维护，相比较而言，常规发电站维护费用很大。

4）天然能源：能源是取之不尽、用之不竭的太阳能，无需能源费用。

5）无噪声污染：整个系统无机械运动部件，不产生噪声。

6）模块化：根据需要选择系统容量，安装灵活、方便，扩容很简便。

7）安全：系统内无易燃物品，安全性能高。

8）自主供电：可离网运行，独立供电，可不受公用电网的影响。

9）分布式发电：可建设分散的光伏电站，减少对公用电网的影响及危害。

10）高海拔性：在海拔高、日照强的地区，更能增加系统的输出功率。

（2）光伏发电系统缺点。

1）初期投资费用高：由于初期投资高，需进行单个系统的经济性评估及多种方案比较。如果初期投资减少，常规燃料成本上升，则光伏系统将更具有竞争力。

2）日照不稳定：天气对任何太阳能系统的功率输出都有很大影响，气候或场地条件变化时，系统设计也要随之改变。

3）需储能装置（独立系统）：光伏发电系统在夜晚时，没有阳光不能发电，需增加蓄电池储能设备，从而增加了系统规模、成本及维护工作量。

4）效率低：从投资的有效性出发，要求高效率地使用光伏系统资源。用户须使用高效率的负载设备。

5）需技术培训：光伏发电系统使用了很多人们不熟悉的新技术，因此，用户在运行光伏发电系统前，都需要经过技术培训。

2. 风力发电系统

（1）风力发电系统优点。

1）能源清洁：风能为洁净的能量来源。

2）成本较低：风能设施日趋进步，大量生产降低成本，在适当地点，风力发电成本已低于其他发电机。

3）环保设施：风能设施多为不立体化设施，可保护陆地和生态。

4）节能环保：风力发电节能环保。

（2）风力发电系统缺点。

1）对鸟类产生干扰：风力发电在生态上的问题是可能干扰鸟类，如美国堪萨斯州的松鸡在风车出现之后已渐渐消失，目前的解决方案是离岸发电，离岸发电价格较高但效率也高。

2）经济性不足：在一些地区、风力发电的经济性不足，许多地区的风力有间歇性，更糟糕的情况是有的地区在电力需求较高的夏季及白日是风力较少的时间。

3）受地理位置限制严重：风力发电需要大量土地兴建风力发电场，才可以生产比较多的能源且风能利用受地理位置限制严重。

4）噪声污染：进行风力发电时，风力发电机会发出庞大的噪声，所以要找一些空旷的地方来兴建。

5）转换效率较低：风能的转换效率低，风速不稳定，产生的能量大小不稳定。

3. 温差发电系统

（1）温差发电系统优点。

1）无振动和噪声：转换过程中不需要机械运动部件，不需要附加的驱动、传动系统，因而结构紧凑，没有振动和噪声。

2）适用范围广：在有微小温差存在的条件下就能将热能直接转换为电能，通过选择合适的半导体材料，可以在很宽的温度范围内（300～1400K）利用热能。

3）免维护：安装、使用简便，控制和维护方便，可长期免维护工作。

4）能源清洁：安全无污染，热电材料无气态或液态介质存在，而且在能量转变过程中没有废水、废气等污染物的排出，是一种近乎零排放的能源材料。

（2）温差发电系统的缺点。

1）能量密度低：温差太小，能量密度太低。

2）发电效率较低：温差能转换的关键是强化传热传质技术，发电效率低，目前一般不高于40%。

4. 氢能发电系统

（1）氢能发电系统优点。

1）能源安全：可以从天然气、煤炭、太阳能、风能和生物质等资源中生产用于家庭和商业用途的氢气。

2）可再生性和清洁性：氢能是一种可再生能源，几代人都可以依赖它，而不必担心它会枯竭。它是一种丰富的能源，与核能或天然气不同，氢气的副产品不会对人类健康或自然环境造成损害。

3）能量密度高：氢能可以以更有效的方式产生能量。氢气的能量是化石燃料的三倍，这意味着更少的氢气产生相同数量的能量，这就是为什么氢被用作航天器、飞机、船只、汽车和车辆的燃料。

（2）氢能发电系统缺点。

1）易燃：由于能量含量高，氢气易燃易挥发，需要专门的存储空间以避免任何危险。它的爆炸性对工业和家庭使用构成威胁。氢燃料由于点火温度低是非常危险的，并且容易从油箱中泄漏。

2）生产成本高：生产成本高是氢能的主要缺点之一，纯氢可以在工业上获得，但进行提取和运输过程需要能源和成本。鉴于氢气来源于不同的化合物，比如工业必须在基础设施上进行更多投资，以建立仅用于提取的设施。

3）难以储存：氢气比汽油更轻，更难储存，需要专门的储存区域。此外，氢气需要高压缩和低温才能转化为液体形式并储存。迄今为止，缺乏散装储存设施是氢能的主要限制之一。

4）难以运输：就像存储问题一样，运输氢气时要面临更多挑战。天然气和石油等其他能源可以通过管道网络运输。此外，煤炭或石油可以通过卡车和油轮运输。然而，运输氢气带来了许多挑战，控制温度和压力就是其中的一部分。

5）对化石燃料的依赖：尽管氢在环保能源清单中名列前茅，但它的生产确实涉及化石燃料。这意味着氢能的提取将导致有害化合物直接或间接排放到大气中。此外，氢不仅存在于自然界中，提取过程将错综复杂地依赖于煤炭、石油、甲烷、化石燃料和天然气。

5. 其他发电系统

（1）波浪能发电系统。

1）波浪能发电系统优点。

a. 能量密度高，分布广泛：全球约70%的面积是海洋，储存着巨大的海洋能，以机械能的形式出现，是海洋能源中密度最高的能量。

b. 可再生性、清洁无污染：波浪能是一种储量丰富的可再生清洁能源，能流密度大，是利用程度非常高的新能源。

c. 周期性强：有按周期性变化的规律可循，从而为其标准化利用打下基础。

2）波浪能发电系统缺点。

a. 发电装置总可靠性与能量转换效率较低：由于海洋波浪振幅、方向变化毫无规律，高效捕获波浪能的发电装置设计较为困难，导致波浪能转换成机械能的效率较低。

b. 欠缺波浪能发电测试平台，试验成本高且极其危险：目前，国内外波浪能发电装置主流设计方法主要包括计算机数值模拟、实验室水槽试验和下海测试三个环节。数值模拟、水槽试验等均无法完全模拟真实海洋环境，具有一定的局限性，必须对装置进行下海测试。

c. 送出困难：一方面，由于波浪能发电具有不稳定性，受海况影响较大，即使是以微网模式运行，也容易对电网造成冲击。另一方面，波浪能发电送出需要在海水中敷设电缆，对电缆强度、抗腐蚀性等要求较高，需要使用特制电缆，这在一定程度上也限制了波浪能发电的送出。

（2）地热能发电系统。

1）地热能发电系统优点。

a. 可再生性、清洁无污染：地热能具有可再生性，分布较为广泛，蕴藏量丰富。

b. 开发时间短，应用范围广：既可利用高温地热资源也可利用中低温地热资源，应用范围广泛。

2）地热能发电系统缺点。

a. 资金投资大，受地域限制：地热能的钻探价格昂贵，随着时间的流逝，岩石会失去热量，因此人们需要开发新地点与新热能井。

b. 环境污染问题：所流出的热水含有很高的矿物质，一些有毒气体会随着热气喷入空气中，造成空气污染。

（3）生物质发电系统。

1）生物质发电系统优点。

a. 最具产业化、最具规模化前景：与小水电、风能发电和太阳能发电等间歇性发电相比，生物质发电受自然条件限制小、可靠性高、持续性好、燃料来源广泛、工程初投资小，可利用成熟的小型火力发电技术进行改造，有利于产业化、规模化。

b. 能源清洁：与传统的火力发电相比，生物质中有害物质（硫和灰分等）的含量仅为中质烟煤的10%～11%，同时生物质二氧化碳的排放和吸收构成自然界碳循环，其能源利用可实现二氧化碳零排放。

2）生物质发电系统缺点。

a. 效率较低：利用规模小，植物仅能将极少量的太阳能转化成有机物，且单位土地面的有机物能量偏低。

b. 经济效益较差：不同条件和不同技术方法效益差别很大，在落后地区采用分散式小型沼气池可以取得一定的效益，而对于污水处理宜采用大型沼气技术。总之，沼气技术的效益主要是环境方面的，经济性较差。

1.1.4 新能源发电系统发展现状及趋势

1. 风力发电系统

（1）风力发电系统发展现状。2021年全球风力发电增长了14%（自2017年以来的最高水平），增加227TWh，达到1814TWh。这是4年来最高的增长率，也是有史以来最高的绝对增长率。它是继太阳能之后增长最快的电力来源。

2021年全球风力发电增长的65%来自中国（此前中国占全球增长的比例最高，为2020年的37%）。它增加了148TWh，相当于整个阿根廷的电力需求。这表明了中国是2021年全球风力发电的领头羊。

2021年，全国风电发电量6526亿kWh，同比增长40.5%，利用小时数2246h。利用小时数较高的省区中，福建2836h、蒙西地区2626h、云南2618h。全国风电平均利用率96.9%，同比提升0.4个百分点。尤其是湖南、甘肃和新疆，风电利用率同比显著提升，湖南风电利用率99%，甘肃风电利用率95.9%，新疆风电利用率92.7%，同比分别提升4.5、2.3、3.0个百分点。

2016—2021年中国的风力发电装机容量统计情况如图1.1.4所示。

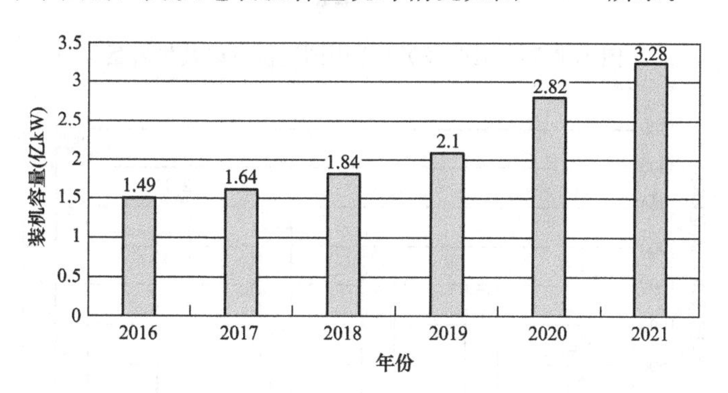

图1.1.4 2016—2021年中国风力发电装机容量统计情况

2021年我国陆上风力发电装机容量为30 209万kW，占装机容量的92%。海上风力发电装机容量为2639万kW，占装机容量的8%。

（2）风力发电系统发展趋势。随着我国风电建设规模不断扩大，技术水平不断提高，我国政策更加倾向于鼓励发展分散式风电项目，强调风电并网和消纳能力。通过补贴、竞争性配置、消纳保障机制等众多调控手段支持了国内风电产业的良好发展，使得我国风电装机容量快速增长，风电机组制造技术快速发展，整个风电行业向更加成熟、无补贴的可再生能源产业转型，风电行业前景光明。

2021年第四季度开始，海上项目的密集投产燃爆了行业期待，行业对于年度海上风电并网容量的预测也由年中的8～10GW上升至年末的18～20GW。

2. 光伏发电系统

（1）光伏发电系统发展现状。2021年，全球太阳能发电量增长了23%（自2018年以来的最高水平）。太阳能发电量占全球总发电量的3.7%，它连续17年成为增长最快的发电来源。发电量同比增长了188TWh。

2021年，我国光伏新增装机5488万kW，光伏电站2560万kW、分布式光伏2928万kW，为历年以来年投产最多，累计装机3.06亿kW，2016—2021年中国光伏发电装机容量统计情况如图1.1.5所示。从新增装机布局看，装机占比较高的区域为华北、华东和华中地区，分别占全国新增装机的39%、19%和15%。全国光伏发电量3270亿kWh，同比增长25.1%，2016—2021年太阳能发电总量如图1.1.6所示。利用小时数1163h，同比增加3h。利用小时数较高的地区为东北地区1471h，华北地区1229h，其中利用率最高的省份为内蒙古1558h、吉林1536h和四川1529h。全国光伏发电利用率98%，与上年基本持平。新疆、西藏等地光伏消纳水平显著提升，光伏利用率同比分别提升2.8个和5.6个百分点。

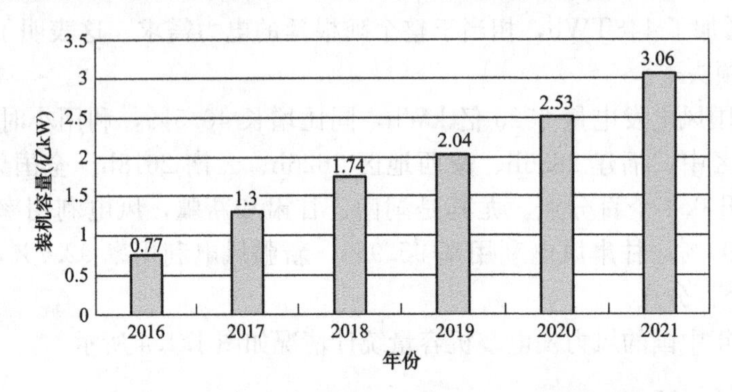

图1.1.5　2016—2021年中国光伏发电装机容量

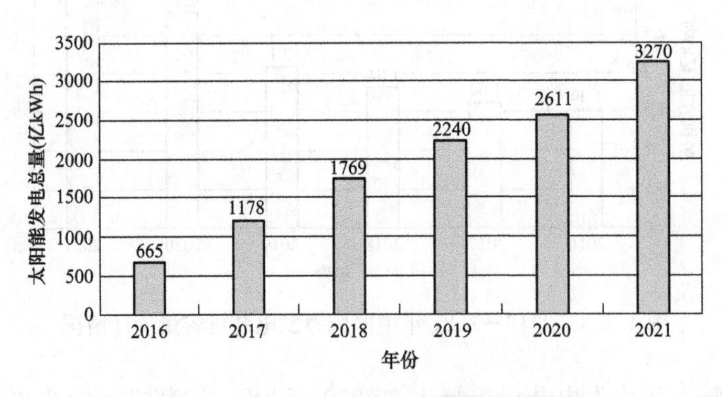

图1.1.6　2016—2021年太阳能发电总量

1）太阳能光伏发电成本较高。根据太阳能光伏发电的实际成本统计表明，过去的太阳能发电成本为4元/kWh，相较于风能发电和火力发电较高，太阳能光伏发电是其他能源发电的6～16倍。当前，随着太阳能技术的日趋成熟和发展，发电成本呈下降趋势。

2）太阳能光伏发电缺乏合理规划。早在1992年，美国就采用了相应的可再生能源生产配额制度，出台了很多的优惠政策，并且受到了政府部门的大力支持，在市场推广方面也做出了相应的规范制度，为美国的可持续再生能源的发展和应用起到了推动作用。从目前中国光伏发电的使用情况来看，政府尚未制定出明确的光伏产业发展计划，也缺乏支持和鼓励的态度。由于这些原因，导致我国的光伏发电产业无法做出合理的规划，严重影响光伏发电产业的发展。

3）太阳能光伏发电技术较为落后。虽然太阳能光伏发电技术目前在我国已经取得了长足的进步，但相较于外国的光伏发电技术，依然落后。许多影响太阳能光伏发电生产的技术问题尚未解决。例如，晶硅纯度一直影响着我国太阳能电池的发展，导致性能不佳。这主要是由于技术比较落后，使太阳能光伏发电的成本增高，直接影响了光伏发电的发展。

（2）光伏发电系统发展趋势。纵观世界光伏发电技术几十年的发展历程，呈现如下的发展趋势：

1）光伏电站。光伏发电技术的顺利应用，离不开光伏电站的支持，光伏电站是进行光伏发电的基础设备，其直接影响着发电率和电力的有效应用。目前，光伏电站大致分为分散式光伏电站和集中式光伏电站两种。分散式光伏电站是指在恒定电压水平且不超过20 000kW并网的单个发电厂的电存储容量，转换后的电能主要用于变电站地区的太阳能发电设备。集中式光伏电站在电能传输中有很多阶段，设备也更复杂。它通常包括以下步骤：①通过转换设备的作用将太阳能转换为电能；②转换后的电能通过配电和接收设备输送到逆变器；③在逆变器的作用下，直流电在交流变压器箱中流动，并与网络建立连接。为了确保在传输过程中安全使用电能，有必要确保各种太阳能组件的正常运行。

2）光伏建筑一体化。当前，绿色环保的概念逐渐渗透到人们的思想中，因此光伏发电技术越来越受欢迎，并且被越来越多地应用到了中国的建筑设计中。例如：在建筑物的屋顶上装有太阳能电池板，太阳能电池板产生的电能通过电线连接到电网，从而将能量转化为电能，使人们在日常生活中得以应用。利用太阳能发电不仅可以节省大量资源，还可以体现绿色环保理念，有效促进社会的可持续发展。

3）光伏发电与LED照明结合。太阳能已经广泛应用于各个领域，并且太阳能发电与新型材料和新技术的结合正在逐渐成熟。LED照明技术是科学技术发展产生的一种新技术，其应用的是将电能转化为光能的原理，并发挥照明作用。通过将太阳能和LED技术相结合，可以将LED技术应用于太阳能提供的电能，然后转换为必要的光能，从而有效地节约了能源。两者的有效组合和功能的基础是它们既是直流电又是低电压。

4）电信领域。太阳能光伏发电被广泛应用于电信领域，电信领域包含很多内容，并且直接影响着我们的日常生活。例如，农村运营商的广播、电信系统和电话系统。建立这样的系统可以满足人们的生活需求。将太阳能发电技术应用于这些系统可以有效地输送电力，确保系统连续稳定地运行，给人们的生活带来了极大的便利，同时卫星通信、士兵的GPS等工程也得到了极大的发展。

5）太阳能水泵。水泵直接影响着人们的日常生活，水资源是生命的源泉，水质是整个社会都在关注的问题，水泵的使用可以有效地保证水质，改善人们的生活质量。太阳能水泵是一种新型设备，可以利用太阳能技术提供的电力来实现太阳能水泵的正常运行。如果太阳能水泵使用由太阳能提供的电力，则直流电流必须通过逆变器转换为交流电，以提供太阳能水泵运行所需的电力。

3. 温差发电系统

（1）温差发电系统发展现状。我国目前完成了千瓦级样机制造、示范电站建设。完成了功率为15kW的海洋温差能（ocean thermal energy conversion，OTEC）系统研制，但尚未建立示范电站，相关技术及装备相比世界先进水平差距明显。

在当前技术水平条件下，温差能电站单机功率低、建设运行成本高，特别是冷水源成本居高不下（深层海水取水设施相关费用约占总成本的40%～50%），温差能电站的经济性明显低于同级别装机容量的海上风力发电项目。

国家海洋局第一海洋研究所多年来致力于该领域的研究，并获得了大量研究成果。据最新报道，国家海洋局第一海洋研究所在国家海洋可再生能源专项资金支持下开展了“海洋温差能开发利用技术研究与试验”项目，建立了具有自主知识产权的热力学模型，研建了海洋温差能发电系统，成功地解决了密封、材质等关键技术问题，该系统转换效率达到了3%，最高达到3.8%，连续运行时间超过了1000h。

（2）温差发电系统发展趋势。装置大型化趋势明显。随着大口径冷海水管制造、海上浮式工程技术等关键技术的不断突破，国际温差能技术的大型化趋势越发明显。美国、法国等都已准备启动10MW级示范电站建设。综合利用有较大发展空间。国际温差能技术综合利用的趋势越发明显。除了用于发电外，在海水淡化、制氢、空调制冷、深水养殖等方面有着广泛的综合应用前景。

海洋温差能发电技术尚处于发展初期阶段。温差能虽然已经测试了兆瓦级技术，目前技术上已经建造最大1MW的OTEC系统，但不具有商业可行性。随着冷海水管等大型子系统部件逐步实现工业化生产，将加速大型温差能电站的建成，借鉴海上工程及其他相关产业的经验非常重要。在技术研发方面，为早日建设商业化温差能电站，应继续促进关键技术的研发和成熟。100MW级温差能电站研建过程还需要解决两个关键性问题，一个是10MW级电站的成功示范，另一个是10m以上直径的冷海水管研制及示范应用。在成本方面，估计10MW试验电站投资成本为3200美元/kW，而对于达到商业化阶段的100MW电站，成本将降低到1000美元/kW。商业化的开发主要取决于示范装置的工业放大，以及关键技术问题的研发和投资成本的降低。因此，对温差能发电循环系统和依托装置的整体设计、安全可靠性、制造工艺、施工、维护等一系列关键技术进行研究是十分必要的，同时还需要进行环境评估以及经济可行性分析等。当海洋温差能装置的工程造价与发电成本降低到一定程度使其具备经济性时，海洋温差能开发利用就会有一个崭新的局面。

4. 氢能发电系统

（1）氢能发电系统发展现状。氢能是一种既环保，又具有高能利用率的绿色能源，能有效缓解全球能源短缺的状况，被视为21世纪最具发展潜力的清洁能源，许多国家和地区都广泛开展了氢能发电研究。氢能发电已经在全球多个国家得到应用，氢能发电机已被应用到生活的各个领域，酒店、商场、家庭等场所都可以使用。我国政府也将氢能源的利用列为重点关注的科研项目，国家在氢能源转化为其他能源的科学研究方面投入了不少的资金和人力，并在相关高等院校、科研机构和电力企业建立了一支氢能研究与应用队伍。

我国燃料电池示范电站有多种形式，可以是固定的，也可以是移动的，还有备用峰值电站、备用电源、热电联供系统等各种发电设备。预计在不久的将来，氢能发电便会惠及我国生产生活的方方面面。

当前，与世界先进水平相比，我国氢能发展关键材料缺乏、核心技术相对滞后，如氢燃料电池隔膜、储氢材料、储氢设备、制氢设备等，暂时未能做到自主发展，所用部件尚未实现完全国产化，且大功率燃料电池实际应用较少，大多处于研发状态。不仅如此，氢能产业链涉及范围广，工作环节多，侧重点也有所不同，若未能对其进行规划统筹，则很容易出现低水平技术引进、重复建设、盲目投资等现象。

我国可再生能源制氢技术仍面临诸多屏障，如光伏、风电制氢系统中风机结构设计、光伏面板转换效率、抗风电大范围扰动的电解槽设计技术、更高安全性的储氢设备等有待进一步突破。基于此，我国应加大氢能产业关键技术和材料的研发力度，加强各地区协作，合理利用资源优势，共同攻破技术难关，实现氢能产业持续发展。

同时，将以下内容作为切入点，打破氢储能发电技术制约：

1）发展高效电解制氢技术，保证其宽功率适应性。

2）以大型化和低成本为目标，加大氢储能力度。

3）与电网系统密切配合，发挥氢储能系统的作用。

4）以大规模、低成本为原则，进一步发展氢气运输技术。

5）我国应积极布局可再生能源发电与氢储能系统结合，加大风电、光伏等可再生能源制氢的电力电子装置研究，从底层优化制氢效率。

6）探索新型多能互补耦合制氢技术及协同控制策略，在可再生能源丰富的地方充分利用当地资源，就地制氢储能，减少电力能源远距离输送所产生的损失。

7）开发新型电解槽，设计改进电解槽催化剂结构，减少对贵金属的使用，突破电解水制氢技术成本瓶颈。

（2）氢能发电系统发展趋势。绿色制氢发展潜力巨大，是实现“双碳”目标的重要路径。目前绿色制氢仍面临生产成本高、缺少专用基础设施、制取过程中能量损失严重等难题。其中，电解水制氢过程的电耗成本占总成本的75％～85％，电价的高低直接决定了绿色氢能的经济性。我国可再生能源制氢潜力巨大，风电、光伏装机容量均为世界第一。随着国家节能减排的承诺，新型能源系统的发展趋势，氢能产业发展政策支撑，风电、光伏发电成本的不断下降，绿色制氢技术水平达到规模化条件等因素的驱动，绿色制氢的发展将日益加快。大规模的风光可再生能源装机发电，可再生能源制氢技术会迎来更快的发展与突破。据预测，2030年可再生能源制氢成本有望实现平价，2050年可再生能源制氢将成为主流的制氢技术；2060年绿氢产量将达到1亿吨，占氢气年度总需求的80％。

随着技术的突破和产业规模化带来成本下降，氢燃料电池在重卡、重型工程机械、船舶、航空等领域的市场化进程将进一步加快，氢能、电池等储能方式可提供不同时间尺度上的储能方案，保障消纳的前提下实现可再生能源大规模开发利用。据预测到2060年，氢能在终端能源消费中将达到20％，工业与交通仍是用氢的主要领域，其中，工业领域用氢约占60％，交通领域约占30％。

5. 其他发电系统

（1）波浪能发电系统发展现状及趋势。全球约70％的面积是海洋，储存着巨大的海洋能。据估算，约有25亿kW的波浪能。当前美国、日本、中国以及欧洲等国家均在沿海建造了或多或少的波浪能发电装置。位于太平洋西部的中国坐拥着非常丰富的海洋能源。有关数据表明，中国波浪能开发的潜力超过1亿kW。随着环境问题的日益突出，当下各国也都在加快波浪能发电方面的研究。位于英国苏格兰北部海域的Oyster装置是当前最为成功的浮力摆波浪能发电装置。第一代Oyster发电装置的摆宽为26m，高为12m，装机功率为315kW，装置在2009年进行了测试。在成功研发了第一代Oyster发电装置后，Aquamarine Power公司拟开发了一个大型波浪力电站，总装机的功率为2.4MW。该发电站由3座第二代Oyster发电装置组成。该第二代装置摆宽为26m，高为12m，装机功率为800kW。近年来，我国在波浪能发电研究领域也取得了不少成就。譬如我国自主研制的“10kW级组合型振荡浮子波能发电装置”于2014年1月投入使用。无独有偶，一款由中国电子科技集团公司第三十八研究所自主研发制造的波浪能发电装置在2017年通过了海洋局的验收并投入了运营。而福建智盛能源科技有限公司在2018年第二十届中国国际高新技术成果交易会上也向大众展示了一款采用“能量集”新技术的波浪能发电装置。该技术将波浪能量集中在一台发电机上，这样的发电机研制成功将发电能量进行了几何级倍增。

现阶段，我国的海上风电规划大都位于水深小于50m的区域内，个别项目已经达到了固定式基础和漂浮式基础经济性的临界点，未来海上风电必将向更深更远的海域发展。现在，中国在浮式风机领域的技术水平和研发能力还较低，因此漂浮式技术将必须攻克。中华人民共和国科学技术部和地方政府目前也在对漂浮式技术方面的课题项目给予支持和资助，以期在漂浮式技术方面跻身世界前列。

(2) 地热能发电系统发展现状及趋势。地热资源在全球分布不均匀，主要集中在世界各大火山附近。根据2010年世界地热大会统计数据，全球范围内已有78个国家对地热资源进行了开发利用。时至今日，地热能发电已超过百年历史。继意大利之后，美国、墨西哥、日本、冰岛、菲律宾、印度尼西亚等地热资源丰富的国家先后进行地热发电研究和开发建设。进入21世纪后，全球地热发电快速发展，其电站装机总量从2000年的8.59GW增加到2017年年底的14.06GW。冰岛是地热资源丰富的国家，其岩流约占世界岩流总量的1/3，经过多年的发展，目前冰岛电力的1/3来自于地热发电，已成为世界上最洁净的国家之一。

我国是世界上最早利用地热资源的国家之一，但主要集中在供暖、制冷、养殖、洗浴等地热直接利用方面。我国地热发电起步于20世纪70年代的第一次世界石油危机期间，在辽宁、江西等地建立了中低温地热电站，并且试验成功。我国高温地热发电开始于20世纪70年代中期在西藏地区进行，先后建立羊八井、郎久、那曲三座地热电站，后两家电站由于热井产气量不足或井口结垢堵死而先后停运，羊八井地热电站持续运行至今，为缓解拉萨电力紧缺的状况做出了巨大贡献。“十二五”期间江西华电在西藏当雄县羊易村投资开建2×16MW地热电站。

地热电站建设中涉及地热井开发、流体采集系统、地热井回灌等关键技术仍需要继续研究，以提高发电系统的可靠性与持续性。为了提高能源综合利用率，增加电站装机容量，可将地热能与其他可再生能源结合起来建立联合发电系统。此外，中低温地热能与干热岩地热能发电技术将会是未来重点研究方向。

(3) 生物质发电系统发展现状及趋势。对于生物质能与煤耦合发电技术，英国、荷兰和丹麦已形成非常成熟的支持和运营机制，芬兰、法国、德国和意大利虽暂未出台专门的支持计划，但相关耦合项目已广泛开展，并计划于未来10年内逐步淘汰煤炭。在生物质资源丰富的北美、巴西和澳大利亚等地，由于政策支持力度不够，目前生物质耦合发电项目进展不如欧洲国家。目前亚洲也迅速开展生物质发电项目，日本和韩国已逐步建立配套机制。

生物质发电实际上是推动煤电向可再生能源发电过渡，也是推动风光电加速与可靠发展的保障，因此，制定相应政策大力推动煤电在高效低煤耗基础上耦合生物质发电，直至实现生物质燃料替换，最终实现煤电零碳排放，对电力行业的结构调整具有重要意义。我国生物质能开发利用面临很多机遇和挑战。机遇方面，国家能源转型、“双碳”发展目标、乡村振兴和美丽乡村建设等大的战略以及相关政策的支持，越发凸显生物质能的重要性，为生物质能规模化利用提供了良好机遇。挑战方面，由于生物质原料拥有者以及使用者的分散性，不仅带来储运上的困难，应用层面也存在诸多障碍，加上生物质能源利用技术多样，导致各方在研发推广技术方面所面临的难度和困难都比较大。针对这些挑战，应重点采取以下应对措施：①对生物质能的开发利用应由被动式消纳转化为主动化利用；②建立经济可持续的“收储运用”一体化产业链，充分实现生物质能的商品化，提高其附加值，吸引社会投资，增加乡村收入；③对干湿生物质资源进行分类合理利用，聚焦研发，优先突破一些关键性技术；④实现生物质能与风光能源的巧妙协同利用，发挥其稳定可燃的高品质优势；⑤碳汇市场为乡村振兴开辟新兴产业；⑥打破城乡用能壁垒，实现乡村生物质商品化并向城市输出，解决国家城乡用能一盘棋的问题。

1.2 储能系统技术

近年来，随着能源消费和环境治理的压力不断增大，人类社会对能源系统的需求不断增加。控制电力成本，更换老化的基础设施，提高电力系统的灵活性和可靠性，减少二氧化碳排放，减轻大气环境的变化，电力需求越来越高，为偏远地区提供可靠的电力支持已成为这场能源革命的关键。储能系统（energy storage system，ESS）采用清洁能源，满足节能减排的要求，因此近年来得到了大力发展。

1.2.1 储能系统类型及其特点

随着储能技术的不断发展和成熟，储能技术广泛应用于各个领域，图1.2.1给出了几种常见的储能形式的特性，不同的储能形式表现出不同的技术特性，尤其是能量特性。

1. 机械能储能

机械能储存是通过机械能与电能的转换，即电能以机械能的形式储存，实现能量的储存和释放。主要的储能类型有抽水蓄能、压缩空气储能、飞轮储能。

（1）抽水蓄能。抽水蓄能技术目前较成熟，累计装机容量大，使用寿命长。它的工作原理是在蓄能时将下游水库的水抽到上游水库，在释放能量时利用上下游水库的水位差进行水力发电，从而灵活地实现水的势能与电能之间的柔性转换。

抽水蓄能的优点是容量大、寿命长、成本低。利用电能驱动水资源储存势能，然后将势能转化为电能，是一种应用广泛的储能技术。循环效率可达75%，主要用于调节峰值能量频率和相位调制，并提供备用容量。但受地质地理条件和施工工期的制约，并不是普遍适用。

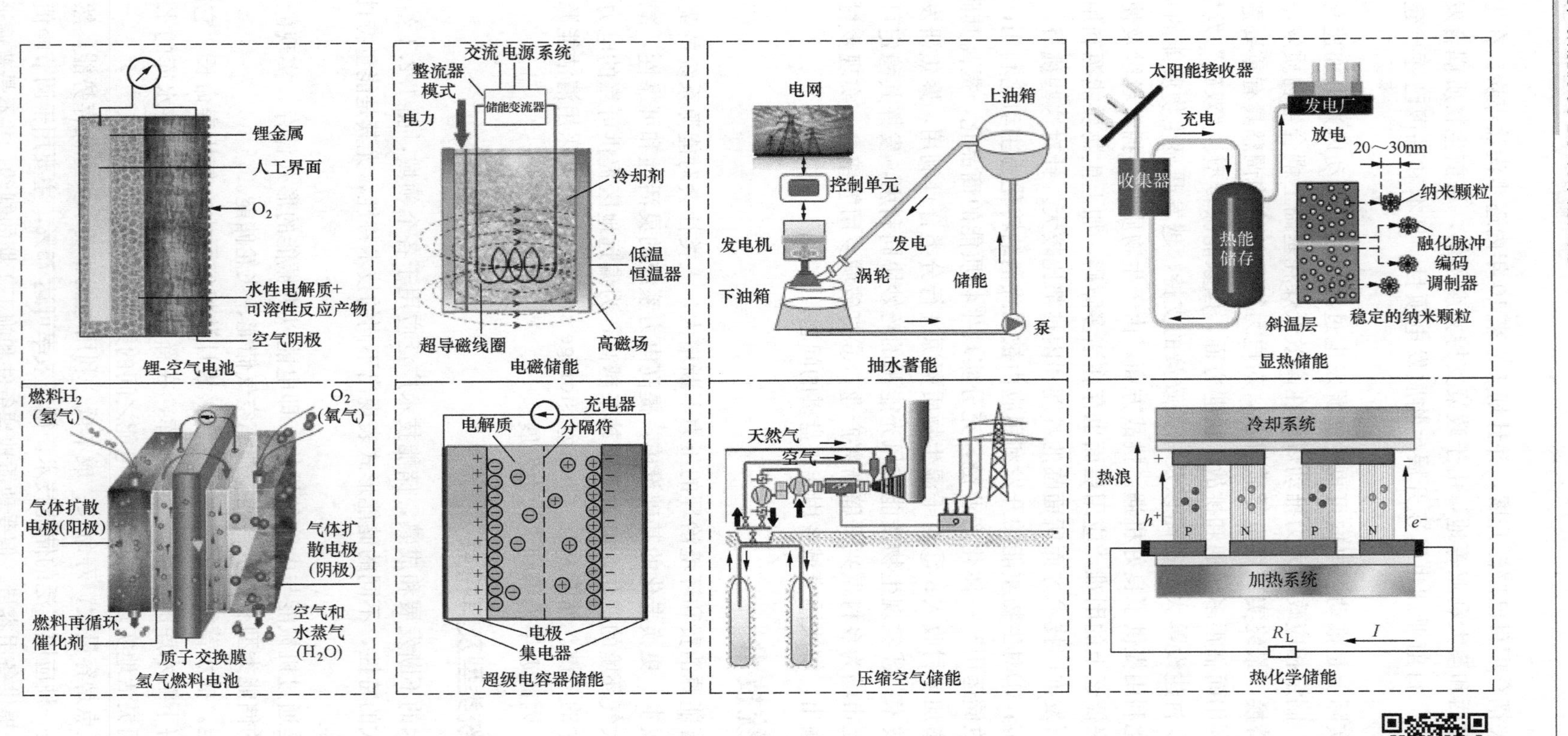
锂金属
人工界面
O_2
水性电解质+可溶性反应产物
空气阴极
锂-空气电池
交流电源系统
整流器模式
储能变流器
电力
冷却剂
低温恒温器
超导磁线圈
高磁场
电磁储能
电网
控制单元
发电机
下油箱
涡轮
发电
储能
上油箱
泵
抽水蓄能
太阳能接收器
充电
收集器
热能储存
发电厂
放电
20～30nm
纳米颗粒
融化脉冲编码调制器
斜温层
稳定的纳米颗粒
显热储能
燃料H_2(氢气)
O_2(氧气)
气体扩散电极(阳极)
气体扩散电极(阴极)
燃料再循环催化剂
质子交换膜
空气和水蒸气(H_2O)
氢气燃料电池
充电器
电解质
分隔符
电极
集电器
超级电容器储能
天然气
空气
压缩空气储能
冷却系统
热浪
h^+
P
N
e^-
加热系统
R_L
I
热化学储能

图 1.2.1 储能系统分类

（2）压缩空气储能。压缩空气储能利用多余的电能将大储能空间中的空气压缩，必要时释放出空气推动汽轮机发电。根据上述过程工作原理的不同，压缩空气储能可分为补充燃烧型和非燃烧型。压缩空气储能由压缩空气和电动机驱动，释放压缩空气，推动涡轮发电，从而实现内能与电能的转换。

压缩空气储能的优点是其储能容量大、周期长、效率高，多用于调峰、变频调速、分布式储能、发电设备等。此外，强调需要各种类型的存储能源，以加强电网和维持负载水平（永久或便携式，长期或短期存储，所需的最大功率等）。缺点是对施工场地的地理条件要求较高。此外，辅助燃烧型压缩空气储能还需要化石燃料，存在气体污染排放问题。

（3）飞轮储能。飞轮通过加速转子（飞轮）以动能的形式储存能量。利用电力电子器件实现飞轮在发电机和电动机工作模式之间的切换，实现机械能和电能的转换。飞轮储能的明显优点是瞬时功率高、转换效率高、响应速度快。更适合瞬时功率要求较高的应用场景。目前低速飞轮储能技术相对成熟。相比之下，高速飞轮储能需要进一步突破的关键技术更多，如复合材料结构技术、高温超导磁轴承技术、高速电机技术。

2. 电磁储能

电能以电场或磁场的形式存储在超导体和超级电容存储单元中，这是目前比较常见的。

（1）超导体。超导储能是指通过超导磁体直接储存或释放电磁能。超导体具有储能效率高、能量功率密度大、使用寿命长等优点。然而，目前它们处于技术研发阶段，需要更高的制造成本。超导体技术、大容量功率转换系统、低温系统、电流引线等关键技术需要进一步突破。

（2）超级电容器。根据不同的电极材料和充放电工作原理，超级电容器可分为电双层电容器和法拉第电容器。该装置使用由特殊材料制成的电极和电解质之间形成的界面双层来存储能量。超级电容器储能的优点包括充电和放电效率高、寿命长、高功率密度和广泛应用温度范围。它在高功率要求的场合具有广阔的应用前景，但其主要缺点是能量密度低。由于该方法的自放电能量约为每天5%，因此难以应用于能量需求较高的场景。

3. 电化学能

电化学能是根据电池的电化学反应原理，实现电能和化学能的转换。电化学储能最突出的优点是其响应速度快、安装灵活、施工周期短，为未来能源领域提供了广阔的发展前景。电化学储能方法主要有锂离子电池、铅酸电池、流体电池和钠硫电池。

表1.2.1给出了电化学储能在工作电压、能量密度、循环寿命和能量成本、系统效率和工作温度等方面的详细比较。

表1.2.1　　主流电化学储能参数比较

性能	锂离子电池	铅酸蓄电池	全钒流体电池	溴化锌电池	钠硫电池
工作电压（V）	3.3～3.7	2	1.5	1.82	1.8～2
能量密度（Wh/kg）	130～200	30～60	15～20	75～85	100～250
循环寿命（min）	2500～5000	2000～4000	5000～10 000	2000～5000	2500
能源成本（$/kW）	350～370	180～260	640～860	285～500	285～430
系统效率（%）	85～98	80～90	60～75	65～75	70～85
工作温度（℃）	低温	15～25	5～40	20～50	300～350
其他功能	性能好，不耐受过充、过放电	性能好，成本低，可回收利用	一致性好，可靠性高，循环寿命长，规模大	成本低、寿命长、功率大	瞬间充电、高能量、放电

4. 热能

根据不同蓄热材料的特点，蓄热方式可分为显热蓄热、潜热蓄热和热化学蓄热。

显热储热材料利用自身的比热容特性，通过温度变化来储存和释放热量。水等液体感热材料和碎石、土壤等固体感热材料被广泛应用于不需要蓄热温度的地区，如太阳能空调。它们的共同特点是单位质量或体积蓄热量大，物理化学性质稳定，导热性好。但是，由于需要大量的数据，这些方法不能大规模地使用。熔融盐、液态金属、有机物等材料均可作为感热材料。熔盐具有热容高、温度范围宽、黏度低等优点，是一种典型的中高温传热储热材料。

潜热储存的基本原理是物质的两相处于平衡和共存状态。当一相转变成另一相时，热量被吸收或释放。相变过程中材料单位质量吸收的热量称为潜热。潜热蓄热是目前研究最多的蓄热技术，主要是因为潜热蓄热材料的储能密度明显大于感热蓄热材料，具有良好的实用研究和发展前景。根据材料的相变温度，潜热储能材料可分为低温相变材料和高温相变材料。低温相变蓄热材料主要用于工业废热回收、太阳能蓄热利用、供暖和空调系统。离子液体是一种极具潜力的中低温潜热存储材料。高温相变储热材料包括高温熔盐、混合盐、金属、合金等，主要应用于航空航天系统、电厂等领域。

5. 化学能

化学能方法，也称为热化学方法，将化学能转化为电能或热能。合适的化学反应体系是这种存储技术的关键。然而，安全、经济、高效等问题仍需解决，大多数热化学热能系统尚处于技术研发阶段。

(1) 燃料电池。燃料电池是一种将天然气和氧化剂中的能量直接转换为电能的新型能量转换装置。发电效率可达65%以上，具有较高的能源效率。燃料电池的转换效率高，发电过程中产生的余热少。燃料电池电解质材料包括固体氧化物、质子交换膜和酸性或碱性材料。根据材料的不同，燃料电池的工作特性也有所不同。

(2) 氢能储存。氢能有望成为未来最重要的能源之一。储存氢能的工作原理是将电能转化为氢燃料，其核心技术包括氢的制造、氢的储存、氢燃料的供应等。氢能存储由于具有能量密度高、运行维护成本低、环保等优点，已被证明是现代高容量ESS的重要应用，并显示出巨大的发展潜力。目前，氢能存储技术还面临着能量转换效率低、生产成本高的挑战。氢能存储工业应用的材料和核心创新方面的不断突破似乎迫在眉睫。

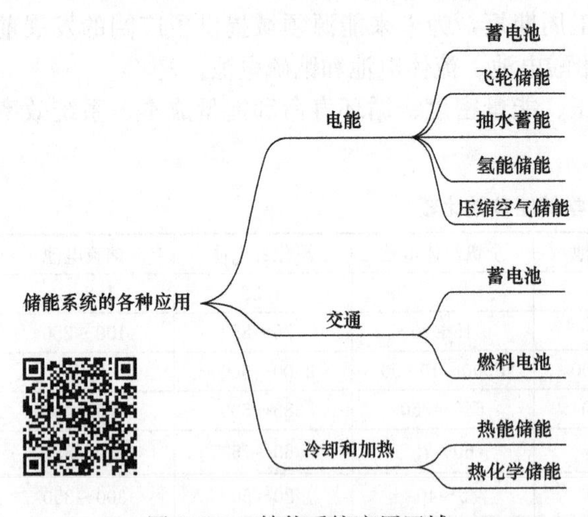

图 1.2.2 储能系统应用区域

1.2.2 储能系统应用

选择一种合适的储能类型必须加以考虑应用要求，如图 1.2.2 所示的应用特性。这有利于提高储能技术在电能、交通、冷却和制热等领域的应用价值。

ESS有许多应用，包括便携式设备、运输车辆和固定能源。抽水蓄能和压缩空气储能寿命长，额定功率大，但响应时间长，选址要求严格，需要在高负荷地区大规模推广。如果与锂电池、热泵等技术相结合，循环效率可提高到60%。因此，应充分发挥其优势，实现供电单元热电耦合，实现电网调峰，保证电网安全稳定运行。

1.2.3 储能系统优缺点

ESS的主要优点可以总结如下：降低存储设备的成本，增加存储寿命，减少反应时间，提高可靠性，提高功率效率，并改善脉冲负载。

然而，ESS设计还没有在系统稳定性和/或电能质量改善的背景下得到充分的解决。在多目标建模方法中存在一个空白。

1.2.4 储能系统发展现状及趋势

1. 储能系统发展现状

（1）储能技术在新能源电力系统中的应用取得了较大的成绩。从现阶段新能源的开发与应用情况来看，研究人员普遍将主要的研究力量投入到了太阳能与风能在电力系统的应用当中。而与传统化石能源发电方式相比，借助太阳能以及风能来发电往往会更多地受到自然环境的影响，稳定性相对较差，波动性以及间接性是其最为重要的特点。而在运转过程中，如果大规模采用这种方式不仅会导致供电的稳定性下降，还会给供电的过程带来一系列的安全隐患。为了使得上述问题能够得到有效解决，有专家以风力发电为例进行了具体研究。在整体的电网系统中，如果风力发电的装机比例不超过10%，要想有效维持电网运转的安全性以及稳定性，采用传统技术则能够有效满足这一要求，但是如果在整体的电网系统中风电装机比例超过了20%，为了有效减少风力发电自身所存在的波动性和间歇性的影响，有效的储能技术则成了一种十分重要的手段。因此，研究人员针对新能源电力系统中储能技术的应用进行了深入以及全面的研究，并在一定程度上对可再生能源的发展起到了一定的推动作用，尤其是在现阶段电力系统大规模并网的背景之下，储能技术的发展发挥了十分重要的作用。而从另外一个角度来讲，在新能源电力系统未来发展进步的过程中，储能技术的合理应用以及全面发挥作用也成了一个十分重要的趋势。

（2）储能技术在新能源电力系统中应用所存在的问题。新能源电力系统在实际运转的过程之中，电力部门为了保证其运转能够具有较强的稳定性以及持续性，减少波动性以及间歇性给新能源电力系统正常工作所带来的影响，有效解决一些可再生能源在转化成电能之后无法进行储存的问题，则需要能够对先进的存储技术进行合理利用。尤其是在一些位置相对偏远的山区，新能源电力系统在运转的过程中如果无法保证稳定性，而为了有效推动新能源电力系统的发展而直接将这些系统安装在区域之内也会在一定程度上影响电力系统运转过程中电压的稳定性，居民在实际用电过程中电力系统发生故障的概率也会大幅度增加。除此之外，从现阶段使用的新能源电力系统的研发情况来看，使用周期短是一个最为严重的问题，由于相关技术依然处于发展的初期阶段，因此从系统内的电子元件情况来看，安装技术不到位是普遍存在的问题，这也在一定程度上增加了系统运转过程中故障问题的发生概率。正因为如此，在风能以及太阳能新能源电力系统内部，确保系统能够得稳定以及有效地运行，还需要电力部门自身加大对于高科技技术的研究力度，尤其需要加大对于储能技术的研究力度以及其相关应用方法的关注程度，为新能源电力系统的持续稳定运转提供充足以及必要的支持。

2. 储能系统发展趋势

随着清洁能源的蓬勃发展，化石燃料能源造成的环境污染问题得到了有效的遏制，能源转化已成为大势所趋。然而，在新能源逐步发展的过程中，这种大规模新能源获取的不利影响也逐渐显现，即对电网的安全和稳定以及电网的经济运行产生了不利影响。储能网络大大增加了可再生能源系统的成本，但预计在未来几年将稳步下降。因此，有效利用ESS是使清洁能源更容易渗透到工业领域的一个重要课题。

由于电池和超级电容技术的相对成熟，成本相当低，而且各种尺寸的器件广泛可用。电池、超级电容器系统是最常用的混合储能系统的组成部分。燃料电池超级电容器、电池飞轮和“电池-sMC”方法不太为人所熟悉，它们可以用来对相应的配置进行详细的建模。

最新的控制策略发展关注于开发新的优化算法，以克服复杂的优化问题。优化算法应考虑多目标挑战，如经济和技术约束。此外，由于RES输出功率强烈依赖于气象，且需求不断波动，因此应将预测控制策略集成到基于优化的控制方法中，从而实现性能和鲁棒性更高水平的控制。然而，很少有研究关注基于ESS优化控制策略和/或预测控制策略的RES。对于RES来说，为消费者提供高质量的电力是至关重要的。在实际操作中，RES提供特定类型的负载，例如，不平衡负载、非线性负载和脉冲负载。如果在具有上述载荷的RES中只使用ESS，则对载荷和寿命的动态响应将不充分。使用人工智能可以在这些情况下提供正确的上下文解决方案，并提高存储系统的寿命。因此，应该建立以人工智能为核心的预测管理策略和控制策略，以进一步提高ESS对RES的可再生能源渗透。充分发挥各类人工智能的优势，与电力系统中现有的ESS合作，实现电力系统多目标优化控制应该是未来储能应用的研究方向。此外，虽然可以根据当前新能源实际输出量与计划输出量的差异实现储能充放电功率的实时控制，但也需要考虑未来新能源输出量和ESS剩余功率。此外，上述储能控制算法基于风电历史和实时或超短期预测信息，目的是实现风电并网功率满足相应的爬升限值指标，提高并网风电的友好度。当相应的事件发生时，储能的充电状态由于充电或放电功率大（或储能持续时间长）而很容易达到其上限或下限。

目前，储能系统与可再生能源的优化集成研究还不够系统和深入，相关理论还不够成熟，仍有许多亟待解决的问题。鉴于研究内容及对未来研究的展望如下：

(1) 在工况分析中考虑了许多因素对拥堵区域运行特性的影响。拥堵地区的运营受到天气、上下班高峰、周末和节假日等因素的影响。

(2) 一个完整的储能系统的设计不仅需要对系统的技术可行性和理论可行性进行研究，还需要从工程经济性、环境影响、安全性等方面进行有效评价，以确定含水层压缩空气储能技术的可行性。

(3) 完善的能源传输过程供电网络和路边储能系统的控制策略模型。例如，考虑供电网络的阻抗的变化与距离，修改的功率控制模型路旁的能量存储系统电压和电流的动态模型。

(4) 在优化储能模型中，采用整数型怠速控制策略来减小解空间的大小。

(5) 运行的调整以节能为主，同时考虑了一些安全和服务质量约束。但实际运营的制定还涉及运营服务质量、管理成本等问题，通常是多目标优化。

（6）结合上述优化算法的特点，基于穷举搜索和启发式搜索，设计了相应的智能求解算法，为获得节能运行控制策略的近似最优解提供依据。

（7）建立调度控制与储能相结合的分层节能优化模型。

（8）最后，人工智能帮助储能技术在实际工程应用中更加实际地辅助电网，储能技术的成熟，完善了标准规范体系。

第 2 章

人工智能算法概述

2.1 启发式算法

2.1.1 背景

针对工程技术领域中复杂的优化问题，众多学者选择从自然界的现实模型中寻求解决方法，由此开启了启发式算法的研究。为了避免搜索状态空间时的组合爆炸现象，必须使用启发式算法。这种算法的本质是部分地放弃算法“一般化，通用化”的概念，把所要解决的问题的具体领域知识加进算法中去，以提高算法的效率。例如，宽度优先搜索法几乎可以用于一切搜索问题，如九宫图、河内塔以至魔方等。但在实际使用时，效率也许低得惊人，甚至根本解不出来（如魔方问题）。但如果我们为每类问题找出一些特殊规则，和宽度优先搜索法配合起来使用，那结果就可能完全不一样了。在过去几十年里，启发式算法是最受研究者关注的人工智能研究分支之一，平均每年有数百个优秀的新算法提出，且这一增长趋势仍在继续。这些算法在适应性、自学习能力、鲁棒性及高效性等方面都有很好的表现。启发式算法中有一类关注简单行为个体组成的集群通过自组织完成复杂任务的工作，称作集群智能，集群智能与人工智能的关系如图 2.1.1 所示。

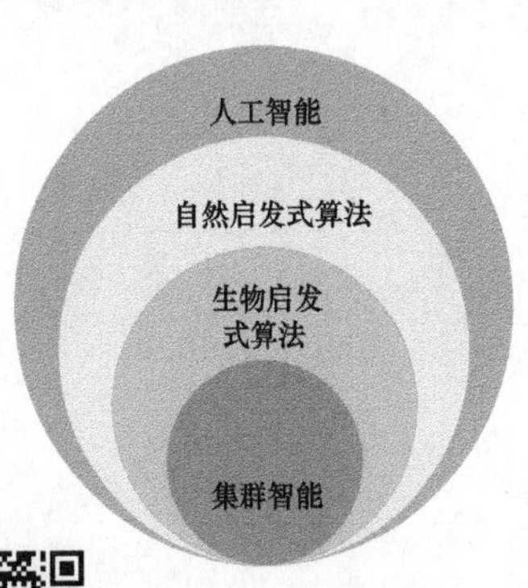

图 2.1.1 集群智能与人工智能的关系

2.1.2 定义

启发式算法是和问题求解及搜索相关的，也就是说，启发式算法是为了提高搜索效率才提出的。所谓启发式算法是指一组指导算法搜索方向的、建议性质的规则集，通常按照这个规则集，计算机可在解空间中寻找到一个较好解，但并不能保证每次都能找到较好的解，更不能保证找到最优解。

用于解决工程优化问题的每种优化算法都有一个特定的行为和过程，可以通过其机制有效地解决某优化性问题，而不适用于其他问题。然而，其中大多数可以分为两类。第一类是传统方法，如梯度下降法和牛顿法。一般来说，这些方法简单易行，但耗时较长，并且在每次迭代中只提供一个解决方案。第二种方法旨在避免传统方法的局限性，这些方法被称为启发式。启发式算法与传统的搜索算法一样都是一种迭代算法，但是它们也有很大的区别。

（1）普通搜索算法是以一个解为迭代的初始值，而启发式算法是以一组解（种群，population）为迭代的初始值。

（2）启发式算法需要将问题的优化参数进行编码，映射为可进行启发式操作的数据结构，而普通搜索算法不需要此过程。

（3）普通搜索算法的搜索策略为确定性的，而启发式算法的搜索策略是结构化和随机化的（概率型）。

（4）启发式算法仅用到优化的目标函数值的信息，不必用到目标函数的导数信息，而普通搜索算法的大多数算法需要导数信息。

（5）启发式算法对问题的数学描述不要求满足可微性、凸性等条件，而普通搜索算法对此有着较严格的要求。

（6）启发式算法具有全局优化性能、鲁棒性强、通用性强且适于并行处理的特点，而普通搜索算法不具备这些优点。

通过上述的比较可看出，启发式算法的适用范围非常广泛，且其算法易于修改，特别适用于大规模的并行计算。

2.1.3 发展历程

启发式算法的计算量都比较大，所以启发式算法伴随着计算机技术的发展，才能取得了巨大的成就。纵观启发式算法的发展史：

20世纪40年代：由于实际需要，人们已经提出了一些解决实际问题快速有效的启发式算法。

20世纪50年代：启发式算法的研究逐步繁荣起来。随后，人们将启发式算法的思想和人工智能领域中的各种有关问题的求解的收缩方法相结合，提出了许多启发式的搜索算法。其中贪婪算法和局部搜索等得到人们广泛的关注。

20世纪60年代：随着人们对数学模型和优化算法的研究越来越重视，发现以前提出的启发式算法速度很快，但是解的质量不能保证。虽然对优化算法的研究取得了很大的进展，但是较大规模的问题仍然无能为力（计算量还是太大）。

20世纪70年代：计算复杂性理论的提出。非确定性多式（NP）完全理论告诉我们，许多实际问题不可能在合理的时间范围内找到全局最优解。发现贪婪算法和局部搜索算法速度快，但解不好的原因主要是他们只是在局部的区域内找解，得到的解不能保证全局最优性。由此必须引入新的搜索机制和策略，才能有效地解决这些困难问题，这就导致了启发式算法的产生。

Holland模拟地球上生物进化规律提出了遗传算法，它的与众不同的搜索机制引起了人们再次研究启发式算法的兴趣，从而掀起了研究启发式算法的热潮。

20世纪80年代以后：模拟退火算法、人工神经网络、禁忌搜索相继出现。最近，演化算法、蚁群算法、拟人拟物算法、量子算法等又相继兴起，掀起了研究启发式算法的高潮。由于这些算法简单和有效，而且具有某种智能，因而成为科学计算和人类之间的桥梁。

正确、有效地规划电力系统运行是促进国家经济发展的首要任务，也是推动国家电力结构转型，构建综合能源系统的重要技术。虽然启发式技术能有效地解决复杂问题，但不能完全保证取得全局最优，在实际电力系统中，通常有复杂的多模态工程问题，启发式算法可能陷入局部最优。此外，每种算法需要适当调整其相关参数以平衡其收敛速度和寻优能力。本书采用数种有效的改进启发式算法，针对新能源电力系统的不同工程问题进行优化，取得了较为理想的优化结果。

2.1.4 分类

启发式提供了一条捷径，可以在有限的时间和/或信息下解决困难的问题，从而做出决策。启发式在大多数情况下会得出一个好的解决方案。启发式的意思是“寻找”，被定义为一个迭代生成过程，它通过组合不同的智能概念来探索搜索空间，使用学习策略来构造信息，以高效地找到接近最优的解决方案。数学上的启发式是优化的指导策略。在搜索空间中指导搜索过程的策略可以避免陷入局部最优。启发式的目标是找到问题的最优解或近似最优解。这些技术包括从局部搜索到全局搜索的复杂过程。这些算法通常是不确定的，并且不是基于特定问题的。最早的启发式算法包括蚁群优化算法、粒子群优化算法等。这些启发式算法受到了广泛的关注和应用，在很多领域都大获成功，如经典的旅行商问题等。它们普遍具有结构简单、参数少、实现容易等特点。如今已广泛应用于函数优化、多目标优化、求解整数约束和混合整数约束优化、神经网络训练、信号处理、路由算法等实际问题，实践结果证明了这些算法的可行性和高效性。一般来说，启发式技术的灵感来自自然、物理定律和人类行为。这些方法可分为基于群体、基于进化、基于人类和基于自然现象的方法。

基于群体的方法模拟动物、鱼、鸟和其他群体在寻找食物阶段的行为。这类算法包括樽海鞘算法（salp swarm algorithm，SSA）、磷虾群算法（krill herd algorithm，KHA）、灰狼优化（grey wolf optimization，GWO）和粒子群优化（particle swarm optimization，PSO）。

基于进化的方法通过模拟自然遗传的概念设计其运行机制。这些方法依赖于交叉、变异和自然选择等机制作为算子。这些算法包括进化规划（evolutionary programming，EP）、遗传算法（genetic algorithm，GA）、遗传规划（genetic programming，GP）、差分进化（differential evolution，DE）、内部搜索算法（interior search algorithm，ISA）、进化策略（evolution strategies，ES）和算术优化算法（arithmetic optimization algorithm，AOA）等。

基于人类（人类行为）的算法主要受到人类行为的启发，如人类的教学行为、社交行为、学习行为、情感行为、管理行为等。这些算法包括搜索者优化算法（seeker optimization algorithm，SOA）、基于教学的优化算法（teaching learning-based optimization，TLBO）、排球超级联赛算法（volleyball premier league algorithm，VPLA）、贫富优化算法（poor and rich optimization algorithm，PROA）、黑猩猩优化算法（chimp optimization algorithm，COA）、人类心理搜索（human mental search，HMS）、联赛冠军算法（league championship algorithm，LCA）和文化算法（cultural algorithm，CA）。

而基于自然现象的方法模拟来自自然的现象，如螺旋、光、风和雨。这些方法包括水循环算法（water cycle algorithm，WCA）、风力驱动优化算法（wind-driven optimization，WDO）、模拟退火算法（simulated annealing，SA）、共生生物搜索（symbiotic organisms search，SOS）、水滴算法（water drops algorithm，WDA）、教学优化算法（teaching-learning optimization algorithm，TLOA）、引力搜索算法（gravitational search algorithm，GSA）、化学反应优化（chemical reaction optimization，CRO）、电磁算法（electromagnetism algorithm，EA）等。

基于进化的方法比其他启发式算法具有更高的效率。图 2.1.2～图 2.1.4 表明了在 2008～2021 年间启发式算法对工程优化的重要性及其对不同领域的影响。

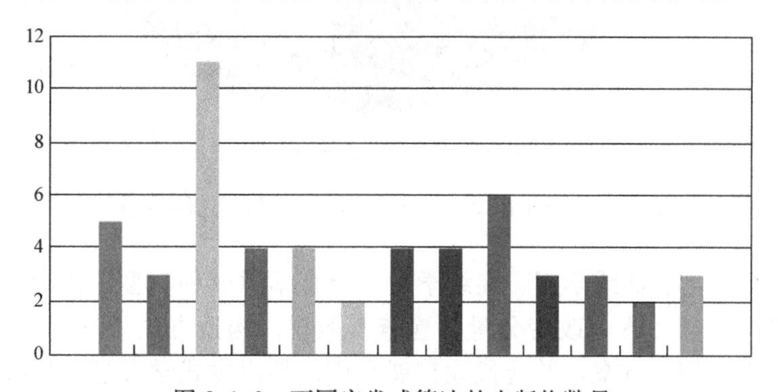

图 2.1.2　不同启发式算法的出版物数量

■ABC ■CS ■DE ■FA ■GA ■GSA ■GWO ■MFO ■PSO ■SCA ■SSA ■TLBO ■WOA

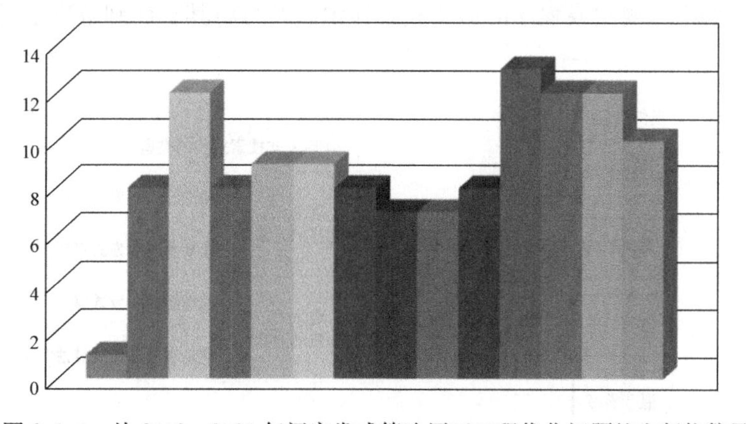

图 2.1.3　从 2008～2021 年间启发式算法用于工程优化问题的出版物数量

■2008年 ■2009年 ■2010年 ■2011年 ■2012年 ■2013年 ■2014年 ■2015年 ■2016年 ■2017年 ■2018年 ■2019年 ■2020年 ■2021年

超启发式算法是由一系列的启发式算法组合而成的，超启发式算法相当于高层，超启发式算法提供了策略，这些策略用来操纵或管理启发式算法，来获得新的启发式算法。每一种超启发式算法有其自己的机制，现有超启发式算法可以大致分为 4 类：基于随机选择、基于贪心策略、基于启发式算法、基于学习的超启发式算法。

超启发式算法是智能化程度更高的算法，分为两个层面：在问题域层面上应用领域专家需根据本人的背景知识，提供问题的定义、评估函数等信息和一系列底层启发式算法；而在高层策略层面上，智能计算专家则通过设计高效的操纵管理机制，利用问题域所提供的问题特征信息和底层启发式算法算法库，构造新的启发式算法。

超启发式算法的分类考虑了两个属性：启发式搜索空间的类型和各种反馈信息源，如图 2.1.5 所示。搜索空间有启发式选择和启发式生成两种类型。依据第二个属性可以将超

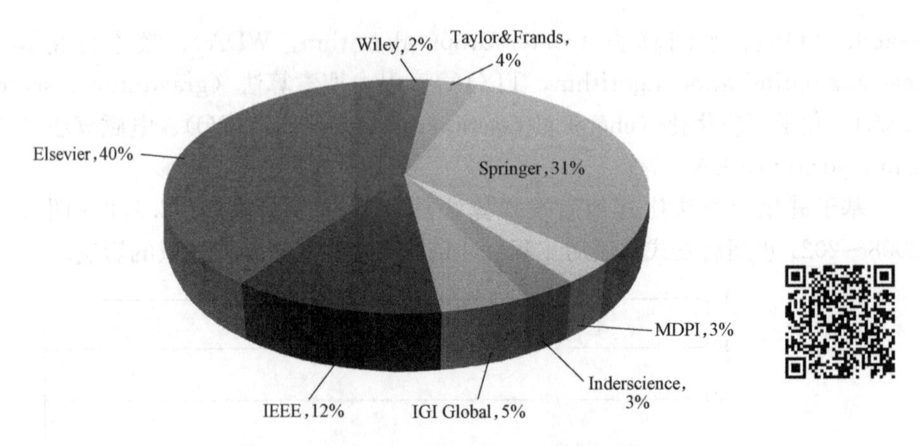

图 2.1.4　不同出版商的启发式算法相关出版物数量

启发式算法分为无学习、离线学习、在线学习、混合学习 4 种类型。扰动方法的工作方式是选择完整的解集，然后逐个改变分量并检查其效果。构造方法处理部分候选解决方案，其中缺少一个或多个解决方案，并迭代地扩展它们。超启发式学习过程从搜索过程中获得反馈，根据学习过程中的输入来源，分为在线学习和离线学习。在超启发式在线学习中，学习是在算法解决问题的一个实例中进行的。相比之下，在离线学习超启发式中：其思想是从一组训练实例中以规则或程序的形式收集知识，并可将其扩展到解决不可见的模型。

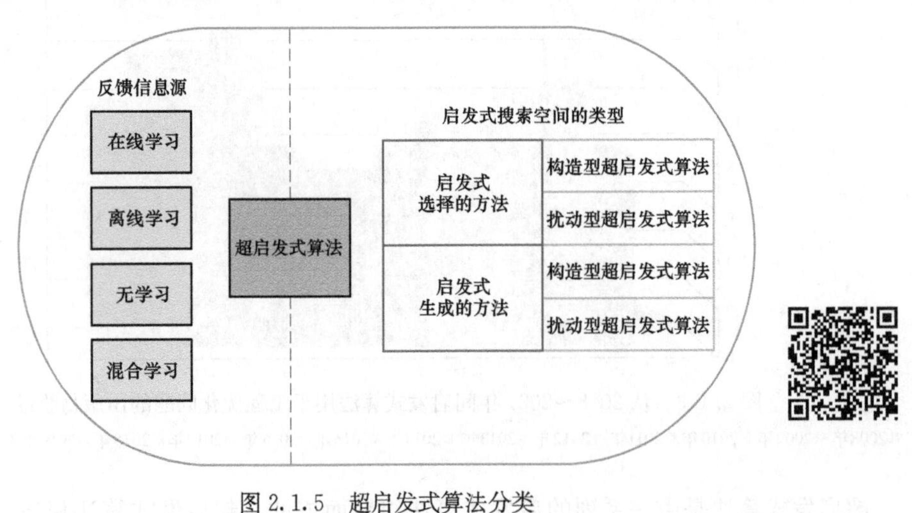

图 2.1.5　超启发式算法分类

2.1.5　应用

智能工程是进入 20 世纪三四十年代后，在以往的计算机数值计算技术和人工智能科学及专家系统技术的基础上，逐渐形成的一门应用学科。随着计算机软硬件技术的飞速发展，工程设计领域对计算机应用的要求越来越高，希望计算机能替人做大部分设计工作，并且具有智能，代替人的部分创造性的工作。在工程设计过程中，既要处理数值模型，又要处理符号模型，而解决这两种模型需要不同的求解技术，作为一个完整的设计系统，就要将求解两种模型的技术（数学方法和专家系统）集成起来。随着信息时代的到来，工业生产对在全局范围内的大规模的集成化、智能化和自动化的要求更高，过去在各个局部实现的计算机辅助技术，如CAD、CAPP、CAM、CAT等已不敷需要，而对整个生产全局的计算机辅助技术也不是这些局部技术的简单连接与合成。以上这些问题只是智能工程要解决的部分问题。智能工程尽量利用和借鉴其他学科已有的研究成果，而不是对所涉及的问题都从头研究起。因此对于在解决工程实际问题时具有独到作用的启发式算法，智能工程采取“拿来主义”的态度，不论是人工智能研究的成果还是运筹学研究的成果，只要能解决实际设计问题，就拿来参考。

对于解决问题急需的，而其他学科又较少涉及的算法，智能工程就要进行研究。对于工程设计中经常出现的布局问题，在理论上属于完备问题，用传统的搜索技术求解这类问题，就会出现“组合爆炸”的现象，在实践中，人们一般用启发式算法来求解布局问题。运筹学领域的学者们对布局问题进行了大量的研究，但他们提出的算法往往只解决某个非常具体的、经过简化的问题，这些算法的缺点是只能在某些特定的问题中有效，如在具有固定宽度的材料上切割出小零件或将不同大小的矩形放入多个具有相同尺寸的大矩形内等，对一般的布局问题意义不是很大。以智能工程的思想为指导，借鉴人工智能和运筹学的研究成果，研究关于布局问题的启发式算法，具有较高的理论和实际价值。

启发式算法作为近些年的研究热点，同样有许多集群智能算法的身影。以特征提取过程为例，粒子群优化算法、蚁群优化算法、萤火虫算法、布谷鸟搜索等都取得了很不错的效果；集群智能算法在智能电网中也得到了广泛的应用，例如将启发式算法用于新电源系统来减少系统的能量损失，应用启发式算法优化分布式能源系统中的效益成本比，实现智能电网的需求侧管理系统；启发式算法同样促进了城市智能交通领域的发展，将车辆的燃料损耗加入算法的评估函数中，使用启发式优化算法做路径规划，在得到最优路径的同时有效地节省了车辆的整体燃料消耗；使用启发式算法优化算法来优化电池使用，以延长电动车辆的电池使用寿命；启发式算法同样可以用于交通流量预测，解决智慧交通系统的信号灯控制问题与交通拥堵问题等。近些年，其他的研究热点，如社交网络分析、医疗与卫生系统、网络空间安全、游戏设计等同样具有集群智能算法的身影。

2.2 神经网络算法

2.2.1 背景

随着近年来云计算、大数据、NVF技术的崛起，推动了神经网络算法在人工智能领域中得到重视及深度应用，成为集计算机科学、逻辑学等众多学科融合的领域。神经网络系统运用神经元进行交叉连接，实现信息收集、存储、分析及应用，可以模拟人脑展开深入研究，促进人工智能技术具备人类的思维决策能力、学习能力，提高对外界环境的感应和反应能力，在自动识别、无人驾驶等领域得到深度应用。

长期以来人工智能的主要理论模型有两种：

(1) 基于符号主义的符号计算模型。符号计算是一种基于逻辑推理的智能模拟方法。符号模型是信息的一种形式，是构成智能的基础。知识可用符号表示，认知就是符号处理的过程，推理就是采用启发式知识及启发式搜索对问题求解的过程。符号模型发展路线大致经历了启发式算法——专家系统——知识工程这三个阶段，尤其是专家系统的成功开发与应用，使人工智能研究在某些领域取得了突破性的进展。

（2）基于连接主义的神经模拟模型。人工智能离不开仿生学，特别是对人脑模型的研究。它从神经元开始，进而研究神经网络模型和脑模型，开辟了人工智能的又一发展道路。Hopfield 教授在 1982 年和 1984 年先后发表了两篇重要论文，提出用硬件模拟神经网络，此后神经网络算法得到飞速发展，重获重视。1986 年，Rumelhart 等人提出多层网络中的反向传播算法（back-propagation，BP），为神经网络模型的参数训练过程提供了理论基础。1989 年，LeCun 发明了卷积神经网络——LeNet，并将其用于数字识别，且取得了较好的成绩，奠定了深度学习技术的基石。

2.2.2 定义

人工神经网络（artificial neural network，ANN）系统是 20 世纪 40 年代后出现的。它是由众多的神经元可调的连接权值连接而成，具有大规模并行处理、分布式信息存储、良好的自组织自学习能力等特点。BP 算法又称为误差反向传播算法，是人工神经网络中的一种监督式的学习算法。BP 神经网络算法在理论上可以逼近任意函数，基本的结构由非线性变化单元组成，具有很强的非线性映射能力。而且网络的中间层数、各层的处理单元数及网络的学习系数等参数可根据具体情况设定，灵活性很大，在优化、信号处理与模式识别、智能控制、故障诊断等许多领域都有着广泛的应用前景。

2.2.3 发展历程

目前，神经网络算法已经在多个领域有了广泛应用，其中最为合理和精确的就是人工神经网络。从 2006 年开始，随着神经网络算法、小波算法研究的进步，尤其是计算机计算能力的大幅度提升，基于人工神经网络技术的深度学习逐步引起重视，并迅猛发展，成为目前人工智能研究的最主要方向。2006 年是深度学习元年，Hinton 提出了深层网络训练中梯度消失问题的解决方案，基于无监督预训练对权值进行初始化＋有监督训练微调。2012 年，卷积神经网络开始吸引研究者的注意，GPU 专用硬件也第一次在人工智能领域得以应用。2016 年，基于深度学习的 AlphaGo，在人机围棋大战中战胜人类，彻底将人工神经网络、深度学习等概念展现到世人面前。

2.2.4 分类

1. BP 神经网络

单个神经元模型是神经网络最基本的组成单元，也是用来处理非线性映射的最基本单元，BP 神经网络由若干人工神经元连接而成，它是一种处理非线性问题，并可自动调整拟合的智能系统，在处理复杂问题时具有独特的优势。

（1）BP 神经网络传播原理。神经网络由单个神经元模型组成，由它来构成各种不同形式的神经网络。包含 3 个基本模型：连接权值、求和单元、激活函数。神经网络按照连接形式，最经典的网络结构就是前馈型和反馈型。BP 神经网络属于前馈型，前馈型是指数据由上至下单向传递，再从输入层传递到输出层，没有反馈过程。图 2.2.1 则为多层前馈型的拓扑结构，其中 $x_i(i=1, \cdots, N)$ 代表输入信号，$y_i(i=1, \cdots, N)$ 代表输出信号。信号的处理方向为输入数据通过输入进入神经网络，通过若干隐含层的非线性处理后，再通过输出层输出结果。

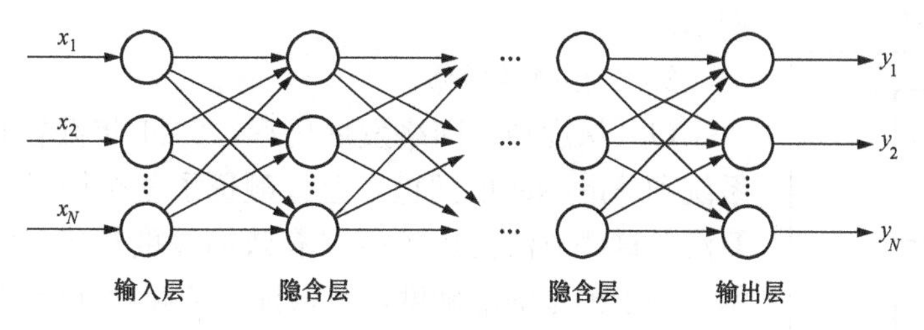

图 2.2.1 前馈型网络结构模型

神经网络有多类算法，其中反向传播算法是一种易于理解且可行的迭代方法。BP 神经网络是根据误差反向传播算法训练的。误差反向传播算法有两个过程：数据的正向传递与反向传递。其在应用时，首先设置一个神经网络的目标值，将各类上传的信息通过一定规则转换为数字量，这些量值依次通过输入层、隐含层和输出层。隐含层的作用是在内部通过激活函数和连接权值对数据进行非线性计算，然后将结果在输出层输出；如果输出结果与预期目标有差距，且偏差达不到目标值，则将偏差进行反向传递，按照梯度下降算法继续迭代来更新权值，最终以使得误差满足所设定的目标值。此时通过迭代形成的权值就是固定问题所需要的值，将所需要诊断的信息通过一定规则转换为数字量后，通过已经固化权值的神经网络的非线性运算后。便可得到最终的计算数据，将其按照一定规则进行转换，便可以得到需要的结果。

(2) 训练函数。BP 神经网络中常用的训练函数有 log-sigmoid 型函数 logsig、tan-sigmoid 型函数 tansig 以及纯线性函数 purelin。同一训练函数在不同情境下的效果也不相同的，训练函数主要用来全局调整权值和阈值，用于达到整体误差最小。logsig 及其 tansig 型函数的输出范围分别为（0，1）与（−1，1）。

(3) 反向传播法。误差反向传播，即从输出层反向逐层计算每层误差，不断更新权值、阈值，不断迭代直至满足目标的要求。若训练样本包含 $P(1-P)$ 个样本，误差的二次型准则函数为

$$E^{(P)}=\frac{1}{2}\sum_{k=1}^{M}(d_k^{(P)}-y_k^{(P)})^2 \tag{2.2.1}$$

网络对 P 个训练样本的总体误差函数为

$$E=\frac{1}{2}\sum_{P=1}^{P}\sum_{k=1}^{M}(d_k^{(P)}-y_k^{(P)})^2 \tag{2.2.2}$$

当输入训练样本为 P 时，$d_k^{(P)}$ 则表示输出层第 k 个神经元节点期望结果，而 $y_k^{(P)}$ 则代表实际结果。根据梯度下降算法不断更新网络的权值和阈值。需要计算的校正量值有输入层到隐含层的连接权值校正量、隐含层到输出层的连接权值校正量、隐含层阈值校正量以及输出层阈值校正量。

BP 神经网络的动态运算流程的非线性映射能力强，具有以任意精度逼近目标值的计算能力。以“黑匣子”模式将输入变量与输出目标值联系起来，可运算较复杂的问题。但也存在着例如容易陷入局部极小值，隐含层节点数的选择没有严谨的数学依据等。针对以上问题的改进方法有附加动量法、自适应学习速率法等。BP 算法流程主要包含参数初始化、输入训练样本、计算各层的输出值、计算各层的信号误差、调整各层权值和阈值等过程，

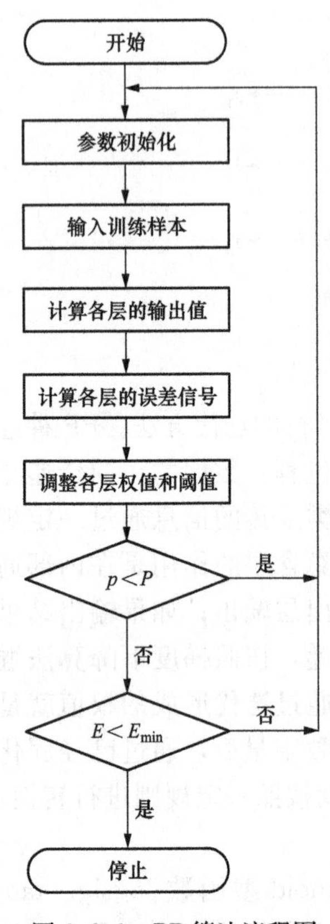

图 2.2.2　BP 算法流程图

直至满足总体训练误差的要求，BP 算法流程图如图 2.2.2 所示。

2. 深度神经网络

（1）深度神经网络发展历程。2011 年微软开发的语音识别系统和 AlexNet 的问世，直接颠覆了整个图像识别领域的传统算法，这些方法使用了行之有效的深度神经网络训练策略，大幅提升了模型的准确度，直接推动了深度神经网络的广泛应用。使得通过卷积、池化和非线性激活等操作提取高层次的特征，提高算法性能的一系列流程成为整个领域的潮流，推动了图像识别的检测领域甚至整个人工智能领域的发展浪潮。自此，深度卷积神经网络应用再也不局限于手写数字识别，DeepFace 和 DeepID 作为两个高性能人脸识别与认证模型，开拓了深度神经网络（deep neural newtworks，DNN）在人脸识别领域的疆土。此外，DNN 作为一种新的特征学习算法引入后，Kalchbrenner 等人（2014 年）成功地用 DNN 和 Max 池化等操作提取单词之间的关系，推动了自然语言处理（natural language processing，NLP）领域语言建模或语句建模的结构性变革。鉴于 DNN 在图像和文本处理的卓越表现，DNN 在物体检测、图像分割等领域开始大放异彩。2015 年 ResNet 问世，与先前的网络结构相比，ResNet 以创造性的跳跃连接（shortcut）设计，缓解了深层网络结构梯度消失、无法迭代更新学习的问题，推动图卷积神经网络向更深更宽的领域发展。在 ImageNet 数据集上，top-5 的分类识别错误率仅 3.75%，成功超越了人类所能达到的能力。自此，整个深度卷积神经网络领域进入了一个新的更深层次的研究阶段，在此推动下，在复杂游戏（如 AlphaGo）、医疗诊断和自动驾驶等领域也有了更深层次的发展。深度神经网络的发展历程见表 2.2.1。

表 2.2.1　深度神经网络的发展历程

时间	深度神经网络的发展历史
1942 年	提出神经网络的概念
1958 年	提出感知机的概念
1998 年	提出 Le-Net-5
2006 年	提出深度自动编码网络
2011 年	基于深度神经网络，微软提出语音识别技术
2012 年	提出 AlexNet
2015 年	提出 ResNet
2016 年以后	各种神经网络的研究进入繁盛期

（2）经典的深度神经网络模型。自神经网络概念提出以来，各式各样的经典的网络模型层出不穷，每个网络模型都具有不同的网络结构，并各有侧重，包括层数、层类型、层参数（如卷积核尺寸和大小、输入输出通道）和层内/层间连接方式等。比较经典的深度卷

积神经网络模型包括 LeNet、AlexNet、GoogLeNet 等。

LeNet 是 LeCun 等人（1998 年）提出的用于手写字体识别任务的最早的卷积神经网络，是第 1 个成功应用的神经网络结构。作为早期版本，其网络结构仅使用了 2 个卷积层和 2 个全连接层，每一层的卷积核的大小均设定为 5，第 1 层用了 20 个卷积核，第 2 层用了 50 个卷积核，每个卷积后通过使用 Sig-moid 激活函数增加网络的非线性，并通过全局平均池化的方法对特征进行降采样。

AlexNet 是 ImageNet 比赛中第 1 个冠军方案的神经网络结构。AlexNet 为后续人工智能领域的发展奠定了坚实基础，主要源于：该网络使用空间维度为 3×3 的卷积核，极大减少了运算量。引入多种加速和提高神经网络分类精度的方法，如引入 ReLU 激活函数代替传统的 Sigmoid、Tanh 等。引入局部正则化（local response normalization，LRN）统一输出分布。在训练速度上，第 1 次将网络模型部署在两台机器上训练，有效提高了训练速度。另外，通过引入扩充数据和 Dropout 操作，缓解了模型的过拟合现象。VGGNet 也是 ImageNet 比赛的冠军方案，该网络结构统一使用 3×3 的卷积核代替传统的更大的 5×5 的卷积核，通过多层的堆叠策略获得相同的感受域，具有广泛的拓展、泛化和稳定的特征提取能力。GoogLeNet 是 2014 年 ImageNet 比赛的分类任务冠军方案，该网络结构创造性地引入了 Inception Module 的部件，如图 2.2.3 所示。

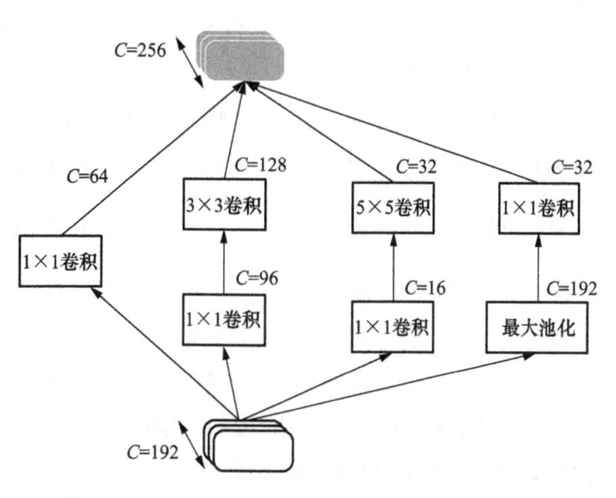

图 2.2.3 GooglLeNet 中 Inception Module 结构

GoogLeNet 致力于融合多种不同尺度的感受特征图信息，在每个 Module 中，同时使用了 1×1、3×3、5×5 三种不同的卷积核，在空间尺度大于 1 的卷积操作之后，通过 MaxPooling 进行下采样，最后将所有的卷积结果级连（eoncat）在一起，共同组成该 Module 的输出特征图。不同尺度的核保证了该网络结构对不同尺度物体的适应性，而该 Module 的结构也便于对网络进行扩充。ResNet 是 2015 年微软提出的一种网络结构，是第 1 次在 ImageNet 数据集上超过人类认知程度的网络结构，主要部件是残差块（residual block）。在残差块中，创造性地提出了跳跃（shortcut）连接的概念，将 block 的输入（恒等变换）与经过 block 映射（线性投影）后产生的输出结果进行融合，能够克服训练过程中梯度消失的问题，奠定了人工智能领域向更深更大的网络发展的基础。残差块的基本结构如图 2.2.4 所示。随着网络深度和宽度的拓展，网络的计算量不断增加，为了能够将模型部署在端上，轻量级的网络结构设计研究应运而生，最具代表性的工作之一就是 MobileNet，其创造性地提出了深度可分离卷积，使得每一个通道的特征图，有且仅有一个卷积核与其对应，极大减少了模型的运算量。

2.2.5 应用

随着科技的发展，人们日常出行购物扫码、上班打卡、App 刷脸等运用人工智能技术

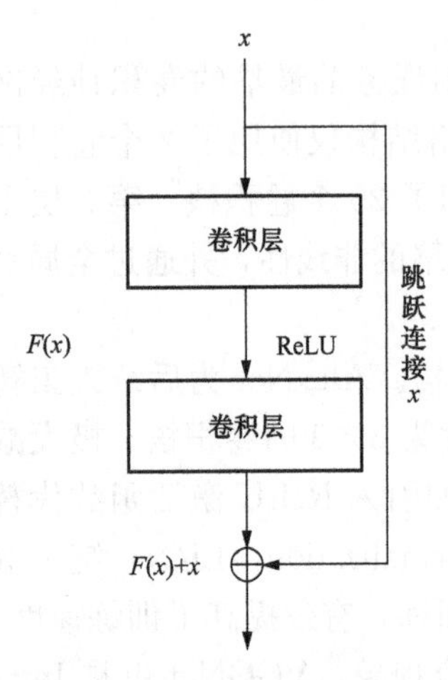

图 2.2.4 ResNet 中残差块

已经得到普及，成为人们生活中必不可少的工具。神经算法融合到人工智能识别技术，在原有人工智能识别技术上得到突破，提高识别的辨识度和精准度，获得了更为广阔的应用空间，为人们提供更加便利的生活，神经算法在人工智能识别中主要体现在以下 5 方面技术融合。

1. 结构搭建与分析

以人工智能识别技术为载体，运用神经网络算法，对神经元组合排列，构建成多维度的人工智能识别网络，同时，发挥神经网络算法优势，促进人工智能识别技术的灵敏度和精确度进一步提高。以神经网络算法为前提，不同物体在人工智能识别平台中所识别出的排列组合也有所不同，人工智能识别技术充分发挥神经网络算法的神经元组合排列优势，对排列机构组合深度分析，提高人工智能识别技术不断向纵深发展。

2. 算法精准与分析

计算机互联网的发展，人工智能技术引用神经算法可以提高识别技术的精准度，对评价网络性能 MSE 关联度较高，业内学者在计算 MSE 过程中，提高了对时间因素的考虑，并在神经网络算法中采用 $E=\frac{(d-o)^2}{2}$（E 为输出误差，d 为期望输出，o 为实际输出）的误差函数，根据公式得出误差值，并与计算出的权值相对比，可以直接得出网络神经算法的精准结果。以此为契机，人工智能识别技术采用神经网络算法，可以提高人工智能识别技术的辨识度，提高计算数值的精准性。神经网络算法在人工智能识别技术中，除了精准、严谨、科学的算法以外，还应发挥神经网络各系统之间链接优势。神经网络中每个节点之间关联性强，具有相互融通特点，为平台构建提供了基础，促进了数据信息之间的资源共享。人工智能识别技术借助神经网络算法，提高了数据信息的检索效率，加快了信息匹配能力，促使人工智能识别技术有效提升。

3. 拟合效果与性能

神经网络算法主要借助计算机技术，在多个函数的控制下构建完整、全面、复杂的系统，拟合效果越好，神经网络算法计算出的精准度越高，为了提高整个神经网络的拟合效果，首要工作是通过技术控制好每一股神经元。为了提高人工智能识别技术的识别精准性，避免出现识别障碍，应通过高质量拟合效果的神经网络算法，提高对识别对象具体信息的辨识能力。神经网络算法中的拟合效果对人工智能识别能力具有直接影响，如果采用多维度拟合效果，人工智能识别机器对个体信息识别能力显著提高，不会出现机器因难以快速反馈信息而出现卡顿现象。因此，拟合效果良莠与人工智能识别技术性能及反应状态直接挂钩，为了拓展人工智能识别技术应用范围，应不断完善拟合效果，促进技术性能提升。

4. 数据样本与存储

神经网络是由多个神经元和网络结点形成的，由多个神经元交叉建构的神经网络是一个多维的虚拟空间。在这个虚拟空间中所能够储存的资料信息是难以估量的，而且大多是形式多样的储存模式，使得这个模式能够构建出虚拟的人像或物像。人工智能识别技术就是要识别现实生活中真实存在的人像或物像，那么将神经网络应用到人工智能识别技术上，能够使得虚拟与现实的人像或物像相重叠，从而提高人工智能的识别技术。而要达到人工智能识别技术与神经网络之间是高度吻合的，那么就得进行大量的数据采集、整理、储存和优化。而对于数据样本的实验、数据样本的实践，神经网络算法都会通过预先的设定，输入关键字即可得出，从而能够使得人工智能识别技术的智能化程度大大提高，精准度也大大提高。

5. 反应与检索速度

如果数据过少，人工智能识别技术可利用性不高，人们对人工智能识别技术的信任度也会打折扣。因此，大数据大容量是人工智能识别技术发展的必然储备，而这个实现储备功能的可以是神经网络。将神经网络运用到人工智能识别技术中，是将神经网络作为一种后备储蓄的功能。神经网络将互联网上的一系列的信息储备后，进行数据的筛查、数据梳理以及数据归类后存储在数据库里。当人工智能识别技术需要反馈信息时，神经网络算法会快速地将人工智能识别技术需要的信息通过科技检索而传送到指定的终端，实现人工智能识别，从而方便人们的生活。因此，将神经网络运用于人工智能识别技术中是将人工智能识别技术的内存扩大、重组与优化，所以当需要信息反馈时候，能够通过神经网络算法快速便捷地检索出信息，极大程度上提高了人工智能的信息反映和检索的能力，是人工智能识别技术的最佳帮手。

2.3 强化学习算法

2.3.1 背景

强化学习（reinforcement learning，RL）是机器学习的一个子领域，学习如何将场景（环境状态）映射到动作的策略，以获取能够反映任务目标的最大数值型奖赏信号，即在给定的环境状态下，决策选择何种动作去改变环境，使得获得的收益最大。同监督式的机器学习过程不同，在强化学习过程中智能体不被告知应该采用哪个动作，而是通过不断与环境交互，从而试错学习到当前任务最优或较优的策略，这一学习方式能够有效地解决在自然科学、社会科学以及工程应用等领域中存在的序贯决策问题。

2.3.2 定义

RL 是一种智能体通过利用与环境交互得到的经验来优化决策的过程。强化学习问题通常可以被建模为马尔科夫决策过程（markov decision process，MDP），可以由一个四元组表示 MDP=(S，A，R，P)，其中 S 表示决策过程中所能得到的状态集合，A 表示决策过程中的动作集合，R 表示用于对状态转移做出的即刻奖励，P 则为状态转移概率。在任意时间步长 t 的开始，智能体观察环境得到当前状态 S。并且根据当前的最优策略 π^* 做出动作 a_t。在 t 的最后，智能体得到其奖励 r_t 及下一个观测状态 S_{t+1}。MDP 的目标就是找到最佳的动作序列以最大化长期的平均奖励。

1. 要素

强化学习包括八个要素，以下内容将对八个要素展开说明：

(1) 环境（environment）。环境是客观存在的一个约束。例如围棋中，棋盘就是一个环境，每次下棋只能在这个约束范围内完成。与环境依附的一个概念是状态（state），一个环境拥有若干个状态。

（2）智能体（agent）。智能体是强化学习的对象，可以是人、动物、机器人（例如计算机本身）。智能体顾名思义是有智能的物体，也就是说它可以根据不同的环境状态做出相应的动作。以围棋为例，每当一个人落子后，则会形成一个新的棋局（状态），这个局面会影响智能体接下来落子的地方。

由以上定义可知，智能体应该具有下列基本特性：

1）自治性（autonomy）：智能体能根据外界环境的变化，而自动地对自己的行为和状态进行调整，而不是仅仅被动地接受外界的刺激，具有自我管理自我调节的能力。

2）反应性（reactive）：能对外界的刺激做出反应的能力。

3）主动性（proactive）：对于外界环境的改变，智能体能主动采取活动的能力。

4）社会性（social）：智能体具有与其他智能体或人进行合作的能力，不同的智能体可根据各自的意图与其他智能体进行交互，以达到解决问题的目的。

5）进化性（evolutionary）：智能体能积累或学习经验和知识，并修改自己的行为以适应新环境。

（3）策略（policy）。策略则是智能体在当前状态下所做出的一个动作，通常意义上讲，策略是基于当前状态所做出的动作。

（4）状态转移（state transition）。一般来说，做出一个动作后并非能够达到目标状态，故此时需要状态转移。

（5）回报（reward）。当状态转移到新的状态时，环境会回馈给智能体一个奖励，这个奖励即为单步回报。

（6）价值函数（value function）。价值函数又称为状态价值函数，是用来衡量某个时刻某状态开始时智能体获得总收益的期望，换句话说，从该状态开始，所有可能的策略及可能转移的状态所获得回报的累计。

（7）状态价值（state value）。状态价值则是衡量从某一个状态执行某个动作后，获得累计价值的期望。换句话说，价值函数是状态价值关于动作的期望。

（8）模型（model）。模型是一个可选的要素，是对环境反应模式的模拟。基于模型的强化学习是由模型进行指导的，在某个状态下可根据模型做出相应的动作。

2. 特点

强化学习有如下三个特点：

（1）基于评估：强化学习利用环境评估当前策略，以此为依据进行优化。

（2）交互性：强化学习的数据在与环境的交互中产生。

（3）序列决策过程：智能主体在与环境的交互中需要做出一系列的决策，这些决策往往是前后关联的。

注：现实中的强化学习问题往往还会具有奖励滞后，基于采样的评估特点。

可以根据以下特点直观定位强化学习，如图 2.3.1 所示。

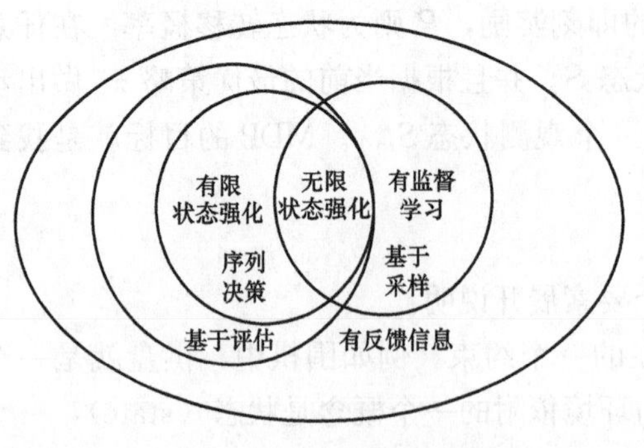

图 2.3.1　强化学习特点

1）有/无可靠的反馈信息。

2）基于评估/基于监督信息。

3）序列决策/单步决策。

4）基于采样/基于穷举。

3. 基本原理和模型

强化学习是从动物学习、参数扰动自适应控制等理论发展而来，其基本原理是：智能体在与环境进行交互的过程中，通过不断的尝试，从错误中学习经验，并根据经验调整其策略，来最大化最终所有奖励的累积值。RL 的奖励很重要，具有奖励导向性，这种奖励导向性类似于 SL 中正确的标签，从一开始没有数据和标签，不断尝试在环境中获取这些数据和标签，然后再学习哪些数据对应哪些标签，通过学习这样的规律，不断更新智能体的状态，使之尽可能选择高分行为。RL 不是简单学习运算一个结果，而是学习问题的一种求解策略。强化学习原理示意图如图 2.3.2 所示。

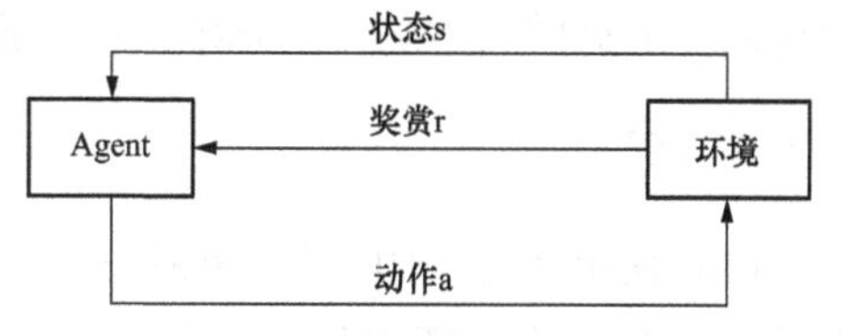

图 2.3.2　强化学习原理示意图

4. 网络模型设计

每一个自主体是由两个神经网络模块组成，即行动网络和评估网络，如图 2.3.3 所示。行动网络是根据当前的状态而决定下一个时刻施加到环境上去的最好动作。对于行动网络，强化学习算法允许它的输出结点进行随机搜索，有了来自评估网络的内部强化信号后，行动网络的输出结点即可有效地完成随机搜索并且大大地提高选择好的动作的可能性，同时可以在线训练整个行动网络。用一个辅助网络来为环境建模，评估网络根据当前的状态和模拟环境用于预测标量值的外部强化信号，这样它可单步和多步预报当前由行动网络施加到环境上的动作强化信号，可以提前向动作网络提供有关将候选动作的强化信号，以及更多的奖惩信息（内部强化信号），以减少不确定性并提高学习速度。

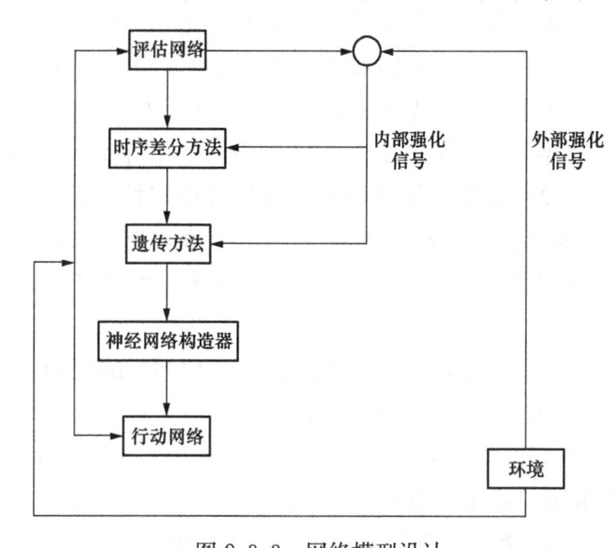

图 2.3.3　网络模型设计

进化强化学习对评估网络使用时序差分预测方法 TD 和反向传播 BP 算法进行学习，而对行动网络进行遗传操作，使用内部强化信号作为行动网络的适应度函数。

网络运算分成两个部分，即前向信号计算和遗传强化计算。在前向信号计算时，对评估网络采用时序差分预测方法，由评估网络对环境建模，可以进行外部强化信号的多步预测，评估网络提供更有效的内部强化信号给行动网络，使它产生更恰当的行动，内部强化信号使行动网络、评估网络在每一步都可以进行学习，而不必等待外部强化信号的到来，从而大大地加速了两个网络的学习。

2.3.3 发展历程

1956年Bellman提出了动态规划方法，1977年Werbos提出只适应动态规划算法，1988年sutton提出时间差分算法，1992年Watkins提出Q-learning算法，1994年Rummery提出Saras算法，1996年Bersekas提出解决随机过程中优化控制的神经动态规划方法，2006年Kocsis提出了置信上限树算法，2009年Kewis提出反馈控制只适应动态规划算法，2014年Silver提出确定性策略梯度（policy gradients）算法，2015年Google-deep mind提出Deep-Q-Network算法。可见，强化学习已经发展了几十年，并不是一门新的技术。在2016年，AlphaGo击败李世石之后，融合了深度学习的强化学习技术大放异彩，成为这两年最火的技术之一。总结来说，强化学习就是一个古老而又时尚的技术。

2.3.4 分类

（1）强化学习。RL可以建模为一个MDP，其过程可以用五元组（S，A，P，R，γ）表示。其中S表示环境的状态集合，A表示智能体的动作集合，P是各个状态的转移概率，R是采取某一动作后到达下一个状态的奖励值，γ是折扣因子。

（2）基于策略梯度的深度强化学习。基于策略梯度的RL常应用于状态空间过大或连续空间的RL问题上，它不需要计算值函数，可以用DNN来表示从状态空间到动作空间的一个参数化映射函数$a=\pi_\theta(s)$。策略搜索是通过寻找参数θ使得目标函数$\pi_\theta(s)$输出概率最大，直接计算与动作相关的策略梯度（PG），沿梯度方向调整动作，好的行为会增加被选中的概率，不好的行为会减弱下一次被选中的概率，是一种端到端的输出形式。

（3）基于值函数的深度强化学习。2013年Mnih等人提出深Q-网络（deep q-network，DQN）算法，2015年Mnih等人又改进了DQN算法，使其训练过程具有稳定性。此算法是深度学习与RL的首次结合，采用DNN端到端地拟合Q-学习中的Q值，充分发挥出DNN对高维数据处理的能力，其中关键的评估策略可分为两个值函数：状态值函数和状态-动作值函数。

（4）基于行动者-评论家的深度强化学习。基于行动者-评论家的深度强化学习的行动者-评论家（actor critic，AC）算法是结合PG和时序差分（temporal difference，TD）的一种RL算法。行动者通过策略函数学习到一个更高回报的策略。评论家经由值函数表示，对当前策略的值函数进行估计，即评估行动者策略的好坏。借助于值函数，AC算法可以进行单步策略更新参数，不需要所有回合结束再更新参数θ，如Lillicrap等人采用深度确定性策略梯度（deep deterministic policy gradient，DDPG）来实现AC算法。

强化学习的分类可按环境、智能体、有无模型以及使用手段来分类，分类的具体情况如图2.3.4所示。

（5）主流算法分类。强化学习算法依于智能体是否能完整了解或学习到所在环境的模型，分为有模型学习和免模型学习两大类。其原理分别是基于蒙特卡罗方法如图2.3.5所示。

除了免模型学习和有模型学习的分类外，强化学习还有以下分类方式：

1）基于概率与基于价值。

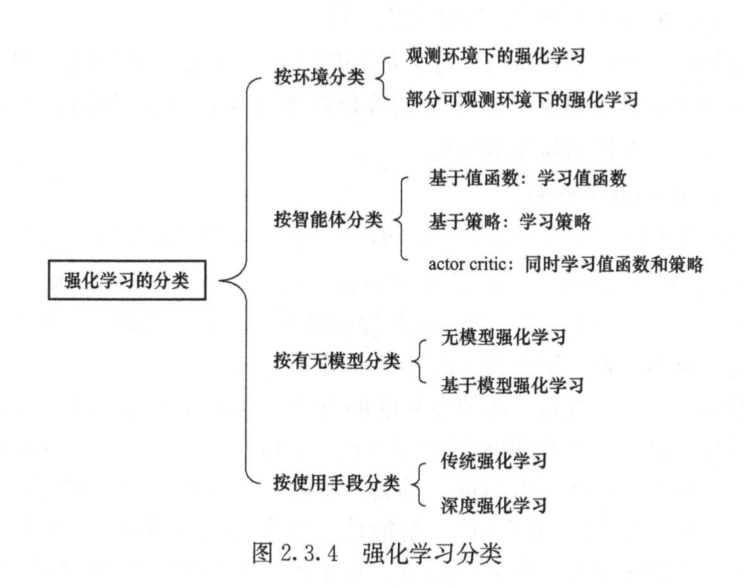

图 2.3.4 强化学习分类

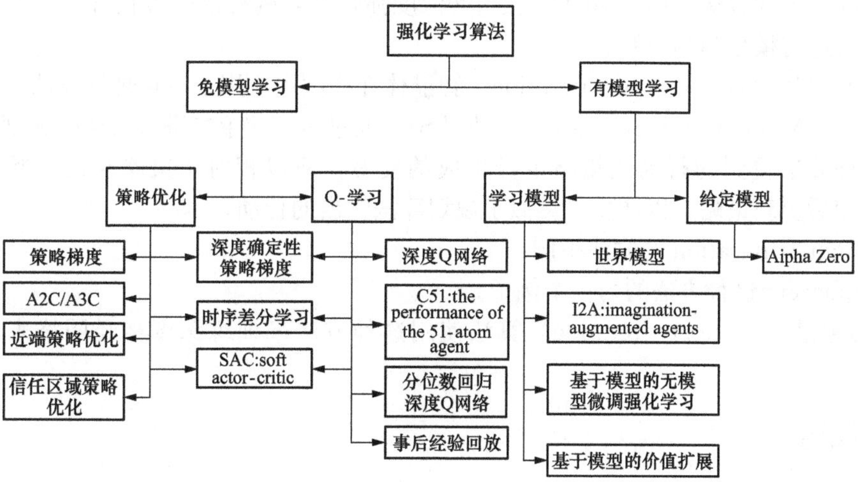

图 2.3.5 强化学习主流算法分类图

2）回合更新与单步更新。

3）在线学习与离线学习。

a. 免模型学习（model-free）放弃了模型学习，在效率上不如有模型学习，但是这种方式更加容易实现，也容易在真实场景下调整到很好的状态。所以免模型学习方法更受欢迎，得到更加广泛地开发和测试。

(a) 免模型学习——策略优化（policy optimization）。这个系列的方法直接对性能目标梯度下降进行优化，或者间接地对性能目标的局部近似函数进行优化。优化基本都是基于同策略的，也就是说每一步更新只会用最新的策略执行时采集到的数据。

基于策略优化的方法举例：

a）近端策略优化：不直接通过最大化性能更新，而是最大化目标估计函数。

b）A2C/A3C：通过梯度下降直接最大化性能。

（b）免模型学习——Q-Learning。这个系列的算法它们通常使用基于贝尔曼方程的目标函数。优化过程属于异策略系列，这意味着每次更新可以使用任意时间点的训练数据，不管获取数据时智能体选择如何探索环境。

基于 Q-Learning 的方法举例：

a）深度 Q 网络（deep Q-network，DQN）：一个让深度强化学习得到发展的经典方法。

b）C51（the performance of the 51-atom agent）：学习回报的分布函数。

b. 有模型学习（model-based）对环境有提前的认知，可以提前考虑规划，但是缺点是如果模型跟真实世界不一致，那么在实际使用场景下会表现得不好。

（a）有模型学习——纯规划。这种最基础的方法，从来不显示的表示策略，而是纯使用规划技术来选择行动，例如模型预测控制（model-predictive control，MPC）。在模型预测控制中，智能体每次观察环境的时候，都会计算得到一个对于当前模型最优的规划，这里的规划指的是未来一个固定时间段内，智能体会采取的所有行动。智能体先执行规划的第一个行动，然后立即舍弃规划的剩余部分。每次准备和环境进行互动时，它会计算出一个新的规划，从而避免执行小于规划范围的规划给出的行动。

基于纯规划的方法举例：MBMF 在一些深度强化学习的标准基准任务上，基于学习到的环境模型进行模型预测控制。

（b）有模型学习——expert iteration。智能体在模型中应用了一种规划算法，类似蒙特卡洛树搜索（Monte Carol tree search，MCTS），通过对当前策略进行采样生成规划的候选行为。这种算法得到的行动比策略本身生成的要好，所以相对于策略来说，规划算法是“专家”。随后更新策略，以产生更类似于规划算法输出的行动。

基于 expert iteration 的方法举例：

a）alphazero 这种方法的另一个例子。

b）专家迭代（expert iteration）算法使用这种方法来训练深度神经网络来运算十六进制。

2.3.5 应用

强化学习的应用很广泛，其应用分类如图 2.3.6 所示。

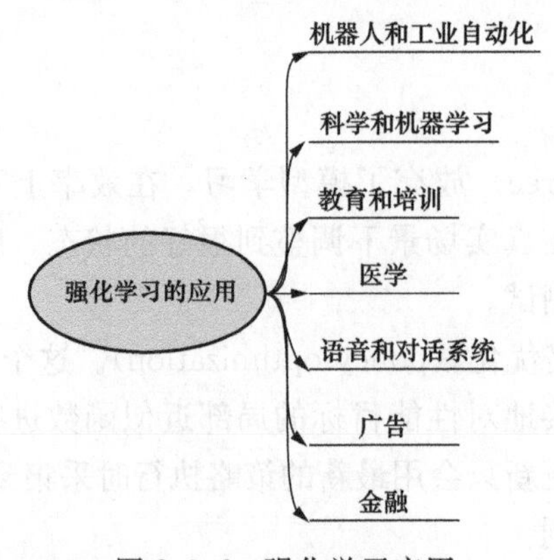

图 2.3.6 强化学习应用

（1）机器人和工业自动化。强化学习在高维控制问题（诸如机器人等）中的应用已经是学术界和工业界共同的研究课题。同时初创公司也开始使用强化学习来打造机器人产品。

工业自动化是另一个有前景的领域。DeepMind 的强化学习技术帮助 Google 显著降低了其数据中心的能耗。初创公司已经注意到自动化解决方案有一个很大的市场。其中之一就是 Bonsai，它们正在开发工具来帮助企业将强化学习和其他技术用于工业应用。一个常见的例子是使用人工智能来调优机器和设备，而目前这些工作需要专家级的操作人员才能完成。

（2）科学和机器学习。机器学习库已经变得很容易使用了，但是选择合适的模型或模型架构对于数据科学家来说仍然是一个挑战。随着深度学习成为数据科学家和机器学习工程师使用的技术之一，那些可以帮助人们识别和调优神经网络架构的工具成了活跃的研究领域。多个研究小组已经提出使用强化学习来使神经网络架构的设计更容易。Google 的 AutoML 可以使用强化学习为计算机视觉和语言建模生成最前沿的机器生成的神经网络架构。除了可以简化创建机器学习模型的工具之外，还有一些人认为强化学习可以帮助软件工程师编写计算机程序。

（3）教育和培训。在线平台已经开始尝试使用机器学习来创建个性化的体验。一些研究人员正在研究在教学系统和个性化学习中使用强化学习和其他机器学习方法。采用强化学习可以为辅导系统提供适应学生个人特定需求的定制化的指导和素材。一些研究人员正在为未来的辅导系统开发强化学习算法和统计的方法。这些方法需要的数据比较少。

（4）医学。强化学习的智能体和环境进行交互并基于所采取的行动接收反馈的场景和医学里学习治疗策略有相似之处。事实上，强化学习在医疗保健中的很多应用都和找到最佳的治疗策略有关。一些相关论文引用了强化学习在医疗设备、药物剂量和两阶段临床试验中的应用。

（5）语音和对话系统。2017 年早些时候，Salesforce 的人工智能研究人员使用深度强化学习来进行摘要性文本总结。这可能是基于强化学习的工具能赢得用户的一个新领域，因为许多企业都需要更好的文本挖掘解决方案。

（6）广告。微软的一篇论文里介绍了一个名为 Decision Service（决策服务）的内部系统，这个系统已经在 Azure 上开放。论文里描述了决策服务在内容推荐和广告中的应用。决策服务更通用的目标是针对模型失效的机器学习产品，包括“循环反馈和偏置、分布式数据收集，环境变化和监控和调试的模型”。强化学习的其他应用包括优化跨渠道营销和实时投标在线广告系统。

（7）金融。在一些研究论文中描述了这些技术在金融领域的潜在应用，但目前仍然没有被广泛应用，在不久的将来，或许会得到普及应用。《金融时报》的一篇文章介绍了这个基于强化学习实现优化交易执行的系统。该系统（被称为 LOXM）正被用来以最快的速度和最好的价格执行交易。

第3章

人工智能在新能源发电系统功率预测中的应用

3.1 概述

随着太阳能和风能等可再生能源的普及，对可再生能源的预测正成为人们关注的焦点。人们普遍认为，可再生能源对于经济、可靠地将其生产的能源整合到现有的电力网络具有重要意义。虽然其他形式的可再生能源也可能涉及一些预测任务和挑战，但由于风能和太阳能的可变性和有限的可预测性，以及对天气现象的瞬时反应，在过去10年或20年里，大多数重点放在太阳能和风能上。

任何预测的价值只有在它能带来更好的决策时才能实现。一般来说，可再生能源预测的用户可分为两类：能源市场参与者和电力系统运营商。前者关注的是能源的交易买卖，而后者的重点是保证可靠的能源供应，但两者都需要及时和准确地预测可再生能源发电。自由化的能源市场，如欧洲和美国的能源市场，在结构上差别很大，但所涉及的时间范围是共同的：长期交易（和对冲）发生在未来几周到几年，日前市场为发电厂制定了初步计划，日内市场可以进行进一步调整，直到在某些情况下开始交付。因此，对市场参与者来说，在所有这些领域进行准确预测是一种经济上的必要条件，而了解预测的不确定性对于管理风险也是必要的。电力系统运营商同样依赖可再生能源预测来为市场（和天气）提供的任何发电组合做好准备。

而在消耗电能过程中有一个独特的特点：在生产时消耗很少或没有存储。传统的电力是根据住宅、工业和商业客户的需求产生的。将可再生能源引入电网的主要问题是风速的间歇性等不可预测性，而且对于风电场来说，不同的风力涡轮机根据风电场内的风向和位置产生不同的电量。太阳辐照度受云量、霾效应和太阳仰角的影响。虽然太阳仰角是分析上决定的，但云量和霾效应是随机的。这种不可预测性会导致功率输出的大幅波动，为了平滑这种波动，需要大量的电池存储或电源储备容量，这是非常昂贵的。通过提高预测精度，可以减少这些储量。此外，准确的风速/功率预测和太阳辐照度/功率预测可以提高能量转换效率，降低系统过载和极端天气条件造成的风险，并可以改善机组组合优化。

此外，预测在减少运营时间尺度上的不确定性方面起着核心作用，从实时到提前几天。量化不确定性对于优化决策和风险管理也是必要的。预测的不确定性以概率预测的形式进行量化，最常见的形式是预测区间、预测概率密度函数（单变量或多变量）或轨迹/情景，但也存在其他形式。区分短期预测（提前数小时到几天）和超短期预测（提前几分钟到几小时）是很重要的。世界气象组织将非常短期的范围定义为最多提前12h，但在能源预测中，这种区别通常是方法上的，而不是固定的提前时间，尽管这两种惯例都没有始终如一地适用。临近预报一词在气象界也用于指代非常短期的预报，但为了保持一致性，我们将始终使用非常短期的预报。短期时间尺度可预测性的主要来源是数值天气预报（numerical weather prediction，NWP），而极短期时间尺度可预测性的主要来源是最近的观测结果。NWP不太适合非常短期的预报，因为数据同化和计算需要时间，而且天气-功率转换带来的额外不确定性在非常短期的时间尺度上大于自然变率。本章主要讨论非常短期的预测，我们关注的是基于最近的观测和时间尺度的预测方法，其中NWP增加的价值有限或没有价值。

从长期来考虑，可再生能源已开始充当日益关键的角色了。其大致趋势包括：风力和光伏发电朝着规模化、大型化来转变。由于政府的政策扶持和科研开发的加强，以及相关技术手段水平的提高，再加上其生成成本的下降和规模式的增长发展，风力和光伏发电系统的市场竞争力也不断提升了。尤其是在风电与光伏并网发电中，因为风电与光伏并网电力的输出功率波动性很大，并且这种变化往往无法及时预知。假设可以比较精准地预测出在未来一段时间里风力或光伏电站的总发电量，那么就能够对这些波动性因素做出评价，从而更有效地减少了风力或光伏在发电并网时给整个电力系统网络造成的潜在风险。此外，当可以对输出功率预测得更加精准，那么这种潜在的风险系数将会减少得比较低。然而，一般很难精准预测风光发电系统的输出功率，因为预测精准度通常受到采集的数据本身存在的异常以及预测模型本身的误差等影响，所以预测误差总是出现并且不容忽视。综上，更加精确和有效地预测风力和光伏发电系统输出功率，这不仅对优化设备容量、装机调频十分重要，而且对电网调度和在线优化机组组合都有着重大研究意义。综上所述，值得深入研究和分析风光发电系统的功率预测模型。

风能和太阳能的发展和研究需要定期回顾和综合研究，然而，尽管有许多共同的特点，风能和太阳能预测往往是孤立的，这也许是光伏预测发展相对较晚的结果。由于风速和太阳辐照度对较大时间尺度气象现象的强依赖，二者均表现出一定的时空相关性。因此，有些方法模型对风能和太阳能相关预测应用都是有效的，例如基于NWP的物理模型。另外，在最近的相关预测研究中，风能和太阳能的预测大都集中在同一类模型和时空尺度上进行研究，这为进一步发展风光发电系统功率预测提供了潜在机会。

3.1.1 风力发电系统功率预测技术

1. 输入数据分类

一般情况下，风电预测数据根据数据源可分为地理数据、NWP数据、历史数据和实时监测数据四大类，此外，不同种类数据类别包含的信息和对应的应用类型也差异很大，如图3.1.1所示。这些数据高度依赖于位于不利环境下的复杂测量仪器，存在不正确和异常的数据。因此，有必要对输入数据进行预处理，以提高其预测精度。

2. 输入数据的预处理

关于风力输入数据的预处理方法一般可分为三大类，即基于分解的方法、基于降维的方法和基于降噪的方法。需要注意的是，在三种不同的分类下，预测模型的输入数据对最终结果的精度至关重要，而原始风能数据中往往包含不正确的数据，以及由于传感器不可靠和发电机运行状态不正常而导致的异常数据。

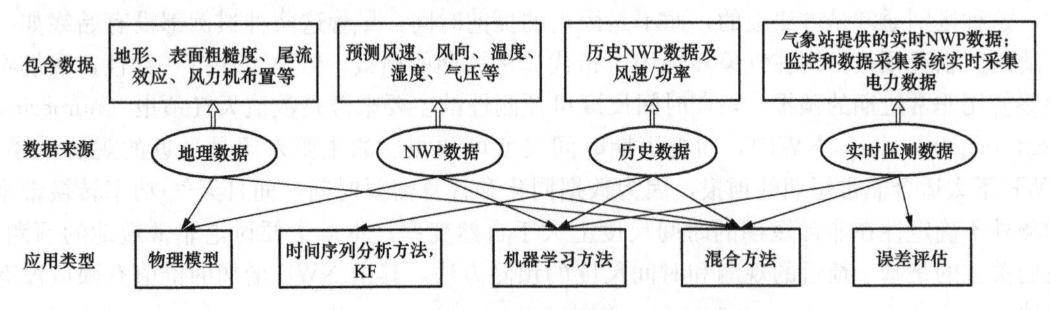

图 3.1.1　风电预测输入数据分类和汇总

基于分解的方法主要将不稳定的风速和功率序列分解为相对平稳的子集，然后在每个子集上建立单一预测模型，得到相对独立的预测结果，最后将各个结果相加得到最终的预测结果。但是当需要分解的数据过多时，基于降维的方法可能会发生维数灾难。其中，特征选择和特征提取方法是通过减少计算复杂度和信息冗余来实现数据降维以提高精度的两种方法。不同的是，特征选择从现有的特征集中返回一个子集，而特征提取从原始特征中产生新的特征。而基于降噪的方法旨在去除影响预测精度的噪声数据信息。一般来说，基于分解的降噪方法、奇异谱分析和小波阈值降噪是风电预测中几种主要的降噪方法。表3.1.1对三种数据预处理类别进行了综合比较和分析。值得注意的是，没有一种预处理方法的效果绝对优于其他方法。事实上，它们通常结合在一起以进一步改进数据预处理效果。

表 3.1.1　　三大类预处理方法总结

方法		用途	适用性	使用频率	实施难度	鲁棒性	计算时间	精度提高
基于分解的方法		减少预测困难	波动小的中小量数据	****	****	*	****	****
基于降维的方法	特征选择	选择具有高度相关性的特征	强相关性的大量数据	***	*	**	***	***
	特征提取	建立减少冗余的特征集	高冗余的大量数据	**	**	***	**	**
基于降噪的方法		加强输入数据的有效性	波动剧烈的中等量数据	*	***	****	*	*

注　*的数目越多表示级别越高。

3. 预测模型分类标准

风电系统预测有时间尺度、空间尺度、预测对象、预测结果形式等多种分类方法。具体来说，按照不同时间尺度的分类，可分为长期预测、中期预测、短期预测、超短期预测四大类；按照不同空间尺度分类，可分为单机预测、单场站预测、区域风电场群预测三大类；按照不同预测对象分类，可分为风速预测和输出功率预测两大类；按照不同预测结果形式分类，可分为概率预测和确定性预测两大类。综上所述，基于不同分类标准的风电预测模型分类如图3.1.2所示。

此外，在不同预测对象的分类中，由于风速预测与输出功率预测有很大的相似之处，本节旨在重点介绍风电系统输出功率预测相关理论。而对于输出功率预测，其根据采用的不同预测模型原理可进一步分类，大致分为三大类方法，即物理法、统计法和组合法。

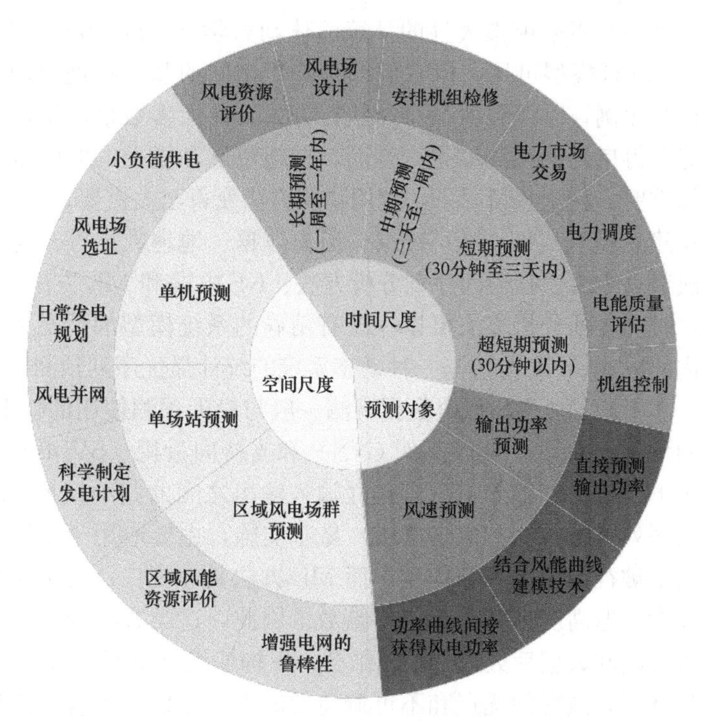

图 3.1.2 基于不同标准的风电预测模型分类

4. 预测模型原理

物理方法主要是基于 NWP 模型，利用 NWP 数据和地理数据计算风力机轮毂高度风速，图 3.1.3 (a) 即为此类方法的通用流程图。具体来说，这种方法建模工作通常是通过缩小 NWP 数据来实现的，这需要对风电场以及周围环境进行详细的物理描述，如风电场布局、地形、粗糙度和障碍物，以及温度、压力等的天气预报数据。这些变量用于复杂的数学模型，以确定风速。然后，将预测风速用到相关的风力机功率曲线（通常由涡轮机制造商提供）来预测风力功率。这种方法不需要用历史数据进行训练，但它们高度依赖于初始的物理数据。物理方法是基于使用空气流动中质量守恒、动量和能量守恒的基本物理原

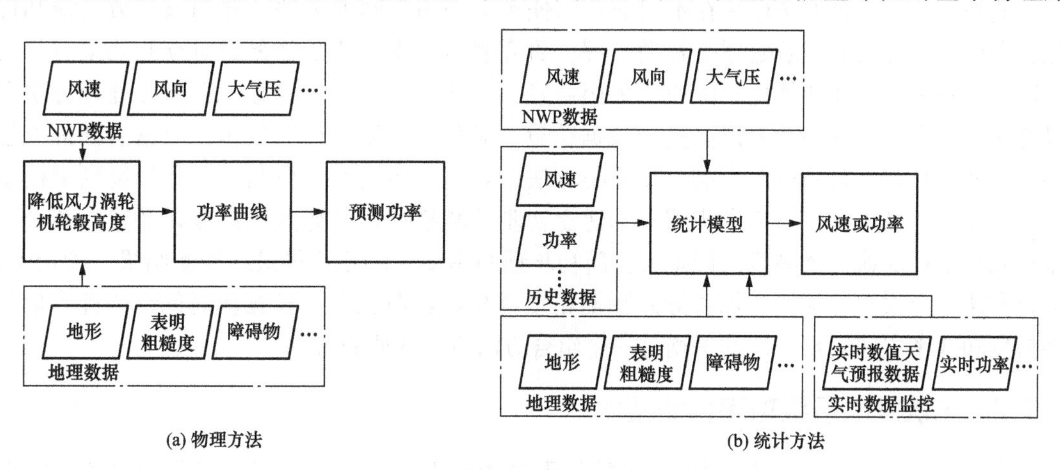

图 3.1.3 物理方法和统计方法通用流程图

理的模型。这些模型涉及用来模拟大气的计算流体动力学（computational fluid dynamics，CFD）。虽然有许多CFD模型可用，但它们都是基于相同的基本物理原理。它们的不同之处在于电网的结构和比例，以及数值计算的执行方式。在大多数情况下，统计方法在中期和长期预测中都能取得良好的预测结果。然而，在超短期和短期的时间范围内，大气动力学的影响变得更加重要，在这些情况下，使用物理方法变得至关重要。

统计方法旨在建立输入（即NWP数据、历史数据、地理数据等）与输出（风速或功率）之间的精确映射，主要包括时间序列分析方法、KF方法和ML方法，如图3.1.3（b）所示。具体来说，时间序列分析方法可以在没有精确的系统模型的情况下，根据历史数据预测未来几分钟内的风速。KF方法是一种动态系统的统计最优序列预测方法，它依赖于一系列的数学计算。在KF方法中，风电数据观测一般与最近预测使用的权重进行递归结合，以便最小化相应的偏差。此外，神经网络（NN）和支持向量机（SVMs）可以在不需要详细系统信息的情况下，根据各种学习规则建立输入输出之间的归纳模型。综上所述，传统的统计方法（时间序列分析方法和KF方法）易于实施，主要应用于超短期和短期时间尺度的预测模型，通常被视为标准对照模型。而ML方法具有更广泛的适用性，即可适用于所有不同的时间尺度，但高度依赖于选定的参数。因此，这类方法通常与参数选择和优化方法、数据预处理方法和数据后处理方法相结合，以构建组合模型。

上述两种方法都有其独特的优点和不可避免的缺点，这促使组合方法比单一方法获得更令人满意的预测效果。组合法整合了多种模型的优点，是更有效的预测技术，可进一步分为水平组合法和垂直组合法两类。通过对每个单一方法的结果赋权重系数，得到水平组合法的预测结果。毫无疑问，权重系数的确定对组合方法整体的预测效果至关重要。其中，熵原理、高斯过程回归（gaussian process regression，GPR）、支持向量回归（support vector regression，SVR）、贝叶斯模型、等权重平均法和协方差优化组合法是一些具有代表性的权重系数确定方法。同时，也可采用改进花授粉算法（modified flower pollination algorithm，MFPA）、GWO、多目标蚱蜢优化算法（multi-objective grasshopper optimization algorithm，MOGOA）等启发式算法来获取权重系数，此类方法具有快速收敛和全局优化的优点。

此外，垂直组合方法往往在不同的预测任务中采用不同的方法，并辅以参数选择和优化、数据预处理和数据后处理等辅助过程。研究表明，模型的某些参数对预测结果有很大的影响，而参数选择和优化方法通常采用启发式算法来获得最优参数。数据预处理方法可以通过去除冗余数据特性来提高整体数据质量，避免不必要的计算负担。数据后处理方法侧重于减少系统误差的负面影响。在此类方法中，通过残余误差预测模型对最终预测模型进行了修正，具体有以下三个步骤：①建立初步预测模型，计算残余误差；②建立残余误差预测模型；③通过预测残余误差来更新初步预测模型，以便获得最终预测结果。理论上，组合方法中个数和层次的增加将导致预测精度的提高，但也会延长预测时间。因此，如何在精度和效率之间实现合理的平衡是一个组合方法重要的研究方向。

3.1.2 光伏发电系统功率预测技术

由于光伏（photovoltaic，PV）电站的天气依赖性，其输出功率具有不确定性和间歇性。当光伏输出功率在电网中显著渗透时，其不确定性使得传统电网运行调度困难。为解决电力系统间歇性以及供电一体化和运行困难的矛盾，需要对光伏电站等供电系统进行精确的输出功率预测。此外，由于其强大的发电能力，光伏电站与电网的集成越来越受到关注。然而，光伏发电的固有随机性也给电网带来了电力系统不稳定性、电压波动、运行调度、储备成本、经济调度等重大问题。因此，采用可靠、准确的光电系统预测来克服上述影响至关重要，这有效促进了相关研究在全球范围内的蓬勃发展。

1. 输入数据分类

如果预测模型的输入数据选择不当，可能会影响不同模型下的整体预测精度。所以，十分有必要对输入数据进行及时有效的预处理，以改进预测精度。图 3.1.4 按照数据源的不同，将各种光电系统输入数据进一步分为五个子类，并且总结了不同类别所包含的数据信息和相应的应用类型，以便后续进一步进行数据预处理。

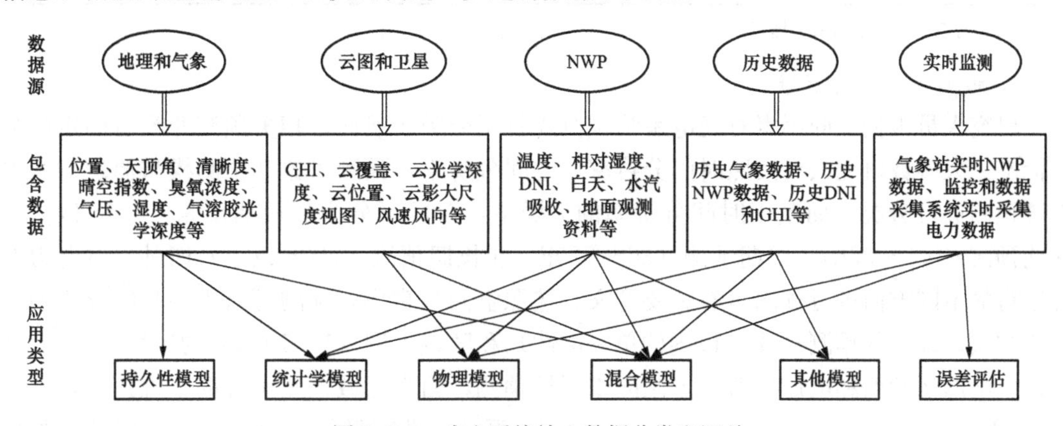

图 3.1.4　光电系统输入数据分类和汇总

2. 输入数据的预处理

通过学习历史模式，预处理后的输入数据可以大大降低预测模型的计算成本。许多技术已经被用来对预测模型的输入数据进行预处理。在现实中，这些方法有时会被结合起来以进一步提高预处理效果和预测性能。为了对每种方法进行深入分析，表 3.1.2 比较和总结了这七种数据预处理方法的适用性和差异。

表 3.1.2　　七种数据预处理方法总结

方法	适用性	实施难度	计算时间	精度提高	优点/缺点
平稳模型	波动小的少量数据	* * * *	*	* *	自适应的； 无法处理复杂的数据环境
无趋势时间序列	确定日太阳辐射趋势	*	* *	*	独立的数据长度； 相对方便的实施； 低鲁棒性
晴空模型	波动小的少量数据	*	* * *	*	快速计算； 计算量少； 包括冗余数据
归一化	高冗余的中等量数据	* * *	* * *	* *	自适应的； 可减少冗余数据； 很难区分不同的时变分量

续表

方法	适用性	实施难度	计算时间	精度提高	优点/缺点
自组织映射	波动剧烈的中等量数据	* *	* * *	* * * *	特别适用于非线性和非平稳的数据环境； 更少的计算时间； 较差的预测精度和鲁棒性
学习向量量化法	强相关性的大量数据	* * *	* * *	* * *	结构简单，计算时间少； 预测精度可能被重新分级
小波变换	将大数据转换为较小的范围	* * * *	* *	* * * *	独立于小波函数和分解层次； 减少了计算负担； 很难区分不同的时变分量

注　*的数目越大表示级别越高。

3. 预测模型分类标准

研究人员根据不同因素对光电系统预测进行了分类。然而，相关预测并没有固定的分类标准。大多数研究人员按照时间分辨率、空间分辨率、预测对象和预测模型原理对光电系统预测进行分类。而基于时间分辨率的分类下，一般可分为超短期预测（0.5h 以内）、短期预测（0.5～36h）、中期预测（36～720h）和长期预测（720h 以上）四种，对电力系统运行的不同方面进行预测具有重要意义。按照空间分辨率，预测可以进一步细分为两种主要方式，即局部预测（1km 以内的单一电站）和区域预测（1～100km 的区域电站）。特别地，电网运营商和电厂运营商更倾向于区域预测，因为区域预测更有助于维持区域电力系统的供需平衡。此外，按照预测对象可分为太阳辐照度预测（间接预测）和输出功率预测（直接预测）两种，前者一般先预测系统的太阳辐照度，然后通过光伏功率曲线或光伏系统建模技术间接计算获得输出功率。而按照预测模型原理又可分为统计模型、物理模型、混合模型和其他模型四大类，图 3.1.5 显示了基于模型源的各种预测模型在空间分辨率和时间分辨率上的分类情况。

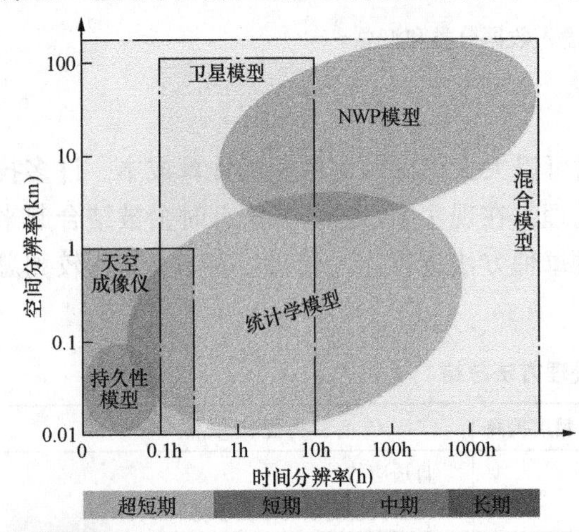

图 3.1.5　基于空间分辨率和时间分辨率的预测方法分类

4. 预测模型

统计模型不要求系统向模型本身提供任何内部信息，这些信息是在学习具有历史影响变量的预测模型的基础上建立起来的。这些预测模型试图利用光伏输出功率与实际实测值之间的差值来减少网络学习误差。此外，它们的预测精度取决于历史输入数据的长度和质量，这类预测方法又分为回归方法和 AI 方法两类。特别是，关于回归方法，这些技术预测因变量（输出功率）和一些自变量（预测因子变量）之间的关系。而 AI 模型被进一步划分为四个子群，即 NN、SVM、ELM 和 FL。

物理方法是以NWP为基础，利用气温、湿度、光照时间、含水量等物理数据，通过卫星或天空成像仪进行云观测。NWP模式基于大气数值动态模拟，可预测太阳辐照度和云量，在此基础上可细分为全球模式和区域模式两大类。天空成像仪是一种可以提供从水平到水平的高质量天空图像的数码相机，适用于云探测、地面云高测量和云运动测定。卫星成像的概念原理与天空成像模型仪非常相似，而云层模式取决于头顶飞行的卫星传感器拍摄的可见光和红外图像。全球约有14个可运行的NWP模型可以用于太阳辐照度预测。其中最著名的两个系统是全球预测系统（global forecast system，GFS）和综合预报系统（integrated forecast system，IFS）。GFS由美国国家海洋和大气管理局运营，而IFS由欧洲中期天气预报中心运营。

值得注意的是，目前的研究大多集中在单一的光伏预测模型上。然而，在不同的天气情况下，单一模型的表现并不可靠准确。研究和开发混合模型的动机之一是，通常可以通过利用其中每种方法来提高整体预测精度。基于预处理机制的混合模型主要分为六类，即通用集成学习方法（general ensemble learning approaches，GELA）、基于聚类的集成学习方法（cluster based ensemble learning approaches，CELA）、基于分解的集成学习方法（decomposition based ensemble learning approaches，DELA）、基于分解聚类的集成学习方法（decomposition-clustering based ensemble learning approaches，DCELA）、基于进化的集成学习方法（evolutionary ensemble learning approaches，EELA）和基于残差的集成学习方法（residual ensemble learning approaches，RELA）。

具体来说，GELA是基于每个模型以不同的方式对预测过程做出贡献的，主要采用不同的方法融合了几种模型，以提高最终预测的性能；CELA主要基于数据挖掘方法的使用，其中将数据集划分为不同的聚类，每个聚类都容纳了具有相似特征的数据样本。接下来，每个聚类被分配到线性或非线性预测模型。然后，通过聚合来自每个簇的估计信号，得到最终的预测信号。在DELA中，其主要思想是将非平稳信号分解为一组有意义的信号，以使时间序列数据保持平稳。对每个分量分别进行预测，然后将所有预测分量聚合为一个信号，得到最终的预测结果。DCELA是基于聚类和分解方法的核心，这类方法优于DELA和CELA，因为它同时具有分解和聚类方法的优点。进化算法通常被用来提供复杂问题的好解决方案，EELA可以在预测模型的输入选择、自由参数优化或许多预测模型输出的融合中发挥独特的优势。在RELA中，预测过程是基于太阳辐照度由线性和非线性分量组成的思想。对于线性分量，采用简单的线性模型，残差分量采用非线性模型进行建模。通过对线性模型和非线性模型的结果相加，得到最终的预测信号。

光电系统预测中的最新其他模型，如后处理方法和概率预测，也是非常关键的。后处理方法通常用于优化NWP模型的输出。特别是，尽管空间分辨率在过去几年中迅速提高，但NWP预测通常无法解决详细的当地天气特征。此外，某些天气条件的系统偏差可用于全球和中尺度模式预测。因此，可以通过统计或其他后处理技术对其进行改进。此外，许多太阳辐照度预测方法都包含统计成分。概率预测领域的另一个最新发现是考虑到一些预测的不确定性。事实上，其他类预测方法提供了仅仅是一个有效的单点值，而将概率预测模型输出功率并入到电网管理中的研究表明，在许多情况下，概率预测比单点预测更有效。此外，针对概率预测已经开发了大量的预测技术，以提供点预测、预测区间和预测概率分布函数，这些方法可进一步分为参数方法和非参数方法。

3.1.3 小结

风能和太阳能作为广泛使用和发展速度最快的新能源，并且因其无污染和可持续的优点，受到研究者高度的关注。目前风力发电和光伏发电是风能和太阳能主要的开发利用形式，然而由于风能和太阳能都具有波动性、间歇性和不可控性等特征，使得风力发电和光伏发电难以控制和调度，这便给电网的并网运行和优化调度带来一定程度的影响，也会危害到整个电力系统的安全经济运行。因此，对风力发电系统和光伏发电系统进行准确的功率预测是十分重要和值得深入研究的。

基于此，本章以风光发电系统为研究对象，采用了基于 Logistic 混沌映射的原子搜索算法（logistic chaos atom search optimization，LCASO）来优化反向传播（back-propagation，BP）神经网络，主要设计了 LCASO-BP 神经网络预测模型用于风光发电系统的功率预测，旨在实现风光发电系统准确高效的功率预测，其贡献点主要可概括为以下四个方面：

（1）3.2 节搭建了基于 LCASO-BP 神经网络的预测模型。首先介绍了 LCASO 算法基本原理和流程机制，并通过 Benchmark 函数进行了仿真测试与分析。然后详细阐述了 BP 神经网络的原理、参数和结构设置以及不足缺陷，最后搭建了基于 LCASO-BP 神经网络的预测模型，说明了其原理和结构，并在公开数据集上进行了仿真测试与分析。

（2）3.3 节首先对风光发电系统的数据预处理进行了详细的阐述，其次对功率预测的几种常见评估指标进行了介绍，为后文进一步验证 LCASO-BP 神经网络预测模型的预测性能表现和实用性奠定基础。

（3）3.4 节建立了基于 GA-BP 神经网络和 PSO-BP 神经网络的功率预测模型，并对其进行了仿真测试，为后续对比仿真实验提供有效和科学的参考。

（4）3.5 节设计了基于 LCASO-BP 神经网络的风光发电系统功率预测模型，并且分别通过与 BP 神经网络、GA-BP 神经网络和 PSO-BP 神经网络在风光发电系统中进行对比仿真测试，有效验证了其综合预测性能表现和广泛适用性。

3.2 基于 LCASO 算法优化 BP 神经网络预测模型

结合实际风光电场现场的实测数据可知，对于长期预测以及中期预测而言历史数据量并不够多，而超短期预测的实际意义和价值远没有短期预测的大，此外，由于风光发电系统本身的间歇性和不确定性等因素影响，所以本章选择研究短期功率预测模型。在短期预测模型中，改进启发式算法优化的 BP 神经网络模型综合预测性能表现最佳，无论风力发电系统功率预测还是光伏发电系统功率预测都能获得较好的预测精度和较强的适用性。因此本节旨在研究基于 LCASO 算法优化 BP 神经网络的预测模型，以便为后续应用于风光发电系统的功率预测提供理论依据和设计框架。

3.2.1 基于 Logistic 混沌映射的原子搜索算法

1. 原子搜索算法

本节介绍了一种受分子动力学启发的新优化算法——原子搜索优化（atom search optimization，ASO）。在 ASO 中，每个原子在搜索空间中的位置代表一个由其质量测量的解，一个更好的解表示一个更重的质量，反之亦然。种群中的所有原子都会按照它们之间的距离相互吸引或排斥，从而鼓励较轻的原子向较重的原子移动。较重的原子具有较小的加速度，这将导致它们在局部空间中集中地寻找更好的解决方案。而较轻的原子具有更大的加速度，这将导致它们在整个搜索空间中广泛地寻找新的有前途的区域。通常，一个分子由多个共价键原子组成，由于复杂的微观相互作用和原子之间的几何约束，所有的原子都会不断运动，而相互作用力一般包含两个部分，即为避免近距离的拥挤而产生的排斥力和将原子结合在一起的吸引力。另外，几何约束可以通过将所有原子驱动到当前的最优解，从而导致更深的局部探索。

（1）原子间相互作用力。通常利用 Lennard-Jones（L-J）势能来表征两个相互作用原子之间的势能。根据势能，原子间的相互作用力可以表示为式（3.2.1）～式（3.2.3）。

$$U(r_{ij})=4\varepsilon\left[\left(\frac{\sigma}{r_{ij}}\right)^{12}-\left(\frac{\sigma}{r_{ij}}\right)^{6}\right] \tag{3.2.1}$$

$$r_{ij}=x_j-x_i \tag{3.2.2}$$

$$r_{ij}=\|x_j-x_i\|=\sqrt{(x_{i1}-x_{j1})^2+(x_{i2}-x_{j2})^2+(x_{i3}-x_{j3})^2} \tag{3.2.3}$$

式中：$U(r_{ij})$ 代表第 j 个原子对第 i 个原子的势能；ε 代表势阱的深度；σ 代表长度尺度；r_{ij} 代表第 j 个原子与第 i 个原子之间的欧氏距离；x_j 和 x_i 分别代表第 j 个原子和第 i 个原子的位置；$x_i=(x_{i1},\ x_{i2},\ x_{i3})$ 代表第 i 个原子在三维空间中的位置；$x_j=(x_{j1},\ x_{j2},\ x_{j3})$ 代表第 j 个原子在三维空间中的位置。

在给定势能函数后，第 j 个原子对第 i 个原子施加的相互作用力为式（3.2.4）。

$$F_{ij}=-\nabla U(r_{ij})=\frac{24\varepsilon}{\sigma^2}\left[2\left(\frac{\sigma}{r_{ij}}\right)^{14}-\left(\frac{\sigma}{r_{ij}}\right)^{8}\right]r_{ij} \tag{3.2.4}$$

因此施加在第 i 个原子上的总相互作用力可以描述如式（3.2.5）所示。

$$F_i=\sum_{\substack{j=1\\ j\neq i}}^{N}F_{ij} \tag{3.2.5}$$

式中：N 代表一个原子系统中的原子总数。

由 L-J 势能产生的相互作用力是原子运动的驱动力。当第 t 次迭代时，式（3.2.4）中第 j 个原子对第 i 个原子的相互作用力可以改写为式（3.2.6）。

$$F_{ij}(t)=\frac{24\varepsilon(t)}{\sigma(t)}\left[2\left(\frac{\sigma(t)}{r_{ij}(t)}\right)^{13}-\left(\frac{\sigma(t)}{r_{ij}(t)}\right)^{7}\right]\frac{r_{ij}(t)}{r_{ij}^{d}(t)} \tag{3.2.6}$$

$$F'_{ij}(t)=\frac{24\varepsilon(t)}{\sigma(t)}\left[2\left(\frac{\sigma(t)}{r_{ij}(t)}\right)^{13}-\left(\frac{\sigma(t)}{r_{ij}(t)}\right)^{7}\right] \tag{3.2.7}$$

如图 3.2.1 所示，原子的势能完全由取决于变量（σ/r）。由图可以发现，势能分为排斥力区和吸引力区，并且点（$\sigma/r=1.12$）是这两个区域的平衡点，它们的键能达到最小，在这一点上，原子间的相互作用力等于零。在排斥力区，势能随两个原子间欧氏距离的减小而显著增大。而在吸引力区，它会

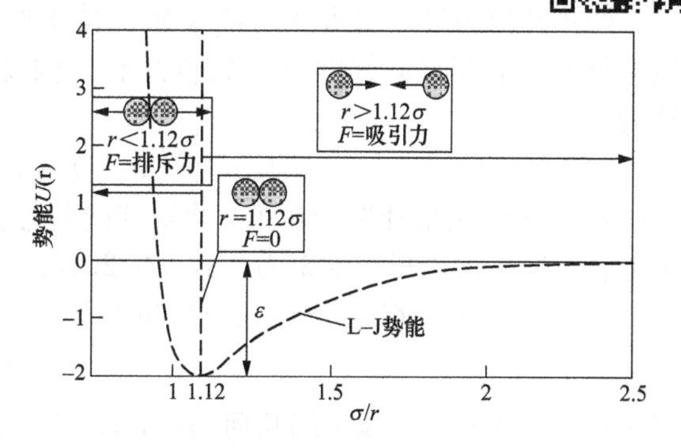

图 3.2.1 原子的 L-J 势能

随着欧氏距离的增加而逐渐减小为零。然而，该模型难以直接用于解决优化问题，主要是由于随着迭代次数的增加，ASO 需要获得更多的正吸引和更少的负排斥，而式（3.2.7）不能满足这一点。据此，为了给吸引力（局部探索）分配更多的权重，对式（3.2.7）进行了修正用于求解优化问题，如式（3.2.8）所示。

$$F'_{ij}(t)=-\eta(t)\left[2(h_{ij}(t))^{13}-(h_{ij}(t))^{7}\right] \tag{3.2.8}$$

式中：$\eta(t)$ 表示第 t 次迭代时控制排斥力或吸引力强度的深度函数；$h_{ij}(t)$ 表示第 j 个原子与第 i 个原子之间的距离比。这两个变量可根据式（3.2.9）和式（3.2.10）更新。

$$\eta(t)=\alpha\left(1-\frac{t-1}{t_{\max}}\right)^{3}\mathrm{e}^{-\frac{20t}{t_{\max}}} \tag{3.2.9}$$

$$h_{ij}(t)=\begin{cases} h_{\min}, 如果\dfrac{r_{ij}(t)}{\sigma(t)}<h_{\min} \\ \dfrac{r_{ij}(t)}{\sigma(t)}, 如果 h_{\min}\leqslant\dfrac{r_{ij}(t)}{\sigma(t)}\leqslant h_{\max} \\ h_{\max}, 如果\dfrac{r_{ij}(t)}{\sigma(t)}>h_{\max} \end{cases} \tag{3.2.10}$$

$$\sigma(t)=\left\| r_{ij}(t),\frac{\sum\limits_{l\in x_{K\text{best}}} r_{il}(t)}{K(t)}\right\|_{2} \tag{3.2.11}$$

式中：$t_{\max}$表示最大迭代次数；α 表示深度权重；$h_{\max}$和 $h_{\min}$分别表示最大和最小距离比；$x_{K\text{best}}$表示具有最佳适应度值的最佳 K 原子集合；$K(t)$ 表示第 t 次迭代的原子数。

根据式（3.2.9）～式（3.2.11），输入变量 η 和 h 能够直接影响 F' 的值。图 3.2.2 给出了不同 η 值对应 h 在 0.9～2 范围内的函数行为。从图中可以看出，当 h 值在 0.9～1.12 之间时，原子趋向于排斥靠近的原子；当 h 值在 1.12～2 之间时，原子会吸引离去原子；当 $h=1.12$ 时产生平衡。从平衡点（$h=1.12$）开始，随着 h 的增加，吸引力逐渐增大，达到最大值（$h=1.24$），然后开始减小。当 $h\geqslant 2$ 时，吸引力近似等于零。所以，在 ASO 中，为了改进探索能力，通常设置函数值较小的排斥力下限为 $h=1.1$，设置函数值较大的吸引力上限为 $h=1.24$。此外，参数 K 对相互作用力也有很大的影响。对于一般优化，大的 K 会带来更广泛的全局搜索，但会削弱局部探索。

因此，如图 3.2.3 所示，计算第 i 个原子上的总相互作用力可用式（3.2.12）表示。

$$F_{i}(t)=\sum_{j=1,j\neq i}^{K(t)}F_{ij}(t) \tag{3.2.12}$$

（2）几何约束。引入几何约束来保持多原子分子的结构。为了简单地模拟这个约束，假设每个原子都与最好的原子共价结合。因此，第 i 个原子的几何约束和约束力均可计算为：

$$\theta_{i}(t)=\left[|x_{i}(t)-x_{\text{best}}(t)|^{2}-b_{i,\text{best}}^{2}\right] \tag{3.2.13}$$

式中：$x_{\text{best}}(t)$ 为最佳原子在第 t 次迭代时的位置；$b_{i,\text{best}}$ 为第 i 个原子与最佳原子之间的固定键长。所以可以得到约束力为式（3.2.14）和式（3.2.15）。

$$G_{i}(t)=-\lambda(t)\,\nabla\theta_{i}(t)=-2\lambda(t)\left[x_{i}(t)-x_{\text{best}}^{\text{p}}(t)\right] \tag{3.2.14}$$

$$\lambda(t)=\beta\mathrm{e}^{-\frac{20t}{t_{\max}}} \tag{3.2.15}$$

式中：θ_{i} 表示第 i 个原子的几何约束；G_{i} 表示第 i 个原子的约束力；λ 表示拉格朗日乘数；β 表示乘数权重。

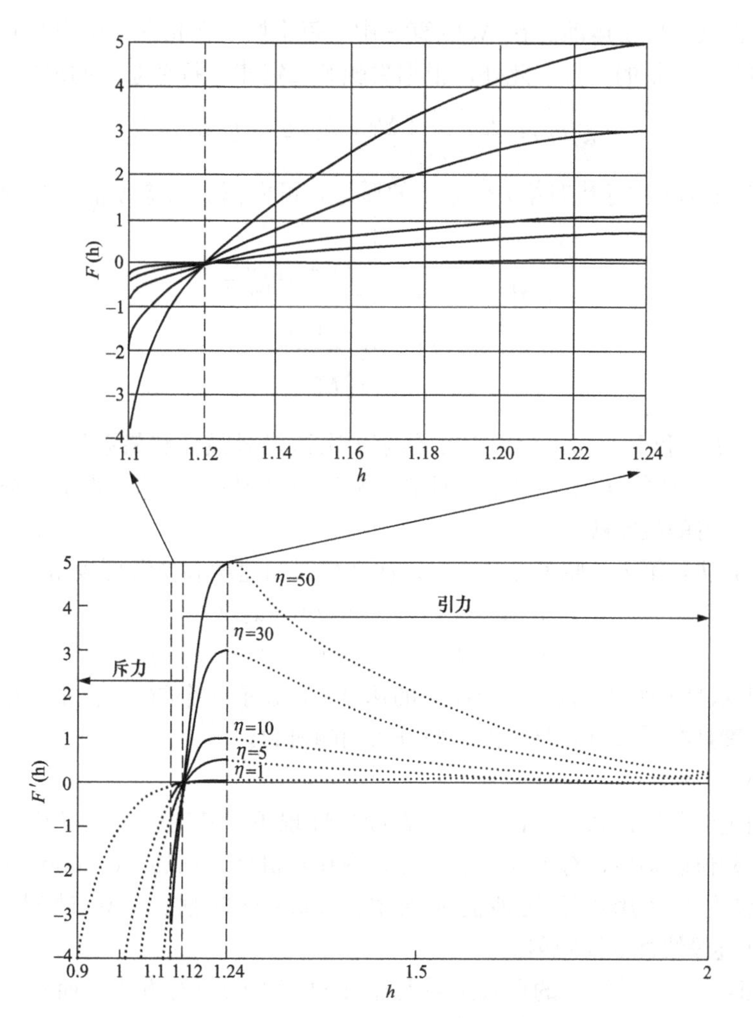

图 3.2.2 不同输入变量 η 下 F' 的函数行为

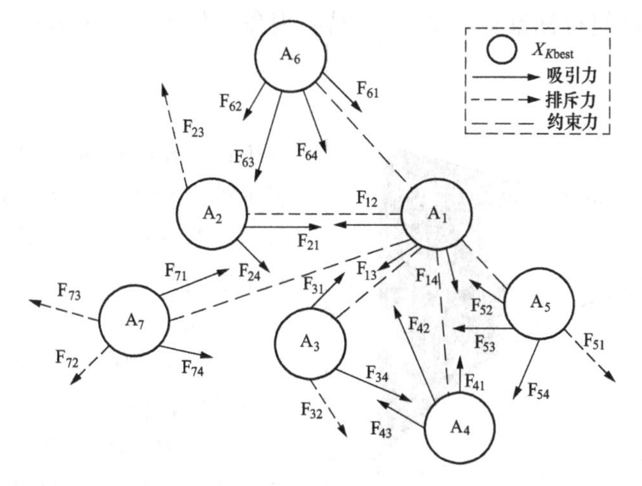

图 3.2.3 当 $K=5$ 时键合原子相互作用力

(3) 用于搜索的原子运动。在 ASO 算法中，每个原子在相互作用力和几何约束的共同作用下会移动到一个新的位置。此外，根据牛顿第二定律，每个原子的加速度可以计算为

$$a_i(t)=\frac{F_i(t)+G_i(t)}{m_i(t)},i=1,2,\cdots,n \tag{3.2.16}$$

式中：$m_i(t)$ 表示第 t 次迭代时第 i 个原子的质量，可根据其适应度值进行简单测量，可计算如下：

$$M_i(t)=\mathrm{e}^{-\frac{\mathrm{Fit}[x_i(t)]-\mathrm{Fit}[x_{\mathrm{best}}(t)]}{\mathrm{Fit}[x_{\mathrm{worst}}(t)]-\mathrm{Fit}[x_{\mathrm{best}}(t)]}} \tag{3.2.17}$$

$$m_i(t)=\frac{M_i(t)}{\sum_{j=1}^{n}M_j(t)} \tag{3.2.18}$$

式中：$\mathrm{Fit}[x_{\mathrm{best}}(t)]$ 和 $\mathrm{Fit}[x_{\mathrm{worst}}(t)]$ 分别是第 t 次迭代时最佳和最差原子的适应度值；$\mathrm{Fit}[x_i(t)]$ 表示第 i 个原子在第 t 次迭代时的函数适应度值；$x_{\mathrm{worst}}(t)$ 表示在第 t 次迭代中进行最大优化时获得的最差解。

为了简化算法，第 i 个原子在 $(t+1)$ 次迭代时的速度和位置可表示为

$$v_i(t+1)=c\cdot v_i(t)+a_i(t) \tag{3.2.19}$$

$$x_i(t+1)=x_i(t)+v_i(t+1) \tag{3.2.20}$$

式中：$v_i(t)$ 表示第 t 次迭代时第 i 个原子的速度；c 表示一个与 x_i 有相同维数的向量，其中 c 的每个元素是在 $[0,1]$ 范围内均匀分布的随机数。

2. Logistic 混沌映射

混沌是确定的非线性系统中出现的内在随机性现象，其变化并非随机却貌似随机，具有如下特点：初值敏感性、有界性、遍历性、内在随机性、正的 Lyapunov 指数等。混沌序列的生成方法主要使用以下几种混沌映射：Logistic 映射、Tent 映射、Henon 映射、Lorenz 映射和逐段线性混沌映射等。

因为 Logistic 映射从数学的形式上看是个相对简单的映射方法，而且经实验表明其混沌系统具有良好的安全性和稳定性，所以本研究即选用 Logistic 对种群中的最优个体进行混沌映射。此外相比于其他产生混沌变量的系统，Logistic 映射使用简单，计算量小，因此将采用 Logistic 映射使得标准原子群产生混沌现象，传统的 Logistic 映射的迭代方程见式 (3.2.21)。

$$x_{n+1}=\mu x_n(1-x_n) \tag{3.2.21}$$

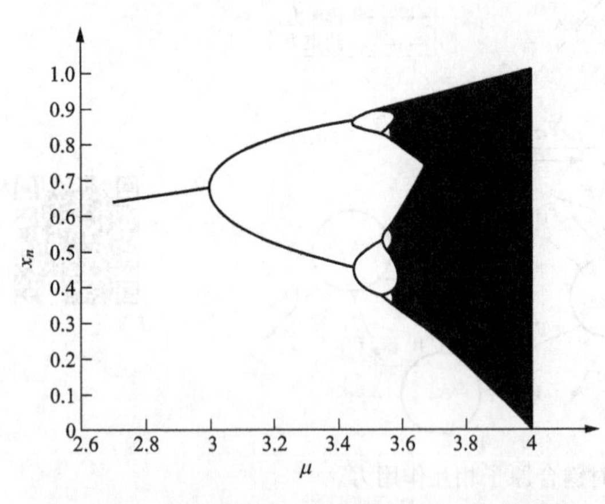

图 3.2.4　控制参数 μ 与混沌变量 x_n 相关曲线

式中：μ 表示控制参数，$\mu\in(0,4]$；x_n 表示第 n 个混沌变量，$x_n\in(0,1)$，$n=0,1,2,\cdots,i$，定义在连续的实数域 0 到 1 之间。

图 3.2.4 即为当原子中的个体 c 一定时，对 μ 不同的取值，x_n 可能得到的值，不难看出，当 $3.57<\mu<4$ 时，整个系统处于混沌状态，所以需要选取的 μ 应该越接近 4 越好，然而考虑到对于进行混沌映射初始化原子的种群位置时的实际情况，本

研究设定 $\mu=3.8$ 时的优化效果更加有效和方便。

由于当 $x_n \in (0, 1)$ 且 $x_n \notin (0.25, 0.5, 0.75)$ 时系统处于混沌区域，原子表现出混沌运动特性，方程的解变为不确定，变化周期无穷大，初始变量的微小变化都会引起后续轨道的巨大不同。所以，可用下式对不在此取值范围内的初始决策变量 $x_{n,j} \in (v_{n,j}, b_{n,j})$ 进行往返映射。

$$c_{n,j}=(x_{n,j}-b_{n,j})/(v_{n,j}-b_{n,j}) \tag{3.2.22}$$

$$x_{n+1,j}=b_{n,j}+c_{n+1,j}(v_{n,j}-b_{n,j}) \tag{3.2.23}$$

式中：$c_{n,j}$ 表示混沌序列的初值；j 表示决策变量的维数；$v_{n,j}$ 和 $b_{n,j}$ 分别表示初始决策变量的上限和下限。

这样，整个原子群可以利用混沌变量全局遍历的特性在全部解空间里进行寻优，而不会陷于局部极值点，Logistic 混沌映射的通用流程图如图 3.2.5 所示。

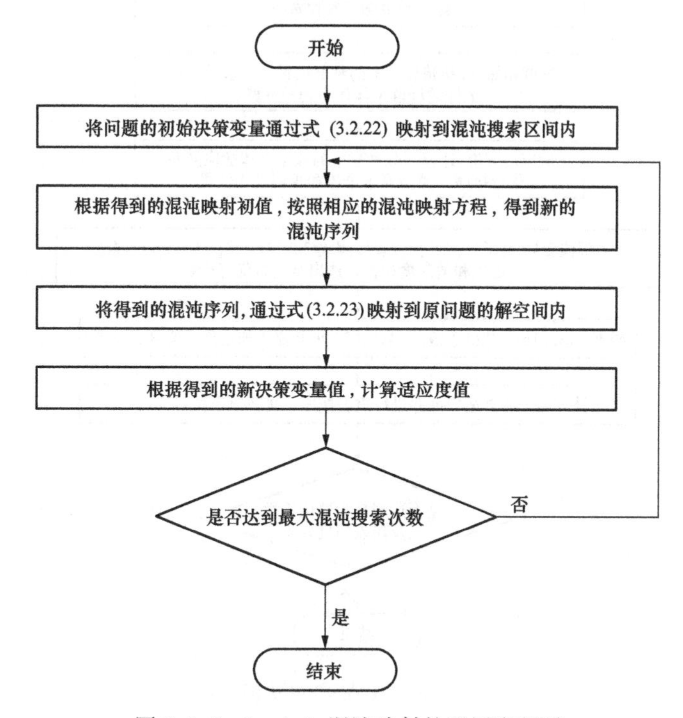

图 3.2.5 Logistic 混沌映射的通用流程图

3. Logistic 混沌映射改进原子搜索算法

原始的 ASO 算法设计较为简单，尽管具备良好的适用性，然而其有以下两个主要缺陷：早熟收敛和容易陷入局部最优。早熟收敛则会影响探索操作，即全局搜索能力，陷入局部最优则会影响开采操作，即局部搜索能力。所以，提出的改进方法的动机是帮助平衡 ASO 算法在寻优过程中探索和开采。

因为混沌的遍历性，它可以不重复地历经一定范围的所有状态，而利用 Logistic 混沌变量进行优化搜索比盲目无序的随机搜索更具优越性。此外，单纯式混沌算法虽能利用自身在混沌映射空间内的遍历性，从而避免普通智能算法如 ASO 算法容易陷入局部最优的缺点，但也存在着如下缺点：如对初值较为敏感，若混沌初值选择不合适，则需要相当长的混沌搜索次数才能达到全局最优，从而大大降低了算法的效率。因此，混沌算法不适合作为单独的寻优算法。近些年来，基于混沌算法与普通启发式优化算法结合而形成的混合启发式优化算法受到越来越多的关注，尤其是普通原子搜索法与Logistic混沌算法结合形成的LCASO成为当前研究的热点。基于此思想，本节将Logistic混沌理论引入ASO中提出LCASO算法，通过初始化原子的种群位置，从中选出适应度最好的种群个体作为初始种群，进一步提高了初始原子种群解的质量，提升其算法效率。

LCASO的寻优原理在于对ASO算法寻优得到的群体最优值加入Logistic混沌映射策略，图3.2.6即为LCASO算法流程图，其具体算法优化步骤如下：

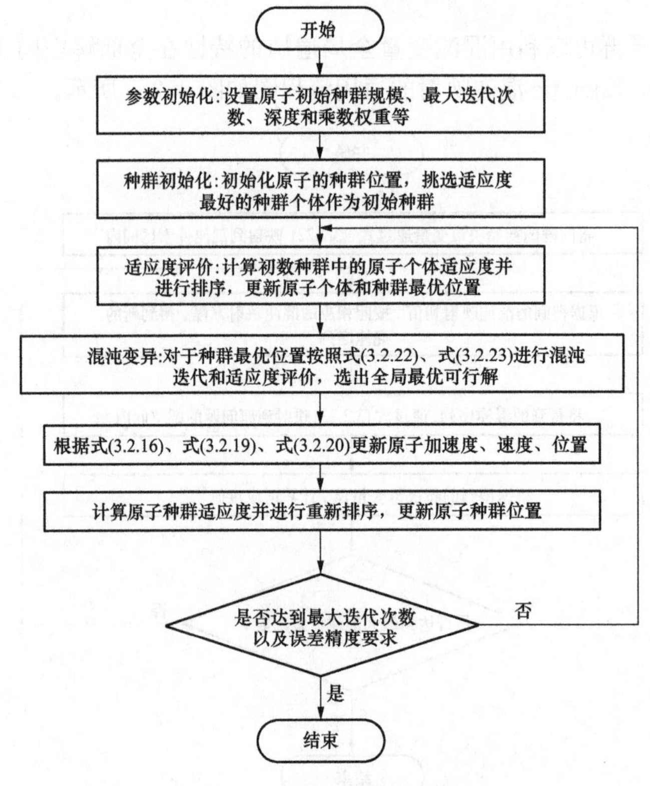

图3.2.6　LCASO算法流程图

（1）参数初始化。设置初始种群规模，最大进化代数，自变量个数，自变量上下限深度权重和乘数权重。

（2）种群初始化。采用Logistic混沌映射初始化原子的种群位置，计算初始的原子种群适应度并进行排序，从中选出适应度最好的种群个体作为初始种群，并在解空间内随机生成n个原子。

（3）适应度评价。计算初始种群中的随机生成的n个原子个体适应度，生成原子初始速度，按照原子个体适应度进行排序，更新原子个体历史最优位置和种群历史最优位置。

（4）混沌变异。对原子种群的种群最优位置基于式（3.2.22）和式（3.2.23）进行混沌迭代和适应度评价，并保留当前最优的可行解，若该可行解优于当前原子种群的全局最优解，则随机从当前原子群中选取一个原子，用该可行解替代。

(5) 基于式 (3.2.16)、式 (3.2.19)、式 (3.2.20) 更新原子加速度、原子速度和原子位置。

(6) 计算原子种群适应度并进行重新排序，更新原子种群位置。

(7) 判断改进算法是否达到最大迭代次数以及满足模型误差和精度的要求，满足则循环结束，输出目标函数；否则，返回步骤 (3)，直至满足结束条件。

3.2.2 BP 神经网络

1. 基本原理和结构

人工神经网络是目前应用最广泛、最流行的一种神经网络，它在识别事物的过程中，模仿人脑来创建和分析事物的学习状态，BP 神经网络是目前研究最成熟的神经网络算法之一，该算法具有良好的自学习、自适应、鲁棒性和泛化能力。三层 BP 神经网络能够以任意精度逼近任意非线性函数。BP 神经网络在模式识别、函数逼近和图像处理等领域得到了广泛的应用。BP 神经网络由输入、隐藏和输出三个层次组成。每一层都由一定数量的神经元组成。每个神经元都有一个阈值，每个层次都通过权重连接。两层输入与输出之间的关系可以看作是一种映射关系，即每一组输入对应一组输出，用权值（或阈值）来表示这种关系，然后对问题进行处理。

在 BP 神经网络中，除输入层之外其他各层均由神经元组成，每个神经元都相当于一个感知器，隐藏层中第 i 个神经元结构模型如图 3.2.7 所示。人工神经元包含几个部分，首先是输入变量向量 $x=(x_1, x_2, \cdots, x_m)$，然后是输入变量对应的第 i 个神经元的阈值向量 $\omega=(\omega_{1j}, \omega_{2j}, \cdots, \omega_{mj})$，神经元阈值为 θ_j，神经元的偏置值为 b，激活函数 f 以及神经元对应的输出值为 y_i。神经元输入与输出之间的对应关系为式 (3.2.24)。

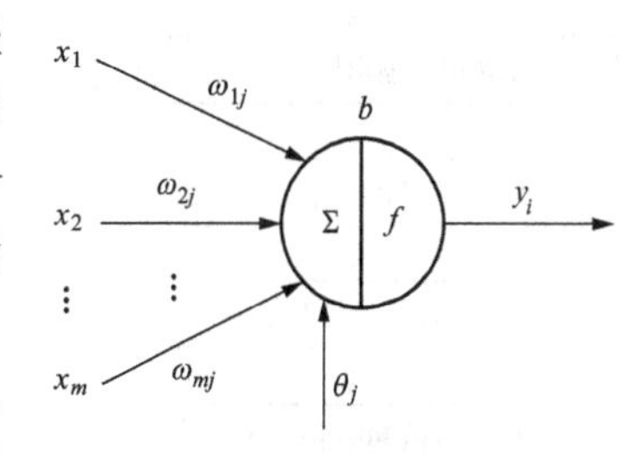

图 3.2.7 人工神经元结构模型图

$$y_i=f\left(\sum_{i=1}^{m}\omega_{ij}x_m+b\right) \tag{3.2.24}$$

常见的三层 BP 神经网络的典型构造如图 3.2.8 所示。左侧为输入节点，右侧为输出节点，中间是隐藏层，也叫中间层。输入层、隐藏层、输出层神经元节点数分别为 m、p、n。W_{ij} 为连接输入层和隐含层的阈值，W_{jk} 为连接隐含层和输出层的阈值；θ_p 为隐含层阈值；α_n 为输出层阈值；BP 神经网络的输入向量和输出向量分别为 $(x_1, x_2, \cdots, x_m)$ 和 $(y_1, y_2, \cdots, y_n)$；期望输出是 t_h；期望输出和实际输出之间的差值是 e。

BP 网络学习的两个阶段：输入信号的向前扩展和误差的向后扩展。在第一阶段，将训练样本信息输入到输入层，然后经过隐藏层处理，再传递到输出层。如果实际输出和预测输出之间有错误，则执行第二阶段。第二个过程是将输出信号的误差通过原路径从隐含层传递到输入层。然后，根据分配的误差信号，各层各神经元调整各网络的连接权值和阈值，最后使误差信号逐渐减小。这两个过程交替重复执行，直到算法收敛并获得满意的误差精度。此外，BP 神经网络的流程图如图 3.2.9 所示。

当正向传播时，隐藏层中第 i 个神经元的输入和输出可表示为式 (3.2.25) 和式 (3.2.26)。

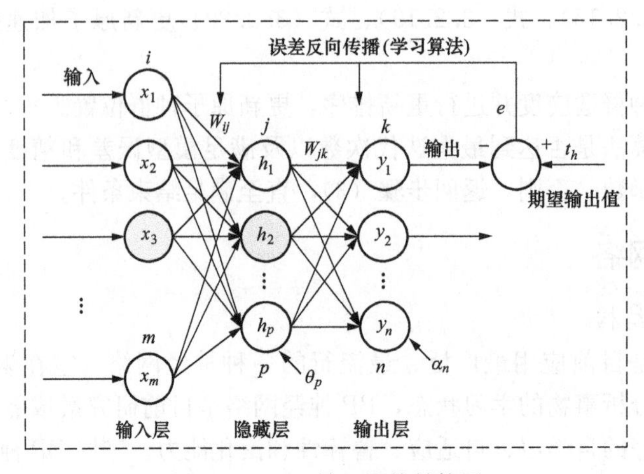

图 3.2.8 BP 神经网络结构图

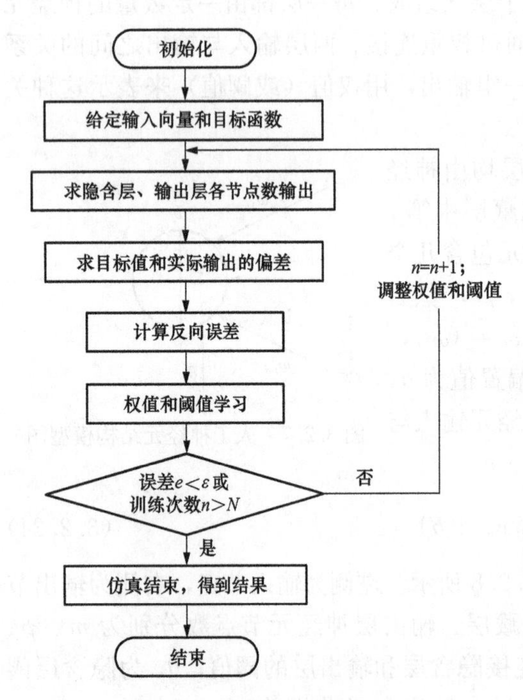

图 3.2.9 BP 神经网络流程图

$$\alpha_i=\sum_{j=1}^{m}w_{ij}x_j-\theta_j=\sum_{j=1}^{m}w_{ij}y_j-\theta_j \tag{3.2.25}$$

$$y_i=f(\alpha_i) \tag{3.2.26}$$

式中：$i=1, 2, \cdots, m$；θ_j 为隐藏层第 i 个神经元的阈值；f 即为隐藏层的激活函数。

其中激活函数 f 选用标准的 Sigmoid 函数，其增益控制较好，在实际工程中经常用到，可表示为式（3.2.27）。

$$f(x)=\frac{1}{1+\mathrm{e}^{-x}} \tag{3.2.27}$$

将隐藏层神经元的输出值作为输出层神经元的输入，输出层第 k 个神经元的总输入和输出可表示为式（3.2.28）和式（3.2.29）。

$$\alpha_k=\sum_{j=1}^{m}w_{ki}y_i-\theta_k \tag{3.2.28}$$

$$y_k=f(\alpha_k) \tag{3.2.29}$$

式中：w_{ki}表示连接输出层第 k 个神经元与隐藏层第 i 个神经元的阈值，$k=1, 2, \cdots, n$；θ_k 为输出层第 k 个神经元的阈值。

可以比较输出与期望输出 y_h 之前的误差，如果误差大于期望误差，BP 神经网络将会进行误差反向传播，并且对阈值进行实时修正，一直到满足误差精度要求。

当反向传播并计算误差以及相应地更新阈值矩阵时，输出层的误差函数可表示为式（3.2.30）。

$$e=\frac{1}{2}\sum_{k=1}^{n}(t_k-y_k)^2 \tag{3.2.30}$$

式中：t_k 代表输出层第 k 个神经元的期望输出；y_k 代表输出层第 k 个神经元的实际输出；n 代表输出层的神经元个数。

BP神经网络的各层连接阈值沿着误差函数梯度变化最大的反方向去调整，其一般采用梯度下降法来进行阈值调整，相应修正公式可表示为式（3.2.31）和式（3.2.32）。

$$\Delta w_{jk} = -\eta \frac{\partial e}{\partial w_{jk}}, j = 0,1,2,\cdots,p; k = 1,2,\cdots,n \tag{3.2.31}$$

$$\Delta w_{ij} = -\eta \frac{\partial e}{\partial w_{ij}}, j = 0,1,2,\cdots,p; k = 1,2,\cdots,n \tag{3.2.32}$$

式中：η 代表实际训练中BP神经网络的学习速率，取值大于0。

2. 参数设置和结构构建

（1）参数设置。BP神经网络的参数设置包括激活函数、初始的权值和阈值、学习效率以及训练学习函数。首先，激活函数一般有四种，即Sigmoid函数、Tach函数、ReLu函数和线性函数，相关函数的特点都有所不同，一般情况常采用Sigmoid函数。其次，初始的权值和阈值对BP神经网络整体的训练学习效果和预测精度影响很大，因此权值和阈值的初始化应该尽量达到随机性、无序性和非零性，基于此问题，不同类型的优化算法如机器学习算法、经典启发式算法，混合启发式算法都可以引进来获取BP神经网络的最优初始值，以便进一步提高预测精度和效率，通常混启发式算法的寻优能力更为显著。再次，大量的实验数据和研究表明，一般采用固定范围内（0.1，1）的学习效率会获得一个良好的正常收敛效果，而动态的学习效率也能解决诸如模型发散等问题。最后，训练学习函数可以基于收敛速度，输入数据规模，网络结构层次等因素选择不同的算法和相应函数，一般有梯度下降法、共轭梯度法、自适应学习算法、Levenberg-Marquardt、贝叶斯规则法等。

（2）结构构建。而BP神经网络的结构构建则是确定网络中不同层级和个数。输入层和输出层通常可以基于输入和输出变量的规模进行确定，而隐藏层和其中神经元的数量尤为关键，所以BP神经网络的结构构建主要取决于隐藏层的相关参数。

首先，确定隐藏层的结构层数。隐藏层一般分为单隐藏层和双隐藏层两种结构，前者结构简单，学习和训练速度较快，一般采用此类结构即可满足要求；后者结构较为复杂，学习和训练速度相对较慢，一般用于解决复杂和多目标类型问题。

其次，选取隐藏层量。隐藏层的神经元数量计算一般采用经验公式法和试凑法。而关于隐藏层的神经元数量计算的经验公式如式（3.2.33）～式（3.2.37）所示。

$$p < m - 1 \tag{3.2.33}$$

$$p < \sqrt{(n+m)} + l \tag{3.2.34}$$

$$p = \log_2 m \tag{3.2.35}$$

$$p = \sqrt{0.43nm + 0.12m^2 + 2.54n + 0.35} + 0.51 \tag{3.2.36}$$

$$p = 2n + 1 \tag{3.2.37}$$

式中：p 代表隐藏层神经元数；m 代表输入层神经元数；n 代表输出层神经元数；l 代表0～10之间的常数。

最后，即使在实际应用中，上述这些经验公式也只能作为借鉴参考，实际设计BP神经网络结构时通常还需要结合经验公式进行试凑，才能有效缩短网络的学习周期。常用的试凑方法有构造法和删除法。

3. 不足和缺陷

BP神经网络因其独特的优势广泛应用于工程实际中，但是由于其本身在训练和学习中的不足，因此存在以下 4 点问题。

(1) 易陷入局部最小值，学习效率和收敛速度慢。BP 神经网络的误差函数是非线性的以及训练学习方法的局限，这就导致了训练过程中可能会产生多个局部极值点，不再更新权重和阈值，从而无法继续收敛找到函数的全局最优解，难以解决复杂非线性函数的寻优问题。此外，由于 BP 神经网络是采用梯度下降法进行训练，当目标函数十分复杂时，会出现"锯齿形现象"，降低学习效率，又会在出现的平坦区使得其权值变化很小，导致训练过程停顿，BP 神经网络的收敛速度也因此大幅降低。并且 BP 神经网络也会因初值和阈值选取较差导致权重更新速度较慢，加大了计算量，从而降低收敛速度。

(2) 参数难以设置。BP 神经网络中需要设置的参数主要有权值、阈值和学习速率，当下没有有效和统一规定的设置方法来实现这些参数的最优设置，通常是根据研究者的经验法或试错实验法来确定。而权值和阈值的初始化是随机的，难以重新进行，BP 神经网络的训练对权值和阈值的初始设置又是比较敏感的，通常设置在较小范围内。此外，权值和阈值根据相关训练函数不断调整，并且一定程度上取决于学习速率。学习速率一般也是在一定范围内设置固定值，但这种情况下，很难去控制整体学习训练状况，并且学习速率过大和过小都会影响学习训练效率和收敛速度。

(3) 结构选择不一。BP 神经网络结构旨在解决不同的工程实际应用问题，其网络结构，即网络中隐藏层的层数和神经元的个数也需要进行相应的构建选择，但是目前网络结构最优选择无确定和统一的理论来指导实现，基本由经验法和实验法来确定。这两种方法存在一定的主观性和偶然性，一定程度上会影响其网络结构的泛化能力，即对相关新数据的适应能力，使得网络极易出现冗余。较差的泛化能力会导致 BP 神经网络难以应对不同工程实际问题的输入数据，以及减弱训练网络的整体效果。此外，网络结构选择过大或者过小，都会不同程度上影响学习效率和收敛情况。

(4) 数据样本存在不确定性。BP 神经网络的预测精度和效果本身高度依赖于输入的数据样本，对数据样本的规模和质量都有高要求和标准。一般来说，影响输入的数据样本质量大致来源以下两部分：①输入的数据样本存在异常值和缺失值，主要是人为或者系统原因导致，如人为原因可能是主观失误和观察测量的局限性，而系统原因可能是技术的历史局限性和周围环境的影响，总之这些因素都容易造成预测结果偏差很大和预测精度较低等影响；②输入的数据样本量级和维度相差很大，比如取值范围和数量级差别很大，这种情况容易出现神经元过度拟合以及计算负担过大，从而进一步降低预测的精确度和效率。影响数据规模的原因来自以下两方面：①采集数据的场地和时间前后不一致，例如风光电站地理位置南北的差异以及采集时间季节的差异；②采集输入数据成分不一致以及时间和空间分辨率不一致。

3.2.3 基于 LCASO 优化 BP 神经网络的预测模型设计

通过上述前文的分析可知 BP 神经网络存在容易陷入局部极值和参数结构难以选择等不足缺陷，其中重点需要确定的就是权值和阈值的初始化，而 LCASO 算法同时具有全局寻优能力强和提高算法稳定性以及收敛速度的优势，因此本节首先创造性地引进 LCASO 算法来改进 BP 神经网络的不足，即优化 BP 神经网络的权值和阈值等参数，进而将 LCASO-BP 预测模型应用于后续风光发电系统的短期功率预测，此外为了进一步验证 LCASO-BP

预测模型的有效性和精度，选择了标准 BP 神经网络作为对比算法，在公开数据集上进行了预测性能仿真测试。

采用 LCASO 算法优化 BP 神经网络的关键即是获取最优的初始权值和阈值，从而提升混合预测模型的优化效果和预测精度，在 LCASO-BP 的预测模型中，以三层式 BP 神经网络结构方式为例，图 3.2.10 即为 LCASO-BP 混合预测模型的流程图，其预测详细步骤如下：

（1）数据导入和预处理。首先导入输入数据集，对数据集合进行一系列预处理，从而提高输入数据集的质量，其次分析并整理输入数据集，划分训练集和测试集，确定预测输入向量和输出向量，以便明确预测研究目标任务。

（2）参数设置。参数设置包括 BP 神经网络的参数设置以及 LCASO 算法的参数设置两部分。BP 神经网络的参数设置和结构构建可参考 3.2.2 节中的详细介绍和实际应用进行确定，而 LCASO 算法的参数设置可参考 3.2.1 节中的详细介绍和对比算法进行设置，适应度函数以具体误差评估函数为目标函数。

（3）建立 LCASO 算法模型。首先完成 LCASO 算法参数初始化，初始化的原子种群位置即可确定 BP 神经网络的权值和阈值个数，然后根据 LCASO 算法迭代寻优机制，更新其相关变量，整个更新过程即为 BP 神经网络的权值和阈值调整过程。完成迭代和满足要求后，输出其全局最优个体来获取 BP 神经网络最优个体权值和阈值。

（4）进行 BP 神经网络预测。根据优化后的 BP 神经网络不断进行训练和测试，当最终误差满足精度要求或迭代次数大于设定次数最大值时，输出最终的预测目标结果，并按照预测评估指标进行误差分析。

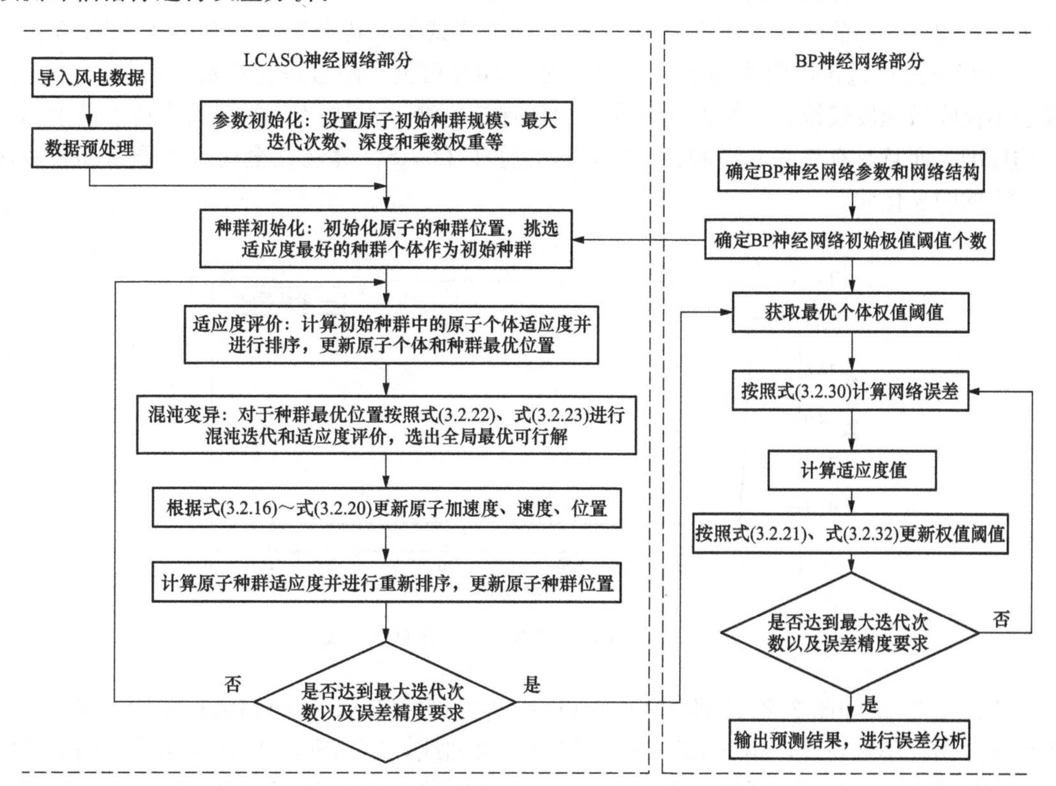

图 3.2.10　LCASO-BP 混合预测模型的流程图

3.2.4 仿真测试与分析

1. 仿真测试设计

为了进一步测试 LCASO-BP 预测模型的有效性和性能表现，本研究挑选一个公开数据集作为输入数据集，相关数据可以公开获取，并且与标准 BP 神经网络进行了对比仿真测试。首先导入和读取输入数据集，确定数据集中全部样本数目为 2016，其中选取 2001 数据用于训练集，15 个数据作为测试集，然后进行数据集的归一化，具体公式可参考 3.3 节中的相关内容。

其次确定 LCASO-BP 预测模型的输入层、隐藏层和输出层节点分别为 12-9-1，然后关于 LCASO-BP 预测模型的参数设置可大致分为两部分，即 BP 参数设置和 LCASO 参数设置。BP 神经网络参数设置如下：训练次数为 1000 次，学习效率设为 0.01，训练目标最小误差精度为 0.0001%，显示频率为 25，动量因子为 0.01，最小性能梯度为 10^{-6}，最高失败次数为 6；LCASO 参数设置如下：初始种群规模为 30，最大迭代次数为 50，自变量上下限分别为（1，3）和（−3，1），深度和乘数权重分别为 50 和 0.2。最后相关误差评估指标为平均绝对误差（mean absolute error，MAE）、均方根误差（root mean square error，RMSE）、平均绝对误差率（mean absolute percentage error，MAPE），其具体公式可见 3.3 节。

2. 仿真结果分析

为了减少随机性初始化对结果的影响，本节仿真测试各项指标值均采用 10 次独立实验结果的平均值。如前所述，随机挑选 15 组数据为测试集，其余为训练集，LCASO 算法在 50 次迭代下的进化迭代曲线如图 3.2.11 所示，明显可见，随着进化代数的增加，LCASO 算法不仅收敛速度较快，其均方误差先减少后保持不变，只迭代 5 次后就达到了最小均方差的标准，而且具有良好的预测稳定性，这验证了 LCASO 算法在全局寻优能力和收敛速度方面的明显优势。

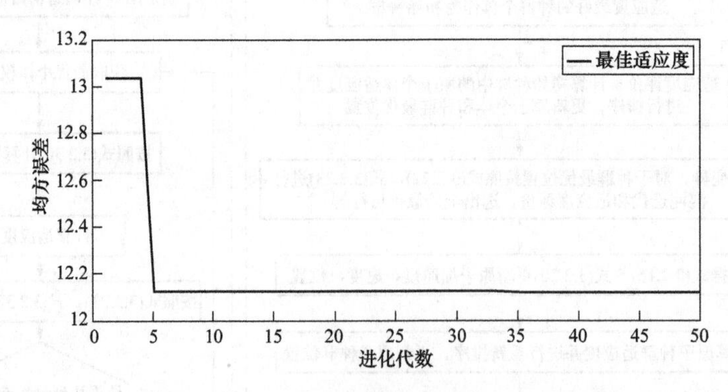

图 3.2.11 LCASO 算法的进化收敛曲线

而图 3.2.12 和图 3.2.13 即为 LCASO-BP 神经网络和 BP 神经网络在预测值和真实值上的对比图，不难发现，相比 BP 神经网络预测值曲线，LCASO-BP 神经网络预测值曲线与真实值曲线的拟合度更好，说明其预测效果更佳。而相比 BP 神经网络预测误差，LCASO-BP 神经网络预测偏差更加小，说明 LCASO 算法优化 BP 神经网络后的预测精度有效提高了。此外，表3.2.1和表3.2.2分别为BP和LCASO-BP算法预测结果和预测误差评估指标表，相比BP神经网络，LCASO-BP神经网络在MAE、MSE、RMSE和MAPE四个误差评估指标上都较小，更加验证了LCASO-BP神经网络在预测精度和准确性上的明显优势。

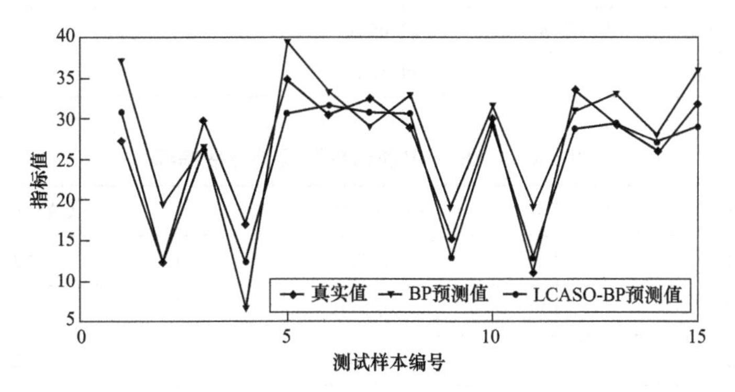

图3.2.12 LCASO优化BP神经网络前后的误差曲线

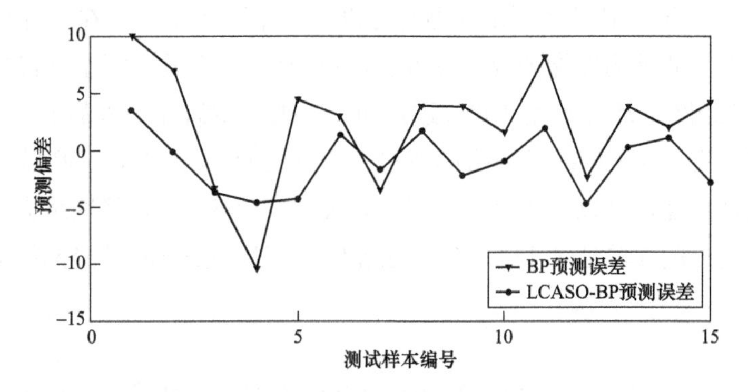

图3.2.13 LCASO-BP和BP神经网络预测误差

表3.2.1 BP和LCASO-BP算法预测结果

样本序号	实测值	BP预测值	LCASO-BP预测值	BP预测偏差值	LCASO-BP预测偏差值
1	27.3000	37.2560	**30.8133**	9.9560	**3.5133**
2	12.4000	19.3721	**12.2576**	6.9721	**−0.1424**
3	29.9000	26.5609	**26.1945**	−3.3391	**−3.7055**
4	17.0000	6.5265	**12.3752**	−10.4735	**−4.6248**
5	35.0000	39.4976	**30.7176**	4.4976	**−4.2824**
6	30.4000	33.3598	**31.7172**	2.9598	**1.3172**
7	32.6000	29.0502	**30.8796**	−3.5498	**−1.7204**
8	29.0000	32.9575	**30.6483**	3.9575	**1.6483**
9	15.2000	19.0220	**12.9567**	3.8220	**−2.2433**
10	30.2000	31.6485	**29.1888**	1.4485	**−1.0112**
11	11.0000	19.1752	**12.8567**	8.1752	**1.8567**

续表

样本序号	实测值	BP预测值	LCASO-BP预测值	BP预测偏差值	LCASO-BP预测偏差值
12	33.6000	31.0314	**28.8689**	−2.5686	**−4.7311**
13	29.3000	33.0760	**29.5448**	3.7760	**0.2448**
14	26.0000	28.0218	**27.0581**	2.0218	**1.0581**
15	31.9000	36.0630	**29.1003**	4.1630	**−2.7997**

表3.2.2　BP和LCASO-BP算法预测误差评估指标

误差评估指标	BP神经网络	LCASO-BP神经网络
MAE	4.7787	**2.3266**
MSE	30.1094	**7.6092**
RMSE	5.4872	**2.7585**
MAPE	23.8809%	**9.5929%**

综上所述，LCASO-BP神经网络模型与标准BP神经网络模型在公开数据集的对比仿真实验中获得了更佳的预测性能表现。一方面，LCASO-BP预测模型不仅在整体稳定性和收敛速度较BP神经网络都有所提升和改进，而且反映了本研究引入的LCASO算法在工程实际上可以普遍适用于对BP神经网络的改进。另一方面，LCASO-BP模型获得了更小的误差和更好的拟合精度，可以看出经LCASO算法改进后的BP神经网络大大提高了其自身预测的准确性，这也侧面验证了LCASO算法能够更好地优化BP神经网络的权值和阈值。

3.2.5　小结

本节主要设计了LCASO-BP神经网络的混合预测模型并且对其进行了仿真测试，其贡献点主要可概括为以下三个方面：

（1）对基于Logistic混沌映射的原子搜索算法进行了详细介绍，阐述了其中原子搜索算法，Logistic混沌映射的基本原理和结构，然后通过Benchmark函数测试证明了本研究提出的LCASO的有效性和可行性。

（2）详细介绍了标准BP神经网络，从基本原理和结构、参数设置和结构构建以及不足和缺陷三个方面进行了阐述。

（3）创造性地引进LCASO算法来改进BP神经网络的不足，设计了LCASO-BP神经网络预测模型，并且在公开数据集上进行了仿真测试，仿真结果表明LCASO-BP神经网络模型具有更好的预测性能，为后续应用于风光发电系统功率预测搭建了技术框架。

3.3　风光发电系统数据预处理

如前所述，输入数据样本的规模和质量对风光发电系统功率预测的精度和效率影响很大，因此对原始输入历史数据进行预处理是十分必要的。本节数据预处理可分为输入数据集分析、数据检验和数据归一化三部分，经过数据预处理后得到的数据样本，可有效减少

BP 神经网络的不足和缺陷，从而提高整体预测模型的综合性能表现。

3.3.1 风力发电系统数据预处理

1. 风力发电系统输入数据集分析

本节采用某风力发电站 2017 年全年历史数据集来验证本节提出 LCASO-BP 神经网络在短期风电功率预测应用中的可行性和有效性。此数据集记录了该风力发电站（总装机容量 70MW）从 2017 年 1 月 1 日到 12 月 31 日的全年 NWP 数据和历史发电功率数据，其中 NWP 数据中每 15min 为一个采样点，空间分辨率为 1km，共记录了测风塔 70m 风速（m/s）、测风塔 70m 风向（°）、温度（℃）、气压（hPa）和实际发电功率（kW）等数据。

2017 年 1 月 1 日全天 96 组风电历史数据分布图如图 3.3.1 所示，该风电站风速的日变化曲线和月变化曲线如图 3.3.2 和图 3.3.3 所示。不难看出在风速日变化曲线中风速有如下特性，超过 6h 的风速与当日其他时间风速相关性很小，越靠近当前时间的风速其相关性越大，其次当日风速与前后同一时间的风速无相关性；而在风速月变化曲线中，风速呈无规律分布变化。所以，本研究旨在通过这些历史输入数据进行时间尺度不超过 6h 的短期风电功率预测。

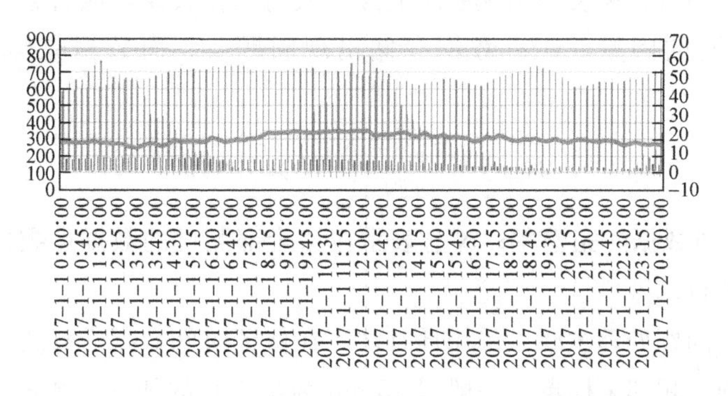

图 3.3.1　2017 年 1 月 1 日全天 96 组风电历史数据分布

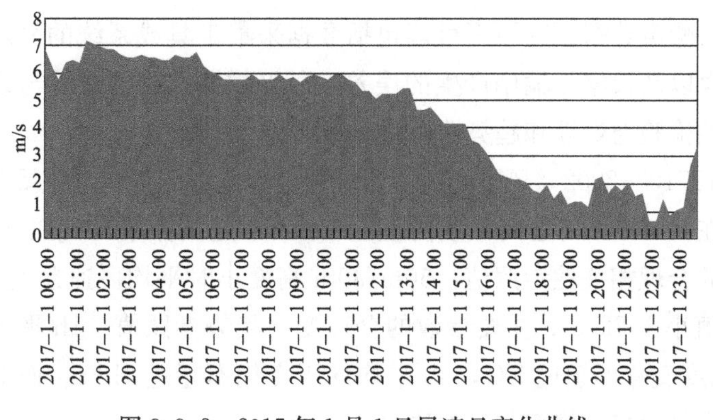

图 3.3.2　2017 年 1 月 1 日风速日变化曲线

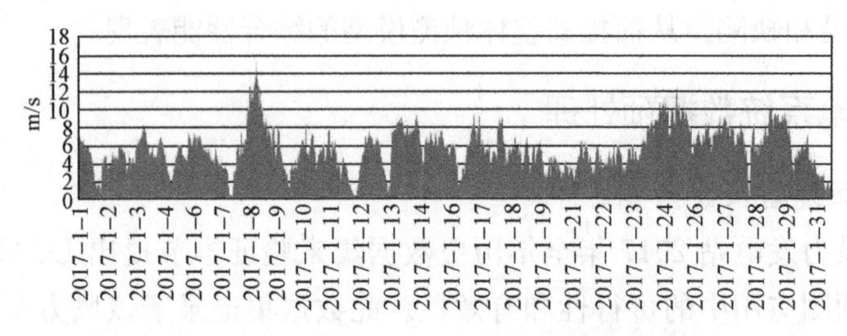

图 3.3.3　2017 年 1 月风速月变化曲线

2. 风力发电系统输入数据集检验

一般而言，影响输入的数据样本质量一般来源两部分。一是输入的数据样本存在异常和缺失值等质量问题；二是输入的数据样本量级和维度相差很大。

常见数据样本问题大致可分为三类：完整性、准确性和有效性问题。针对这几类问题，本节进行了简单的原因分析并且阐述了相关的检测标准，其中风电数据检测标准可参考 GB/T 18710—2002《风电场风能资源评估方法》。

（1）数据完整性问题检验。数据不完整问题是指缺少某个数据值、缺少某些重要属性。原因可能是数据采集时收集设备出现系统故障、人为操作失误，或者数据采集和数据成分分析时考虑了不同的因素，还有数据存储出现问题等。而数据完整性检验可根据式（3.3.1）来进行。

$$C_{\text{data}}=\frac{N_{\text{data}}-N_{\text{miss}}}{N_{\text{data}}}\times 100\% \tag{3.3.1}$$

式中：C_{data}表示测风数据的完整率；N_{data}表示应该全部测试的数据点数目；N_{miss}表示为缺少测试的数据点数目。

而数据完整性问题处理主要可采用插补法，在保证时间数据完整连续的前提下，缺失点数据一般使用前后相邻采样点（一般以 15min 为步长）的任一点数据进行插补，也可插补前后两点数据的平均值，或使用前一天同一时刻的数据进行插补。

（2）数据准确性问题检验。数据准确性问题是指数据值包含异常、错误以及孤立点，比如风速和输出功率为负，输出功率长时间保持不变、突变以及超过额定容量。而这些不准确数据也被称为噪声数据。其原因可能包括数据采集工具或系统的故障、输入数据时的人为或系统的失误以及数据传输中产生的误差。所以数据准确性检验与处理可分为范围检验与处理、相关性检验与处理和趋势性检验与处理。

根据 GB/T 18710—2002《风电场风能资源评估方法》的规定，主要参数的合理范围参照值：平均风速在 0～40m/s 之间，风向值在 0～360°之间，平均气压数值在 94～106kPa 之间；主要参数的合理相关性参照值：50m/30m 高度小时平均风速差值小于 2m/s，50m/30m 高度风向差值小于 22.5°；主要参数的合理变化趋势参照值：1h 平均风速变化不超过 6m/s，1h 平均温度变化不超过 5℃，3h 平均气压变化不超过 1kPa。而对于不在这些合理参照值之内的数据一般采用修正与剔除法。

（3）数据有效性问题检验。按 GB/T 18710—2002《风电场风能资源评估方法》规定计

算测风有效数据的完整率应达到 90%，有效数据完整率 η_{data} 可根据式（3.3.2）进行计算

$$\eta_{data}=\frac{N_{data}-N_{miss}-N_{invalid}}{N_{data}}\times 100\% \tag{3.3.2}$$

式中：$N_{invalid}$ 表示无效的数据点数目。

3.3.2 光伏发电系统数据预处理

1. 光伏发电系统输入数据集分析

本节采用某光伏电站 2018 年全年历史数据集来验证 LCASO-BP 神经网络在短期光电功率预测应用中的可行性和有效性。此数据集记录了该光伏电站（总装机容量 30MW）从 2018 年 1 月 1 日到 12 月 31 日的全年气象数据和光伏历史发电功率数据，并且每 15min 采样太阳总辐照度（W/m²）、组件温度（℃）、环境温度（℃）、气压（hPa）、相对湿度（%）和实际发电功率（kW）等数据。

2018 年 1 月 1 日全天 96 组光电历史数据分布图如图 3.3.4 所示，该光伏电站太阳总辐照度的日变化曲线和月变化曲线如图 3.3.5 和图 3.3.6 所示。不难看出在太阳总辐照度日变化曲线中辐照度有如下特性，超过 6h 的辐照度与当日其他时间辐照度相关性很小，越靠近当前时间的辐照度其相关性越大，其次当日辐照度与前后同一时间的风速无相关性；而在辐照度月变化曲线中，辐照度呈无规律分布变化。所以，本研究旨在通过这些历史输入数据进行时间尺度不超过 6h 的短期光电功率预测。

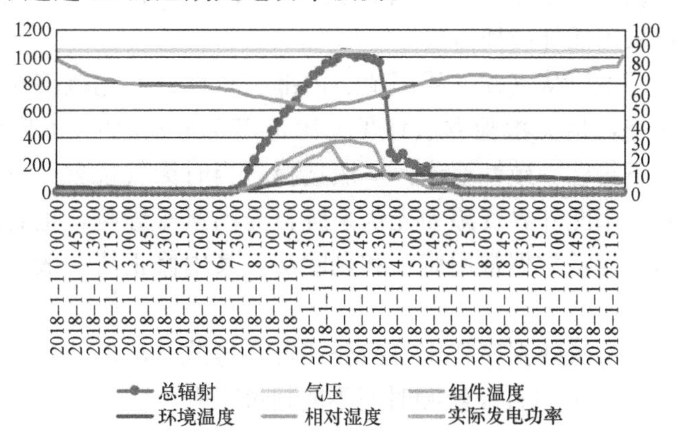

图 3.3.4 2018 年 1 月 1 日全天 96 组光电历史数据分布

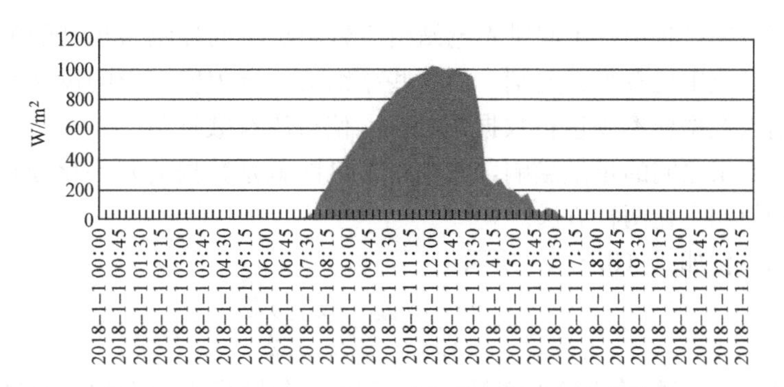

图 3.3.5 2018 年 1 月 1 日太阳总辐照度日变化曲线

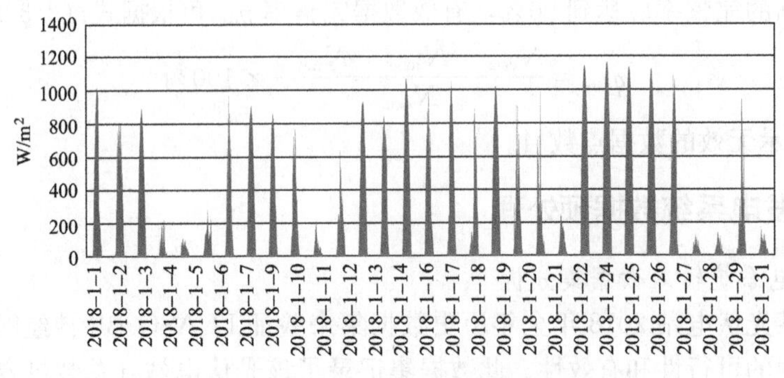

图 3.3.6　2018 年 1 月太阳总辐照度月变化曲线

2. 光伏发电系统输入数据集检验

与 3.3.1 节风电系统输入数据集检验类似，对于光伏发电系统预测模型的输入数据集主要考虑输入数据集的完整性、准确性和有效性问题，有关太阳能资源数据检测方法可参考 GB/T 37526—2019《太阳能资源评估方法》。

(1) 完整性检验。对于短期实测数据应包括太阳能资源各要素至少一年的连续、完整数据，数据数量应等于所预期记录的数据数量，并且其时间序列也要满足有关规定，数据完整性检验公式可参考式 (3.3.1)。实际中，由于光伏发电是一个周期性过程并且受太阳光的影响很大，加上设备系统故障等外界因素，输入变量和输出功率常存在缺少等情况，对于缺少数据情况也采用插补或插值法。

(2) 准确性检验。主要从气候学界限值、内部一致性、变化范围对太阳能资源各要素的数据合理性进行检查，相关检验方法详见 GB/T 37526—2019《太阳能资源评估方法》。如若数据超出范围或不符合一致性要求，一般选择对当时天气现象和自然地理环境进行回查。同样，由于受到太阳能外界资源和光伏系统自身因素等影响，也会出现突变和不合理的噪声数据，对于这些异常数据常用修正和剔除法，其中修正法一般包括相邻推算法和相似日估计法。

(3) 有效性检验。有效数据完整率检验公式可参考式 (3.3.2)，一般每小时要求有效数据完整率不低于 95%，并且连续缺测时间不能超过三天。

3.3.3 数据归一化处理

在实际采集数据过程中，不同风光电站由于数源点不同导致采集到的输入变量的数值量级不一样，取值范围也有很大差别，而这些差别会一定程度上影响风光系统功率预测效果，因此要将输入数据样本先进行数据预处理，使得所有数据值介于 [−1, 1] 之间，从而有效消除输入变量之间的量纲影响，其中最常见的就是数据的归一化处理，一般分为线性归一化和 0 均值归一化两种方法。

(1) 线性归一化如式 (3.3.3) 所示。

$$x_1=\frac{x-(x_{\max}+x_{\min})/2}{(x_{\max}-x_{\min})/2} \tag{3.3.3}$$

式中：x_1 代表归一化后的输入数据变量；$x_{\max}$ 和 $x_{\min}$ 分别代表输入数据变量 x 的最大值和最小值。

（2）0均值归一化。此类方法能将原始输入数据样本转化为平均值为0以及方差为1的数据集，转换过程可用式（3.3.4）表示。

$$x_1=\frac{x-\mu}{\sigma} \tag{3.3.4}$$

式中：μ 为输入数据样本中某一输入变量的均值；σ 为输入数据样本中某一输入变量的标准差。

此外，在完成预测过程后得到的输出数据值仍需要进行反归一化处理，从而重新获得有量纲的数据值，其相关过程可用式（3.3.5）表示。

$$x_2=\frac{x_1(x_{\max}-x_{\min})+(x_{\max}+x_{\min})}{2} \tag{3.3.5}$$

式中：x_2 表示反归一化后的最终输出数据值。

3.3.4 预测评估指标

目前缺乏统一和规定的评估标准对预测模型进行评估，最常用的一些评价指标有：平均绝对误差（mean absolute error，MAE）、均方误差（mean square error，MSE）、平均绝对误差率（mean absolute percentage error，MAPE）和均方根误差（root mean square error，RMSE）。这4种评估指标可用式（3.3.6）～式（3.3.9）来表示。

$$\mathrm{MAE}=\frac{1}{n}\sum_{i=1}^{n}|x_i-y_i| \tag{3.3.6}$$

$$\mathrm{MSE}=\frac{1}{n}\sum_{i=1}^{n}(x_i-y_i)^2 \tag{3.3.7}$$

$$\mathrm{MAPE}=\frac{1}{n}\sum_{i=1}^{n}\frac{|x_i-y_i|}{y_i}\times 100\% \tag{3.3.8}$$

$$\mathrm{RMSE}=\sqrt{\frac{1}{n}\sum_{i=1}^{n}(x_i-y_i)^2} \tag{3.3.9}$$

式中：n 表示预测点数目；x_i 和 y_i 分别代表预测值和实际值。MAE是绝对误差的平均值，反映预测值误差的实际情况；MAPE是预测值与实际值偏差绝对值与实际值的比值，取平均值的结果，可以消除量纲的影响，用于客观的评价偏差；RMSE是预测值与实际值偏差的平方和与样本总数的比值的平方根，也就是MSE开根号，对异常值比较敏感，用来衡量预测值同实际值之间的相对偏离程度，更能体现出较大误差在整体误差评估中的作用。

本章选取MAE、MAPE和RMSE作为衡量预测模型整体预测性能的综合评估指标。此外，一般为了更加直观反映实时预测过程中的误差，绝对误差（absolute error，AE）和相对误差率（relative error，RE）也可用作辅助评估指标，其计算如式（3.3.10）和式（3.3.11）所示。

$$\mathrm{AE}=|x_i-y_i| \tag{3.3.10}$$

$$\mathrm{RE}=\frac{|x_i-y_i|}{y_i}\times 100\% \tag{3.3.11}$$

3.3.5 小结

本节提出了风光发电系统的数据预处理方法，其贡献点主要可概括为以下两个方面：

（1）对风光发电系统的数据预处理进行了详细的阐述。

（2）对功率预测的几种常见评估指标进行了介绍。

3.4　基于经典算法优化 BP 神经网络的风光发电系统功率预测

3.4.1　基于经典算法优化 BP 神经网络的风电功率预测

1. 基于遗传算法-BP 神经网络的风电功率预测

GA 是一种基于生物进化的启发式全局寻优算法，可以避免陷入局部最优解。它根据搜索代理的适应度函数值对搜索代理进行管理。具体来说，GA 选择适合度高的个体进行遗传操作（选择、染色体交叉和突变），模拟适者生存的自然进化过程，从而寻找最优解。另外，GA 还具有较强的勘测与搜索能力，可以用来弥补 BP 神经网络的缺陷，优化其网络结构中的连接权值与阈值，从而提高整体的预测能力和收敛速度。而 GA 对 BP 神经网络的优化过程一般包含种群初始化、适应度函数建立、选择、交叉和变异操作。此外，基于 GA-BP 神经网络的预测模型流程图如图 3.4.1 所示。

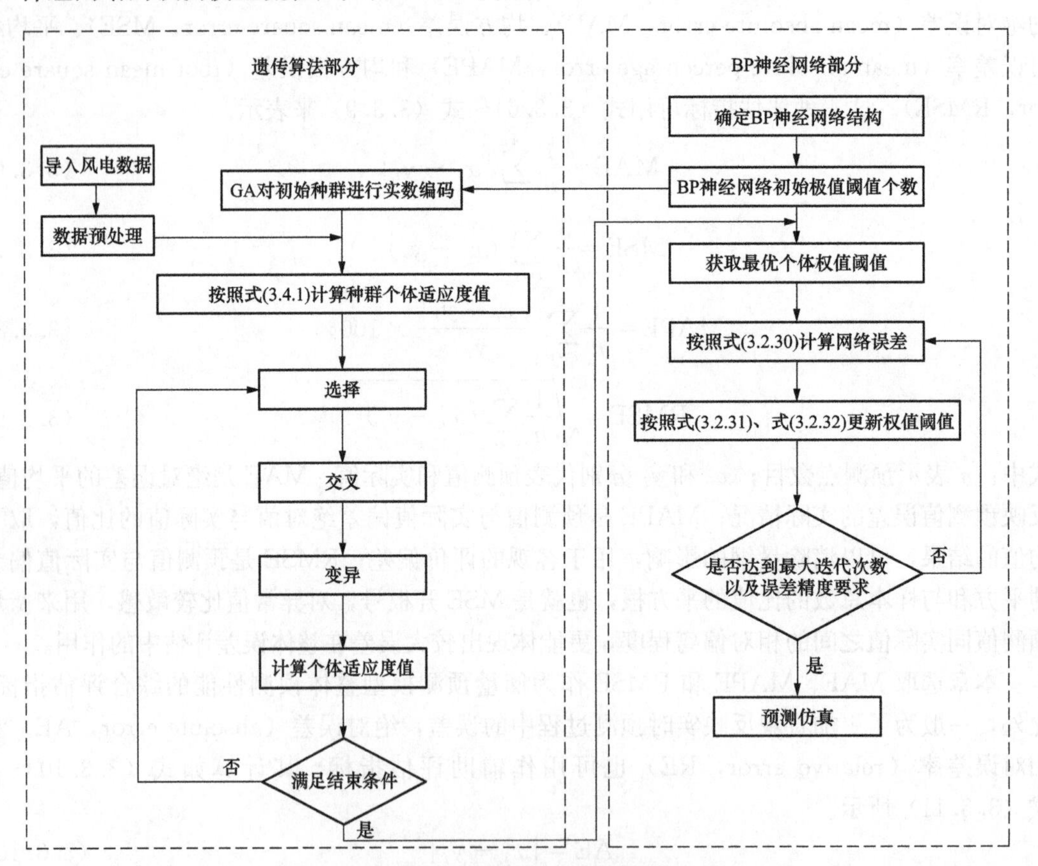

图 3.4.1　GA-BP 神经网络预测模型流程图

种群初始化：GA 算法常用的染色体编码方法有二进制编码、实数编码、字符编码和字符串编码。对种群个体采用实数编码，个体包含的信息有连接输入层与隐藏层的权值、连接隐藏层和输出层的权值，以及隐藏层和输出层的阈值，其个体编码长度为这些权值和阈值与其相应神经元节点数目乘积的总和。

适应度函数：按照个体编码值得到BP神经网络的各层之间连接权值和阈值，并使用训练数据预测误差绝对值作为个体适应度值G，相关表达式见式（3.4.1）。

$$G=k\left[\sum_{i=1}^{n}\mathrm{abs}\ (y_i-z_i)\right] \tag{3.4.1}$$

式中：n代表输出节点数目；y_i代表BP神经网络第i个节点的期望输出值；z_i代表BP神经网络第i个节点的预测输出值；k代表相关系数。

选择交叉和变异操作：通过轮盘赌法进行遗传算法选择操作，即基于适应度比例的选择方法，每个个体x选择概率p_x可表示为：

$$p_x=\frac{g_x}{\sum_{j=1}^{N}g_j} \tag{3.4.2}$$

$$g_x=k/G_x \tag{3.4.3}$$

式中：G_x表示个体x的适应度值；N表示个体种群数；k表示相关系数。

为了提高GA算法中种群的多样性和收敛性，引入了自适应交叉变异算子。当个体适应度小于平均适应度时，采用较大的交叉、变异概率，以促进个体更新，从而提高了种群多样性；反之，可以通过使用较小的交叉、变异概率，来确保适应度高的个体在群体中的比例，从而加快算法的收敛速度。自适应交叉概率P_c和自适应变异概率P_m可用式（3.4.4）和式（3.4.5）计算。

$$P_c=\begin{cases}K_1\dfrac{G_{max}-G_{avg}}{G_{max}-G_a}, & 如果 G_a\leqslant G_{avg}\\ K_2, & 否则\end{cases} \tag{3.4.4}$$

$$P_m=\begin{cases}K_3\dfrac{G_{max}-G_b}{G_{max}-G_{avg}}, & 如果 G_b\leqslant G_{avg}\\ K_4, & 否则\end{cases} \tag{3.4.5}$$

式中：G_a表示待交叉个体的适应度值；G_b表示待变异个体的适应度值；G_{max}表示当前种群中的最大适应度值；G_{avg}表示当前种群中的平均适应度值；K_1、K_2、K_3和K_4为分别表示在[0，1]的随机数，一般取$K_1=K_2=1$，$K_3=K_4=0.5$。

2. 基于粒子群优化算法-BP神经网络的风电功率预测

PSO算法是一种群体智能启发式优化算法，源于生物界中鸟类的捕食行为，与GA相似，该算法也是通过对种群中个体的适应度来评估个体优劣，但没有遗传操作的交叉和变异操作。首先在BP神经网络权值、阈值可解空间中初始化一群粒子，而每个粒子都包含BP神经网络所有权值和阈值信息，通过种群中粒子的位置、速度和适应度值三项指标来反映粒子特征，然后通过跟踪个体最佳位置G_{best}和群体最佳位置Z_{best}来获得最佳BP神经网络初始化权值和阈值，从而可以加快BP神经网络收敛速度，以便提高BP神经网络的预测性能，PSO-BP预测模型算法流程图如图3.4.2所示。

种群初始化：根据BP神经网络的结构，PSO算法初始化种群粒子为856维行向量，即包含BP神经网络所有权值和阈值，适应度函数仍然采用GA-BP中的神经网络训练误差和，然后通过迭代寻找种群最优粒子，即神经网络最优初始化权值、阈值，然后进行BP神经网络训练、预测。

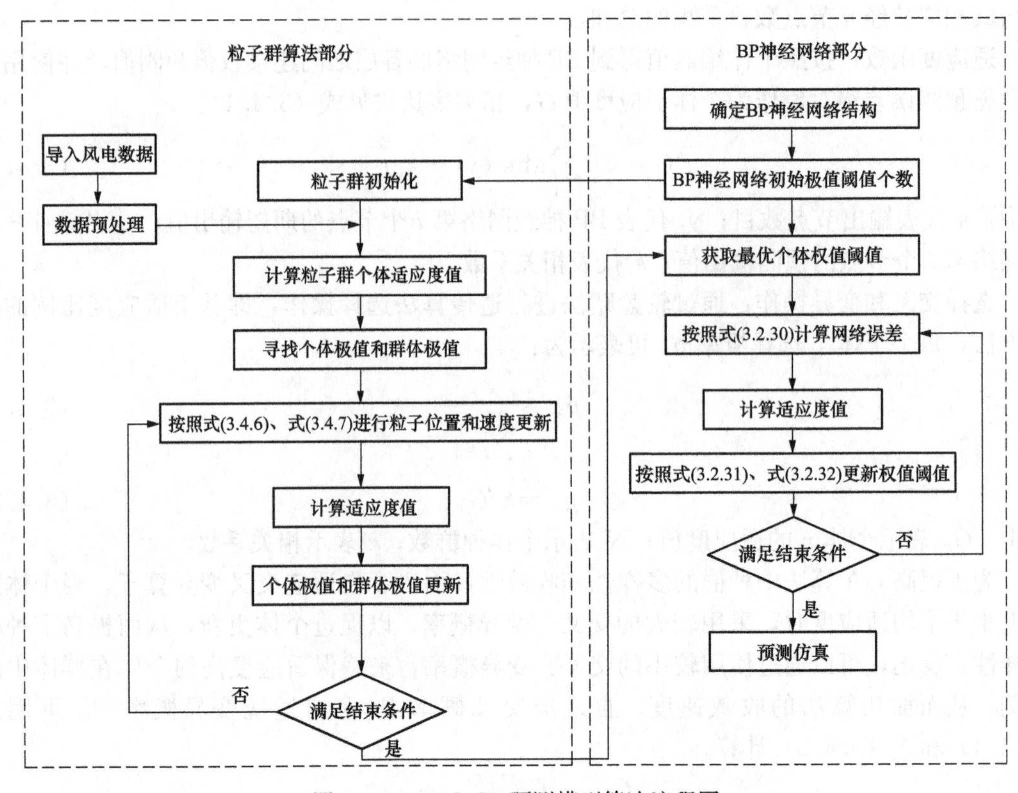

图 3.4.2 PSO-BP 预测模型算法流程图

种群粒子更新：PSO 算法中粒子每一次迭代，通过个体极值和全局极值进行自身速度和位置更新。其速度更新公式和位置更新公式可描述如下

$$V_i^{k+1}=w\cdot V_i^k+c_1\cdot r_1\cdot(P_g^k-X_i^k)+c_2\cdot r_2\cdot(P_z^k-X_i^k) \tag{3.4.6}$$

$$X_i^{k+1}=X_i^k+V_i^{k+1} \tag{3.4.7}$$

式中：k 表示当前迭代次数；V_i^{k+1} 表示种群中第 i 个粒子的第（$k+1$）代移动速度；V_i^k 表示第 i 个粒子的第 k 代移动速度；w 表示惯性权重；r_1 和 r_2 分别表示 0～1 之间的随机数；c_1 和 c_2 分别表示粒子的加速度因子，通常取非负常数。

选用可变惯性权重，相关表达式见式（3.4.8）。

$$w=w_{\max}-\frac{w_{\max}-w_{\min}}{i_{\max}}\cdot i_{\mathrm{t}} \tag{3.4.8}$$

式中：$i_{\max}$ 表示粒子群最大迭代次数；i_{t} 表示粒子当前迭代次数；$w_{\max}$ 表示最大惯性权重，通常设定为 0.9；$w_{\min}$ 表示最小惯性权重，通常设定为 0.4。当粒子最大速度比较小时，通常设定 w 接近于 1，反之，则设定 $w=0.8$。

3. 仿真测试设计

为了进一步验证 GA-BP 和 PSO-BP 预测模型的性能表现，本研究采用某风力发电站 2017 年历史数据集作为输入数据集，并且与标准 BP 神经网络进行了对比仿真测试。首先导入和读取输入数据集，为了最优化 BP 神经网络预测精度和预测效果，在全年输入数据样本进行了一系列的预处理筛选后，最终确定输入数据集中全部样本数目为 18 040，其中选取 17 990 组数据用于训练集，50 组数据作为测试集，然后进行输入数据集的归一化。

其次通过试验法和经验公式法确定了GA-BP和PSO-BP预测模型的最佳隐藏层神经元节点个数为9，输入变量依次为测风塔70m风速（m/s）、测风塔70m风向（°）、温度（℃）、气压（hPa）和湿度（%），输出变量即为预测输出功率（kW），因此输入层和输出神经元节点个数分别为5和1，最终确定的GA-BP和PSO-BP神经网络预测模型网络结构为5-9-1。

然后关于GA-BP和PSO-BP预测模型的参数设置可大致分为两部分，即BP参数设置、GA和PSO参数设置。BP神经网络参数设置如下：训练次数为500次，学习效率设为0.1，网络目标精度为0.1%，动量系数为0.8；GA参数设置如下：初始种群规模为30，最大迭代次数为50，交叉和变异概率选择分别为0.3和0.01；PSO参数设置如下：$c_1=c_2=1.5$，速度最大值和速度最小值为5和−5。特别地，为了减少随机性初始化对结果的影响，本节仿真测试误差评估指标值均采用15次独立实验结果的平均值。

4. 仿真结果分析

BP神经网络、GA-BP神经网络和PSO-BP神经网络的风电功率预测曲线如图3.4.3～图3.4.5所示，明显可见BP神经网络的预测拟合效果较差，相比之下，GA-BP和PSO-BP神经网络预测拟合效果较好，而且从风电功率预测值与实际值对比结果（如图3.4.6所示）可知，GA-BP和PSO-BP神经网络预测模型具有良好的预测稳定性，这验证了这两种优化BP神经网络后的混合模型在全局寻优能力和收敛速度方面的明显优势。此外，从图3.4.3～图3.4.5这三个图可以发现，风电功率预测曲线与实际值曲线具有相同的变化趋势，也验证了风电功率预测模型的有效性。

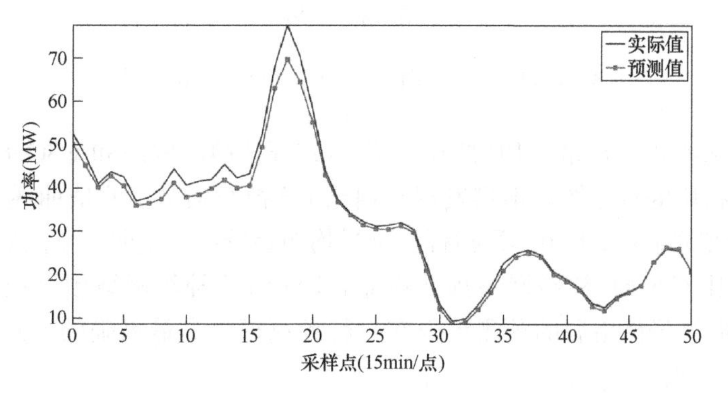

图3.4.3 基于标准BP神经网络的风电功率预测曲线

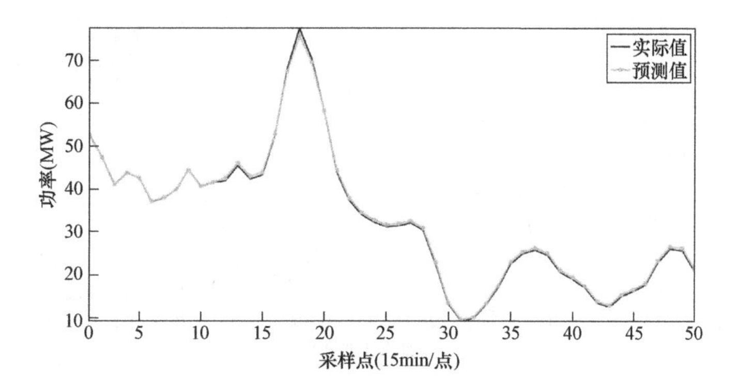

图3.4.4 基于GA-BP神经网络的风电功率预测曲线

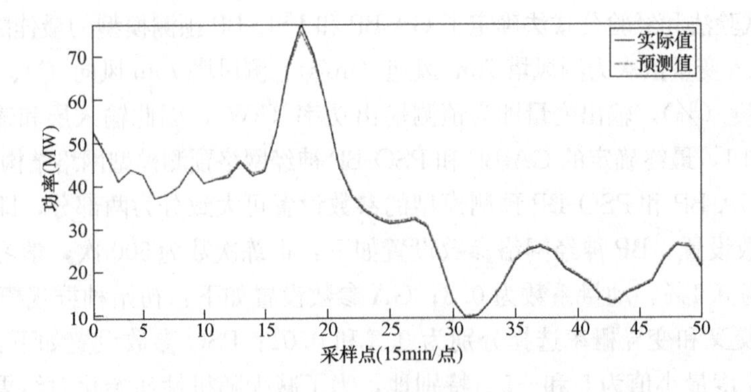

图 3.4.5　基于 PSO-BP 神经网络的风电功率预测曲线

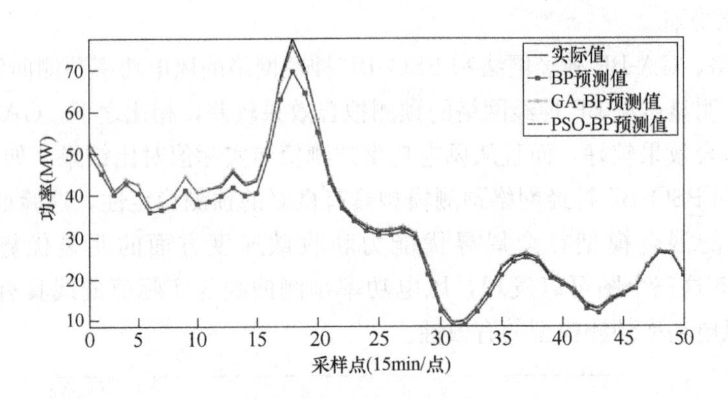

图 3.4.6　风电功率预测值与实际值对比结果

而图 3.4.7 和图 3.4.8 即为 BP 神经网络、GA-BP 神经网络和 PSO-BP 神经网络在风电功率预测误差指标的对比图，不难发现，相比 BP 神经网络预测值曲线，GA-BP 神经网络和 PSO-BP 神经网络在 AE 和 RE 指标上结果均明显较小，说明其预测效果更佳和预测结果更稳定。而相比 GA-BP 神经网络预测误差，PSO-BP 神经网络预测误差更加小，说明 PSO 算法优化 BP 神经网络后的预测精度在三种预测模型是最精确的，其综合预测性能和适用能力也是最强的。

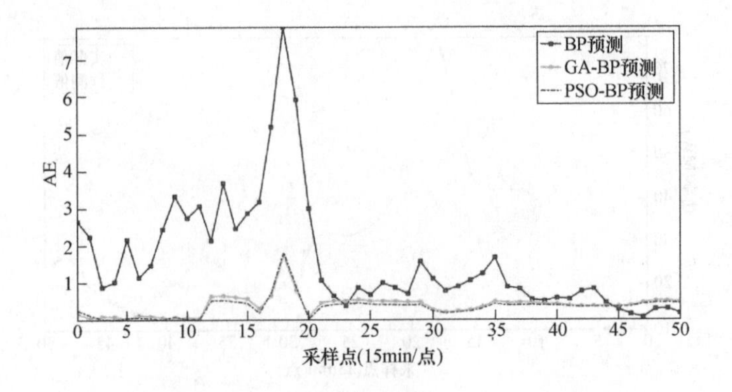

图 3.4.7　风电功率预测误差 AE 对比结果

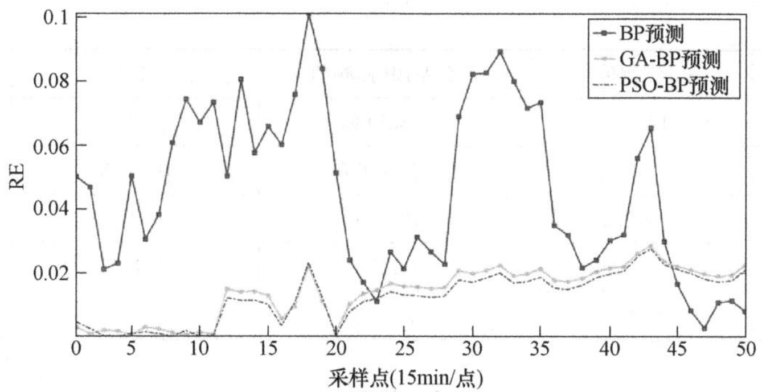

图 3.4.8 风电功率预测误差 RE 对比结果

此外，表 3.4.1～表 3.4.3 分别为 BP 神经网络、GA-BP 神经网络和 PSO-BP 神经网络每 5 个采样点上的预测结果和预测误差结果，由表可得在大多数采样点上，GA-BP 神经网络和 PSO-BP 神经网络的 AE 值和 RE 值都比 BP 神经网络相应的值要小得多，尤其是 RE 值，更加验证了 GA-BP 和 PSO-BP 神经网络模型优越的预测性能。而表 3.4.4 即为三种预测模型的评估指标结果，相比 BP 神经网络，GA-BP 神经网络和 PSO-BP 神经网络在 MAE、MSE、RMSE 和 MAPE 四个误差评估指标上都较小，其中 PSO-BP 的 MAE 值仅为 BP 中 MAE 值的 21.19%，其 MSE 值、RMSE 值和 MAPE 值仅为 BP 中的 3.90%、19.75%和 27.41%。这进一步验证了 GA-BP 神经网络和 PSO-BP 神经网络在预测精度和稳定性上的显著优势。

表 3.4.1　　BP 神经网络模型预测和误差结果

采样点	实测值	BP 预测值	AE 值	RE 值
5	42.5570	40.4118	2.1453	5.04%
10	40.6518	37.9211	2.7307	6.72%
15	43.3331	40.4744	2.8587	6.60%
20	58.0533	55.0660	2.9873	5.15%
25	31.1849	30.5195	0.6654	2.13%
30	13.2527	12.1614	1.0913	8.23%
35	22.5293	20.8723	1.6570	7.36%
40	19.0222	18.4481	0.5740	3.02%
45	16.2240	15.9555	0.2685	1.66%
50	20.8755	20.7075	0.1682	0.80%

表 3.4.2　　GA-BP 神经网络模型预测和误差结果

采样点	实测值	GA-BP 预测值	AE 值	RE 值
5	42.5570	42.5827	0.0256	0.06%
10	40.6518	40.7074	0.0556	0.14%
15	43.3331	43.8886	0.5555	1.28%
20	58.0533	58.1331	0.0798	0.14%
25	31.1849	31.6775	0.4926	1.58%

续表

采样点	实测值	GA-BP 预测值	AE 值	RE 值
30	13.2527	13.5143	0.2616	1.97%
35	22.5293	23.0077	0.4783	2.12%
40	19.0222	19.4319	0.4098	2.15%
45	16.2240	16.5815	0.3575	2.20%
50	20.8755	21.3433	0.4678	2.24%

表 3.4.3　PSO-BP 神经网络模型预测和误差结果

采样点	实测值	PSO-BP 预测值	AE 值	RE 值
5	42.5570	42.5166	0.0405	0.06%
10	40.6518	40.6562	0.0044	0.14%
15	43.3331	43.7712	0.4381	0.40%
20	58.0533	58.0295	0.0238	0.06%
25	31.1849	31.5943	0.4094	0.90%
30	13.2527	13.4788	0.2261	4.80%
35	22.5293	22.9496	0.4203	2.67%
40	19.0222	19.3973	0.3751	2.91%
45	16.2240	16.5671	0.3431	3.10%
50	20.8755	21.3138	0.4383	2.69%

表 3.4.4　BP、GA-BP 和 PSO-BP 神经网络模型预测误差评估结果

误差评估指标	BP 神经网络	GA-BP 神经网络	PSO-BP 神经网络
MAE	1.6122	0.3811	0.3416
MSE	4.9912	0.2191	0.1947
RMSE	2.2341	0.4681	0.4413
MAPE	4.56%	1.40%	1.25%

综上所述，GA-BP 神经网络和 PSO-BP 神经网络预测模型与标准 BP 神经网络预测模型在风电功率预测中的对比仿真实验中获得了更优的综合预测性能表现。首先，GA-BP 神经网络和 PSO-BP 神经网络预测模型不仅在整体稳定性和收敛速度较 BP 神经网络均有一定提升和改进。其次，PSO-BP 神经网络预测模型在三种预测模型比较中获得了更小的误差和更好的拟合精度，这也侧面验证了 PSO 算法能够更好地优化 BP 神经网络的权值和阈值，从而改进预测模型整体预测精确性。

3.4.2　基于经典算法优化 BP 神经网络的光电功率预测

由于 GA-BP 神经网络和 PSO-BP 神经网络预测模型的具体原理和机制已在 3.4.1 节中详细阐述，本节就不再赘述。

1. 仿真测试设计

为了进一步测试 GA-BP 和 PSO-BP 神经网络模型在光电系统功率预测的综合表现，本节选取标准 BP 神经网络作为对比模型，进行对比仿真测试。与风电功率预测一致，本节为了减少不合格数据样本对整体模型预测效果的影响，首先对导入的某地 2018 年光电历史数据集进行数据预处理，其过程包括数据检验和数据归一化，而后划分其中 14 990 组数据和 50 组数据分别作为训练集和测试集。然后通过 3.2.2 节中的试验法确定了当隐藏层神经元为 9 时，网络的均方差最小，而根据输入变量和输出变量即可确定输入层和输出层的神经元节点分别为 5 和 1，因此整体预测模型结构采用 5-9-1 的三层式结构。

对于 GA-BP 和 PSO-BP 预测模型的参数设置与 3.4.1 节中风电功率预测中两种预测模型的参数设置保持一致。特别地，考虑到太阳辐照度的周期性和间歇性，为了更加合理和有效地评估上述两种预测模型应用于光电系统功率预测的准确性，本节评估指标减少了关于 MAPE 值的结果和对比分析，只采用 AE、RE、MSE、MAE 和 RMES 进行评估分析。

2. 仿真结果对比分析

为了减少随机性初始化对结果的影响，本节仿真测试误差评估指标值均采用 15 次独立实验结果的平均值。图 3.4.9～图 3.4.11 分别为基于三种预测模型的光电功率预测曲线，BP 神经网络的预测拟合效果较差，GA-BP 和 PSO-BP 神经网络预测拟合效果较好。此外，分析光电功率预测值与实际值对比结果（如图 3.4.12 所示）可知，尽管三种预测模型对于光电功率预测结果的误差均存在波动，但 GA-BP 和 PSO-BP 神经网络的预测模型误差波动较小，而标准 BP 神经网络模型对于光伏发电功率预测的误差波动较大，说明了 GA 算法和 PSO 算法优化的 BP 神经网络模型对于光电功率预测的精度高于 BP 神经网络模型。

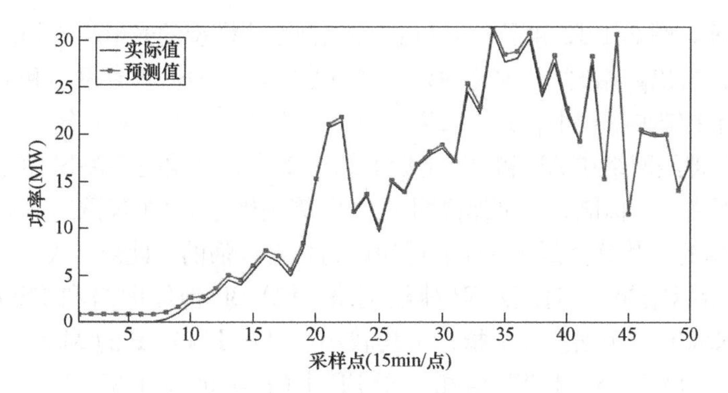

图 3.4.9　基于标准 BP 神经网络的光电功率预测曲线

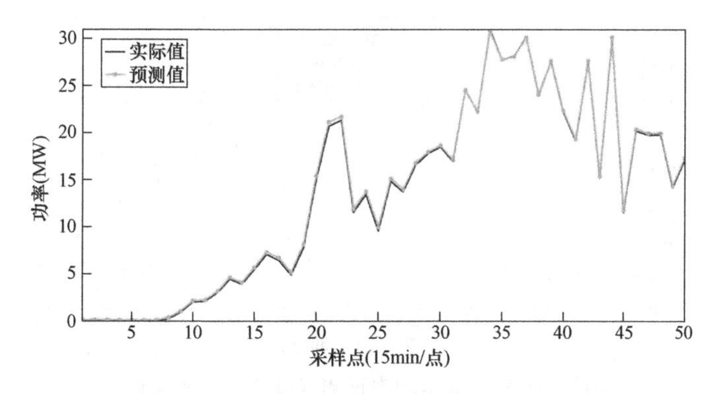

图 3.4.10　基于 GA-BP 神经网络的光电功率预测曲线

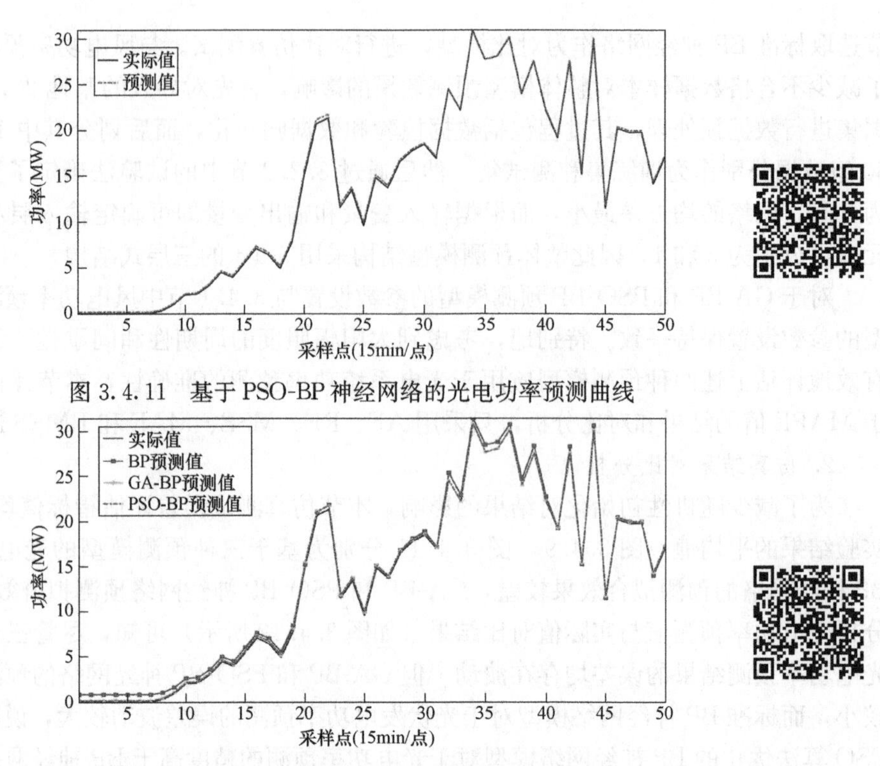

图 3.4.11　基于 PSO-BP 神经网络的光电功率预测曲线

图 3.4.12　光电功率预测值与实际值对比结果

在误差值方面，图 3.4.13 和图 3.4.14 即为三种预测模型的光电功率预测误差指标的对比图，很直观地可以看出，相比 BP 神经网络预测值曲线，GA-BP 神经网络和 PSO-BP 神经网络在 AE 和 RE 指标上结果都较小。具体来说，可从表 3.4.5～表 3.4.7 分析可知，在大多数采样点上，PSO-BP 神经网络在 AE 和 RE 指标上结果最小，其次是 GA-BP 神经网络的指标值，最后是 BP 神经网络的指标值。这更加说明了 PSO 算法优化 BP 神经网络后的预测精度在三种预测模型是最精确的，其综合预测性能和适用能力也是最强的。此外，表 3.4.8 即为三种预测模型的综合评估指标结果，相比较 BP 神经网络，GA-BP 神经网络和 PSO-BP 神经网络在 MAE、MSE 和 RMSE 三个误差评估指标上均较小，其中 PSO-BP 的 MSE 值仅为 BP 中 MSE 值的 12.92%，其 MAE 值和 RMSE 值相当于 BP 中的 34.99%和 35.97%。这进一步验证了 GA-BP 神经网络和 PSO-BP 神经网络在预测精度和稳定性上的显著优势。

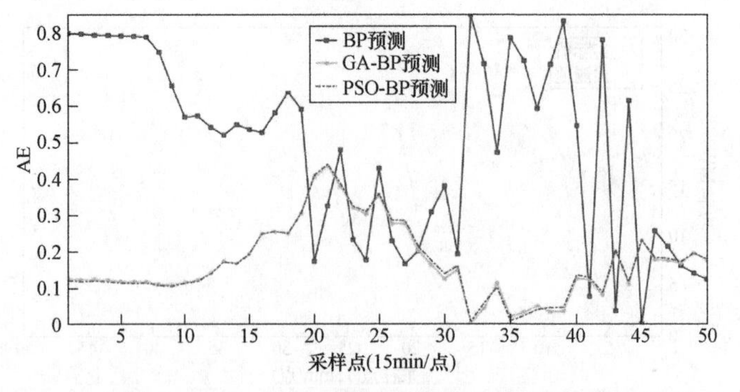

图 3.4.13　光电功率预测误差 AE 对比结果

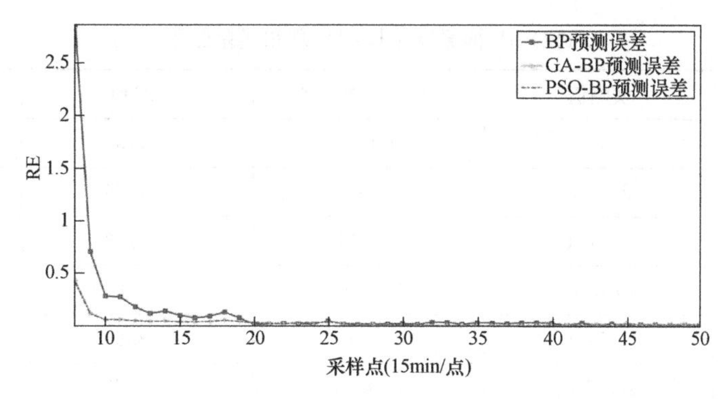

图 3.4.14 光电功率预测误差 RE 对比结果

表 3.4.5　　BP 神经网络模型预测和误差结果

采样点	实测值	BP 预测值	AE 值	RE 值
5	0	0.7920	0.7920	∞
10	2.0155	2.5853	0.5698	28.27%
15	5.4494	5.9850	0.5356	9.83%
20	15.0418	15.2163	0.1745	1.16%
25	9.5551	9.9852	0.4301	4.50%
30	18.4757	18.8571	0.3814	2.06%
35	27.6948	28.4815	0.7867	2.84%
40	22.1708	22.7170	0.5462	2.46%
45	11.4960	11.4920	0.0039	0.03%
50	17.1320	17.0069	0.1251	0.73%

表 3.4.6　　GA-BP 神经网络模型预测和误差结果

采样点	实测值	GA-BP 预测值	AE 值	RE 值
5	0	0.1156	0.1156	∞
10	2.0155	2.1304	0.1148	5.70%
15	5.4494	5.6435	0.1941	3.56%
20	15.0418	15.4532	0.4114	2.74%
25	9.5551	9.9159	0.3608	3.78%
30	18.4757	18.6163	0.1406	0.76%
35	27.6948	27.6823	0.0126	0.04%
40	22.1708	22.3084	0.1376	0.62%
45	11.4960	11.7289	0.2329	2.03%
50	17.1320	17.3128	0.1808	1.06%

表 3.4.7　　PSO-BP 神经网络模型预测和误差结果

采样点	实测值	PSO-BP 预测值	AE 值	RE 值
5	0	0.1190	0.1190	∞
10	2.0155	2.1321	0.1166	5.78%
15	5.4494	5.6437	0.1943	3.57%
20	15.0418	15.4485	0.4067	2.70%
25	9.5551	9.9114	0.3563	3.73%
30	18.4757	18.6027	0.1270	0.69%
35	27.6948	27.6718	0.0231	0.08%
40	22.1708	22.2988	0.1280	0.58%
45	11.4960	11.7279	0.2319	2.02%
50	17.1320	17.3106	0.1786	1.04%

表 3.4.8　　BP、GA-BP 和 PSO-BP 神经网络模型预测误差评估结果

误差评估指标	BP 神经网络	GA-BP 神经网络	PSO-BP 神经网络
MAE	0.4910	0.1742	0.1718
MSE	0.3049	0.0406	0.0394
RMSE	0.5522	0.2015	0.1986

综上所述，在光电功率预测中的对比仿真实验中，与标准 BP 神经网络预测模型相比，GA-BP 神经网络和 PSO-BP 神经网络预测模型获得了更佳的预测性能表现。一方面，经过 GA 和 PSO 算法优化后的 BP 神经网络不仅在整体稳定性和收敛速度都有所提升和改进，说明了这两种启发式算法在工程实际上可以普遍适用于对 BP 神经网络的改进。另一方面，PSO-BP 神经网络预测模型获得了更小的预测误差和更好的预测精准度，可以得知经 PSO 算法改进后的 BP 神经网络极大程度地提高了综合预测效果。

3.4.3　小结

基于前文的研究和分析，本节设计了基于经典算法优化 BP 神经网络的风光系统功率预测，其贡献点主要可概括为以下三个方面：

（1）建立了基于 GA-BP 神经网络和 PSO-BP 神经网络的功率预测模型，并分别对其进行了仿真测试与对比分析。对比测试仿真结果表明，与标准 BP 神经网络预测模型相比，GA-BP 神经网络和 PSO-BP 神经网络预测模型在风电系统和光电系统的功率预测中均获得了更佳的预测性能表现。

（2）经过 GA 和 PSO 算法优化后的 BP 神经网络不仅在整体稳定性和收敛速度都有所提升和改进，说明了这两种启发式算法在工程实际上可以普遍适用于对 BP 神经网络的改进。

（3）PSO-BP 神经网络预测模型获得了更小的预测误差和更好的预测精准度，可以得

知经 PSO 算法改进后的 BP 神经网络极大程度地提高了综合预测效果。

3.5　基于 LCASO-BP 神经网络的风光发电系统功率预测

由于 LCASO-BP 神经网络预测模型的具体原理和流程已经在 3.2.3 节中详细介绍，本节即不再阐述这部分内容，而主要在于应用整体 LCASO-BP 神经网络用于风光系统的短期功率预测。

3.5.1　基于 LCASO-BP 神经网络的风电功率预测

1. 仿真测试设计

本节旨在应用 LCASO-BP 神经网络于风电系统功率，为了进一步验证其预测模型的综合性能表现，选取标准 BP 神经网络、GA-BP 神经网络和 PSO-BP 神经网络作为对比模型进行对比仿真测试。其具体设计流程如下：

第一步，首先导入某风力发电站 2017 年历史数据集作为输入数据集，其次对数据集合进行一系列预处理，从而提高输入数据集的质量，其次划分训练集为 27 990 组数据，测试集为 50 组数据，然后对输入数据集进行线性归一化处理。

第二步，确定 BP 神经网络的参数设置和 LCASO 算法以及对比算法的参数设置。BP 神经网络的参数设置如下：训练次数为 1000 次，学习效率设为 0.1，网络目标精度为 0.1%，动量系数为 0.8；LCASO 算法的参数设置如下：初始种群规模为 30，最大迭代次数为 50，自变量上下限分别为（1，3）和（−3，1），深度和乘数权重分别为 50 和 0.2；对比算法 GA-BP 神经网络和 PSO-BP 神经网络具体参数设置与 3.4 节中保持一致。

第三步，通过试验法和经验公式法确定了三种预测模型的最佳隐藏层神经元节点个数为 9，输入变量依次为测风塔 70m 风速（m/s）、测风塔 70m 风向（°）、温度（℃）、气压（hPa）和湿度（%），输出变量即为预测输出功率（kW），而根据输入变量和输出变量即可确定输入层和输出层的神经元节点分别为 5 和 1，因此三种预测模型的结构均采用 5-9-1 的三层式网络结构。特别地，为了减少随机性初始化对整体预测结果的影响，本节仿真测试误差评估指标值均采用 20 次独立实验结果的平均值。

2. 仿真结果分析

BP 神经网络、GA-BP 神经网络、PSO-BP 神经网络和 LCASO-BP 神经网络的风电功率预测曲线如图 3.5.1～图 3.5.4 所示，比较得知，LCASO-BP 神经网络的预测拟合效果最佳，相比之下，GA-BP 和 PSO-BP 神经网络的预测拟合效果其次，BP 神经网络的预测拟

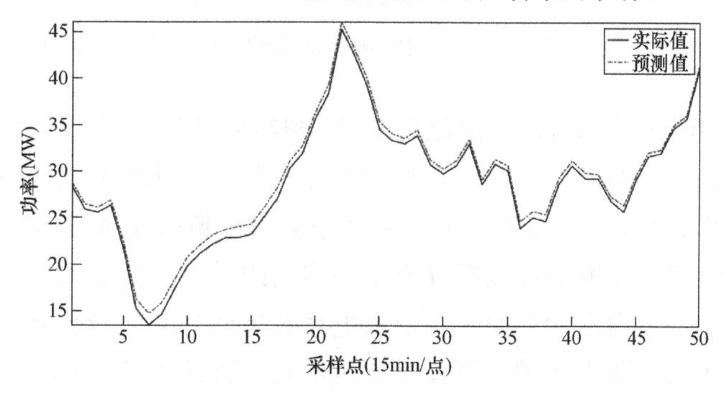

图 3.5.1　基于标准 BP 神经网络的风电功率预测曲线

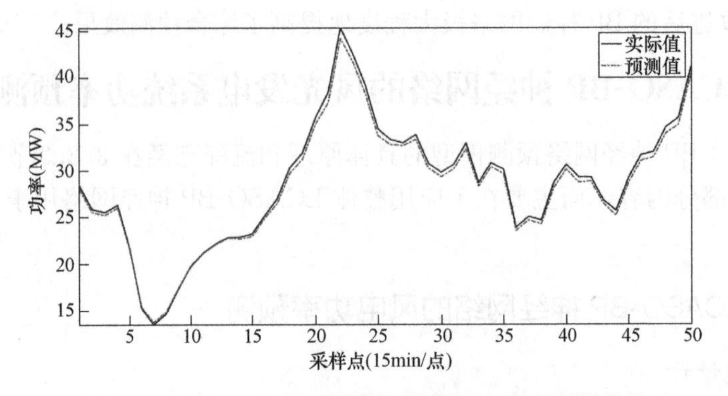

图 3.5.2　基于 GA-BP 神经网络的风电功率预测曲线

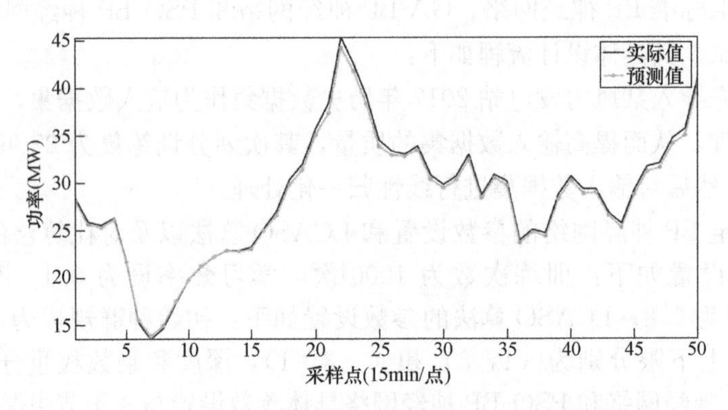

图 3.5.3　基于 PSO-BP 神经网络的风电功率预测曲线

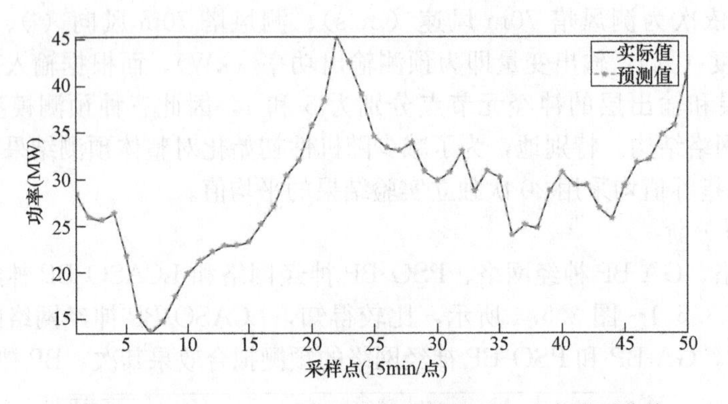

图 3.5.4　基于 LCASO-BP 神经网络的风电功率预测曲线

合效果最差。这说明经过了 LCASO 优化后的 BP 神经网络功率预测的趋势符合实际功率趋势的程度有了很大程度的提高。此外，观察预测功率和实际功率的对比（如图 3.5.5 所示）能够发现，优化前的 BP 神经网络模型的预测功率会出现超前或滞后达到峰值的情况有了很大的改善，而优化后的三种模型预测精度有了一定的改进，尤其是 LCAS-BP 神经网络的预测功率曲线基本符合实际输出功率曲线，对风电系统短期功率的走势有了很好的呈现。

图 3.5.6 和图 3.5.7 即为四种预测模型在风电功率预测误差指标的对比图，不难发现，相比较其他三种预测模型，LCASO-BP 神经网络在 AE 和 RE 指标上要小得多，说明其预

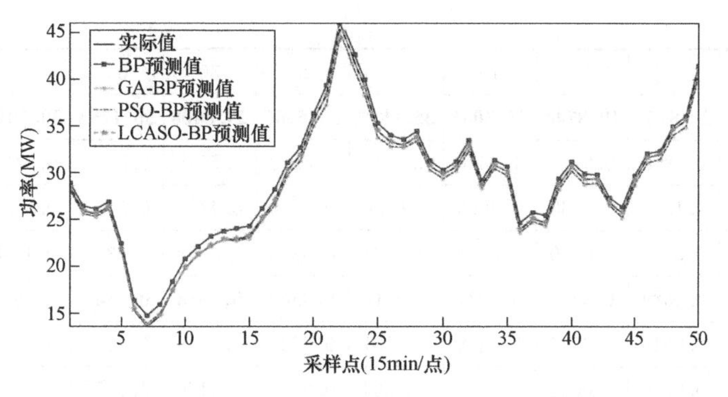

图 3.5.5 风电功率预测值与实际值对比结果

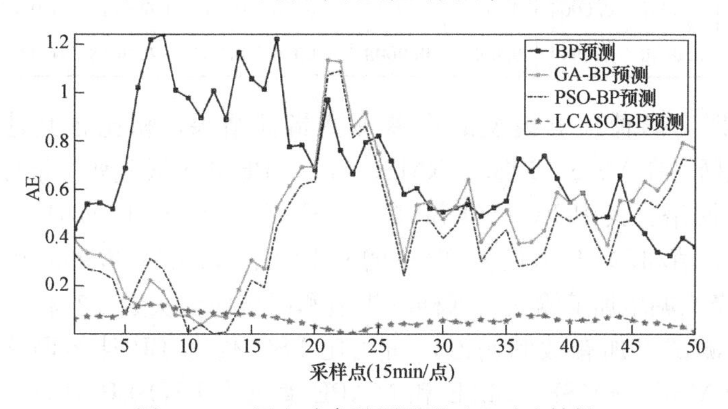

图 3.5.6 风电功率预测误差 AE 对比结果

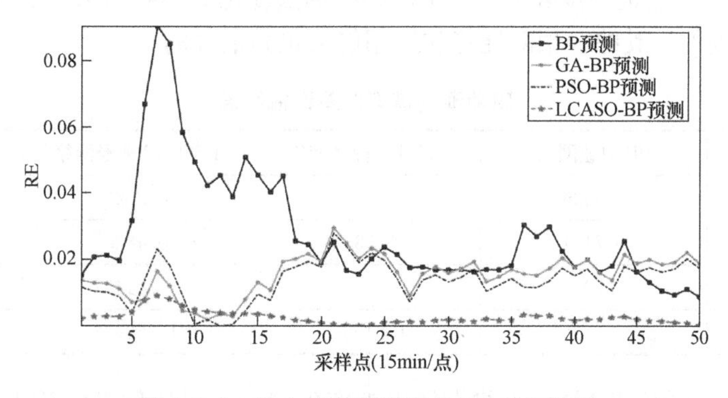

图 3.5.7 风电功率预测误差 RE 对比结果

测效果更佳和预测结果更稳定。此外，表 3.5.1 为四种预测模型在每 5 个采样点上的预测值和误差值结果，由表 3.5.1 可得在大多数采样点上，LCASO-BP 神经网络的 AE 值和 RE 值均是最小的，尤其是 RE 值，更加验证了 LCASO-BP 神经网络模型优越的预测性能。

表 3.5.1 四种预测模型的功率预测值结果

采样点	5	10	15	20	25	30	35	40	45	50
实测值	21.7242	19.7778	23.2253	35.6639	34.5001	29.7842	30.1208	30.6493	29.1846	41.0771
BP 预测值	22.4122	20.7560	24.2829	36.3452	35.3211	30.2889	30.6706	31.1948	29.6624	41.4405
GA-BP 预测值	21.5707	19.7018	22.9188	34.9702	33.7510	29.3096	29.6088	30.1063	28.6340	40.3058
PSO-BP 预测值	21.6433	19.7858	23.0024	35.0307	33.8162	29.3884	29.6889	30.1845	28.7146	40.3577

续表

采样点	5	10	15	20	25	30	35	40	45	50
LCASO-BP 预测值	**21.8132**	**19.8748**	**23.3081**	**35.6955**	**34.5366**	**29.8400**	**30.1753**	**30.7016**	**29.2429**	**41.0865**
BP 的 AE 值	0.6880	0.9782	1.0576	0.6813	0.8209	0.5048	0.5498	0.5454	0.4778	0.3634
GA-BP 的 AE 值	0.1535	0.0760	0.3065	0.6936	0.7490	0.4746	0.5120	0.5430	0.5505	0.7712
PSO-BP 的 AE 值	0.0809	0.0080	0.2228	0.6331	0.6838	0.3958	0.4319	0.4648	0.4700	0.7194
LCASO-BP 的 AE 值	**0.0889**	**0.0969**	**0.0827**	**0.0316**	**0.0364**	**0.0558**	**0.0545**	**0.0522**	**0.0583**	**0.0094**
BP 的 RE 值	0.0316	0.0494	0.0455	0.0191	0.0238	0.0169	0.0183	0.0178	0.0163	0.0088
GA-BP 的 RE 值	0.0070	0.0038	0.0132	0.0194	0.0217	0.0159	0.0170	0.0177	0.0188	0.0187
PSO-BP 的 RE 值	0.0037	0.0004	0.0096	0.0177	0.0198	0.0133	0.0143	0.0151	0.0161	0.0175
LCASO-BP 的 RE 值	**0.0040**	**0.0049**	**0.0035**	**0.0008**	**0.0010**	**0.0019**	**0.0018**	**0.0017**	**0.0020**	**0.0002**

而表 3.5.2 即为四种预测模型的误差评估指标结果，相比较其他三种预测模型，LCASO-BP 神经网络在 MAE、MSE、RMSE 和 MAPE 四个误差评估指标上都最小，其次是 PSO-BP 神经网络。其中 LCASO-BP 的 MSE 值仅为 BP 中 MAPE 值的 0.80%，其 MAPE 值、RMSE 值和 MAE 值仅为 BP 中的 9.12%、0.80%、8.96%和 8.66%。值得注意的是，由于本节大幅增加了输入数据样本规模和网络训练次数，对相关预测模型的综合预测能力的验证测试更加有效和精准，而相比 PSO 优化 BP 神经网络后的预测模型，LCASO-BP 中的 MSE、RMSE、MAE 和 MAPE 值仅为 PSO-BP 中的 1.89%、13.82%、14.65%和 18.54%，这进一步表明了经 LCASO 算法优化 BP 神经网络后的预测精度在四种预测模型是最精确的，其综合预测性能和适用能力也是最强的。

表 3.5.2　四种预测模型误差评估结果

误差评估指标	BP 神经网络	GA-BP 神经网络	PSO-BP 神经网络	LCASO-BP 神经网络
MSE	0.5526	0.2886	0.2323	**0.0044**
RMSE	0.7434	0.5373	0.4820	**0.0666**
MAE	0.7020	0.4726	0.4149	**0.0608**
MAPE	2.7839%	1.5495%	1.3699%	**0.2540%**

综上所述，LCASO-BP 神经网络在风电功率预测中的对比仿真实验中获得了最佳的预测性能表现。一方面，LCASO-BP 神经网络预测模型不仅在整体稳定性和收敛速度较其他三种预测模型都有一定提升和改进，说明了 LCASO 算法在工程实际上可以普遍适用于对 BP 神经网络的改进。另一方面，LCAO-BP 神经网络预测模型获得了最小的误差和最好的拟合精度，可以看出经 LCASO 算法改进后的 BP 神经网络大大提高了综合预测性能，这也侧面验证了 LCASO 算法能够更好地优化 BP 神经网络的权值和阈值。

3.5.2　基于 LCASO-BP 神经网络的光电功率预测

1. 仿真测试设计

为了进一步验证 LCASO-BP 神经网络预测模型的性能表现，本节采用了某地 2018 年光电历史数据集作为输入数据集，并且与标准 BP 神经网络、GA-BP 神经网络和 PSO-BP

神经网络进行了对比仿真测试。与风电功率预测一致，本节为了减少不合格数据样本对整体模型预测效果的影响，首先对导入的历史数据集进行数据预处理，其过程包括数据检验和数据归一化，而后划分其中 24 990 组数据和 50 组数据分别作为训练集和测试集。然后通过 3.2.2 节中的试验法确定了当隐藏层神经元为 9 时，网络的均方差最小，而根据输入变量和输出变量即可确定输入层和输出层的神经元节点分别为 5 和 1，因此整体预测模型结构采用 5-9-1 的三层式结构。而对于 LCASO-BP 神经网络模型以及三种对比模型的参数设置与 3.5.1 节中风电功率预测中三种预测模型的参数设置保持一致。

特别地，考虑到太阳辐照度的周期性和间歇性，尤其当日落至夜晚其数值为零，实际输出功率容易为零值甚至负值，为了更加真实和有效地评估上述两种预测模型应用于光电系统功率预测的准确性，本节评估指标不再采取预测模型 MAPE 值进行评估，只采用 AE、RE、MSE、MAE 和 RMES 进行对比分析。

2. 仿真结果对比分析

为了减少随机性初始化对结果的影响，本节仿真测试误差评估指标值均采用 20 次独立实验结果的平均值。图 3.5.8～图 3.5.11 分别为四种预测模型的光电功率预测曲线，不难看出，BP 神经网络的预测拟合效果最差，LCASO-BP 神经网络的预测拟合效果最好。此外，分析光电功率预测值与实际值对比结果（如图 3.5.12 所示）可知，尽管四种预测模型对于光电功率预测结果的误差均存在波动，但 LCASO-BP 神经网络的预测模型误差波动最小，而其他三种模型对于光伏发电功率预测的误差波动较大，说明了 LCASO 算法优化的 BP 神经网络模型对于光电功率预测的精度远远高于其他三种模型，这说明了 LCASO-BP 神经网络模型在全局寻优能力和收敛速度方面的明显优势。并且，从这四个图可以发现，光电功率预测曲线与实际值曲线具有相同的变化趋势，也验证了光电功率预测模型的有效性。

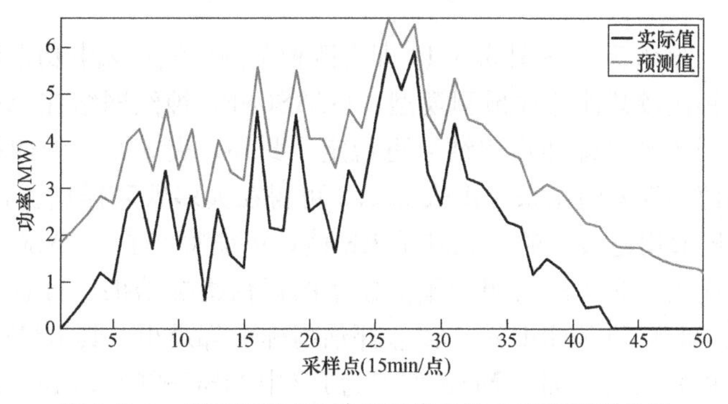

图 3.5.8　基于标准 BP 神经网络的光电功率预测曲线

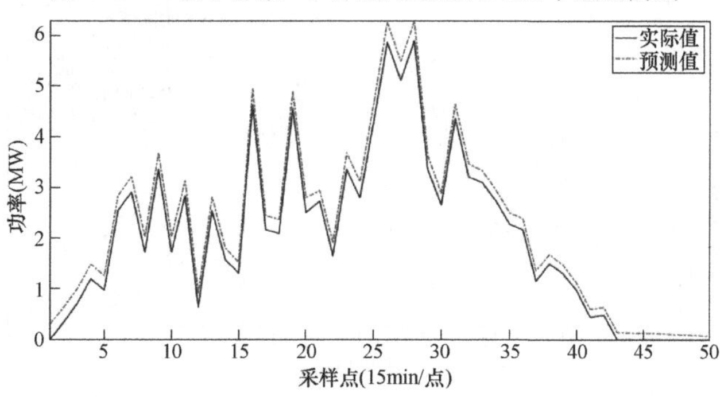

图 3.5.9　基于 GA-BP 神经网络的光电功率预测曲线

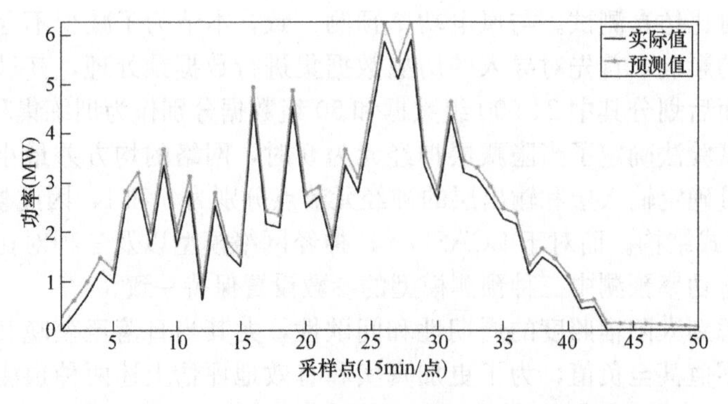

图 3.5.10 基于 PSO-BP 神经网络的光电功率预测曲线

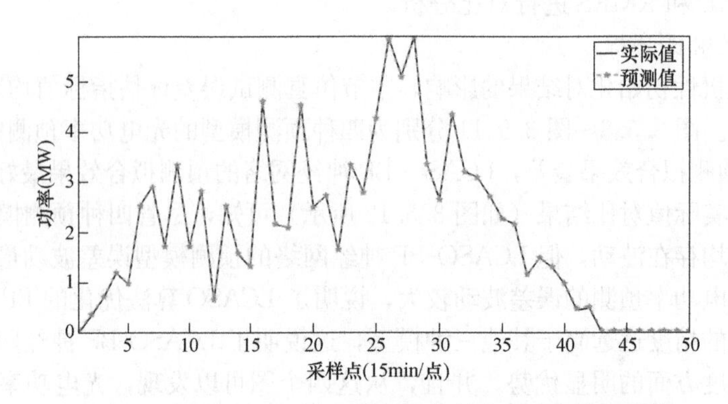

图 3.5.11 基于 LCASO-BP 神经网络的光电功率预测曲线

在误差值方面，图 3.5.12～图 3.5.14 即为四种预测模型在风电功率预测误差指标的对比图，不难发现，相比较其他三种预测模型，LCASO-BP 神经网络在 AE 和 RE 指标上要小得多，说明其预测效果更佳和预测结果更稳定。此外，表 3.5.3 为四种预测模型在每 5 个采样点上的预测值和误差值结果，由表 3.5.3 可得在大多数采样点上，LCASO-BP 神经网络的 AE 值和 RE 值均是最小的，尤其是 RE 值，更加验证了 LCASO-BP 神经网络模型优越的预测性能。而表 3.5.4 即为四种预测模型的评估指标结果，直观可见，LCASO-BP 神经网络在 MAE、MSE 和 RMSE 三个误差评估指标上都最小，其 RMSE 值和 MAE 值仅为 BP 中的 1.29%和 1.13%，而其 MSE 值仅为 BP 中 MSE 值的 0.018%。此外，相比另外

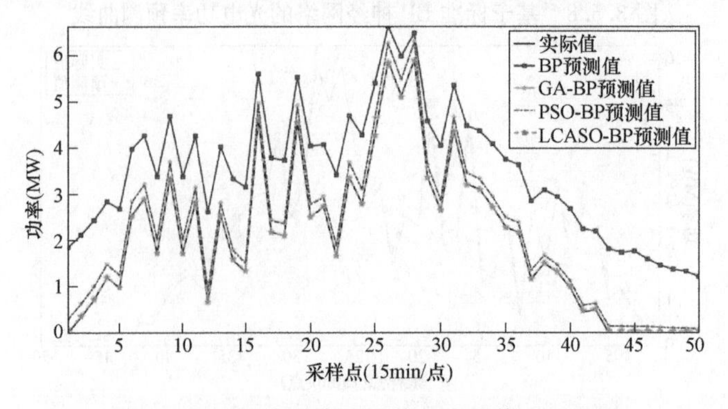

图 3.5.12 光电功率预测值与实际值对比结果

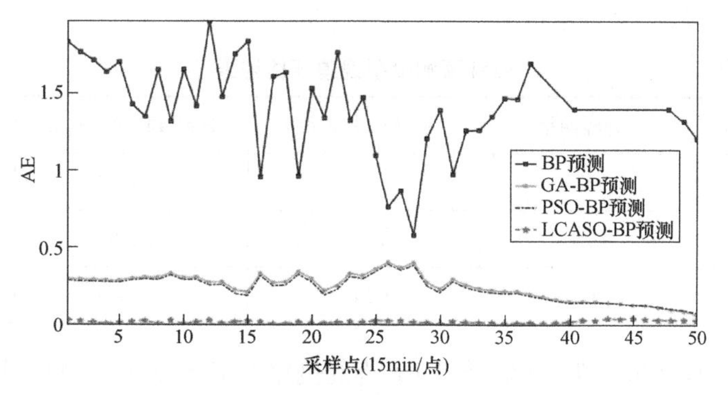

图 3.5.13 风电功率预测误差 AE 对比结果

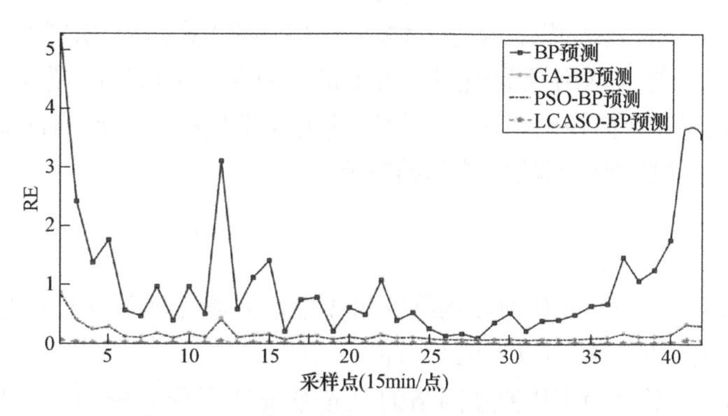

图 3.5.14 光电功率预测误差 RE 对比结果

GA-BP 和 PSO-BP 神经网络的评估指标结果，LCASO-BP 在 MSE、RMSE 和 MAE 值上比 GA-BP 中的三个指标值分别降低了 99.40%、92.54% 和 93.27%，而 LCASO-BP 在 MSE、RMSE 和 MAE 值上比 PSO-BP 中这三个指标值分别降低了 99.34%、92.18% 和 92.95%。这进一步验证了 LCASO-BP 神经网络在综合预测性能和适用能力上的显著优势。

表 3.5.3　　四种预测模型的光电功率预测值结果

采样点	5	10	15	20	25	30	35	40	45	50
实测值	0.9704	1.7169	1.3063	2.5008	4.2923	2.6500	2.2768	0.9704	0	0
BP 预测值	2.6771	3.3749	3.1480	4.0353	5.3908	4.0447	3.7470	2.6760	1.7586	1.2078
GA-BP 预测值	1.2546	2.0206	1.5172	2.7971	4.6504	2.8779	2.4927	1.1196	0.1272	0.0667
PSO-BP 预测值	1.2445	2.0082	1.4944	2.7796	4.6348	208 571	2.4800	1.1123	0.1268	0.0757
LCASO-BP 预测值	**0.9804**	**1.7146**	**1.3298**	**2.4945**	**4.2702**	**2.6492**	**2.2719**	**0.9876**	**0.0384**	**0.0253**
BP 的 AE 值	1.7067	1.6579	1.8416	1.5346	1.0985	1.3947	1.4702	1.7056	1.7586	1.2078
GA-BP 的 AE 值	0.2842	0.3036	0.2109	0.2964	0.3581	0.2278	0.2159	0.1492	0.1272	0.0667
PSO-BP 的 AE 值	0.2741	0.2913	0.1880	0.2788	0.3425	0.2071	0.2032	0.1419	0.1269	0.0757
LCASO-BP 的 AE 值	**0.0100**	**0.0024**	**0.0235**	**0.0063**	**0.0221**	**0.0008**	**0.0049**	**0.0172**	**0.0384**	**0.0253**
BP 的 RE 值	1.7587	0.9656	1.4098	0.6136	0.2559	0.5263	0.6457	1.7576	∞	∞
GA-BP 的 RE 值	0.2928	0.1768	0.1614	0.1185	0.0834	0.0860	0.0948	0.1537	∞	∞
PSO-BP 的 RE 值	0.2825	0.1697	0.1439	0.1115	0.0798	0.0781	0.0893	0.1462	∞	∞
LCASO-BP 的 RE 值	**0.0103**	**0.0014**	**0.0180**	**0.0025**	**0.0051**	**0.0003**	**0.0021**	**0.0177**	∞	∞

表 3.5.4　　四种预测模型误差评估结果

误差评估指标	BP 神经网络	GA-BP 神经网络	PSO-BP 神经网络	LCASO-BP 神经网络
MSE	2.2374	0.0669	0.0608	0.0004
RMSE	1.4958	0.2587	0.2467	0.0193
MAE	1.4651	0.2451	0.2340	0.0165

综上所述，仿真结果表明，LCASO-BP 神经网络在光电功率预测中获得了最佳的综合预测性能表现。首先，LCASO-BP 神经网络预测模型不仅在全局寻优能力和收敛速度方面较其他三种预测模型都有较大程度改进，说明了 LCASO 算法对 BP 神经网络改进的有效性。其次，LCAO-BP 神经网络预测模型获得了最小的误差和最好的拟合效果，可以看出经 LCASO 算法改进后的 BP 神经网络能够大幅度地提高模型的综合预测性能，并且有效地弱化太阳辐照度的强波动性对短期功率预测的影响。

3.5.3　小结

本节重点对基于 LCASO-BP 神经网络的风光发电系统短期功率预测进行仿真测试与结果分析，其贡献点主要可概括为以下两个方面：

（1）介绍了基于 LCASO-BP 神经网络的风光系统功率预测模型，并且分别与 BP 神经网络、GA-BP 神经网络和 PSO-BP 神经网络进行了对比仿真测试和结果分析，有效验证了其综合预测性能表现和广泛适用性。

（2）对比测试仿真结果表明，LCASO-BP 神经网络预测模型拥有极佳的预测精度和拟合效果，并且在整体稳定性和收敛性方面具有十分显著的优势，具有较强的准确性和实用性。

第4章

人工智能在新能源发电系统最优规划中的应用

4.1 概述

4.1.1 新能源发电系统选址定容

随着全世界各国致力于建设低碳社会，针对分布式电源（distributed generation，DG）的研究得到国内外学者的重点关注。DG合理地接入配电网运行可以起到降低配电网功率损耗、改善电压分布以及减少环境污染等作用。然而，风机和光伏系统技术较为成熟而作为DG安装的首选，其输出很大程度上取决于环境条件，具有明显的随机性和波动性，使得DG的不合理接入不仅会造成投资资金的浪费还会严重危害电力系统的正常运行。因此，采用科学的方法研究DG选址定容问题，对配电网的安全稳定经济运行具有重要意义。

DG选址定容是一个非线性、含离散优化变量的复杂多目标优化问题，致使以内点法为代表的传统数学优化方法难以获得全局最优解。此外，国内外不少学者只是利用线性加权等方法将多个优化目标转为单个优化目标，导致优化结果很大程度上受到研究人员依据个人经验设置的权重系数的影响，无法实现DG选址定容的多目标最优优化。与之相比，基于Pareto的多目标启发式算法能够更好地解决复杂非线性多目标优化问题。基于机会约束规划理论建立了DG多目标规划模型，提出采用计及相关性的配电网概率潮流嵌入非支配排序遗传算法（non-dominated sorting genetic algorithm-II，NSGA-II）求解规划模型，得到Pareto最优解集，供决策者进行选择。

另一方面，上述方法均忽略了气象条件的影响，安装风机、光伏系统时未在优化目标中考虑当地风速、光照条件，难以将风机、光伏系统安装于风、光资源丰富的地区，最大化消纳风光能源。

基于上述讨论，4.2节提出了一种考虑有功功率损耗、电压分布、DG成本、污染排放以及气象条件的多目标数学优化模型，为降低启发式算法均有一定概率陷入局部最优的固有缺陷，采用基于自适应蝠鲼觅食优化算法（adaptive manta ray foraging optimization，AMRFO）进行求解。其具有自适应链式搜索、自适应螺旋觅食和翻滚觅食三种先进的寻优机制可显著降低陷入局部最优的概率，并利用基于马氏距离的理想点决策法客观地做出折中解选择，从而客观地设置各目标函数之间的权重系数。随后，在IEEE 33和IEEE 69节点配电网算例下对所提模型进行仿真，其结果表明AMRFO能够在风光资源丰富地区合理安装光伏系统和风电机组，兼顾经济性的同时，显著改善配电网的有功功率损耗、电压分布，以及降低二氧化碳、二氧化硫、氮化物等有害气体的排放。最后，通过孤网运行的IEEE 33和IEEE 69节点配电网进行进一步仿真，其结果显示AMRFO能够在孤网系统下合理地配置各类型的新能源机组，满足孤网系统内各负荷的供电需求。

4.1.2 储能系统选址定容

电池储能系统（battery energy storage system，BESS）凭借其快速的功率调节和灵活的能量管理能力，可有效解决配电网弃风弃光、电压越限、潮流反向和调峰能力不足等问题。因此，合理配置BESS对配电网高效经济运行具有重要意义。

目前，国内外已有诸多学者对BESS优化配置模型展开了研究。例如，以配电网年净收益最大、年综合成本最小为优化目标，建立了BESS单目标规划模型。然而，在进行BESS规划时，需要同时考虑安全性、可靠性、经济性等相互冲突和影响的多个目标，单一目标下的优化难以满足实际工程的需要。进而，不少学者利用线性加权等方式将BESS规划的多个优化目标加权为单个目标进行优化求解，但未能客观地分配各目标权重。有的学者提出了BESS容量配置和优化布点的双层优化模型，上层以投资经济性确定容量，下层以负荷方差最小进行选址，即在上层优化的结果中再进行下层优化，但实际上未考虑两层优化模型之间的耦合关系。还有的学者提出了一种含SOP的源-网-荷-储双层协同规划模型，有效实现了各层目标函数和决策变量在上下层的优化传递。

鉴于BESS的优化配置是一个多变量且含离散变量的复杂非线性多目标优化问题，多目标进化算法相较于传统的数学优化方法能更有效地获得全局最优解。有的学者采用NSGA-II求解BESS多目标规划模型，但该算法交叉变异操作的随机性较强。还有的学者提出了改进的多目标粒子群优化（multi-objective particle swarm optimization，MOPSO）算法求解BESS安装位置和容量，然而该算法惯性权重的取值缺乏指导，寻优性能稍差。

基于上述讨论，4.3节建立了BESS双层多目标优化配置模型，并设计了性能良好的优化算法求解BESS优化配置方案，主要内容及创新点如下：

（1）首先，4.3节建立了基于Pareto的多目标优化模型，以实现BESS投资成本、配电网电压波动和负荷波动三个目标的最佳权衡。相较于单目标优化以及基于线性加权的多目标优化，所提模型不仅综合考虑了BESS投资经济性和配电网运行可靠性，而且能客观地分配各目标权重，避免因采取主观权重而导致对某一目标产生较大偏好。

（2）其次，对BESS优化配置模型进行了双层架构，将（1）建立的多目标优化模型作为外层模型，旨在求解BESS选址定容方案；内层模型则以最大化BESS运营效益为目标求解其充放电运行策略。相较于单层优化和上下层独立循环的双层优化，所构建的双层模型考虑了BESS规划和运行之间的联系，通过内外层的嵌套循环迭代，保证了优化配置方案的有效性。

（3）接着，4.3节提出了一种孔雀优化算法（peafowl optimization algorithm，POA），并基于Pareto理论设计了多目标孔雀优化算法（multi-objective peafowl optimization algorithm，MOPOA），分别求解内层和外层模型。算法在自适应搜索和逼近机制中设计了可平衡局部探索和全局搜索的算子，使内层优化有效逼近高质量的最优解，外层优化获得分布广泛且均匀的 Pareto 非支配解集，从而避免了数学优化方法和传统多目标进化算法存在的易陷入局部最优等固有缺陷。

（4）随后，采用聚类算法对全年的负荷曲线和风、光功率曲线进行典型日聚类，基于其时序特性组合得到 4 种典型场景。在不同典型场景下分别进行仿真计算，得到各个目标函数在全年的总和，更好地反映了负荷和新能源在全年的不确定性。最后，以扩展的 IEEE 33 节点配电系统为例进行仿真测试，验证了所提方法的有效性。

4.2　新能源发电系统选址定容

4.2.1　各类分布式电源与负荷的选址定容模型

1. 分布式电源功率模型分析

考虑到不同 DG 的运行方式千差万别，其输出特性也各有不同。为便于规划，现阶段通常将 DG 分为 4 种类型，即：

（1）Ⅰ型：仅输出有功功率，如：光伏系统、燃料电池等。

（2）Ⅱ型：仅输出无功功率，如：同步补偿器等。

（3）Ⅲ型：同时输出有功功率和无功功率，如：微型燃气轮机等。

（4）Ⅳ型：输出有功功率的同时消耗无功功率，如风电机组等。

众所周知，光伏系统和风电机组的输出易受环境影响出现较大的波动性和不确定性，但目前大多数研究文献依旧把风光机组以及其他多种功率输出稳定的 DG 考虑为功率输出恒定的电源，这种建模方式忽略了风光机组输出不稳定的特点，也忽略了负荷的随机性特点，不具有实用价值。因此，为弥补此缺陷，本节将为不同 DG 和负荷建立符合其特性的选址定容模型。

2. 风电机组时序性输出模型

风电机组是一种将捕获的风能转化为电能的发电装置，因清洁无污染、建设周期短、技术成熟以及风能分布广泛等优点而受到世界各国的重点关注，图 4.2.1 给出了风电机组并网模型。

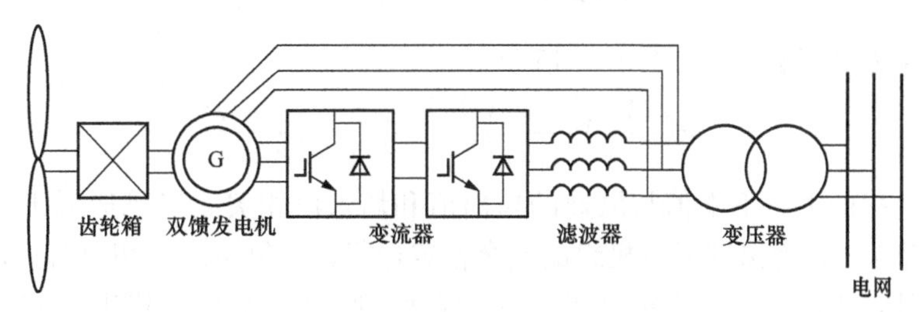

图 4.2.1　风电机组并网模型

图 4.2.2 给出了忽略定子电阻的异步发电机等效电路图，其中，U_{TW} 为发电机输出电压；X_1 为定子漏电抗；X_2 为转子漏电抗；X_m 为励磁电抗；R_2 为转子电阻；I_m 为励磁电流；I_R 为转子电流；s_r 为转差率。

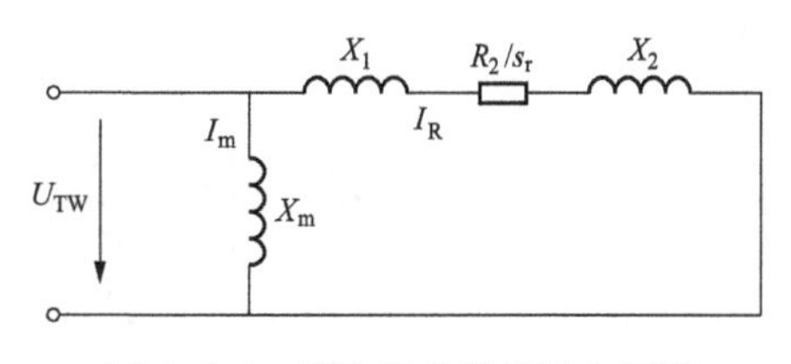

图 4.2.2　异步发电机等效电路图

根据等效电路可得：

$$P_{WT}=\frac{s_r R_2 U_{WT}^2}{s_r^2 X^2+R_2^2} \tag{4.2.1}$$

$$\tan\varphi=[R_2^2+X(X_m+X)s_r^2]/s_r R_2 X_m \tag{4.2.2}$$

$$s_r=\frac{R_2(U_{TW}^2-\sqrt{U_{TW}^4-4X^2P_{WT}^2})}{2P_{WT}^2X^2} \tag{4.2.3}$$

$$X=X_1+X_2 \tag{4.2.4}$$

式中：P_{WT}为风电机组输出的有功功率；$\tan\varphi$ 为风电机组的功率因数角正切值。

此外，当风电机组为异步发电机进行并网时，需要从电网中消耗一定的无功功率从而建立磁场进行发电，无功功率 Q_{WT}与有功功率 P_{WT}之间的关系可表示为式（4.2.5）：

$$Q_{WT}=-[R_2^2+X(X_m+X)s_r^2]P_{WT}/s_r R_2 X_m \tag{4.2.5}$$

可进一步简化表示为式（4.2.6）：

$$Q_{WT}=-(0.5+0.04P_{WT}^2) \tag{4.2.6}$$

根据上述分析可知，若不考虑风电机组的时序特性，其在选址定容规划中可表示为一个恒定输出有功功率但消耗无功功率的电源。

若考虑风电机组的时序特性，因风速具有一定的随机性和不确定性，通常采用两参数的 Weibull 分布描述风速特性，如式（4.2.7）所示。

$$F(v)=1-\exp[-\left(\frac{v}{A_{WT}}\right)^{kW}] \tag{4.2.7}$$

式中：kW 为 Weibull 分布的形状参数；A_{WT}为尺度参数；v 为叶轮轴心转动受力面处的风速。

上式进行对数变换可得式（4.2.8）。

$$\ln\left[\ln\left(\frac{1}{1-F(v)}\right)\right]=k\ln(v)-kW\ln A_{WT} \tag{4.2.8}$$

进一步可表示为式（4.2.9）。

$$v=A_{WT}\exp\left(\frac{\ln\{-\ln[1-F(v)]\}}{kW}\right) \tag{4.2.9}$$

至此，概率密度函数式（4.2.10）所示。

$$f(v)=\left(\frac{kW}{A_{WT}}\right)\left(\frac{v}{A_{WT}}\right)^{kW-1}\exp\left[-\left(\frac{v}{A_{WT}}\right)^{kW}\right] \tag{4.2.10}$$

风电机组功率的上、下限值与风速的切出值和切入值相关。当风速低于风电机组的切入值时，其功率为 0；为保证风电机组的安全稳定运行，当风速高于切出值时，风电机组将切出电网。此外，当风速处于额定风速与切出风速之间时，风电机组以额定功率进行发电；当风速介于切入风速与额定风速之间时，其功率与风速呈三次函数关系，如式（4.2.11）所示。

$$P_{WT}=\begin{cases}0, & 如果\ 0\leqslant v\leqslant v_I, v\geqslant v_o \\ P_{W\tau}\dfrac{v^3-v_I^3}{v_\tau^3-v_I^3}, & 如果\ v_I<v<v_\tau \\ P_{W\tau}, & 如果\ v_\tau\leqslant v<v_o\end{cases} \tag{4.2.11}$$

式中：$P_{W\tau}$为风机额定功率；v_I、v_τ、和 v_o 分别表示切入风速、额定风速和切出风速。

一般而言，若不对风电机组内部构造进行精确分析，式（4.2.11）可进行进一步简化，三次函数关系可被简化为线性关系，即

$$P_{\mathrm{WT}}=\begin{cases}0, & \text{如果 } 0\leqslant v\leqslant v_{\mathrm{I}}, v\geqslant v_{o} \\ P_{\mathrm{W}\tau}\dfrac{v-v_{\mathrm{I}}}{v_{\tau}-v_{\mathrm{I}}}, & \text{如果 } v_{\mathrm{I}}<v<v_{\tau} \\ P_{\mathrm{W}\tau}, & \text{如果 } v_{\tau}\leqslant v<v_{o}\end{cases} \tag{4.2.12}$$

此外，图 4.2.3 给出了风电机组输出功率示意图。

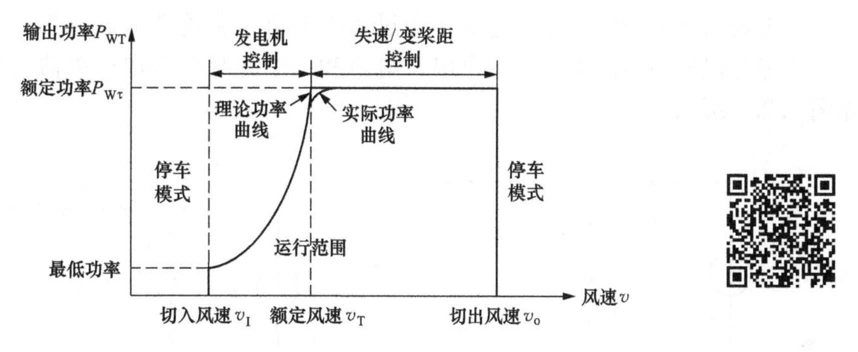

图 4.2.3　风电机组输出功率示意图

在选址定容工作中，描绘风电机组功率的曲线应尽可能减少数据量的同时还能准确地反映其时序特性，本节根据季节风速均值采用划时段法对风电机组功率曲线建模，数据包括春夏秋冬 4 个季节，并挑选每个季节中的一个典型日来刻画其功率特性，得到风电机组全年功率曲线如图 4.2.4 所示。至此，风电机组的输出模型建立为一个输出随着时间尺度变化而进行调整的电源。

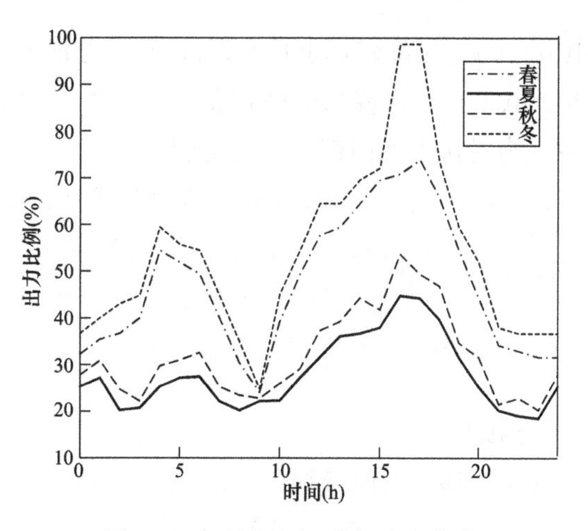

图 4.2.4　风电机组全年功率曲线

3. 光伏系统时序性输出模型

光伏系统因具有清洁无污染、安装维护便捷、发电成本低以及分布广泛、蕴藏量巨大等优点而被广泛应用，图 4.2.5 给出了光伏系统的基本构成。

光伏电池的理想电路模型可采用并联的电流源和理想二极管进行等效，如图 4.2.6 所

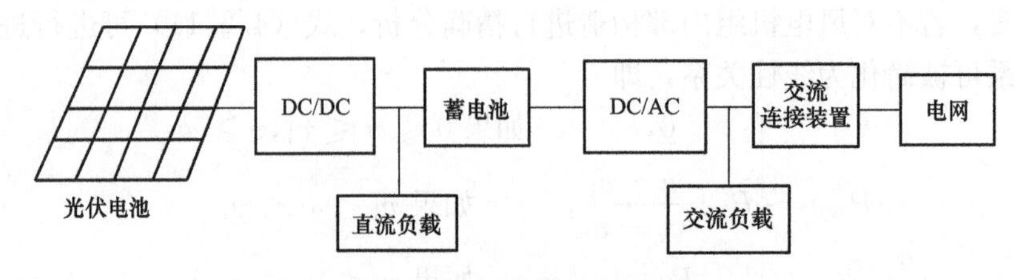

图 4.2.5　光伏系统结构示意图

示。考虑到实际工程中，光伏电池使用过程中不可避免地会造成磨损，导致划痕、裂痕等处出现漏电现象，因此需引入一个串联电阻和一个并联电阻进行更精确的等效，等效电路如图 4.2.7 所示。

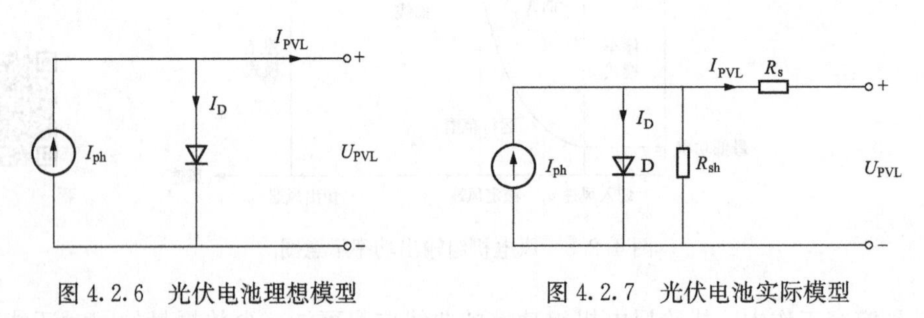

图 4.2.6　光伏电池理想模型　　　　图 4.2.7　光伏电池实际模型

光伏电池的输出电流可表示为

$$I_{PVL}=I_{ph}-I_D-\frac{U_{PVL}+I_{PVL}R_s}{R_{sh}}=I_{ph}-I_s\{\exp\left[\frac{q(U_{PVL}+I_{PVL}R_s)}{A_{PV}kT_{PV}}\right]-1\}-\frac{U_{PVL}+I_{PVL}R_s}{R_{sh}} \tag{4.2.13}$$

式中：I_{PVL}为流经负载电流；U_{PVL}为负载端电压；I_{ph}为光伏电池的光生电流；I_s为单二极管模型饱和电流；q为电子电量；k为玻尔兹曼常量；A_{PV}为 PN 结理想因子；T_{PV}为光伏电池的工作温度；R_s和R_{sh}为光伏电池内部的等效电阻。

当光伏电池开路时，I_{PVL}为 0 时式（4.2.13）可改写为式（4.2.14）和式（4.2.15）。

$$I_{ph}=I_s\left[\exp\frac{q(U_{oc}+I_{PVL}R_s)}{A_{PV}kT_{PV}}-1\right]+\frac{U_{oc}}{R_{sh}} \tag{4.2.14}$$

$$U_{oc}=\frac{A_{PV}kT_{PV}}{q}\ln\left(\frac{I_{ph}-U_{oc}/R_{sh}}{I_s}+1\right) \tag{4.2.15}$$

式中：U_{oc}为光伏电池的开路电压。

输出功率P_{PV}可由式（4.2.16）近似得到。

$$P_{PV}=\frac{I_{PV}\cdot AR_{PV}\cdot\eta_{PV}}{860.4} \tag{4.2.16}$$

式中：I_{PV}为辐射强度；AR_{PV}为单块光伏电池的面积；η_{PV}为光伏电池的额定转换效率。分析式（4.2.16）可知，影响光伏系统输出功率P_{PV}的主要因素有辐射强度、光伏电池面积以及转换效率等参数。

值得注意的是，此类 DG 在选址定容中被视为仅向并网点注入有功功率。另外，与风电机组类似，根据四季典型日的辐照度拟合得到的光伏系统全年功率曲线图如图 4.2.8 所示。至此，光伏系统可视为一个随着时间尺度变化其输出功率也改变变化的电源。

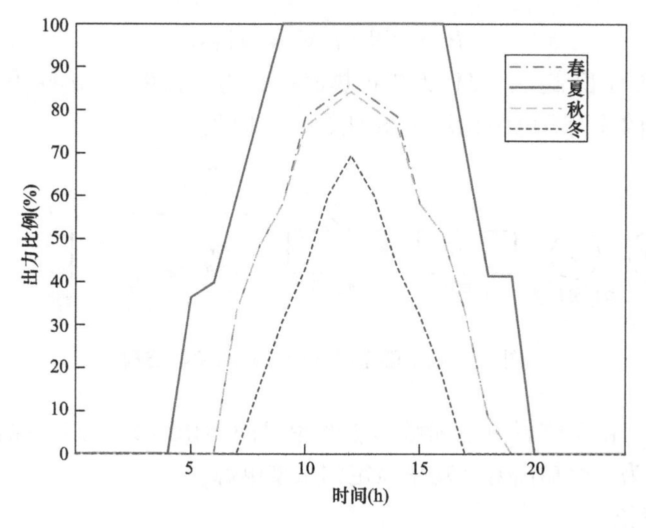

图 4.2.8　光伏系统全年功率曲线

4. 燃料电池恒定输出模型

图 4.2.9 给出了燃料电池并网运行的结构示意图。图中，U_{FC}为电池输出的直流电压；R_{FC}为电池内阻；m_{FC}和 φ_{FC}分别为逆变器的调节系数和超前角；X_T 为逆变器与电网之间的阻抗；U_{ac}与 U_s 分别为逆变器输出电压幅值和并网点电压幅值；P_{FC}为燃料电池输出的有功功率；δ_{FC}为逆变器输出电压相角；θ_{FC}为并网点电压相角，且 $\varphi_{FC}=\delta_{FC}-\theta_{FC}$；逆变器的输出电压幅值$U_{ac}$和电池输出的直流电压$U_{FC}$的关系可用式（4.2.17）进行表示。

$$U_{ac}=m_{FC}U_{FC} \tag{4.2.17}$$

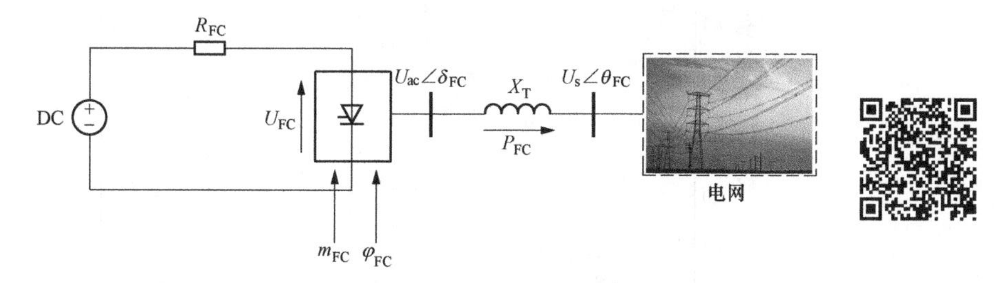

图 4.2.9　燃料电池并网运行结构示意图

由图 4.2.9 和式（4.2.17）可得到式（4.2.18）。

$$P_{FC}=\frac{U_{ac}U_s}{X_T}\sin(\delta_{FC}-\theta_{FC})=\frac{mU_{FC}U_s}{X_T}\sin\varphi_{FC} \tag{4.2.18}$$

可以看出，燃料电池输出的有功功率 P_{FC}受 φ_{FC}所控制，而控制燃料流量大小则可控制φ_{FC}，因此燃料电池的功率输出可通过改变燃料流量大小来进行调控，在 DG 选址定容中可视为一个功率输出恒定的电源。

5. 微型燃气轮机恒定输出模型

与燃料电池类似，其输出稳定且可调节，燃料流速越快，输出功率也越大，其输出功率可描述为：

$$P_{\mathrm{m}}=QF(HV)\eta_{\mathrm{t}}\,mass_{\mathrm{f}} \tag{4.2.19}$$

式中：QF 为燃料的体积流速；HV 为燃料热值；η_{t} 为总效率；$mass_{\mathrm{f}}$ 为燃料流速质量。此外，微型燃气轮机的并网发电结构示意图如图 4.2.10 所示。

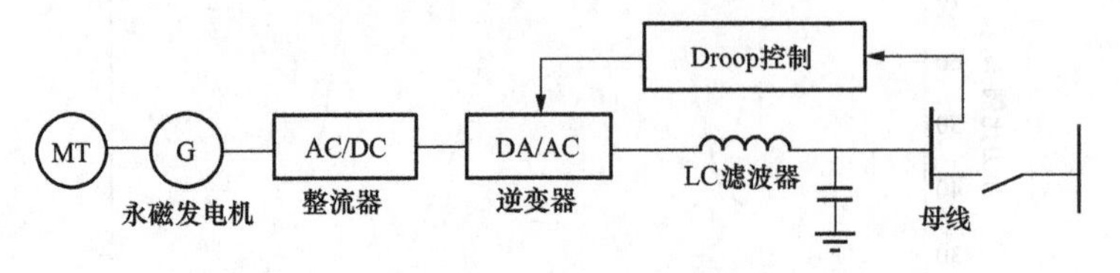

图 4.2.10 微型燃气轮机并网发电结构

值得注意的是，由于燃料电池和微型燃气轮机的输出较为稳定，输出可控可调，因此本节将其模型建立为一个输出有功功率恒定的微型电源。

6. 负荷时序模型

负荷大小因人们的生活习惯而展现出一定的规律性，图 4.2.11 给出了居民负荷一年四季的典型负荷曲线。可以看出，负荷峰值在夏季出现，另外每天的用电高峰主要集中在 10:00～14:00 以及 18:00～22:00，20:00 左右负荷达到最高峰；约 3:00 到达负荷低谷，然而夏季不同于其他三个季节，约 7:00 到达负荷低谷。

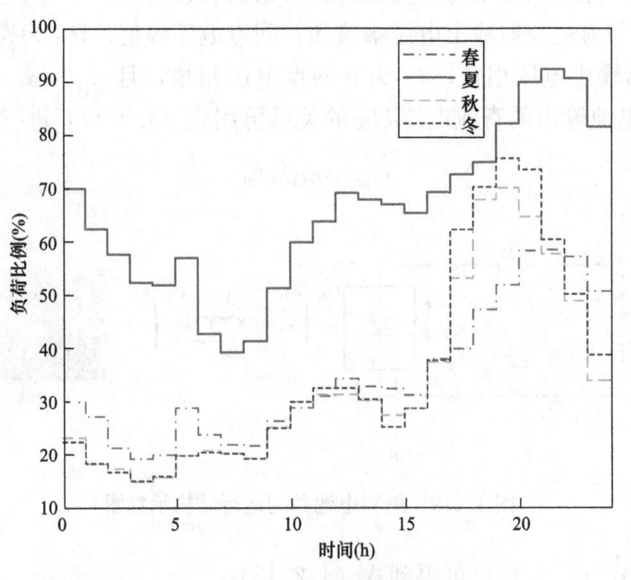

图 4.2.11 居民年负荷曲线

现阶段，诸多学者在研究 DG 选址定容规划问题时，数学模型更倾向于优化配电网的功率损耗，或优化 DG 选址定容产生的一系列费用，这种单一优化方向构建的数学模型难以保证系统在理想的稳定性和经济性状况下运行。为此，有学者提出了同时考虑稳定性和经济性的综合目标函数。然而，为保证光伏系统和风电机组的运行工况与预期一致，应仔细斟酌候选安装地区的气象条件，另一方面，世界各国正致力于建设环境友好型社会，降低碳以及一些含硫化合物的排放。为使得 DG 合理地接入配电网发挥其最大功效，有必要从技术、经济、环境等多方面对其展开研究，充分考虑 DG 的技术、经济特性以及对配电网的影响，合理地决策接入容量和接入节点。为此，本节提出了一种考虑功率损耗、电压分布、DG 成本、污染排放以及气象条件的多目标数学优化模型，力求获得各指标的最小值。

4.2.2 目标函数

1. 功率损耗指标

DG 并入配电网运行后，可能导致功率潮流的大小和方向发生变化，对有功功率损耗大小产生良性或恶性的影响。本节以功率损耗指标衡量配电网的有功功率损耗大小，企求 DG 并网后 4 个典型日内 96h 的总有功功率损耗最小，建立式（4.2.20）和式（4.2.21）。

$$\min f_1(x)=\sum_{d_{\text{case}}=1}^{d_{\text{sum}}}\sum_{a=1}^{n}\sum_{b=1}^{n}A_{ab}(P_aP_b+Q_aQ_b)+B_{ab}(Q_aP_b-P_aQ_b) \tag{4.2.20}$$

$$\begin{cases}A_{ab}=\dfrac{R_{ab}\cos(\delta_a-\delta_b)}{U_aU_b}\\B_{ab}=\dfrac{R_{ab}\sin(\delta_a-\delta_b)}{U_aU_b}\end{cases} \tag{4.2.21}$$

式中：P_a 和 Q_a 分别为注入第 a 个节点的有功功率和无功功率；R_{ab} 为连接第 a 个节点与第 b 个节点的输电线的电阻；U_a 和 U_b 分别为第 a 个和第 b 个节点的电压；δ_a 和 δ_b 分别为第 a 个和第 b 个节点的功角；d_{sum} 为仿真时段数量，值为 96；其余变量见 4.2.1 节。

2. 电压分布指标

DG 合理地接入配电网能够很好地改善电压分布，然而随着 DG 在配电网中的渗透率逐渐增大，节点电压也会超出额定功率。为此，本节采用 4 个典型日内 96h 的总电压偏差来衡量优化效果，使得各节点的电压相对于额定电压维持在一个较小的偏差范围内，建立式（4.2.22）。

$$\min f_2(x)=\sum_{d_{\text{case}}=1}^{d_{\text{sum}}}\sum_{a=1}^{n}(U_{\text{DG}a}-U_{\text{R}})^2 \tag{4.2.22}$$

式中：$U_{\text{DG}a}$ 为配电网配置 DG 后第 a 个节点的电压；U_{R} 为额定电压，取值为 1(标幺值)。

3. 污染排放指标

随着全世界各国致力于建设低碳社会，更高效地利用绿色能源，减少污染气体的排放，本节采用考虑二氧化碳、二氧化硫、氮化物的污染排放指标，从而描述所安装 DG 在运行时间内的污染物排放总量，如式（4.2.23）所示。

$$\min f_3(x)=\sum_{d_{\text{case}}=1}^{d_{\text{sum}}}\sum_{a=1}^{n_{\text{DG}}}P_{\text{DG}a}\eta_{a,d}(w_{\text{CO}_2}E_{Pac}+w_{\text{SO}_2}E_{Pas}+w_{\text{NO}_x}E_{Pa\text{N}}) \tag{4.2.23}$$

式中：$\eta_{a,d}$ 为第 a 台 DG 在 d_{case} 时刻的输出效率；E_{Pac}、E_{Pas} 和 $E_{Pa\text{N}}$ 分别为第 a 台 DG 单位功率输出释放的二氧化碳、二氧化硫、氮化物气体质量；w_{CO_2}、w_{SO_2} 和 w_{NO_x} 为不同气体之间的权重系数，其取值分别为 0.5、0.25 和 0.25。

4. 经济指标

DG 选址定容的经济成本一共包括所有机组的投资成本、平均运维成本，可由式

(4.2.24) 表示。

$$\min f_4(x)=\sum_{a=1}^{n_{DG}}(1.3C_{c,a}P_{DGa}+C_{m,a}P_{DGa}t_{ope}) \tag{4.2.24}$$

式中：$C_{c,a}$ 和 $C_{m,a}$ 分别为第 a 台DG的投资、平均运维成本；t_{ope} 为DG的运行时间，本节考虑各机组总工作时间为20a，每年工作300d，即 $t_{ope}=144\ 000$h。另外，表4.2.1给出了不同种类DG成本及污染排放统计。

表 4.2.1　不同种类分布式电源的经济成本及污染排放统计

DG机组	投资成本 ($\$\cdot kW^{-1}$)	运维成本 ($\$\cdot kW\cdot h^{-1}$)	CO_2 ($kg\cdot kWh^{-1}$)	SO_2 ($kg\cdot kWh^{-1}$)	NO_x ($kg\cdot kW\cdot h^{-1}$)
燃料电池	3500～10 000	0.5～1.0	0.502	3.629×10^{-6}	0.5216
微型燃气轮机	700～1100	0.5～1.6	3.445	3.629×10^{-6}	0.1996×10^{-3}
光伏系统	4500～6000	每年初始投资成本的1%	—	—	—
风力发电机	800～3500	每年初始投资成本的1.5%～2%	—	—	—

5. 气象指标

本节提出一种考虑年平均风速 $\overline{v}_w$、年平均辐射强度 $\overline{I}_s$ 的目标函数，从而将风电机组、光伏系统安装于风、光资源丰富的地区，最大化消纳风光能源，可表示为式(4.2.25)和式(4.2.26)。

$$\min f_5(x)=\frac{1}{\sum_{a}^{n}w_{1,a}\overline{v}_{w,a}+w_{2,a}\overline{I}_{s,a}} \tag{4.2.25}$$

$$\begin{cases}w_{1,a}=0,1\\ w_{2,a}=0,1\end{cases} \tag{4.2.26}$$

式中：$\overline{v}_{w,a}$ 和 $\overline{I}_{s,a}$ 分别为第 a 个节点的年平均风速和年平均辐射强度；$w_{1,a}$ 和 $w_{2,a}$ 分别为第 a 个节点处风能和太阳能的权重系数，取值为0或1，当取值为1时，表示第 a 个节点为DG的选址点。值得注意的是，若 $w_{1,a}$ 和 $w_{2,a}$ 同时为1，则表示第 a 个节点配置风光互补发电系统。

4.2.3 约束条件

DG接入配电网运行后可能会引起电力系统中各节点的电压分布和潮流分布发生变化，直接影响到线路发热，间接降低了配电网的安全性、可靠性和经济性等多方面的技术经济性能，为保证系统的安全平稳运行，需要进行如下约束：

(1) 功率平衡约束如式(4.2.27)和式(4.2.28)所示。

$$\sum_{a=1}^{n}P_{lo\,a}+P_L-\sum_{a=1}^{n_{DG}}P_{DG\,a}=0 \tag{4.2.27}$$

$$\sum_{a=1}^{n}Q_{lo\,a}+Q_L-\sum_{a=1}^{n_{DG}}Q_{DG\,a}=0 \tag{4.2.28}$$

式中：P_L 和 Q_L 分别为配电网中的有功功率损耗和无功功率损耗。

(2) 输电线路功率约束如式(4.2.29)～式(4.2.32)所示。

$$P_l = \sum_{l=1}^{n} |U_l U_k Y_{lk}| \cos(\theta_{lk} - \delta_l + \delta_k) \tag{4.2.29}$$

$$Q_l = \sum_{l=1}^{n} |U_l U_k Y_{lk}| \sin(\theta_{lk} - \delta_l + \delta_k) \tag{4.2.30}$$

$$S_l = \sqrt{P_l^2 + Q_l^2} \tag{4.2.31}$$

$$S_l \leqslant | S_l^{\max} | \tag{4.2.32}$$

式中：P_l、Q_l 分别为流入节点 l 的有功功率、无功功率；U_l 和 U_k 分别为节点 l 和节点 k 的电压；Y_{lk} 为节点 l 和节点 k 之间的导纳；θ_{lk} 为节点 l 和节点 k 之间的相角；δ_l 和 δ_k 分别为节点 l 和节点 k 的功角；S_l 为流入第 l 个节点的视在功率；$S_l^{\max}$ 为允许流入第 l 个节点的最大视在功率。

(3) 电压约束。配置 DG 后第 b 个节点的电压 $U_{\mathrm{DG}b}$ 以及上下限可由式（4.2.33）和式（4.2.34）进行表示。

$$U_{\mathrm{DG}b} = \sqrt{\left(U_{\mathrm{DG}a} - \frac{P_{ab}R_{ab} + Q_{ab}X_{ab}}{U_{\mathrm{DG}a}}\right)^2 + \left(\frac{P_{ab}X_{ab} - Q_{ab}R_{ab}}{U_{\mathrm{DG}a}}\right)^2} \tag{4.2.33}$$

$$U_{\mathrm{DG}b}^{\min} \leqslant U_{\mathrm{DG}b} \leqslant U_{\mathrm{DG}b}^{\max} \tag{4.2.34}$$

式中：$U_{\mathrm{DG}b}^{\max}$ 和 $U_{\mathrm{DG}b}^{\min}$ 分别为配置 DG 后第 b 个节点的电压上下限，其取值分别为 1.05（标幺值）和 0.9（标幺值）；P_{ab} 和 Q_{ab} 分别为流经第 a 个节点和第 b 个节点之间的有功功率、无功功率；$X_{ab}R_{ab}$ 为连接第 a 个节点与第 b 个节点的输电线的电抗和电阻。

(4) 分布式电源容量约束如式（4.2.35）～式（4.2.37）所示。

$$P_{\mathrm{DG}}^{\min} \leqslant P_{\mathrm{DG}} \leqslant P_{\mathrm{DG}}^{\max} \tag{4.2.35}$$

$$P_{\mathrm{DG}}^{\min} = 0.1 \sum_{a=1}^{n} P_{\mathrm{lo}a} \tag{4.2.36}$$

$$P_{\mathrm{DG}}^{\max} = 0.8 \sum_{a=1}^{n} P_{\mathrm{lo}a} \tag{4.2.37}$$

式中：P_{DG} 为 DG 的输出的总有功功率；$P_{\mathrm{DG}}^{\max}$ 和 $P_{\mathrm{DG}}^{\min}$ 分别为 DG 的输出的总有功功率上下限。

(5) 孤网运行的分布式电源容量约束。若 DG 处于孤网中运行，所有负荷将与电网断开连接，均由 DG 来进行供电，因此上述约束应改写为式（4.2.38）。

$$\sum_{a=1}^{n_{\mathrm{DG}}} P_{\mathrm{DG}a} > \sum_{a=1}^{n} P_{\mathrm{lo}a} \tag{4.2.38}$$

4.2.4 分布式电源选址定容模型求解

DG 选址定容规划问题是一种非线性、含大量离散优化变量的复杂多目标优化问题，致使以内点法为代表的传统数学优化方法难以获得全局最优解。此外，国内外不少学者仅通过线性加权等方式，将多个优化目标加权转换为单目标优化问题进行求解，导致优化结果很大程度上受到研究人员依据个人经验设置的权重系数的影响，无法实现 DG 选址定容的多目标最优优化。与之相比，基于 Pareto 的多目标启发式算法可以更有效地解决非线性多目标优化问题。为此，本节主要针对 AMRFO 进行研究，采用该算法求解 DG 选址定容多目标数学优化模型，该算法具有自适应链式搜索、自适应螺旋觅食和翻滚觅食 3 种先进的寻优机制可显著降低陷入局部最优的概率，此外改进的个体更新机制能够有效地扩大算法搜索范围，进一步加强算法的全局搜索能力。通过该算法获得 Pareto 前沿后利用基于马氏距离的理想点决策法客观地进行折中解选择，该决策法考虑到各优化目标之间可能会存在某些特性联系，从而避免决策者主观性的影响，客观且科学地设置各优化目标之间的权重系数。

1. 蝠鲼觅食优化算法

蝠鲼是一类软骨鱼类，大多栖息于热带和亚热带水域，其游动姿态与蝙蝠的飞行姿态相似，故而命名。根据栖息环境的不同，可以将其分为两类，一类为主要分布在印度洋、西太平洋和南太平洋的礁蝠鲼，体盘宽度可达 5.5m；另一类为主要分布热带、亚热带和暖温带海洋的巨型蝠鲼，体盘宽度可达 7m，图 4.2.12 给出了蝠鲼及其结构示意图。此外，由于其不像鲨鱼那样拥有锋利的牙齿，主要在珊瑚礁周围成群以浮游生物为食。觅食时，用角状的头叶将水和浮游生物吸入口腔内，然后经过鳃耙将水吐出留下浮游生物。受此独特的觅食特性启发，学者赵卫国提出了蝠鲼觅食优化算法（manta ray foraging optimization，MRFO），主要包括链式搜索、螺旋觅食以及翻滚觅食 3 种寻优方式，具有全局搜索能力强、收敛速度快等优点。

(a) 实物图

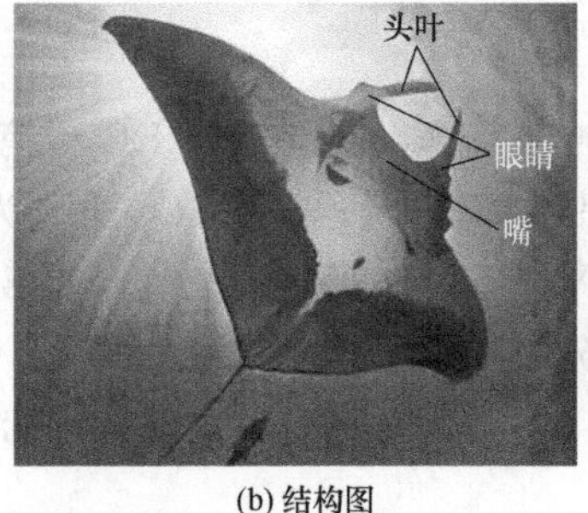

(b) 结构图

图 4.2.12　蝠鲼及其结构示意图

(1) 链式搜索。在 MRFO 中，蝠鲼会向着食物源浓度高的位置游去，值得注意的是，食物源浓度越高，表示解的质量越佳，此外设定每一次迭代中食物源浓度最高的位置代表当前迭代中的最优解。在该搜索模式下，蝠鲼头尾相连形成觅食链，每一次迭代过程中，除了排在觅食链第一位的蝠鲼外，其他的蝠鲼都会根据前一个个体以及最优解更新其位置，可表示为式（4.2.39）和式（4.2.40）。

$$x_i^d(g+1)=\begin{cases} x_i^d(g)+r\cdot[x_{\text{best}}^d(g)-x_i^d(g)]+\alpha\cdot[x_{\text{best}}^d(g)-x_i^d(g)],i=1 \\ x_i^d(g)+r\cdot[x_{i-1}^d(g)-x_i^d(g)]+\alpha\cdot[x_{\text{best}}^d(g)-x_i^d(g)],i=2,\cdots,N \end{cases} \tag{4.2.39}$$

$$\alpha=2r\times|\log(r)|^{\frac{1}{2}} \tag{4.2.40}$$

式中：$x_i^d(g)$ 为第 i 个个体在第 g 次迭代第 d 维里的位置；r 为随机数，取值 [0，1]；$x_{\text{best}}^d(g)$ 为当前最优解在 g 次迭代时第 d 维里的位置；N 为种群数量。

(2) 螺旋觅食。该策略下，蝠鲼会依据最优解和其前一个个体通过迭代更新其位置，寻优轨迹呈螺旋形，可表示为式（4.2.41）和式（4.2.42）。

$$x_i^d(g+1)=\begin{cases} x_{\text{best}}^d(g)+r\cdot[x_{\text{best}}^d(g)-x_i^d(g)]+\beta\cdot[x_{\text{best}}^d(g)-x_i^d(g)],i=1 \\ x_{\text{best}}^d(g)+r\cdot[x_{i-1}^d(g)-x_i^d(g)]+\beta\cdot[x_{\text{best}}^d(g)-x_i^d(g)],i=2,\cdots,N \end{cases} \tag{4.2.41}$$

$$\beta = 2e^{r_1 \frac{g_{\max} - g + 1}{g_{\max}}} \cdot \sin(2\pi r_1) \tag{4.2.42}$$

式中：β 为权重系数；$g_{\max}$为最大迭代次数；r_1 为取值［0，1］的随机数。

为进一步提升算法的全局搜索能力，在整个搜索空间中新增一个随机位置作为参考位置，使得每个个体对远离最优解的区间进行探索，可描述为式（4.2.43）和式（4.2.44）。

$$x_i^d(g+1) = \begin{cases} x_{\text{ran}}^d + r \cdot [x_{\text{ran}}^d - x_i^d(g)] + \beta \cdot [x_{\text{ran}}^d - x_i^d(g)], i = 1 \\ x_{\text{ran}}^d + r \cdot [x_{i-1}^d(g) - x_i^d(g)] + \beta \cdot [x_{\text{ran}}^d - x_i^d(g)], i = 2, \cdots, N \end{cases} \tag{4.2.43}$$

$$x_{\text{ran}}^d = V_{\min}^d + r \cdot (V_{\max}^d - V_{\min}^d) \tag{4.2.44}$$

式中：x_{ran}^d为在第 d 维生成的随机位置；$V_{\max}^d$和 $V_{\min}^d$分别为变量在第 d 维里的上下限。值得注意的是，在每次迭代中，都会生成一个取值为［0，1］内的随机数 r_{ran}，当 $g/g_{\max}$小于 r_{ran}时，选择当前最优解作为参考位置；当 $g/g_{\max}$大于 r_{ran}时，选择随机位置作为参考位置。

（3）翻滚觅食。在该策略下，以食物源的位置为轴心，每个蝠鲼个体都围绕轴心进行游动，从而移动到一个新的位置，可表示为式（4.2.45）。

$$x_i^d(g+1) = x_i^d(g) + RF \cdot [r_2 \cdot x_{\text{best}}^d - r_3 \cdot x_i^d(g)], i = 1, \cdots, N \tag{4.2.45}$$

式中：RF 为决定蝠鲼翻滚范围的翻滚因子，取值为 2；r_2 和 r_3 为取值［0，1］内的随机数。

此外，由式（4.2.45）可以看出，每个蝠鲼个体都可以通过翻滚觅食移动到以当前位置为原点，以最优解位置为轴心，进行 180°旋转的新位置，这远远扩大了算法的搜索区域，从而有效地提高了算法的全局搜索能力。

（4）个体更新。值得注意的是，在每一次迭代过程中，种群会根据生成的随机数 r_{ran}决定采用链式觅食或螺旋觅食。若 $r_{\text{ran}} > 0.5$，则执行链式觅食；相反，执行螺旋觅食，两种觅食策略并不会同时进行。随后，每个个体将通过翻滚觅食来更新自己的位置。最后，每个个体计算自己的适应度，决定是否用得到新的位置代替原来的位置，在 MRFO 中，可描述为式（4.2.46）。

$$\begin{cases} x_i^d(g+1) = x_i^d(g+1), \text{如果 } f[x_i^d(g+1)] > f[x_i^d(g)] \\ x_i^d(g+1) = x_i^d(g), \text{否则} \end{cases} \tag{4.2.46}$$

式中：$f[x_i^d(g+1)]$ 和 $f[x_i^d(g)]$ 分别为第 i 个体在第 d 维中第（$g+1$）次和第 g 次迭代时的适应度函数值。

2. 自适应蝠鲼觅食优化算法

MRFO 通过链式搜索、螺旋觅食和翻滚觅食三种寻优机制完成迭代更新，而 AMRFO 在链式搜索和螺旋觅食中引入 Sigmoid 函数，该函数如图 4.2.13 所示，定义如式（4.2.47）所示。

$$f(p) = \frac{1}{1 + e^{-p}} \tag{4.2.47}$$

或表示为式（4.2.48）：

$$f'(p) = \frac{e^{-p}}{(1 + e^{-p})^2} = f(p)[1 - f(p)] \tag{4.2.48}$$

由于 Sigmoid 函数的横坐标 p 越远离坐标轴原点其函数值 $f(p)$ 越大，将随机步长改为变步长，该函数的引入可加快劣势解向最优解的移动速度，提升算法的收敛速度，称为自适应链式搜索和自适应螺旋觅食；此外，改进后的个体更新机制可保存一些高质量的局部最优解，增强算法的随机性，使得算法的全局搜索能力显著提升。

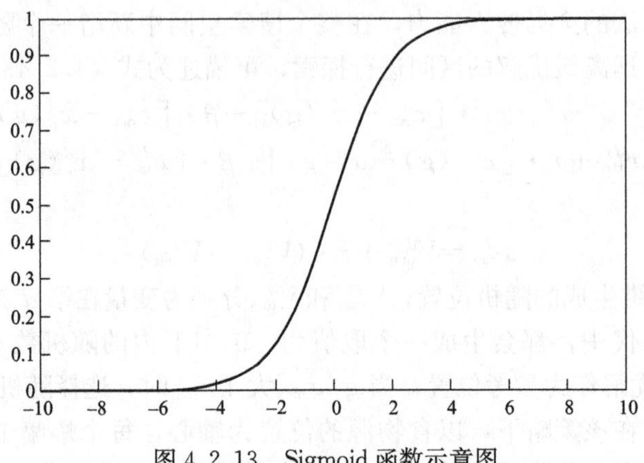

图 4.2.13　Sigmoid 函数示意图

（1）自适应链式搜索。MRFO 中该策略下步长为一个随机数，其收敛速度具有不稳定性。因此，AMRFO 采用 Sigmoid 函数代替随机数 r，式（4.2.39）可改写为式（4.2.49）～式（4.2.51）。

$$x_i^d(g+1)=\begin{cases}x_i^d(g)+\gamma\cdot[x_{\text{best}}^d(g)-x_i^d(g)]+sl\cdot[x_{\text{best}}^d(g)-x_i^d(g)], i=1\\x_i^d(g)+\gamma\cdot[x_{i-1}^d(g)-x_i^d(g)]+sl\cdot[x_{\text{best}}^d(g)-x_i^d(g)], i=2,\cdots,N\end{cases}\tag{4.2.49}$$

$$\gamma=\frac{1}{1+\mathrm{e}^{-[x_{\text{best}}^d(t)-x_i^d(t)+10]}}\tag{4.2.50}$$

$$sl=2\gamma\cdot|\log(\gamma)|^{\frac{1}{2}}\tag{4.2.51}$$

式中：sl 为权重系数。

值得注意的是，式（4.4.50）中“+10”是为了将函数进行平移，从而加快本算法的寻优收敛。

（2）自适应螺旋觅食。同样地，用 Sigmoid 函数代替随机数 r，式（4.2.41）可改写为式（4.2.52）。

$$x_i^d(g+1)=\begin{cases}x_{\text{best}}^d+\gamma\cdot[x_{\text{best}}^d(g)-x_i^d(g)]+sl\cdot[x_{\text{best}}^d(g)-x_i^d(g)], i=1\\x_{\text{best}}^d+\gamma\cdot[x_{i-1}^d(g)-x_i^d(g)]+sl\cdot[x_{\text{best}}^d(g)-x_i^d(g)], i=2,\cdots,N\end{cases}\tag{4.2.52}$$

式（4.2.43）和式（4.2.44）改写为式（4.2.53）和式（4.2.54）：

$$x_i^d(g+1)=\begin{cases}x_{\text{ran}}^d+\gamma\cdot[x_{\text{ran}}^d-x_i^d(g)]+sl\cdot[x_{\text{ran}}^d-x_i^d(g)], i=1\\x_{\text{ran}}^d+\gamma\cdot[x_{i-1}^d(g)-x_i^d(g)]+sl\cdot[x_{\text{ran}}^d-x_i^d(g)], i=2,\cdots,N\end{cases}\tag{4.2.53}$$

$$x_{\text{ran}}^d=V_{\max}^d+\gamma\cdot(V_{\max}^d-V_{\min}^d)\tag{4.2.54}$$

（3）改进个体更新。值得注意的是，与 MRFO 相同，每一次迭代过程中，AMRFO 会根据生成的随机数 r_{ran} 决定执行自适应链式搜索或自适应螺旋觅食，随后进行翻滚觅食从而扩大搜索空间。最后再计算蝠鲼个体的适应度函数，判断更新后的新蝠鲼个体是否替代原蝠鲼个体，在 MRFO 中，部分靠近最优解的个体会被舍弃。为进一步增强算法的全局搜索能力，AMRFO 中，部分靠近最优解的个体会被保存，并作为下一次迭代的最优解，可描述为式（4.2.55）。

$$\begin{cases} x_i^d(g+1)=x_i^d(g+1),\text{如果 } f[x_i^d(g+1)]>f[x_i^d(g)] \\ x_i^d(g+1)=x_i^d(g),\text{如果 } |f[x_i^d(g+1)]-f[x_i^d(g)]|\leqslant J_{\text{jug}} \end{cases} \tag{4.2.55}$$

式中：J_{jug}为决定是否采用新个体替代上一次迭代个体的阈值，取值为 0.05。另外，图 4.2.14 描述了 2 维平面自适应蝠鲼觅食优化算法的寻优策略。

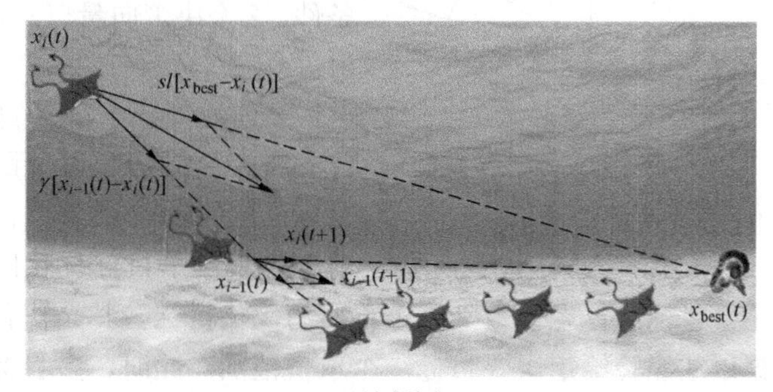

(a) 链式搜索

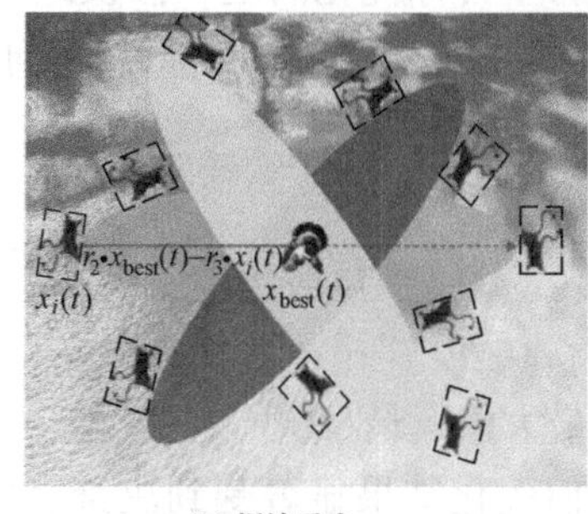

(b) 螺旋觅食

(c) 翻滚觅食

图 4.2.14 自适应蝠鲼觅食优化算法觅食示意图

3. 多目标优化应用设计

（1）多目标优化问题传统解决方法。工程应用中的优化问题可描述为在满足相关约束条件的前提下，选取一个或多个变量使设计指标（即优化目标）实现最优。其中，若仅有一个优化目标，该优化问题即定义为单目标优化问题。然而工程应用中，仅对一个目标优化难以显著提升系统的运行能力，往往会涉及多个优化方向的多个目标优化，并使其在满足约束条件的前提下达到最优，这种多个优化目标的数学问题称为多目标优化问题。通常，多目标优化问题可用式（4.2.56）进行描述。

$$\begin{cases} \min F(\boldsymbol{X})=\{z_1=f_1(\boldsymbol{X}),z_2=f_2(\boldsymbol{X}),\cdots,z_h=f_h(\boldsymbol{X}),\cdots,z_H=f_H(\boldsymbol{X})\} \\ s.t.\ q_{s,\min}\leqslant q_s(\boldsymbol{X})\leqslant q_{s,\max},s=1,2,\cdots,S \\ \boldsymbol{X}=[x_1,x_2,\cdots,x_{NP}]^{\mathrm{T}} \end{cases} \tag{4.2.56}$$

式中：$\boldsymbol{X}$ 为决策变量的向量；NP 为决策变量个数；$q_s(\boldsymbol{X})$ 为第 s 个不等式约束函数，$q_{s,\max}$和 $q_{s,\min}$分别为第 s 个约束函数的最大值、最小值；S 为不等式约束函数个数；$F(\boldsymbol{X})$

为目标函数适应度值；H 为目标函数个数；f_h 为第 h 个目标函数的适应度值。值得注意的是，工程应用中不是所有优化问题都是求最小值，也有可能求所有目标的最大值，或并非求所有目标的最大、最小值，有可能出现部分求最大值、部分求最小值的情况，这两种情况下可将求最大值的目标函数取倒数或加负号取负值，把所有目标函数统一为求最小值。

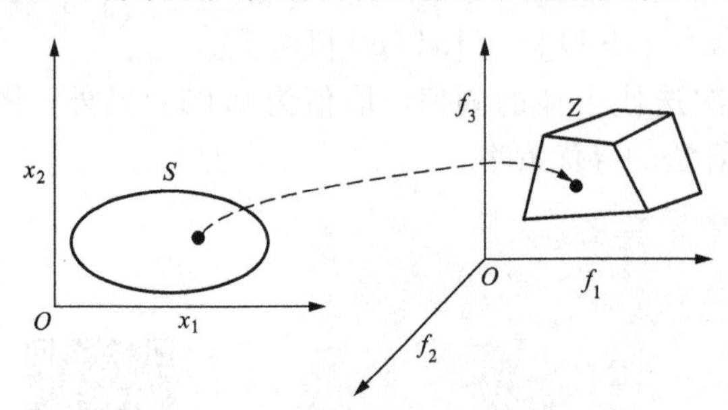

图 4.2.15　多目标优化函数映射关系

将决策向量 **X** 映射至目标向量，记作 $F: S \to Z$，S 为决策空间集合，Z 为判据空间的集合。图 4.2.15 给出了不考虑约束条件，2 个决策向量、3 个目标函数时的映射关系。

目前，传统求解多目标优化问题的主要方法为目标法和评价函数法，首先将多目标优化问题转换为单目标优化问题，随后采用求解单目标优化问题的计算方法获取最优解。其中，主要目标法首先会定义一个首要的优化目标，其余优化目标视为次要目标，随后决策者根据以往经验给定次要目标一个取值范围。此时，多目标优化问题被转换为在新约束条件下，使首要优化目标达到最优的单目标优化问题，假设式（4.2.56）中 z_1 为首要优化问题，其余目标视为次要目标，该方法求解多目标优化问题可描述为式（4.2.57）。

$$\begin{cases} \min z_1 = f_1(X) \\ \text{s.t. } q_{s,\min} \leqslant q_s(X) \leqslant q_{s,\max}, s=1,2,\cdots,S \\ f_{h,\min} \leqslant f_h(X) \leqslant f_{h,\max}, h=2,3,\cdots,H \end{cases} \tag{4.2.57}$$

式中：$f_{h,\max}$和 $f_{h,\min}$分别为给定第 h 个目标的最大值、最小值。

该方法能够对多目标优化问题快速求解，但优化结果显著受到决策者的影响，求解质量具有不确定性。

另外，评价函数法通过建立一个以各优化目标作为自变量的评价函数，随后求解该评价函数获取优化方案的数学方法，可描述为式（4.2.58）。

$$\begin{cases} \min F_{\text{eva}}(X) = F_{\text{eva}}[F(X)] \\ \text{s.t. } q_{s,\min} \leqslant q_s(X) \leqslant q_{s,\max}, s=1,2,\cdots,S \end{cases} \tag{4.2.58}$$

式中：$F_{\text{eva}}(X)$ 为构造的评价函数。最后，将评价函数求得的解作为式（4.2.56）的最优解。

其中，最为常见的线性加权法便是评价函数法中的一种，按照决策者的工程经验根据各目标函数的重要程度为其分配一组权重系数，并相加起来得到一个新的单目标优化函数，可表示为式（4.2.59）。

$$\begin{cases} F_{\text{eva}}(X) = F_{\text{eva}}[F(X)] = \sum_{h=1}^{H} \omega_h f_h(X) \\ \text{s.t. } q_{s,\min} \leqslant q_s(X) \leqslant q_{s,\max}, s=1,2,\cdots,S \end{cases} \tag{4.2.59}$$

式中：ω_h 为第 h 个目标函数的权重系数。该方法具有构造简单、计算量小等优点，但权重分配结果很大程度上取决于决策者的工程实践经验，优化结果带有主观性。

此外，若所有目标函数值均大于0，可将各个目标函数相乘构造一个评价函数，该方法称为乘积法，如式（4.2.60）所示。

$$\begin{cases} F_{\text{eva}}(X)=F_{\text{eva}}[F(X)]=\prod_{h=1}^{H}f_h(X) \\ \text{s. t. } q_{s,\min}\leqslant q_s(X)\leqslant q_{s,\max},s=1,2,\cdots,S \end{cases} \tag{4.2.60}$$

随后求得的解即可作为多目标优化的最优解。

除了将多目标优化问题转换为一个单目标问题进行求解外，另一条思路便是根据各个目标函数的重要程度，将其拆分为多个带有次序的单目标问题并按照次序顺序依次求解，最后一个单目标问题的最优解即作为式（4.2.56）的解，该方法称为分层排序法，假设式（4.2.56）的 H 个目标函数的重要程序为 $f_1(X)$ 到 $f_H(X)$ 降序排序，即 $f_1(X)$ 最重要，$f_H(X)$ 最轻微，可描述为式（4.2.61）。

$$\begin{cases} \min f_1(X) \\ \text{s. t. } q_{s,\min}\leqslant q_s(X)\leqslant q_{s,\max},s=1,2,\cdots,S \end{cases} \tag{4.2.61}$$

即可得到最优值 $f_1^*(\boldsymbol{X})$ 以及其最优解 $\boldsymbol{X}_{(1)}^*$，然后再对次重要的目标函数求解，如式（4.2.62）所示。

$$\begin{cases} \min f_2(X) \\ \text{s. t. } q_{s,\min}\leqslant q_s(X)\leqslant q_{s,\max},s=1,2,\cdots,S \\ \{X \mid f_1(X)\leqslant f_1^*\} \end{cases} \tag{4.2.62}$$

之后对第3个目标函数求解，如式（4.2.63）所示。

$$\begin{cases} \min f_3(X) \\ \text{s. t. } q_{s,\min}\leqslant q_s(X)\leqslant q_{s,\max},s=1,2,\cdots,S \\ \{X \mid f_1(X)\leqslant f_1^*\}\cap\{\boldsymbol{X} \mid f_2(X)\leqslant f_2^*\} \end{cases} \tag{4.2.63}$$

如此往下，直到求得的最优值 $f_H^*(X)$ 以及最优解 $X_{(H)}$ 就是式（4.2.56）的最优解。

值得注意的是，若多个目标函数的重要程度相当时，可将其统一为一组，并按照重要程度将各组排序，最后根据上述方法，依次对各组求解，该方法称为分组排序法。

然而该方法依旧存在缺陷，工程应用中，各个优化目标的重要程度有时很难判别，该情况下可先选取一个最重要的目标函数，在约束条件范围内求得最优解之后，在其解集中再对 $H-1$ 个目标函数组成的多目标优化问题求解，该方法称为重点目标法。

以上方法在求解多目标优化问题时具有计算简单、求解高效等优点，但面对复杂工程问题时，每次只能获得单一的优化方案，决策者无法获得多个候选优化方案进而对比选择。此外，上述很多方法求解过程中需人为确定各目标之间的重要程度，若决策者工程经验不足，优化后的系统难以获得较大提升。

为弥补以上方法不足，有学者提出了基于Pareto的求解方法，在求解多目标优化问题时可为决策者同时提供多个最优解进行选择。值得注意的是，多目标优化问题需要同时处理多个目标函数，这些目标函数有的存在相关性，而有的存在互斥性，导致某个目标函数得到优化后，另一些目标函数的性能将不可避免地下降，最终获得的多个最优解具有无法在不衰减至少一个目标函数性能的前提下提升另一个目标函数，这样的解定义为Pareto最优解或非支配解，可描述为：

对于点 $z^0\in Z$，当且仅当不存在其他点 $z\in Z$，在最小化问题中满足式（4.2.64）和式（4.2.65）。

$$z_q < z_q^0, \exists q \in \{1,2,\cdots,Q\} \tag{4.2.64}$$

$$z_{q'} \leqslant z_{q'}^0, q' \neq Q \tag{4.2.65}$$

则称 z^0 为 Z 内的一个非支配解。

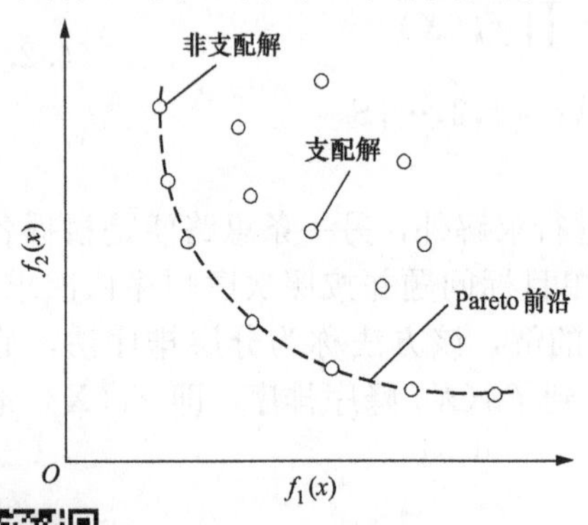

图 4.2.16　两个目标函数下的 Pareto 前沿分布

多目标优化问题不同于单目标优化问题，往往会存在多个甚至无穷多个非支配解，所有非支配解构成的集合称为 Pareto 前沿，图 4.2.16 给出了两个优化目标情况下的 Pareto 前沿分布。

(2) Pareto 解集存储与筛选。综上所述，含两个目标的多目标优化问题所获得的 Pareto 前沿通常为一条曲线，但随着目标函数的增加，最终的 Pareto 前沿由一条曲线扩展为一个超平面，寻优过程中将面临庞大的计算量，传统计算方法已不再适用。为解决这一求解难题，有学者开始采用启发式算法获取多目标优化问题的 Pareto 前沿，基于 Pareto 的启发式算法可以进行多向性、全局性搜索，不依赖于精确的系统模型便可解决含多个约束条件、多个目标函数的复杂多目标优化问题，并且每完成一次迭代便可获得一组含多个非支配解的 Pareto 前沿，随着迭代次数的增加，获得的 Pareto 前沿将越逼近真实 Pareto 前沿。

如上所述，Pareto 前沿中含多个非支配解甚至无穷个非支配解，为保证算法的收敛速度，以及确保多个非支配解尽可能均匀分布在 Pareto 前沿上。AMRFO 在寻优过程中会不断更新替换目前存储池里的 Pareto 解集以完成迭代，新的非支配解与存储池里非支配解两者加以对比，并以此确定新的非支配解是否进入存储池，迭代过程中，式（4.2.66）会不停判断非支配解的分布是否过于紧密，若第 h 个目标函数值超出其 Pareto 前沿距离阈值 DP_h，该非支配解将被剔除。

$$\begin{cases} |f_h(X_{\mathrm{dom},i}) - f_h(X_{\mathrm{dom},j})| < DP_h \\ DP_h = \dfrac{f_{S,h}^{\max} - f_{S,h}^{\min}}{n_r} \end{cases} \tag{4.2.66}$$

式中：$f_{S,h}^{\max}$、$f_{S,h}^{\min}$ 分别为当前存储池中第 h 个目标函数的适应度最大值和最小值；$X_{\mathrm{dom},i}$ 和 $X_{\mathrm{dom},j}$ 分别为第 i 个和第 j 个非支配解；n_r 为存储池保存非支配解的个数上限。

(3) 基于马氏距离的理想点决策法。理想点法是一种常见且高效，用于决策多目标优化问题中存在多个 Pareto 最优解的决策方法，具有概念简单的优点，该方法首先通过构造多目标优化问题的理想点和负理想点，然后基于靠近理想点和偏离理想点的程度决策出一个多目标折中解，从而帮助决策者客观地选择优化方案。

对于式（4.2.56），若每个目标 $f_h(X)$ 存在一个给定值，满足式（4.2.67）：

$$f_h^* \leqslant \min f_h(X) \tag{4.2.67}$$

则 $f^* = [f_1^*, f_2^*, \cdots, f_H^*]$ 为 $F(X)$ 的理想点。

进一步，构造一个模‖·‖用以衡量每个目标与其理想点在约束条件范围内的距离，如式（4.2.68）所示。

$$\min U(X) = \| F(X) - f^* \| \tag{4.2.68}$$

换句话说，理想点法旨在多目标优化问题的约束条件内，找到目标函数和理想点之间“距离”最小的解。

本节提出一种基于马氏距离的理想点决策法以回避人为设置目标权重带来的主观性影响，其考虑到各目标函数之间存在的特性联系，使得不受各目标函数量纲不同的影响，可客观地选择折中解并设置各目标间的权重系数。

其中，第 h 个目标的适应度函数设计为式（4.2.69）。

$$y_h(X_{\mathrm{dom},i})=f_h(X_{\mathrm{dom},i})+\mu q_c \tag{4.2.69}$$

式中：μ 为一个数值较大的惩罚系数；q_c 为不满足约束条件的个数。

另外，马氏距离可用以描述数据的协方差距离，能够有效获得两个未知样本集相似度，数据点 p_1 和 p_2 之间的马氏距离可以表示为式（4.2.70）。

$$D(p_1,p_2)=\sqrt{(p_1-p_2)^{\mathrm{T}}\sum\nolimits^{-1}(p_1-p_2)} \tag{4.2.70}$$

式中：Σ为多维随机变量的协方差矩阵。值得注意的是，若协方差矩阵为单位向量，换句话说，即各维度独立同分布，此时马氏距离便成为欧式距离。

因此，本节 Pareto 理想点前沿为（$f_1^{\min}$，$f_2^{\min}$，$f_3^{\min}$，$f_4^{\min}$，$f_5^{\min}$），考虑到各目标函数的量纲不同，且存在一定的耦合性，采用马式距离计算各非支配解到理想点的距离，如式（4.2.71）和式（4.2.72）所示。

$$D_m=\sqrt{[y(X_{\mathrm{dom},m})-f_{\mathrm{S}}^{\min}]\sum\nolimits^{-1}[y(X_{\mathrm{dom},m})-f_{\mathrm{S}}^{\min}]^{\mathrm{T}}\omega^2} \tag{4.2.71}$$

$$\omega=\begin{bmatrix}\omega_1 & \cdots & \cdots & \cdots\\ \vdots & \omega_2 & \cdots & \vdots\\ \vdots & \vdots & \ddots & \vdots\\ \cdots & \cdots & \cdots & \omega_H\end{bmatrix} \tag{4.2.72}$$

式中：$y(X_{\mathrm{dom},m})=[y_{1,m},\ y_{2,m},\ y_{3,m},\ y_{4,m},\ y_{5,m}]$为第 m 个非支配解的目标函数值；$X_{\mathrm{dom},m}$为第m 个非支配解；$f_{\mathrm{S}}^{\min}=[f_{\mathrm{S},1}^{\min},\ f_{\mathrm{S},2}^{\min},\ f_{\mathrm{S},3}^{\min},\ f_{\mathrm{S},4}^{\min},\ f_{\mathrm{S},5}^{\min}]$为存储池内各目标函数的最小适应度函数值构成的矩阵；ω 为各目标函数权重的集合；D_m 为第 m 个非支配解到理想点的马氏距离。

最优权重系数模型可描述为式（4.2.73）。

$$\begin{cases}\min Z=\sum\limits_{m=1}^{n_r}D_m\\ \text{s.t.}\ \sum\limits_{h=1}^{H}\omega_h=1,\omega_h>0\end{cases} \tag{4.2.73}$$

进一步，解出 ω，决策折中解即可由式（4.2.74）确定。

$$z_{\mathrm{best}}=\arg\min_{m=1,2,\cdots,n_r}\sqrt{[y(X_{\mathrm{dom},m})-f^{\min}]\sum\nolimits^{-1}[y(X_{\mathrm{dom},m})-f^{\min}]^{\mathrm{T}}\omega^2} \tag{4.2.74}$$

式中：z_{best}为决策折中解。

综上所述，图 4.2.17 给出了自适应蝠鲼觅食优化算法求解分布式电源选址定具体流程。

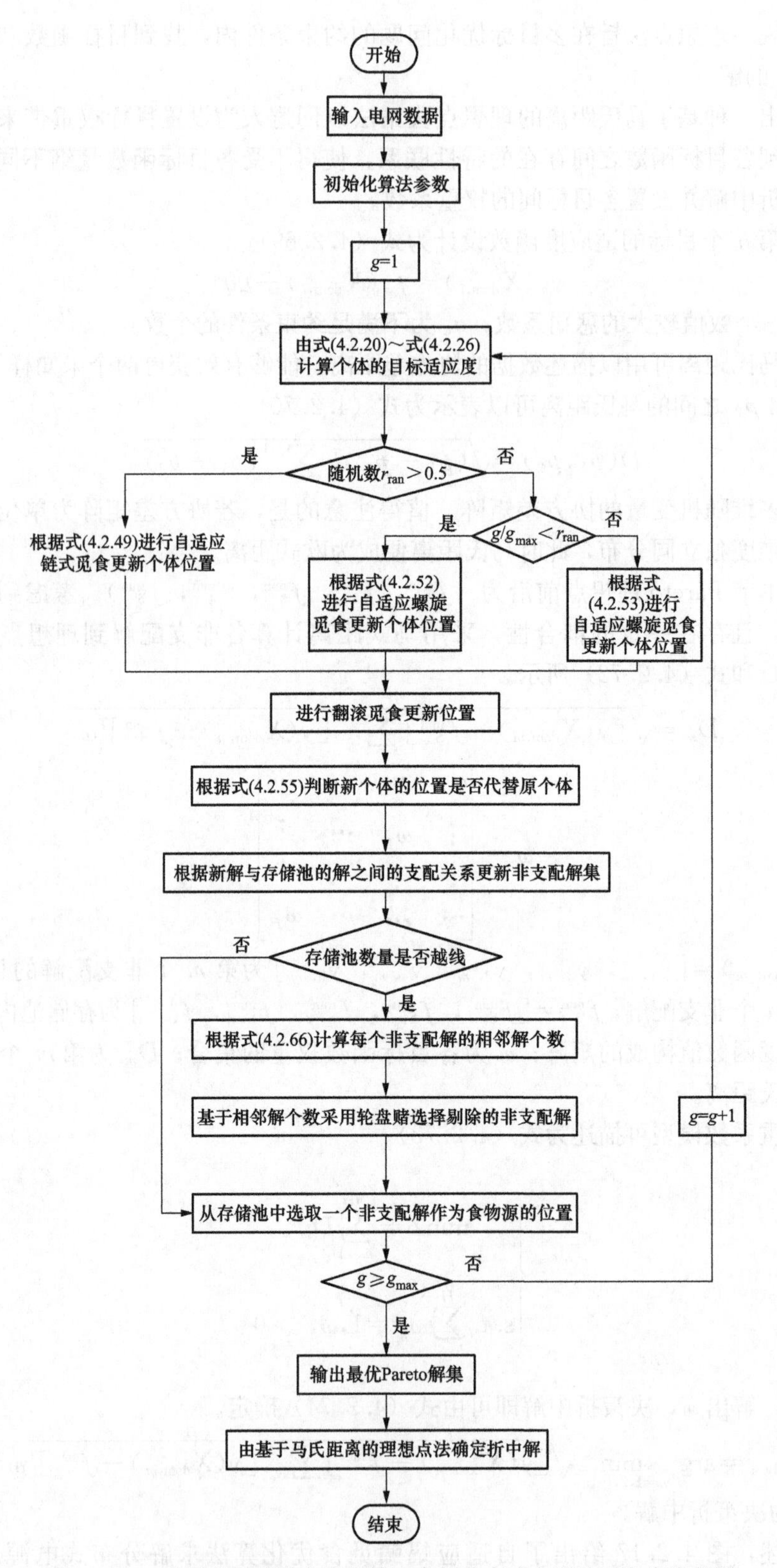

图 4.2.17　自适应蝠鲼觅食优化算法求解分布式电源选址定容流程图

4.2.5　算例分析

为验证所提策略的有效性，本节将基于并网运行的 IEEE 33 和 IEEE 69 节点配电网，孤网运行的 IEEE 33 和 IEEE 69 节点配电网展开算例分析，与多个传统的多目标智能优化算法进行比较，分析对比所提策略对系统的优化结果，并通过 7 个 Pareto 指标，对所提策略的综合性能进行进一步评估。

1. 算例与参数

为验证所提策略的有效性，本节在如图 4.2.18 和图 4.2.19 所示的 IEEE 33 和 IEEE 69 节点配电网进行选址定容研究，包括光伏系统（2 个节点安装）、风电机组（2 个节点安装）、燃料电池（1 个节点安装）以及微型燃气轮机（1 个节点安装），并与 MRFO、NSGA-Ⅱ 和 MOPSO 进行比较。值得注意的是，原始的 MRFO 为单目标优化算法，为了测试 AMRFO 的改进性能，MRFO 将采用与 AMRFO 相同的 Pareto 筛选机制以公平比较。另外，燃料电池与微型燃气轮机能够稳定地进行功率输出，与光伏系统、风电机组的配合使用，能够很好地弥补其输出功率具有波动性的缺陷。

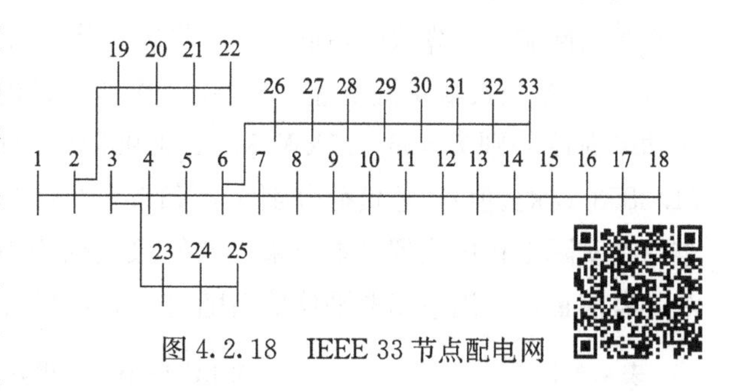

图 4.2.18　IEEE 33 节点配电网

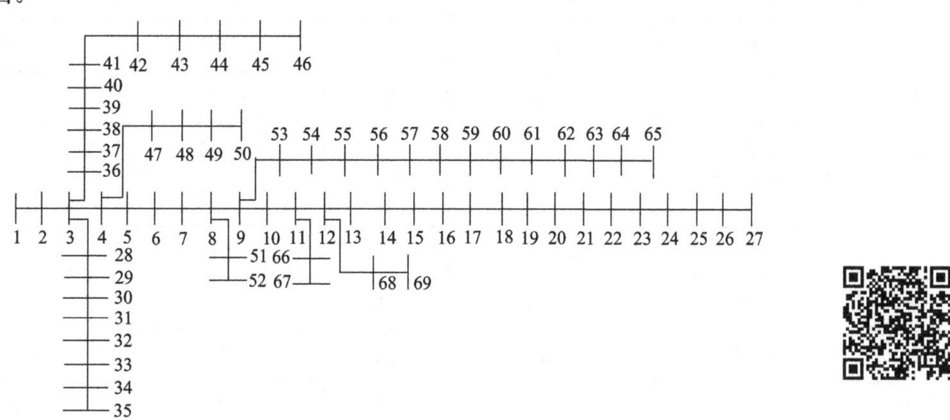

图 4.2.19　IEEE 69 节点配电网

值得注意的是，目标函数、约束条件、算法搜索机制、种群大小以及测试系统大小共同决定了 Pareto 解集的复杂程度，储存池选择过小虽能提升算法的收敛速度，但会致使最优解有较大的概率被遗漏，相反，若舍弃较快的收敛速度选择一个较大的储存池，能够提高获取最优解的概率。本节采用试错法确定各算法的种群大小、最大迭代次数以及储存池大小，目标函数建立如式（4.2.75）和式（4.2.76）所示。

$$f_{\mathrm{try}}=\omega_{\mathrm{t1}}\left[\sum_{h}^{H}\omega_{fh}f_{\mathrm{n},h}\right]+\omega_{\mathrm{t2}}t_{\mathrm{run}} \tag{4.2.75}$$

$$f_{n,h} = \frac{f_h - f_{S,h}^{min}}{f_{S,h}^{max} - f_{S,h}^{min}} \quad (4.2.76)$$

式中：ω_{fh}为基于马氏距离的理想点决策法得到的各目标函数权重；$f_{n,h}$为决策得到的非支配解的第h个目标函数的归一值；t_{run}为运行时间；ω_{t1}和ω_{t2}为两者之间的权重系数，由于本节为离线优化，因此ω_1和ω_2分别取值为0.9和0.1。式（4.2.75）中，前半部分为解的质量。随后调整各参数，根据各参数变化得到的f_{try}值确定出种群大小、最大迭代次数以及储存池大小可分别在区间［100，300］、［100，300］、［50，150］内设置。最终，为公平比较各算法性能，各算法的种群大小、最大迭代次数以及储存池大小均分别设置为200、200、100，算法参数按默认值设置。另外，4个典型日内IEEE 33和IEEE 69节点配电网的总有功功率损耗分别为4061.87kW和4449.99kW，总电压偏差分别为66.1991（标幺值）和71.3853（标幺值），总负荷分别为3.715MW和3.802MW。值得注意的是，由于测试系统难以在实际工程中找到，本节采用的气象数据均为2020年某地光伏电站的历史实测数据，对其各测量点实测数据取平均值后随机作为各节点的气象数据，见表4.2.2和表4.2.3。

表4.2.2　IEEE 33节点配电网气象数据

节点	年平均风速（$m \cdot s^{-1}$）	年平均辐射量（$MJ \cdot m^{-2}$）	节点	年平均风速（$m \cdot s^{-1}$）	年平均辐射量（$MJ \cdot m^{-2}$）
1	3.464	0.6179	18	4.437	0.6912
2	2.765	0.3120	19	4.616	0.3916
3	2.315	0.1270	20	4.675	0.5796
4	3.037	0.6776	21	4.893	0.5712
5	4.670	0.6893	22	1.487	0.5941
6	4.016	0.6949	23	4.712	0.6056
7	4.452	0.6991	24	3.967	0.6087
8	2.792	0.6963	25	4.595	0.6195
9	3.359	0.6984	26	3.808	0.6862
10	4.513	0.6752	27	4.156	0.6329
11	2.304	0.6981	28	2.654	0.6812
12	2.882	0.4695	29	2.679	0.6020
13	3.694	0.6262	30	4.458	0.6108
14	2.108	0.6695	31	2.779	0.2820
15	4.566	0.6983	32	3.1125	0.6993
16	3.683	0.7054	33	4.383	0.5712
17	1.333	0.6741			

表 4.2.3 IEEE 69 节点配电网气象数据

节点	年平均风速 (m·s^{-1})	年平均辐射量 (MJ·m^{-2})	节点	年平均风速 (m·s^{-1})	年平均辐射量 (MJ·m^{-2})
1	2.575	0.8029	36	2.891	0.4583
2	3.270	0.5895	37	3.157	0.5970
3	4.504	0.8487	38	4.112	0.9929
4	2.833	0.2275	39	3.957	0.8437
5	2.241	0.4133	40	2.279	0.4362
6	1.754	0.6670	41	1.404	0.257 91
7	3.791	0.7575	42	3.387	0.7879
8	5.066	0.7679	43	5.762	0.9933
9	4.979	0.7717	44	4.437	0.9004
10	5.15	0.7279	45	4.416	0.9204
11	4.154	0.6508	46	2.151	0.5995
12	3.754	0.6141	47	3.191	0.7420
13	3.079	0.5775	48	3.612	0.7454
14	2.658	0.9079	49	2.041	0.6408
15	1.529	0.8395	50	1.670	0.4720
16	1.312	0.4912	51	1.191	0.5133
17	2.312	0.4862	52	3.133	0.5358
18	4.779	0.9379	53	4.804	0.8354
19	4.233	0.6991	54	2.387	0.5945
20	4.070	0.8316	55	1.879	0.2441
21	4.320	0.9141	56	2.766	0.4808
22	2.875	0.8666	57	1.033	0.4033
23	3.225	0.8379	58	0.908	0.1520
24	2.904	0.7133	59	0.883	0.3716
25	2.116	0.5120	60	2.162	0.8954
26	3.066	0.6204	61	2.216	0.5895
27	2.141	0.7229	62	1.066	0.3920
28	1.875	0.332 91	63	1.612	0.421 66
29	2.608	0.627 91	64	1.125	0.667 51
30	1.883	0.382 54	65	1.358	1.016 25
31	0.416	0.192 08	66	1.595	0.656 66
32	1.937	0.588 33	67	2.058	0.648 33
33	3.037	0.576 66	68	2.225	0.298 75
34	4.037	0.681 25	69	1.425	0.492 08
35	4.287	0.954 16			

2. 并网运行的 IEEE 33 节点配电网

各算法获得的优化结果和各算法优化后的并网运行下 IEEE 33 节点配电网电压分布分别如表 4.2.4 和图 4.2.20 所示。由表 4.2.4 和图 4.2.20 可以看出，经 AMRFO 寻优优化，配置不同类型的 DG 后配电网的功率损耗和电压分布得到显著地改善，与其相比，NSGA-II 和 MOPSO 算法将风电机组安装于无功负荷较重的地区，进一步加重了该地区的无功缺额，使得该节点电压分布明显恶化。此外，各算法获得的 Pareto 前沿在基于马氏距离的理想点决策法下合理分配目标函数权重，有效地对各目标函数进行权衡优化，从而避免了因权重系数人为设置产生的负面影响。

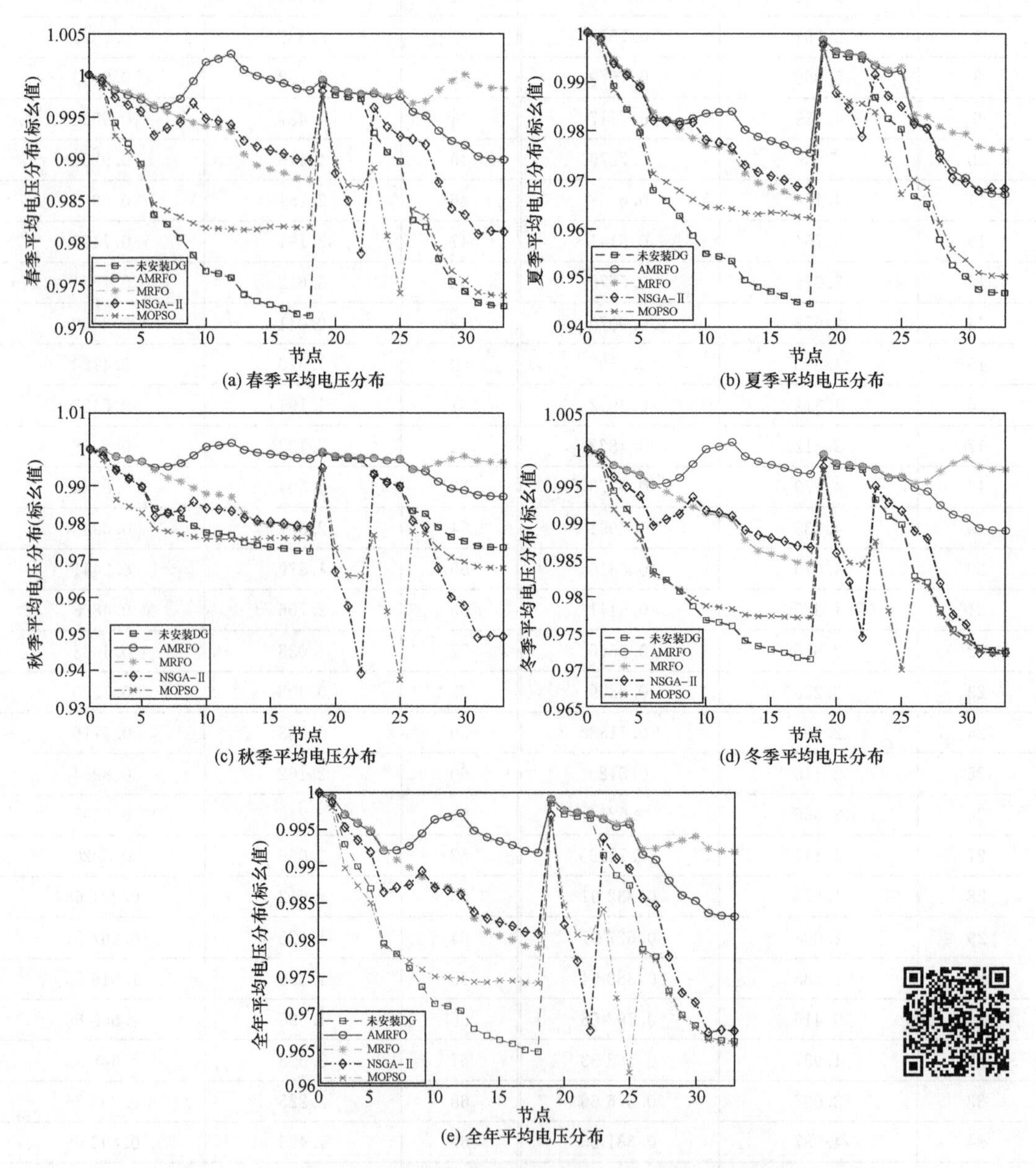

(a) 春季平均电压分布　(b) 夏季平均电压分布　(c) 秋季平均电压分布　(d) 冬季平均电压分布　(e) 全年平均电压分布

图 4.2.20　并网运行的 IEEE 33 节点配电网下不同算法获得的电压分布

表 4.2.4　　　　并网运行的 IEEE 33 节点配电网规划方案

算法	光伏系统			燃料电池		微型燃气轮机		风电机组				
	1号容量(kW)	1号安装节点	2号容量(kW)	2号安装节点	容量(kW)	安装节点	容量(kW)	安装节点	1号容量(kW)	1号安装节点	2号容量(kW)	2号安装节点
AMRFO	289.79	11	419.74	25	395.14	30	399.55	12	101.39	26	69.38	16
MRFO	317.94	11	347.85	25	303.26	8	399.67	30	60.99	23	212.44	12
NSGA-Ⅱ	649.20	3	401.55	32	8	16	382.85	9	334.64	31	453.68	22
MOPSO	218.14	16	134.63	15	50.64	18	50.41	6	519.05	25	414.64	21

算法	目标函数适应度值					目标函数权重分配				
	f_1 (kW)	f_2 (标幺值)	f_3 (kg)	f_4 ($)	f_5 (标幺值)	ω_{f1}	ω_{f2}	ω_{f3}	ω_{f4}	ω_{f5}
AMRFO	2023.26	28.26	5.14×10^7	8.76×10^7	0.4837	0.1929	0.2194	0.2144	0.1947	0.1783
MRFO	2167.09	33.98	4.44×10^7	7.82×10^7	0.5373	0.1822	0.2244	0.1845	0.2005	0.2082
NSGA-Ⅱ	4061.87	53.2	2.09×10^7	4.97×10^7	0.5685	0.2082	0.1994	0.1875	0.1619	0.2428
MOPSO	27 706.8	70.51	6.49×10^6	1.45×10^7	0.4251	0.2184	0.2173	0.1823	0.1993	0.1824

3. 并网运行的 IEEE 69 节点配电网

表 4.2.5 和图 4.2.21 分别给出了各算法获得的并网运行下 IEEE 69 节点配电网的优化结果以及优化后的电压分布。由表 4.2.5 和图 4.2.21 可以发现，AMRFO 在节点更为庞大的系统依旧具有较强的搜索效果，能够有效改善配电网的功率损耗和电压分布。与其相比，NSGA-Ⅱ和 MOPSO 算法不可避免地陷入了局部最优，功率损耗和电压分布指标明显偏大，无法在保证经济性的同时给配电网带来最佳的综合优化效果。

表 4.2.5　　　　并网运行的 IEEE 69 节点配电网规划方案

算法	光伏系统				燃料电池		微型燃气轮机		风电机组			
	1号容量(kW)	1号安装节点	2号容量(kW)	2号安装节点	容量(kW)	安装节点	容量(kW)	安装节点	1号容量(kW)	1号安装节点	2号容量(kW)	2号安装节点
AMRFO	78.3	35	298.09	61	398	62	261.23	17	26.27	52	120.94	53
MRFO	416.19	58	370.51	61	385	62	379.23	12	269.88	30	162.38	21
NSGA-Ⅱ	285.55	44	186.27	61	50.23	23	50.14	63	383.4	31	270.79	66
MOPSO	298.79	11	419.74	25	395	30	399.551	12	101.4	26	69.38	16

续表

算法	目标函数适应度值					目标函数权重分配				
	f_1 (kW)	f_2 (标幺值)	f_3 (kg)	f_4 ($)	f_5 (标幺值)	ω_{f1}	ω_{f2}	ω_{f3}	ω_{f4}	ω_{f5}
AMRFO	672.49	20.54	4.44×10^7	7.11×10^7	0.4278	0.2321	0.1923	0.2043	0.1559	0.2151
MRFO	1664.82	25.22	7.59×10^7	8.54×10^7	0.7341	0.2067	0.1886	0.2071	0.2074	0.1899
NSGA-Ⅱ	3621.59	42.19	6.49×10^5	1.45×10^7	0.5912	0.2389	0.1871	0.1586	0.1552	0.2601
MOPSO	1568.83	63.68	5.15×10^7	8.76×10^7	0.6246	0.1929	0.2194	0.2144	0.1947	0.1783

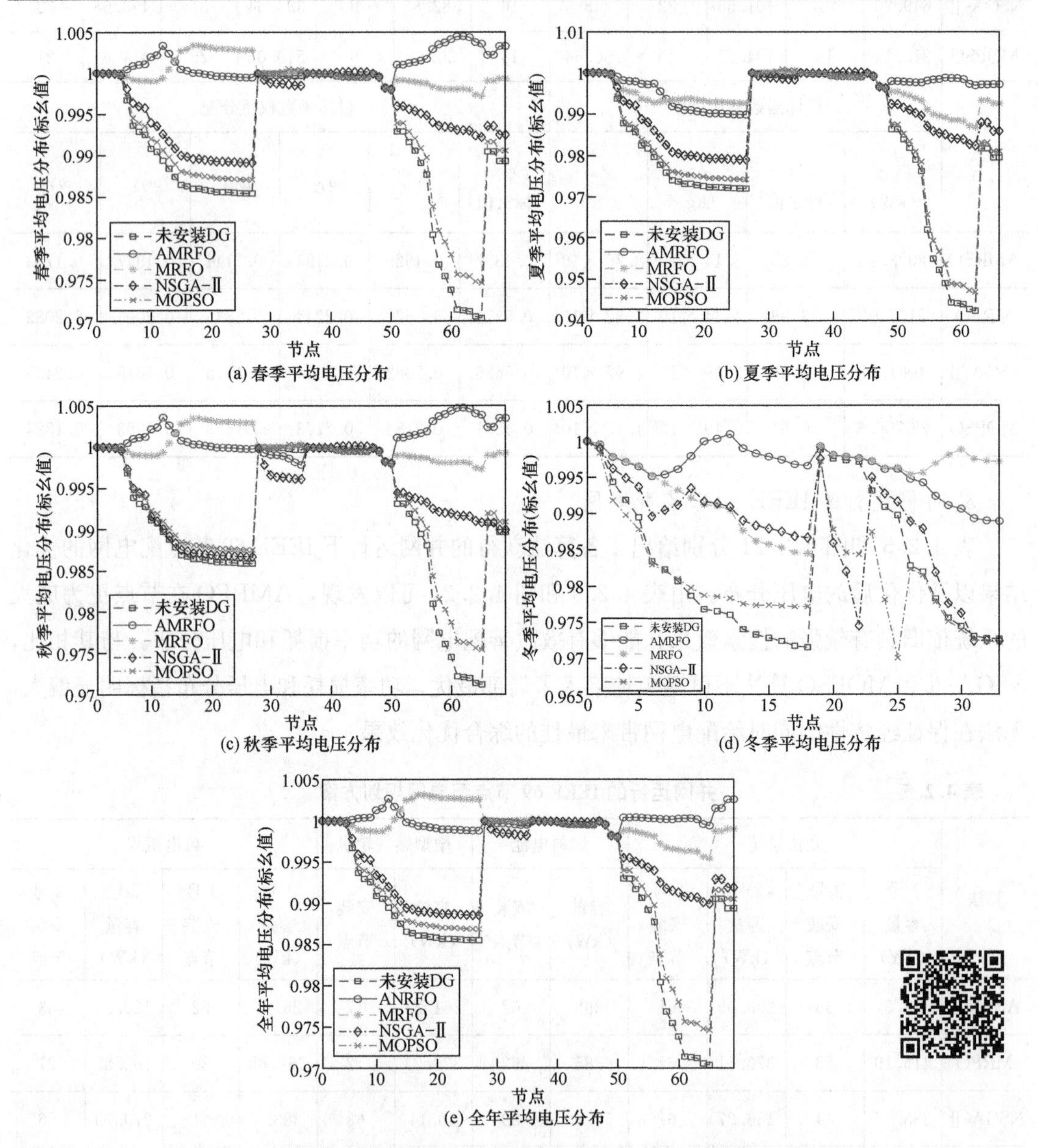

图 4.2.21　并网运行的 IEEE 69 节点配电网下不同算法获得的电压分布

4. 孤网运行的 IEEE 33 节点配电网

由于DG与电网并联工作时，电网不可避免地因故障、检修等原因而导致停止向配电网供电，即孤岛效应。因此，有必要研究孤网运行的DG选址定容，本节采用断开1号公共母线的IEEE 33和IEEE 69节点配电网的孤立系统进行规划。表4.2.6和图4.2.22分别给出了孤网运行的IEEE 33节点配电网规划方案以及该系统的电压分布。由表4.2.6和图4.2.22可以发现，AMRFO依旧能够获得孤网运行下的最佳规划方案，其全年总有功功率损耗和全年平均电压分布明显优于其他算法。值得注意的是，孤网运行下，有功功率损耗远大于与电网连接的系统，这是由于孤网系统内所有负荷均由DG进行供电，增加了电网潮流所流经的距离。另外，为保证系统潮流方向尽可能与并网一致，确保并网运行与离网运行时保护装置的可靠性满足系统要求，减少后续装配保护装置的工作量。在此，2号节点至少需安装一台输出稳定的燃料电池或微型燃气机，孤网运行的IEEE 69节点配电网同此。

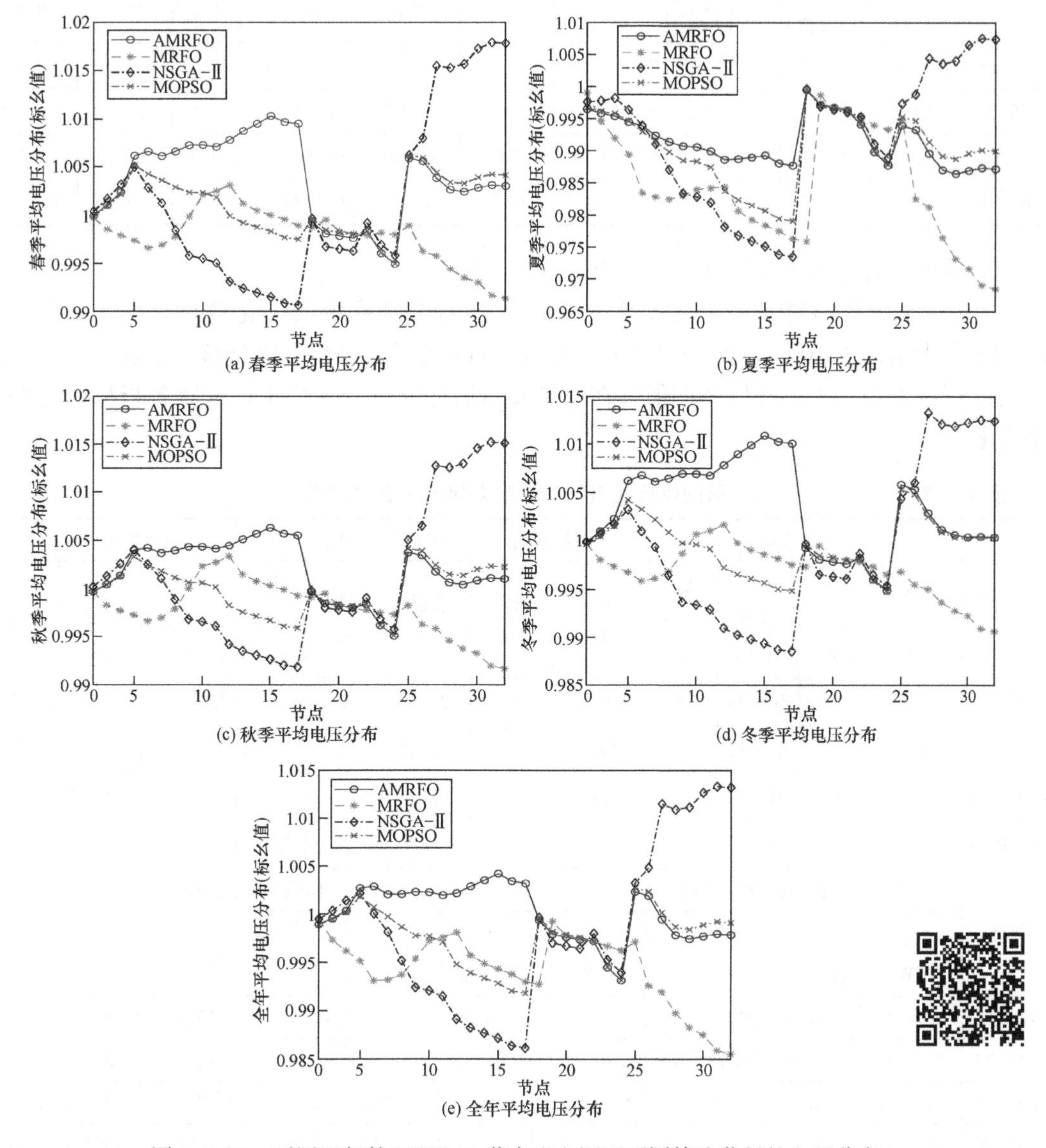

图4.2.22 孤网运行的IEEE 33节点配电网下不同算法获得的电压分布

表 4.2.6　　孤网运行的 IEEE 33 节点配电网规划方案

算法	光伏系统				燃料电池		微型燃气轮机		风电机组			
	1号容量(kW)	1号安装节点	2号容量(kW)	2号安装节点	容量(kW)	安装节点	容量(kW)	安装节点	1号容量(kW)	1号安装节点	2号容量(kW)	2号安装节点
AMRFO	389.44	11	591.31	32	931	2	1496.99	6	285.4	18	205.05	23
MRFO	996.28	11	808.86	32	745	2	1480.38	6	290.1	18	244.47	23
NSGA-Ⅱ	803.02	5	789.94	31	816	2	1455.51	31	207.54	3	200.57	22
MOPSO	806.63	11	269.74	32	1472	25	1500	2	200.05	19	200	23

算法	目标函数适应度值					目标函数权重分配				
	f_1 (kW)	f_2 (标幺值)	f_3 (kg)	f_4 ($)	f_5 (标幺值)	ω_{f1}	ω_{f2}	ω_{f3}	ω_{f4}	ω_{f5}
AMRFO	1637.18	20.76	8.11×10^7	2.62×10^8	0.429	0.2311	0.1423	0.1931	0.1465	0.2867
MRFO	2964.11	26.67	7.30×10^7	2.47×10^8	0.429	0.2145	0.2249	0.1638	0.1736	0.2229
NSGA-Ⅱ	6656.76	24.86	7.52×10^7	2.49×10^8	0.5658	0.1857	0.1204	0.2144	0.2131	0.2663
MOPSO	3638.18	21.22	1.03×10^8	3.18×10^8	0.429	0.5065	0.1323	0.1459	0.1185	0.0966

5. 孤网运行的 IEEE 69 节点配电网

为进一步验证 AMRFO 对于更为庞大且复杂的孤网系统的优化效果，表 4.2.7 和图 4.2.23 分别给出了孤网运行的 IEEE 69 节点配电网规划方案和电压分布。由表 4.2.7 和图 4.2.23 可以发现，AMRFO 依旧能够在满足孤网运行条件的前提下，兼顾各指标进行综合性优化。

表 4.2.7　　孤网运行的 IEEE 69 节点配电网规划方案

算法	光伏系统				燃料电池		微型燃气轮机		风电机组			
	1号容量(kW)	1号安装节点	2号容量(kW)	2号安装节点	容量(kW)	安装节点	容量(kW)	安装节点	1号容量(kW)	1号安装节点	2号容量(kW)	2号安装节点
AMRFO	987.98	31	504.89	61	949.14	17	777.86	2	340.98	43	399.03	37
MRFO	554.04	33	613.11	62	1151.47	2	837.24	64	463.36	49	283.74	30
NSGA-Ⅱ	995.24	56	240.67	61	760.78	2	1337.41	8	200.26	29	426.32	3
MOPSO	842.87	44	898.96	61	890.52	2	1129.28	11	330.91	37	429.84	3

算法	目标函数适应度值					目标函数权重分配				
	f_1 (kW)	f_2 (标幺值)	f_3 (kg)	f_4 ($)	f_5 (标幺值)	ω_{f1}	ω_{f2}	ω_{f3}	ω_{f4}	ω_{f5}
AMRFO	1711.12	23.87	6.13×10^7	1.90×10^8	0.5996	0.2093	0.1674	0.1953	0.2182	0.2095
MRFO	3043.14	30.89	7.13×10^7	2.15×10^8	0.5555	0.1665	0.1815	0.1843	0.1959	0.2715
NSGA-Ⅱ	2240.92	24.57	6.95×10^7	2.29×10^8	0.5612	0.2206	0.1655	0.1879	0.2615	0.1642
MOPSO	2482.11	27.34	6.89×10^7	2.23×10^8	0.4443	0.2913	0.1692	0.1659	0.1631	0.2102

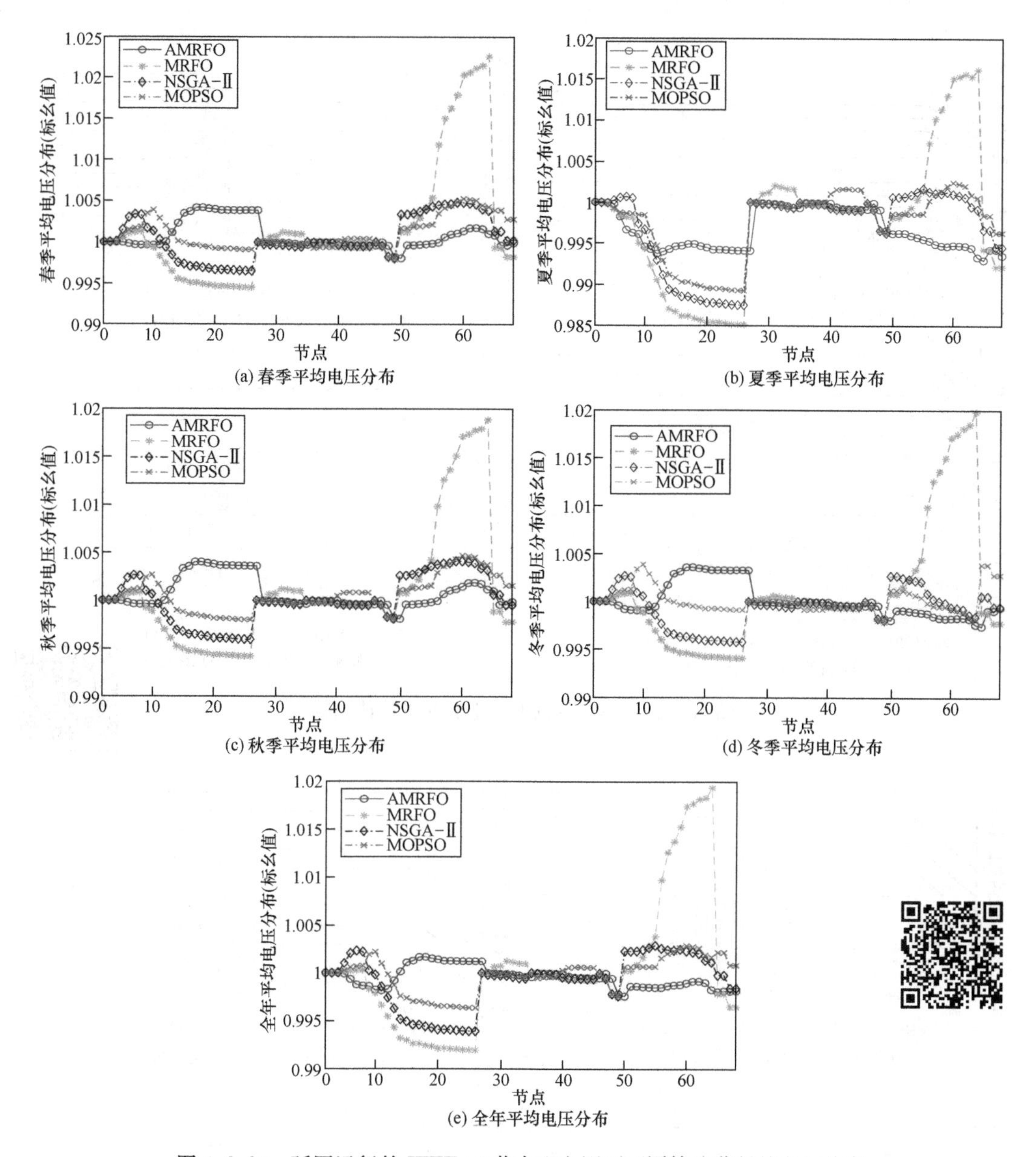

(a) 春季平均电压分布　(b) 夏季平均电压分布

(c) 秋季平均电压分布　(d) 冬季平均电压分布

(e) 全年平均电压分布

图 4.2.23　孤网运行的 IEEE 69 节点配电网下不同算法获得的电压分布

6. 算法性能评估

图 4.2.24 和图 4.2.25 给出了各算法在不同算例下运行 10 次后，包括其值越小，性能更佳的 4 种指标（图中用紫色表示），即反转世代距离（inverted generational distance，IGD）、世代距离（generational distance，GD）、广泛性（spread）和空间分布（spacing）；另外，还给出了其值越大，性能更佳的 3 种指标，即纯粹多样性（pure diversity，PD）、超体积（hyper volume，HV）、分布度指标（diversity metric，DM），进而比较各算法的搜索性能。由图 4.2.24 和图 4.2.25 可以看出：

(1) 在不同算例下各算法的 GD、IGD 平均值中，AMRFO 的值最小，因此其收敛性能最佳，可证明使用 Sigmoid 函数自适应步长能够有效提升其收敛性。

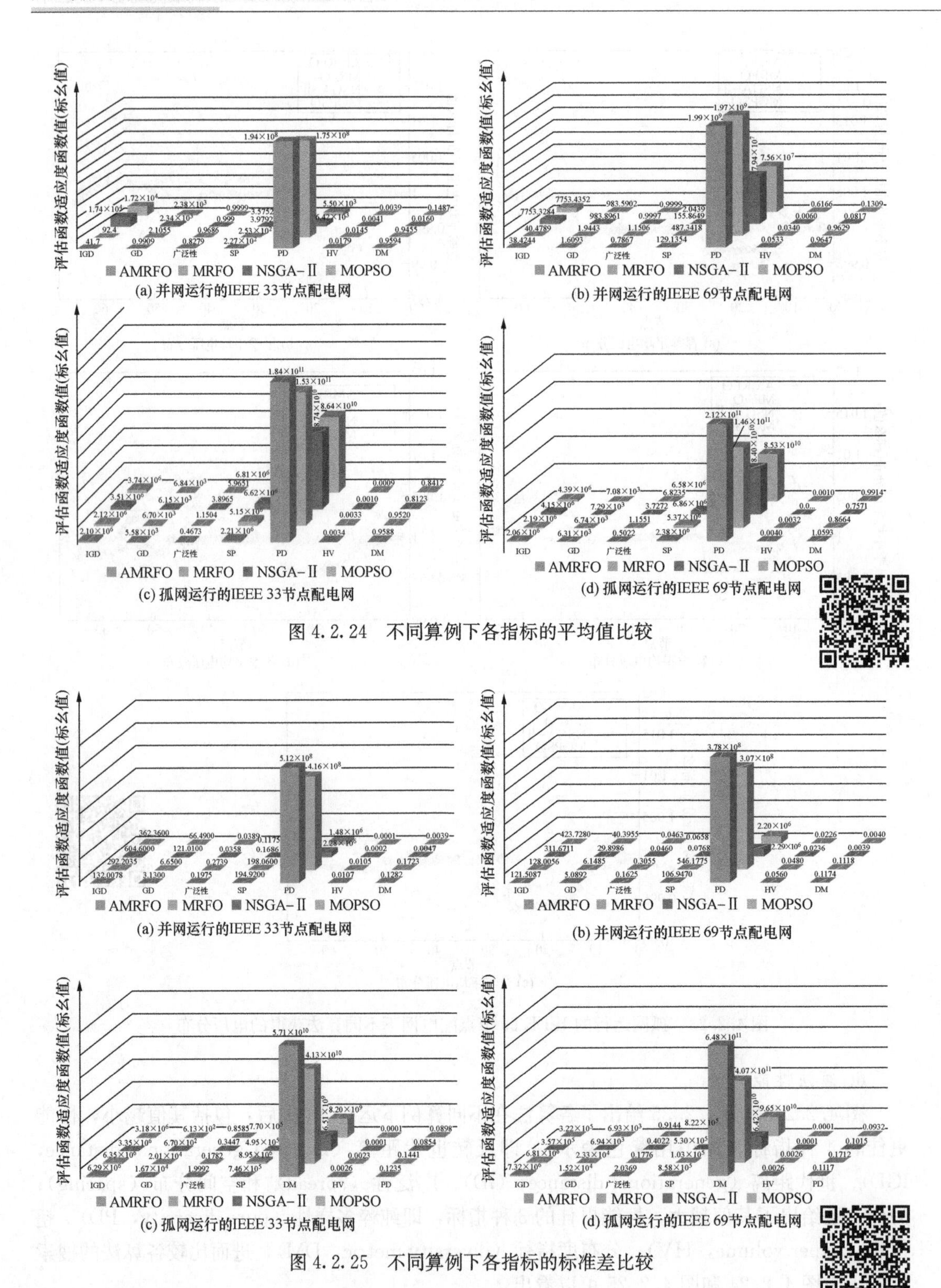

图 4.2.24 不同算例下各指标的平均值比较

图 4.2.25 不同算例下各指标的标准差比较

(2) 不同算例下 AMRFO 的 HV、PD、DM 平均值都高于其他三种算法，可以有效地证明 AMRFO 获得 Pareto 前沿表现出更加优异的多样性。

（3）不同算例下 AMRFO 均表现出数值最小的广泛性、空间分布平均值，证明了 AMRFO 改进后的个体更新策略能够使得其获得分布均匀且广泛的 Pareto 前沿。

此外，由于本节针对 5 个不同指标进行优化，笛卡尔坐标系下无法绘制 Pareto 解集图，因此采将 Pareto 解集从笛卡尔坐标系映射至平行格坐标系的方法。AMRFO 运行 10 次获得的 Pareto 解集由图 4.2.26 给出，不同优化目标被映射到平行格坐标系的不同列。另外，纵坐标表示映射后的适应度函数值，虚线连接了同一个目标向量在不同列的平行格坐标分量，可以发现，面对不同节点的复杂系统，AMRFO 均能够表现出良好的搜索能力，获得分布广泛且均匀的 Pareto 前沿。

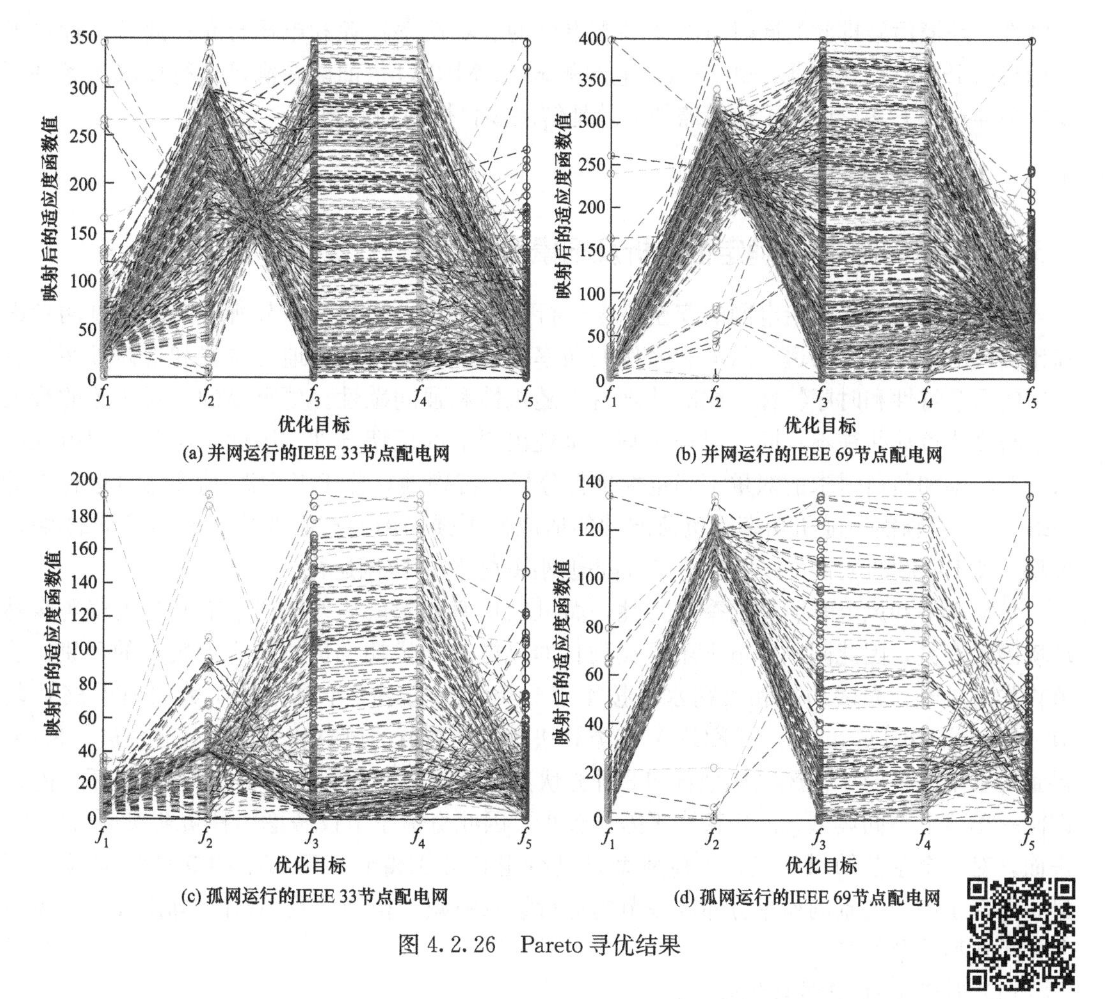

图 4.2.26　Pareto 寻优结果

4.2.6　小结

考虑到气象条件参与到 DG 选址定容研究，本节提出了基于 AMRFO 的 Pareto 多目标优化算法，其贡献点主要可概括为以下四个方面：

（1）建立了考虑有功功率损耗、电压分布、污染排放、经济成本以及气象条件的 DG 选址定容模型，气象条件的引入可以有效地将光伏系统、风电机组安装于风光资源丰富的地区。

（2）提出了基于 AMRFO 的 Pareto 多目标优化算法，并给出了具体应用及设计过程，通过 IEEE 33 和 IEEE 69 节点配电网以及孤网运行的 IEEE 33 和 IEEE 69 节点配电网测试，得到 7 个 Pareto 评估指标，有效地证明了 AMRFO 具有良好的收敛效果和全局搜索能力，能够获得分布广泛且均匀的 Pareto 前沿。

（3）提出了基于马氏距离的理想点决策法，其决策时考虑到各目标函数之间的特性联系，不受各目标函数量纲不同的影响，能够更客观地设置权重系数，选择最接近理想点的折中解。

（4）针对 IEEE 33 和 IEEE 69 节点配电网测试，其结果显示 AMRFO 能够得到在兼顾经济性、环境污染排放的同时有效改善配电网的有功功率损耗和电压分布；此外，针对孤网运行的 IEEE 33 和 IEEE 69 节点配电网测试，AMRFO 依旧能在满足运行要求的条件下获取最佳规划方案，证明了该策略能有效地解决多目标规划问题。

4.3 储能系统选址定容

4.3.1 配电网源-荷不确定性分析及场景聚类

新能源的大量接入给电网的安全稳定运行带来了较大影响。本节所研究的配电网考虑高比例风电和光伏的渗透，风电和光伏的功率依赖于规划区域的地理位置和气候环境，有一定的季节特性和时序特性，同时伴随着强随机性和强间歇性。更重要的，新能源的最大功率与峰值负荷往往不在同一时段出现，呈现出明显的反调峰性。因此，需要对配电网的新能源功率和负荷需求的双重不确定性进行分析，特别地，鉴于考虑源-荷多场景运行下的 BESS 配置对新能源随机功率和负荷波动的适应性更强，因而有必要建立多场景下的源-荷模型，使 BESS 的配置可以更好地实现配电网源-荷-储的协调运行。

负荷水平和风电有明显的季节特性，而风电功率和光伏功率既与季节又与天气等自然环境因素有关，因此同一季节下不同典型日的风电和光伏功率仍然会产生较大的区别。本节首先对风电、光伏功率和负荷水平按季节分类，并采用基于高斯核函数的模糊核 C-均值（fuzzy kernel C-means，FKCM）聚类算法对 4 个季节的风电和光伏功率分别进行聚类，得到每个季节下的 3 种风电典型日和 3 种光伏典型日。由于该配电网的负荷与季节强相关，即同一季节下不同典型日的负荷水平差异较小，因此每个季节仅考虑 1 种负荷典型日即可。进而，对每个季节的风、光、负荷典型日进行组合分别得到该季节下的 9 种源-荷运行场景，并基于各个场景的概率分布在季节内进行场景缩减，得到计及源-荷不确定性的春夏秋冬 4 个典型季节场景。

（1）基于 FKCM 的场景聚类。

1）模糊核 C-均值聚类算法。聚类是根据某种相似程度的度量将样本分类。最著名与最常用的聚类方法是 K-均值（K-means，KM）聚类算法和模糊 C-均值聚类（fuzzy c-means，FCM）聚类算法。K-均值算法较为简单高效，具有收敛速度快、线性复杂度低等优点，但数据集规模较大时不适用，而且对初始聚类中心比较敏感。此外，它的隶属度要么为 0 要么为 1，是一种硬分类。而 FCM 聚类算法的隶属度取值为 [0，1] 范围内的任一值，而且准则函数可微，可以对非凸分布的数据进行准确聚类。

为了避免聚类结果受非均匀样本分布的影响，本节采用基于 Mercer 核函数的 FKCM 聚类算法进行配电网源-荷场景聚类。FKCM 通过对输入样本进行映射，即 $\Phi: \chi \rightarrow F[x \in R^p \rightarrow \Phi(x) \in R^q, q > p]$，从而在映射后的高维特征空间中实现聚类，因此可以较好地分辨、解析并扩大有用的特征。

FKCM 聚类算法在特征空间中的聚类原则为最小化样本与其聚类中心的加权距离平方和，描述如下

$$J_m(U, v) = \sum_{i=1}^{c} \sum_{k=1}^{n} u_{ik}^m \| \Phi(x_k) - \Phi(v_i) \|^2 \tag{4.3.1}$$

式中：$m>1$，为一常数；c 和 n 分别为聚类数目和样本个数；x_k 是第 k 个样本；v_i 为第 i 个聚类的中心；u_{ik}^m（$i=1, 2, \cdots, c$；$k=1, 2, \cdots, n$）是第 k 个样本在第 i 个聚类的隶属度函数，满足 $0 \leqslant u_{ik}^m \leqslant 1$ 和 $0 < \sum_{k=1}^{n} u_{ik} < n$；$U$ 为隶属度矩阵，$U = \{u_{ik}\}$。

将式（4.3.1）展开，得式（4.3.2）。

$$\| \Phi(x_k) - \Phi(v_i) \|^2 = \Phi(x_k)^{\mathrm{T}} \Phi(x_k) + \Phi(v_i)^{\mathrm{T}} \Phi(v_i) - 2 \sum_{i=1}^{c} \Phi(x_k)^{\mathrm{T}} \Phi(v_i) \tag{4.3.2}$$

定义核函数，$K(x, y) = \Phi(x)^{\mathrm{T}} \Phi(y)$ 并进行核代入，有

$$\| \Phi(x_k) - \Phi(v_i) \|^2 = K(x_k, x_k) + K(v_i, v_i) - 2K(x_k, v_i) \tag{4.3.3}$$

将（4.3.3）代入式（4.3.1），可得

$$u_{ik} = \frac{\{1/[K(x_k, x_k) + K(v_i, v_i) - 2K(x_k, v_i)]\}^{1/(m-1)}}{\sum_{j=1}^{c} \{1/[K(x_k, x_k) + K(v_j, v_j) - 2K(x_k, v_j)]\}^{1/(m-1)}} \tag{4.3.4}$$

$$v_i = \frac{\sum_{k=1}^{n} u_{ik}^m \widetilde{K}(x_k, v_i) x_k}{\sum_{k=1}^{n} u_{ik}^m \widetilde{K}(x_k, v_i)} \tag{4.3.5}$$

式中：$K(x_k, v_i)$ 为高斯核函数，则 $\widetilde{K}(x_k, v_i) = K(x_k, v_i)$。

由式（4.3.5）可得出，v_i 依旧属于输入空间，但 KFCM 在聚类中心的加权系数中引入了 $K(x_k, v_i)$，使其对噪声点和阈值赋予了合理的权值。

2）基于 FKCM 的场景聚类。采用 FKCM 聚类算法分别对各季节的风电和光伏功率进行聚类的具体步骤如下：

a. 对风电场和光伏电站各个季节的时序数据进行归一化。

b. 设置聚类的组数和操作参数。

c. 导入归一化的风电和光伏时序数据。

d. 初始化聚类中心和隶属度矩阵。

e. 根据式（4.3.3）更新隶属度。

f. 根据式（4.3.4）更新各个聚类中心。

g. 重复步骤 e～f，直至隶属度稳定。

h. 输出风电和光伏功率在各个季节的聚类结果。

因此，基于 FKCM 聚类算法得到各季节不同场景下的风电和光伏典型日，其时序特性曲线分别如图 4.3.1 和图 4.3.2 所示，各季节的负荷时序特性曲线如图 4.3.3 所示。

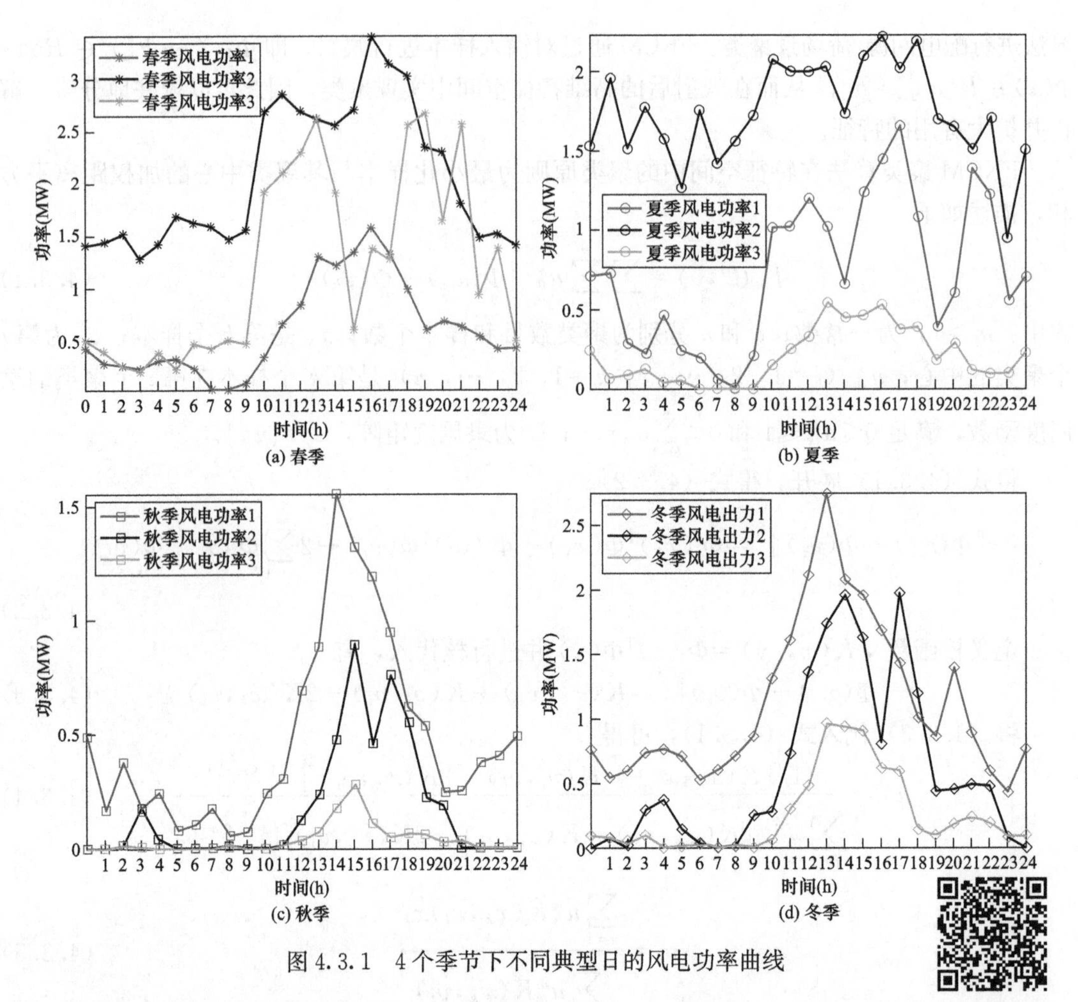

图 4.3.1　4 个季节下不同典型日的风电功率曲线

(2) 基于概率分布的场景拟合。将各季节风、光、负荷典型日聚类结果进行场景组合，故 4 个季节一共有 36 种源-荷组合场景集，见表 4.3.1。注意，每种场景的概率是在其季节内的分布。虽然较丰富的配电网运行场景会使得规划结果更加合理，但也增加了 BESS 配置模型的求解时间。因此，基于 FKCM 聚类算法生成的大量运行场景，采用概率分布的方法进行场景的缩减，拟合出春夏秋冬 4 个季节的源-荷场景。

首先计算各季节下每种场景的概率，如式 (4.3.6) 所示。

$$\omega_m = \frac{D_m}{\sum_{m=1}^{M} D_m} \tag{4.3.6}$$

式中：M 表示各季节内的场景总数为 9；D_m 表示第 m 种场景在该季节内出现的天数。

进而，基于各场景的概率分布，对每个季节的典型场景进行拟合，得到综合考虑源-荷不确定性的春夏秋冬 4 个季节场景，如图 4.3.4 所示。每个季节的场景拟合方式如式 (4.3.7) 所示。

$$\begin{cases} P_{\text{Fit}} = [P_{\text{wind,Fit}}, P_{\text{PV,Fit}}, P_{\text{load,Fit}}] = \sum_{m=1}^{M} \omega_m \cdot P_m \\ P_m = [P_{\text{wind},m}, P_{\text{PV},m}, P_{\text{load},m}] \end{cases} \tag{4.3.7}$$

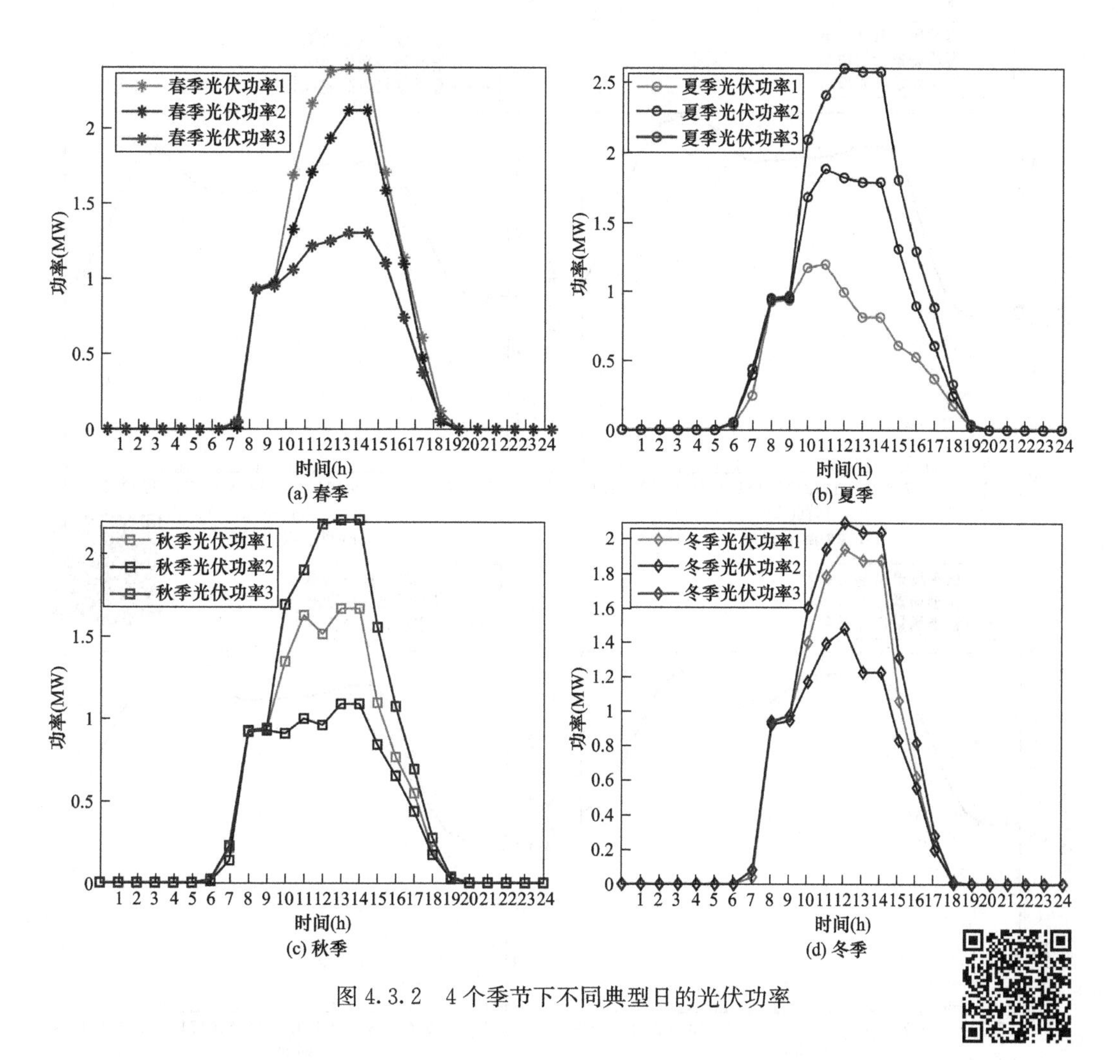

图 4.3.2 4个季节下不同典型日的光伏功率

式中：P_{Fit}表示拟合后的源-荷时序功率集；$P_{\mathrm{wind,Fit}}$、$P_{\mathrm{PV,Fit}}$和$P_{\mathrm{load,Fit}}$分别是拟合后该季节的风电、光伏功率和负荷功率；P_m表示第m种场景的源-荷时序功率集；$P_{\mathrm{wind},m}$、$P_{\mathrm{PV},m}$和$P_{\mathrm{load},m}$分别是第m种场景的风电、光伏功率和负荷功率。

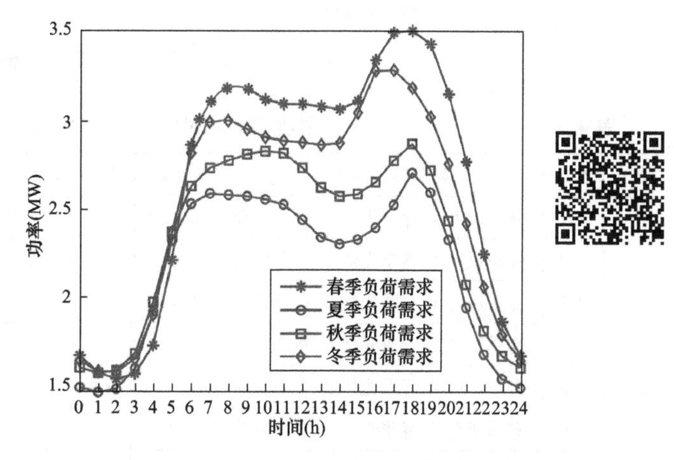

图 4.3.3 各季节的负荷时序特性曲线

经拟合后得到的春夏秋冬4种典型场景的风、光、负荷曲线如图4.3.4所示。其中，由风电、光伏和负荷的日功率曲线可知：风电和光伏因受气候条件的影响，难以实时满足该地区配电网的负荷需求，在负荷需求过高且新能源功率不足时，需从上级电网购电或通过储能系统供电以维持配电网功率平衡。

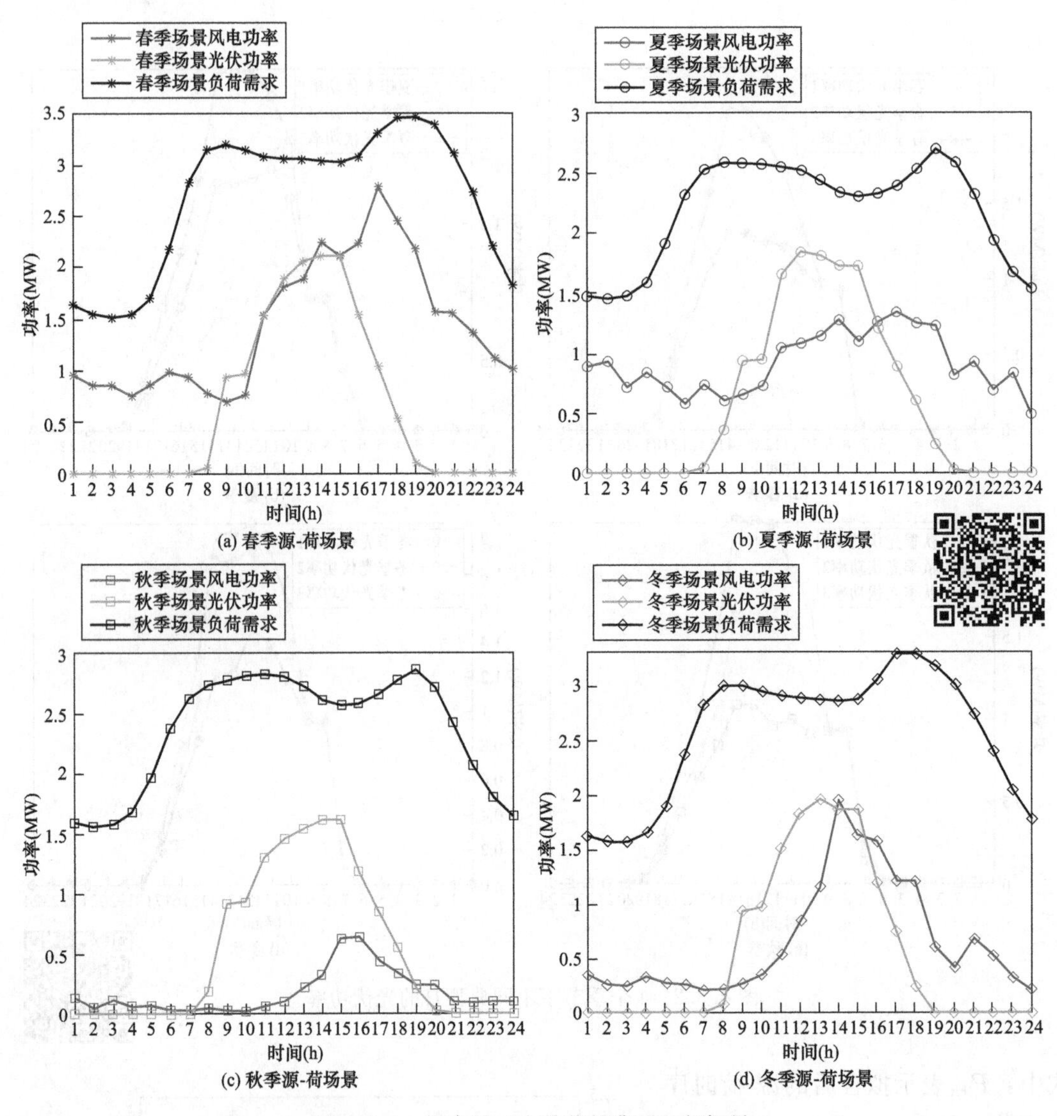

图 4.3.4 拟合后 4 个季节的典型运行场景

表 4.3.1 聚类后的源-荷运行场景集及概率分布

季节	场景	典型日组合方式	概率	季节	场景	典型日组合方式	概率
春季	1-1	春季风电 1/春季光伏 1/春季负荷	23/90	夏季	2-1	夏季风电 1/夏季光伏 1/夏季负荷	2/91
	1-2	春季风电 1/春季光伏 2/春季负荷	22/90		2-2	夏季风电 1/夏季光伏 2/夏季负荷	7/91
	1-3	春季风电 1/春季光伏 3/春季负荷	17/90		2-3	夏季风电 1/夏季光伏 3/夏季负荷	2/91
	1-4	春季风电 2/春季光伏 1/春季负荷	9/90		2-4	夏季风电 2/夏季光伏 1/夏季负荷	0
	1-5	春季风电 2/春季光伏 2/春季负荷	8/90		2-5	夏季风电 2/夏季光伏 2/夏季负荷	11/91
	1-6	春季风电 2/春季光伏 3/春季负荷	6/90		2-6	夏季风电 2 夏季光伏 3/夏季负荷	17/91
	1-7	春季风电 3/春季光伏 1/春季负荷	5/90		2-7	夏季风电 3/夏季光伏 1/夏季负荷	27/91
	1-8	春季风电 3/春季光伏 2/春季负荷	0		2-8	夏季风电 3 夏季光伏 2/夏季负荷	20/91
	1-9	春季风电 3/春季光伏 3/春季负荷	0		2-9	夏季风电 3/夏季光伏 3/夏季负荷	5/91

续表

季节	场景	典型日组合方式	概率	季节	场景	典型日组合方式	概率
秋季	3-1	秋季风电 1/秋季光伏 1/秋季负荷	2/92	冬季	4-1	冬季风电 1/冬季光伏 1/冬季负荷	7/92
	3-2	秋季风电 1/秋季光伏 2/秋季负荷	8/92		4-2	冬季风电 1/冬季光伏 2/冬季负荷	17/92
	3-3	秋季风电 1/秋季光伏 3/秋季负荷	15/92		4-3	冬季风电 1/冬季光伏 3/冬季负荷	29/92
	3-4	秋季风电 2/秋季光伏 1/秋季负荷	3/92		4-4	冬季风电 2/冬季光伏 1/冬季负荷	1/92
	3-5	秋季风电 2/秋季光伏 2/秋季负荷	2/92		4-5	冬季风电 2/冬季光伏 2/冬季负荷	2/92
	3-6	秋季风电 2/秋季光伏 3/秋季负荷	8/92		4-6	冬季风电 2/冬季光伏 3/冬季负荷	7/92
	3-7	秋季风电 3/秋季光伏 1/秋季负荷	5/92		4-7	冬季风电 3/冬季光伏 1/冬季负荷	1/92
	3-8	秋季风电 3/秋季光伏 2/秋季负荷	33/92		4-8	冬季风电 3/冬季光伏 2/冬季负荷	7/92
	3-9	秋季风电 3/秋季光伏 3/秋季负荷	16/92		4-9	冬季风电 3/冬季光伏 3/冬季负荷	21/92

4.3.2 储能系统多目标优化配置建模及求解

BESS 的优化配置是指为实现配置目标，在满足电网及 BESS 相关约束条件的前提下，求解 BESS 的最佳接入位置、额定功率及容量。其中，配置目标的设定是 BESS 优化配置的首要任务，若仅有一个目标，仅需建立单目标优化模型。然而仅实现一个目标的优化难以满足实际工程需要，因此考虑多个指标方向的多目标优化配置，才能实现 BESS 配置后的各方利益最大化。根据前面对 BESS 关键技术效益的分析及其经济效益的评估，本节旨在建立兼具技术性指标和经济性指标的 BESS 多目标优化配置模型，以综合考虑 BESS 接入配电网后对电网各环节带来的综合价值。另外，鉴于 BESS 配置模型是一个含离散变量的多变量、多目标、非线性的复杂优化模型，相比传统的数学优化方法和自定义权重的加权求和方法，基于 Pareto 的多目标优化算法往往能更有效地获得全局最优解。因此，本部分还重在设计一种性能优良的多目标优化算法 MOPOA 和折中决策方法改进灰靶决策（improved grey target decision making，IGTDM），旨在精确、高效地求解 BESS 优化配置模型。

1. 储能多目标优化配置模型

基于前面的分析我们得知，在高比例新能源接入的配电网中合理配置 BESS，可以减小功率损耗、提升电压质量、改善负荷水平，还能有效促进新能源消纳、降低常规机组调峰带来的碳排放，使系统的整体运行性能得到大幅提高。然而，BESS 的配置必将带来巨额的投资成本。事实上，受投资成本、政策补贴和运营模式的制约，BESS 在电网侧的规划布置已难以延续 2018 年的跃进趋势，要想推动 BESS 在电网侧的发展，有必要从 BESS 的投资成本、运营效益、技术支撑等多方面对其展开研究，制定多主体、多目标，兼顾系统整体运行效益和局部调节需求的多目标数学优化模型，以科学合理地规划 BESS 的接入位置、额定功率及容量，同时优化 BESS 的充放电策略。

为此，本节建立了以系统年总投资运行成本、配电网年总负荷波动和电压波动最小为目标 BESS 多目标优化配置模型。该模型综合考虑了系统中 BESS 侧的投资运行成本，以及电网侧、新能源侧、常规机组侧的综合效益，旨在以最小的系统总投资运行成本最大程度改善配电网电压质量和负荷水平，力求最小化各目标的同时实现最佳权衡。图 4.3.5 为节旨在建立的 BESS 多目标优化配置模型的整体构架。

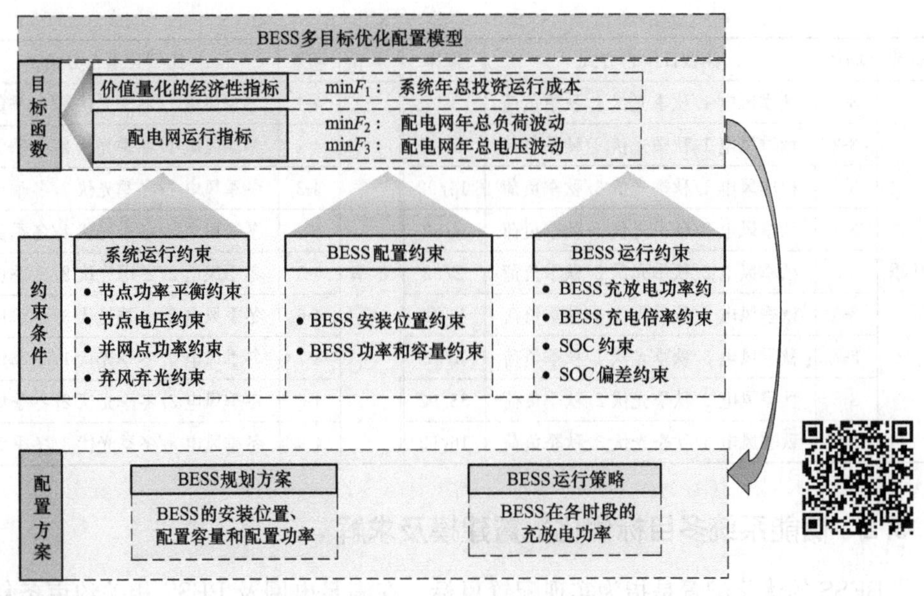

图 4.3.5　电池储能系统多目标优化配置模型整体框架

(1) 目标函数。

1）系统年总投资运行成本。在 BESS 的规划中，投资方往往以成本最低为原则，运营方则以最大化 BESS 所带来的综合效益为原则。本节研究对象为已建设运营的配电网，故不计 BESS 之外的配电网投资建设成本。本节所计及的系统年总投资运行成本描述如下

$$\min F_1 = C_{TCC} + C_{OM} + C_{cha} - I_{dis} - I_{sub} + C_{cur} + C_{Ploss} + C_{ENV} \tag{4.3.8}$$

式中：C_{TCC} 和 C_{OM} 分别是 BESS 的等年值投资成本和年运行维护成本；C_{cur}、C_{Ploss} 和 C_{ENV} 分别表示配电网每年的弃风弃光成本、网损费用以及常规电源调峰带来的碳排放费用；C_{cha}、I_{dis} 和 I_{sub} 分别为 BESS 每年的购电费用、售电收益和发售电量的政府补贴。

对于 C_{TCC}，有

$$\begin{cases} C_{TCC} = \left[C_{inv} \cdot N_{BESS} + \sum_{n=1}^{N_{BESS}} (a \cdot P_{BESS,n} + b \cdot E_{BESS,n}) \right] \cdot \mu_{CRF} \\ \mu_{CRF} = \dfrac{r \cdot (1+r)^y}{(1+r)^y - 1} \end{cases} \tag{4.3.9}$$

式中：C_{inv} 是一个储能电站的固定投资建设成本；N_{BESS} 为 BESS 的安装数量；$E_{BESS,n}$ 和 $P_{BESS,n}$ 分别表示第 n 台 BESS 的配置容量和功率；a 和 b 分别为 BESS 的单位功率成本和不同充电倍率（C_{reat}）下的单位容量成本；μ_{CRF} 为年资金回收率；y 为 BESS 的使用年限，本节取 15 年；r 为折现率，采用加权平均资金成本计算，如式（4.3.10）所示。

$$r = f_d \cdot i_d + (1 - f_d) \cdot i_e \tag{4.3.10}$$

式中：f_d 指的是负债率，取 80%；i_e 是净资产收益率，取 15%；i_d 是债务的实际利率，根据 $i_d = i_R \cdot (1 - i_T)$ 计算，当前银行借款利率 i_R 和所得税率 i_T 分别取 4.9%和 15%。

对于 C_{OM}，有

$$C_{OM} = \left[\sum_{n=1}^{N_{BESS}} (a \cdot P_{BESS,n} + b \cdot E_{BESS,n}) \right] \cdot \rho_{om} \tag{4.3.11}$$

式中：ρ_{om} 为运维系数，即BESS的年运维费用占设备投资成本的比例，为1%～10%，本节取5%。

对于 C_{cha} 和 I_{dis}，有

$$C_{cha}=\sum_{m=1}^{M_d}D_m\cdot\left\{\sum_{n=1}^{N_{BESS}}\sum_{t=1}^{T}\left[\rho_{pur}(t)\cdot P_{cha,n}(t)\right]\right\} \tag{4.3.12}$$

$$I_{dis}=\sum_{m=1}^{M_d}D_m\cdot\left\{\sum_{n=1}^{N_{BESS}}\sum_{t=1}^{T}\left[\rho_{sell}(t)\cdot P_{dis,n}(t)\right]\right\} \tag{4.3.13}$$

式中：M_d 表示场景数量；D_m 为第 m 种场景对应的天数；$\rho_{pur}(t)$ 和 $\rho_{sell}(t)$ 分别表示BESS在 t 时段的购电和售电电价；$P_{cha,n}(t)$ 和 $P_{dis,n}(t)$ 分别为第 n 台BESS在 t 时段内的充电和放电功率；T 为一个调度周期，即24h。

对于 I_{sub}，有

$$I_{sub}=\sum_{m=1}^{M_d}D_m\cdot\left\{\sum_{n=1}^{N_{BESS}}\sum_{t=1}^{T}\left[\lambda\cdot P_{dis,n}(t)\right]\right\} \tag{4.3.14}$$

式中：λ 为政府给予BESS发售电量的运营补贴。

对于 C_{cur}，有

$$C_{cur}=\sum_{m=1}^{M_d}D_m\cdot\left\{\sum_{t=1}^{T}\left[P_{wind}(t)+P_{PV}(t)+P_{cha/dis}(t)-P_{load}(t)-P_{Ploss}(t)\right]\right\}\cdot\gamma \tag{4.3.15}$$

式中：$P_{wind}(t)$ 为 t 时段内风电的功率；$P_{PV}(t)$ 为 t 时段内光伏的功率；$P_{cha/dis}(t)$ 为 t 时段内的充电或放电功率；$P_{load}(t)$ 为 t 时段内负荷的功率；$P_{Ploss}(t)$ 为 t 时段内线路损耗的功率；γ 为政府给予BESS消纳新能源的效益补贴。

对于 C_{Ploss}，有

$$C_{Ploss}=\sum_{m=1}^{M_d}D_m\cdot\left\{\sum_{n=1}^{N_{BESS}}\sum_{t=1}^{T}\left[\rho_{sell}(t)\cdot P_{Ploss}(t)\right]\right\} \tag{4.3.16}$$

对于 C_{ENV}，有

$$C_{ENV}=\sum_{m=1}^{M_d}D_m\cdot\left[\sum_{t=1}^{T}P_{grid}(t)\cdot\sum_{p=1}^{P}(U_p\cdot u_p)\right],\text{s.t.}\ P_{grid}(t)>0 \tag{4.3.17}$$

式中：$P_{grid}(t)$ 表示配电网在 t 时段内向上级电网购电的电量；P 为污染物的种类数量；U_p 为第 p 种污染物的排放系数；u_p 表示第 p 种污染物的污染罚款。

2）配电网的年总负荷波动。为保证系统的负荷平衡和联络线的功率稳定，配电网的等效负荷曲线应尽可能平滑。然而新能源功率的间歇性和反调峰特性反而使负荷峰谷差增大，其随机性和不确定性往往会加剧负荷水平的波动，对电源侧调峰机组、配电网和用户均造成不利影响。用全年所有时段的负荷标准差之和来描述BESS的削峰填谷能力，将其作为衡量技术效益的可靠性指标之一，如式（4.3.18）所示。

$$\min F_3=\sum_{m=1}^{M_d}D_m\cdot\left\{\sum_{t=1}^{T}\sqrt{\left[F_L(t)-F_L(t-1)\right]^2}\right\}F_L(t)=P_{load}(t)-P_{wind}(t)-P_{PV}(t)-P_{cha/dis}(t) \tag{4.3.18}$$

式中：$F_L(t)$ 和 $F_L(t-1)$ 分别为 t 时刻和（$t-1$）时刻的等效负荷功率。

3）配电网的年总电压波动。为保证系统的电能质量，各节点电压应保持在一定水平，

同时其波动也应维持在较小水平。大规模新能源的接入，可能导致节点电压水平骤升、各时刻电压波动加剧。将全年所有节点所有时刻的总电压波动作为衡量 BESS 技术效益的可靠性指标之一，如式（4.3.19）所示。

$$\min F_2=\sum_{m=1}^{Md} D_m \cdot \left[\sum_{j=1}^{N_{\text{nodes}}}\sum_{t=1}^{T}\left|U_j(t)-U_{\text{R}}\right|\right] \tag{4.3.19}$$

式中：N_{nodes} 为系统节点总数；$U_j(t)$ 为 j 节点在 t 时刻的电压标幺值；U_{R} 为节点额定电压，取 1（标幺值）。

（2）约束条件。BESS 的接入将导致配电网拓扑结构发生改变，支路潮流分布和各节点的电压分布也将随之改变，为确保 BESS 接入后整个系统运行状态的安全性和可靠性，必须设置相应的系统运行约束，即节点功率平衡约束、节点电压约束、并网点功率约束，该类约束以网络潮流的计算结果为依据，还设置了弃风弃光约束，使 BESS 配置方案通过满足所要求的弃风弃光率来尽可能促进新能源就地消纳。另外，为满足安装场地、并网功率和总负荷量等条件下允许的 BESS 接入要求，需设置决策变量范围的限制约束，即 BESS 安装位置约束、额定功率和容量约束。其次，为保证 BESS 的安全稳定运行，并尽可能降低寿命损耗和运行成本，还设置了相应的 BESS 运行约束，即充放电功率约束、荷电状态（state of charge，SOC）约束、充电倍率约束。

1）系统运行约束。

a. 节点功率平衡约束，如式（4.3.20）所示。

$$\begin{cases} P_i(t)-U_i(t)\sum\limits_{j=1}^{N_{\text{nodes}}}U_j(t)\cdot\left[G_{ij}cos\theta_{ij}(t)+B_{ij}sin\theta_{ij}(t)\right]=0 \\ Q_i(t)-U_i(t)\sum\limits_{j=1}^{N_{\text{nodes}}}U_j(t)\cdot\left[G_{ij}sin\theta_{ij}(t)-B_{ij}cos\theta_{ij}(t)\right]=0 \end{cases} \tag{4.3.20}$$

式中：$P_i(t)$ 和 $Q_i(t)$ 分别为 t 时刻节点 i 的注入有功和无功功率；$U_i(t)$ 和 $U_j(t)$ 分别表示 t 时刻节点 i 和节点 j 的电压；$\theta_{ij}(t)$ 为 t 时刻节点 i 与 j 的电压相角差；G_{ij} 和 B_{ij} 表示节点 i 与 j 之间输电线的电导、电纳。

b. 节点电压约束，如式（4.3.21）所示。

$$U_i^{\min}\leqslant U_i(t)\leqslant U_i^{\max} \tag{4.3.21}$$

式中：$U_i^{\max}$ 和 $U_i^{\min}$ 表示节点 i 的电压上下限；$U_i(t)$ 为节点 i 在时刻 t 的电压，计算如（4.3.22）式所示。

$$U_i(t)=\sqrt{\{U_j(t)-[r_{ij}\cdot P_{ij}(t)+x_{ij}\cdot Q_{ij}(t)]\}^2+[r_{ij}\cdot P_{ij}(t)+x_{ij}\cdot Q_{ij}(t)]^2} \tag{4.3.22}$$

式中：$P_{ij}(t)$ 和 $Q_{ij}(t)$ 分别表示流经节点 i 和 j 之间的有功功率和无功功率；r_{ij} 和 x_{ij} 表示连接节点 i 和 j 之间输电线的电阻、电抗。

c. 并网点功率约束，如式（4.3.23）所示。

$$\begin{cases} P_{\text{grid}}^{\min}\leqslant P_{\text{grid}}(t)\leqslant P_{\text{grid}}^{\max} \\ Q_{\text{grid}}^{\min}\leqslant Q_{\text{grid}}(t)\leqslant Q_{\text{grid}}^{\max} \end{cases} \tag{4.3.23}$$

式中：$P_{\text{grid}}^{\min}$，$P_{\text{grid}}^{\max}$，$Q_{\text{grid}}^{\min}$ 和 $Q_{\text{grid}}^{\max}$ 分别表示并网点有功功率的上下限和无功功率的上下限。

d. 弃风弃光约束，如式（4.3.24）所示。

$$R_{\text{cur}} \leqslant R_{\text{cur,max}} \tag{4.3.24}$$

式中：$R_{\text{cur,max}}$为最大年弃风弃光率；R_{cur}为年弃风弃光率，计算如式（4.3.25）所示。

$$R_{\text{cur}} = \frac{\sum_{m=1}^{M_d} D_m \cdot \left\{\sum_{t=1}^{T} \left[P_{\text{wind}}(t) + P_{\text{PV}}(t) + P_{\text{cha/dis}}(t) - P_{\text{load}}(t) - P_{\text{Ploss}}(t)\right]\right\}}{\sum_{m=1}^{M_d} D_m \cdot \left\{\sum_{t=1}^{T} \left[P_{\text{wind}}(t) + P_{\text{PV}}(t)\right]\right\} \cdot \gamma} \tag{4.3.25}$$

2）BESS 配置约束。

a. BESS 安装位置约束，如式（4.3.26）所示。

$$\begin{cases} L_{\text{BESS},n} \in N_{\text{nodes}} \text{且} \ L_{\text{BESS},n} \neq L_{\text{grid}} \\ L_{\text{BESS},n} \neq L_{\text{BESS},n+1} \end{cases} \tag{4.3.26}$$

式中：$L_{\text{BESS},n}$ 为第 n 台 BESS 的安装节点；L_{grid} 为配网与主网的联络点。需说明的是，本节配置 BESS 可以安装在除联络点以外的任一节点，但不能安装在同一个节点。

b. BESS 功率和容量约束，如式（4.3.27）所示。

$$\begin{cases} E_{\text{BESS}}^{\min} \leqslant E_{\text{BESS},n} \leqslant E_{\text{BESS}}^{\max} \\ P_{\text{BESS}}^{\min} \leqslant PL_{\text{grid}} \leqslant P_{\text{BESS}}^{\max} \end{cases} \tag{4.3.27}$$

式中：$E_{\text{BESS}}^{\min}$、$E_{\text{BESS}}^{\max}$、$P_{\text{BESS}}^{\min}$ 和 $P_{\text{BESS}}^{\max}$ 表示在安装场地、并网功率和总负荷量等条件下允许的 BESS 配置容量的上下限和配置功率的上下限。需说明的是，为保证 BESS 能尽可能满足配电网负荷需求且不浪费储能资源，本节设置总计安装的 BESS 在系统总负荷功率的 10%～90%范围内设置单台 BESS 额定功率的上下限。

3）BESS 运行约束。

a. BESS 充放电功率约束。BESS 每小时的充放电受其额定功率的限制，如式（4.3.28）所示。

$$\begin{cases} 0 \leqslant P_{\text{cha},n}(t) \cdot \eta_{\text{cha},n} \leqslant P_{\text{BESS},n} \\ -P_{\text{BESS},n} \leqslant P_{\text{dis},n}(t)/\eta_{\text{dis},n} \leqslant 0 \end{cases} \tag{4.3.28}$$

另外，鉴于 BESS 的充放电是一个动态过程，在充放电过程中可能会出现超出 SOC 安全裕度的情况，导致电池的容量空间未被充分利用或是超出安全运行范围。因此，在优化模型中还设置了充放电功率校验与修正，以保证 BESS 在任何时刻的充放电功率既满足额定功率约束又满足 SOC 约束，如式（4.3.29）和式（4.3.30）所示。

$$\begin{cases} P_{\text{cha},n}(t) = [(1-\delta) \cdot E_n(t-1) - \text{SOC}^{\min} \cdot E_{\text{BESS},n}]/\eta_{\text{cha}}, \text{如果} \ (1-\delta) \cdot E_n(t-1) - \eta_{\text{cha}} \cdot P_{\text{cha},n}(t) < \text{SOC}^{\min} \cdot E_{\text{BESS},n} \\ P_{\text{cha},n}(t) = [(1-\delta) \cdot E_n(t-1) - \text{SOC}^{\max} \cdot E_{\text{BESS},n}]/\eta_{\text{cha}}, \text{如果} (1-\delta) \cdot E_n(t-1) - \eta_{\text{cha}} \cdot P_{\text{cha},n}(t) > \text{SOC}^{\max} \cdot E_{\text{BESS},n} \\ E_n(t+1) = (1-\delta) \cdot E_n(t) - \eta_{\text{cha}} \cdot P_{\text{cha},n}(t) \end{cases} \tag{4.3.29}$$

$$\begin{cases} P_{\text{dis},n}(t) = [(1-\delta) \cdot E_n(t-1) - \text{SOC}^{\min} \cdot E_{\text{BESS},n}] \cdot \eta_{\text{dis}}, \text{如果} \ (1-\delta) \cdot E_n(t) - P_{\text{cha},n}(t)/\eta_{\text{dis}} < \text{SOC}^{\min} \cdot E_{\text{BESS},n} \\ P_{\text{dis},n}(t) = [(1-\delta) \cdot E_n(t-1) - \text{SOC}^{\max} \cdot E_{\text{BESS},n}] \cdot \eta_{\text{dis}}, \text{如果} \ (1-\delta) \cdot E_n(t) - P_{\text{cha},n}(t)/\eta_{\text{dis}} > \text{SOC}^{\max} \cdot E_{\text{BESS},n} \\ E_n(t+1) = (1-\delta) \cdot E_n(t) - P_{\text{cha},n}(t)/\eta_{\text{dis}} \end{cases} \tag{4.3.30}$$

式中：$E_n(t+1)$ 和 $E_n(t)$ 分别为第 n 台 BESS 在 $t-1$ 时刻和 t 时刻的剩余可用容量；

SOC^{max} 和SOC^{min} 为 SOC 的上下限。

b. SOC 约束。BESS 在 t 时刻的 SOC 应满足式（4.3.31）。

$$SOC^{min} \leqslant SOC_n(t) \leqslant SOC^{max} \tag{4.3.31}$$

同时，为保证所配 BESS 能够持续稳定运行，本节还设置了 SOC 偏差约束，以实现各台 BESS 的均衡充放电，如式（4.3.32）所示。

$$\begin{cases} \Delta SOC \leqslant \Delta SOC_{max} \\ \Delta SOC = \dfrac{1}{N_{BESS}} \displaystyle\sum_{n=1}^{N_{BESS}} \left| \dfrac{\sum_{t=1}^{T} P_{cha/dis,n}(t)}{E_n(t)} \right| \end{cases} \tag{4.3.32}$$

式中：ΔSOC 和 ΔSOC_{max}分别表示当前运行模式下 BESS 的 SOC 偏差和最大 SOC 偏差。

c. BESS 充电倍率约束，如式（4.3.33）所示。

$$\begin{cases} C_{rate,n} \leqslant 4C \\ C_{rate,n} = kC, k = 0.5, 1, 2, 4 \end{cases} \tag{4.3.33}$$

式中：$C_{rate,n}$ 为第 n 台 BESS 的充电倍率，一般为 0.5C、1C、2C，最大为 4C，C 为额定容量。

2. 求解算法

事实上，本节所建立的 BESS 多目标优化配置模型考虑了多个决策变量、多个配置目标和多个约束条件，是一个具有多变量、非线性、强耦合特点的复杂优化模型，诸如解析法、线性拟合法、数值方法在内的传统数学优化方法难以精确求解，且存在严重的收敛性问题。与之相比，启发式算法可以在搜索空间中快速更新个体的位置，在迭代过程中寻找问题的近似最优解，不依赖模型且有效收敛。通常，基于群体搜索的启发式算法比单一个体搜索的效率往往更加高效。因此，本节采用群智能算法设计 BESS 优化配置模型的求解方法，以期更加精确、快速地获得问题最优解。

另外，本节建立的 BESS 多目标优化配置模型旨在同时实现多个目标的优化，不少学者利用线性加权或层次分析等方法设置各目标权重系数，从而将多个目标简化为单个目标进行求解，但优化结果极易受人为主观经验的影响，而且目标之间可能存在冲突，难以实现各优化目标之间的权衡。相比之下，基于 Pareto 多目标优化理论设计的多目标进化算法往往能更有效地获得全局最优解，对复杂多目标优化问题的求解颇有优势。因此，本节采用具有多重搜索机制的启发式算法，即 POA，并基于 Pareto 理论设计了一种先进的多目标优化算法，即 MOPOA 求解 BESS 多目标优化配置模型。并且，为保证决策结果更加理想且均衡，设计了 IGTDM 方法对 Pareto 最优解集进行折中解决策，以获得最佳的 BESS 优化配置方案。

（1）孔雀优化算法。POA 受孔雀群的觅食、求偶和追逐行为的启发，建立了通用的数学优化模型，模拟成年雄孔雀、成年雌孔雀和幼孔雀三类孔雀的层次结构以及它们的动态群体行为来逐渐逼近问题最优解。

1）仿生原理。POA 源于对中国云南省绿孔雀生活习性和行为的观察。孔雀的行为大致可分为觅食、求偶繁殖和群体追逐行为。根据其动态行为的差异，将孔雀群分为雄孔雀、雌孔雀和幼孔雀，如图 4.3.6 所示。其中，雄孔雀其独特的叫声和华丽的羽毛在孔雀群中尤为突出，并以此彰显其统治地位。因此，雄孔雀在找到食物源后，便开屏并摆动羽毛以吸引雌孔雀与之交配。值得注意的是，一旦孔雀发现了食物来源，它们不仅会呈现它鲜艳夺目的尾屏，还会旋转并展现出百般优雅的舞蹈动作以增加影响力。雄孔雀的旋转包括原地旋转和围绕食物源旋转两种模式。

(a) 雄孔雀 (b) 雌孔雀

(c) 幼孔雀

图 4.3.6 孔雀群分类

2）个体更新过程。首先，所有孔雀根据其初始适应度值的排序进行角色分配，即：具有最高适合度值的前 5 只为成年雄孔雀；剩下的前 30%只孔雀为成年雌孔雀；其余为幼孔雀。成年雌孔雀和幼孔雀受成年雄孔雀的引导进行位置更新，同时在空间里进行随机搜索，以找寻更高质量的食物来源。然而，每次迭代后需根据更新后的孔雀适应度值重新分配角色。孔雀群位置更新机制如下：

a. 雄孔雀求偶（如图 4.3.7 所示）。雄孔雀发现食物源后，会原地旋转或围绕食物源旋转以吸引雌孔雀的注意。雄孔雀在求偶过程中的位置更新机制可描述为

$$\begin{cases} x_{c,1}=x_{c,1}(t)+1\cdot R_s\cdot\dfrac{x_{r,1}}{\|x_{r,1}\|} \\ x_{c,n}=\begin{cases} x_{c,n}(t)+\sigma\cdot R_s\cdot\dfrac{x_{r,n}}{\|x_{r,n}\|}, & \text{如果 } r_n<\varepsilon \\ x_{c,n}(t), & \text{否则} \end{cases} \end{cases} \tag{4.3.34}$$

图 4.3.7 孔雀的求偶行为

式中：$x_{c,1}$ 和 $x_{c,n}$ 分别为第 1 只和第 n 只雄孔雀的位置，$n=2, 3, \cdots, 5$；σ 和 ε 是决定雄孔雀位置更新的算子，$n=2, 3, 4, 5$ 时，σ/ε 分别为 1.5/0.9，2/0.8，3/0.6，5/0.3；

$x_{r,1}$和$x_{r,n}$为一组随机向量，如式（4.3.35）所示；R_s表示雄孔雀的围绕食物源旋转的半径，如式（4.3.36）所示。

$$x_r = 2 \cdot \mathrm{rand}(1, Dim) - 1 \tag{4.3.35}$$

$$\begin{cases} R_s(t) = R_{s0} - (R_{s0} - 0) \cdot \left(\dfrac{k}{k_{\max}}\right)^{0.01} \\ R_{s0} = C_v \cdot (x_{ub} - x_{lb}) \end{cases} \tag{4.3.36}$$

式中：Dim 为决策变量的数量；k 为当前迭代次数；$k_{\max}$是最大迭代次数；R_{s0}为初始旋转半径向量；C_v 为雄孔雀旋转因子，设为 0.2；x_{ub}和 x_{lb}为决策变量的上下限。

该机制下，适应度值越高的雄孔雀围绕食物源旋转的概率越大，且绕圈半径越小，因此更趋近于局部最优解；反之，雄孔雀更趋向于原地旋转，且旋转半径越大。可见，雄孔雀位置代表的决策变量解趋近最优解的能力与其适应度值成正相关，与绕圈半径呈负相关。

b. 雌孔雀自适应接近雄孔雀。雌孔雀受雄孔雀求偶行为的影响，渐渐接近雄孔雀，同时观察四周，动态调整自己的位置。这里，适应度值越高的雄孔雀吸引雌孔雀的概率越大。雌孔雀自适应接近雄孔雀的行为描述为式（4.3.37）。

$$\boldsymbol{x}_h = \boldsymbol{x}_h(t) + 3 \cdot \theta \cdot (\boldsymbol{x}_{c,n} - \boldsymbol{x}_h(t)), \text{如果 } r_5 \in A \tag{4.3.37}$$

式中：$\boldsymbol{x}_h$ 为雌孔雀的位置；r_5 为 [0，1] 范围内的随机数；A 为决定雌孔雀位置更新的算子，n=1，2，3，4，5 时，A 分别为 [0.8，1)，[0.6，0.8)，[0.4，0.6)，[0.2，0.4)，[0，0.2)；θ 设置为平衡雌孔雀局部探索和全局搜索的算子，计算如式（4.3.38）所示。

$$\theta = \theta_0 + (\theta_1 - \theta_0) \cdot \left(\frac{k}{k_{\max}}\right) \tag{4.3.38}$$

式中：θ_0 和 θ_1 分别被设置为 0.1 和 1。

该机制下，当θ<1/3 时（迭代初期），雌孔雀主要趋向于所选择的雄孔雀，代表雌孔雀的局部勘测过程；当θ>1/3 时（迭代中后期），雌孔雀倾于向所选雄孔雀相对的位置移动，代表雌孔雀的全局搜索过程。因此，较小的θ值有利于雌孔雀在局部勘测过程中寻找高质量的决策变量解；较大的θ值有利于增强搜索的随机性，以防陷入局部最优。

c. 幼孔雀自适应搜索食物源。一方面，幼孔雀随机选取一只雄孔雀并向其移动；另一方面，幼孔雀借助 Levy 飞行机制在搜索空间进行随机搜索。幼孔雀的位置更新描述如下

$$\begin{cases} \boldsymbol{x}_{cu} = \boldsymbol{x}_{cu}(t) + \alpha \cdot \mathrm{Levy} \cdot (\boldsymbol{x}_{c,1}(t) - x_{cu}(t)) + \beta(\boldsymbol{x}_{pu}(t) - x_{cu}(t)) \\ \boldsymbol{x}_{pu} = \boldsymbol{x}_{c,n}(t), \boldsymbol{r}_6 \in B \end{cases} \tag{4.3.39}$$

式中：$\boldsymbol{x}_{cu}$ 和 $\boldsymbol{x}_{pu}$ 分别为幼孔雀位置向量和幼孔雀跟随的雄孔雀位置；$\boldsymbol{r}_6$ 为 [0，1] 范围内的随机数；B 为决定幼孔雀位置更新的算子，n=1，2，3，4，5 时，B 分别为 [0.8，1]，[0.6，0.8]，[0.4，0.6]，[0.2，0.4]，[0，0.2]。α 和β 均为随迭代次数动态变化的算子，定义如式（4.3.40）所示。

$$\begin{cases} \alpha = \alpha_0 + (\alpha_0 - \alpha_1) \cdot \left(\dfrac{k}{k_{\max}}\right)^2 \\ \beta = \beta_0 + (\beta_1 - \beta_0) \cdot \left(\dfrac{k}{k_{\max}}\right)^{0.5} \end{cases} \tag{4.3.40}$$

式中：α_0、α_1、β_0 和β_1 分别为 0.9、0.4、0.1 和 1。

该机制下，当α大于β时（迭代初期），幼孔雀主要进行随机搜索；当β大于α时（迭代中后期），幼孔雀渐渐向5只雄孔雀收敛。可见，α和β共同指导幼孔雀的位置更新，引导劣势解向最优解移动。

d. 雄孔雀交互行为。由于第1只雄孔雀拥有最好的食物源，故被视为领导者，而第2～4只雄孔雀会被第1只雄孔雀引导而逐渐向其移动。特别地，其他4只雄孔雀并不是直接向第1只雄孔雀移动，而是在与第1只雄孔雀之间的90°范围内随机地向第1只雄孔雀移动，如图4.3.8所示。第2～4只雄孔雀位置更新如式（4.3.41）所示。

$$x_{c,n}=x_{c,n}(t)+\theta\cdot\boldsymbol{d}_n+r'_n\cdot\frac{\boldsymbol{D}_n}{\|\boldsymbol{D}_n\|} \tag{4.3.41}$$

式中：r'_n为［0，1］范围内的随机数；$\boldsymbol{d}_n$和$\boldsymbol{D}_n$分别为$d_n=x_{c,1}-x_{c,n}$和$D_n=x'_{r,n}-\frac{x'_{r,n}\cdot d_n}{d_n\cdot d_n}\cdot d_n$，$x'_{r,n}$为随机向量。

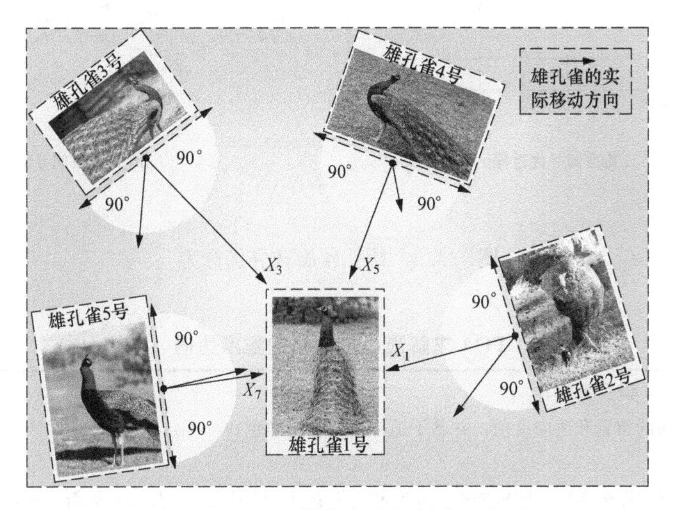

图4.3.8　5只雄孔雀之间的交互行为

3）算法说明及伪码。为分析POA求解优化问题的可行性，需说明以下几点：

a. 当孔雀的上述四种行为，即雄孔雀的求偶行为、雌孔雀自适应接近雄孔雀的行为、幼孔雀自适应搜索食物源的行为以及雄孔雀之间的交互行为均执行完毕后，只有当它们的适合度值变得更好时，才会进行位置更新，因此，POA是绝对收敛的。

b. 每只雄孔雀都直接或间接地受到当前适应度值最好的孔雀（雄孔雀1号）的影响，从而保证POA的收敛。然而其他孔雀并不直接收敛到孔雀1号，有效避免了收敛早熟。

c. 代表当前较优解的5只雄孔雀也会通过旋转求偶机制在周围的搜索空间中进行搜索，并非是静止不动的，这有利于个体跳出局部最优解。

d. 随迭代过程自适应调整的3个参数（σ、ε和θ）使得雌孔雀在迭代初期更注重局部勘探，在迭代中后期更注重全局搜索，然而幼孔雀则相反，因此全体孔雀种群在搜索过程中相互补充，既进行着局部勘探，又进行着全局搜索，有效提高了寻优效率、解集质量和收敛稳定性。

图4.3.9给出了POA求解二维问题和三维问题的典型例子，雄孔雀在二维空间和三维

空间下的搜索过程验证了式（4.3.34）的可行性和雄孔雀的寻优能力，其中旋转半径设置为0.5。该算法综合考虑了孔雀群的求偶行为和觅食行为，并在寻优机制中设置了可保证算法高效、稳定收敛的参数，所有参数均经过了反复试错以达到最优。表4.3.2为POA求解最小化问题的程序伪码。

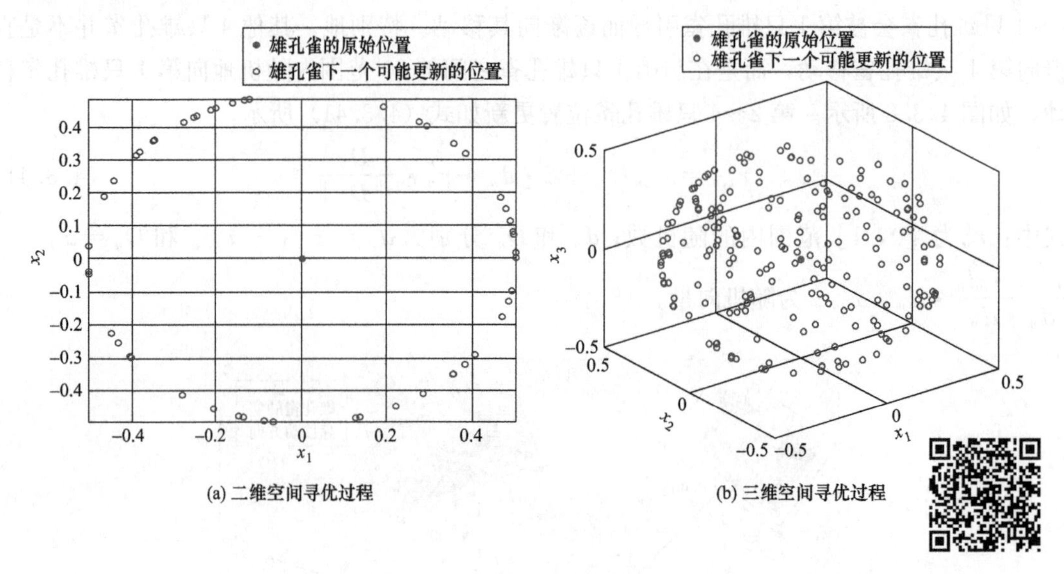

图4.3.9　雄孔雀旋转寻优行为

表4.3.2　　POA求解最小化问题的程序伪码

1. 根据式（4.3.36）设置参数 R_{s0}；
2. 初始化 n 只孔雀的位置和适应度值，并基于适应度值分配角色；
3. **FOR** $k=1：k_{\max}$
4. 更新当前迭代下的算法参数，即根据式（4.3.38）更新 θ、根据式（4.3.34）更新 σ 和 ε；
5. 由式（4.3.34）获得5只雄孔雀的位置 $x_{c,1}$ 和 $x_{c,n}$；
6. 　**FOR** $n_1=1：5$
7. 　　**IF** 雄孔雀当前的适应度优于上一代 $\boldsymbol{x}_{c,n}(k)$
8. 　　　$\boldsymbol{x}_{c,n}(k+1)=\boldsymbol{x}_{c,n}$；
9. 　　**END IF**
10. 　**END FOR**
11. $n_2=30\%N$；
12. 　**FOR** $n=6：n_2$
13. 　　根据（4.3.37）获得雌孔雀的位置 $\boldsymbol{x}_{\mathrm{h}}$；
14. 　　**IF** 雌孔雀当前的适应度优于上一代 $\boldsymbol{x}_{\mathrm{h}}(k)$
15. 　　　$\boldsymbol{x}_{\mathrm{h}}(k+1)=x_{\mathrm{h}}$；
16. 　　**END IF**
17. 　**END FOR**
18. $n_3=N-n_1-n_2$；
19. 　**FOR** $n=1：n_3$
20. 　　根据（4.3.39）获得幼孔雀的位置 $\boldsymbol{x}_{\mathrm{cu}}$；
21. 　　**IF** 雌孔雀当前的适应度优于上一代 $\boldsymbol{x}_{\mathrm{cu}}(k)$；

续表

```
22.         x_cu(k+1) = x_cu;
23.       END IF
24.     END FOR
25. 根据式（4.3.41）更新第2～4只雄孔雀 x_c,n；
26.     FOR n=2：5
27.       IF 这4只雄孔雀当前的适应度优于上一代 x_c,n(k)
28.         x_c,n(k+1) = x_c,n；
29.       END IF
30.     END FOR
31. 根据更新的适应度值重新给所有孔雀分配角色；
32. END FOR
```

（2）基于Pareto的多目标孔雀优化算法。

1）基于Pareto的多目标优化框架。多目标优化问题可以同时优化两个及两个以上目标函数，对于有 h 个目标、多个决策变量的最小化多目标优化问题，其数学模型描述为式（4.3.42）。

$$\begin{cases}\min F(x)=\min[F_1(x),\ldots,F_h(x)] \\ \text{s.t.}\, G1(x)=0 \\ G_2(x)\leqslant 0\end{cases} \tag{4.3.42}$$

式中：$x=(x_1, x_2, L, x_n)$ 表示决策变量构成的向量；$F=(F_1, F_2, \cdots, F_h)$ 表示优化目标构成的目标空间；$G_1(x)$ 和 $G_2(x)$ 表示各目标函数所满足的等式约束和不等式约束，约束条件组成了可行域。

各目标函数之间可能存在相关性，也可能存在互斥性，因而在多目标优化过程中，一个目标的最优很可能会以牺牲其他目标作为代价，往往不存在某个可行解在所有目标下都绝对性地优于其他可行解的情况。也就是说，不同可行解之间存在一种支配关系，对于总体目标而言没有单个的绝对最优解，而是存在多个折中解，又称为Pareto最优解或Pareto非支配解。例如，有可行解 x_A 和 x_B，对于最小化问题均有 $F_h(x_A)<F_h(x_B)$，称 x_A 支配 x_B，则 x_A 为Pareto非支配解。倘若某个可行解不受其他任何可行解支配，则这个解为Pareto非支配解。事实上，多目标优化的求解过程即为筛选Pareto非支配解的过程。图4.3.10给出了含两个目标函数的Pareto多目标优化结果。由上述定义可知，解 A 占优解 F；解 B 占优解 D、E、F；解 C 占优解 E、F；而解 A、B、C 无法判断支配关系，故都是Pareto非支配解，因而在该可行域内的Pareto非支配解 A、B、C 构成了Pareto前沿。

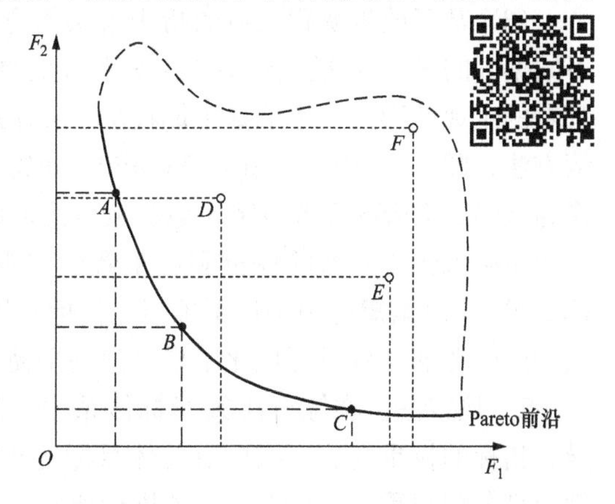

图4.3.10 两目标Pareto前沿分布图

2）Pareto解集存储与筛选。综上所述，对于两个目标函数的优化问题得到的Pareto前沿通常为一条曲线，但随着目标函数的增加，最终的Pareto前沿将由一条曲线扩展为一个超平面，寻优过程变得更加复杂。因此，选用寻优性能良好的先进启发式算法 POA，并将其由原本的单目标优化扩展为多目标优化，以获取多目标优化问题的 Pareto 前沿。当然，设计 MOPOA 的关键就在于多个目标函数的处理，以及 Pareto 解集的存储和筛选。首先，POA 的所有个体需要在每一次迭代过程中计算所有目标函数值。当前迭代结束后并非只保留一个最优解，而是需要筛选并存储多个互不支配的较优解，以指导下一次迭代的个体更新。随着迭代次数的增加，所获得的 Pareto 前沿将越逼近理想 Pareto 前沿。迭代终止后，所存储下来的 Pareto 非支配解集在某个目标函数下得到优化的同时尽可能地不衰减其他目标的优化效果。相较于单目标优化，基于 Pareto 的 MOPOA 可以实现多向搜索和全局搜索，可有效求解本节所建立的 BESS 多目标优化配置模型，为决策者同时提供多个不同偏好的折中解进行选择。

为提高算法的收敛性能和收敛速度，并获得分布均匀、质量优异的 Pareto 前沿，MOPOA 在寻优过程中会不断更新 Pareto 非支配解集。采用一个有限规模的外部归档集来存储每次迭代过程中更新的非支配解集。在该过程中，新获得的 Pareto 非支配解需要逐一与外部归档集中的非支配解集进行比较，并判断是否利用新解对外部归档集进行更新。更新过程有如下 3 种可能：

a. 若新解支配归档集里的某一个或多个解，则将归档集中被支配的解替换为新解。

b. 若新解至少被归档集里的一个解支配，则放弃新解。

c. 若新解与归档集里的所有解均互不支配，则将新解放入外部归档集。

为增加解的多样性，当归档集中非支配解的数量高出上限时，须去掉多余的解。本节采用拥挤距离排序方法选择出分布较密集的一组非支配解集，并通过轮盘赌方法剔除多余解集，如式（4.3.43）所示。非支配解被剔除的概率与其相邻解的数量呈正相关。

$$\begin{cases} |F_h(x_i)-F_h(x_j)|<d_h, h\in\{1,2,3\} \\ d_h=\dfrac{F_h^{\max}-F_h^{\min}}{N_{\mathrm{r}}} \end{cases} \tag{4.3.43}$$

式中：$F_h(x_i)$ 为第 i 个个体在第 h 个目标函数下的适应度值；d_h 为第 h 个目标函数值的 Pareto 前沿距离阈值；$F_h^{\max}$ 和 $F_h^{\min}$ 分别是第 h 个目标函数的最大值和最小值；N_{r} 为存储池中 Pareto 最优解的个数上限。

（3）基于改进灰靶决策的折中解决策方法。由上述可知，MOPOA 算法可以获得一组不同偏好的 Pareto 最优解集，决策者可从中确定一个最佳实施方案。为避免所选方案受决策者的主观性影响，本节基于熵权法（entropy weight method，EWM）设计了一种客观决策方法，即 IGTDM，旨在从 MOPOA 所得的 Pareto 非支配解集中筛选出一个最佳折中解作为最终的 BESS 配置方案。该决策方法可以获得更为客观的目标权重系数和最佳折中解，从而不必依赖于专家的评价和决策者的主观意识而导致对某一目标产生较大偏好。同时，IGTDM 在决策矩阵中增加了理想点指标和均衡性指标，使决策方案在保证各目标逼近理想点的同时考虑了各目标优化结果之间的平衡。

1）熵权法。在综合决策指标体系中，因为各决策指标的作用、地位和影响力有所差异，指标的权重与这一指标对总体目标的贡献密切相关，应凭借指标对决策结果的影响程度合理分配权重。EWM 按照各指标所容纳的信息量来分配权重，是一种客观赋权法。指标的熵越小，表示该指标值的变异程度越大，包含的信息量也就越多，在综合评价中的重要程度越高，应赋予该指标一个更高的权重。EWM 的计算有效地利用了指标数据，且排除了主观因素的影响。

2）基于熵权法的多目标灰靶决策。在该方法中，首先设置各方案的评价指标，建立一个效果样本矩阵；进而将效果样本矩阵标准化，建立决策矩阵，并在 Pareto 解集构成的灰色决策区域中确定靶心；最后，基于 EWM 得到所有 Pareto 非支配解的评价指标权重及其与靶心的距离，与靶心距离最近的解被确定为储能系统选址定容方案的最佳折中解。

a. 建立效果样本矩阵。归一化所有 Pareto 非支配解的适应度值，如式（4.3.44）所示，并将所有解的标准适应度函数作为评价指标之一，用来建立无量纲的效果样本矩阵。

$$\boldsymbol{F}_{\text{nor}}=({F_{\text{nor}}}_j^{\max}-{F_{\text{nor}}}_j^{\min})\frac{F_j^i-F_j^{\min}}{F_j^{\max}-F_j^{\min}}+{F_{\text{nor}}}_j^{\min} \tag{4.3.44}$$

式中：$\boldsymbol{F}_{\text{nor}}$ 为所有解经归一化后的适应度矩阵；F_j^i 为第 i 个解的第 j 个适应度函数；${F_{\text{nor}}}_j^{\max}$ 和 ${F_{\text{nor}}}_j^{\min}$ 分别为归一化后第 j 个适应度函数的最大值和最小值，分别设置为 0.1 和 1。

需说明的是，为评估各个解的相似程度和均衡性，该方法在样本矩阵中增加了两个相关指标，一个是所有解到理想点的欧氏距离，另一个是所有解到平衡点的马氏距离。因此，包含五个评价指标的效果样本矩阵可表示为式（4.3.45）。

$$X_{n\times(m+2)}=[F_{\text{nor}},ED,MD]=\begin{bmatrix}F_1^1 & \cdots & F_m^1 & ED^1 & MD^1\\ F_1^2 & \cdots & F_m^2 & ED^2 & MD^2\\ \cdots & \ddots & \cdots & \cdots & \cdots\\ F_1^n & \cdots & F_m^n & ED^n & MD^n\end{bmatrix} \tag{4.3.45}$$

式中：ED 和 MD 分别表示所有解的理想点距离矩阵和平衡点距离矩阵。第 i 个解与理想点之间的欧氏距离可由式（4.3.46）计算，第 i 个解与平衡点之间的马氏距离可由式（4.3.47）计算。

$$ED^i=\sqrt{\sum_{j+1}^{m+2}({F_{\text{nor}}}_j^i-O_j)^2} \tag{4.3.46}$$

$$MD^i=\sqrt{\sum_{j=1}^{m}({F_{\text{nor}}}_j^i-u_j)^T\sum\nolimits^{-1}({F_{\text{nor}}}_j^i-u_j)} \tag{4.3.47}$$

式中：O_j 表示第 j 个目标的理想点，即归一化后的原点；u_j 为所有解在第 j 个目标下的平均值；$\sum^{-1}$ 为协方差矩阵。

b. 设计决策矩阵。基于奖优惩劣的原则，设计如式（4.3.48）所示算子。

$$q_j=\frac{1}{n}\sum_{i=1}^{n}(X_j^i) \tag{4.3.48}$$

式中：X_j^i 为第 i 个方案在第 j 个目标的评价指标。

由于本节建立的储能优化配置模型为最小化模型，即指标越小，方案越好，因此选择成本型指标公式，建立如式（4.3.49）所示的决策矩阵。

$$V=(v_j^i)_{n\times(m+2)}=\frac{q_j-{F_{\text{nor}}}_j^i}{\max\{\max\limits_{1\leqslant i\leqslant n}\{{F_{\text{nor}}}_j^i\}-q_j,q_j-\min\limits_{1\leqslant i\leqslant n}\{{F_{\text{nor}}}_j^i\}\}} \tag{4.3.49}$$

在决策矩阵构成的灰色决策区域中确定靶心，如式（4.3.50）所示。

$$v_i^0=\max\{v_i^i\mid 1\leqslant i\leqslant n\} \tag{4.3.50}$$

c. 基于 EWM 的灰靶决策。首先，计算第 j 个目标下第 i 个方案的目标占比，如式（4.3.51）所示。

$$w_j^i = F_{\text{nor}\,j}^{\ i} / \sum_{i=1}^{n} (X_j^i), F_{\text{nor}\,j}^{\ i} \geqslant 0 \tag{4.3.51}$$

接着，计算 j 个目标的熵值，如式（4.3.52）所示。

$$E_j = \frac{1}{\ln n} \sum_{i=1}^{n} (w_j^i \ln w_j^i), E_j > 0 \tag{4.3.52}$$

其中，熵值越小的指标往往包含更多的信息，则熵权更大；反之，熵权越小。第 j 个目标的熵权计算如式（4.3.53）所示。

$$w_j = (1 - E_j) / \sum_{j=1}^{m+3} (1 - E_j) \tag{4.3.53}$$

然后，计算每个解的靶心距离，即

$$MDB^i = |v^i - v^0| = \sqrt{\sum_{j=1}^{m+2} w_j \, (F_{\text{nor}\,j}^{\ i} - u_j)^T \sum\nolimits^{-1} (F_{\text{nor}\,j}^{\ i} - u_j)} \tag{4.3.54}$$

最后，对各个解的靶心距离进行排序，选取最接近靶心的解作为最佳决策方案。在这里，解集中的每个解被认为是一个独立的决策方案。

3. 算法应用设计

本节将所设计的 MOPOA 和 IGTDM 应用于 BESS 多目标优化配置模型中，以求解 BESS 配置方案。其中，模型的优化变量包括 BESS 的安装位置、额定容量和功率，以及各时段的充放电功率。需强调的是，由于模型的求解存在时序上的耦合，即 BESS 的运行约束与多个时段关联，因此在常规网络潮流的基础上进行了多时段的扩展，以保证 BESS 在各时段的充放电运行均最优。而且，设置了 SOC 安全裕度在每一次种群更新后对 BESS 的充放电功率进行校验和修正，以保证 BESS 的安全可靠运行。同时，在约束条件中设置了 SOC 偏差约束，使每台 BESS 的充放电过程稳定且均衡，有利于 BESS 的持续稳定运行。其中，网络潮流基于 Matpower 软件进行计算，不仅应用简易，而且计算精度高、速度快，在不影响优化结果的前提下可提升模型的计算效率。

（1）算法处理。基于启发式算法改进的多目标优化算法具有较强的普适性和灵活性，而且优化结果更为全面。但事实上，不同的多目标优化算法针对具体问题求解的适用性和优越性仍然存在差异。本节所建立的 BESS 多目标优化配置模型是一个含多维变量、多个目标、多项约束的高度非线性复杂优化模型，决策变量、目标函数、约束条件、算法种群规模和寻优机制共同决定了模型求解的准确性和难易程度，采用 MOPOA 求解该模型之前还需要对决策变量、适应度函数、算法种群规模等问题进行处理。

1）决策变量设置。BESS 多目标优化配置模型的决策变量包括 BESS 的安装位置、额定容量和功率，以及 BESS 在 24 个时段的充放电运行功率，既有连续变量也有离散变量。其中，离散变量采用对连续寻优空间的值取整的方式进行处理，离散变量的上下限仍是连续空间的上下限。所有决策变量构成 MOPOA 算法中每只孔雀的位置向量，所有孔雀的位置向量随迭代过程不断进行更新。

2）适应度函数处理。在优化过程中，算法的适应度函数需结合 BESS 优化配置模型的各个目标和约束条件。其中，不等式约束利用惩罚函数进行处理，如式（4.3.55）所示。

$$F_h(x_i)=F_h(x_i)+\eta q \tag{4.3.55}$$

式中：η 为惩罚系数，取正无穷；q 是违反约束的数量。

另外，在对 Pareto 非支配解集进行折中解决策时，需要对所有解集的目标函数进行归一化处理，以保证决策的科学性，归一化的适应度函数矩阵见式（4.3.54）。

3）算法规模设置。在多目标优化模型的求解中，较小的种群规模和外部归档集规模能提升算法的收敛速度，但很可能会遗漏最优解；然而，较大规模的种群数量和外部归档集有更大概率能搜索并存储最优解，但需要耗费更长时间，故通过试错法来合理地确定算法种群规模、最大迭代次数和外部归档集规模，设置如式（4.3.56）所示。

$$F_{try}=\omega_1 \cdot \left[\sum_{h}^{H}\omega_h f_{nor,h}\right]+\omega_2 \cdot t_{run} \tag{4.3.56}$$

式中：ω_h 是基于 IGTDM 获取的各目标函数权重；H 为目标函数个数；$f_{nor,h}$ 为决策得到的最佳折中解在第 h 个目标下的归一化值；归一化方法见式（4.3.44）；t_{run} 为运行时间；ω_1 和 ω_2 为两者的权重系数。

着重考虑解的质量，故首先将 ω_1 和 ω_2 分别设定为 0.9 和 0.1，随后在［0，1］范围内调整，根据试错过程得到的 F_{try} 值确定出算法的种群规模、最大迭代次数以及外部归档集规模的取值范围，分别可在［100，300］、［100，300］、［50，150］内设置。如此一来，MOPOA 对于 BESS 优化配置模型的求解将更具针对性和有效性，同时平衡了求解时间。

（2）模型求解流程。将 MOPOA 应用于 BESS 多目标优化配置模型，进而采用 IGTDM 进行折中方案决策。总的来说，在 MOPOA 寻优过程中，会不断更新 BESS 优化配置方案的 Pareto 解集，基于 Pareto 存储与筛选机制最终收敛得到一组高质量的 Pareto 非支配解集，即包含 BESS 安装位置、配置功率和容量，以及各时段充放电功率的决策方案集。进而，利用 IGTDM 方法从 Pareto 非支配解集中选取一个折中的 BESS 优化配置方案。整体求解步骤如下：

1）输入系统参数和运行场景数据，并初始化孔雀群的位置，即 BESS 安装位置、配置容量和功率，以及 BESS 在各时段的充放电功率。

2）采用 Matpower 工具箱，基于当前所有个体的解执行潮流计算，根据式（4.3.8）～式（4.3.33）获得孔雀群的各目标函数值，得到包含所有个体的 Pareto 解集。

3）将每一次迭代后获得的 Pareto 解集与外部归档集中的 Pareto 非支配解集进行比较，即筛选出较优的 Pareto 非支配解，以更新外部归档集。

4）若 Pareto 非支配解的数目超出外部归档集的规模，则根据式（4.3.46），即基于拥挤距离的轮盘赌方法剔除多余的非支配解。

5）为保证每一次迭代更新的有效性，对所有 Pareto 非支配解集进一步判断支配关系，以筛选出 5 只不受支配的雄孔雀，并采用轮盘赌的方式随机选一只作为孔雀群的最佳领导者（即雄孔雀 1 号），以更好地指导下一次迭代更新。

6）根据式（4.3.34）～式（4.3.41），即 MOPOA 的一系列个体更新机制，对所有孔雀的位置进行更新，并校验 BESS 的充放电功率。

7）重复步骤（2）～（6），直到最大迭代次数，输出最终收敛的外部归档集。

8）根据式（4.3.44）～式（4.3.54），利用 IGTDM 对外部归档集内的所有 Pareto 非支配解集进行折中解决策，挑选出最佳的 BESS 优化配置方案。

综上，所提 BESS 多目标优化配置的具体流程如图 4.3.11 所示。其中，K 表示迭代次数，N 表示孔雀种群规模，n 即指第 n 只孔雀。

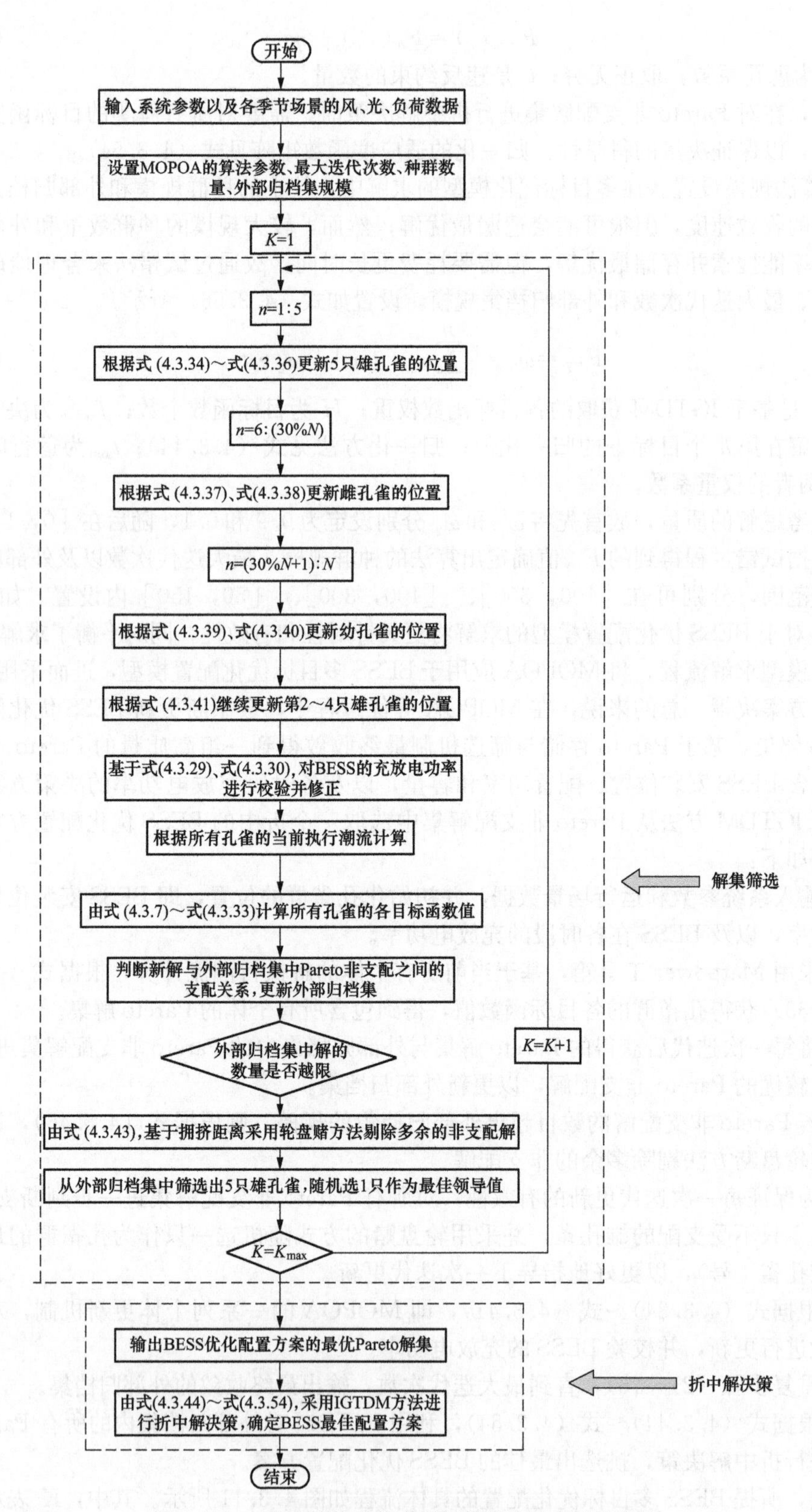

图 4.3.11　电池储能系统多目标优化配置求解流程图

4.3.3 配电网储能系统优化配置仿真与分析

1. 仿真模型与参数

基于扩展的IEEE 33节点配电网测试系统进行仿真分析，系统拓扑图如图4.3.12所示，其中，公共耦合点与上级电网和1号节点相连，实现主网与配网的功率交换，保证配电网的功率平衡。该测试系统的基准容量为10MVA，电压基准值为12.66kV，总负荷功率为(3.715+j2.3)MVA，各节点负荷数据见表4.3.3。另外，节点电压标幺值的允许范围取[0.93，1.07]（标幺值）。

考虑高比例新能源的渗透，设置该配电网的新能源渗透率为总有功负荷的70%左右，在节点7、11、17分别接入风电场1号、2号、3号，各风电场分别含6台额定功率为0.75MW的分布式风力发电系统，在节点32接入额定功率为2.5MW的集中式光伏电站。考虑新能源功率和负荷需求的双重不确定性，本节在上述已对全年的风电、光伏功率曲线和负荷曲线进行典型日聚类，并拟合出春夏秋冬4个季节下的源-荷运行场景，使仿真环境较精确地模拟配电网全年的风、光功率以及负荷情况，以期所求BESS优化配置方案能更好地响应新能源和负荷在全年的不确定性。4个季节的典型日源-荷功率曲线如图4.3.4所示。

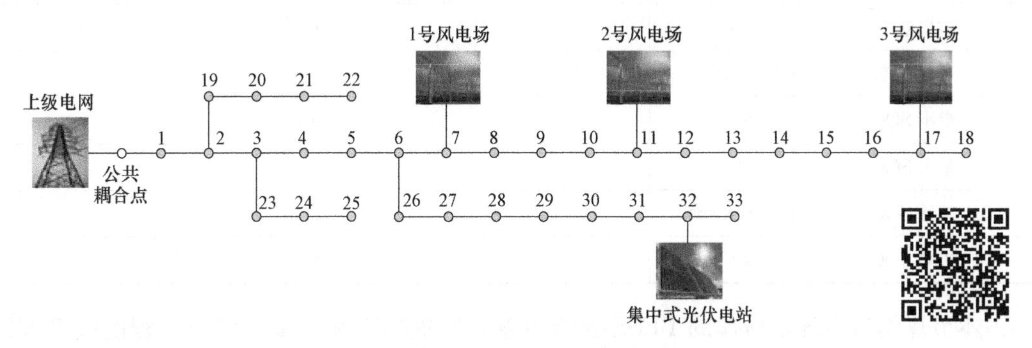

图4.3.12 扩展的IEEE 33节点系统拓扑图

表4.3.3 IEEE 33节点系统负荷数据

节点	平均有功负荷(MW)	平均无功负荷(Mvar)	节点	平均有功负荷(MW)	平均无功负荷(Mvar)	节点	平均有功负荷(MW)	平均无功负荷(Mvar)
1	0	0	12	60	35	23	90	50
2	100	60	13	60	35	24	420	200
3	90	40	14	120	80	25	420	200
4	120	80	15	60	10	26	60	25
5	60	30	16	60	20	27	60	25
6	60	20	17	60	20	28	60	20
7	200	100	18	90	40	29	120	70
8	200	100	19	90	40	30	200	60
9	60	20	20	90	40	31	150	70
10	60	20	21	90	40	32	210	100
11	45	30	22	90	40	33	60	40

假设在扩展的 IEEE 33 节点配电网中配置 2 台 BESS，每台 BESS 的允许安装位置为节点 [2，33]，2 台 BESS 的安装位置互斥；所配置的额定容量范围为 [1，8]MWh；额定功率的范围为 [0.25，2] MW，BESS 充放电功率的范围为 [−2，2] MW。选择目前技术成熟、应用广泛的锂电池作为 BESS 的储能元件，锂电池相关参数见表 4.3.4。

表 4.3.4　　电池储能系统相关参数

成本/技术参数	符号	数值
固定投资成本	C_{ap}	100 万元/台
单位功率成本	a	137 万元/MW
单位容量成本	b	98 万元/MWh，s. t. $C_{rate}=0.5C$；170 万元/MWh，s. t. $C_{rate}=1C$；313 万元/MWh，s. t. $C_{rate}=2C$；584 万元/MWh，s. t. $C_{rate}=4C$
发电量上网补贴	λ	0.1 元/kWh
运维成本系数	ρ_{om}	5%
折现率	r	6.33%
充电效率	η_{cha}	95%
放电效率	η_{dis}	95%
自放电率	δ	1%
最小 SOC	SOC^{min}	20%
最大 SOC	SOC^{max}	90%
初始 SOC	SOC(0)	50%
末尾 SOC	SOC(T)	50%

本节算例旨在确定最佳的 BESS 安装位置、配置功率和容量，以最大程度改善该配电网的电压质量和负荷水平，同时促进新能源的消纳，并充分利用 BESS 进行削峰填谷，实现峰谷差价套利。这里，功率交换过程所遵循的购/售电价格采用峰谷分时电价机制，即根据负荷曲线特征划分负荷的峰时段、平时段和谷时段，并实施不同的购/售电电价，以实现峰谷平负荷的需求侧响应。各时段的购/售电电价与配电网的平均负荷曲线如图 4.3.13 所示。另外，为体现 BESS 对于低碳目标的贡献，计及主网通过常规火电机组调峰带来的碳排放成本，以微型燃气轮机为例，给出其污染物排放系数及治理费用见表 4.3.5 ，这里忽略了新能源发电的污染费用。

表 4.3.5　　微型燃气轮机的污染物排放系数及治理费用

污染物	排放系数 (kg/MWh)	污染惩罚费用 (元/kg)
CO_2	7.25	0.21
SO_2	0.004	14.842
NO_x	0.2	62.964

为验证所提 MOPOA 求解 BESS 多目标优化配置模型的优越性，仿真算例引入了基于 MOPSO、NSGA-Ⅱ 和多目标樽海鞘群算法（multi-objective slap swarm algorithm，MOSSA）进行对比。为公平比较各算法性能，4 种算法的基本参数设为一致，即最大迭代

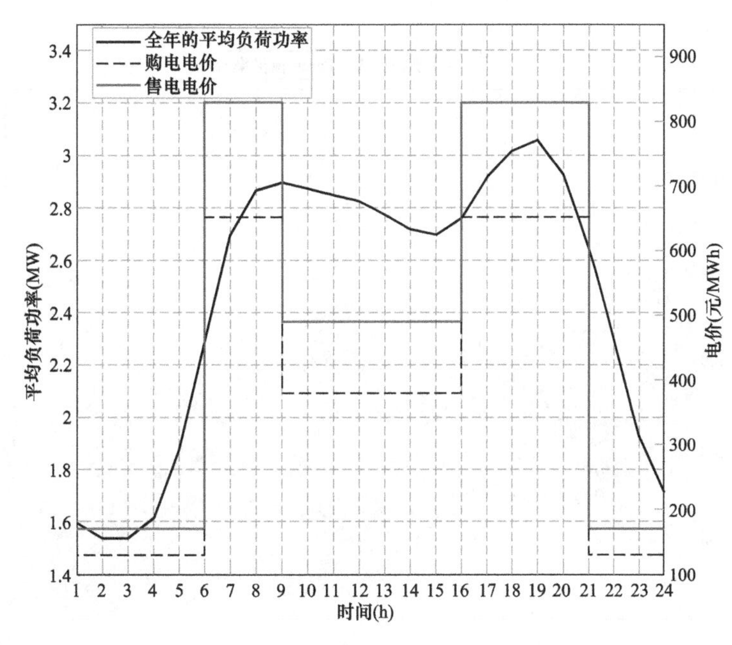

图 4.3.13 平均负荷功率和分时电价示意图

次数设置为 100、种群规模设置为 100、外部归档集规模设置为 50。在不同算例下均运行 5 次后取平均值，算法特有的参数采用默认值。

潮流计算采用 MATPOWER 工具箱基于快速解耦算法执行。设定 4 个季节典型日为系统总仿真时间，仿真时间间隔为 1h。

2. 算法性能评估

如图 4.3.14（a）所示，将 4 种算法经过 5 次独立运行获得的 Pareto 前沿集合映射到平行坐标系，纵坐标表示累计的归一化适应度函数值，虚线连接了同一个目标向量在不同列的平行格坐标分量。可以发现，3 个目标函数的优化呈现出明显的矛盾和冲突。很明显，目标函数 F_1（系统年总投资运行成本）和目标函数 F_2（配电网年总负荷波动）是此消彼长的，而目标函数 F_2 和目标函数 F_3（配电网年总电压波动）的矛盾略小，多目标优化的意义就在于实现 3 个目标之间的最佳权衡。图 4.3.14（b）给出了 MOPOA 获得的 Pareto 前沿在平行坐标系下的分布。如图 4.3.14 可知，MOPOA 能够表现出良好的搜索能力，获得分布广泛且均匀的 Pareto 前沿，而且 MOPOA 算法的优化效果可以同时实现最小负荷波动和最小电压波动。注意到，MOPOA 经过 5 次运行一共获得了 97 个 Pareto 非支配解集，少于 MOPSO 和 NSGA-Ⅱ，这是因为 MOPOA 具有严苛且有效的 Pareto 解集筛选机制。

为进一步验证 MOPOA 的 Pareto 最优解搜索能力，图 4.3.15 给出了 4 种算法分别经过 5 次独立运行获得的三目标 Pareto 前沿以及近似的理想 Pareto 最优前沿面。基于 4 种算法的 Pareto 前沿集合，可近似得到该问题下的理想 Pareto 前沿面。通过比较不同算法的 Pareto 前沿与理想 Pareto 前沿面的差距可知，该问题的理想 Pareto 前沿面多数由 MOPOA 求得的 Pareto 最优解构成。另外，表 4.3.6 给出了 4 种算法的 Pareto 优化统计结果（最优值加粗表示）。可见，MOPOA 的 Pareto 非支配解集在 3 个目标下的最差（大）值、平均值均小于其他 3 种对比算法，系统年总投资运行成本的最好（小）值仅

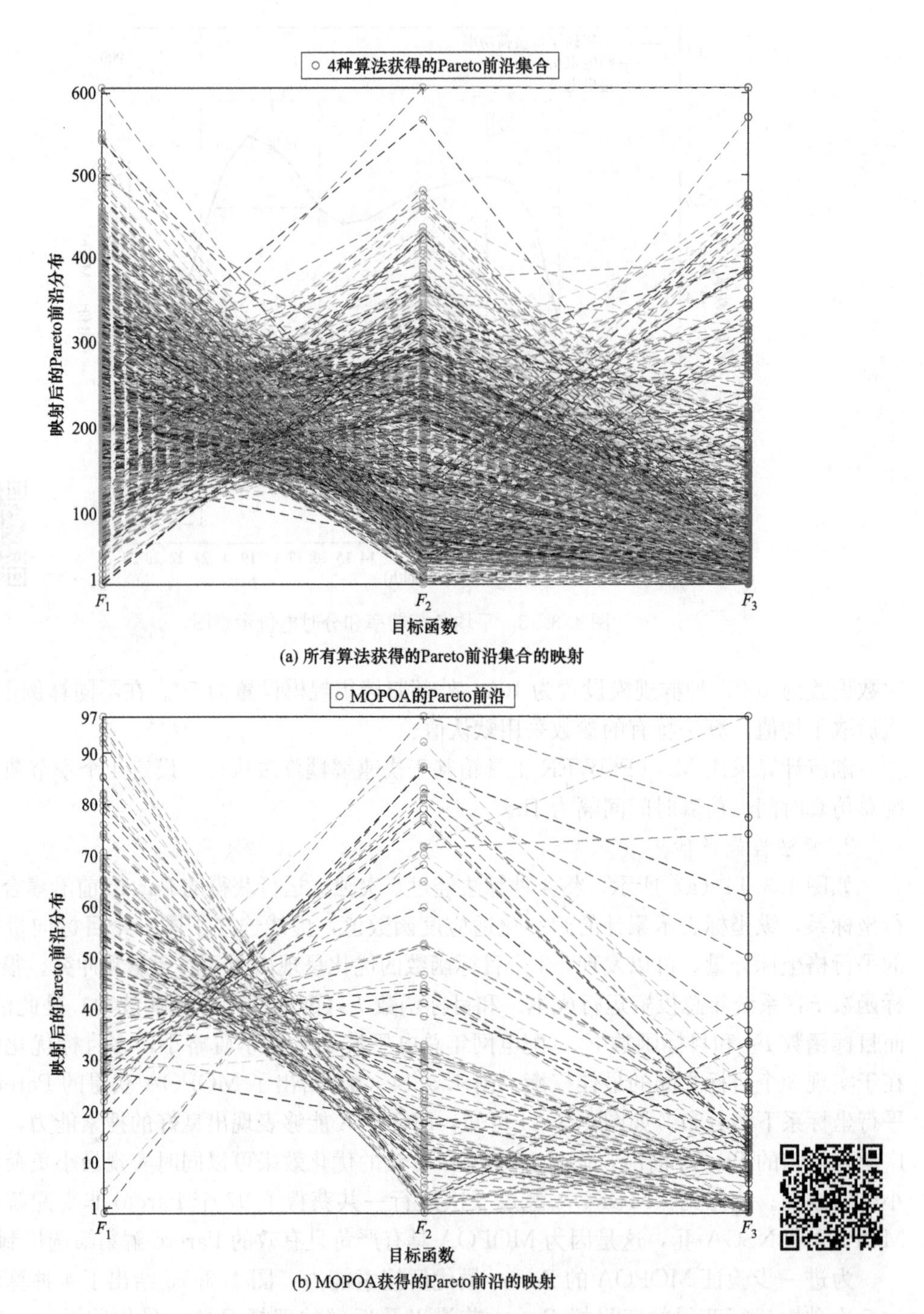

(a) 所有算法获得的Pareto前沿集合的映射

(b) MOPOA获得的Pareto前沿的映射

图 4.3.14 平行坐标系下的 Pareto 前沿分布

次于 MOSSA，说明 MOPOA 的多目标寻优效果更为高效，在搜索空间中可以有效进行局部探索。因此，本节所提 MOPOA 获得的 Pareto 非支配解集明显比其他 3 种算法占优，能实现对 Pareto 理想前沿的最佳逼近，这有赖于 POA 高效的寻优机制和 MOPOA 先进的 Pareto 存储筛选机制。

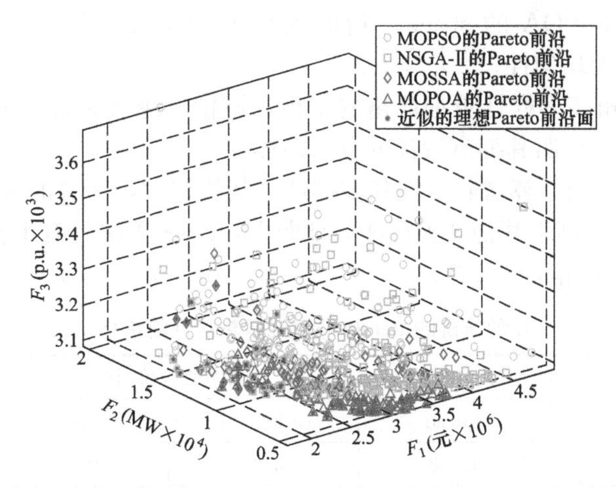

图 4.3.15 4 种算法的 Pareto 前沿及其理想 Pareto 前沿面

表 4.3.6 4 种算法的 Pareto 非支配解集统计结果

算例	标准	目标		
		F_1(元×10^6)	F_2(MW×10^4)	F_3(p.u.×10^3)
MOPSO	最差值	4.989	2.047	3.691
	最好值	1.860	0.475	3.083
	平均值	3.075	1.109	3.212
NSGA-Ⅱ	最差值	4.633	1.660	3.553
	最好值	1.788	0.470	3.082
	平均值	3.185	0.761	3.162
MOSSA	最差值	4.231	1.534	3.471
	最好值	**1.699**	0.591	3.095
	平均值	2.751	0.943	3.146
MOPOA	最差值	**3.949**	**1.217**	**3.183**
	最好值	1.771	**0.437**	**3.045**
	平均值	**2.734**	**0.687**	**3.093**

进而，采用世代距离（GD）、广泛度（spread）、空间分布（spacing）、分布度（DM）、超体积（HV）这 5 种评价指标分别从收敛性、多样性、均匀性等角度定量评估 Pareto 非支配解集的质量。不同算法获得的 GD、spread、spacing、DM、HV 指标值见表 4.3.7。综合上文分析，并结合表 4.3.7 可得出如下结论：

（1）GD 指标是对 Pareto 解集收敛性能的评价，GD 指标越小说明算法的收敛程度最高，MOPOA 算法的 GD 值最小，故其收敛性能最佳，证明了 POA 的寻优机制拥有优良的最优解搜索能力，能够有效提升其多目标优化结果的收敛性。

（2）spread 是对解集的多样性评价，用于测量所获得的 Pareto 解集的扩展分布程度，该指标越小越好。MOPOA 所得 Pareto 解集具有最小的 spread 指标，故表现出良好多样性。

（3）spacing 表征了算法所求 Pareto 解集在目标空间中的均匀程度，spacing 值越小，表示解集越均匀，MOPOA 的 spacing 指标仅高于 NSGA-Ⅱ算法，因此 MOPOA 所得 Pareto 解集的分布较为均匀性。

（4）DM 是衡量解集多样性更加严格的指标，该指标越大越好。MOPOA 的 DM 指标均高于其他对比算法，证明其拥有较优的分布多样性。

（5）HV 可以同时衡量算法收敛性和多样性，其值越大，算法的综合性能评价度越高。MOPOA 的 HV 指标远高于其他 3 种算法，证明 MOPOA 算法具有最佳的收敛性能，同时也表现出优良的 Pareto 解集多样性。

表 4.3.7　　4 种算法的 Pareto 非支配解集的性能指标

算法	收敛性评价指标	均匀性评价指标	多样性评价指标		综合性能评价指标
	GD×10⁴	spread	spacing×10⁴	DM	HV
MOPSO	3.410	1.008	5.898	0.734	0.076
NSGA-Ⅱ	3.841	0.868	2.237	0.736	0.095
MOSSA	3.082	0.930	6.318	0.578	0.085
MOPOA	0.810	0.863	2.626	0.759	0.117

综上，可证明 MOPOA 算法对最优解的探索能力和挑选能力显著高于其他算法，可以搜索到更高质量的 Pareto 非支配解集，而且其 Pareto 存储和筛选机制使该算法获得的 Pareto 前沿表现出更加优良的多样性和均匀性，可以为决策者提供多个不同偏好的高质量候选方案。进而，决策者需从该候选集中选取一个最佳折中解作为最终的 BESS 选址定容方案。本节采用所提 IGTDM 方法进行折中解决策，并引入改进理想点决策（improved ideal-point based decision，IIPBD）方法进行对比。基于两种方法对不同算法所得 Pareo 非支配解集进行折中解决策的示意如图 4.3.16 所示，图中数值为各目标函数的归一化值。

表 4.3.8 给出了不同决策方法得到的折中解及对应的权重系数。ω_1、ω_2 和 ω_3 分别是系统年总投资运行成本、配电网年总负荷波动和年总电压波动 3 个目标函数的权重，ω_4 和 ω_5 表示决策矩阵中的理想点指标和均衡性指标。需说明的是，IGTDM 方法所设计的决策矩阵在三个目标函数的基础上进一步增加了理想点指标和均衡性指标，故其决策矩阵中包含 5 个指标权重。最后，对比不同方法的折中解决策结果可得如下结论：

（1）相较于其他算法，MOPOA 所得决策折中解的质量相对更优，这是因为 MOPOA 算法拥有一组收敛性更佳的高质量 Pareto 非支配解集，其在上节已得到验证。相较于 IIPBD 决策方法，IGTDM 所得决策折中解的目标函数 F_2 和 F_3 略大于 IIPBD，但目标函数 F_1 显著优于 IIPBD，事实上，由于 IGTDM 考虑了决策的均衡性，故其对 MOPOA 所得 Pareto 非支配解集进行折中决策更好地实现了 3 个目标的最佳权衡。

（2）两种决策方法获得的目标权重具有相似性，均给予了目标函数 F_3 最大的权重系数，其次是目标函数 F_2、目标函数 F_1，说明配电网的电压质量对整体优化结果的影响最大，故赋予最高的权重，因此本节获得的 BESS 优化配置方案将充分考虑配电网的电压质量，其次是负荷水平，而非将成本效益放在首位，也并非人为主观设置 3 个目标的权重，体现了决策的客观性。

综合上述分析，验证了本节所提优化算法和决策方法的有效性和优越性。因此，基于 MOPOA 获取 Pareto 非支配解集，并采用 IGTDM 进行折中解决策可以获得一个兼顾系统经济效益和电网运行质量的最佳 BESS 优化配置方案。

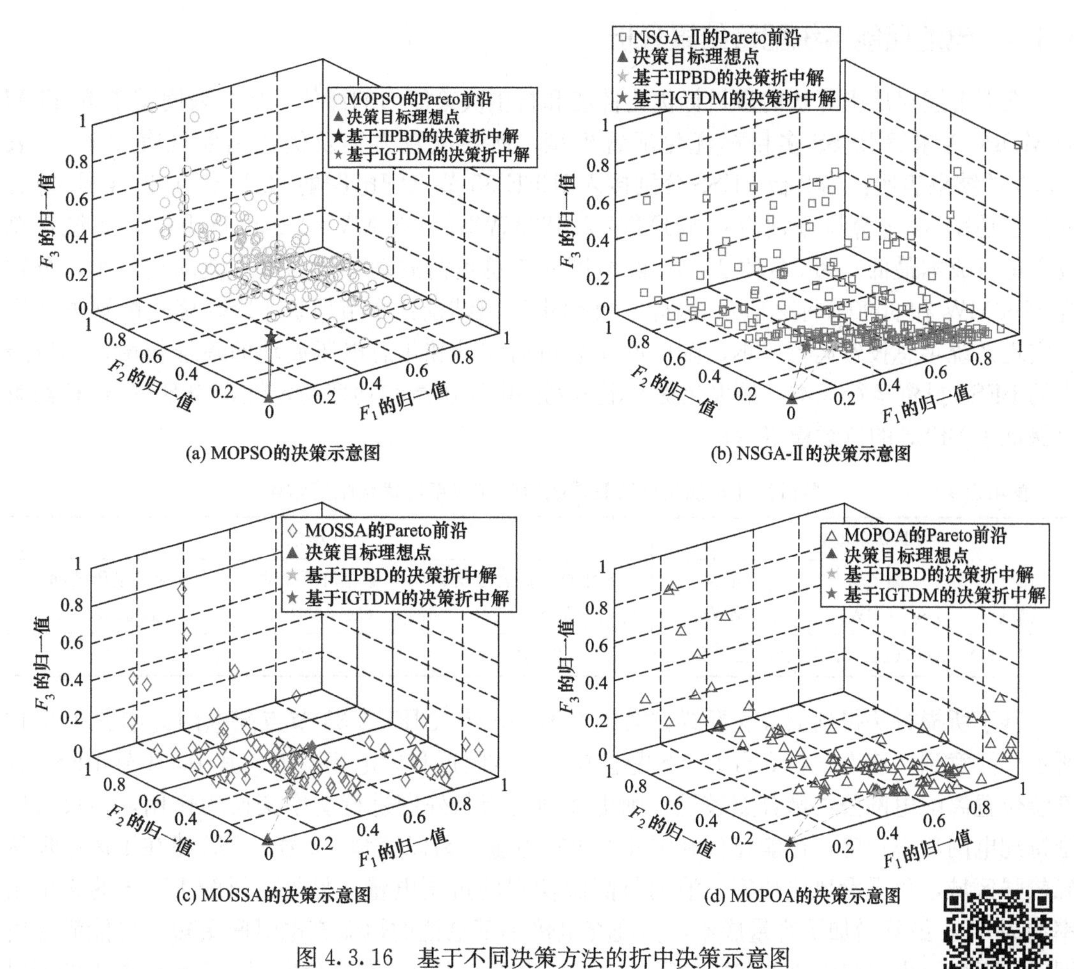

(a) MOPSO的决策示意图　(b) NSGA-Ⅱ的决策示意图

(c) MOSSA的决策示意图　(d) MOPOA的决策示意图

图 4.3.16　基于不同决策方法的折中决策示意图

表 4.3.8　　不同算法下各决策方法得到的折中解及权重系数

优化算法	决策方法	决策折中解			目标权重	附加指标权重
		F_1(元×10^6)	F_2(MW×10^4)	F_3(p.u.×10^3)	(ω_1、ω_2、ω_3)	(ω_4、ω_5)
MOPSO	IIPBD	2.564	0.857	3.165	(0.227、0.248、0.525)	—
	IGTDM	2.564	0.857	3.165	(0.096、0.169、0.403)	(0.028、0.304)
NSGA-Ⅱ	IIPBD	2.639	0.669	3.125	(0.134、0.390、0.476)	—
	IGTDM	2.448	0.762	3.113	(0.086、0.22、0.504)	(0.024、0.166)
MOSSA	IIPBD	2.486	0.864	3.095	(0.136、0.173、0.691)	—
	IGTDM	2.513	0.759	3.205	(0.147、0.175、0.477)	(0.026、0.175)
MOPOA	IIPBD	2.846	0.549	3.083	(0.204、0.438、0.358)	—
	IGTDM	2.412	0.576	3.090	(0.085、0.286、0.304)	(0.029、0.296)

4.3.4 电池储能系统配置结果分析

根据上述对所提算法的多目标优化性能和折中决策能力的评估，最终采用基于 IGTDM 的 MOPOA 求解 BESS 多目标优化配置模型，所得配置方案及优化结果见表 4.3.9。表 4.3.9 的结果表明：当 2 台 BESS 分别接入 IEEE 33 节点配电网的 22 号节点和 14 号节点，其额定功率/额定容量分别为 0.621MW/2.482MWh、0.57MW/2.279MWh 时，系统年总投资运行成本最低，为 241.2 万元；配电网的年总负荷波动和年总电压波动均最小，分别为 5760MW 和 3090（标幺值）。因此，可初步得出结论：本节所提 BESS 优化配置方法可以实现系统年总投资运行成本、配电网年总负荷波动和年总电压波动的最佳权衡，即以最小的 BESS 投资运行成本，最大化提升配电网的电压质量和功率稳定性，BESS 的运行约束也保证了 BESS 的持续稳定运行。

表 4.3.9　　多目标孔雀优化算法获得的电池储能系统优化配置结果

2 台 BESS 的配置方案			优化结果		
位置（节点）	额定功率（MW）	额定容量（MWh）	系统年总投资运行成本（元$\times 10^6$）	年总负荷波动（MW$\times 10^4$）	年总电压波动（p.u.$\times 10^3$）
（22、14）	（0.621、0.57）	（2.482、2.279）	2.412	0.576	3.090

基于所提方法得到的最优配置方案，将 BESS 接入 IEEE 33 节点配电网，如图 4.3.17 所示。注意到，该方案将 2 台 BESS 配置在电源点附近和风电场附近。其中，1 号 BESS 的安装位置离配电网公共耦合点较近，则更多地充当与外网进行功率交换的作用，不仅可以维持配电网功率稳定，还能充分利用外网进行电量交易以获利；2 号 BESS 建在了风电反调峰较强区域，可平滑风电功率，消纳新能源功率的过剩电量。另外，所配 BESS 的充电倍率均为 4C，虽然增加了容量成本，但高充电倍率下电池的恒流充电时间更短，更能满足电网对 BESS 的快速响应要求和能量管理需求，也能使 BESS 在充分发挥其充放电能力的同时尽可能保证 SOC 的稳定，有益于延长 BESS 的寿命。

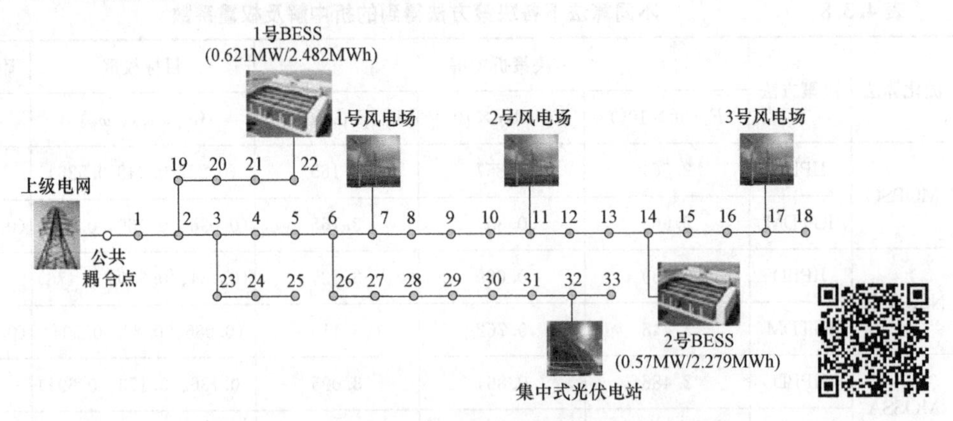

图 4.3.17　基于 IEEE 33 节点配电网的电池储能系统优化配置结果示意图

1. BESS 实时运行分析

为分析 2 台 BESS 的运行效果，图 4.3.18 给出了 2 台 BESS 的充放电功率曲线和 SOC

变化曲线，纵坐标左边刻度值为正时 BESS 充电，反之为放电。从图中可以看出：①2 台 BESS 几乎全天都处于运行状态，尤其是第 2 台 BESS，利用率极高，而且在每次放电后总能及时补充电量，以保证每天初时刻和末时刻的 SOC 均保持在 50%，维持其每日的正常运行；②BESS 的充放电深度合理，SOC 值始终维持在 20%～90%的变化范围内，因此 BESS 的实际放电量也控制在额定范围之内，可以保证电池达到使用寿命年限；③2 台 BESS 的 SOC 随充电而逐渐增加，随 BESS 的放电而逐渐降低，全天的 SOC 偏差分别为 0.3547、0.3067，可见其充放电策略充分考虑了 SOC 的均衡和稳定，有利于 BESS 在全生命周期内的安全持续运行。

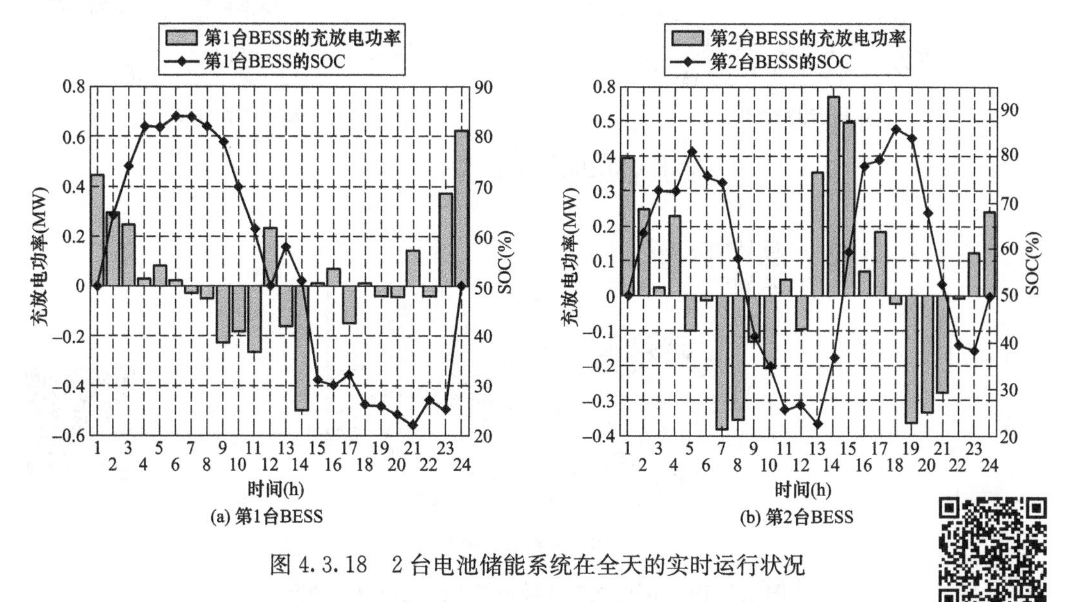

图 4.3.18　2 台电池储能系统在全天的实时运行状况

另外，结合图 4.3.13 分析 BESS 充放电策略与分时电价的关系，可得：

(1) 2 台 BESS 的充放电策略受分时电价的影响，在负荷低谷时期，即购电电价低的时间段 00:00～6:00 和 21:00～24:00 充电；在负荷高峰时期，即售电电价高的时间段 6:00～9:00 和 16:00～21:00 利用剩余电量放电，可以有效应对高峰期电力供应紧张的局面，缓解了负荷在一个典型日内的供需不平衡状况，而且充分利用峰谷电价差使 BESS 的直接运营收益达到最大化。

(2) 2 台 BESS 的充放电情况大致相似，但也略有差异，这是因为大规模的新能源改变了配电网的潮流分布，因此即便在负荷平时段 13:00～15:00，但由于新能源功率较大，2 号 BESS 充分发挥其功率调节作用，充当负荷持续充电以增加新能源的并网量，系统运行的经济性得到提高。

2. BESS 技术效益验证

(1) BESS 改善电压质量情况。首先，分析本节所提 BESS 配置方案对配电网电压质量的影响，设置了未接入 DG 和 BESS、接入 DG 未配 BESS、接入 DG 已配 BESS 这 3 种情景。图 4.3.19 给出了 IEEE 33 节点配电网在 3 种情景下全年运行的电压分布情况。图 4.3.20 和图 4.3.21 分别是不同情景下的各节点平均电压水平曲线和各时刻电压波动曲线。通过分析比较不同情景下的系统电压情况，可得：

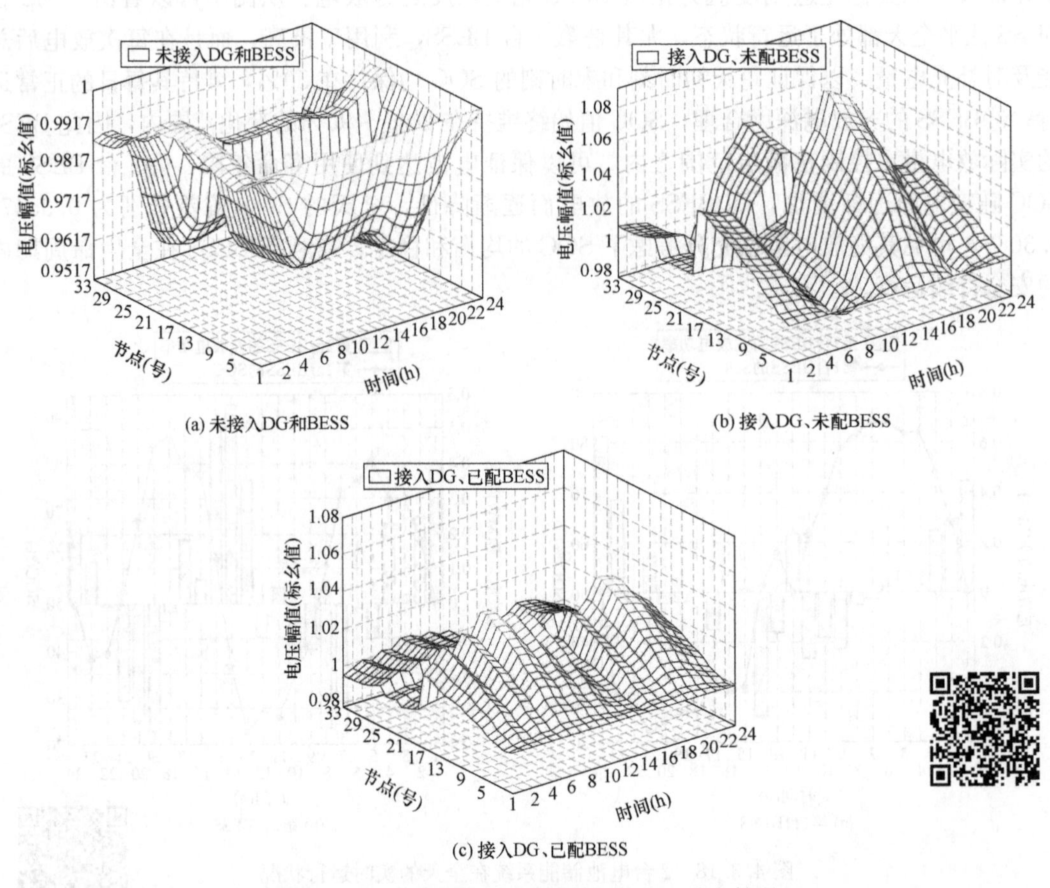

(a) 未接入DG和BESS

(b) 接入DG、未配BESS

(c) 接入DG、已配BESS

图 4.3.19　配电网在 3 种情景下的电压分布情况

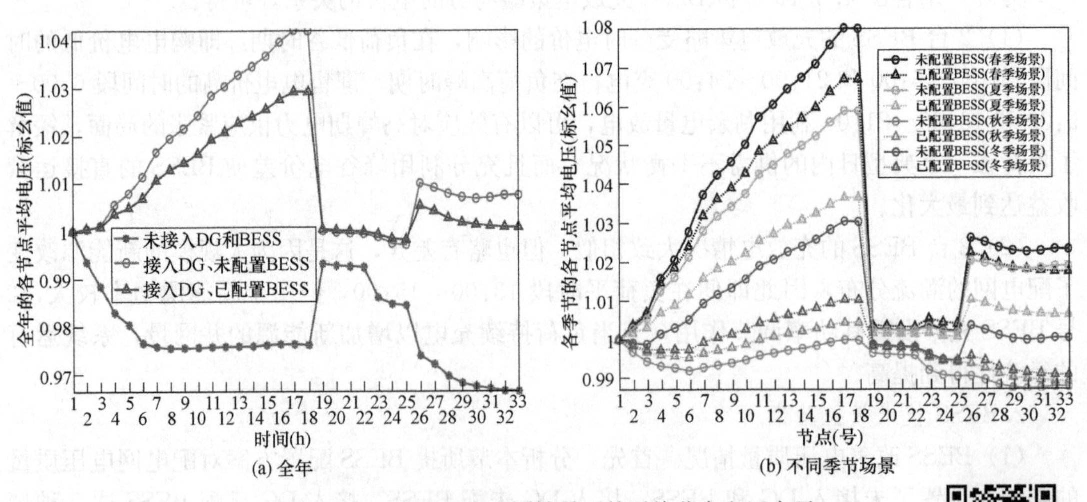

(a) 全年

(b) 不同季节场景

图 4.3.20　配电网在不同情景下的平均节点电压水平

1）未接入 DG 和 BESS 时，配电网的节点电压偏低，整体低于 1（标幺值）。特别地，负荷越重的长线路末端节点电压降落明显，比如节点 29～33 的单日最低电压

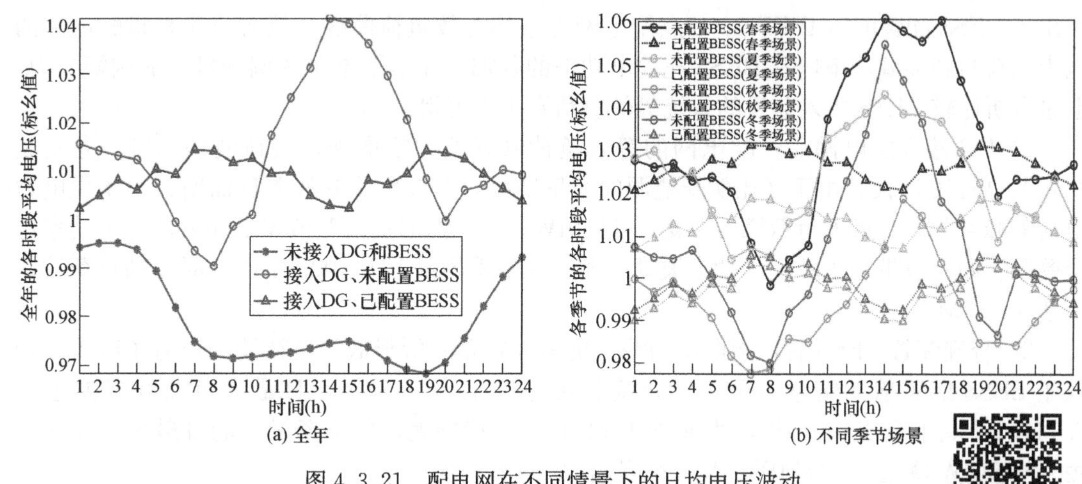

图 4.3.21　配电网在不同情景下的日均电压波动

已降至 0.9481（标幺值），不满足系统要求的电压水平，而且全年所有时段的总节点电压偏差量达到了 6051.8（标幺值）。

2）DG 接入配电网后，馈线的电压分布出现显著变化，大幅提升节点电压水平的同时也加剧了电压的波动。系统节点电压偏差较接入 DG 前有所改善，全年总电压偏差量减小至 5925.2（标幺值），但系统整体电压质量并未改善，比如春季场景下配电网 17 号节点的单日最大电压高达 1.1482（标幺值），电压偏差达 14.82%，远远超出电压偏差的允许范围，且全年的电压波动值累计为 3511.3（标幺值），迫切需要改善电网电压质量。

3）合理配置 BESS 后，电压水平有所下降，而且仅在小范围内出现波动，系统整体电压质量得到明显改善。一方面，全年总电压偏差量降至 5645.8（标幺值），相较于未接入 BESS 时，改善率达 4.72%。全年各节点各时段的电压均维持在电压允许范围内。由图 4.3.22（b）可以看出，电压水平在 BESS 接入点附近节点的改善效果最显著，单日最大电压由 1.1482（标幺值）降至 1.0636（标幺值），节点最大电压偏差的改善率达到 57%。另一方面，全年所有节点一整天的总电压波动值降至 3090（标幺值），年总电压波动改善率达到 12%。特别地，由图 4.3.23（b）可以看出，冬季场景下的电压波动改善情况尤为显著，最大电压波动值由 0.0474（标幺值）减小至 0.0312（标幺值），日最大电压波动的改善率为 33%。

最后，表 4.3.10 对比了各电压质量指标的改善情况。上述分析均验证了 BESS 对维持系统节点电压水平、抑制电压波动的显著效益。

表 4.3.10　配置电池储能系统前后的电压质量指标

情景	电压质量指标				
	全年总电压波动量（标幺值）	日最大电压波动值（标幺值）	全年总电压偏差量（标幺值）	节点平均电压偏差	节点最大电压偏差
配置 BESS 前	3511.3	0.0474	5925.2	2.07%	14.82%
配置 BESS 后	3090	0.0312	5645.8	1.27%	6.36%
改善率	12%	33%	4.72%	38.65%	57%

（2）电池储能系统改善负荷水平情况。为验证 BESS 改善负荷水平的能力，图 4.3.22 给出了 BESS 配置前后 IEEE 33 节点配电网的平均等效负荷曲线。等效负荷是指配电网的电力负荷与新能源功率以及 BESS 充放电功率的叠加，显示了电源侧调峰机组的调峰压力。通过分析比较 BESS 接入前后的系统等效负荷水平，可得：

1）DG 接入配电网后，配电网的等效负荷峰谷差大幅增加，负荷波动加剧。尤其是 14:00～16:00 时段，由于高比例新能源的大量功率，等效负荷峰谷差反而明显大于原电力负荷的峰谷差，日最大负荷峰谷差达 7.141MW，配电网的负荷调节需求加大，送出功率也会受限。同时也带来了较大的功率波动，尤其在冬季场景下 14:00～15:00 时段的负荷波动高达 4.935MW。

2）合理配置 BESS 后，配电网的等效负荷峰谷差有所降低，负荷波动也有了改善。相较于 BESS 配置前的情景，全年总负荷标准差降低了 4.73%，日最大负荷峰谷差也由 7.141MW 减小至 6.803MW，改善率达 14.17%。特别地，冬季场景下的日最大负荷波动由 4.935MW 降至 2.347MW，改善率高达 52.44%。

最后，表 4.3.11 对比了 BESS 接入前后系统功率稳定性指标的改善情况。上述分析均验证了 BESS 平抑负荷波动、实现削峰填谷的能力，可以有效提高电网功率稳定性。

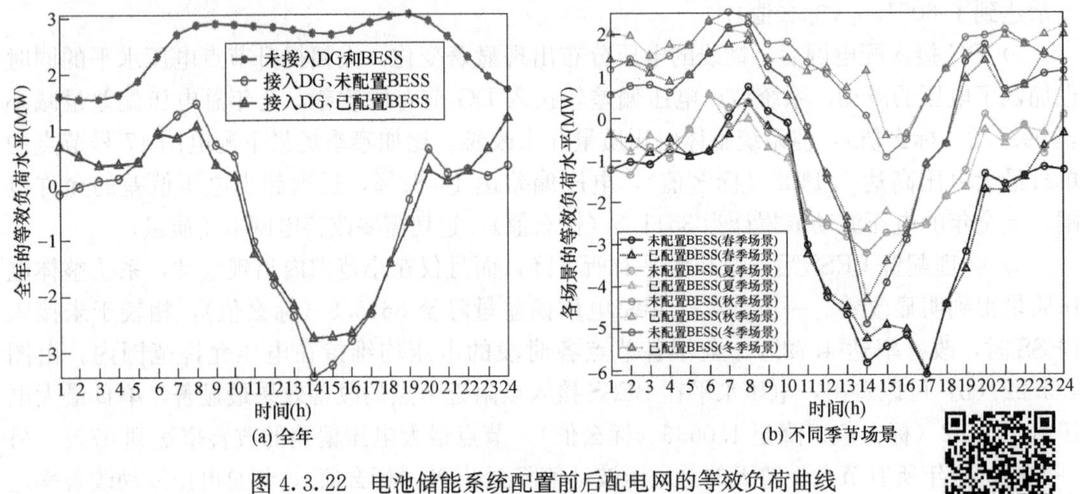

图 4.3.22　电池储能系统配置前后配电网的等效负荷曲线

表 4.3.11　配置电池储能系统前后的功率稳定性指标

情景	功率稳定性指标			
	全年总负荷标准差（MW）	日最大功率波动（MW）	日最大负荷峰谷差（MW）	日均联络线功率波动（MW）
配置 BESS 前	0.571	4.915	7.141	0.96
配置 BESS 后	0.544	2.347	6.803	0.898
改善率	4.73%	52.44%	14.17%	6.46%

综合本节对 BESS 改善配电网电压质量和负荷水平的算例对比，也验证了 BESS 技术效益的理论分析，可得出如下结论：

a. 未接入 DG 和 BESS 时，该配电网线路末端的供电能力不足，电压得不到有效支撑，线路尾端 29～33 节点的电压逐渐跌落，而且由于较大需求的有功功率流过线路，导致线路损耗增大，系统整体节点电压有所降低。另外，负荷峰谷差和负荷波动仅受电力负荷需求的变化。

b. DG接入后，其无功功率对电压有较强的支撑作用，因此配电网负荷节点电压会有所上升。但由于本节所设算例中新能源渗透率高达70%，从仿真图中可以看出，过高容量的新能源接入反而导致某些节点的电压超出限制，对电能质量造成影响。另外，由于高比例新能源配电网中动态负荷的无功需求受新能源功率的影响，而新能源具有强随机性和波动性，因此受气候影响的新能源频繁在投入和退出中切换，使得馈线电压持续处于抬高和下跌的变化中，引起了电压水平的急剧波动。另外，在新能源功率与负荷需求错峰时，尤其是新能源发电资源较丰富的时段，反而使等效负荷峰谷差急剧加大，引起负荷水平的剧烈波动。因此新能源接入的容量过高时，反而给电网的稳定运行带来反向影响。

3）当间歇性新能源功率或负荷突变造成电压剧烈波动或失稳时，在新能源并网点附近或其他电压易波动的关键节点接入合适容量的BESS，可以实现功率就地平衡，减小各支路流过的功率。当BESS作为电源时，可提升系统电压，BESS作为负荷时，可减弱由于新能源大量并网带来的电压骤升。因此BESS的合理接入可以保证系统整体电压水平波动在可控范围内。另外，在新能源功率较大，甚至与负荷需求错峰的时段，BESS可以起到一定的协调作用，通过吸收新能源的多余电量进行能量时移，填补负荷低谷，使等效负荷峰谷差距减小，可以更加高效利用电能，并促进新能源消纳。同时，BESS凭借其快速的功率调节能力，对负荷波动进行平抑，提高了电网的功率稳定性，减小联络线功率波动。

3. BESS经济效益评估

由上述分析可知，合理配置BESS可以给配电网带来了显著的技术效益，通过改善电压质量和负荷水平使配电网的安全稳定运行得到保障。本小节旨在进一步评估BESS的直接经济效益和间接经济效益，前者是指BESS高储低发获得的盈利和政府的直接补贴资金，后者是BESS在运行过程中给其他主体带来的经济性提升效益，是可以用价值量化的技术效益，包括网损降低效益、新能源消纳效益、碳排放减小效益。

采用所提方案配置BESS时，在假设的15年投资周期内，系统年总投资运行成本为241.2万元，包括BESS等年值投资成本和年运行维护成本、配电网弃风弃光成本、网损费用和碳排放费用，再减去BESS购售电盈利和政府补贴，总成本的构成见表4.3.12。由表4.3.12可知：①BESS每年通过负荷高峰期放电、负荷低谷期充电可获利49.67万元，其发售电量可获得政府补贴14.5万元；②配置BESS后，配电网的弃风弃光费用、网损费用和碳排放费用分别降低了60.48%、16.49%和4.3%，每年可为配电网带来的新能源消纳效益为19.827万元，降损效益为10.84万元，减碳效益为0.31万元。因此，在15年的投资周期里，未计及BESS参与其他电力辅助服务以获得盈利的情况下，BESS仍可为整个系统带来1427.21万元的总盈利。

表4.3.12　　电池储能系统的经济效益　　万元/年

利益主体	BESS侧				新能源侧	配电网侧	常规机组侧
经济效益指标	BESS等年值投资成本	BESS运行维护成本	BESS高储低发收益	BESS发售电政府补贴	弃风弃光费用	网损费用	碳排放费用
配置BESS前	—	—	—	—	32.77	65.72	7.21
配置BESS后	164.67	66.93	49.67	14.5	12.95	54.88	6.9

为进一步分析 BESS 的新能源消纳能力，图 4.3.23 给出了不同季节场景下新能源侧的弃风弃光情况。由此可知：

(1) BESS 配置前，该增量配电网的弃风弃光现象尤为突出，4 个新能源场站在全年的总弃风弃光量高达 3276.6MW，春季场景下单日最高弃风弃光量为 6.09MW，迫切需要 BESS 及时进行消纳。

(2) BESS 配置后，充当负载端吸收多余的新能源功率，明显减小了未能被负荷及时消耗的弃风弃光量，年总弃风弃光量减小至 1294.8MW，BESS 在全年一共可消纳 1981.8MW 的新能源发电量，每年通过新能源消纳获得的间接收益为 19.82 万元。全年总弃风弃光率由 12.69%降至 5%，弃风弃光改善率达 60.48%。另外，在 0:00～1:00 时间段内达到了单日最高消纳量，为 0.82MW，结合图 4.3.22 可知：2 台 BESS 在该时段内全部进行能量的存储；在 12:00～15:00 时间段，新能源的弃用量主要由第 2 台 BESS 吸收。需说明的是，虽然 BESS 对新能源富余功率起到一定的消纳作用，但由于本节配置模型充分考虑了 BESS 的投资成本以及其他指标，因此所配容量仍不足以实现新能源的全部消纳，为保证新能源场站的经济运行，输配电线路应提高线路承载能力，调控部门也应尽可能保证新能源发电量全部上网。

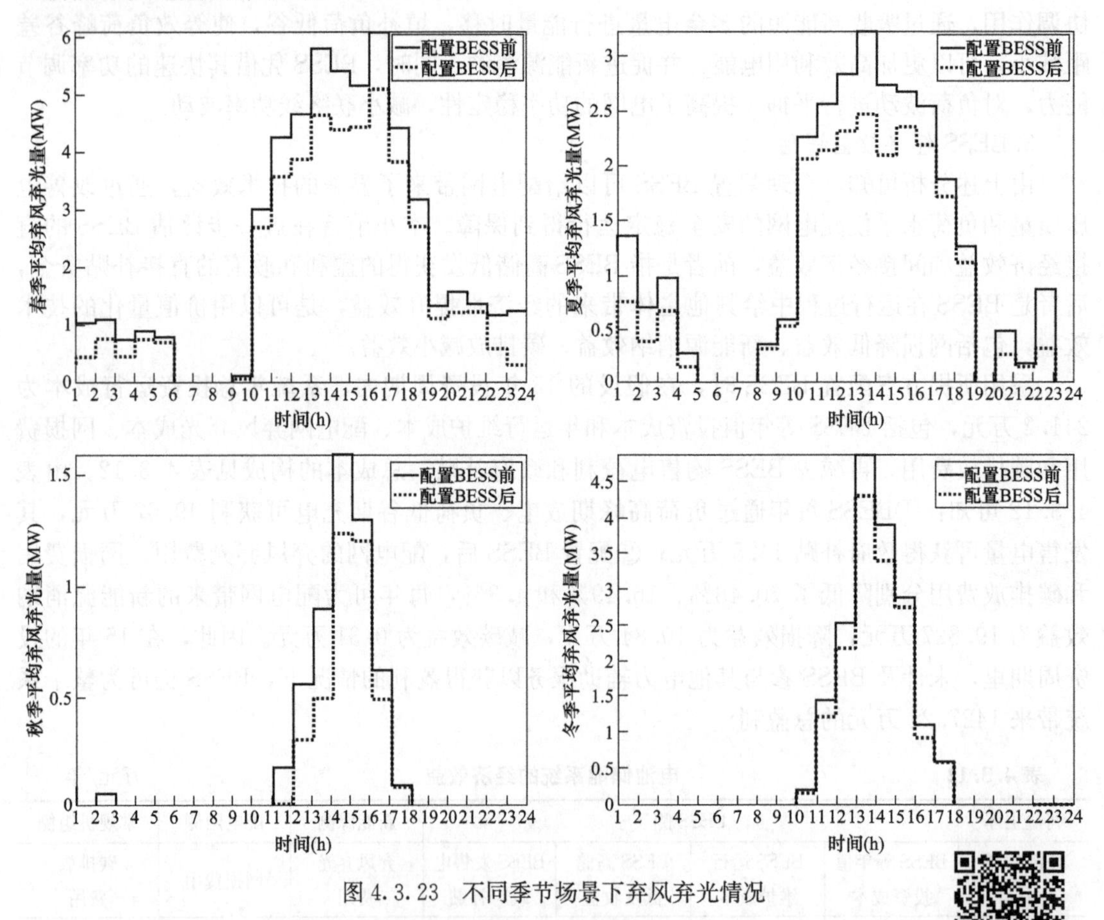

图 4.3.23　不同季节场景下弃风弃光情况

BESS 配置前后不同季节的网损改善情况如图 4.3.24 所示。从图中可以看出：BESS 配置后，春夏秋冬四个季节下的网络损耗均有所降低，系统全年的总网络损耗由 1016.1MW 减小到 971.7MW，减少了 44.6MW，网损整体改善率为 4.37%。另外可知，春季的网络损耗最高，这是因为春季的新能源功率最大，等效负荷峰谷差过高，配电网馈线的承载压力较大，BESS 的接入能在一定程度上降低网损，但影响颇微。

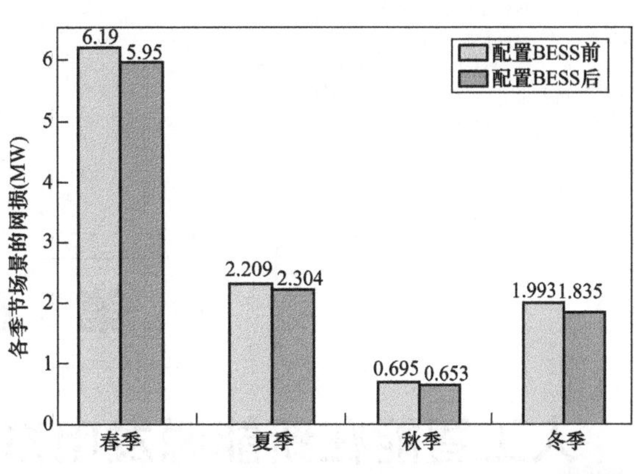

图 4.3.24 不同季节场景下网损改善情况

综合本节对 BESS 经济效益的量化评估，可得出如下结论：

（1）BESS 按低谷电价储存的电能在高峰电价时段释放，可以充分利用峰谷价差获利并获得补贴，但在 15 年的投资期内不能收回其投资运维成本，BESS 侧的净收益为负值。

（2）在本节所考虑的效益指标中，BESS 仍能给整个系统带来间接收益，即通过消纳新能源、降低网损、减少碳排放量使系统运行费用减小，其中新能源侧的附加并网收益较为显著。事实上，BESS 还能主动响应系统调频调压需求，同时作为黑启动电源以期从电力辅助服务中获利；BESS 在发挥其削峰填谷能力的同时也在一定程度上缓解了线路阻塞，节约了输配电设备扩容费用等。

4.3.5 小结

本节设计了一种 BESS 优化配置方法，其贡献点主要可概括为以下四个方面：

（1）兼顾 BESS 投资效益和配电网运行质量，建立了 BESS 双层多目标优化配置模型。

（2）设计了寻优性能良好的 POA 和 MOPOA 分别对内层模型和外层模型进行可靠求解。

（3）通过内外层的嵌套循环迭代，最终形成综合考虑长期规划经济性和短期运行高效性的 BESS 优化配置方案。

（4）IEEE 33 节点系统的仿真结果显示所提方法不仅可以实现 BESS 投资经济性、配电网电压质量和功率稳定性的最佳权衡，而且实现了 BESS 年运营收益的最大化。

第5章

人工智能在新能源发电系统参数识别中的应用

5.1 概述

5.1.1 光伏参数识别概述

随着社会的快速进步以及各类行业的快速发展，对于各种化石能源资源的过度开采和大气环境的严重污染必然加剧生态破坏和全球能源危机。为了尽快且有效地缓解能源供给环节的压力，新时代能源结构的改变对于当下社会的建设与发展是必需的，而开发各类绿色高效的可再生能源与清洁能源新能源技术就显得至关重要。为了进一步推进我国，甚至进一步影响世界范围内的绿色低碳生活生产模式，中国在2020年正式提出了“双碳”目标，也即我国力争于2030年前实现“碳达峰”，努力争取2060年前实现“碳中和”。

为了快速响应并且可靠落实国家提出的“双碳”目标，必须积极调动各行业各部门的力量，从根本需求与问题出发，加强加快行业生态与结构的变革，对能源结构进行根本性的变革，坚决推动大规模新能源的发展以及融合，以逐步取代以煤炭为主导的能源体系，坚定不移地把污染防治作为始终如一的攻坚战等。在可再生能源的开发和利用方面，我国发展速度极快且具有极大的潜力，太阳能和风能等可再生能源技术在我国目前得到了大面积的应用和推广，技术也在不断革新，设备也越发精良，这为改变现有能源格局打开了道路，也为其他更多可再生能源的开发推广开了个好头。其中，由于太阳能自身的优良特性，例如储量丰富、清洁安全、发电过程对环境无污染、成本低以及安装方便简单等特点，在国内获得了大规模的利用，太阳能也成了众多可再生能源中开发最为成熟和最有前景的选择之一。随着在PV市场内不断增加的投资，再加上国内国际上政策的扶持，2021年我国PV发电新增并网容量54.88GW，PV发电累计并网容量305.987GW，再创新高。

针对PV系统，截止到目前，为了能够准确描述其输出电流-电压（current-voltage，*I-U*）和功率-电压（power-voltage，*P-U*）特性，已经开发了多种PV电池模型来描述PV系统的高度非线性和多模态特性，其中两类等效模型最受关注也获得了最广泛的应用，即单二极管模型（single diode model，SDM）和双二极管模型（double diode model，DDM）。然而，之前很少有文献关注其他更复杂的模型，如三二极管模型（triple diode model，TDM），因为其未知参数较多，往往带来更大的计算负担。但是TDM同时也可以更有效地分析PV系统的复杂物理行为，因此5.2节对这三种PV模型均进行了测试研究以追求验证的广泛性。PV电池的建模主要依赖于对各类模型中未知参数的可靠识别，这是建模的核心与关键。然而，以下两个缺陷使得参数识别难以在实际应用中获得稳定和满意的结果：①制造商提供的参数往往不可用，且只是在标准测试条件（standard test conditions，STC）下测得的，但是实际运行环境条件与 STC 相差甚远，这可能会改变 PV 电池的实际输出特性；②这些参数并不是一成不变的，它们会随着 PV 电池的老化、故障、工作条件不稳定而发生变化。于是，很难实现可靠的 PV 电池建模，而这将影响整个系统后期的控制与优化。因此，开发一种准确且高效的智能参数识别算法对 PV 电池未知参数进行可靠识别，从而实现 PV 电池精确建模是一项具有重要意义的课题。

针对 PV 电池的参数识别问题，有的学者对 PV 电池参数识别的先前研究进行了全面回顾，其中对各种 PV 电池建模和参数识别方法进行了介绍和讨论。这些方法可以分为三大类，即解析法、确定性方法和启发式算法。前两类方法在解决问题的过程中都存在其明显的缺陷，如识别准确性不高、计算量大、模型依赖性强、对初始运行条件与梯度信息极其敏感等。最初是采用解析法识别模型参数，利用一系列相互依赖的数学方程将不同的模型参数相互关联。使用的参数大多为短路电流、开路电压、最大功率点电压和电流，并配合制造商提供的数据来推导合适的方程。然而，数学方法必然涉及很多需要花费大量时间的复杂的数学运算，因此增加了该方法的复杂度，且精度有限。随着计算机科学智能化的蓬勃发展，启发式算法得到了极大的发展和增强，可以极大地弥补解析法和确定性方法两种方法中存在的上述缺陷。它们具有高灵活性、高精度、对梯度信息不敏感等优势，被认为是综合性能最优的方法，下面对三类方法进行展开介绍。

（1）解析法：一般来说，该方法是基于光伏输出 *I-U* 曲线上的一些关键点与相应的数学方程来分析计算，该类方法的优点是只需数据表中的数据即可识别参数，不需要额外的测量，且该方法只考虑了 *I-U* 曲线的某些部分，忽略了曲线的形状。因此，该种方法的基本原理很简单，但是其优化精度则十分依赖于所选择的数据点，并且不准确的值可能导致解决方案在某些方面存在严重错误。总之，以下缺点限制了解析法对参数识别问题的广泛应用：①涉及复杂的数学表达式和计算；②求解方程的巨大时间消耗；③简化假设会显著影响识别参数的准确性；④难以推广到改进的 PV 电池模型。

（2）确定性方法：为了克服解析法的不足，学者们将确定性方法应用到这一问题上，这类方法是基于给定 *I-U* 曲线上的一些参考点来提取参数的优化方法，该方法主要利用问题的凸性和单调性。其主要包括几类传统方法，如 Lambert W 函数和迭代曲线拟合法。这类方法可以很好地计算稳定点和局部最优解的线性搜索空间，从而有效地提升计算精度。然而，它们对模型特性与目标函数的连续性、凸性和可微性要求十分严格，并且它们对模型特性和初始条件高度敏感，因此在求解高度非线性问题时容易过早收敛而陷入局部最优。有学者提出了一种基于 Lambert W 函数的 PV 电池 DDM 参数识别策略，相比于解析法，该方法可以获得更精确的结果，但对模型特性要求非常严格，对初始运行条件高度敏感。还有的学者提出一种改进的黏菌算法与 Lambert W 函数相结合，以实现 SDM 的未知参数识别，其有效性已在不同运行条件下得到验证，但缺乏在其他 PV 电池模型下的广泛校验。此外，基于并联电阻的数值计算迭代过程，设计了一种简单的迭代方法来识别 SDM 的未知参数，其最大误差低于 4.38%。

（3）启发式算法：启发式算法是一种基于直观或经验构造的算法，它可以极大地弥补传统数学优化技术的缺点，例如容易出现局部最优、计算量大等。启发式算法将各类优化问题视作黑箱问题，其只需要系统地输入输出信息，对其数学模型没有具体要求，根据一定的优化策略进行迭代以获得全局最优。启发式算法的主要优点是，它们比盲目搜索方法更有效，通常可以节省大量计算工作，从而在相对较短的时间内获得最优解。到目前为止，许多启发式算法已经被提出并用于处理高度非线性的优化问题，使得它在参数识别问题中具有重要意义。这些启发式算法将困难的模型参数识别问题转化为一个简单的非线性约束优化问题。使用启发式算法的巨大好处是易于实现、效率高、对初始条件和梯度信息不敏感等，可以有效地避免上述两种方法的缺点，它们被认为是最有前途和最有效的参数识别工具之一。

针对PV电池参数识别，到目前为止，许多启发式算法已经被应用其中，例如GA、DE、PSO等，以及各种混合/改进算法。将GA应用于PV电池的DDM参数识别，研究结果表明，其在算法执行的过程中，已识别的参数和实际值结果相差较大。此外，还采用了另一种类似于GA的进化算法，也即DE算法来估计未知的PV电池模型参数，与其他进化算法相比，它只需要较少的控制参数，然而，其在优化过程中容易陷入过早收敛。此外，开发了基于PSO的参数识别方案，其性能在不同PV电池模型下进行了验证，结果表明其参数识别精度优于GA与DE。有的学者应用了模拟蜜蜂觅食行为的人工蜂群（artificial bee colony，ABC）算法来进行参数识别，该算法对全局的优解进行了很好的搜索，但缺乏强大的局部探索能力。此外，还有许多其他类似的方法已用于PV电池参数识别，例如鲸鱼优化算法（whale optimization algorithm，WOA）、回溯搜索算法（backtracking search algorithm，BSA）、飞蛾扑火算法（month flame optimization，MFO）、GWO以及布谷鸟搜索算法（cuckoo search，CS）等。

同时，还提出并应用了各种改进的算法，例如，提出了一种新的方向置换DE算法，用于几个不同PV电池模型的参数识别，该方法充分利用了来自搜索代理的信息和微分向量的方向，有效地提升了原始DE算法的搜索精度。此外，开发了一种基于DE的混合自适应教学优化方法（adaptive teaching-learning-based optimization with DE，ATLDE）。该方法将TLBO与DE结合来提高种群多样性和搜索能力，但也带来了更多的参数和系数需要调试。

5.1.2 固体氧化物燃料电池参数识别概述

电压随着全球高速发展，大量消耗化石能源造成的环境污染问题日趋严重。近年来，以风、光和燃料电池为代表的新能源发电技术得到世界各国政府及研究学者的广泛关注。其中，固体氧化物燃料电池（solid oxide fuel cell，SOFC）由于转换效率高、运行可靠、无污染物排放、模块化、低噪声等特点成为具有广阔前景的绿色发电技术之一。

当前，SOFC已经被应用在船舶、电动汽车、便携式电源、分布式发电等领域，促进SOFC系统建模、参数辨识、故障诊断等相关研究的迅速发展。精确可靠的模型对SOFC系统进行仿真分析、优化控制以及行为预测具有重要意义，同时能够减少研究成本、改善研究手段、缩短研究周期。

经过前人大量的研究，目前业界已开发出多种SOFC模型，主要可以分成电化学模型（electrochemical model，ECM）、简化电化学模型、稳态模型和动态模型四类，其中ECM由于其高精确性而被广泛应用。然而，由于SOFC模型具有高度非线性、多变量、各未知参数间强耦合等特点，传统方法难以有效解决此问题，使得SOFC模型的参数辨识成为一项极具挑战性的课题。因此，近年来涌现出各种SOFC模型的参数辨识方法。其中，启发式算法以其强大的寻优能力、对模型的低依赖性、无需问题的梯度信息、高度的应用灵活性等优势受到了相关研究者的青睐。

针对SOFC的参数识别问题，建立可靠的SOFC模型对于可靠地描述和分析SOFC的输出电压-电流（output voltage-current，*U-I*）与有功功率-电压（active power-voltage）*P-U*特性至关重要，而这在很大程度上取决于未知模型参数的精确识别。对于SOFC的参数识别和建模方法，主要可分为两类，即传统方法和启发式算法。对于传统方法，采用分数阶导数来实现动态模型的整体电特性分析，其中建立了分数阶动态模型。采用电化学阻抗谱法对SOFC进行表征，以提取电化学和热力学信息。此外，在充分研究FC实验设计的基础上，提出了一种在线参数估计方案，以实现连续时间内SOFC模型的参数的实时识别。对于启发式算法，许多方法已经被提出并用于处理SOFC的参数识别这个高度非线性的优化问题，例如，提出了一种改进的GA（improved genetic algorithm，IGA），用于简单的基于电化学SOFC模型的参数识别，该算法可以基于调整的编码和控制方案提高参数识别的精度和有效性。此外，还开发了一种改进的Jingqiao自适应DE（improved Jingqiao adaptive DE，IJADE）算法来实现快速可靠的SOFC参数识别，它采用了自适应向量选择和交叉率动态调整策略。此外，将改进的PSO（bone particle swarm optimization，BPSO）算法与协同进化框架相结合，对SOFC的参数进行优化，具有精度高与鲁棒性强的特点。此外，利用一种新的仿生蚱蜢优化算法（grasshopper optimization algorithm，GOA）识别SOFC关键参数，可以有效避免陷入局部最优。此外，还设计了一个简化的竞争群优化器（simplified competitive swarm optimizer，SCSO），该优化器试图通过两种简化的策略来优化结构，这两种策略在稳定性和准确性方面具有很强的竞争力。有的学者采用极限学习机对数据集进行丰富，并对含噪数据进行过滤，以提高数据质量，在此基础上采用启发式算法进行参数识别。还有的学者使用人工神经网络直接识别SOFC模型的未知参数，其中使用Levenberg-Marquardt反向传播算法训练神经网络参数，取得了不错的效果。有的学者提出一种缎蓝园丁鸟优化器来解决SOFC稳态模型的参数辨识问题。有的学者基于DE算法与Jaya算法提出一种混合启发式算法（CHDJ）来识别SOFC模型参数。另外，还有的学者基于综合学习和动态多群方法对海洋捕食者算法（marine predators algorithm，MPA）进行改进，以提取SOFC模型参数。

然而，由于SOFC模型参数辨识问题的复杂性，大部分现有启发式算法并未能稳定、精确、快速地解决此棘手的问题，容易陷入局部最优解，往往需要耗费大量的时间和计算成本才能获得较合适的ECM未知参数值。“没有免费午餐”（No-Free-Lunch，NFL）定理表明，不存在可以应用于所有优化问题的算法，这意味着一个特定的优化器无法始终为所有问题带来理想的优化性能。特别是，由于高非线性、多模态等各种棘手的问题，如何在解决实际工程问题的同时确保有效性和效率仍然是一个值得进一步关注的问题。通过合理协调不同启发式算法的寻优机制，平衡算法的局部探索（local exploitation）和全局搜索（global exploration）能力，对现有启发式算法改进，有望成为高效解决上述难题的技术之一。

5.1.3 质子交换膜燃料电池参数识别概述

日益增长的能源需求、传统燃料资源的枯竭和环境污染给社会的可持续发展带来了巨大的挑战。为缓解上述问题，优化能源结构，发展绿色能源技术势在必行。其中，燃料电池（fuel cell，FC）系统以其高效、低污染、可持续发展等优点得到了广泛的应用。燃料电池一般可分为四种类型，即质子交换膜燃料电池（proton exchange membrane fuel cell，PEMFC）、磷酸燃料电池、固体氧化燃料电池和熔融碳酸盐燃料电池。

PEMFC 具有响应速度快、启动速度快、工作温度低、无污染等优点，已广泛应用于航空、电动汽车和分布式发电等领域。此外，为获得准确可靠的电压-电流（*U-I*）特性，研究人员开发了多种 PEMFC 模型，如三维稳态模型、物理电解槽模型、电化学稳态模型等。特别地，由半经验方程推导出的电化学稳态模型能够很好地预测 PEMFC 的稳态和瞬时状态，该模型中包含的一些未知参数对 PEMFC 的准确性和可靠性有很大的影响。

然而，PEMFC 的高度非线性、强耦合和多峰值特性严重阻碍了传统方法获得满意的参数辨识结果。因此，近年来启发式算法（meta-heuristic algorithms，MhAs）以其极大的灵活性被广泛应用于 PEMFC 模型的参数辨识。例如，采用 PSO 对 Nexa 1.2kW PEMFC 进行离线参数辨识；模拟遗传学和自然选择的自然进化行为，利用改进的 GA 辨识 PEMFC 参数。同时，其他先进的 MhAs 也用于 PEMFC 参数辨识，例如，GWO、WOA、MFO、DE、蚁狮优化算法（antlion optimization，ALO）、蜻蜓算法（dragonfly algorithm，DA）、平衡优化器（equilibrium optimizer，EO）等。到目前为止，MhAs 在提高搜索能力和效率方面取得显著进展。但是，上述方法忽略了数据噪声对 PEMFC 参数辨识的干扰，由于测量误差或环境影响，这种情况在实际应用中不可避免且普遍存在。噪声的存在会导致 MhAs 的收敛速度减慢，PEMFC 的参数辨识误差增大，使得后续的建模准确性降低。因此，需要采用一种切实有效的手段对数据噪声进行处理。

在数据降噪处理领域中，传统的方法有回归分析、聚类分析和分箱方法等。这些方法只能通过处理临近数据来确定最终解，没有自主学习能力，具有一定的缺陷。而 ANN 有强大的学习和适应能力，能够模拟人脑神经元的协同以实现信息的传递和处理，在数据降噪方面得到广泛研究。

5.2 基于孔雀优化算法的光伏电池参数辨识

本节首先对 PV 电池进行了数学建模，为了验证的有效性与广泛性。针对 PV 电池，本节不仅采取了应用广泛的两种模型，SDM 和 DDM，还有之前很少有文献关注的但却可以更有效地分析 PV 系统的复杂物理行为的复杂模型，TDM。

此外，本节利用 4.3.2 节提出的 POA，包括其算法设计以及在 PV 发电系统参数识别中的应用，用于解决在不同运行条件下三种不同 PV 电池模型的参数识别问题，总体而言，与其他启发式算法相比，本节提出的孔雀优化算法可以有效地提高 PV 参数识别的精度和可靠性。

5.2.1 光伏发电系统的数学模型

本节对于 PV 发电系统中的最核心部件，也即 PV 电池的数学建模，基于二者的发电原理进行了详细介绍。准确可靠的建模对后期优化设计、最大功率点跟踪、故障诊断等分析至关重要。因此对于三类 PV 电池模型，也即 SDM、DDM 以及 TDM 进行了讨论，并分别给出了针对 PV 电池的用于性能评估的目标函数，作为性能评估的判据。

PV 电池模型的建立是分析 PV 系统输出特性的重要基础。只有准确拟合 PV 电池的输出 I-U 和 P-U 曲线，才能可靠地评估和预测 PV 系统的性能，这在很大程度上依赖于从 PV 电池模型中准确识别所需的物理参数。本节选取了应用最广泛的两类等效电路模型 SDM 和 DDM，以及可以更有效分析 PV 系统的复杂物理行为的 TDM 来进行建模。

1. 单二极管模型

如图 5.2.1 所示，SDM 由理想恒流源 I_{ph}、二极管 D、串联电阻R_s和并联电阻R_{sh}组成。特别地，串联电阻R_s代表材料体电阻、薄层电阻和电极接触电阻的总串联电阻。同时，并联电阻R_{sh}的产生主要是由于 P-N 结不理想或在结附近有杂质，其反映的是电池的漏电水平。R_{sh}影响 PV 电池开路电压，R_{sh}减小会使开路电压降低，但短路电流基本不会受其影响。与 DDM 和 TDM 相比 SDM 其特点是，控制结构最简单、易于实现，但精度有限。

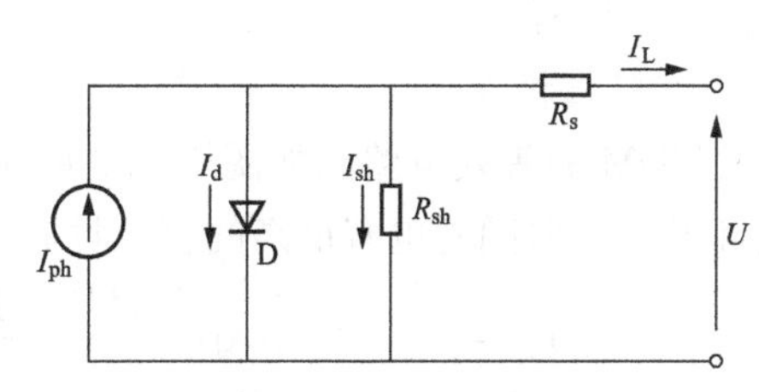

图 5.2.1 单二极管模型

根据基尔霍夫定律，SDM 的 I-U 关系可以表示为式（5.2.1）。

$$I = I_{ph} - I_d - I_{sh} \tag{5.2.1}$$

对于流经二极管的电流 I_d如式（5.2.2）所示。

$$I_d = I_0 \left\{ \exp\left[\frac{q(U + IR_s)}{akT}\right] - 1 \right\} \tag{5.2.2}$$

式中：I_0为二极管反向电流，A；q 为电子电荷量，值为1.6×10^{-19}C；U 为电池输出电压，V；a 为二极管质量因子；k 为玻尔兹曼常数，值为 1.38×10^{-23}J/K；T 为绝对温度，K。

对于流经电阻R_{sh}的电流 I_{sh}如式（5.2.3）所示。

$$I_{sh} = \frac{U + IR_s}{R_{sh}} \tag{5.2.3}$$

故可得电池的电流公式为

$$I = I_{ph} - I_0 \left\{ \exp\left[\frac{q(U + IR_s)}{akT}\right] - 1 \right\} - \frac{U + IR_s}{R_{sh}} \tag{5.2.4}$$

由式（5.2.4）可知，SDM 共有 5 个未知参数待识别，分别为 I_{ph}、I_0、R_s、R_{sh}和 a。

2. 双二极管模型

DDM 如图 5.2.2 所示，相比于 SDM、DDM 多了一个并联的二极管，其特点是在 STC 下也具有高精度，并且简单容易实现，但具有中等的模型复杂度。其输出电流如式（5.2.5）所示。

$$I = I_{ph} - I_{d1} - I_{d2} - I_{sh} \tag{5.2.5}$$

其中流过二极管 D1 和 D2 的电流 I_{d1}和 I_{d2}可写为式（5.2.6）和式（5.2.7）。

$$I_{d1} = I_{01} \left\{ \exp\left[\frac{q(U + IR_s)}{a_1 N_s U_T}\right] - 1 \right\} \tag{5.2.6}$$

$$I_{d2} = I_{02} \left\{ \exp\left[\frac{q(U + IR_s)}{a_2 N_s U_T}\right] - 1 \right\} \tag{5.2.7}$$

因此，DDM 的输出电流可表示为式（5.2.8）。

$$I = I_{\mathrm{ph}} - I_{01}\left\{\exp\left[\frac{q(U+IR_{\mathrm{s}})}{a_1 U_{\mathrm{T}}}\right]-1\right\} - I_{02}\left\{\exp\left[\frac{q(U+IR_{\mathrm{s}})}{a_2 U_{\mathrm{T}}}\right]-1\right\} - \frac{U+IR_{\mathrm{s}}}{R_{\mathrm{sh}}} \tag{5.2.8}$$

式中：I_{01} 和 I_{02} 分别是两个二极管的反向饱和电流；a_1 和 a_2 是两个二极管的理想因子；U_{T} 是光伏电池热电压。

由式（5.2.8）可知，DDM 共有 7 个未知参数待识别，分别为 I_{ph}、I_{01}、I_{02}、R_{s}、R_{sh}、a_1 和 a_2。

3. 三二极管模型

TDM 的等效电路图如图 5.2.3 所示，其特点为在研究复杂 PV 系统行为时具有最高精度和效率，但同时也有最高的复杂性和实现成本。其输出电流可表示为式（5.2.9）。

$$\begin{aligned} I_{\mathrm{L}} = I_{\mathrm{ph}} &- I_{01}\left\{\exp\left[\frac{q(U+IR_{\mathrm{s}})}{a_1 U_{\mathrm{T}}}\right]-1\right\} - I_{02}\left\{\exp\left[\frac{q(U+IR_{\mathrm{s}})}{a_2 U_{\mathrm{T}}}\right]-1\right\} \\ &- I_{03}\left\{\exp\left[\frac{q(U+IR_{\mathrm{s}})}{a_3 U_{\mathrm{T}}}\right]-1\right\} - \frac{U+IR_{\mathrm{s}}}{R_{\mathrm{sh}}} \end{aligned} \tag{5.2.9}$$

由式（5.2.9）可知，TDM 共有 9 个未知参数待识别，分别为 I_{ph}、I_{01}、I_{02}、I_{03}、R_{s}、R_{sh}、a_1、a_2 和 a_3。

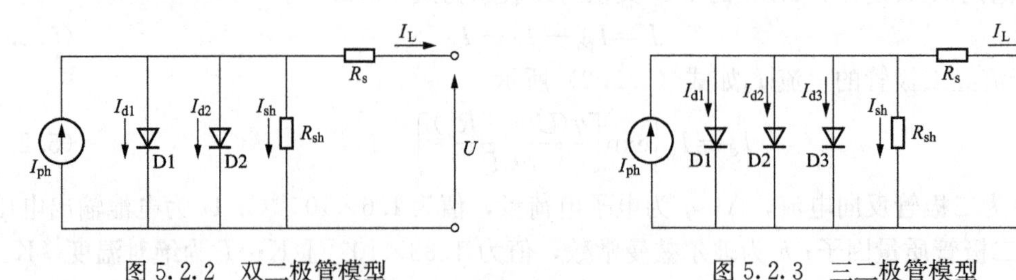

图 5.2.2　双二极管模型　　　　图 5.2.3　三二极管模型

4. 目标函数

在介绍具体的参数识别方法之前，为了有效且定量地评估参数识别方法的性能，提出了一系列的评价标准和目标函数，以有效地验证算法是否获得了理想的结果。通过计算结果可以比较不同算法的具体性能，从而有效地改进算法的不足之处。因此，性能判据的正确选择在参数识别的实际应用中起着重要的作用，本节选取均方根误差（RMSE）作为目标函数，利用实际值和识别值计算误差，如式（5.2.10）所示。

$$\mathrm{RMSE}(x) = \sqrt{\frac{1}{N}\sum_{k=1}^{N}\left[f(U_{\mathrm{L}}, I_{\mathrm{L}}, x)\right]^2} \tag{5.2.10}$$

式中：x 为需要识别的未知参数的解向量；N 为实验数据个数。不同 PV 模型的误差函数 $f(U_{\mathrm{L}}, I_{\mathrm{L}}, x)$ 见表 5.2.1。由表 5.2.1 可知，为了使实验数据和拟合数据的差异最小，需要通过优化解向量 x 来最小化目标函数 RMSE(x)，注意目标函数值与解的质量成反比。

5.2.2　算例分析

本节对所提 POA 在 PV 电池参数识别这一问题进行了仿真实验，验证了 POA 解决参数识别问题的可靠性与有效性。应用 SDM、DDM 和 TDM 三个基准 PV 电池模型，实例研究表明与其他方法相比，POA算法能有效提高优化精度和稳定性。

表5.2.1　　三类模型的误差函数

模型	误差函数	解向量
SDM	$f_{SDM}(U_L, I_L, x)=I_{ph}-I_0\left\{\exp\left[\frac{q(U_L+I_LR_s)}{aU_T}\right]-1\right\}-\frac{U_L+I_LR_s}{R_{sh}}-I_L$	$x=\{I_{ph}, I_0, R_s, R_{sh}, a\}$
DDM	$f_{DDM}(U_L, I_L, x)=I_{ph}-I_{01}\left\{\exp\left[\frac{q(U_L+I_LR_s)}{a_1U_T}\right]-1\right\}-I_{02}\left\{\exp\left[\frac{q(U_L+I_LR_s)}{a_2U_T}\right]-1\right\}-\frac{U_L+I_LR_s}{R_{sh}}-I_L$	$x=\{I_{ph}, I_{01}, I_{02}, R_s, R_{sh}, a_1, a_2\}$
TDM	$f_{TDM}(U_L, I_L, x)=I_{ph}-I_{01}\left\{\exp\left[\frac{q(U_L+I_LR_s)}{a_1U_T}\right]-1\right\}-I_{02}\left\{\exp\left[\frac{q(U_L+I_LR_s)}{a_2U_T}\right]-1\right\}-I_{03}\left\{\exp\left[\frac{q(U_L+I_LR_s)}{a_3U_T}\right]-1\right\}-\frac{U_L+I_LR_s}{R_{sh}}-I_L$	$x=\{I_{ph}, I_{01}, I_{02}, I_{03}, R_s, R_{sh}, a_1, a_2, a_3\}$

1. 基于孔雀优化算法的光伏电池参数识别算法设计

PV电池的各种等效电路模型中优化变量是不同的。为了实现对PV电池参数的高效且可靠的参数识别，将优化变量限定在上下边界范围内，如式（5.2.11）所示。

$$x_j^{\min}\leqslant x_j\leqslant x_j^{\max}, j=1,2,\cdots,J \tag{5.2.11}$$

式中：x_j为优化变量；$x_j^{\min}$和$x_j^{\max}$表示优化变量的下界和上界；J为优化变量个数。

如果孔雀个体违反约束式（5.2.11），它的位置将在其上下边界内随机重置，如式（5.2.12）所示。

$$x_j=x_j^{\min}+r_2(x_j^{\max}-x_j^{\min}) \tag{5.2.12}$$

式中：r_2表示从0到1的随机值。

基于POA的PV电池参数识别的优化框架如图5.2.4所示。

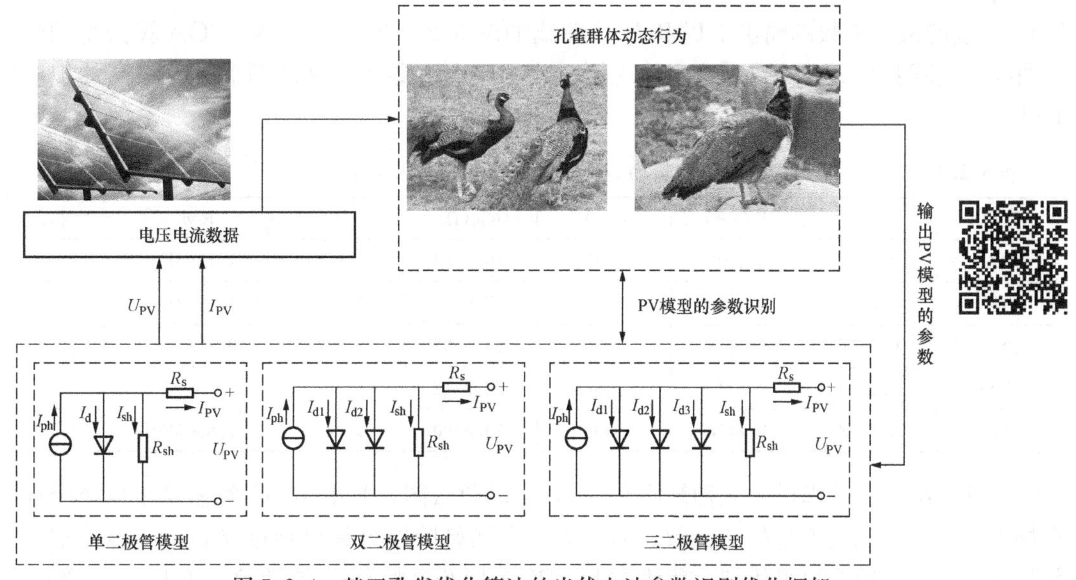

图5.2.4　基于孔雀优化算法的光伏电池参数识别优化框架

PV 电池确定的输出电压和电流的历史数据将被视为 POA 的输入，通过式（5.2.10）将其转换为目标函数。根据特定的 PV 电池模型，然后根据 POA 执行优化程序。最后，POA 输出 PV 电池的识别参数。

本节采用五种启发式算法，即 ABC、PSO、WOA、GWO 以及 POA 对 PV 电池进行参数识别以验证方法的有效性。本节采用 SDM、DDM 与 TDM 三种不同的 PV 电池模型，天气条件设定为 $G=1000\text{W/m}^2$，$T=33℃$，在直径为 57mm 的 R. T. C. France PV 电池中取 26 组 I-U 数据，数据详见表 5.2.2。特别地，对于 SDM、DDM 以及 TDM，为公平比较，由于 SDM 与 DDM 的问题维度相对较低，它们的最大迭代次数被设计为相同的，为 200 次，经过测试发现这足以满足收敛需求。而对于 TDM，由于其问题维度相对最高，更为复杂，故将其最大迭代次数设计为 3000 次，以更好地观察分析算法的收敛性能，而所有方法都独立运行了 30 次，以获得统计结果。此外，对于 SDM、DDM 和 TDM，每种算法的种群规模分别设计为 30、50 和 70。

表 5.2.2　　基准 *I-U* 数据集

数据	1	2	3	4	5	6	7	8	9	10	11	12	13
U_L(V)	−0.2057	−0.1291	−0.0588	0.0057	0.0646	0.1185	0.1678	0.2132	0.2545	0.2924	0.3269	0.3585	0.3873
I_L(A)	0.7640	0.7620	0.7605	0.7605	0.7600	0.7590	0.7570	0.7570	0.7555	0.7540	0.7505	0.7465	0.7385
数据	14	15	16	17	18	19	20	21	22	23	24	25	26
U_L(V)	0.4137	0.4373	0.4590	0.4784	0.4960	0.5119	0.5265	0.5398	0.5521	0.5633	0.5736	0.5833	0.5900
I_L(A)	0.7280	0.7065	0.6755	0.6320	0.5730	0.4990	0.4130	0.3165	0.2120	0.1035	−0.010	−0.123	−0.210

2. 单二极管模型测试

各种算法得到的最优参数识别结果及 RMSE 见表 5.2.3，其中以粗体突出显示了获得与实际值相比的最佳参数和最小误差的算法，可以看到，POA 可以获得最小的 RMSE，其次是 PSO、WOA、GWO 和 ABC 算法，这表明 POA 具有最高的参数识别精度。例如，POA 获得的 RMSE 值比 ABC 算法与 GWO 算法的 RMSE 值小了 17.15%与 9.14%。此外，POA 识别的最优参数的输出 I-U 和 P-U 曲线如图 5.2.5 所示。显然，POA 算法得到的拟合曲线与实际数据高度一致，这也体现了其在 PV 电池参数识别问题上具有很高的拟合准确性。

表 5.2.3　　单二极管模型下不同算法的参数识别结果

算法	I_{ph}(A)	I_0(μA)	R_s(Ω)	R_{sh}(Ω)	a	RMSE	排名
ABC	0.7597	0.4306	0.0354	70.7133	1.5105	1.1896E-03	5
GWO	0.7609	0.3957	0.0355	57.6986	1.5020	1.0847E-03	4
PSO	0.7607	0.3178	0.0364	53.5592	1.4766	9.8824E-04	2
WOA	0.7609	0.3240	0.0363	50.3342	1.4816	1.0073E-03	3
POA	**0.7608**	**0.2476**	**0.0366**	**53.4190**	**1.4676**	**9.8562E-04**	**1**

此外，图 5.2.6 提供了五种算法在 SDM 下的收敛图，其中 WOA 算法基于单个个体的全局搜索很难得到高质量的最优解。而 GWO 在初始阶段容易出现过早收敛，容易陷入局部最优，难以获得全局最优解。相比之下，POA 拥有更快的收敛速度，并且由于 POA 的

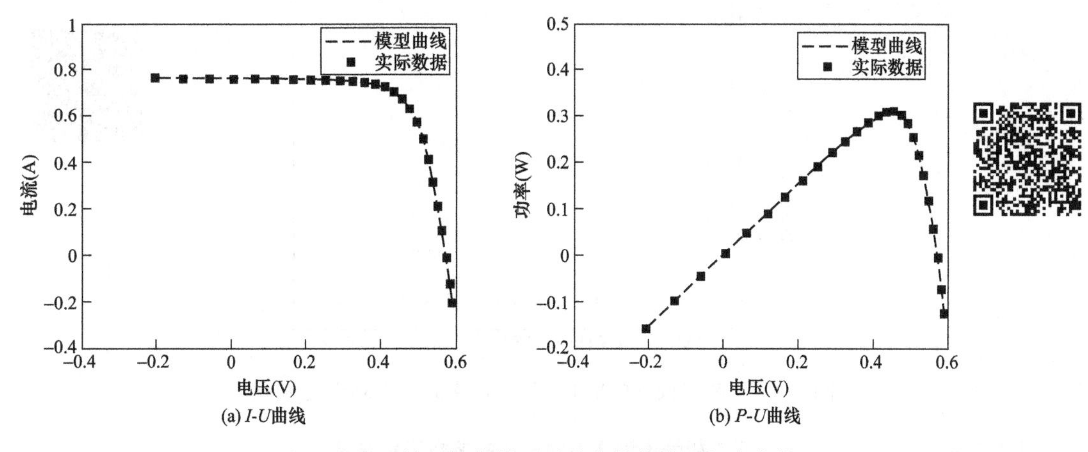

图 5.2.5 单二极管模型下孔雀优化算法拟合曲线

设计包括有效和高效的探索性和开发性搜索算子，这保证了全局探索和局部探索之间适当的平衡，从而避免局部最优。并且雄性个体与雌性个体之间的互动，在增强全局寻优能力的同时兼顾了算法的稳定性，因此可以稳定且快速地找到更好的解决方案。

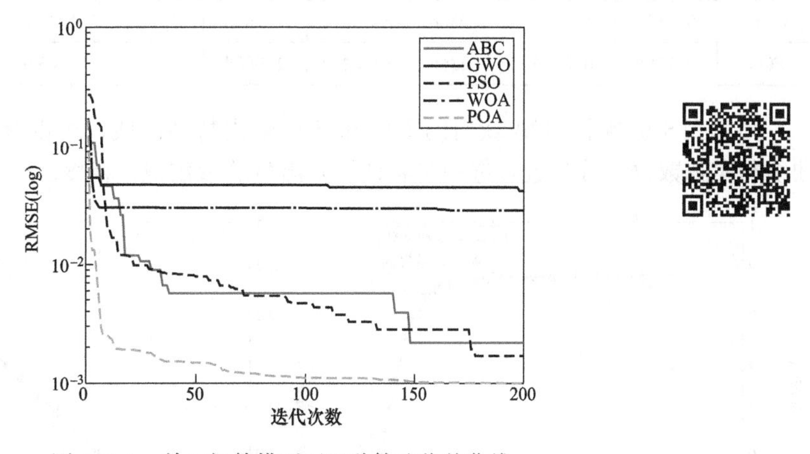

图 5.2.6 单二极管模型下五种算法收敛曲线

图 5.2.7 为 SDM 下的各种算法的盒须图，直观地展示了各种算法在 30 次独立运行中的仿真结果分布。可以看到，POA 算法得到的 RMSE 在所有算法中具有最小的上下限区间，并且不存在异常值。这验证了 POA 算法对于 SDM 的参数识别，可以在保证高收敛稳定性的基础上同时拥有高优化精度。

3. 双二极管模型测试

本小节主要对各个算法在 DDM 下的参数识别效果进行检验，结果见表 5.2.4，其中以粗体突出显示了获得最小误差的算法，可以看出 POA 算法在此模型下依旧可以取得最佳的参数识别效果，具有最小的 RMSE，例如，POA 获得的 RMSE 仅为 ABC 算法与 WOA 算法的 RMSE 值的 82.44%与 86.88%。因此，当 DDM 同时考虑精度和可靠性时，POA 算法的性能最理想。

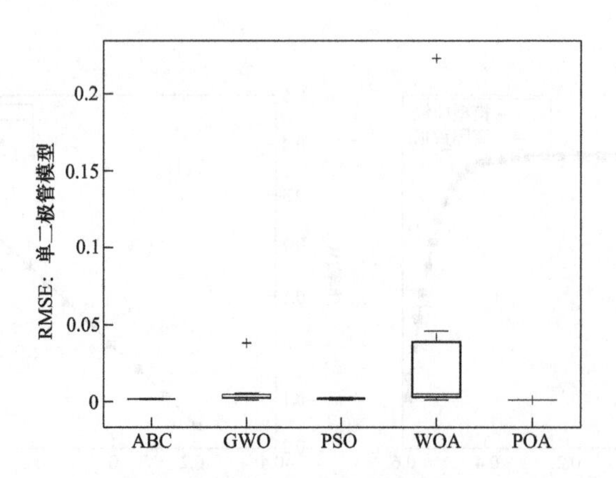

图 5.2.7　单二极管模型下不同算法得到的 RMSE 盒须图

表 5.2.4　　双二极管模型下不同算法的参数识别结果

算法	I_{ph}(A)	I_{01}(μA)	R_s(Ω)	R_{sh}(Ω)	a_1	I_{02}(μA)	a_2	RMSE	排名
ABC	0.7605	0.5455	0.0367	52.0981	1.8125	0.1505	1.4209	1.1955E-03	5
GWO	0.7607	0.1162	0.0364	56.7577	1.4123	0.4657	1.6654	1.0037E-03	3
PSO	0.7608	0.3565	0.0368	52.5037	2.0000	0.2510	1.4596	9.9361E-04	2
WOA	0.7611	0.5356	0.0358	55.5696	1.6670	0.1502	1.4361	1.1343E-03	4
POA	**0.7608**	**0.2256**	**0.0366**	**54.6219**	**2.0000**	**0.2162**	**1.4516**	**9.8554E-04**	**1**

图 5.2.8 绘制了 POA 获得的 *I-U* 和 *P-U* 输出特性曲线，可以看出，POA 得到的模型曲线与实际数据十分相近，进一步验证了其出色的参数识别精度。

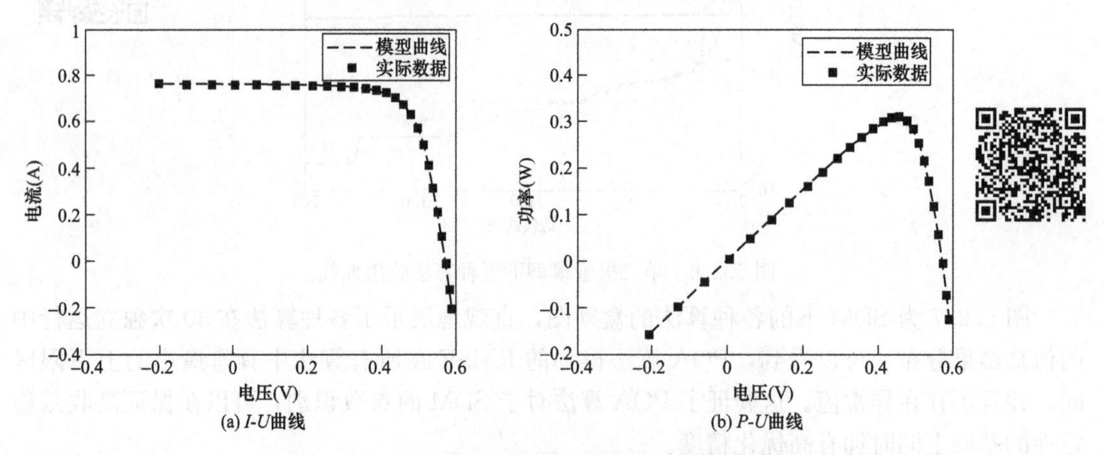

图 5.2.8　双二极管模型下孔雀优化算法拟合曲线

此外，图 5.2.9 提供了五种算法在 DDM 下独立运行 30 次的收敛图。结果表明，WOA 在初始阶段可以快速得到一个优质的解，但容易产生早熟收敛，难以找到全局最优解。相比之下，POA 算法具有较高的收敛速度与收敛精度，可以有效避免局部最优，从而寻得更高质量的解。

不同算法的盒须图如图 5.2.10 所示，从中可以很容易地发现 POA 得到的 RMSE 与其他算法相比具有最小的分布范围和上下限，说明 POA 算法在 PV 电池 DDM 中的参数识别中具有更强的搜索能力与可靠性。

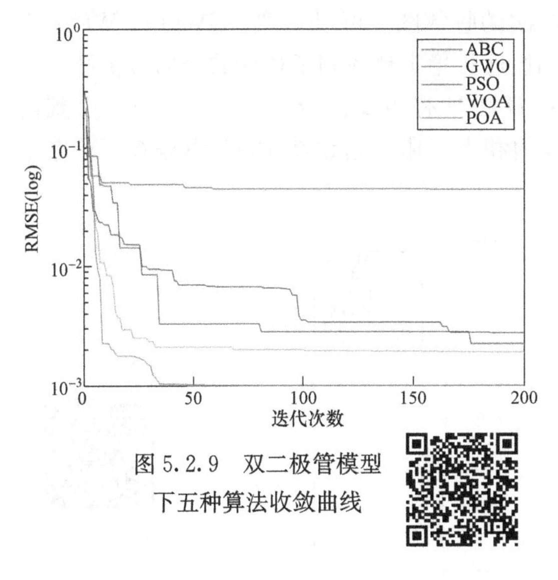

图 5.2.9 双二极管模型下五种算法收敛曲线

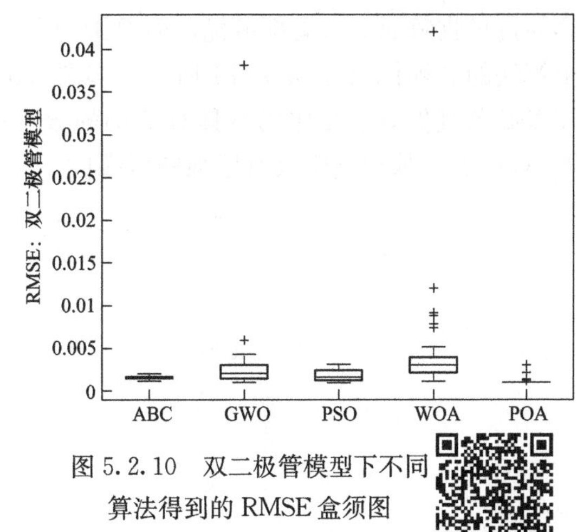

图 5.2.10 双二极管模型下不同算法得到的 RMSE 盒须图

4. 三二极管模型测试

对于 TDM，表 5.2.5 列出了每种算法的参数识别结果，表中以粗体突出显示了获得最佳性能的算法，POA 算法仍然取得了最令人满意的效果，获得了最小的 RMSE，具有最高的优化精度。图 5.2.11 绘制了 POA 在 TDM 下拟合的 *I-U* 和 *P-U* 曲线，可以看出，模型

表 5.2.5　　三二极管模型下不同算法的参数识别结果

算法	I_{ph}(A)	I_{sd1}(μA)	R_s(Ω)	R_{sh}(Ω)	a_1	I_{sd2}(μA)	a_2	I_{sd3}(μA)	a_3	RMSE	排名
ABC	0.7616	0.2468	0.0364	44.8353	1.4617	0.3505	1.5626	0.2677	1.9268	1.1649E-03	4
GWO	0.7607	0.0399	0.0365	59.8565	1.4329	0.0200	1.3326	0.4858	1.6066	1.0127E-03	3
PSO	0.7607	1.0000	0.0369	56.8104	2.0000	0.0565	1.4569	0.1375	1.4317	9.8636E-04	2
WOA	0.7598	0.3717	0.0363	76.7667	1.5770	0.0279	1.8578	0.0778	1.4071	1.2265E-03	5
POA	**0.7607**	**0.0739**	**0.0363**	**55.5735**	**1.9996**	**0.2745**	**1.4795**	**0.2265**	**1.9685**	**9.8462E-04**	**1**

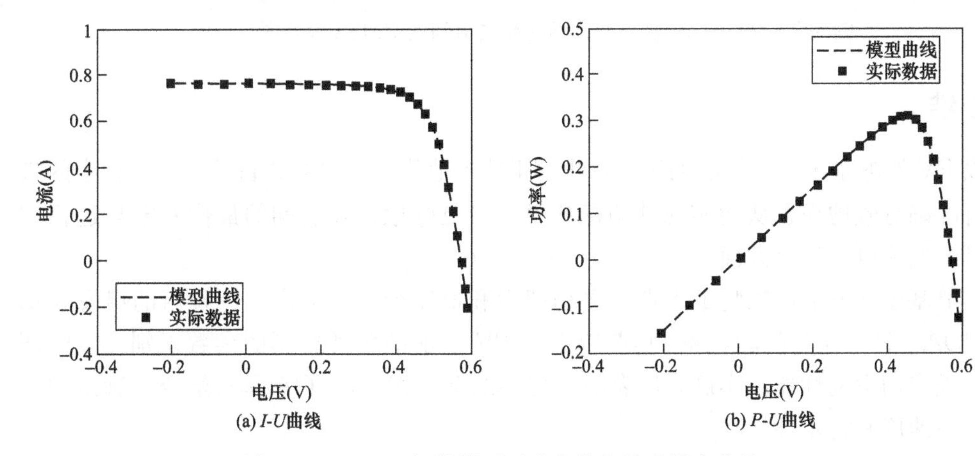

图 5.2.11 三二极管模型下孔雀优化算法拟合曲线

曲线与实际数据几乎完全一致，表明了 POA 具有极强的参数识别可靠性。此外，图 5.2.12 展示了所有算法在 TDM 下独立运行 30 次的收敛图。可以看到，GWO 与 WOA 都容易过早收敛而陷入局部最优，而 POA 算法则快速且稳定地找到了最佳的全局最优解。各个算法的盒须图如图 5.2.13 所示，虽然 ABC 算法具有更少的异常值，但 POA 得到的 RMSE 与其他算法相比仍然具有最小的分布范围和上下限，这说明 POA 算法在 PV 电池 TDM 中的参数识别中具有极强的可靠性。

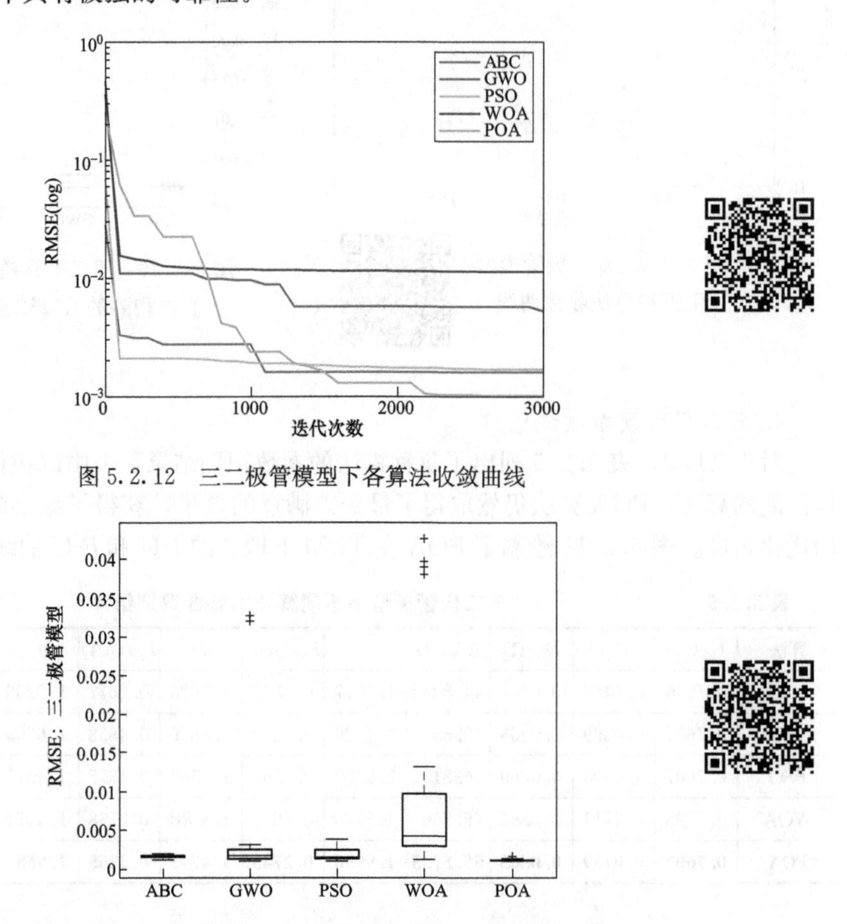

图 5.2.12　三二极管模型下各算法收敛曲线

图 5.2.13　三二极管模型下不同算法得到的 RMSE 盒须图

5.2.3　小结

本节以 PV 发电系统中最核心的组件，也即 PV 电池为研究对象，目的对其模型中的未知参数进行准确有效地识别从而实现其精确建模，以更好地指导后期的最优发电与运行控制，主要可概括为以下三个方面：

(1) 本节基于孔雀群体独特的求偶、食物搜索和追逐行为，提出了一种新的启发式算法，也即 POA。针对实际问题，将 POA 应用于 PV 电池的各类模型的参数识别，以验证其在实际工程应用中的性能。实例分析表明，与其他算法相比，POA 具有最令人满意的识别精度、收敛速度和稳定性。

(2) 对于 PV 电池参数识别，采用 SDM、DDM 和 TDM 三个基准 PV 电池模型，全面验证了 POA 用于 PV 电池参数识别的有效性和可靠性。算例研究表明，与其他算法相比，POA 能有效地提高优化精度和稳定性。

(3) 然而，本节提出的方法也存在一些局限性，如参数整定的复杂性可以进一步降低，在线实时进行参数识别的能力还未得到开发。

5.3 基于人工生态系统优化算法-蝠鲼觅食优化算法的固体氧化物燃料电池参数辨识

本节基于人工生态系统优化（artificial ecosystem-based optimization，AEO）算法与蝠鲼觅食优化（manta ray foraging optimization，MRFO）算法提出一种新型的启发式算法，即 AEO-MRFO 协调优化器（AEO-MRFO coordinating optimizer，EMCO），能够有效解决 SOFC 模型的参数辨识问题。其中，EMCO 具有以下优势：

(1) 与原始启发式算法（MRFO）相比，EMCO 通过简化 MRFO 算法，舍弃气旋觅食算子中随机性过强的搜索机制，避免在迭代过程中产生过多的盲目搜寻操作，造成运算资源的浪费。

(2) 与原始启发式算法（MRFO）相比，EMCO 通过改进 MRFO 算法，将翻滚觅食算子中的翻滚因子由常数（$S=2$）修正为服从标准正态分布的随机数，弥补了简化气旋觅食算子后造成算法全局搜索能力不足的缺陷。

(3) 考虑到 AEO 的生产者算子和消费者算子与 MRFO 的气旋觅食算子和链式觅食算子具有相似的寻优特性，仅保留被简化的气旋觅食算子和链式觅食算子，优化算法结构，易于实现。

(4) 在迭代过程中动态协调 AEO 分解者算子与被修正的 MRFO 翻滚觅食算子，迭代初期，各候选解主要由被修正的 MRFO 翻滚觅食算子引导，围绕候选解自身做全局搜索；迭代后期，AEO 分解者算子指引各候选解围绕当前最优解做局部探索，增强了算法的寻优能力与收敛稳定性。

最后，本节基于荷兰能源研究中心（Energy Research Centre of Netherlands，ECN）和波兰 CEREL 公司各自生产的两种 SOFC 单体电池的测试数据和蒙大拿州立大学（Montana State University，MSU）的 5kW SOFC 电池堆栈在两个不同运行条件下的实验数据共四个算例，将所提算法与蚁群优化（ant colony optimization，ACO）算法、EO、GWO 算法、堆栅优化器（heap-based optimizer，HBO）、PSO 算法、AEO 算法和 MRFO 算法相比，仿真结果验证了 EMCO 杰出的优化性能，为 SOFC 模型的参数辨识问题提供了一种高效的解决方案。

5.3.1 固体氧化物燃料电池数学建模

可靠和准确的 SOFC 建模对于分析和预测不同运行条件下 SOFC 系统的输出特性至关重要。截至目前，已经开发了一系列 SOFC 模型，以描述独特的输出 U-I 特性，即极化曲线。基于 5.2 节对 SOFC 原理的相关介绍，本节对其数学模型进行了详细的分析。SOFC 的输出电压和自身温度、压力、电流大小等参数有关。

1. 发电机理

如图 5.3.1 所示，典型的 SOFC 主要由三部分组成，即阳极、阴极和夹在它们之间的电解质。一般来说，SOFC 中发生的整体电化学反应由式（5.3.1）和式（5.3.2）描述。

阳极：

$$2H_2 + 2O^{2-} \longrightarrow 2H_2O + 4e^- \tag{5.3.1}$$

阴极：

$$O_2 + 4e^- \longrightarrow 2O^{2-} \tag{5.3.2}$$

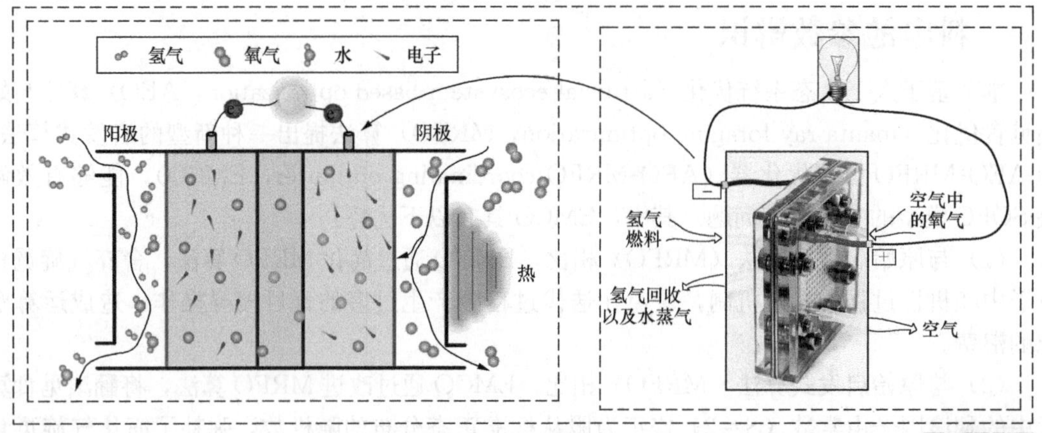

图 5.3.1　固体氧化物燃料电池发电原理

2. 电化学模型

SOFC 的典型极化曲线主要可分为三个不同的部分，即活化极化、浓度极化和欧姆极化，在此基础上，可以通过分段分析精确描述特定的输出 U-I 特性。特别是，活化极化主要表现为来自活化势垒的延迟化学反应。同时，浓度极化能有效地描述传质过程中的浓差压降。最后，欧姆极化表示欧姆损耗，欧姆损耗主要由各种电阻引起，即离子电阻、电子电阻和接触电阻。在这里，SOFC 输出极化曲线的精确拟合主要取决于 SOFC 模型中几个关键参数的准确识别。

为了实现 SOFC 的简单和可靠控制，开发了一个电化学模型

$$U_c = N_{cell}(E_{oc} - U_{act} - U_{ohm} - U_{con}) \tag{5.3.3}$$

式中：N_{cell}表示 SOFC 堆栈中串联的电池数量。

此外，开路电压E_{oc}可由式（5.3.4）描述。

$$E_{oc} = E_0 + \frac{RT}{2F}\ln\left[\frac{P_{H_2}^2 P_{O_2}}{P_{H_2O}^2}\right] \tag{5.3.4}$$

式中：$R=8.314$kJ/(kmol·K)，表示通用气体常数；T 表示电池的工作温度。

此外，激活电压损失 U_{act}可由 Butler-Volmer 方程计算得出，如式（5.3.5）所示。

$$U_{act} = A\sinh^{-1}\left(\frac{I_{load}}{2I_{a0}}\right) + A\sinh^{-1}\left(\frac{I_{load}}{2I_{c0}}\right) \tag{5.3.5}$$

式中：I_{load}表示负载电流密度；A 表示塔菲尔线的斜率；I_{a0}和 I_{c0}分别表示阳极和阴极的交换电流密度。

此外，浓度电压损失 U_{con}表示如式（5.3.6）所示。

$$U_{con} = B\ln\left(1 - \frac{I_{load}}{I_L}\right) \tag{5.3.6}$$

式中：B 表示一个常数；I_L 分别表示极限电流密度。

最后，欧姆电压损失 U_{ohm} 如式（5.3.7）所示。

$$U_{ohm}=I_{load}R_{ohm} \tag{5.3.7}$$

式中：R_{ohm} 表示离子电阻。

根据式（5.3.3）～式(5.3.7)，SOFC 的 U-I 关系可由式（5.3.8）给出。

$$\begin{aligned}U_c&=N_{cell}(E_{oc}-U_{act}-U_{ohm}-U_{con})\\&=N_{cell}\left[E_{oc}-A\sinh^{-1}\left(\frac{I_{load}}{2I_{a0}}\right)-A\sinh^{-1}\left(\frac{I_{load}}{2I_{c0}}\right)-B\ln\left(1-\frac{I_{load}}{I_L}\right)-I_{load}R_{ohm}\right]\end{aligned} \tag{5.3.8}$$

根据式（5.3.8），SOFC 的电化学模型需要识别 7 个未知参数，即 E_{oc}、A、I_{a0}、I_{c0}、B、I_L 和 R_{ohm}。

3. 稳态模型

SOFC 的最高电动势由 Nernst 电动势 E_0 定义，如式（5.3.9）所示。

$$E_0=-\frac{\Delta G^\circ(T)}{nF}+\frac{RT}{nF}\ln\left[\frac{P_{H_2}\sqrt{P_{O_2}}}{P_{H_2O}}\right] \tag{5.3.9}$$

激活电压损失 U_{act} 可通过计算得出，如式（5.3.10）所示。

$$\begin{cases}U_{act}=A\sinh^{-1}\left(\dfrac{J}{2J_0}\right)\\A=\dfrac{RT}{n\alpha F}\end{cases} \tag{5.3.10}$$

式（5.3.10）称为塔菲尔关系式，该关系式仅在电流密度高于交换电流密度的情况下有效。此外，欧姆电压损失由式（5.3.11）给出。

$$U_{ohm}=IR_{ohm} \tag{5.3.11}$$

此外，浓度电压损失 U_{con} 可由式（5.3.12）式描述。

$$\begin{cases}U_{con}=B\ln\left(1-\dfrac{J}{J_{max}}\right)\\B=\dfrac{RT}{nF}\end{cases} \tag{5.3.12}$$

最后，SOFC 的输出电压可以表示为式（5.3.13）。

$$U_c=N_{cell}(E_0-U_{act}-U_{ohm}-U_{con})=N_{cell}\left[E_0-A\sinh^{-1}\left(\frac{J}{2J_0}\right)-B\ln\left(1-\frac{J}{J_{max}}\right)-IR_{ohm}\right] \tag{5.3.13}$$

因此，对于 SOFC 稳态模型来说，需要识别 6 个未知参数，即：E_0、A、B、R、J_0 和 J_{max}。

5.3.2 人工生态系统优化算法-蝠鲼觅食优化算法协调优化器

1. 原始人工生态系统优化算法

对于 AEO，生产者 $\boldsymbol{x}_1(t)$ 通过当前种群中的分解者位置 $\boldsymbol{x}_n(t)$ 和搜索范围内的一个随机向量 $\boldsymbol{x}_r$ 更新自身的位置（生产者算子），如式（5.3.14）～式（5.3.16）所示。

$$a=\left(1-\frac{t}{T}\right)r_1 \tag{5.3.14}$$

$$\boldsymbol{x}_{\mathrm{r}}=\boldsymbol{r}(\boldsymbol{x}_{\mathrm{u}}-\boldsymbol{x}_1)+\boldsymbol{x}_1 \tag{5.3.15}$$

$$\boldsymbol{x}_1(t+1)=(1-a)\boldsymbol{x}_n(t)+a\boldsymbol{x}_{\mathrm{r}} \tag{5.3.16}$$

式中：t 和 T 分别表示当前迭代次数与最大迭代次数；r_1 和 $\boldsymbol{r}$ 分别为［0，1］内服从均匀分布的随机数和随机向量；$\boldsymbol{x}_{\mathrm{u}}$和 $\boldsymbol{x}_1$分别代表搜索范围的上下界；n 则表示种群大小。

若某一消费者 $\boldsymbol{x}_i(t)$被选为食草动物，则只有生产者的能量会流向该食草动物。因此，食草动物的消耗行为被描述为

$$\boldsymbol{x}_i(t+1)=\boldsymbol{x}_i(t)+\boldsymbol{C}[\boldsymbol{x}_i(t)-x_1(t)] \tag{5.3.17}$$

式中：$i=2$，3，4，…，n。

若某一消费者 $\boldsymbol{x}_i(t)$ 被选为食肉动物，则可捕食更高能量等级的其他消费者，如式（5.3.18）所示。

$$\boldsymbol{x}_i(t+1)=\boldsymbol{x}_i(t)+\boldsymbol{C}[\boldsymbol{x}_i(t)-\boldsymbol{x}_j(t)] \tag{5.3.18}$$

式中：$i=3$，4，5，…，n 且 j 为［2，$i-1$］内的一个随机整数。

若某一消费者 $\boldsymbol{x}_i(t)$ 被选为杂食动物，则其根据生产者及更高能量等级的其他消费者的位置来更新自身位置，如式（5.3.19）所示。

$$\boldsymbol{x}_i(t+1)=\boldsymbol{x}_i(t)+\boldsymbol{C}\{r_2[\boldsymbol{x}_i(t)-\boldsymbol{x}_1(t)]+(1-r_2)[\boldsymbol{x}_i(t)-\boldsymbol{x}_j(t)]\} \tag{5.3.19}$$

式中：$i=3$，4，5，…，n 且 j 为［2，$i-1$］内的一个随机整数；r_2 是［0，1］内服从均匀分布的一个随机数。

式（5.4.17）和式（5.4.18）即为 AEO 的消费者算子，其中消费因子 $\boldsymbol{C}$ 为 Levy 飞行，如式（5.3.20）所示。

$$\boldsymbol{C}=0.5\frac{\boldsymbol{v}_1}{|\boldsymbol{v}_2|} \tag{5.3.20}$$

式中：$\boldsymbol{v}_1$ 和 $\boldsymbol{v}_2$ 分别代表服从标准正态分布的两个随机向量。

AEO 分解算子使得种群中每个个体 $\boldsymbol{x}_i(t)$ 散布于当前最好的解（分解者）周围。

$$\boldsymbol{x}_i(t+1)=\boldsymbol{x}_n(t)+\boldsymbol{D}\cdot[e\cdot\boldsymbol{x}_n(t)-h\cdot x_i(t)] \tag{5.3.21}$$

式中：分解因子 $\boldsymbol{D}=3\boldsymbol{u}$，$\boldsymbol{u}$ 为服从标准正态分布的随机向量或随机数；$e=r_3\cdot\mathrm{randi}([1\ 2])-1$，$r_3$为［0，1］内服从均匀分布的一个随机数；$h=2r_3-1$。

原始 MRFO 算法参见 4.2.4 节。

2. 人工生态系统优化算法-蝠鲼觅食优化算法协调优化器设计

首先，通过式（5.3.17）～式(5.3.19）及式（4.2.39）～式(4.2.44）可以看出，AEO 的消费者算子使得各个体在迭代过程中逐渐远离适应度最差的生产者，而 MRFO 的链式觅食和气旋觅食策略主要吸引（特别是在迭代后期）各个体往适应度最好的食物源靠近，上述两部分操作具有相似的性质，为避免两种操作相互影响，EMCO 保留 MRFO 的链式觅食和气旋觅食策略。

其次，由式（4.2.41）表示的气旋觅食策略具有很强的随机性，为防止算法产生过多较盲目的搜索，EMCO 对 MRFO 的气旋觅食策略进行简化，摒弃式（4.2.41），使各个个体以相等的概率去执行式（4.2.39）或式（4.2.43）的策略。值得注意的是，由于 EMCO 对所有个体按适应度降序排列，可免去对当前最优解的操作，将式（4.2.39）和式（4.2.43）进一步简化为式（5.3.22）和式（5.3.23）：

$$x_i^d(g+1)=x_i^d(g)+r\cdot[x_{i-1}^d(g)-x_i^d(g)]+\alpha\cdot[x_{\mathrm{best}}^d(g)-x_i^d(g)] \tag{5.3.22}$$

$$x_i^d(g+1)=x_{\text{best}}^d(g)+r\cdot[x_{i-1}^d(g)-x_i^d(g)]+\alpha\cdot[x_{\text{best}}^d(g)-x_i^d(g)] \tag{5.3.23}$$

式中：$g=2, 3, 4, \cdots, n$。

最后，参考式（5.3.21）中分解因子 $\boldsymbol{D}$，将式（4.2.45）中的翻滚因子由常数 2 修正为 $\boldsymbol{S}=3\boldsymbol{w}$，$\boldsymbol{w}$ 为服从标准正态分布的随机向量或随机数。在迭代过程中依据当前迭代次数 t 动态协调 AEO 分解者算子与被修正的 MRFO 翻滚觅食算子，弥补了前述改进造成算法全局搜索能力不足的缺陷。

5.3.3 基于EMCO的固体氧化物燃料电池参数辨识

1. 固体氧化物燃料电池参数辨识优化模型

为便于通过 EMCO 准确识别 ECM 中的 7 个未知参数，以使辨识得到的模型更接近 SOFC 实际极化特性，需要最小化实验数据（I-U）与模型数据之间的误差。采用均方根误差（root-mean-square error，RMSE）作为 SOFC 参数辨识的适应度函数，如式（5.3.24）所示。

$$\text{RMSE}(\boldsymbol{x})=\sqrt{\frac{1}{K}\sum_{k=1}^{K}[U_{\text{e},k}-U_{\text{m},k}(\boldsymbol{x},I_k)]} \tag{5.3.24}$$

式中：$\boldsymbol{x}$ 为优化变量，即 $\boldsymbol{x}=[E_\text{o},A,R,B,I_{\text{a0}},I_{\text{c0}},I_\text{L}]$；$K$ 表示实验数据集大小；I_k 是实验数据集中第 k 个电流密度；$U_{\text{e},k}$ 和 $U_{\text{m},k}$ 分别为实验数据集中第 k 个输出电压以及 I_k 对应的模型电压。

至此，SOFC 的参数辨识优化模型可描述如式（5.3.25）和式（5.3.26）所示。

$$\min \text{RMSE}(\boldsymbol{x}) \tag{5.3.25}$$

$$\text{s.t.}\begin{cases}I_{\text{a0}}>I_{\text{c0}}\\ I_\text{L}>I_{\text{load}}\\ E_\text{o}^{\min}\leqslant E_\text{o}\leqslant E_\text{o}^{\max}\\ A^{\min}\leqslant A\leqslant A^{\max}\\ R^{\min}\leqslant R\leqslant R^{\max}\\ B^{\min}\leqslant B\leqslant B^{\max}\\ I_{\text{a0}}^{\min}\leqslant I_{\text{a0}}\leqslant I_{\text{a0}}^{\max}\\ I_{\text{c0}}^{\min}\leqslant I_{\text{c0}}\leqslant I_{\text{c0}}^{\max}\\ I_\text{L}^{\min}\leqslant I_\text{L}\leqslant I_\text{L}^{\max}\end{cases} \tag{5.3.26}$$

不等式约束式（5.3.26）中，前两个约束是考虑 SOFC 的实际运行情况而设置的，后七个约束为优化变量的搜索空间，见表 5.3.1。

表 5.3.1　　各优化变量搜索范围

参数变量	下界 x_l	上界 x_u
E_o(V)	0	1.2
A(V)	0	1
R(kΩ·cm²)	0	1
B(V)	0	1
I_{a0}(mA/cm²)	0	100
I_{c0}(mA/cm²)	0	100
I_L(mA/cm²)	0	1000

2. 基于 EMCO 的固体氧化物燃料电池参数辨识框架

为保证起始种群的多样性，增强其对搜索空间的覆盖程度，按式（5.3.15）在搜索空间内随机初始化种群中的每个个体。此外，EMCO 沿用 AEO 及 MRFO 的边界检查规则，即在迭代过程中若个体的某个或某些参数变量超出搜索边界，则重新在该变量的搜索范围内随机取值，而保持剩余参数的值不变，旨在最大限度保留先前经验知识的同时提高种群寻优能力。基于 EMCO 的 SOFC 参数辨识总体框架见表 5.3.2，rand 表示分布在［0，1］内的均匀随机数。

表 5.3.2　　基于 EMCO 的固体氧化物燃料电池参数辨识总体框架

1. 初始化种群大小 n 及最大迭代次数 T；
2. 输入 SOFC 实验数据（I-U）以及串联电池个数 N_{cell}；
3. 依据式（5.3.15）初始化种群中每个个体位置；
4. 设置 $t=0$；
5. **WHILE1** $t<T$
6. 由式（5.3.8）、式（5.3.24）及式（5.3.26）计算每个个体适应度；
7. 根据适应度对个体降序排列；
8. 确定种群当前最优个体 $\boldsymbol{x}_{best}$(t)；
9. **FOR1** i：=2，3，…，n
10. **IF1** rand<0.5
11. 由式（5.3.22）更新个体 $\boldsymbol{x}_i$ 位置；
12. **ELSE1**
13. 由式（5.3.23）更新个体 $\boldsymbol{x}_i$ 位置；
14. **END IF1**
15. **END FOR1**
16. 依据边界检查规则修正每个个体位置；
17. 由式（5.3.8）、式（5.3.24）及式（5.3.26）计算每个个体适应度；
18. 确定种群当前最优个体 $\boldsymbol{x}_{best}(t)$；
19. **FOR2** i：=1，2，…，n
20. **IF2** t/T<rand
21. 由修正翻滚因子后的式（4.2.45）更新个体 x_I 位置；
22. **ELSE2**
23. 由式（5.3.21）更新个体 x_i 位置；
24. **END IF2**
25. **END FOR2**
26. 依据边界检查规则修正每个个体位置；
27. **END WHILE1**
28. 输出 SOFC 最优模型参数

5.3.4 算例分析

本章为验证所设计 EMCO 的有效性，以 ALO、EO、GWO、HBO、PSO、AEO 及 MRFO 作为参照算法，分别通过荷兰 ECN 和波兰 CEREL 公司各自生产的两种 SOFC 单体电池的测试数据和 MSU 提供的 5kW SOFC 电池堆栈在两个不同运行条件（2.0265×10^5Pa，1073K 和 2.0265×10^5Pa，1273K）下的实验数据共四个算例，探究上述 8 个算法在 SOFC 参数识别上的性能表现。为便于叙述，分别将四个算例简记成 ECN-SOFC、CEREL-SOFC、MSU-SOFCs1 和 MSU-SOFCs2。其中，MSU 提供的 5kW SOFC 电池堆栈由 96 个单体电池串联而成，有效活性极化面积为 1000cm^2。

本节中，两种单体电池的 *U-I* 数据集可直接从学者 Dhruv Kle 的 *Parameter extraction of fuel cells using hybrid interior search algorithm* 中获取；另外两个 SOFC 堆栈的 *U-I* 数据集是由 MSU 提供的模型在氢气和空气的摩尔流速分别为 0.0009mol/s 和 0.012mol/s 下，设置不同的温度及压强（2.0265×10^5Pa，1073K 和 2.0265×10^5Pa，1273K）仿真获得的。

为便于比较，本节统一将各算法的种群大小 n 和最大迭代次数 T 分别设置为 50 及 200，需要额外设置的参数见表 5.3.3。此外，对于每个算例，8 个算法分别进行 30 次独立试验，并对结果进行统计分析，以公正合理地对比不同算法的性能。

表 5.3.3 各算法参数

算法	参数	数值
EO	常数 a_1	2
	常数 a_2	1
	周转率 λ	区间 [0，1] 内的均匀随机数
	生成概率 GP	0.5
GWO	系数 a	随迭代过程从 2 线性减为 0
PSO	最大速度 $V_{\max}$	$0.1\cdot(\boldsymbol{x}_u-\boldsymbol{x}_l)$
	最小速度 $V_{\min}$	$-V_{\max}$
	权重系数 c_1	2
	权重系数 c_2	2
MRFO	翻滚因子 S	2

1. 单体固体氧化物燃料电池参数辨识

为检测 EMCO 对单体 SOFC 的参数辨识性能，应用上述 8 种算法辨识 ECN-SOFC 和 CEREL-SOFC 两种不同单体 SOFC 的参数，各算法 30 次独立实验中所获得的 RMSE 最优一次结果见表 5.3.4，最优算法对应的参数及 RMSE 用加粗字体表示（后同）。由表 5.3.4 可以看出，相比另外 7 个算法，所提 EMCO 对两种单体 SOFC 都能实现更高精度的参数辨识。

图 5.3.2 提供了各算法分别对两种单体电池进行 30 次独立参数辨识实验所获得 RMSE 的箱线图，可以清楚地看到，EMCO 对两种不同单体 SOFC 参数辨识的误差及分布范围都最小，进一步验证了在 SOFC 参数辨识上所提方法的收敛稳健性及精确性。

表 5.3.4　　各算法对单体固体氧化物燃料电池的辨识结果

电池类型	算法	所需辨识的 ECM 参数							RMSE(V)
		E_o(V)	A(V)	R(kΩ·cm²)	B(V)	I_{a0} (mA/cm²)	I_{c0} (mA/cm²)	I_L (mA/cm²)	
ECN-SOFC	ALO	0.9949	0.0086	6.9204E-05	0.2707	52.8951	9.6343	758.0771	7.28195E-03
	EO	1.0039	0.0177	0.0000E+00	0.2245	34.1707	22.1943	709.5363	2.309 44E-03
	GWO	1.0117	0.0253	0.0000E+00	0.1918	95.9877	15.3609	684.3612	3.036 96E-03
	HBO	1.0036	0.0240	2.5472E-05	0.1981	100.0000	23.8345	695.5613	2.537 18E-03
	PSO	1.0041	0.0194	0.0000E+00	0.2134	30.2826	30.1081	700.4812	2.241 44E-03
	AEO	1.0042	0.0193	2.4219E-08	0.2144	30.7031	28.9599	701.3079	2.242 17E-03
	MRFO	1.0041	0.0194	1.0757E-05	0.2077	31.4106	29.6398	697.6481	2.256 54E-03
	EMCO	**1.0041**	**0.0194**	**3.8873E-10**	**0.2134**	**30.2723**	**30.2301**	**700.4747**	**2.241 43E-03**
CEREL-SOFC	ALO	1.0090	0.0147	0.0000E+00	0.1798	56.8598	42.7746	703.1324	4.657 00E-03
	EO	1.0218	0.0266	0.0000E+00	0.1370	87.1788	42.3669	667.8530	1.555 20E-03
	GWO	1.0214	0.0309	0.0000E+00	0.1270	96.8126	52.0965	660.7732	1.592 18E-03
	HBO	1.0196	0.0348	0.0000E+00	0.1235	95.9787	74.0984	660.4541	1.934 33E-03
	PSO	1.0220	0.0266	0.0000E+00	0.1335	65.9084	50.7789	664.1903	1.496 25E-03
	AEO	1.0221	0.0257	3.7308E-06	0.1343	58.1976	53.0903	665.0336	1.495 64E-03
	MRFO	1.0217	0.0284	9.3974E-06	0.1274	92.8018	46.2828	660.2637	1.557 62E-03
	EMCO	**1.0218**	**0.0260**	**9.9561E-11**	**0.1350**	**56.6499**	**56.4198**	**665.3673**	**1.48794E-03**

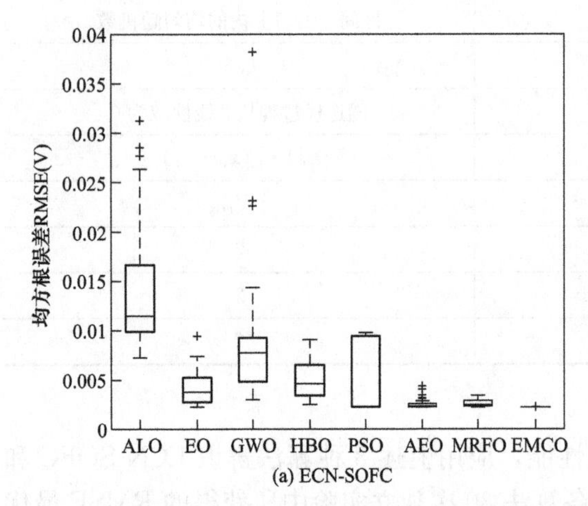

(a) ECN-SOFC

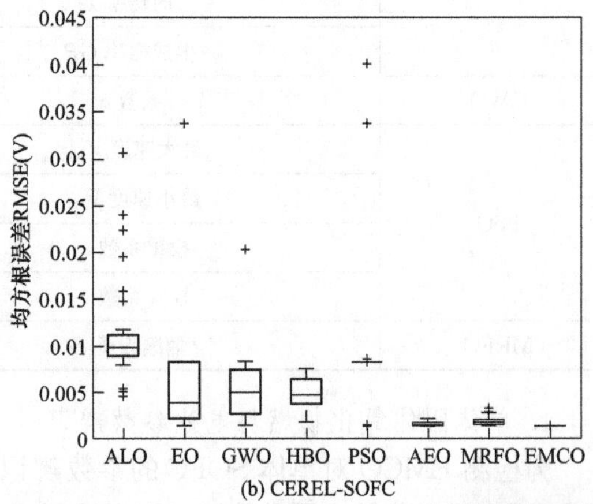

(b) CEREL-SOFC

图 5.3.2　各算法辨识两种单体固体氧化物燃料电池参数所得 RMSE 的盒须图

对比图 5.3.3 中各算法的收敛曲线，EMCO 只需最少的迭代步数就能辨识出具有更高精度的模型参数，表明了所提算法在辨识单体 SOFC 参数时收敛的快速性、稳定性和精确性。从图 5.3.4 可以看出，EMCO 对两种单体 SOFC 的辨识结果与实验数据高度一致。

由表 5.3.4 及图 5.3.3（b）可知，相较 PSO 和 AEO，EMCO 所得 RMSE 优势并不明

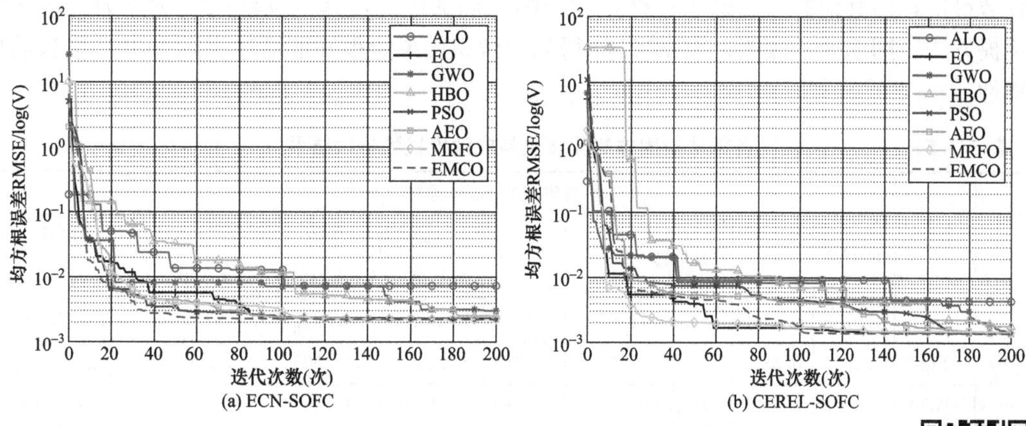

图 5.3.3 各算法辨识两种单体固体氧化物燃料电池参数所得 RMSE 收敛曲线

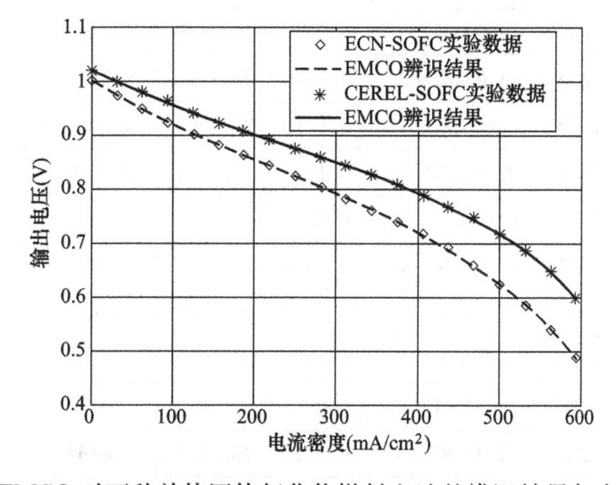

图 5.3.4 EMCO 对两种单体固体氧化物燃料电池的辨识结果与实验数据对比

显；同时，EMCO 的初期收敛效果不佳。但是，本节所提方法在迭代中后期依然能进行有效的搜索，而其他算法则收敛缓慢，甚至陷入局部最优解。另外，结合图 5.3.2 可知，EMCO 每次都能稳定地获得相对最优解，而其他对比算法不可避免地产生了异常解，即对于同一个 *U-I* 数据集，其他算法在不同次独立实验中所获得解的差异性较大，尤其是 ALO、GWO 及 PSO。表明了对比算法需要多次辨识才能获得较合适的 ECM 参数。

2. 固体氧化物燃料电池堆栈参数辨识

为验证 EMCO 对 SOFC 堆栈的参数辨识性能，应用前述 8 种算法辨识 5kW SOFC 电池堆栈在两个不同运行条件下的参数，各算法 30 次独立实验中所获得的最优一次结果见表 5.3.5。由表 5.3.5 可见，EMCO 对 SOFC 堆栈能实现比其他 7 个算法更高精度的参数辨识。例如，对于 MSU-SOFCs2 而言，相比 ALO、AEO 及 MRFO，EMCO 的精度分别提高了 99.47%、78.08%和 89.02%。

图 5.3.5 显示，EMCO 的盒须图上下边缘远小于其他算法，RMSE 的分布更集中，表明 EMCO 算法在 SOFC 堆栈的参数辨识上表现更加稳定、精确。

从图 5.3.6 中各算法的收敛曲线可以看到，EMCO 在迭代后期依然能有效地进行寻优且收敛最快，而其他算法则趋于平稳，甚至陷入局部最优，其他算法的寻优能力都弱于本节所提方法。图 5.3.7 表明，由 EMCO 得到的辨识结果能很好地描述实际 SOFC 堆栈的极化特性。

表 5.3.5　各算法对固体氧化物燃料电池堆栈的辨识结果

电池类型	算法	所需辨识的 ECM 参数							RMSE(V)
		E_o(V)	A(V)	R(kΩ·cm²)	B(V)	I_{a0} (mA/cm²)	I_{c0} (mA/cm²)	I_L (mA/cm²)	
MSU-SOFCs1	ALO	1.0769	0.3490	4.3097E-05	0.1845	100.0000	59.2952	184.1006	1.06752E+00
	EO	1.0921	0.3325	6.7766E-08	0.0984	98.2496	41.4005	162.0565	3.05654E-01
	GWO	1.0847	0.4185	0.0000E+00	0.0769	92.5955	64.5461	160.7676	5.02559E-01
	HBO	1.1058	0.2725	1.1514E-04	0.1414	100.0000	30.9176	170.4181	7.01747E-01
	PSO	1.0970	0.2844	0.0000E+00	0.1232	100.0000	32.2838	164.2223	2.57471E-01
	AEO	1.1077	0.0297	4.2144E-03	0.0585	26.0646	4.8958	159.2612	6.35556E-02
	MRFO	1.1032	0.0308	4.0063E-03	0.0669	10.5899	10.4156	160.0139	6.95281E-02
	EMCO	**1.1063**	**0.0333**	**4.0348E-03**	**0.0640**	**23.3492**	**6.2714**	**159.7593**	**3.61683E-02**
MSU-SOFCs2	ALO	1.0703	0.1572	0.0000E+00	0.2013	85.2838	38.4806	179.7103	1.10413E+00
	EO	1.0839	0.1427	0.0000E+00	0.1505	85.8754	24.3978	166.6290	3.99331E-01
	GWO	1.0826	0.1076	0.0000E+00	0.1945	50.8948	22.7362	173.5287	6.32501E-01
	HBO	1.0749	0.2946	0.0000E+00	0.0859	99.0264	70.5540	161.3277	6.39250E-01
	PSO	1.0909	0.1448	0.0000E+00	0.1307	81.4385	21.9163	163.5044	2.53983E-01
	AEO	1.0992	0.0375	2.3358E-03	0.0825	80.7603	5.8884	160.1416	2.68340E-02
	MRFO	1.0993	0.0420	2.1775E-03	0.0872	77.0933	6.6147	160.5429	5.35704E-02
	EMCO	**1.1007**	**0.0222**	**2.4788E-03**	**0.0821**	**15.1672**	**3.6563**	**160.1199**	**5.88436E-03**

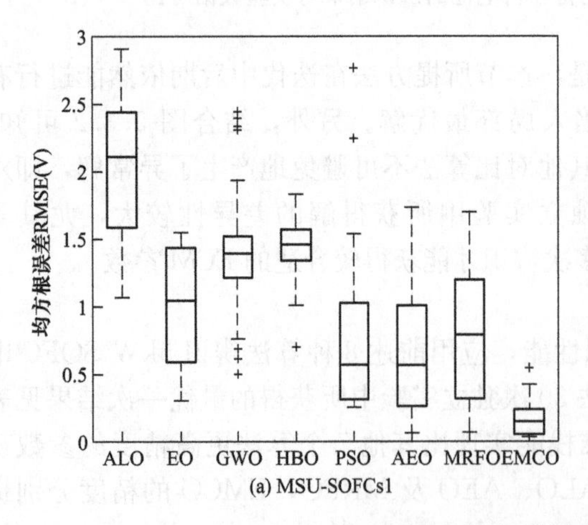

(a) MSU-SOFCs1

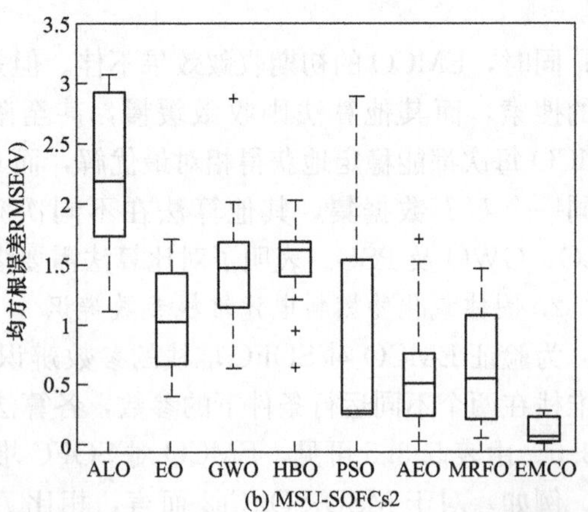

(b) MSU-SOFCs2

图 5.3.5　各算法辨识两种固体氧化物燃料电池堆栈参数所得 RMSE 的盒须图

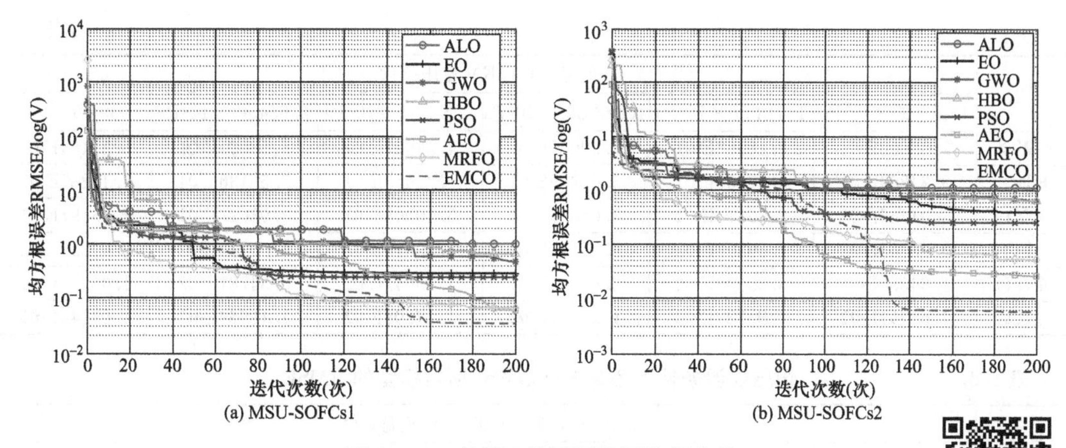

图 5.3.6 各算法辨识两种固体氧化物燃料电池堆栈参数所得 RMSE 收敛曲线

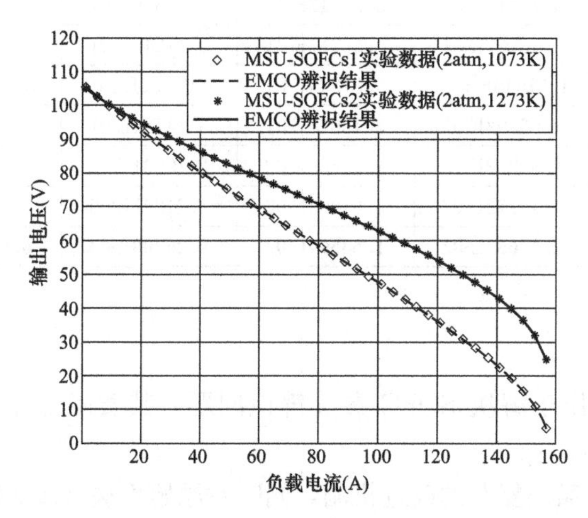

图 5.3.7 EMCO 对两种固体氧化物燃料电池堆栈的辨识结果与实验数据对比

3. 不同温度及压强对辨识精度的影响

为研究温度及压强变化对 ECM 参数辨识精度的影响，分别设置恒温变压和恒压变温两种情况，从学者 M. Hashem Nehrir 的 *Dynamic models for tubular SOFCs* 提供的 5kW SOFC 堆栈模型中获取 *U-I* 数据。其中，氢气和空气的摩尔流速分别同上。最终，前述 8 个算法分别在定温变压和定压变温两种情况下得到的 RMSE 见表 5.3.6 和表 5.3.7。可见，相比于其他 7 个算法，EMCO 在各种情况下均能辨识得到最精确的 ECM，且在不同的条件下所得到的辨识精度也不同。同时，温度或压强越高，ECM 就能越精确地描述 5kW SOFC 电池堆栈的极化特性。进一步验证了本节所提方法在 SOFC 参数辨识问题上的优越性能。

表 5.3.6 恒温变压条件下各算法参数辨识所得模型的 RMSE

算法	恒温（1173K）变压条件					
	1.01325×10^5Pa	1.41855×10^5Pa	1.823385×10^5Pa	2.22915×10^5Pa	2.63445×10^5Pa	3.03975×10^5Pa
ALO	7.93903E-01	1.35774E+00	9.19405E-01	1.57010E+00	1.01694E+00	1.33711E+00
EO	5.52884E-01	2.43603E-01	3.48812E-01	3.95884E-01	5.04434E-01	3.05829E-01

续表

算法	恒温（1173K）变压条件					
	1.013 25×10⁵Pa	1.418 55×10⁵Pa	1.823 385×10⁵Pa	2.229 15×10⁵Pa	2.634 45×10⁵Pa	3.039 75×10⁵Pa
GWO	7.65900E-01	6.46552E-01	6.99630E-01	4.28927E-01	5.58003E-01	5.39464E-01
HBO	9.24209E-01	5.57236E-01	5.63369E-01	8.72463E-01	5.56136E-01	9.15287E-01
PSO	3.01363E-01	2.95813E-01	3.05885E-01	3.10068E-01	3.03643E-01	2.85197E-01
AEO	3.36708E-02	2.60298E-02	3.98749E-02	6.59378E-02	4.00212E-02	3.07223E-02
MRFO	1.64356E-01	3.69089E-02	2.48253E-01	1.15641E-01	3.34781E-02	1.04970E-01
EMCO	**1.62797E-02**	**1.33789E-02**	**1.27621E-02**	**1.17505E-02**	**1.16554E-02**	**1.07144E-02**

表 5.3.7　恒压变温条件下各算法参数辨识所得模型的 RMSE

算法	恒压（2.0265×10⁵Pa）变温条件					
	1073K	1113K	1153K	1193K	1233K	1273K
ALO	1.24252E+00	1.36745E+00	1.21412E+00	1.56372E+00	1.01929E+00	1.35274E+00
EO	3.25599E-01	4.79812E-01	3.21012E-01	4.31899E-01	2.82171E-01	5.08773E-01
GWO	4.00664E-01	4.75706E-01	6.56717E-01	3.11240E-01	6.13703E-01	4.59031E-01
HBO	9.73849E-01	1.07943E+00	9.87889E-01	1.05892E+00	1.74028E+00	1.16744E+00
PSO	3.02255E-01	3.06392E-01	3.10078E-01	3.14484E-01	3.07927E-01	3.03340E-01
AEO	5.95563E-02	7.87232E-02	2.93589E-02	2.79201E-02	2.40721E-02	9.22844E-02
MRFO	9.75492E-02	5.15172E-02	3.31903E-02	3.74297E-02	5.95327E-02	1.41421E-01
EMCO	**3.96420E-02**	**2.82653E-02**	**1.64594E-02**	**9.26400E-03**	**6.09600E-03**	**5.26080E-03**

5.3.5　小结

本节提出 EMCO 用于解决 SOFC 参数辨识问题，其贡献点主要可概括为以下三个方面：

（1）EMCO 未引入额外复杂的改进机制，同时对原始算法（AEO 和 MRFO）深入分析并作相应简化修正，使得算法只需更少的计算时间及空间成本，易于执行。

（2）EMCO 合理协调简化修正后的 AEO 及 MRFO 的操作算子，考虑寻优效率的同时，保证算法局部探索和全局搜索的平衡。

（3）算例研究结果表明，不论是对单体 SOFC 还是对 SOFC 堆栈，EMCO 的收敛稳定性、快速性及辨识精度都优于另外 7 个算法。例如，对于所有算例，EMCO 至少在 160 次迭代就收敛，而其他算法则容易陷入局部最优或收敛很慢；对于 SOFC 堆栈，相比原始算法（AEO 及 MFRO），EMCO 的精度至少可以提升 43.09%。

5.4　基于极限学习机的质子交换膜燃料电池参数辨识

本节提出了一种基于极限学习机（extreme learning machine，ELM）的 MhAs（ELM-MhAs）来提高 PEMFC 的参数辨识性能。同时，对比 ELM 和另一种 ANN 策略贝叶斯正则神经网络（Bayesian regularization neural network，BRNN）的噪声性能。本节的主要贡献/创新点可以总结如下：

（1）考虑了数据噪声对 PEMFC 参数辨识的影响，利用 ELM 策略减少/滤除数据噪声，以获得 PEMFC 更准确的 *U-I* 数据。

(2) 结合 ELM 降噪策略和多种先进 MhAs，并在低温低相对湿度和高温高相对湿度两个算例下全面比较了 6 种主流 MhAs 性能，全面评价与分析了 ELM-MhAs 的性能。

(3) 综合对比 ELM-MhAs 策略和 BRNN-MhAs 策略的降噪性能，仿真结果表明 ELM-MhAs 能够更有效地辨识 PEMFC 参数，且辨识精度高、速度快、稳定性好。

(4) 基于 ELM 和 BRNN 两种降噪策略，全面对比神经网络训练端到端参数辨识模型，即列文伯格-马夸尔特反向传播法（Levenberg-Marquardt backpropagation，LMBP）与 6 种 MhAs 算法的 PEMFC 参数辨识结果，验证了 ELM 降噪策略具有较强的泛化能力，能够与其他参数辨识算法结合。

5.4.1 质子交换膜燃料电池建模

1. 电化学反应

在实际运用中，PEMFC 的电动势会逐渐降低，这是因为电池内部存在不可逆的损失，这些不可逆的损失又被称为过电压或极化电动势。PEMFC 的极化曲线主要受三部分影响，即活化极化、欧姆极化、浓度极化，如图 5.4.1 所示。

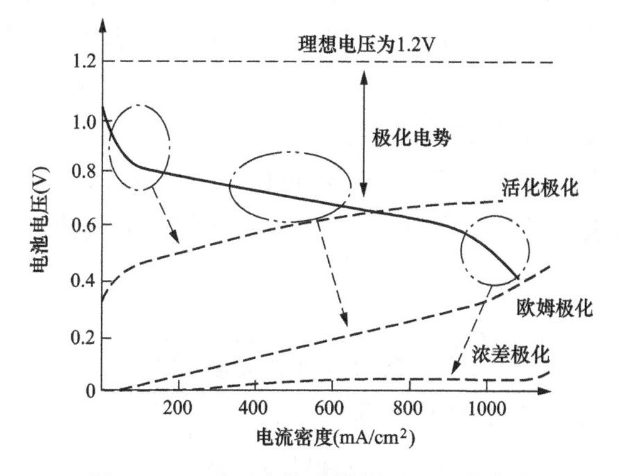

图 5.4.1 质子交换膜燃料电池极化曲线

此外，PEMFC 内部的电化学反应可表示为式（5.4.1）～式（5.4.3）。

阳极：

$$H_2 \longrightarrow 2H^+ + 2e^- \tag{5.4.1}$$

阴极：

$$2H^+ + 2e^- + \frac{1}{2}O_2 \longrightarrow H_2O \tag{5.4.2}$$

总反应：

$$2H_2 + O_2 \longrightarrow 2H_2O + \text{电能} \tag{5.4.3}$$

2. 数学建模

在考虑电化学反应的极化情况下，单个 PEMFC 输出电压为

$$U_c = E_{nernst} - U_{act} - U_{ohmic} - U_{con} \tag{5.4.4}$$

式中：E_{nernst}为能斯特电动势，V；U_{act}代表活化过电压，V；U_{ohmic}为欧姆过电压，V；U_{con}表示浓差过电压，V。

能斯特电动势 E_{nernst}为热力学电动势，指理想情况下的输出电压，表示为式（5.4.5）。

$$E_{\text{nernst}}=\frac{\Delta G}{2F}+\frac{\Delta S}{2F}(T_{\text{k}}-T_{\text{ref}})+\frac{RT}{2F}\left[\ln(P_{\text{H}_2})+\frac{1}{2}(P_{\text{O}_2})\right] \tag{5.4.5}$$

式中：ΔG 为吉布斯自由能的变化，J/mol；F 为法拉第常数（96.487C）；ΔS 为熵变，J/mol；R 表示气体常数，8.314J/(K·mol)；T_{k}和 T_{ref}分别表示实际工作温度和参考温度，K；P_{H_2}和P_{O_2}分别为氢分压和氧分压，Pa，可描述为式（5.4.6）和式（5.4.7）。

$$P_{\text{H}_2}=0.5\times RH_{\text{a}}\times P_{\text{H}_2\text{O}}^{\text{sat}}\times\left[\left(\frac{RH_{\text{a}}\times P_{\text{H}_2\text{O}}^{\text{sat}}}{P_{\text{a}}}\times\exp\left(\frac{1.635\left(\frac{i_{\text{cell}}}{A}\right)}{T_{\text{k}}^{1.334}}\right)\right)^{-1}-1\right] \tag{5.4.6}$$

$$P_{\text{O}_2}=RH_{\text{c}}\times P_{\text{H}_2\text{O}}^{\text{sat}}\times\left[\left(\frac{RH_{\text{a}}\times P_{\text{H}_2\text{O}}^{\text{sat}}}{P_{\text{c}}}\times\exp\left(\frac{4.192\left(\frac{i_{\text{cell}}}{A}\right)}{T_{\text{k}}^{1.334}}\right)\right)^{-1}-1\right] \tag{5.4.7}$$

式中：RH_{a} 和 RH_{c}分别表示阴极和阳极气体相对湿度，%；P_{a} 为阳极的进口压强，Pa；P_{c} 为阴极的进口压强，Pa；$P_{\text{H}_2\text{O}}^{\text{sat}}$为水蒸气的饱和压强，Pa，受电池温度的影响，如式（5.4.8）和式（5.4.9）所示。

$$T_{\text{c}}=T_{\text{k}}-273.15 \tag{5.4.8}$$

$$\log_{10}(P_{\text{H}_2\text{O}}^{\text{sat}})=2.95\times10^{-2}\times T_{\text{c}}-9.19\times10^{-5}\times T_{\text{c}}^2+1.44\times10^{-7}\times T_{\text{c}}^2-2.18 \tag{5.4.9}$$

活化过电压U_{act}可表示为式（5.4.10）。

$$U_{\text{act}}=\varepsilon_1+\varepsilon_2 T_{\text{k}}+\varepsilon_3 T_{\text{k}}\ln(C_{\text{O}_2})+\varepsilon_4 T_{\text{k}}\ln(i_{\text{cell}}) \tag{5.4.10}$$

式中：$\varepsilon_i(i=1,2,3,4)$表示半经验系数；C_{O_2}为氧催化界面氧气浓度，mol/cm^3，可描述为式（5.4.11）。

$$C_{\text{O}_2}=\frac{P_{\text{O}_2}}{5.08\times10^6\times e^{\left(\frac{-498}{T_{\text{k}}}\right)}} \tag{5.4.11}$$

欧姆过电压U_{ohmic}由式（5.4.12）计算

$$U_{\text{ohmic}}=i_{\text{cell}}(R_{\text{m}}+R_{\text{c}}) \tag{5.4.12}$$

式中：R_{c}为电子传导的等效接触电阻，Ω；R_{m} 表示质子传导的等效膜电阻，Ω；可由式（5.4.13）表示。

$$R_{\text{m}}=\rho_{\text{m}}\left(\frac{l}{A}\right) \tag{5.4.13}$$

式中：l 为膜厚度，μm；A 是膜的有效面积，cm^2；ρ_{m} 为膜电阻率，Ω·cm，描述为式（5.4.14）。

$$\rho_{\text{m}}=\frac{181.6\times\left[1+0.03\times\left(\frac{i_{\text{cell}}}{A}\right)+0.062\times\left(\frac{T_{\text{k}}}{303}\right)^2\left(\frac{i_{\text{cell}}}{A}\right)^{2.5}\right]}{\left[\lambda-0.634-3\times\left(\frac{i_{\text{cell}}}{A}\right)\right]\exp\left[4.18\times\left(\frac{T_{\text{k}}-303}{T_{\text{k}}}\right)\right]} \tag{5.4.14}$$

式中：λ 为经验系数，表示膜的含水量。

浓差过电压受氢、氧浓度的影响，可表示为式（5.4.15）。

$$U_{\text{con}}=-b\ln\left(\ln\frac{J}{A\times J_{\max}}\right) \tag{5.4.15}$$

式中：b 为经验系数；J 和 $J_{\max}$分别表示实际电流密度和最大电流密度，A/cm^2。

为此，从式（5.4.4）～式(5.4.15）可以看出PEMFC模型需要确定7个未知参数，即ε_1、ε_2、ε_3、ε_4、b、λ和R_c。

3. 目标函数

为准确辨识PEMFC的7个参数，需设计合理的目标函数，使实际值与估计值之间的误差最小。本节选用均方根误差（RMSE）作为目标函数，如式（5.4.16）所示。

$$\mathrm{RMSE}(x)=\sqrt{\frac{1}{N}\sum_{i=1}^{N}[U_{\mathrm{actual}}(i)-U_{\mathrm{estimate}}(i)]^2} \tag{5.4.16}$$

式中：N表示实际数据量；U_{actual}和U_{estimate}分别为PEMFC的实际电压值和估计电压值，V。

同时，对需要辨识的参数进行条件约束，如式（5.4.17）所示。

$$\text{s.t.}\begin{cases}\varepsilon_{i,\min}\leqslant\varepsilon_i\leqslant\varepsilon_{i,\max}\\ \lambda_{\min}\leqslant\lambda\leqslant\lambda_{\max}\\ R_{\mathrm{c,min}}\leqslant R_{\mathrm{c}}\leqslant R_{\mathrm{c,max}}\\ b_{\min}\leqslant b\leqslant b_{\max}\end{cases}\quad \forall i\in\{1,2,3,4\} \tag{5.4.17}$$

5.4.2 质子交换膜燃料电池参数辨识的极限学习机-启发式算法设计

1. 极限学习机基本原理

与其他常规的前馈神经网络相比，ELM能显著提高鲁棒性、泛化能力、学习速度和训练精度。ELM的拓扑结构如图5.4.2所示。

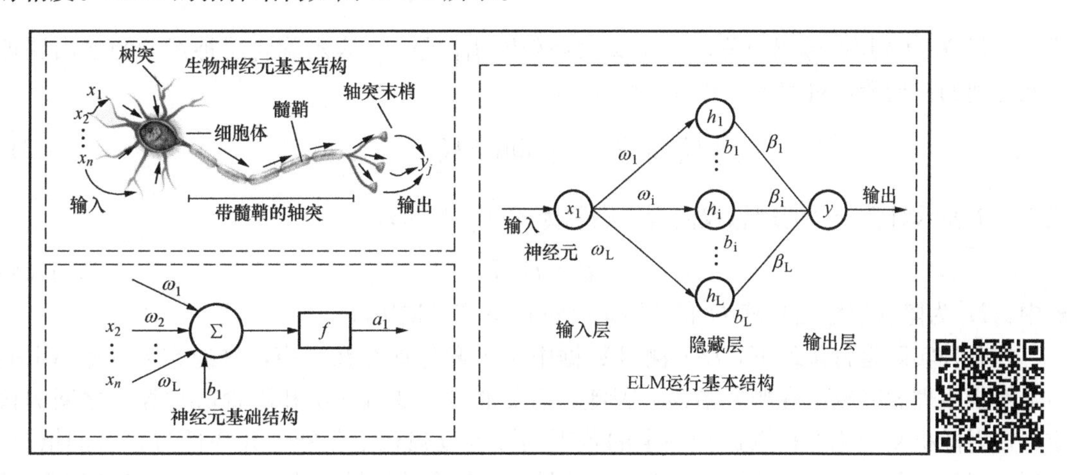

图5.4.2 极限学习机拓扑结构图

训练开始时，ELM能随机初始化输入权重和偏置，且在后续训练中无需进行调整，需设定隐含层的神经元个数，即可在输出层获得全局最优解。

下面详细论证ELM主要数学机理：假设ELM的隐含层有L个神经元，有N个训练数据，即（x_i，y_i），$i=1$，2，…，N，其中x_i代表ELM的第i个输入，其对应的输出y_i计算如下

$$y_i=\sum_{j=1}^{L}\beta_j\cdot g(\omega_j\cdot x_i+b_j) \tag{5.4.18}$$

式中：ω_j代表输入层神经元和第j个隐含层神经元之间的权重；b_j表示第j个隐含层神经元的偏置；$g(\cdot)$为激活函数；β_j是第j个隐含层神经元与输出层神经元之间的权重。

此外，性能良好的 ELM 能够近似获得零误差的训练数据，即 $\sum_{i=1}^{N} | y_i - t_i |$，这表明 ELM 第 i 个训练数据的输出可以满足

$$t_i = \sum_{j=1}^{L} \beta_j \cdot g(\omega_j \cdot x_i + b_i) \tag{5.4.19}$$

将式（5.4.18）和式（5.4.19）以矩阵的方式表达为式（5.4.20）～式（5.4.22）。

$$H\beta = T \tag{5.4.20}$$

$$H = \begin{bmatrix} h(x_1) \\ h(x_2) \\ \vdots \\ h(x_N) \end{bmatrix} = \begin{bmatrix} g(\omega_1 \cdot x_1 + b_1) \cdots g(\omega_L \cdot x_1 + b_L) \\ g(\omega_1 \cdot x_2 + b_1) \cdots g(\omega_L \cdot x_2 + b_L) \\ \vdots \\ g(\omega_1 \cdot x_N + b_1) \cdots g(\omega_L \cdot x_N + b_L) \end{bmatrix}_{N \times L} \tag{5.4.21}$$

$$\beta = \begin{bmatrix} \beta_1 \\ \beta_2 \\ \vdots \\ \beta_L \end{bmatrix}_{L \times 1}, T = \begin{bmatrix} t_1 \\ t_2 \\ \vdots \\ t_N \end{bmatrix}_{N \times 1} \tag{5.4.22}$$

式中：H 为隐含层的输出矩阵；T 定义为期望输出向量；β 表示隐含层神经元与输出层神经元之间的权向量，可表示为式（5.4.23）。

$$\| H\tilde{\beta} - T \| = \min_{\beta} \| H\beta - T \| \tag{5.4.23}$$

式中：$\tilde{\beta}$ 表示对应于 β 的理想权向量，表示为式（5.4.24）。

$$\tilde{\beta} = H^{\dagger} T \tag{5.4.24}$$

式中：$H^{\dagger}$ 为隐含层输出矩阵 H 的 Moore-Penrose 广义逆矩阵。

在各种实际运行条件下，*U-I* 测量数据中不可避免地存在噪声，这通常会导致 MhAs 参数辨识不理想甚至出现严重错误。因此，需要通过改变输入层和隐含层神经元之间的权重，即对随机初始化的权重进行一定的范围的限制以强化泛化能力并降低过拟合的情况。随后，对比多种范围限制的结果，选择对原始数据拟合效果最好的一组，进而实现 ELM 减少或滤除噪声。

2. 质子交换膜燃料电池参数辨识

基于 ELM-MhAs 的 PEMFC 参数辨识过程主要包括数据采集、数据预处理和参数辨识三个部分，如图 5.4.3 所示。首先，收集 PEMFC 的 *U-I* 测量数据，并传输到 ELM。然后，利用 ELM 训练测量 *U-I* 数据，进行数据预处理。最后，运用 MhAs 进行一系列的全局搜索和局部探索，根据处理后的数据精确辨识出 PEMFC 模型参数。表 5.4.1 提供 ELM-MhAs 详细的执行步骤。

需要说明的是，目前燃料电池参数辨识研究忽视了客观存在的数据噪声带来的干扰，绝大部分 PEMFC 参数辨识的研究没有运用相应策略进行滤波降噪处理，且仅采用单一启

发式算法进行参数辨识。ELM 作为一种成熟的人工神经网络策略，能够很好地减少/滤除数据噪声，且不局限于燃料电池，具有较强的泛化能力，因此与作用于燃料电池数据无直接联系。

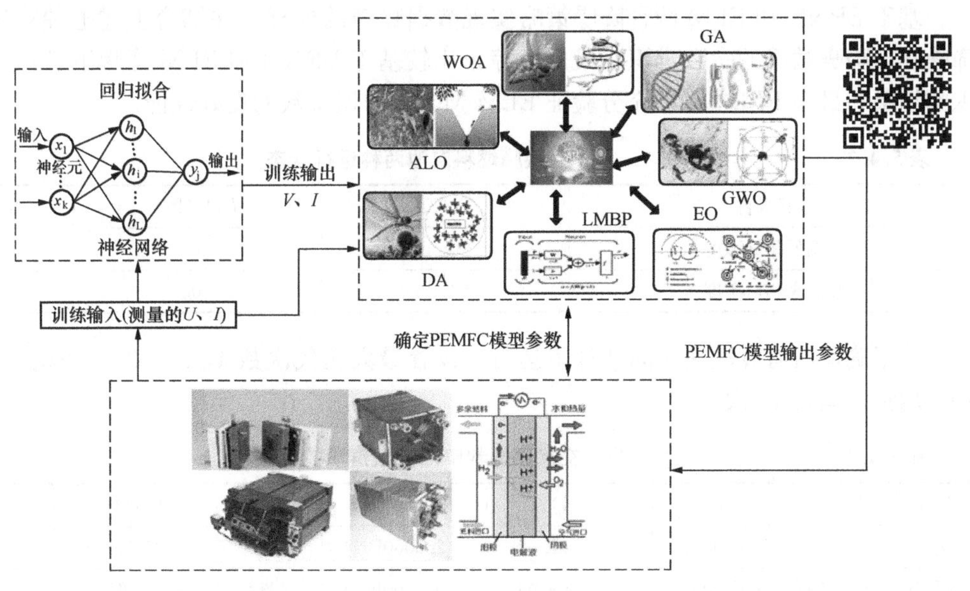

图 5.4.3 质子交换膜燃料电池基于极限学习机算法的参数辨识总体框架

表 5.4.1　　ELM-MhAs 的实现步骤

1. 构建 PEMFC 模型；
2. 采集 PEMFC 的 U-I 数据；
3. 使用 ELM 对 U-I 数据进行训练；
4. 初始化 MhAs 参数；
5. 设置 $t=0$；
6. **WHILE** $t \leqslant t_{max}$
7. 　**FOR1** $i=1$
8. 　　通过式（5.4.16）计算第 i 个个体的适应度值；
9. 　**END FOR1**
10. 　　根据每个个体的适应度值来调整其角色；
11. 　**FOR2** $i=1$：n
12. 　　基于第 i 个个体搜索规则更新解；
13. 　**END FOR2**
14. 设置 $t=t+1$；
15. **END WHILE**
16. 输出 PEMFC 全局最优参数

5.4.3 算例分析

温度、阴极和阳极气体相对湿度对 PEMFC 的 U-I 曲线和参数都有影响。因此，本节在低温低相对湿度以及高温高相对湿度条件下，运用 6 种 MhAs（ALO、DA、EO、GA、GWO、WOA）和 LMBP 进行 PEMFC 7 个参数的辨识（ε_1、ε_2、ε_3、ε_4、b、λ 和 R_c），具

体运行条件见表5.4.2。同时，为了提高效率和准确性，对参数边界条件进行限制，见表5.4.3。从Ballard-Mark-V PEMFC中取25组*U-I*数据作为无噪声的原始数据，并设置随机独立分布3mV级别的白噪声以获取噪声数据，电池膜厚178μm，有效面积50.6cm^2。

基于BRNN和ELM两种降噪策略实现数据噪声的处理，并结合上述七种算法进行已降噪和未降噪数据的参数辨识；最后，综合比较基于BRNN和ELM降噪下各算法参数辨识的结果和最小RMSE，以充分验证ELM-MhAs辨识参数的良好性能。

表5.4.2　质子交换膜燃料电池两种运行状态

运行条件	T_k(K)	RH_a(%)	RH_c(%)
低温低相对湿度	333.15	50	50
高温高相对湿度	353.15	100	100

为了确保所有算法在相同条件下运行，设置最大迭代次数k_{max}=120、初始种群N_P=40，均独立运行15次。

表5.4.3　质子交换膜燃料电池参数辨识的范围

参数	ε_1	ε_2	ε_3	ε_4	λ	R_c(Ω)	b(V)
最小值	−1.1997	0.0010	3.6000E-05	−2.6000E-04	10	1.0000E-04	0.0136
最大值	−0.8531	0.0050	9.8000E-05	−9.5400E-05	23	8.0000E-04	0.5000

1. 低温低相对湿度

表5.4.4为无降噪处理、BRNN以及ELM降噪处理下7种算法的最优参数辨识结果和最小RMSE，其中符号N表示无降噪处理，B表示由BRNN降噪处理，E表示由ELM降噪处理（最优值加粗表示，后同）。从表5.4.4中可以看出，降噪处理后各算法得到的RMSE要明显小于无降噪处理的RMSE；相比于BRNN降噪，ELM降噪后参数辨识精度更高，性能更优良。例如，相较于无降噪和BRNN降噪处理后算法的准确性，ELM降噪处理后ALO准确性依次提高了22.03%和2.72%，GWO准确性依次提高24.80%和24.68%，WOA准确性依次提高了63.09%和22.83%，EO准确性依次提高了52.63%和58.80%。

表5.4.4　低温低相对湿度下的参数辨识结果

算法	降噪处理方法	ε_1	ε_2	ε_3	ε_4	λ	R_c(Ω)	b(V)	RMSE(V)
ALO	N	−1.1997	0.0038	4.7755E-05	−1.9539E-04	22.7213	8.0000E-04	0.0136	1.4918E-03
	B	−0.8531	0.0027	4.6077E-05	−1.9240E-04	17.2486	3.0088E-04	0.0148	1.1955E-03
	E	**−1.0622**	**0.0039**	**8.3563E-05**	**−1.9076E-04**	**19.5346**	**2.1396E-04**	**0.0162**	**1.1631E-03**
DA	N	−1.1997	0.0038	4.4140E-05	−1.9063E-04	14.1016	4.8523E-04	0.0157	1.3099E-03
	B	−0.9920	0.0031	4.4408E-05	−1.9707E-04	15.4621	3.3040E-04	0.0136	1.3915E-03
	E	**−0.8531**	**0.0030**	**7.0217E-05**	**−1.9588E-04**	**14.1585**	**5.2635E-04**	**0.0136**	**1.2992E-03**
EO	N	−0.8828	0.0033	8.8483E-05	−1.8694E-04	20.2055	5.1412E-04	0.0180	1.7501E-03
	B	−1.1997	0.0041	6.8525E-05	−1.8486E-04	22.2448	8.0000E-04	0.0181	2.0123E-03
	E	**−0.9576**	**0.0032**	**5.9925E-05**	**−1.9073E-04**	**17.4769**	**1.1767E-04**	**0.0152**	**8.2907E-04**

续表

算法	降噪处理方法	ε_1	ε_2	ε_3	ε_4	λ	R_c (Ω)	b (V)	RMSE (V)
GA	N	−0.8952	0.0033	8.1726E-05	−1.9717E-04	17.9935	1.0162E-04	0.0150	1.4024E-03
	B	−1.0374	0.0032	3.9417E-05	−1.9576E-04	22.9887	1.0260E-04	0.0143	1.7726E-03
	E	**−0.8727**	**0.0034**	**9.4426E-05**	**−1.9046E-04**	**20.1161**	**2.1615E-04**	**0.0174**	**1.1935E-03**
GWO	N	−0.8558	0.0026	4.1166E-05	−1.8835E-04	22.5918	6.0519E-04	0.0180	1.6007E-03
	B	−1.0634	0.0040	9.4119E-05	−1.8632E-04	20.0275	6.5140E-04	0.0173	1.5371E-03
	E	**−1.1301**	**0.0041**	**8.3065E-05**	**−1.8739E-04**	**14.2505**	**1.9414E-04**	**0.0157**	**1.2038E-03**
WOA	N	−0.8535	0.0026	4.3311E-05	−1.9027E-04	13.3911	1.0890E-04	0.0180	3.2404E-03
	B	−1.0351	0.0037	7.8048E-05	−1.8972E-04	14.7768	1.0000E-04	0.0136	1.5500E-03
	E	**−1.1995**	**0.0041**	**6.3044E-05**	**−1.9065E-04**	**16.7606**	**4.0499E-04**	**0.0143**	**1.1961E-03**
LMBP	N	−1.0282	0.0031	3.7294E-05	−1.8648E-04	20.7773	1.0000E-04	0.0193	2.5661E-03
	B	−1.1028	0.0039	7.5117E-05	−1.8040E-04	10.2563	8.0000E-04	0.0136	2.8427E-03
	E	**−1.0619**	**0.0036**	**6.3838E-05**	**−1.8326E-04**	**19.4747**	**8.0000E-04**	**0.0188**	**2.4426E-03**

图 5.4.4 给出不同数据在低温低相对湿度下的极化拟合曲线。由图 5.4.4 可知，数据噪声对原始数据干扰性较强，导致偏差较大，数据重合点较少；而 ELM 和 BRNN 降噪数据与原始数据重合点多，表明降噪技术能实现更好的数据拟合。其中，ELM 降噪数据的拟合情况优于 BRNN 降噪数据，证明 ELM 能够更有效减少/滤除噪声，使数据更准确可靠。

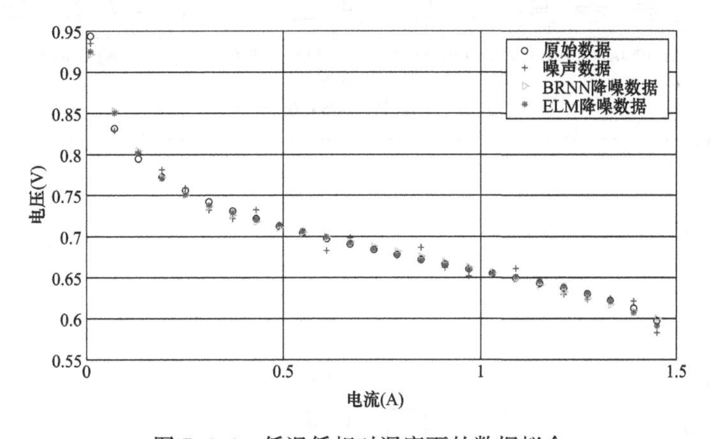

图 5.4.4 低温低相对湿度下的数据拟合

图 5.4.5 提供了各算法分别基于无降噪、BRNN 降噪和 ELM 降噪进行 15 次独立参数辨识后的 RMSE。大部分基于 BRNN 降噪的 RMSE 均大于基于 ELM 的 RMSE，表明 ELM-MhAs 能找到更好的全局最优解，从而更准确、稳定地实现 PEMFC 的参数辨识。由图 5.4.5 可知，ELM 降噪处理后，DA 的 RMSE 约为无降噪处理的 40%，约为 BRNN 降噪处理的 45%，算法的准确性和稳定性显著提高。

图 5.4.6 为 7 种算法的箱形图，可见经过 BRNN 和 ELM 降噪处理后，大部分算法的误差及分布范围明显减小。特别地，ELM 降噪后所有算法的 RMSE 波动范围更小，异常值也更少，进一步验证了 ELM 降噪处理能够增强算法在参数辨识中的全局搜索能力和寻优稳

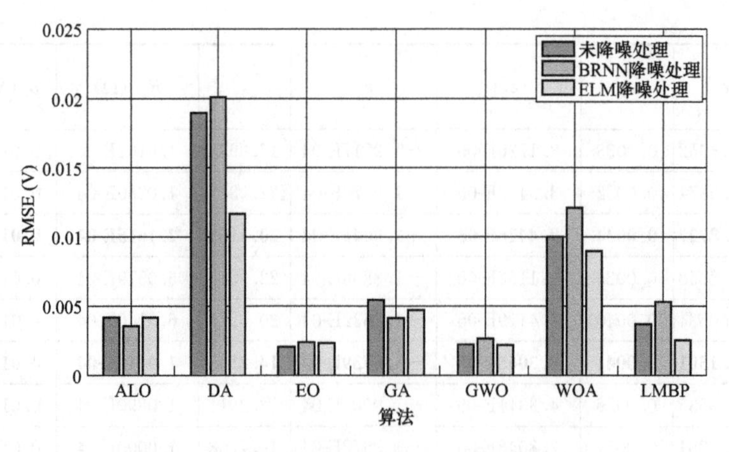

图 5.4.5 低温低相对湿度下 7 种算法的 RMSE

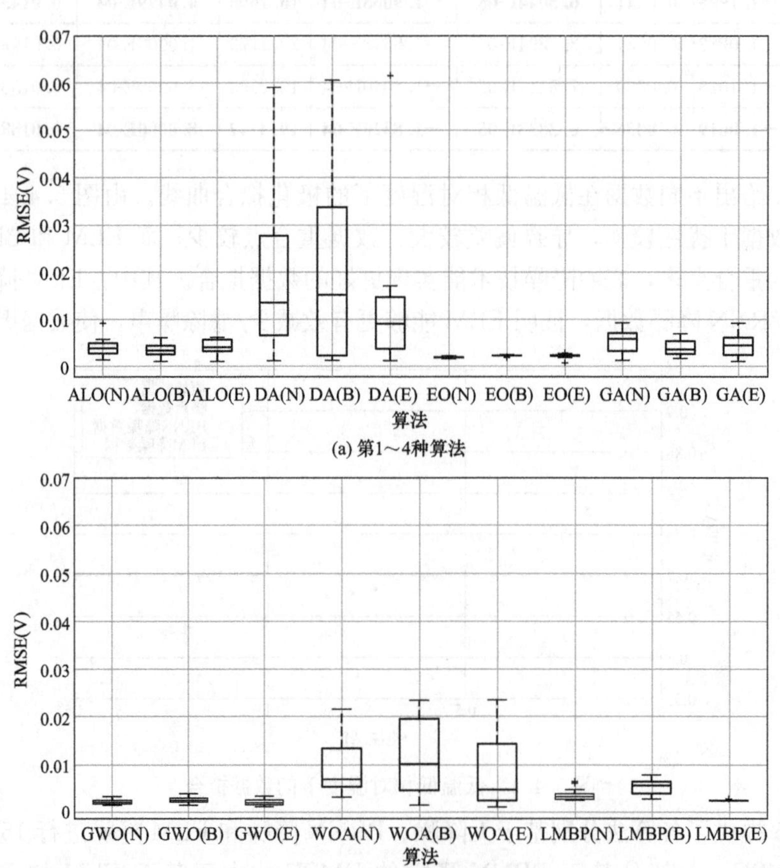

图 5.4.6 低温低相对湿度下 7 种算法的箱形图

定性。例如，ELM-DA 较 DA 和 BRNN-DA 误差分布范围显著减小，ELM-LMBP 较 LMBP 和 BRNN-LMBP 整体误差减小且剔除了异常值。

图 5.4.7 给出所有算法在无降噪处理和两种降噪策略处理后的收敛曲线。从图 5.4.7 可知，经过 BRNN 或 ELM 降噪处理后，算法在迭代后期能较为稳定地进行参数寻优，而

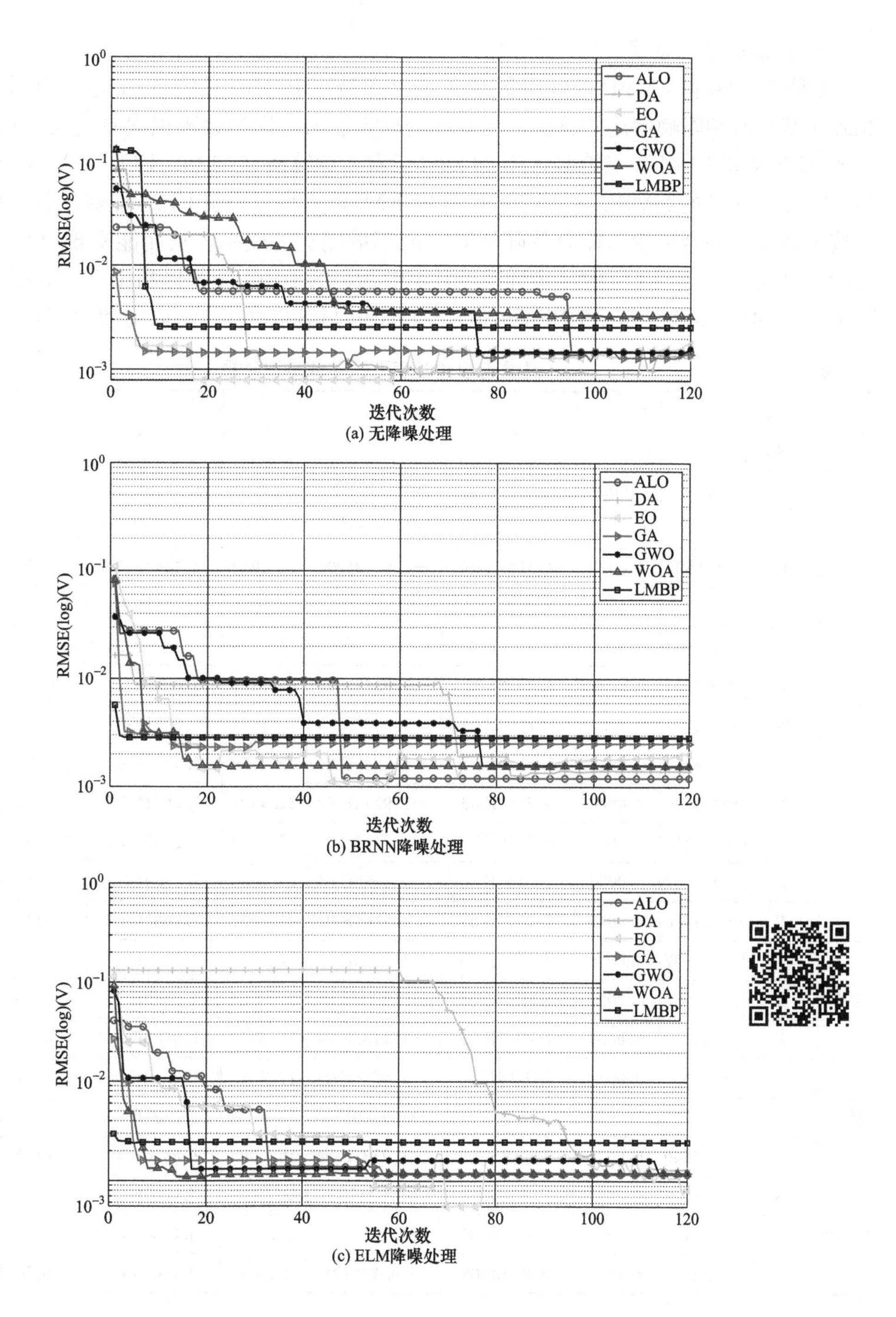

图 5.4.7 低温低相对湿度下 7 种算法收敛曲线

未降噪处理的算法受数据噪声干扰大，误差波动大，难以趋于平稳。对比 BRNN 和 ELM 降噪处理后的收敛曲线，ELM 降噪策略保证了更多算法只需更少的迭代次数就能辨识到高准确性的参数，进一步验证了 ELM-MhAs 辨识参数的稳定性、精确性和快速性。

2. 高温高相对湿度

6 种 MhAs 和 LMBP 最优参数辨识结果和最小 RMSE 见表 5.4.5。从表中可以看出，相较于基于两种降噪策略的算法，无降噪处理算法的最优参数辨识误差更大，精确性不足。对比 BRNN 和 ELM 降噪策略，ELM 降噪后有 6 种算法（ALO、EO、GA、GWO、WOA 和 LMBP）得到的 RMSE 比 BRNN 降噪的 RMSE 更小，表明 ELM 能够显著提高数据噪声干扰下各算法的全局搜索能力并降低陷入局部最优解的概率，从而能实现更高精度的参数辨识。例如，ELM-ALO 的准确性较 ALO 和 BRNN-ALO 显著提高了 22.75%和 15.50%，ELM-LMBP 的准确性较 LMBP 和 BRNN-LMBP 显著提高了 44.95%和 22.70%。

表 5.4.5 高温高相对湿度下的参数辨识结果

算法	降噪处理方法	ε_1	ε_2	ε_3	ε_4	λ	$R_c(\Omega)$	b(V)	RMSE(V)
ALO	N	−0.8531	0.0028	5.4224E-05	−1.9381E-04	17.1927	1.6728E-04	0.0136	1.4200E-03
	B	−0.9590	0.0030	4.6983E-05	−1.9038E-04	15.0582	1.0000E-04	0.0136	1.2983E-03
	E	**−0.8531**	**0.0027**	**4.5276E-05**	**−1.9218E-04**	**18.1940**	**4.4457E-04**	**0.0136**	**1.0970E-03**
DA	N	−0.9377	0.0029	4.2164E-05	−1.9321E-04	18.9210	4.1854E-04	0.0136	1.1348E-03
	B	−1.1997	0.0040	6.2009E-05	−1.9179E-04	18.2714	3.5924E-04	0.0136	8.6808E-04
	E	**−0.8531**	**0.0028**	**5.2448E-05**	**−1.9155E-04**	**20.7451**	**8.0000E-04**	**0.0136**	**7.9570E-04**
EO	N	−0.9304	0.0032	6.7696E-05	−1.9272E-04	19.8194	1.6251E-04	0.0136	7.9879E-04
	B	−0.8564	0.0032	8.3113E-05	−1.9239E-04	22.0052	1.0000E-04	0.0136	6.8046E-04
	E	**−1.1996**	**0.0040**	**6.3959E-05**	**−1.9278E-04**	**22.9997**	**2.3671E-04**	**0.0136**	**6.8623E-04**
GA	N	−1.0365	0.0035	6.5236E-05	−1.9455E-04	22.8470	1.2145E-04	0.0137	1.1852E-03
	B	−1.0737	0.0033	4.0511E-05	−1.9059E-04	22.8380	1.1889E-04	0.0141	1.1625E-03
	E	**−1.1406**	**0.0043**	**9.2910E-05**	**−1.9165E-04**	**22.7392**	**7.9682E-04**	**0.0136**	**6.6562E-04**
GWO	N	−1.1997	0.0043	8.1015E-05	−1.9245E-04	22.3827	2.3883E-04	0.0136	6.6925E-04
	B	−0.8894	0.0027	4.1693E-05	−1.9289E-04	21.8924	4.9842E-04	0.0136	6.9529E-04
	E	**−1.1327**	**0.0035**	**4.4503E-05**	**−1.9136E-04**	**19.5772**	**1.9583E-04**	**0.0137**	**6.3941E-04**
WOA	N	−1.1493	0.0038	5.9464E-05	−1.8838E-04	17.7311	1.0096E-04	0.0151	1.7329E-03
	B	−0.8531	0.0026	3.8977E-05	−1.9118E-04	13.0255	1.0991E-04	0.0136	1.9095E-03
	E	**−1.1540**	**0.0041**	**7.6040E-05**	**−1.9381E-04**	**18.6908**	**1.0000E-04**	**0.0136**	**1.2166E-03**
LMBP	N	−0.976 94	0.0033	5.9833E-05	−0.000 1951	21.1973	1.0000E-04	0.0136	1.5649E-03
	B	−1.1155	0.0036	5.6620E-05	−0.000 193 8	22.3659	1.0000E-04	0.0136	8.8141E-04
	E	**−1.1823**	**0.0036**	**3.8790E-05**	**−0.000 194**	**23.0000**	**1.0000E-04**	**0.0136**	**8.6141E-04**

高温高相对湿度下，4 种数据的拟合对比如图 5.4.8 所示。由图可以明显看出，相较于无降噪处理和 BRNN 降噪处理的数据，ELM 降噪处理的数据与原始数据重合点多，数据偏差小，拟合效果优良。进一步验证了 ELM 降噪策略能显著减少数据中的噪声，使拟合数据更为理想。

图 5.4.9 提供了 7 种算法在无降噪以及 2 种降噪策略处理下独立运行 15 次的 RMSE 对比。由图可见，经过 BRNN 或 ELM 降噪后，所有算法的 RMSE 都较未降噪处理算法的

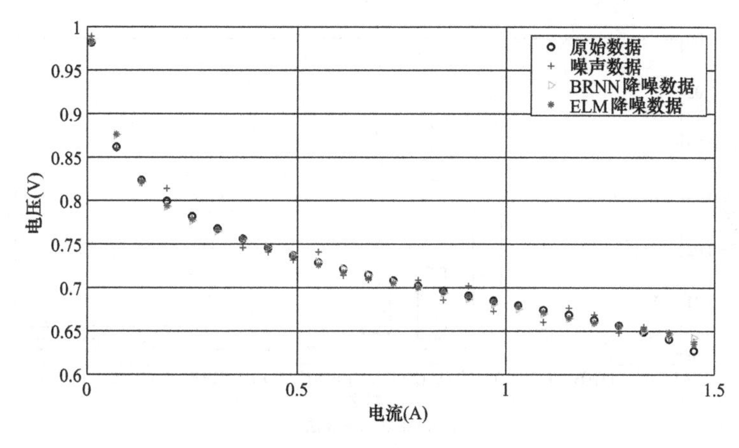

图 5.4.8 高温高相对湿度下的数据拟合

RMSE 更小。其中，基于 ELM 策略得到的参数辨识误差较 BRNN 更小，ELM-MhAs 能获得更好的全局最优解。ELM 降噪算法较 BRNN 降噪算法的性能优化程度最好的为 WOA，其次为 DA、GA、GWO、LMBP、ALO 以及 EO。

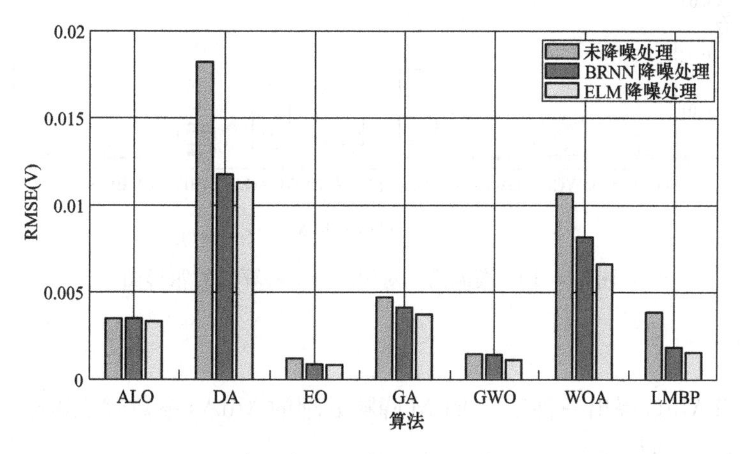

图 5.4.9 高温高相对湿度下 7 种算法的 RMSE

7 种优化算法独立运行 15 次的误差箱形图如图 5.4.10 所示。可以看出，利用噪声数据进行辨识的误差和误差波动范围皆大于降噪数据的误差和误差波动范围，说明引入降噪技术能够切实减小数据噪声的干扰，从而提高辨识参数的精度。此外，基于 ELM 降噪处理的各算法误差区间远小于基于 BRNN 降噪处理的误差区间，且异常值也更少；例如，ELM-LMBP 的误差上下限小于 BRNN-LMBP 的误差上下限，并且 ELM-LMBP 辨识 PEMFC 参数的稳定性和精确性也进一步提升。

图 5.4.11 (a)、图 5.4.11 (b) 和图 5.4.11 (c) 分别为基于无降噪处理、BRNN 和 ELM 降噪处理下 7 种算法迭代 120 次的收敛曲线。对比三组迭代收敛曲线，可以看出基于噪声数据算法比基于降噪数据算法的迭代收敛 RMSE 更大，寻优收敛速度更慢。从图 5.4.11 (b) 和图 5.4.11 (c) 可知，ELM 降噪处理后，各算法的收敛速度更快，收敛误差更小，能够更好地平衡局部探索和全局搜索，不容易陷入局部最优解。其中，WOA 算法的性能得到显著优化，BRNN-WOA 约迭代 55 次收敛，ELM-WOA 只需迭代 7 次即可收敛且其 RMSE 小于 BRNN-WOA 的 RMSE。

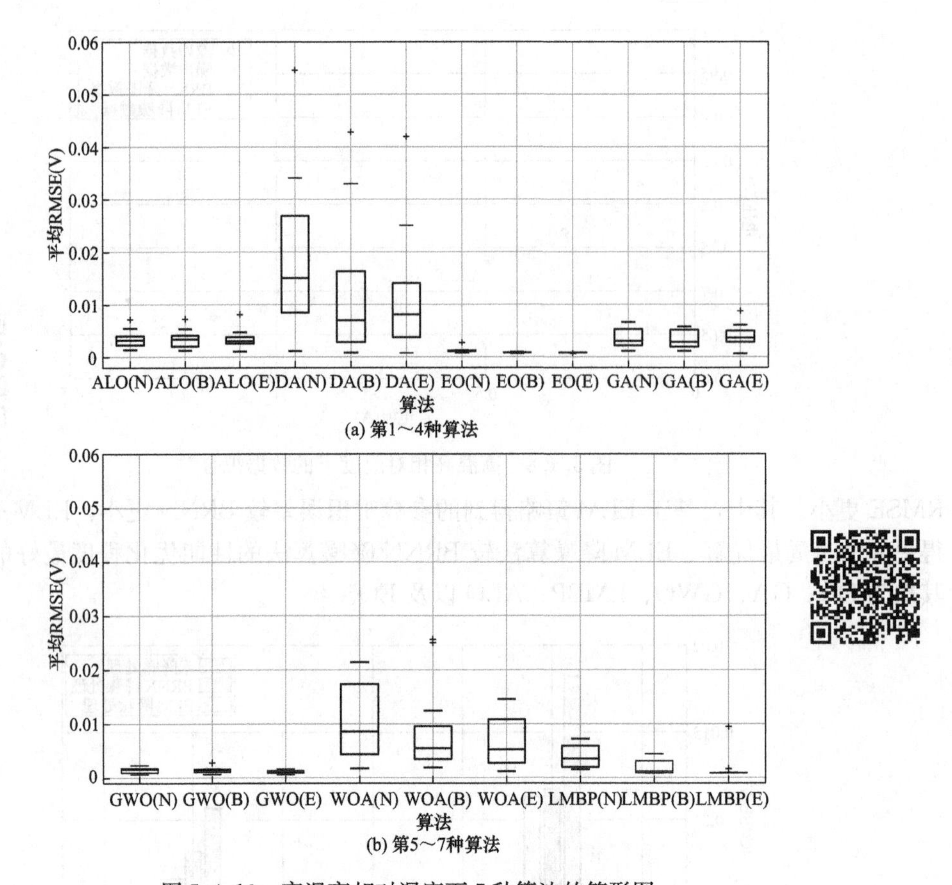

(a) 第1～4种算法

(b) 第5～7种算法

图 5.4.10　高温高相对湿度下 7 种算法的箱形图

5.4.4　小结

本节针对 PEMFC 提出一种基于 ELM 降噪处理的 MhAs 参数辨识策略，其贡献点主要可概括为以下 4 个方面：

(1) 充分考虑数据噪声对 PEMFC 参数辨识精度的影响，引入降噪技术以获得更准确的 *U-I* 数据，从而提高电化学稳态建模的精确性。

(2) 相较于单一 MhAs 策略，ELM-MhAs 策略能够显著减少数据噪声对辨识参数的干扰，保证更有效、可靠的全局搜索和局部探索，具有高准确性、快速性和鲁棒性。

(3) 全面综合地比较了基于 ELM-MhAs 策略和 BRNN-MhAs 策略的参数辨识结果，算例研究表明，ELM 降噪后获得的辨识精度、收敛稳定性和快速性皆优于 BRNN 降噪。例如，低温低相对湿度情况下，ELM-MhAs 参数精确性最多提高了 58.80%(EO)；高温高相对湿度情况下，ELM-MhAs 准确性最多提高了 42.74%（GA)。

(4) 对比神经网络训练端到端参数辨识模型 LMBP 与 6 种 MhAs 算法的 PEMFC 参数辨识结果，算例研究表明，在低温低相对湿度情况下，ELM-LMBP 参数精确性较 LMBP 和 BRNN-LMBP 精确性提高了 4.81%和 14.07%，优化精度高于 ELM-DA 增加的 0.82%和 6.630%；在高温高相对湿度情况下，ELM-LMBP 参数精确性较 LMBP 和 BRNN-LMBP 精确性提高了 44.92%和 22.70%，优化精度高于 ELM-ALO 增加的 22.75%和 15.50%。

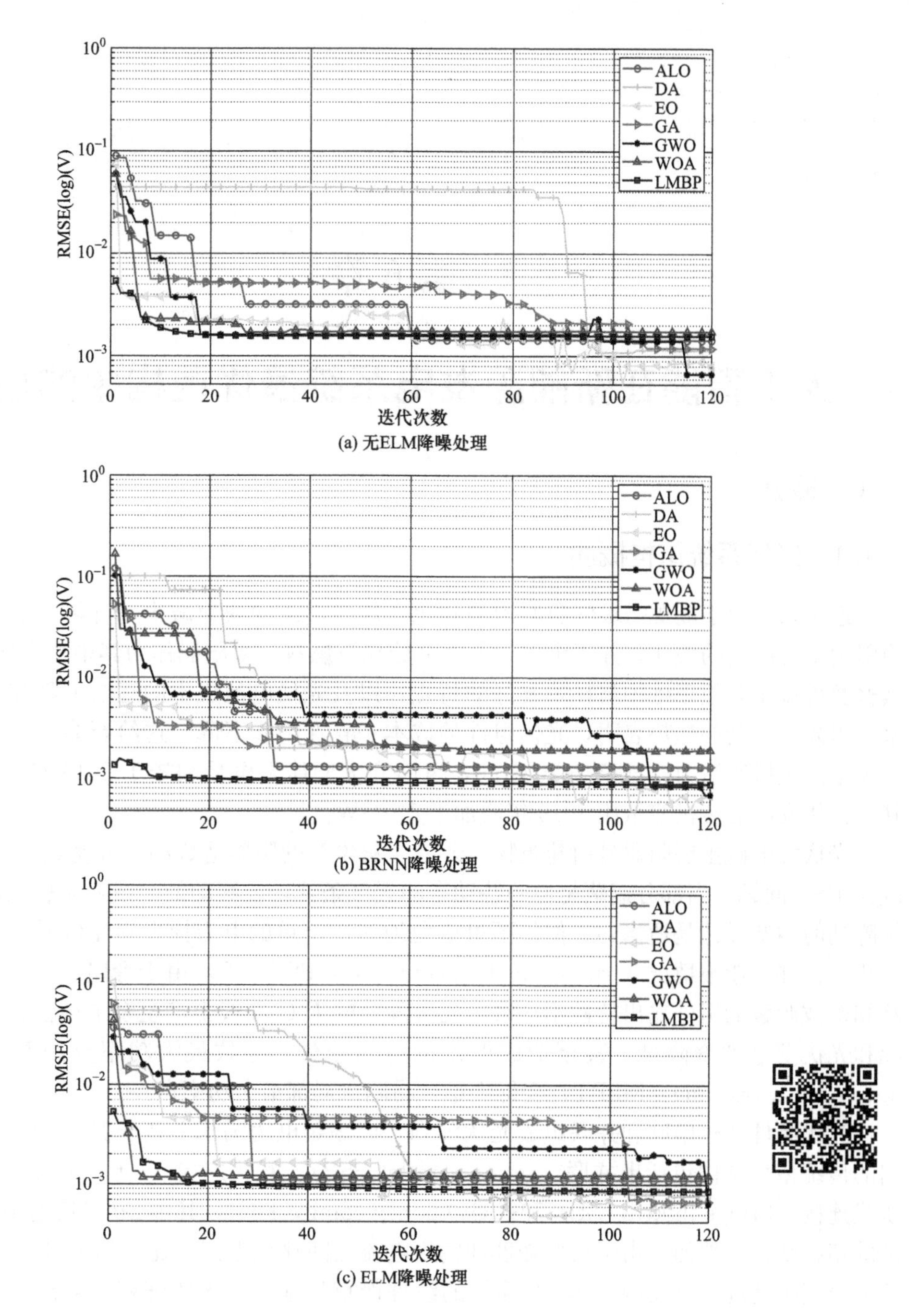

(a) 无ELM降噪处理

(b) BRNN降噪处理

(c) ELM降噪处理

图 5.4.11 高温高相对湿度下 7 种算法收敛曲线

第6章

人工智能在新能源发电系统最优重构中的应用

6.1 概述

6.1.1 光伏系统重构概述

近年来，由于能源需求的急剧增加和化石能源储量的快速减少，可再生能源的开发利用引起了更广泛的关注，并逐渐取代了大部分化石燃料，太阳能作为其中最有潜力的一种，其普及得益于其便于维护与环境友好的特点，以及光伏电池成本的逐渐下降和电力转换效率的提高。最新的趋势表明，光伏组件的成本一直在稳步下降，这给新能源发电技术带来了无限的生机和活力。截至2020年底，风能和太阳能发电量相较于2019年增加了15%，其中光伏发电的装机容量比2019年增加了127GW。

光伏发电的主要阻碍是由建筑物、云层、灰尘等的阴影造成的部分遮蔽（partial shading，PS）问题。当部分遮蔽是由一些动态的天气条件，如移动的云或灰尘引起时，尽管光伏阵列的初始设计是适当的，但仍不可避免地造成严重的电力损失和光伏系统的输出特性恶化。在部分遮蔽情况（partial shading condition，PSC）下，由于旁路二极管的作用，遮蔽和未被遮蔽的组件输出特性不一致，光伏阵列的 P-U 曲线上产生多个峰值，引起组件失配和光伏发电效率降低，甚至造成严重的电力损失，导致最大功率点跟踪（maximum power point tracking，MPPT）变得困难，易陷入局部最大功率点。

光伏组件通过串联和并联组成光伏阵列，以满足电力需求并延长其使用寿命。光伏阵列的传统拓扑结构包括串并联（series parallel，SP）、网状连接（total cross tied，TCT）、桥式连接（bridge linked，BL）和蜂巢（honey comb，HC），其中SP连接是最简单和最经济的拓扑结构。然而，由于辐照强度和输出电流之间存在近似正比例的关系，SP并不适用于部分遮蔽情况，这是因为当SP连接的组件严重失配时，光伏阵列的输出功率将急剧下降。目前，TCT拓扑具有最稳定的拓扑结构和最高的输出效率。

为减轻部分遮蔽的不利影响，光伏重构技术逐渐被应用于光伏发电系统，可分为静态重构和动态重构。静态重构通过改变组件的物理位置提高阵列输出功率。数独（Sudoku）静态重构技术，根据数独难题的分散规则对组件的物理位置进行重新排列，仿真结果表明，数独重构分散了局部阴影，减少线路损耗，提高输出功率；插空列循环静态重构技术，分别对奇数行与偶数行阵列进行重构，不改变组件所在列的位置，将其尽可能分配到不同的行。静态重构技术复杂度低，但由于实际上光伏阵列上的阴影大多是动态变化的，这种方法分散阴影的效果相对较差，且布线困难，难以应用到大规模光伏电站中。动态重构技术通过从开关矩阵接收的开关条件动态地改变阵列间的电气连接，布线灵活，易于实现。经过重构的光伏阵列可以获得最优的阴影分布，有效均衡了阵列的行电流，可以有效减少阵列输出特性的多峰，对 MPPT 有一定的改善效果，实现了减轻 PSC 影响和提高输出功率的目标。因此，研究光伏重构技术具有一定的工程价值和现实意义。

光伏重构的主要目标为提高阵列输出功率，属于一种非线性、离散化、有约束的优化问题，运用传统的优化方法难以高效率地获得理想的解决方案。启发式算法不需要系统精确模型，可以灵活设计目标函数和约束条件，近年来被广泛应用于光伏重构研究。但当前启发式算法普遍存在随机性强、结构复杂、过于依赖某些参数的缺点。因此，急需开发一种可以弥补上述不足的启发式算法用于光伏重构。

基于启发式算法的光伏重构技术在光伏重构技术中愈受欢迎，因为这种方法在大规模的光伏阵列中表现良好，能够有效减少开关矩阵的切换频率。GA 首先被应用于光伏重构，它实现了阴影的均匀分布。在过去几年中，启发式算法被用来处理光伏阵列重构问题，包括引力搜索算法（gravity search algorithm，GSA）、GOA、PSO、WCA 等。

基于上述讨论，6.2 节提出了一种基于改进蜉蝣算法（improved mayfly algorithm，IMA）的光伏阵列最优重构方法，通过失配损耗和功率提升百分比两个评价指标，对 IMA 获得的重构结果进行了评估，并与 TCT、Sudoku 及其他六种启发式算法进行了比较，结果证明 IMA 的收敛速度较快，稳定性较高，全局搜索能力较强，有效地提高了输出功率；6.3 节提出一种基于秃鹰搜索算法（bald eagle search，BES）的光伏阵列重构方法，通过 3 个评价标准，即失配损耗、填充因子和功率提升百分比，对 BES 获得的优化结果进行评估，并与两种启发式算法进行了比较，结果证明 BES 的优化效果优于 ACO 和 TS，可有效缓解部分遮蔽带来的影响。

6.1.2　温差发电系统重构概述

近几十年来，随着各种行业和技术的全面快速发展，全球电力需求急剧上升。煤炭、石油、天然气等传统化石能源也在快速消耗，其发电也会产生大量的温室气体，造成严重的环境问题。为了解决这一问题，能源供需逐渐从传统的化石能源向绿色低碳的可再生能源转变。开发利用清洁可再生能源是优化能源结构、治理环境、保护生态环境的重要举措，也是满足人类社会可持续发展的需要。

此外，工业生产和我们日常生活中不可避免产生的余热也可以视为可再生能源的一种形式。温差发电（thermoelectric generation，TEG）是利用这些废热的理想装置，它通过冷热面的塞贝克效应将废热转化为电能。TEG 具有体积小、质量轻、无噪声、维护少、可靠性高、使用寿命长等突出优点。因此，TEG 已广泛应用于许多工程领域，如太阳能温差发电系统、热电联产系统、节能建筑、汽车、生物质燃料燃油加热器、热电联产系统等。

TEG 一般由两种不同类型的热电转换材料组成，即 n 型半导体和 p 型半导体，它们串联起来形成电路。热侧空穴和电子的浓度比冷侧高。因此，空穴和电子在载流子浓度梯度的驱动下向冷侧扩散，形成电位差。TEG 具有结构紧凑、无运动部件、使用寿命长、无排放、无需维护等优点，适用于实际生产工艺。

TEG 具有巨大的应用潜力，但热电转换效率低严重制约了其在更多领域的应用。因此，采用MPPT来获得更高的输出功率，以提高TEG系统在不同温度下的整体能量转换效率。主要灵感来自太阳能发电技术，光伏板在多种运行条件下暴露于不同的太阳辐射，必须采用MPPT寻求最大功率点以提高功率输出。到目前为止，有大量针对TEG系统的最大功率跟踪技术研究，例如采用电导增量法（incremental conductance，INC）来分析基于升压DC-DC变换器的最大功率跟踪算法在TEG系统上的性能。采用开路电压法（open-circuit voltage，OCV），通过改变变换器的占空比来获得最大功率，使TEG系统的虚拟负载与其实际内阻相匹配。此外，还开发了一种新的高频注入方案来跟踪TEG系统的最大功率，在稳态下跟踪效率可以接近99.73%。

然而，由于TEG系统在实际应用中往往运行在非均匀温度分布（non-uniform temperature distribution，NTD）条件下，上述方法容易产生局部最大功率点（local maximum power point，LMPP）。与光伏系统的PSC类似，NTD也会导致输出特征曲线上出现多个输出功率点，称为多峰特性。TEG系统主要由三种结构组成，即串型TEG系统（每个TEG串沿热源等温线放置，连接一个逆变器）、模块化TEG系统（每个TEG模块独立连接一个逆变器）和集中式TEG系统（所有TEG串通过串并联连接到一个逆变器）。与集中式TEG系统相比，串型TEG系统和模块化TEG系统包含大量的变频器，增加了总投资/维护成本，跟踪难度大，集中式TEG系统是未来的发展趋势。到目前为止，许多先进的智能方法被用于集中式TEG系统的最大功率跟踪，例如，设计了一种新颖的基于贪婪搜索的数据驱动（greedy search based data-driven，GSDD）的NTD条件下最大功率跟踪方案，并应用双层前馈神经网络对功率输出进行严格匹配。还有的应用了快速原子搜索优化（fast atom search optimization，FASO）算法来搜索全局最大功率点（global maximum power point，GMPP）以此减少功率波动，并利用了历史优化结果来提高优化速度。针对集中式TEG系统，提出了一种基于动态代理模型的优化方法（dynamic surrogate model based optimization，DSMO），该方法采用基于径向基函数网状结构的输入/输出（I/O）关系动态代理模型，更高效地求解GMPP。

事实上，在光伏系统中可以很容易地观察到一个双重问题，通常为PSC下的光伏重构，其中设计了许多元启发式算法，如GA、PSO、MPA、民主政治算法（democratic political algorithm，DPA）等。除了上述的MPPT技术，受光伏重新配置以获得最大功率输出的启发，TEG阵列的重新配置也可以是一个有前景的解决方案，通过物理迁移或电气重新安排来转移TEG模块的位置，以改变NTD下阵列的功率-电流（*P-I*）特性。它可以有效地提高输出功率，并将*P-I*特性曲线转换为单峰，这对寻找GMPP是有利的。重构技术可分为动态重构和静态（固定）重构。后者指的是模块的位置是固定的，只有物理位置被改变，电气互连保持不变的方式。同时，由于在实际应用中很难对大规模集中式TEG模块进行快速的物理位置改变，因此动态重构对TEG阵列具有更广阔的操作前景。为了实现TEG系统模块布局的优化，元启发式算法可以被认为是理想的工具，因为其响应速度快，具有模型特征的独立性和高灵活性，已经成功地用于其他类似的重构问题，并取得了理想的结果，如GOA、土狼优化算法（coyote optimization algorithm，COA）、飞蛾扑火算法（moth-flame algorithm，MOA）、GA、PSO。

基于上述讨论，6.4节提出了一种改进的免疫遗传算法（improved immune genetic algorithm，IIGA），用于NTD条件下TEG系统的最大输出功率重构，具体如下：

(1) 受光伏重构研究的启发，首次研究并解决了TEG重构的功率输出优化问题。

(2) 提出的IIGA自适应更新原始免疫遗传算法（immune genetic algorithm，IGA）中的三个关键因素，即互换、移位和反转因素，以动态地确保在一系列离散操作中局部开发和全局搜索之间的适当平衡。

(3) 在9×9小型TEG系统和15×15大型TEG系统两种情况下，综合比较了IIGA在TEG系统重构上的具体表现，与其他四种典型的元启发式算法（IGA、ABC、BES和PSO）。仿真结果表明，IIGA可以实现TEG系统的重构，具有较强的收敛稳定性和较高的优化效率。

6.5节深入研究了NTD下TEG阵列的重构建模与设计，提出了一种模块化TEG阵列重构方案，并设计了一种改进合作搜索算法（improved cooperation search algorithm，ICSA）来解决这一问题。这项工作的主要贡献可以概括为五点：

(1) 设计了模块化TEG阵列初步重构，在此基础上，只需两个开关矩阵即可构成所有重构，从而可以显著减少开关数量，降低建设和运营成本。

(2) 选择输出功率与列电压幅值之比作为适应度函数，在实现最大输出功率的同时，串联二极管不会因反向电压过高而损坏。

(3) 通过对合作搜索算法（cooperation search algorithm，CSA）进行离散化，提出了一种新的ICSA算法，以深入搜索对应于最佳重构方案的全局最优解。

(4) 引入创新解决方案优化程序（solution optimization program，SOP），有效减少不必要的开关动作，延长开关的使用寿命。

(5) 在三种典型NTD条件下，对对称和非对称TEG阵列进行仿真，评估了该方法的有效性和可行性。

6.2 基于改进蜉蝣算法的光伏系统重构方法

6.2.1 光伏阵列建模

图6.2.1为网状连接的$N \times N$光伏阵列模型。目前的光伏电站多采用SP配置。TCT是当前光伏重构相关研究所使用的最主要的经典结构。光伏组件首先通过串联形成组件串，这些组件串再并联形成TCT。其总输出电压与输出电流为式（6.2.1）和式（6.2.2）。

$$U_{\mathrm{out}} = \sum_{r=1}^{N} U_{\mathrm{a},r} \tag{6.2.1}$$

$$\begin{gathered} I_{\mathrm{out}} = \sum_{r=1}^{N} \left[I_{r,c} - I_{(r+1),c} \right] = 0 \\ r = 1,2,3,\cdots,N \quad c = 1,2,3,\cdots,N \end{gathered} \tag{6.2.2}$$

式中：U_{out}为总输出电压；$U_{\mathrm{a},r}$为第r行的最大输出电压；I_{out}为阵列的总输出电流；$I_{r,c}$为第r行，第c列组件的输出电流。

光伏输出特性的两个评价标准如下：

1. 失配损耗

失配损耗P_{mis}定义为无阴影光伏阵列的最大输出功率$P_{\mathrm{mpp,US}}$和部分阴影光伏阵列的最大输出功率$P_{\mathrm{mpp,PS}}$之差，表达式为

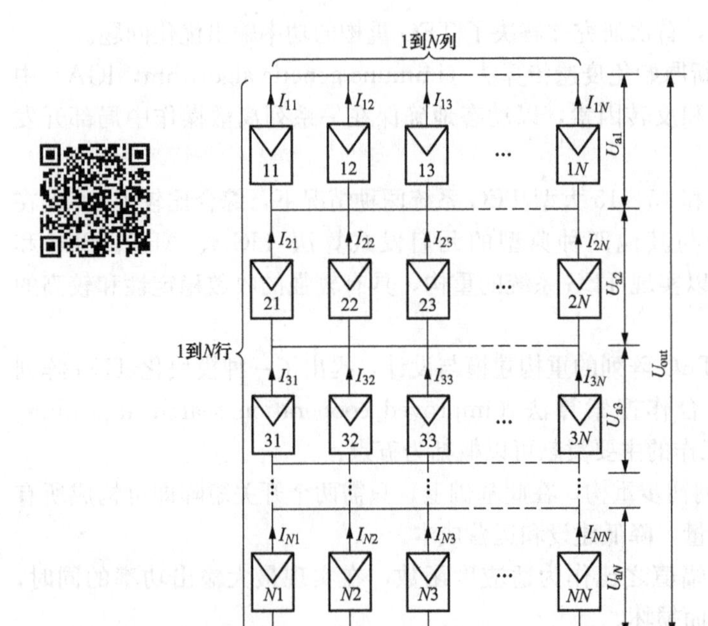

图 6.2.1 网状连接的 $N \times N$ 光伏阵列模型

$$P_{mis} = P_{mpp,US} - P_{mpp,PS} \tag{6.2.3}$$

2. 功率提升百分比

功率提升百分比 P_{en} 是指重构前后阵列的最大输出功率之差与重构前阵列的最大输出功率之比的百分比，表达式为

$$P_{en} = \frac{G_{mpp,re} \times G_{mpp,TCT}}{G_{mpp,TCT}} \times 100\% \tag{6.2.4}$$

式中：$G_{mpp,re}$ 为重构后阵列的最大输出功率；$G_{mpp,TCT}$ 为重构前阵列的最大输出功率。

光伏重构的实现途径：首先，传感器收集阵列的输出电流、电压、辐照度等数据；然后，算法根据这些数据推算出光伏阵列的最优辐照分布；最后，开关矩阵根据最优配置动态地改变光伏阵列内部的电气连接。设计了一种由单刀多掷开关组成的开关矩阵，对于本节中的 10×10 光伏阵列，所需的开关数为 $2 \times H \times C = 200$，其中 H 为行数，C 为列数。而 TCT 配置的阵列则需 $H \times (H+1) - 2 + 2 \times C(H \times C - H) = 1908$ 个开关。

6.2.2 基于改进蜉蝣算法的光伏阵列重构算法设计

1. 蜉蝣算法

蜉蝣算法模拟蜉蝣的社会行为，尤其是交配过程，能够快速收敛，并在局部勘探和全局开发中取得良好的平衡。

(1) 雄性蜉蝣的活动。雄性蜉蝣是成群聚集的，每只雄性蜉蝣的位置是根据自己与邻近个体进行更新的。在光伏重构应用中，每个蜉蝣代表一个光伏阵列，其位置为光伏阵列的电气排列方式，蜉蝣的速度为与其位置相同规模的矩阵。IMA 就是通过算法机制改变光伏阵列的电气排列方式，并比较更新前后光伏阵列的输出功率来搜索最优重构方案的。假设 $m_{i,t}$ 是第 i 个雄性蜉蝣在时刻 t 搜索空间中的位置，通过在当前位置添加速度 $v_{i,t+1}$ 来改变位置，表达式为式 (6.2.5)。

$$m_{i,t+1} = m_{i,t} + v_{i,t+1} \tag{6.2.5}$$

第 i 个雄性蜉蝣的速度 $v_{i,t+1}$ 可由式 (6.2.6) 计算。

$$v_{i,t+1} = g v_{i,t} + \alpha_1 e^{-\beta r_p^2} (p_{best,i} - m_{i,t}) + \alpha_2 e^{-\beta r_g^2} (g_{best,i} - m_{i,t}) \tag{6.2.6}$$

式中：$v_{i,t}$ 和 $m_{i,t}$ 分别为第 i 个雄性蜉蝣在时刻 t 的速度和位置；g 为重力系数；α_1 和 α_2 分别为用于衡量认知贡献和社会成分贡献的正吸引常数；$p_{best,i}$ 为第 i 个蜉蝣的历史最优光伏阵列；$g_{best,i}$ 为全局最优光伏阵列；β 为固定的可见性系数；r_p 为 $m_{i,t}$ 和 $p_{best,i}$ 之间的笛卡尔距离；r_g 为 $m_{i,t}$ 和 $g_{best,i}$ 之间的笛卡尔距离。

群体中最好的个体继续表演其特有的上下运动的舞蹈，因此最好的蜉蝣不断改变其速度，速度表达式为式（6.2.7）。

$$v_{i,t+1}=v_{i,t}+dr \tag{6.2.7}$$

式中：d 为舞蹈系数；r 为与 $v_{i,t}$ 规模相同的矩阵，其内部每个元素都为区间［−1，1］范围内的随机值。

（2）雌性蜉蝣的活动。雌性蜉蝣飞向雄性蜉蝣以便繁殖。假设 $f_{i,t}$ 是第 i 个雌性蜉蝣在时刻 t 的光伏阵列，通过在当前位置添加速度 $v_{i,t+1}$ 来改变位置，表达式为式（6.2.8）。

$$f_{i,t+1}=f_{i,t}+v_{i,t+1} \tag{6.2.8}$$

雌性蜉蝣与雄性蜉蝣相互吸引。考虑到本节的目标为最大化输出功率，速度表达式为式（6.2.9）。

$$v_{i,t+1}=\begin{cases} gv_{i,t}+\alpha_2 e^{-\beta r_{mf}^2}(m_{i,t}-f_{i,t}),\text{如果 } F(f_{i,t})<F(m_{i,t}) \\ gv_{i,t}+\lambda r,\text{否则} \end{cases} \tag{6.2.9}$$

式中：r_{mf} 为雄蜉蝣和雌蜉蝣之间的笛卡尔距离；$F(\cdot)$ 为目标函数，在本节中为光伏阵列的输出功率；λ 为一个随机游动系数，当雌性未被雄性吸引时根据该系数随机飞行；r 为与 $v_{i,t}$ 规模相同的矩阵。

（3）蜉蝣交配。蜉蝣交配产生2个后代，表达式为式（6.2.10）。

$$\begin{cases} m_{\text{offspring},1}=Lm+(1-L)f \\ m_{\text{offspring},2}=Lf+(1-L)m \end{cases} \tag{6.2.10}$$

式中：$m_{\text{offspring},1}$ 与 $m_{\text{offspring},2}$ 分别为雄性蜉蝣光伏阵列 m 和雌性蜉蝣光伏阵列 f 交配产生的两个子代光伏阵列；L 为［0，1］区间内的随机值。

2. 改进蜉蝣算法

设置每只蜉蝣代表一个光伏阵列，表达式为式（6.2.11）。

$$\begin{cases} m_i=(m_{i,1},m_{i,2},\cdots,m_{i,N}) \\ f_i=(f_{i,1},mf_{i,2},\cdots,f_{i,N}) \end{cases} \tag{6.2.11}$$

式中：$m_{i,N}$ 为雄性蜉蝣所代表光伏阵列中第 N 列的列向量；$f_{i,N}$ 为雌性蜉蝣第 N 列的列向量。

原始MA的寻优能力相对较弱，因此，在提高解的随机性同时兼顾算法的稳定性是算法改进的主要思路。引入阵列内部列向量重新排列和阵列间列向量交换两个改进策略。此策略可应用到任意用于重构的启发式算法中，如下：

（1）光伏阵列内部列向量重新排列。本节所提的光伏重构方法的实质是通过控制开关矩阵的开断状态改变光伏阵列每一列内部组件的相对电气位置，从而均衡阵列的行电流，实现光伏阵列组件排列情况的优化。因此，对光伏阵列的列内部组件进行随机排列可显著提高解的随机性，但若对光伏阵列的每一列都进行随机排列会大大降低算法的执行速度，降低算法效率。因此，仅选择其中一列进行优化可以在保证算法高效率的同时提高其寻优能力。为增强算法的全局开发能力，每只蜉蝣选择自己的任意一列向量进行重新随机排列，表达式为式（6.2.12）。

$$\begin{cases} m_i(m_{i,\gamma})=F_{\text{randomized}}(m_{i,\gamma}) \\ f_i(f_{i,\gamma})=F_{\text{randomized}}(f_{i,\gamma}) \end{cases} \tag{6.2.12}$$

式中：γ 为1到 N 之间的随机整数；$F_{\text{randomized}}(\cdot)$ 为将列向量随机排序的函数。对任意列向量进行重新排列可显著提高解的随机性，这允许IMA在大范围内寻找相对最优解。

(2) 光伏阵列间列向量交换。为增强算法的局部勘探能力，每只蜉蝣 m_i 或 f_i 选择任意另一只同性蜉蝣 m_i 或 f_i 作为参考，交换各自的任意一个列向量的排列方式，如图 6.2.2 所示。这允许每个光伏阵列通过获取其他光伏阵列的排列信息更新自己的排列情况，提高每个解附近相对最优解的密集程度，确保算法在解的随机性提高的情况下依然能保持较好的稳定性。

综上所述，IMA 的结构较为简单，因此在应用到大型光伏阵列的重构时可以比其他算法更快收敛，具有更高的扩展性。通过引入 2 种改进策略提高了算法的寻优能力，同时维持较好的稳定性。同时，IMA 是一种稳健的优化算法，其权重参数的选择不会对优化结果产生较大的影响。

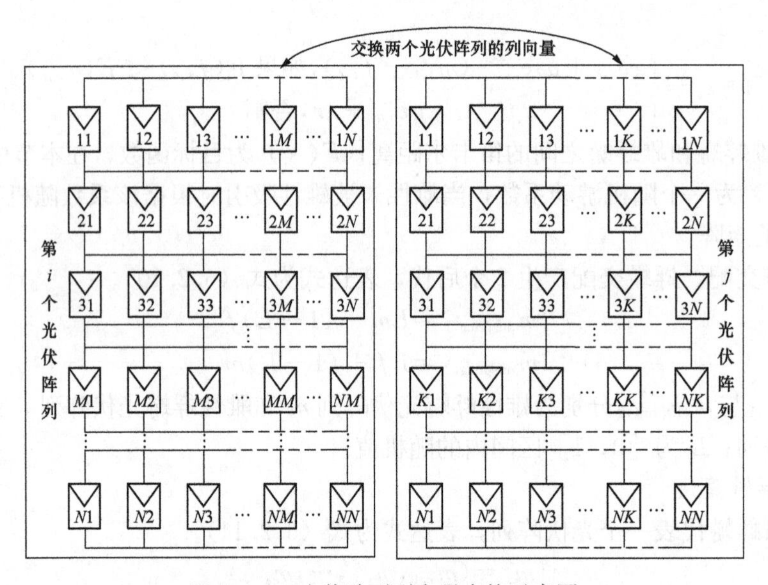

图 6.2.2　光伏阵列列向量交换示意图

3. 基于光伏重构的算法设计

(1) 目标函数。目标函数为输出功率的最大化，目标函数表达式为式 (6.2.13)。

$$F=\max\left(\sum_{r=1}^{N} I_r U_r\right) \tag{6.2.13}$$

式中：I_r 和 U_r 分别为第 r 行的电流和电压。

(2) 约束条件。光伏重构中，每个组件仅与同一列中的另一个组件交换，即组件改变的是行序号。因此，由电气开关状态构成的重构变量应满足约束条件，表达式为式 (6.2.14)。

$$\begin{cases} x_{r,c} \in \{1,2,\cdots,N\} \\ \bigcup_{r=1}^{N} x_{r,c} = \{1,2,\cdots,N\} \end{cases} \tag{6.2.14}$$

式中：$x_{r,c}$ 为第 r 行、第 c 列的行序号。

(3) 执行过程。图 6.2.3 详细描述了 IMA 用于光伏重构的流程。

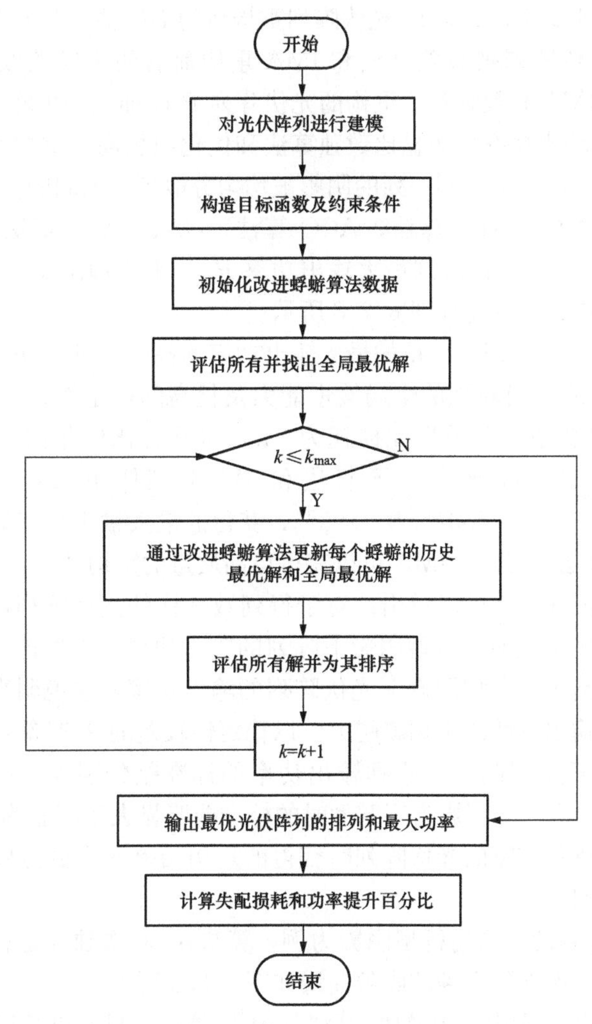

图 6.2.3 改进蜉蝣算法用于光伏重构的流程图

6.2.3 算例分析

在本节中，通过模拟在 10×10 光伏阵列和 10×7 光伏阵列上的十种辐照类型造成的阴影评估 IMA 的重构性能，即：不均匀行型、不均匀列型、短宽型、长宽型、短窄型、长窄型、对角线型、边缘型、中心型、随机型这 10 种阴影类型。需要说明的是，所引用的 10 种辐照类型为当前光伏重构研究广泛使用的基准算例。同时，将 IMA 与优化前，数独（Sudoku）方法、人工蜂群算法（artificial bee colony，ABC）算法、ACO 算法、GA、GWO 算法、禁忌搜索（tabu search，TS）算法和 MA 算法进行了比较。为了公平兼顾每个算法，将最大迭代次数 k_{max} 和种群规模分别设置为 200 和 25。此外，在本节中，IMA 的雄性蜉蝣数与雌性蜉蝣数分别设置为 13 和 12；g 为 0.8，α_1 和 α_2 分别设置为 1.0 和 1.5；β 为 2，d 为 5；λ 为 1。

1. 对称光伏阵列（10×10）

10×10 光伏阵列的 10 种阴影图案的辐照度分布如图 6.2.4 所示，其中，不同的颜色代表不同的辐照度。图 6.2.5 为 10×10 光伏阵列重构后的 *I-U* 曲线和 *P-U* 曲线。图 6.2.6 为不均匀列型阴影下光伏阵列被数独算法和 IMA 重构前后的 *I-U* 曲线和 *P-U* 曲线。由图 6.2.6 可以看出，被 IMA 和数独算法重构的光伏阵列 *P-U* 曲线为单峰，而优化前有 2 个峰值。IMA 得到的最大输出功率也明显比数独算法和优化前更高。重构后的光伏阵列辐照分布如图 6.2.7 所示，可以看出，同一列的阴影被均匀分散到了不同的行。

表 6.2.1 为数独算法、ABC 算法、ACO 算法、GA、GWO 算法、TS 算法、MA 和 IMA 在 30 次独立运行中的光伏阵列最大输出功率 P_{m}、平均输出功率 P_{av}和标准差。总计失配损耗和平均功率提升百分比如图 6.2.8 所示。

由表 6.2.1 可以看出，IMA 获得的最大输出功率均高于其他算法，且标准差明显低于其他算法，这表明 IMA 具有较强的全局搜索能力及较高的稳定性。由图 6.2.8 可以看出，IMA 获得的平均输出功率的总计失配损耗为 34.538kW，比优化前、数独算法、ABC 算法、ACO 算法、GA、GWO 算法、TS 算法和 MA 分别低 46.23%、27.25%、6.66%、5.47%、6.38%、14.36%、12.37%和 1.98%；获得的最大输出功率的功率提升百分比为 21.15%，高于其他算法。因此，IMA 可以获得更高质量的重构结果。

综合表 6.2.1 和图 6.2.5 可以看出，对于行列数一样的光伏阵列，不均匀列型阴影下阵列的输出功率明显高于不均匀行型阴影下阵列的输出功率。类似地，长窄型阴影下光伏阵列的输出功率明显高于短宽型阴影下光伏阵列的输出功率，这说明当局部遮蔽造成的阴影越宽，对光伏阵列输出特性的影响就越大。以稳定性较差的 ABC 算法、GWO 算法和 TS 算法为例，短宽型和长窄型阴影下阵列输出功率的标准差分别为：150.44W，193.57W；220.55W，0；248.46W，0。阴影为短宽型时的标准差明显大于阴影为长窄型时的标准差，表明算法在重构局部遮蔽较宽的光伏阵列时获得的重构结果差异更为显著，IMA 相比于其他算法的优势也更为明显。

以 10×10 光伏阵列的不均匀行型阴影为例，算法在 30 次独立运行后所得最大输出功率的盒须图和经过 200 次迭代得到的收敛曲线如图 6.2.9 所示。

由图 6.2.9（a）可以看出，由 ABC 算法、ACO 算法、MA 和 IMA 重构获得的最大输出功率最高，在 19kW 左右。ACO 算法、MA 和 IMA 获得的最小输出功率最高，都在 18.5kW 左右，而 IMA 所获输出功率基本全部分布在 19kW 左右，因此其寻优能力比 ABC 算法、ACO 算法和 MA 更为优越，进一步验证了 IMA 的高效率和高稳定性。由图 6.2.9（b）可知，ACO 算法与 TS 算法分别在迭代 17 次与 6 次后就快速收敛，但 TS 算法获得的输出功率最低（18kW 左右），ACO 算法也仅获得了 18.5kW 左右的输出功率，寻优效果并不理想。IMA 在迭代 12 次后收敛，收敛速度优于 ABC 算法（45 次）、ACO 算法（17 次）、GA（136 次）、GWO 算法（75 次）和 MA（73 次），并且获得了最高的输出功率。因此，IMA 可以在更少的迭代次数内找到相对最优解。基于上述讨论，可知 IMA 相较于改进前全局搜索能力和稳定性都有所提升。

2. 不对称光伏阵列（10×7）

10×7 光伏阵列的十种阴影的辐照度分布如图 6.2.10 所示。图 6.2.11 为光伏阵列重构后的 *I-U* 曲线和 *P-U* 曲线。图 6.2.12 为随机型阴影下重构前后的 *I-U* 曲线和 *P-U* 曲线。

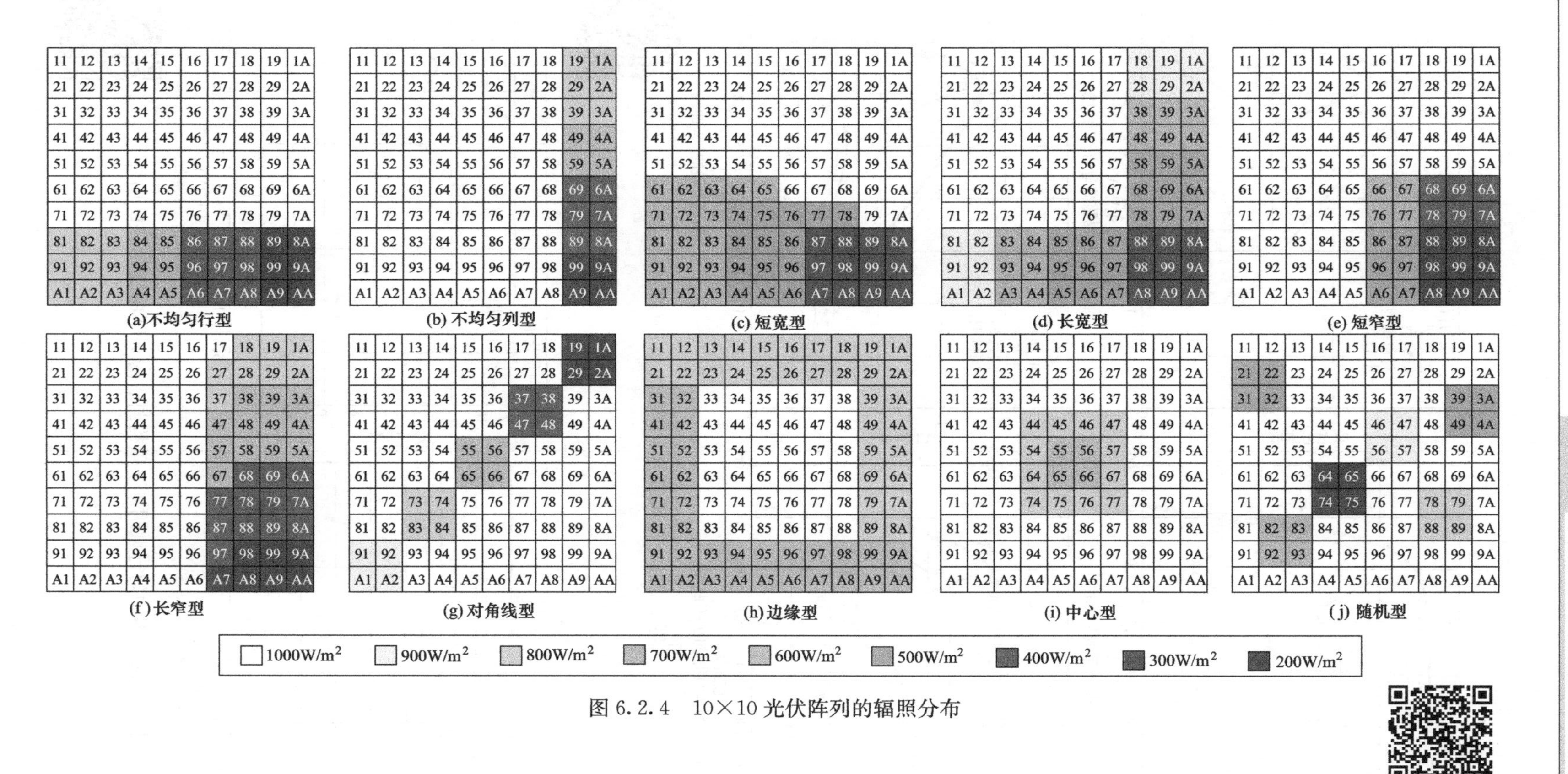

图 6.2.4 10×10 光伏阵列的辐照分布

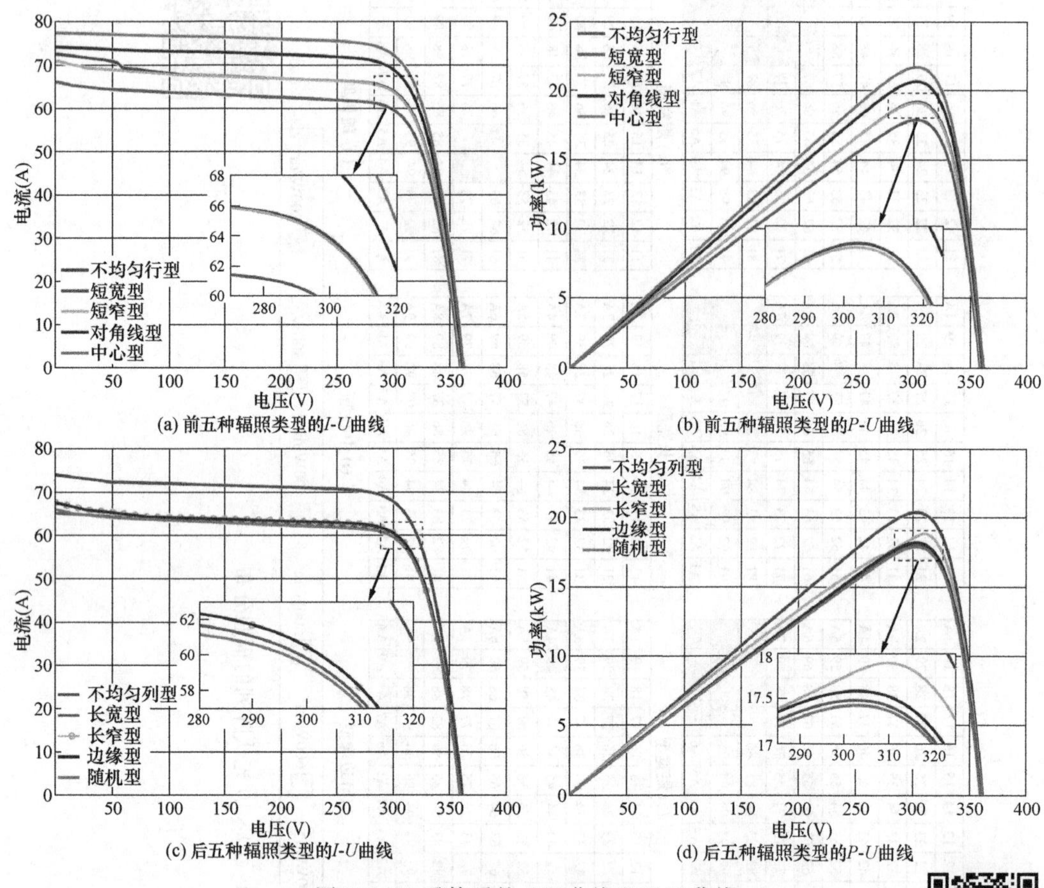

图 6.2.5　重构后的 I-U 曲线和 P-U 曲线

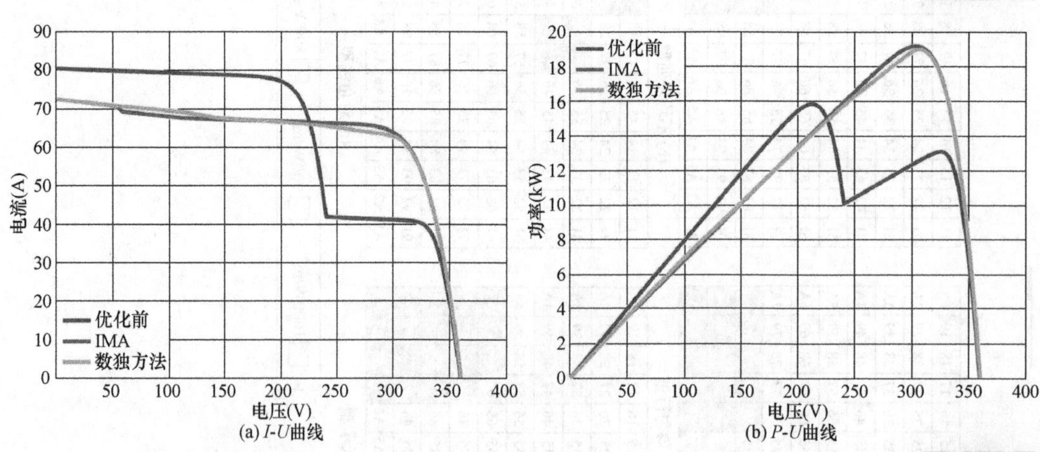

图 6.2.6　不均匀行型阴影下重构前后的 I-U 曲线和 P-U 曲线

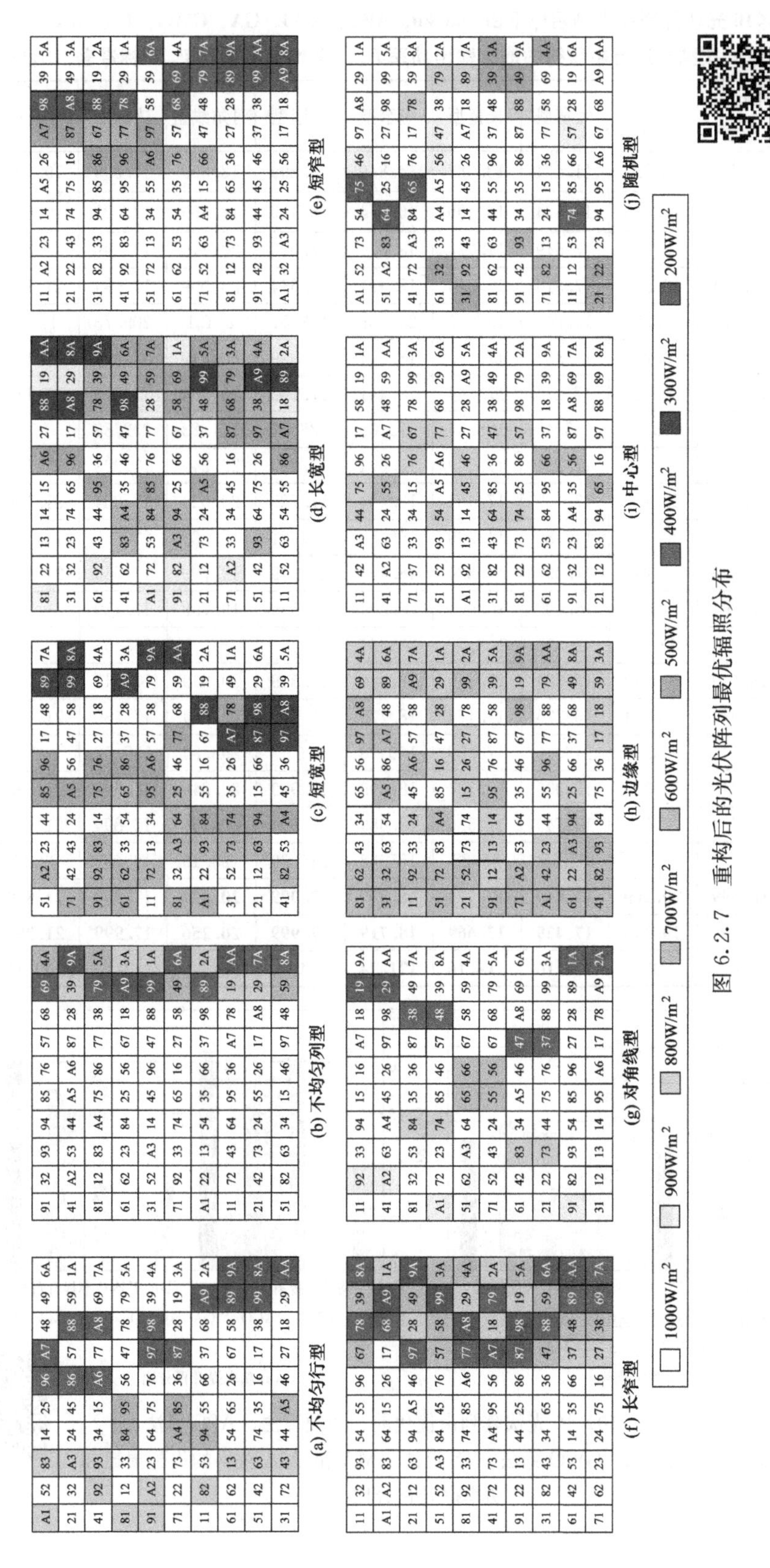

图 6.2.7 重构后的光伏阵列最优辐照分布

表 6.2.1　10×10 光伏阵列在十种阴影下由 Sudoku、ABC、ACO、GA、GWO、TS、MA 和 IMA 在 30 次独立运行中获得的最大输出功率 P_m、平均输出功率 P_{av} 和标准差（STD）

辐照类型		不均匀行型	不均匀列型	短宽型	长宽型	短窄型	长窄型	对角线型	边缘型	中心型	随机型
TCT	P_{out}(kW)	15.749	18.899	11.474	13.387	14.849	15.299	18.899	14.399	19.799	17.999
Sudoku	P_{out}(kW)	17.999	19.349	16.424	16.199	16.874	16.199	18.899	17.099	20.699	17.774
ABC	P_m(kW)	18.899	20.249	17.549	17.774	18.674	17.999	20.249	17.999	21.599	20.024
	P_{av}(kW)	18.644	19.904	17.316	17.514	18.411	17.654	20.009	17.684	21.194	19.656
	STD(W)	226.79	193.57	150.44	138.35	205.38	193.57	204.1	209.73	137.3	150.44
ACO	P_m(kW)	18.899	20.249	17.324	17.549	18.674	17.999	20.249	17.999	21.149	20.024
	P_{av}(kW)	18.584	20.144	17.174	17.444	18.441	17.789	20.084	17.879	21.149	19.764
	STD(W)	209.73	193.57	136.45	128.54	172.09	228.32	131.23	202.38	0	152.75
GA	P_m(kW)	18.899	20.249	17.324	17.549	18.674	17.999	20.249	17.999	21.599	19.799
	P_{av}(kW)	18.509	20.129	17.169	17.451	18.434	17.729	20.024	17.834	21.179	19.641
	STD(W)	155.58	202.39	140.86	113.39	155.58	224.21	156.32	220.55	114.16	104.86
GWO	P_m(kW)	18.849	20.249	17.099	17.324	18.449	17.549	19.799	17.549	21.149	19.799
	P_{av}(kW)	17.864	19.844	16.409	16.971	17.894	17.549	19.799	17.489	21.149	19.694
	STD(W)	293.05	137.3	220.55	163.77	202.39	0	0	155.58	0	114.16
TS	P_m(kW)	18.449	20.249	17.324	17.549	18.449	17.549	20.249	17.549	21.149	19.799
	P_{av}(kW)	18.089	20.054	16.776	17.174	18.179	17.549	19.664	17.489	21.149	19.454
	STD(W)	362.3	226.79	248.46	170.56	160.73	0	298.94	155.58	0	218.96
MA	P_m(kW)	18.849	20.249	17.339	17.774	18.899	17.999	20.249	17.999	21.599	20.024
	P_{av}(kW)	18.704	20.249	17.549	17.586	18.689	17.954	20.166	17.894	21.164	19.799
	STD(W)	226.79	0	82.15	85.28	155.58	137.30	125.10	193.57	82.15	177.25
IMA	P_m(kW)	**18.899**	**20.249**	**17.549**	**17.774**	**18.899**	**17.999**	**20.474**	**17.999**	**21.599**	**20.024**
	P_{av}(kW)	**18.899**	**20.249**	**17.429**	**17.669**	**18.719**	**17.999**	**20.256**	**17.999**	**21.284**	**19.949**
	STD(W)	**0**	**0**	**114.16**	**114.16**	**171.24**	**0**	**41.08**	**0**	**209.72**	**107.87**

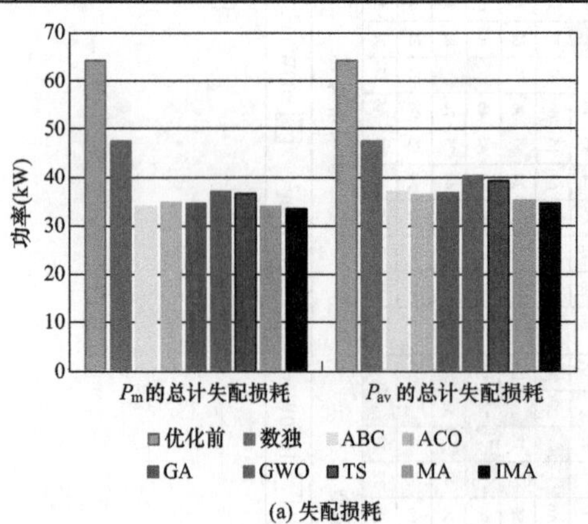

(a) 失配损耗

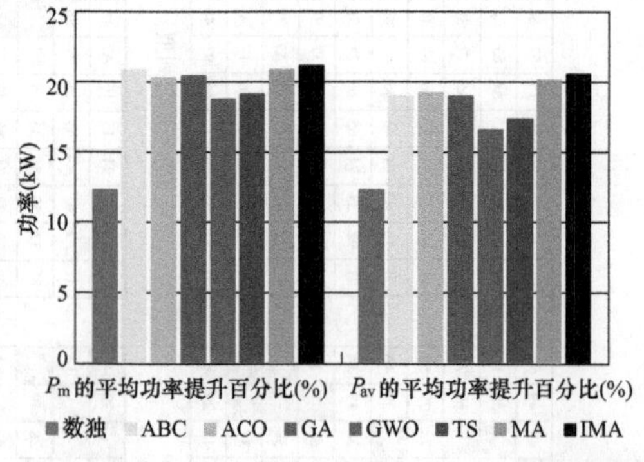

(b) 功率提升百分比

图 6.2.8　10×10 光伏阵列由优化前、数独算法、ABC 算法、ACO 算法、GA、GWO 算法、TS 算法、MA 和 IMA 获得的失配损耗和功率提升百分比

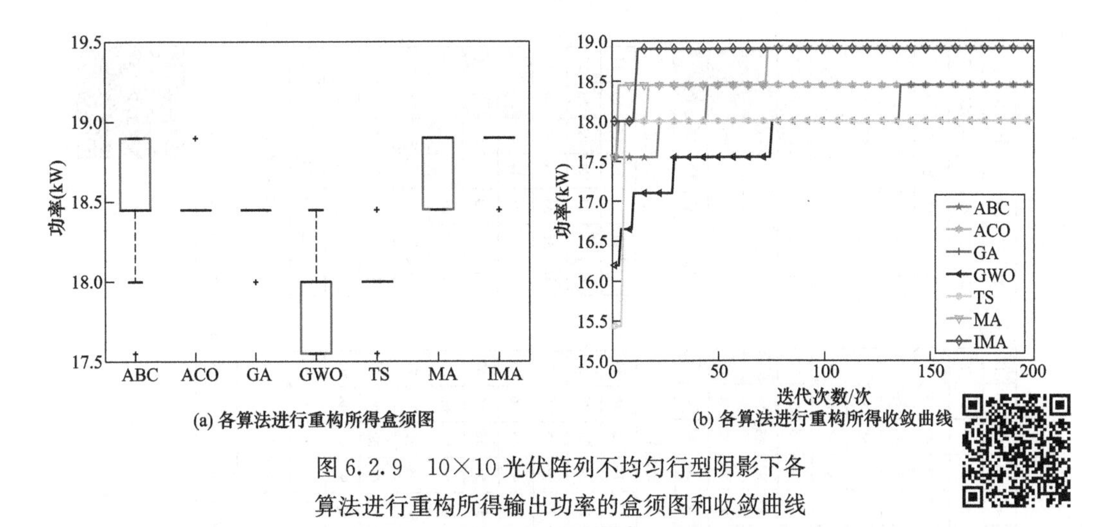

图 6.2.9 10×10 光伏阵列不均匀行型阴影下各算法进行重构所得输出功率的盒须图和收敛曲线

由图 6.2.11 和图 6.2.12 可以看出，重构后的 *P-U* 曲线趋向单个峰值，但与方阵光伏阵列相比，输出特性曲线不平滑，存在多个不明显的拐点。由图 6.2.12 可以看出，重构前，光伏阵列的输出 *P-U* 曲线有 4 个峰值，被 IMA 重构的 *P-U* 曲线有一个峰值，最大输出功率也有显著的提升。重构后的光伏阵列辐照分布如图 6.2.13 所示，显示出很好的重构效果。

表 6.2.2 为 ABC 算法、ACO 算法、GA、GWO 算法、TS 算法、MA 和 IMA 的光伏阵列最大输出功率、平均输出功率和标准差。值得注意的是，数独算法仅能用于行列数一致的光伏阵列，因此在 10×7 算例中不使用数独算法作为对比方法，而启发式算法可以用于任何规模的光伏阵列重构。图 6.2.14 显示了总计失配损耗和平均功率提升百分比。由图 6.2.14 可以看出，IMA 获得的最大输出功率的总计失配损耗为 27.90kW，比优化前、ABC 算法、ACO 算法、GA、GWO 算法、TS 算法和 MA 分别低 41.56%、3.88%、3.88%、5.34%、6.06%、6.77%和 1.59%，效果显著；IMA 的功率提升百分比达到 19.69%，明显高于其他算法。由表 6.2.2 与图 6.2.14 可知，相较于 ACO 算法和 MA，IMA 在稳定性上的优势并不明显，但所提算法获得的输出功率均高于其他算法，每次都可获得相对最优解，因此综合对比所有算法，IMA 的寻优能力更加优越，并且也具有相对较高的稳定性。综上所述，采用 IMA 进行重构可有效提高光伏阵列的输出功率，缓解局部阴影带来的影响。

以随机型阴影为例，算法在 30 次独立运行后所得最大输出功率的盒须图和经过 200 次迭代得到的收敛曲线如图 6.2.15 所示。

由图 6.2.15 (a) 可知，ABC 算法、ACO 算法、MA 和 IMA 均在 30 次运行后获取了最大功率 (13.3kW 左右)，但 ABC 算法和 ACO 算法获取的光伏阵列输出功率分别主要集中在 12.6kW 和 12.8kW 处，且功率波动较大。MA 获取的功率主要分布在 12.8～13.0kW 处，而 IMA 获得的输出功率主要分布在 13.0～13.3kW 处，证明了 IMA 较为优越的寻优能力和稳健性。

由图 6.2.15 (b) 可以看出，随机型阴影在算法迭代中会导致更大的功率波动，因此，IMA 的优势更为显著。IMA 收敛最快，经过了 17 次迭代获得了最大的输出功率 (13.3kW)，高于其他算法。综上，IMA 相比起本节其他算法在实现光伏重构问题上更为优越。

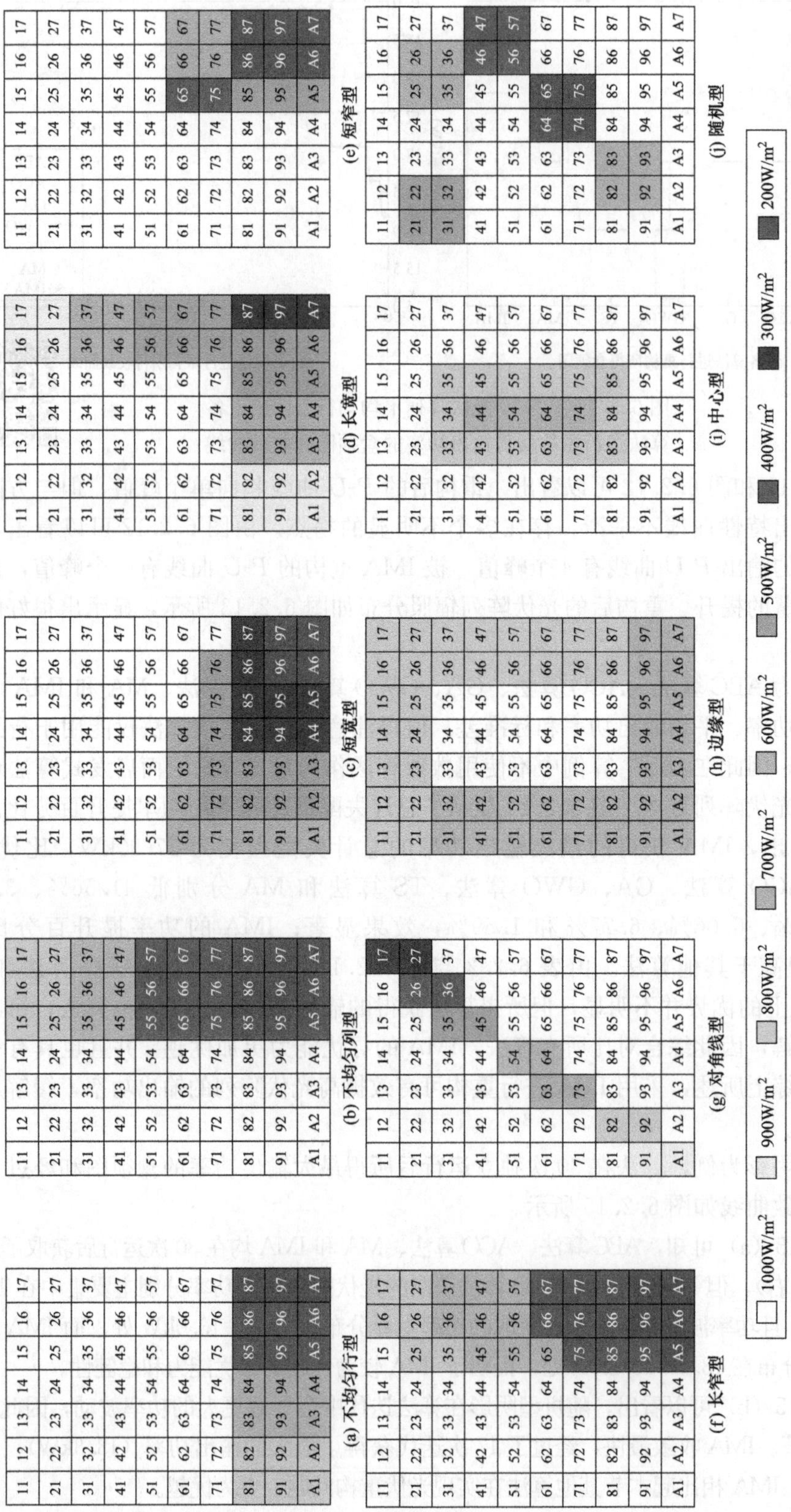

图 6.2.10　10×7 光伏阵列的辐照分布

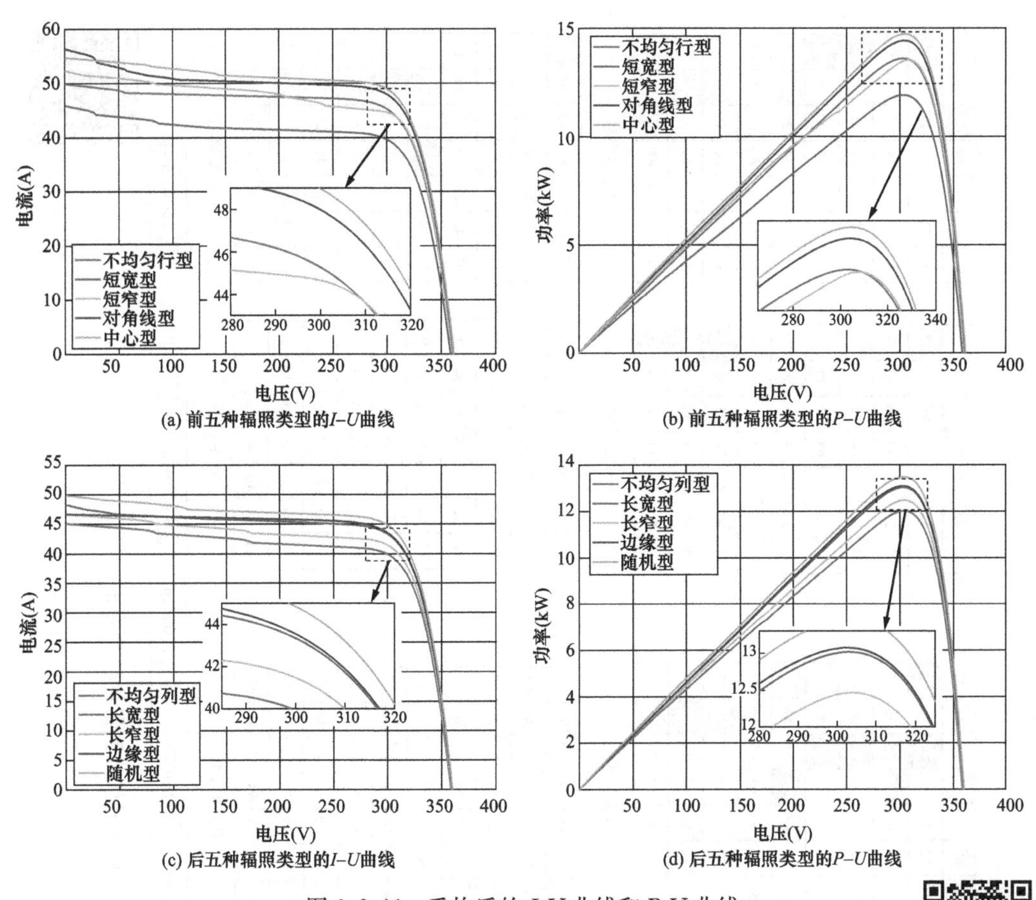

(a) 前五种辐照类型的*I–U*曲线　(b) 前五种辐照类型的*P–U*曲线

(c) 后五种辐照类型的*I–U*曲线　(d) 后五种辐照类型的*P–U*曲线

图 6.2.11　重构后的 *I-U* 曲线和 *P-U* 曲线

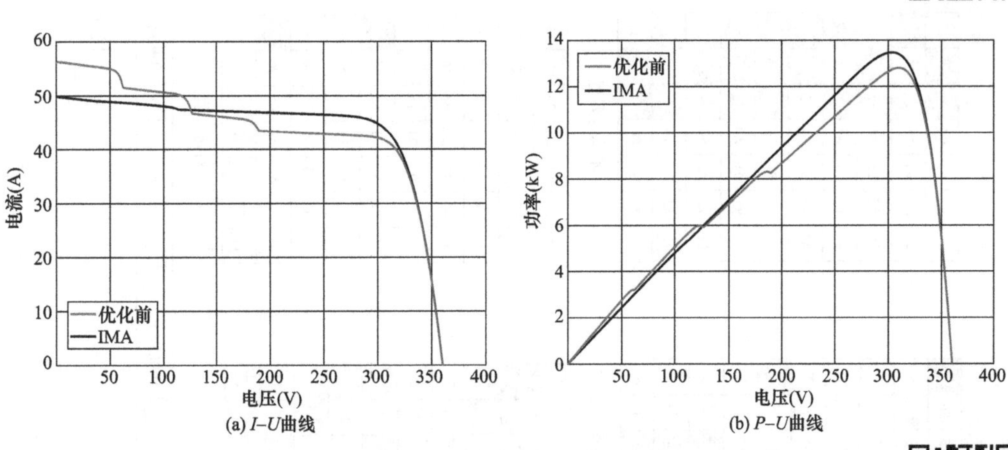

(a) *I–U*曲线　(b) *P–U*曲线

图 6.2.12　随机阴影下重构前后的 *I-U* 曲线和 *P-U* 曲线

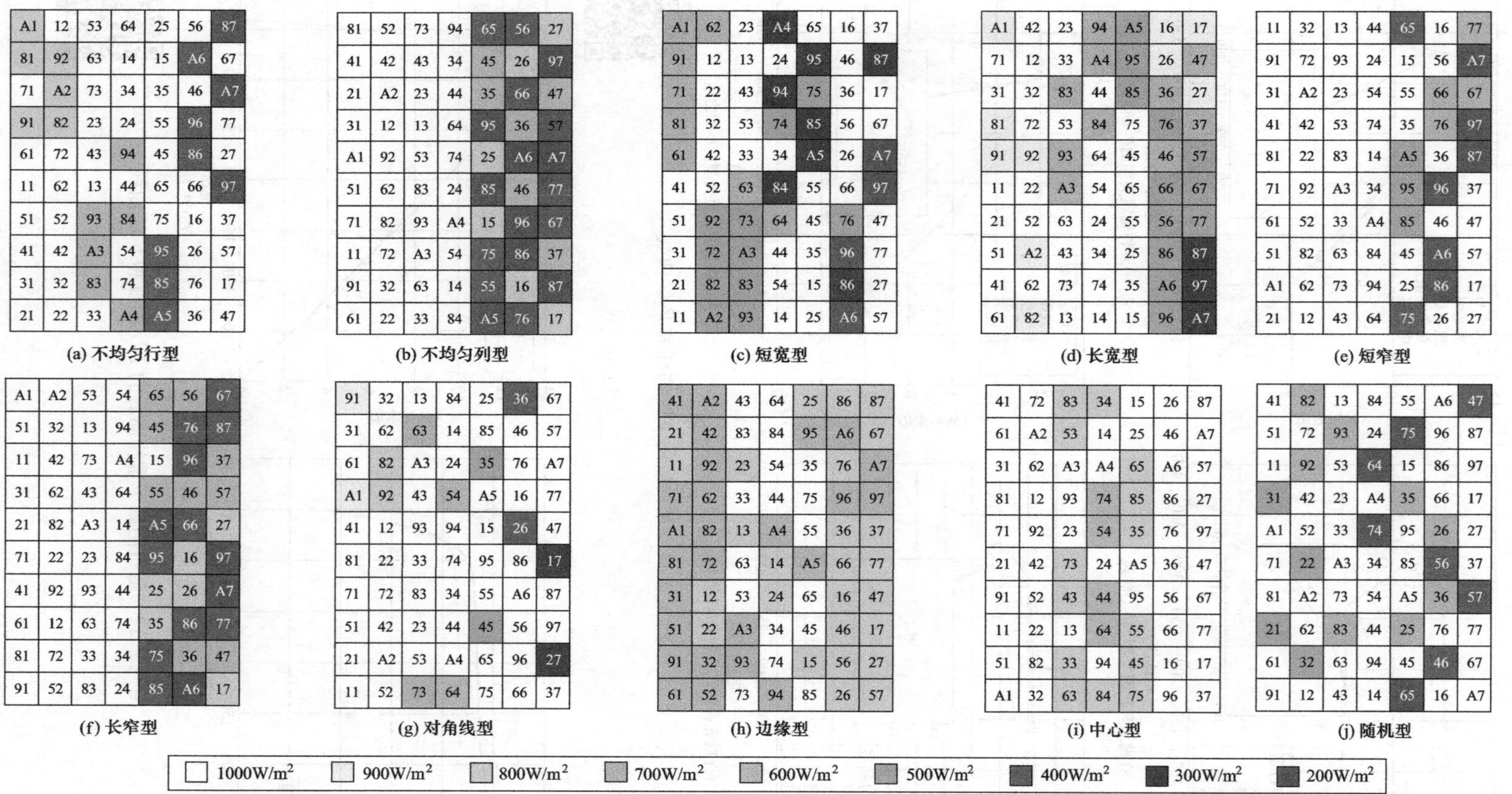

图 6.2.13　重构后的光伏阵列最优辐照分布

表 6.2.2 10×7 光伏阵列在十种阴影下由 ABC、ACO、GA、GWO、TS、MA 和 IMA 在 30 次独立运行中获得的最大输出功率 P_m、平均输出功率 P_{av}和标准差（STD）

辐照类型		不均匀行型	不均匀列型	短宽型	长宽型	短窄型	长窄型	对角线型	边缘型	中心型	随机型
TCT	P_{out}(kW)	11.024	10.349	7.875	10.124	11.024	10.349	12.824	10.079	13.949	12.149
ABC	P_m(kW)	13.049	11.699	11.474	12.824	12.824	12.149	14.174	12.599	14.399	13.274
	P_{av}(kW)	12.884	11.579	11.114	12.547	12.800	12.104	13.912	12.584	14.399	12.727
	STD(W)	220.55	202.39	247.87	152.75	73.54	137.30	213.71	82.15	0	201.95
ACO	P_m(kW)	13.049	11.699	11.699	12.824	12.824	12.149	14.174	12.599	14.399	13.049
	P_{av}(kW)	13.049	11.699	11.302	12.644	12.824	12.149	14.144	12.599	14.399	12.899
	STD(W)	0	0	113.39	91.53	0	0	77.79	0	0	148.69
GA	P_m(kW)	13.049	11.699	11.474	12.824	12.824	12.149	14.174	12.599	14.399	12.824
	P_{av}(kW)	12.959	11.684	11.234	12.584	12.817	12.059	14.062	12.569	14.399	12.742
	STD(W)	183.07	82.15	117.18	117.18	41.08	183.07	114.42	114.16	0	110.27
GWO	P_m(kW)	13.049	11.699	11.249	12.599	12.824	12.149	14.174	12.599	14.399	13.049
	P_{av}(kW)	12.629	11.699	10.747	12.389	12.824	12.104	14.122	12.509	14.399	12.802
	STD(W)	164.31	0	183.86	101.19	0	137.30	96.79	183.07	0	160.18
TS	P_m(kW)	13.049	11.699	11.249	12.599	12.824	12.149	14.174	12.599	14.399	12.824
	P_{av}(kW)	12.542	11.699	10.827	12.449	12.817	12.074	13.807	12.302	14.399	12.532
	STD(W)	341.86	0	311.79	122.99	41.08	170.56	239.88	266.23	0	214.26
MA	P_m(kW)	13.499	11.699	11.699	12.824	12.824	12.149	14.174	12.599	14.399	13.274
	P_{av}(kW)	13.079	11.699	11.429	12.764	12.824	12.149	14.167	12.599	14.399	12.907
	STD(W)	114.16	0	171.24	101.19	0	0	41.08	0	0	150.44
IMA	P_m(kW)	**13.499**	**11.699**	**11.699**	**12.824**	**12.824**	**12.149**	**14.174**	**13.049**	**14.399**	**13.274**
	P_{av}(kW)	**13.094**	**11.699**	**11.579**	**12.824**	**12.824**	**12.149**	**14.174**	**12.629**	**14.399**	**13.064**
	STD(W)	**137.30**	**0**	**128.54**	**0**	**0**	**0**	**0**	**114.16**	**0**	**186.21**

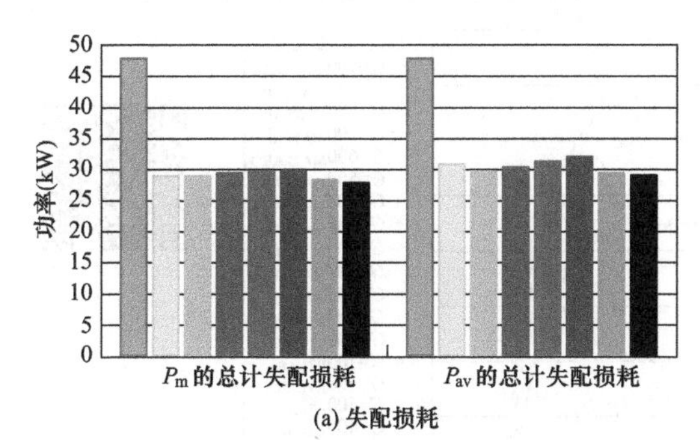

(a) 失配损耗

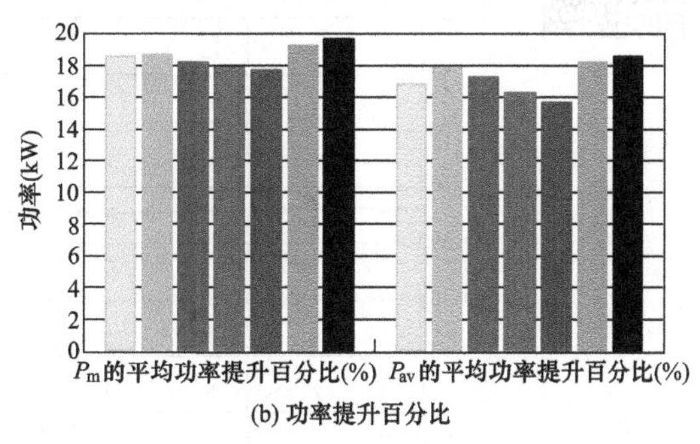

(b) 功率提升百分比

图 6.2.14　10×7 光伏阵列由优化前、ABC 算法、ACO 算法、GA、GWO 算法、TS 算法、MA 和 IMA 获得的失配损耗和功率提升百分比

■优化前 ■ABC ■ACO ■GA ■GWO ■TS ■MA ■IMA

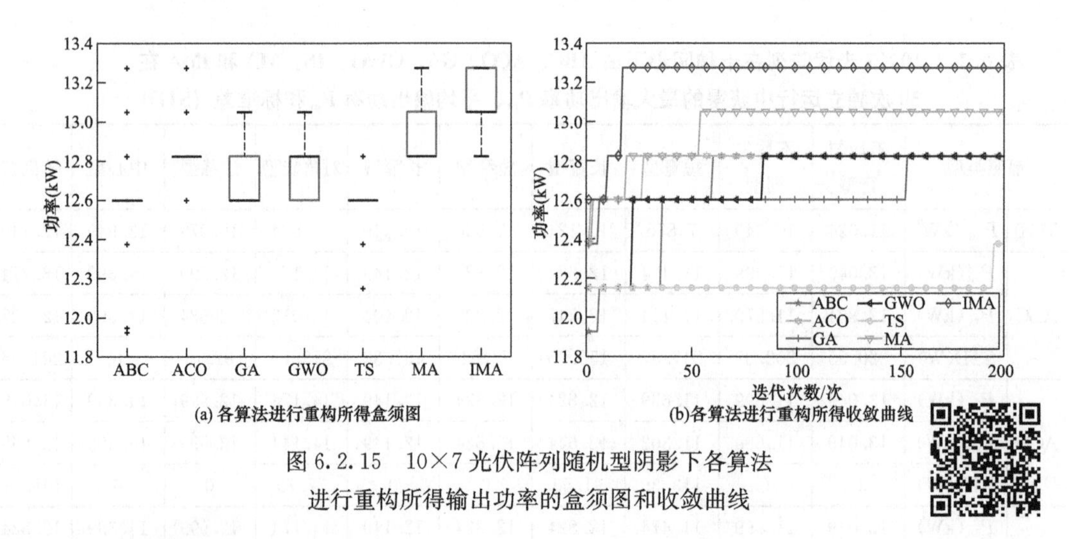

图 6.2.15　10×7 光伏阵列随机型阴影下各算法进行重构所得输出功率的盒须图和收敛曲线

6.2.4　硬件在环实验

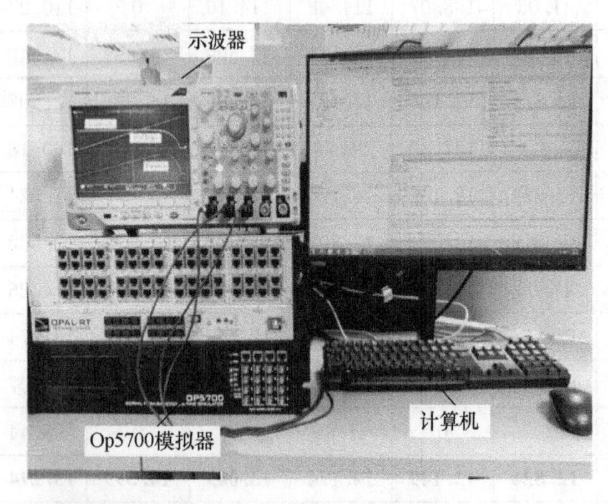

图 6.2.16　基于 RTLAB 平台的实时硬件在环实验

为验证所提出方法的正确性和可行性，提高所提方法的可信度，在 RTLAB 平台进行了半实物的硬件在环实验，如图 6.2.16 所示。所使用的光伏组件型号为 A10 Green Technology A10J-M60-225；单个组件包含的电池数为 60；单个组件的最大功率、开路电压和短路电流分别为 224.9856W、36.24V 和 8.04A；单个组件在最大功率点处的电压和电流分别为 30.24W 和 7.44A。硬件在环实验获得的仿真结果如图 6.2.17 和图 6.2.18 所示。可以看出，从 RTLAB 和 MATLAB 平台获得的不同温度及不同辐照下的 *I-U* 曲线与

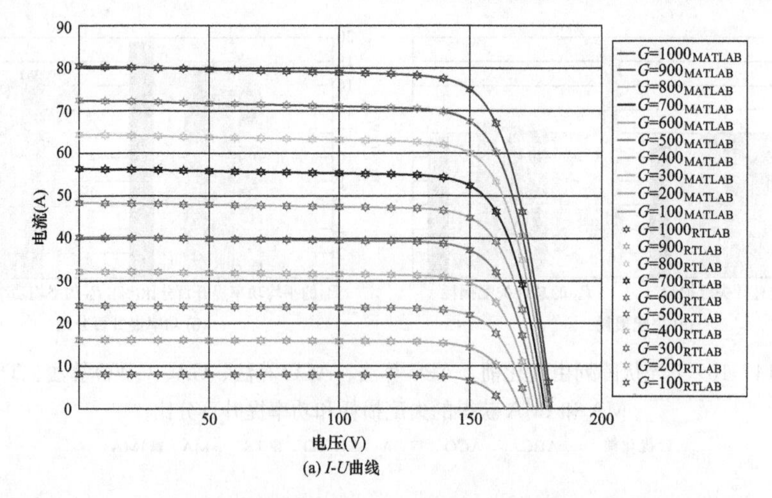

图 6.2.17　温度恒为 25℃时，基于 RTLAB 与 MATLAB 平台的光伏阵列在不同辐照下的输出特性曲线（一）

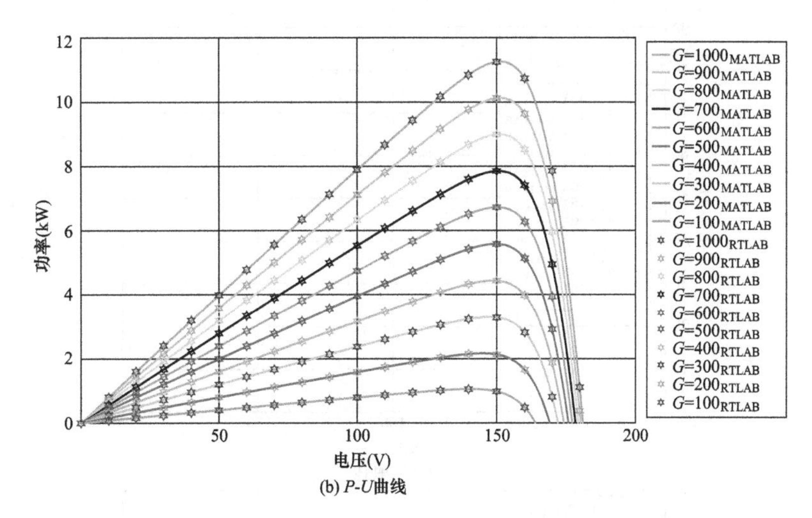

(b) P-U曲线

图 6.2.17 温度恒为 25℃时，基于 RTLAB 与 MATLAB 平台的光伏阵列在不同辐照下的输出特性曲线（二）

P-U 曲线基本吻合，这表明所提方法可以获得较为准确的仿真结果，能够较好地应用到实际场景中。

6.2.5 讨论

（1）光伏阵列的动态重构意味着组件之间的连接是根据阵列上的阴影变化而动态变化的，因此，有必要选用合适的技术和材料制作高可靠性的开关矩阵。由于每个开关仅控制一个组件的开断，小型电气开关容易嵌入到光伏阵列中，适用于所提方法的开关矩阵。通过使用合适的机电开关和半导体开关技术，可以提高硬件寿命。此外，为了延长开关矩阵的使用寿命，需要在行电流均衡情况相同时，选择切换开关数量最少的配置结果。若在指定的迭代次数内算法获得的优化结果没有变化，则停止算法且不需要切换开关矩阵。

（2）本节所提的方法采用的开关矩阵由一种单刀多掷开关与双刀多掷开关组合配置而成，如图 6.2.19 所示。对于 10×10 的光伏阵列，所需单刀多掷开关数为 $2\times H\times C=200$，所需双刀多掷开关数为$(H+1)\times(C-1)=99$，可以显著减少所需开关的数目。

（3）本节所提的重构方法原理在于均衡光伏阵列的行电流，仅适用于 TCT 连接的光伏阵列，适用于任何规模的光伏阵列。

6.2.6 小结

本节提出了一种基于 IMA 的部分遮蔽下光伏阵列重构方法，有效地缓解了局部阴影对光伏阵列输出特性的影响，其贡献点主要可概括为以下五个方面：

（1）通过随机交换两个光伏阵列某一列，来增强算法的局部搜索能力；通过随机打乱光伏阵列中的某一列，增强了算法的全局搜索能力。改进后的蜉蝣算法相较于其他算法可以获得更好的重构结果，并且具有更高的稳定性。

（2）本节引入的十种局部阴影可以广泛使用到光伏重构的相关研究中。

（3）IMA 获得的输出功率峰值可比优化前提高 19.69%～21.15%，效果十分显著。从失配损耗和功率提升百分比两个评价指标来看，IMA 均优于数独算法、ABC 算法、ACO 算法、GA、GWO 算法、TS 算法和 MA，这表明了所提方法的优越性。

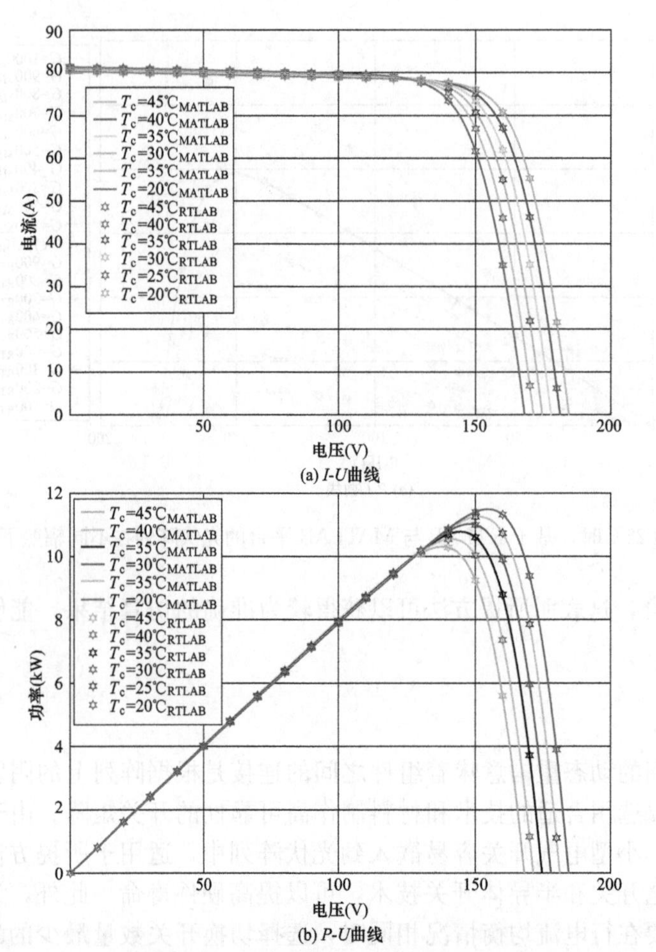

(a) *I-U*曲线

(b) *P-U*曲线

图 6.2.18　辐照恒为 1000W/m² 时，基于 RTLAB 与 MATLAB 平台的光伏阵列在不同温度下的输出特性曲线

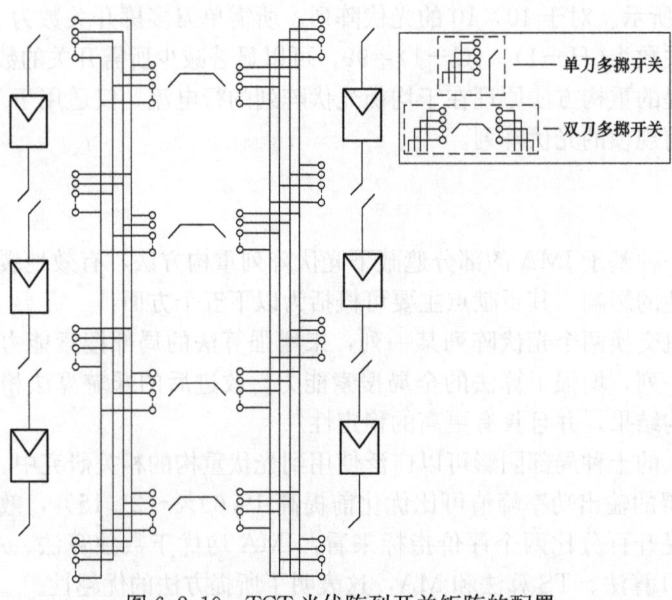

图 6.2.19　TCT 光伏阵列开关矩阵的配置

(4) 基于 RTLAB 的硬件在环实验验证了 IMA 的硬件有效性。

(5) 随机性强是启发式算法的共性问题，对于不同规模的光伏电站，需要有针对性地设置算法的种群数、迭代次数以权衡算法的运算负担和解的质量，这是 IMA 的局限性。

6.3 基于秃鹰搜索算法的光伏系统重构方法

本节提出一种基于秃鹰搜索（bald eagle search，BES）的光伏阵列重构方法。通过 3 个评价标准，即失配损耗、填充因子和功率提升百分比，对 BES 获得的优化结果进行评估，并与 ACO 和 TS 进行了比较。结果证明 BES 的优化效果优于 ACO 和 TS，可有效缓解部分遮蔽带来的影响。

6.3.1 基于秃鹰搜索算法的光伏阵列重构算法设计

光伏阵列的建模参见 6.2.2 节，失配损耗的表达式参见式（6.2.3），功率提升百分比的表达式参见式（6.2.4），填充因子 $F_{\mathrm{fillfactor}}$ 的目的是估计部分遮蔽条件下的功率损耗，它是在阴影条件下阵列获得的最大功率与开路电压 U_{oc} 和短路电流 I_{sc} 的乘积之比，如式（6.3.1）所示。

$$F_{\mathrm{fillfactor}}=\frac{U_{\mathrm{m}}\times I_{\mathrm{m}}}{U_{\mathrm{oc}}\times I_{\mathrm{sc}}} \tag{6.3.1}$$

式中：U_{m} 和 I_{m} 分别为阵列在最大功率点处所对应的电压和电流。

1. 秃鹰搜索算法

BES 是由 H. A. Alsattar 于 2020 年提出的一种新型启发式算法，其主要原理是模拟秃鹰寻找食物的行为，具有较强的全局搜索能力。该算法可分为 3 个部分，即选择搜索空间、在选定搜索空间内搜索和俯冲。在第一阶段，秃鹰选择猎物最多的空间；在第二阶段，秃鹰在选定的空间内移动以搜索猎物；在第三阶段，秃鹰从第二阶段确定的最佳位置摆动，确定最佳狩猎点并俯冲。秃鹰搜索算法的 3 个阶段如图 6.3.1 所示。

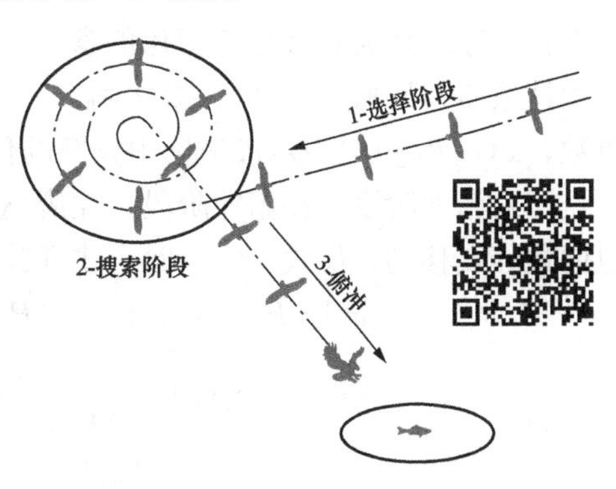

图 6.3.1 秃鹰搜索算法的 3 个阶段

在基于秃鹰搜索算法的光伏阵列重构方法中，一只秃鹰个体代表一个光伏阵列，个体的位置即光伏阵列的电气排列情况，目标函数为阵列输出功率的最大化。算法首先收集光伏阵列的电气参数（如辐照、温度等），再根据自身机制动态地改变阵列的电气连接直至算法收敛，输出光伏阵列的电气排列的最优配置。开关矩阵根据算法输出的最优配置改变组件间的电气连接，从而实现了光伏重构。图 6.3.2 为一种由单刀多掷开关构成的开关矩阵示意图。

BES 的 3 个阶段详细分析如下：

(1) 选择阶段。在选择阶段，秃鹰在选定的搜索空间内确定并选择最佳区域（根据食物量），并在此捕食，如式（6.3.2）所示。

$$P_{\mathrm{new}i}=P_{\mathrm{best}}+\alpha\cdot r(P_{\mathrm{mean}}-P_{i}) \tag{6.3.2}$$

式中：$P_{\mathrm{new}i}$ 为第 i 只秃鹰更新后的位置；α 是用于控制秃鹰位置变化的参数，其值介于

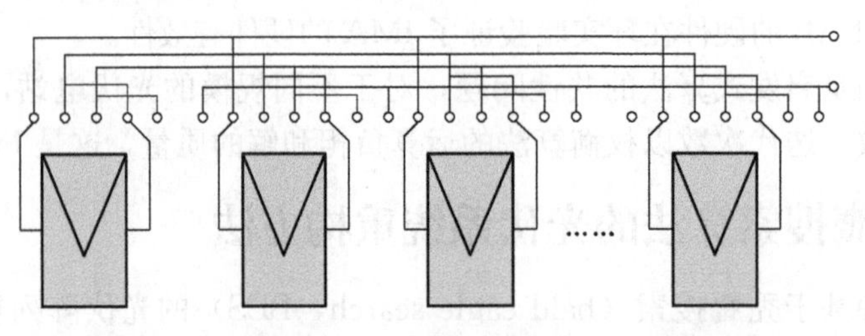

图 6.3.2 一种由单刀多掷开关构成的开关矩阵结构

1.5～2；r 是介于 0 和 1 之间的随机数；P_{best} 表示秃鹰当前根据先前搜索中确定的最佳位置选择的搜索空间；P_{mean} 为前一搜索结束后的秃鹰平均位置；P_i 为第 i 只秃鹰更新前的位置。

(2) 搜索阶段。在搜索阶段，秃鹰在选定的搜索空间内搜索猎物，并在螺旋空间内向不同方向移动以加速搜索。俯冲的最佳位置由式（6.3.3）～式（6.3.7）表示。

$$P_{\text{new}i}=P_i+y(i)\cdot(P_i-P_{i+1})+x(i)\cdot(P_i-P_{\text{mean}}) \tag{6.3.3}$$

$$x(i)=\frac{x_r(i)}{\max(|x_r|)},y(i)=\frac{y_r(i)}{\max(|y_r|)} \tag{6.3.4}$$

$$x_r(i)=r(i)\cdot\sin[\theta(i)],\ y_r(i)=r(i)\cdot\cos[\theta(i)] \tag{6.3.5}$$

$$\theta(i)=a\cdot\pi\cdot\text{rand} \tag{6.3.6}$$

$$r(i)=\theta(i)+R\cdot\text{rand} \tag{6.3.7}$$

式中：a 与 R 代表螺旋形状变化的参数，a 是介于 5～10 之间的参数，用于确定中心点的点间搜索角；R 取值在 0.5～2 之间，用于确定搜索周期的数量；rand 为（0，1）之间的随机数；$x(i)$ 和 $y(i)$ 表示极坐标中秃鹰的位置，取值均为（−1，1）。

(3) 俯冲阶段。在俯冲阶段，秃鹰从搜索空间的最佳位置摆动到目标猎物，所有的点也向最佳点移动，如式（6.3.8）～式（6.3.12）所示。

$$P_{\text{new}i}=\text{rand}\cdot P_{\text{best}}+x_1(i)\cdot(P_i-c_1\cdot P_{\text{mean}})+y_1(i)\cdot(P_i-c_2\cdot P_{\text{best}}) \tag{6.3.8}$$

$$x_1(i)=\frac{x_r(i)}{\max(|x_r|)},y_1(i)=\frac{y_r(i)}{\max(|y_r|)} \tag{6.3.9}$$

$$\begin{cases}x_r(i)=r(i)\cdot\sinh[\theta(i)]\\ y_r(i)=r(i)\cdot\cosh[\theta(i)]\end{cases} \tag{6.3.10}$$

$$\theta(i)=a\cdot\pi\cdot\text{rand} \tag{6.3.11}$$

$$r(i)=\theta(i) \tag{6.3.12}$$

式中：c_1 和 c_2 均为介于 1 和 2 之间的参数。

2. 基于光伏重构的算法设计

在本节中，算法的目标函数和约束条件参见式（6.2.13）和式（6.2.14）。BES 用于光伏重构的流程如图 6.3.3 所示，BES 用于光伏重构的伪码见表 6.3.1。

6.3.2 算例分析

在本节中，通过模拟缓慢移动的云在 10×10 光伏阵列上造成的阴影在 10 min 内的变化来评估 BES 的重构性能。同时，将 BES 与 ACO 和 TS 进行比较。为了公平兼顾每个算法，将最大迭代次数 $t_{\max}$ 和种群规模分别设置为 200 和 25。光伏组件的型号与主要参数与

6.2节相同。

光伏阵列的初始辐照度分布如图6.3.4所示，图中不同的颜色代表不同的辐照度，组件上的数字分别为组件所代表的行号和列号，这体现了组件的电气连接顺序。

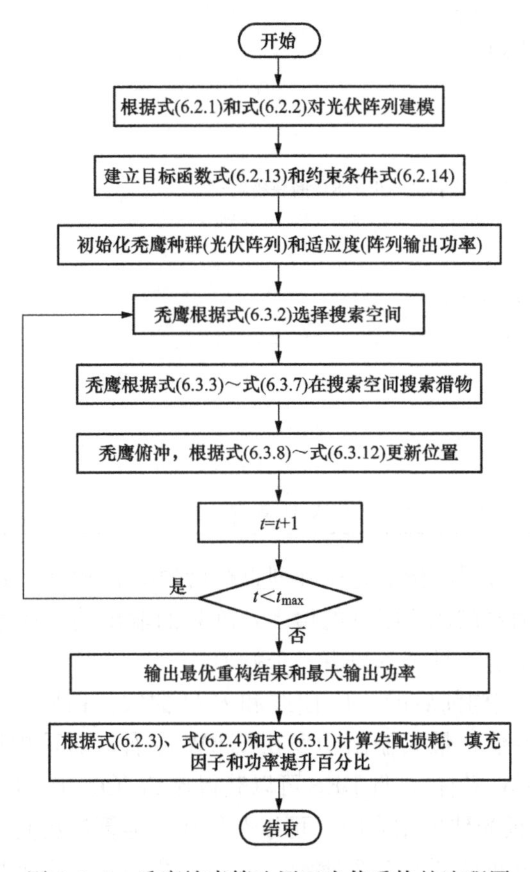

图6.3.3　秃鹰搜索算法用于光伏重构的流程图

表6.3.1　　**秃鹰搜索算法用于光伏重构的伪码**

1.	建立光伏阵列模型，建立目标函数和约束条件；
2.	设置 $t=0$；
3.	初始化秃鹰种群和适应度；
4.	**WHILE** $t<t_{\max}$
5.	选择阶段
6.	对每个秃鹰个体 P_i，根据式（6.3.2）确定最佳区域；
7.	**IF1** $f(P_{\text{new}})>f(P_i)$
8.	$P_i=P_{\text{new}}$；
9.	**IF2** $f(P_{\text{new}})>f(P_{\text{best}})$
10.	$P_{\text{best}}=P_{\text{new}}$；
11.	**END IF2**
12.	**END IF1**
13.	搜索阶段
14.	对每个秃鹰个体 P_i，根据式（6.3.3）搜索最佳位置；

续表

15.	**IF1** $f(P_{new})>f(P_i)$
16.	$P_i=P_{new}$;
17.	**IF2** $f(X_{new})>f(P_{best})$
18.	$P_{best}=P_{new}$;
19.	**END IF2**
20.	**END IF1**
21.	俯冲阶段
22.	对每个秃鹰个体 P_i，根据式（6.3.8）捕获猎物；
23.	**IF1** $f(P_{new})>f(P_i)$
24.	$P_i=P_{new}$;
25.	**IF2** $f(P_{new})>f(P_{best})$
26.	$P_{best}=P_{new}$;
27.	**END IF2**
28.	**END IF1**
29.	设置 $t=t+1$；
30.	**END WHILE**
31.	输出光伏阵列的最优配置和最大输出功率式（6.2.13）

图 6.3.5 为缓慢移动云层阴影下光伏阵列重构后的电流-电压（*I-U*）曲线和 *P-U* 曲线。由图 6.3.5 可以看出，随着被遮蔽组件的增多，阵列的输出功率逐渐减少，被 BES 重构的光伏阵列特性曲线变得平滑，且基本只有一个峰值。

图 6.3.6 为第 5min 重构前后的 *I-U* 曲线和 *P-U* 曲线。由图 6.3.6 可以看出，重构前光伏阵列的曲线有四个峰值，最大输出功率在 17kW 左右，而重构后变为单峰曲线，最大输出功率显著增加（20kW 左右），且 BES 可以获得比 ACO、TS 更高的输出功率。可以预计，当 BES 应用到大规模光伏电站中时，可以获得比其他算法更高的经济效益。

重构后的阵列辐照分布如图 6.3.7 所示。值得注意的是，本节所使用的重构方法是针对 TCT 配置的光伏阵列设计的，在同一列中，经过光伏重构的组件通过开关矩阵的切换改变了其电气连接情况，在图 6.3.7 所示的光伏阵列示意图中体现为行号的变化以及同一列中代表辐照度的色块的均匀分散。由图 6.3.7 可以看出，通过 BES 重构，同一列的阴影被均匀分散到了不同的行，显示出较好的重构效果。

BES、ACO 和 TS 在 30 次独立运行中的阵列最大输出功率 P_m、阵列平均输出功率 P_{av} 和标准差见表 6.3.2。BES、ACO 和 TS 单次运行运算时间分别为 4.25、1.58、0.61s。

由表 6.3.2 可以看出 BES 的标准差低于 TS，表明 BES 具有较强的稳定性；同时，BES 获得的最大输出功率均高于 ACO 和 TS，表明 BES 的寻优能力较强，不易陷入局部最优。

总计失配损耗 P_M、平均功率提升百分比 $P_{en\%}$ 和平均填充因子 $F_{fillfactor}$ 如图 6.3.8 所示。由图 6.3.8 可以看出，BES 获得最大输出功率的总计失配损耗为 18.671kW，相较于 TCT、ACO 和 TS 分别减少了 57.90%、2.37%和 3.51%；BES 获得最大输出功率的功率提升百分比为 15.10%，而 ACO 和 TS 分别为 14.83%和 14.68%，均低于 BES；BES 获得的填充因子分别为 0.7143 和 0.7082。可见，BES 的全局搜索能力较强，能获得高质量的重构结果。

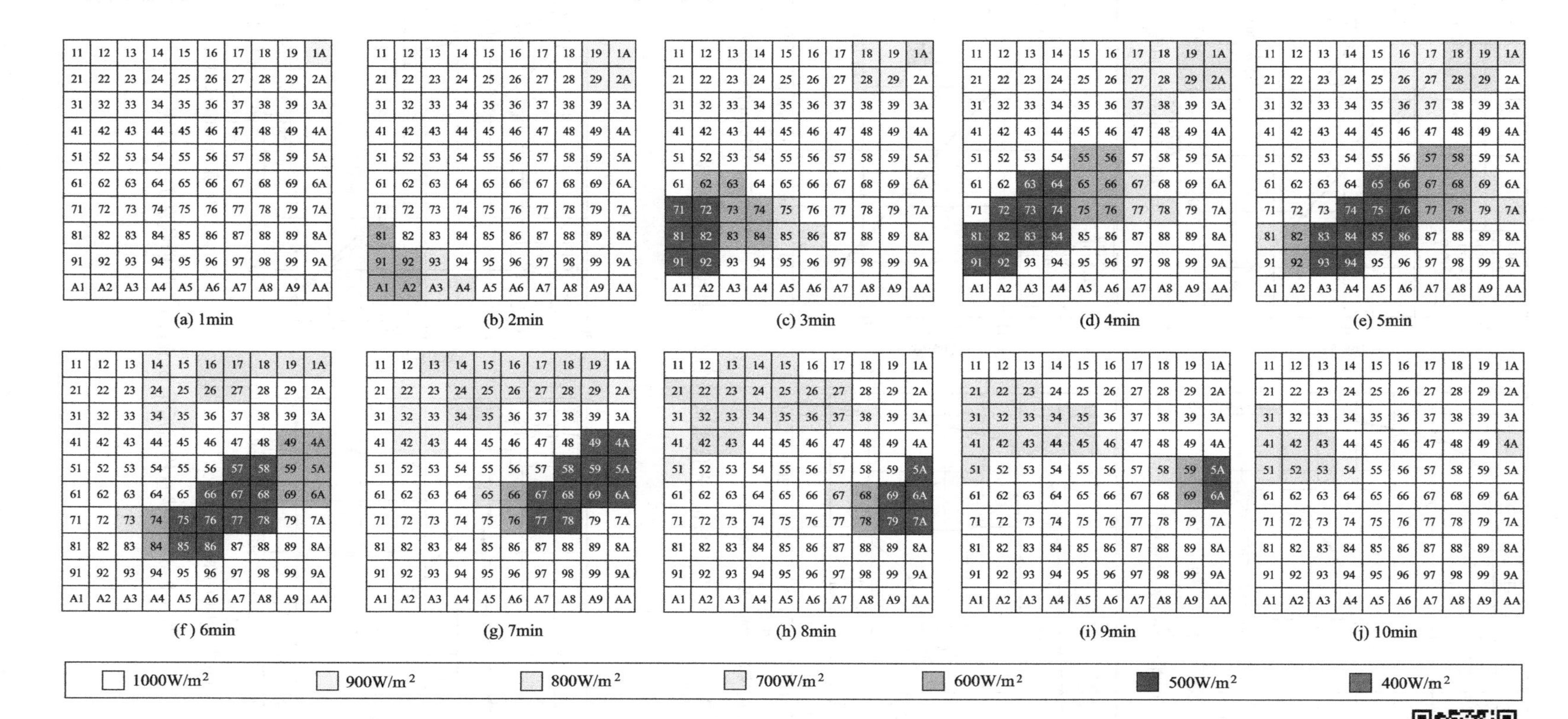

图 6.3.4 缓慢移动的云阴影的辐照分布

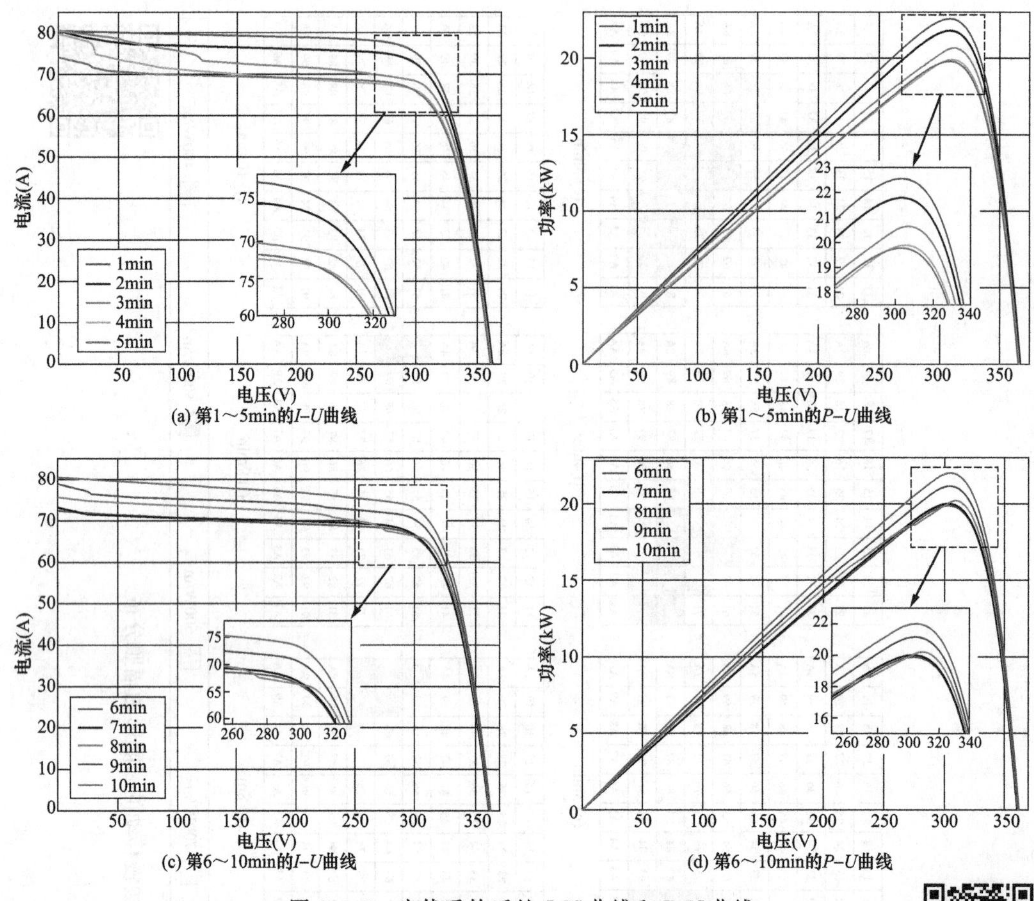

图 6.3.5 光伏重构后的 *I*-*U* 曲线和 *P*-*U* 曲线

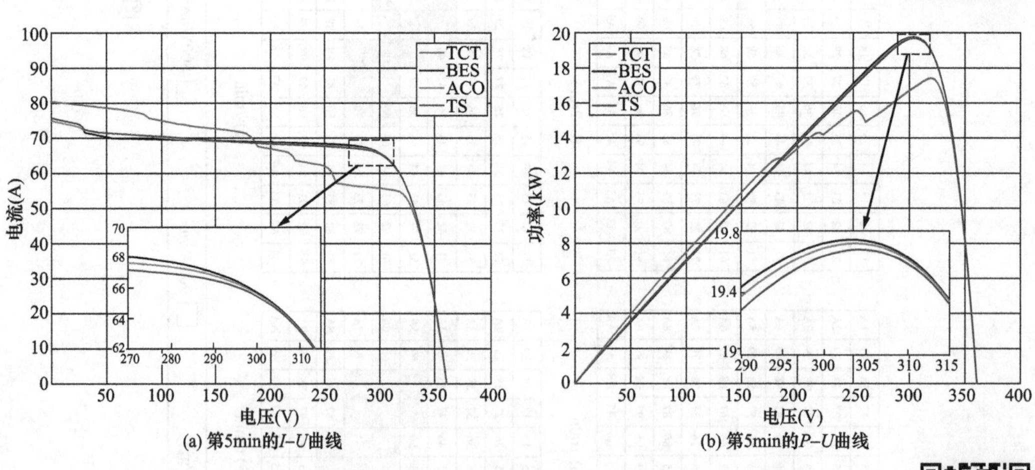

图 6.3.6 光伏重构前后第 5min 的 *I*-*U* 曲线和 *P*-*U* 曲线

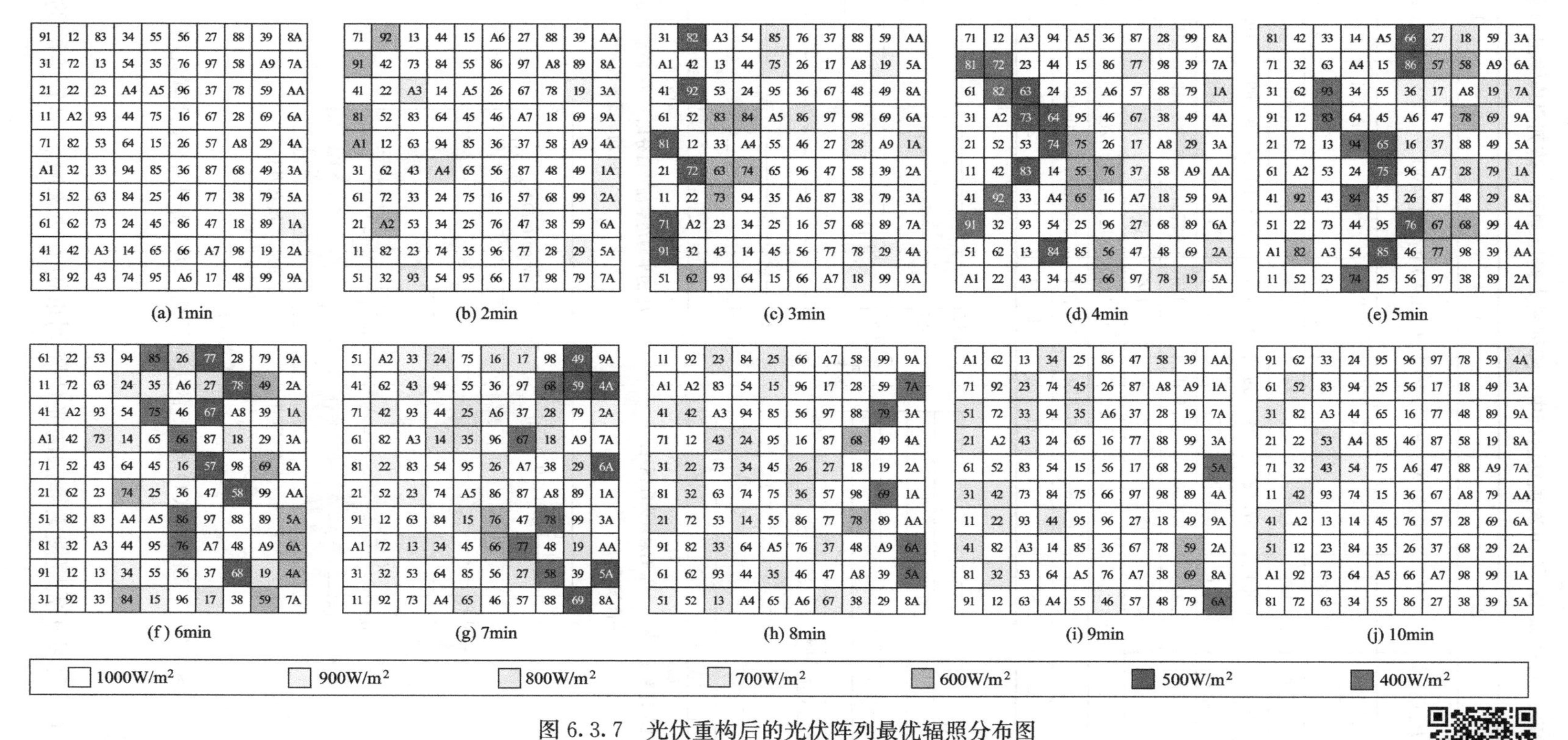

图 6.3.7 光伏重构后的光伏阵列最优辐照分布图

表 6.3.2 BES、ACO 和 TS 在 30 次独立运行中的阵列最大输出功率、阵列平均输出功率和标准差

时间(min)	TCT	BES			ACO			TS		
	P_{out}(kW)	P_m(kW)	P_{av}(kW)	标准差(W)	P_m(kW)	P_{av}(kW)	标准差 (W)	P_m(kW)	P_{av}(kW)	标准差(W)
1st	22.274	22.274	22.274	0	22.274	22.274	0	22.274	22.274	0
2nd	19.348	21.599	21.599	0	21.599	21.599	0	21.599	21.426	174.11
3rd	17.098	20.699	20.481	41.08	20.474	20.474	0	20.699	20.339	192.36
4th	15.793	19.799	19.604	97.68	19.799	19.634	101.19	19.799	19.379	248.81
5th	15.748	19.574	19.176	113.39	19.349	19.299	114.16	19.349	19.004	248.81
6th	15.973	19.574	19.371	90.57	19.574	19.379	77.79	19.349	19.154	128.54
7th	16.806	19.799	19.484	126.72	19.799	19.476	140.86	19.574	19.289	204.1
8th	18.223	20.249	20.031	93.11	20.249	19.986	119.39	20.249	19.859	155.58
9th	19.123	20.924	20.721	68.64	20.924	20.721	148.89	20.924	20.534	166.42
10th	20.249	21.824	21.824	0	21.824	21.824	0	21.824	21.824	0

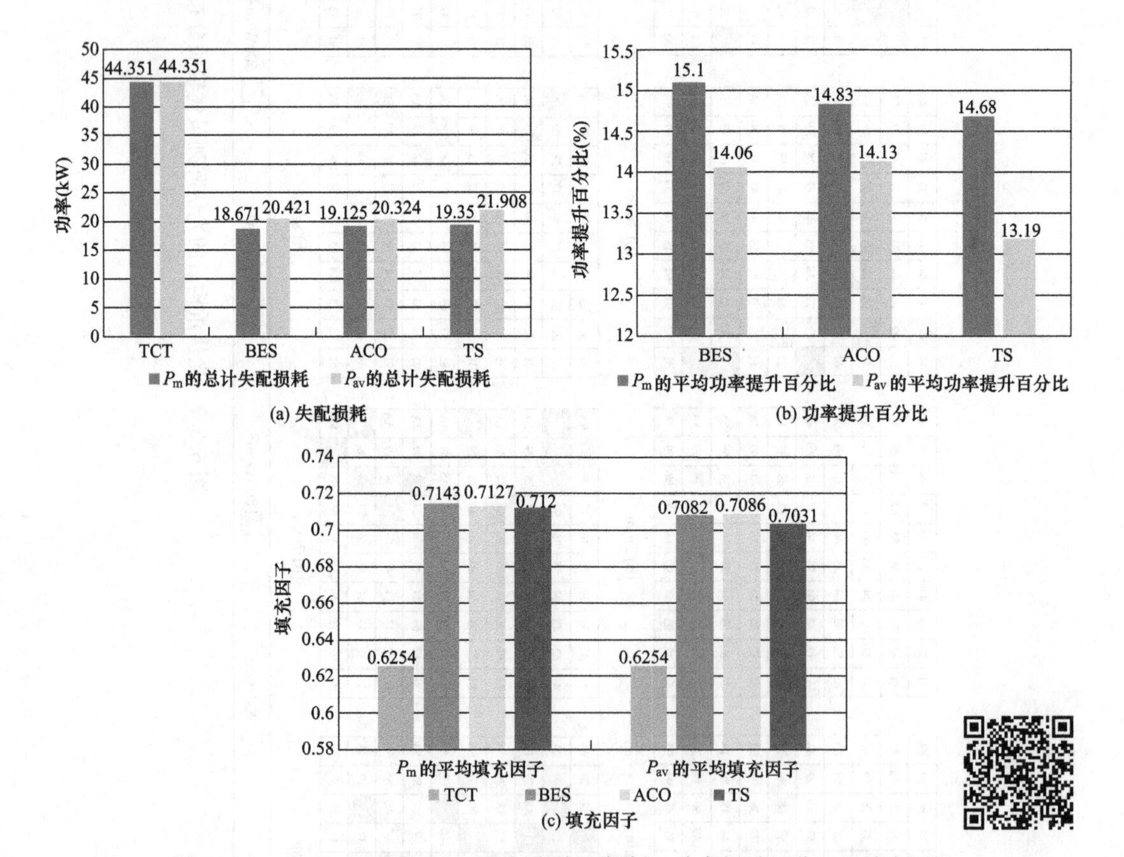

图 6.3.8 TCT、BES、ACO 和 TS 的失配损耗、功率提升百分比和填充因子

6.3.3 小结

本节提出了一种基于秃鹰搜索算法的光伏阵列重构方法来减轻部分遮蔽的影响。秃鹰

优化算法具有较强的全局搜索能力，不易于陷入局部最优，可以很好地重构光伏阵列，其贡献点主要可概括为以下三个方面：

（1）与传统的TCT配置相比，BES、ACO和TS在缓慢移动的云造成的阴影下分别可以提高15.1%、14.83%和14.68%的输出功率，减少57.90%、56.88%和56.31%的失配损耗，提高14.21%、13.96%和13.85%的填充因子，重构后的*P-U*曲线为单峰曲线。与ACO与TS相比，BES提高了2.37%和3.51%的输出功率，有效地缓解了部分遮蔽带来的影响，具有实用的工程价值。

（2）BES在30次独立运行中的输出功率标准差低于ACO和TS，这说明BES的稳定性更高。而TS最不稳定。

（3）BES、ACO和TS单次运行时间分别为1.58、4.25s和0.61s，可见BES的运行速度较快，次于TS，但远远优于ACO。

6.4 基于改进免疫遗传算法的温差发电系统重构方法

6.4.1 温差发电系统介绍

1. 温差发电系统的分类及组成

（1）温差发电（TEG）系统分类。为了产生足够的输出功率以满足特定的实际应用需求，通常将多个温差模块以串联和/或并联的形式连接起来，构建集成TEG系统。图6.4.1描绘了3种典型的TEG系统配置结构，即集中式、模块化和组串式，如下所述：

1）集中式TEG系统。将温差模块以串并联方式连接在一起，只配置一个MPPT控制器，如图6.4.1（a）所示。该配置结构具有最低的MPPT控制器实施和维护成本。但配置结构仅适合温差较小的情况，当温差较大时，不可避免将产生较高的功率失配损耗。

2）模块化TEG系统。每个温差模块单独配置一个MPPT控制器，独立地跟踪各自的最大功率点（maximum power point，MPP），如图6.4.1（b）所示。因此，该配置结构具有最高的控制器实施和维护成本，但也因此功率失配损耗最小。

3）组串式TEG系统。每串温差模块配置一个MPPT控制器，如图6.4.1（c）所示。相应地，该配置结构的MPPT控制器实施和维护成本居于上述两者之间，温差较大时，其失配功率损耗也较小。

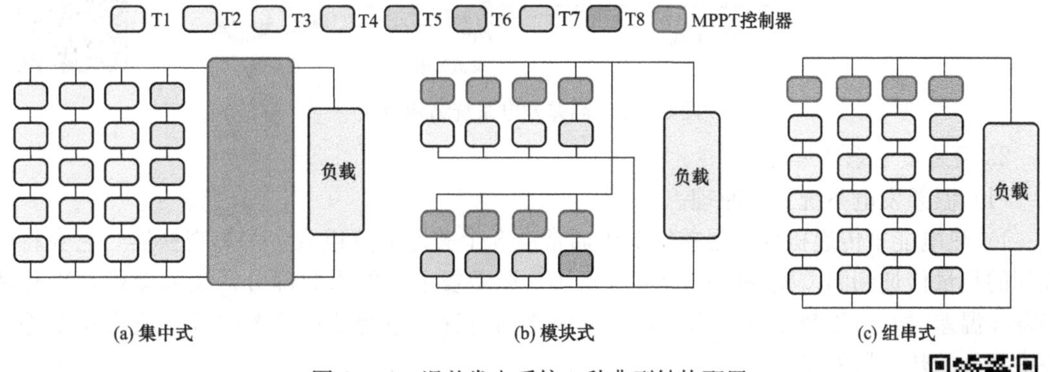

图6.4.1 温差发电系统3种典型结构配置

（2）温差发电系统组成。比较 3 种 TEG 系统配置结构，可以发现集中式 TEG 系统具有最低的实施和维护成本。只要通过先进技术对其发电效率进行提升，将有利于其在实际工程中大规模推广应用。图 6.4.2 所示为温差发电系统结构组成，描述如下：

1）温差模块。由多个温差电偶单体连接构成，其作用是将温差模块两端的热能转换成电能输出。

2）MPPT 控制器。内嵌 MPPT 优化算法。可借助优化算法调节温差模块的输出电压，进而控制温差模块的输出功率，使其始终工作在 MPP。

3）蓄电池。用于储存能量。当温差模块释放的电能过剩时，蓄电池会将其多余电能储存起来，以保证温差模块因外界因素的影响而无法产生足够能量时，负载可以持续稳定地工作。

4）逆变器。实现直流电向交流电转换的过渡装置。可将温差模块产生的直流电能转换为供交流负载使用的交流电。

5）系统负载。负载分为直流负载和交流负载。若系统连接交流负载，则需要借助逆变器将温差模块产生的直流电能进行转换，以供交流负载使用。若连接的是直流负载，则可以将温差模块产生的电能直接馈入负载使用，不需要借助逆变器，因此系统结构较为简单。

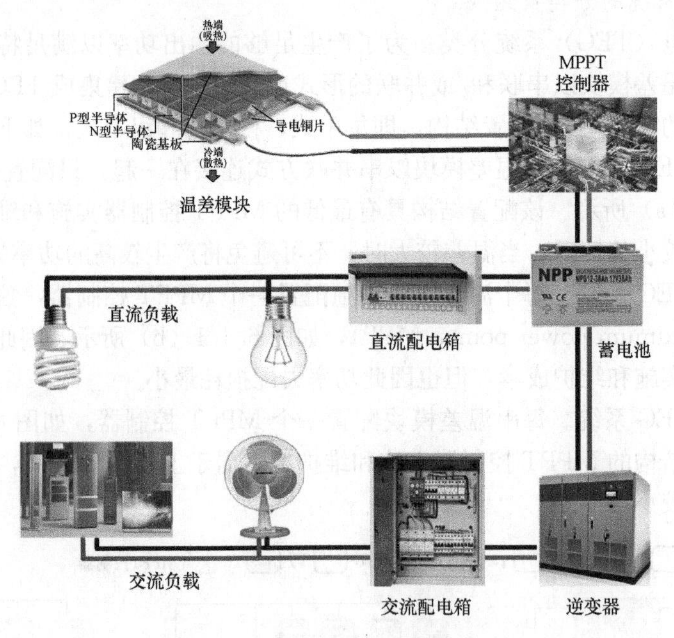

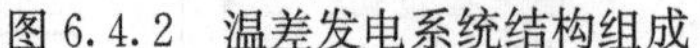
图 6.4.2　温差发电系统结构组成

2. 温差发电系统原理

（1）温差发电系统工作原理。

1）热电能量传递机理。温差发电机通常由 3 个关键部分组成：①热交换器，它会将吸收到的热量传递到温差模块中；②温差模块，温差发电机的重要部分，当温差模块冷热两端存在温差时，由于热激发作用，温差模块之间将存在电势能；③散热片，它会将温差模块中额外的热量散发出去。

单个温差模块产生的电量是有限的。若将多个温差模块以串、并联的方式连接在一起，则可产生足够电能以供负载使用。如图 6.4.3 为温差模块的几何模型示意图，单个温差模块通常由若干个以热串联和电并联方式连接的P型和N型半导体组成。P型半导体和N型半导体的一端用一层薄铜连接，另一端开路，形成一组π型PN结，也称热电偶。这些PN结以平面阵列排列在由不同材料（例如陶瓷和铝）制成的两个表面（冷源和热源）之间。开路的一端放置在冷源附近，另一端将放置在热源附近。

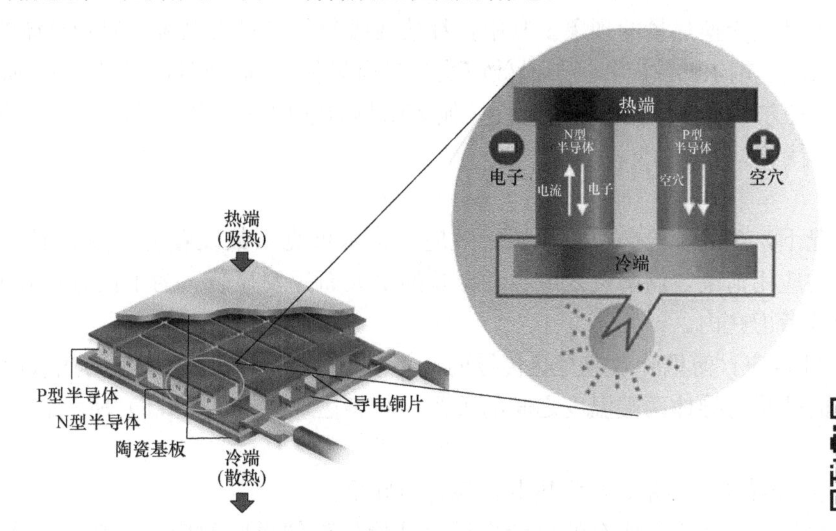

图6.4.3 温差模块的几何模型示意图

半导体温差发电是一个复杂的热电转化过程，其原理主要基于塞贝克效应，过程中还伴随着珀尔帖效应、汤姆逊效应、焦耳效应、傅里叶效应等热力学效应。

a. 塞贝克效应。塞贝克效应也称为热电第一效应。1821年托马斯·塞贝克在研究中发现：在一对由不同的金属或合金组成的回路中，若保持金属两端的温度不同，由于热激发作用，回路中将存在电势能。该发现被后来的学者以塞贝克的名字命名，称为塞贝克效应。该电势能称为塞贝克电压，通过如式（6.4.1）表示。

$$U_{ab}=\alpha_{ab}(T_a-T_b)=\alpha_{ab}\Delta T \tag{6.4.1}$$

式中：α_{ab}为两种导体（导体a和导体b）的相对塞贝克系数，可通过式（6.4.2）计算；T_a为导体a的温度；T_b为导体b的温度；ΔT为两个导体的温度差。

$$\alpha_{ab}(T)=\alpha_0+\alpha_1\ln(T_{avg}/T_0) \tag{6.4.2}$$

式中：α_0表示α_{ab}的初始变化率；α_1为α_{ab}的变化率；T_{avg}表示平均温度；T_0表示参考温度。

塞贝克效应是温差模块冷热两端载流子由于浓度不同，在热激发作用下扩散的结果。对于P型半导体，热端的空穴浓度明显高于冷端，在热激发作用下，热端的空穴会向冷端移动。于是正电荷堆积在冷端，负电荷堆积在热端。对于N型半导体则恰好相反。N型半导体内多子为电子，热激发作用会导致电子向冷端移动，因此冷端积累了大量负电荷，热端则积累了大量正电荷。多个P型半导体和N型半导体在温差模块内连接，温差模块内将形成电场。

b. 珀尔帖效应。珀尔帖效应称为热电第二效应，描述的是当电流通过两个不同的金属接触点时，除焦耳热外，还伴随吸热和放热的现象。珀尔帖效应也被称为塞贝克效应的逆反应，即当电流通过由两种不同导电材料组成的电路时，在接触点处会产生温差。如果改变电流的方向，吸热、放热的现象也会随之改变。单位时间内接触点处吸收或放出的热功率与电流的关系如式（6.4.3）所示。

$$dQ/dt=\pi_{ab}I \tag{6.4.3}$$

式中：Q 表示吸热或放热功率；t 表示时间；π_{ab}表示电流从 a 流向 b 时的珀尔帖系数；I 为导体两端流过的电流。

c. 汤姆逊效应。汤姆逊效应描述的是当电流通过具有温度梯度的导体时，导体会通过其表面与周围环境交换热量的现象。其中，释放或吸收的热量受电流方向和导体的影响。

塞贝克效应、珀尔帖效应和汤姆逊效应均是热电导体的本征特性。汤姆逊在研究中发现塞贝克效应和珀尔帖效应存在相互关联性，他运用热力学理论给出了二者之间的关系式，如式（6.4.4）所示。

$$\pi_{ab}=\alpha_{ab}T \tag{6.4.4}$$

一般情况下，热电理论会忽略汤姆逊效应，将塞贝克系数设置为常数。但对于某些具有较大温差的应用情境，汤姆逊效应会随温差的增大而越发显著。为了提升计算的精确性，会将汤姆逊效考虑在内。

d. 傅里叶效应。傅里叶效应是热传导的基本表现形式，是一种简单的热效应，它描述了通过导体的热量与导体两端温度之间的关系，其表达式如式（6.4.5）所示。

$$Q_k=k\Delta T \tag{6.4.5}$$

式中：Q_k 为流经导体的热量；k 为热电材料的热导率。

值得注意的是：并不是所有的热传导过程都伴随着傅里叶效应。仅在热作用时间较长的稳态传热过程中，傅里叶效应的正确性才能被验证。对于一些作用时间较短的非稳态传热过程，如极高/低温条件、超急速以及微空间/时间尺度等极端传热条件下，傅里叶效应的准平衡假设将被打破，因此这类热传导也被称为非傅里叶效应。

e. 焦耳效应。焦耳效应是电的基本效应之一，伴随热电效应而发生。具体指的是：当有电流通过热电材料时，材料会产生一定的热量。所产生的热量可通过式（6.4.6）表示。

$$Q_J=I^2R \tag{6.4.6}$$

式中：I 表示流过热电材料的电流；R 表示热电材料电阻。

2）热电耦合效应。图 6.4.4（a）给出了典型的温差模块一维实体结构图，每块温差模块包含大量以电串联和热并联方式连接的 π 型 PN 结。为了研究温差模块中的热电耦合效应，本节选取其中的一个 π 型 PN 结，如图 6.4.4（b）所示，从单个热电耦层面详细阐述温差模块的热电能量传递机理。

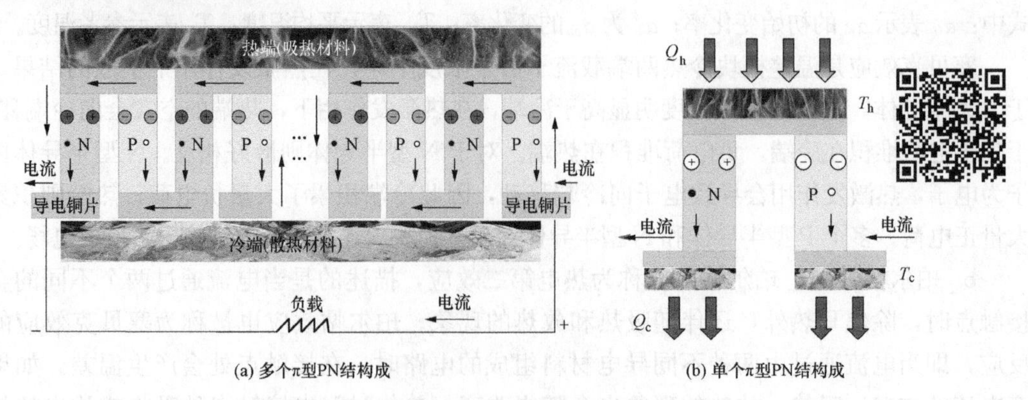

图 6.4.4　温差模块一维实体结构图

由上述分析可知，对于单个热电耦，只要其两端存在温差，冷热两端就可形成净电流。当两端温差较小时，可忽略汤姆逊效应，将热电耦近似看作一个对外封闭的系统。此时，热电耦内部的所有的热量传导将从热端向冷端通过傅里叶效应进行。在该过程中，傅里叶热传导量和珀尔帖热传导量之和在数值上等于该封闭体系的热端吸热量和自身焦耳发热量之和，如式（6.4.7）所示。

$$\pi_{np}I+K(T_h-T_c)=Q_h+\frac{1}{2}I^2R \tag{6.4.7}$$

式中：π_{np}表示热电耦的珀尔帖系数；I 表示所形成净电流；K 表示热电耦的热导率；R 表示热电材料电阻；T_h和 T_c分别表示热电耦热端和冷端的温度；Q_h表示热电耦热端吸热量；因为热电耦总焦耳发热量有一半会传递到冷端，故自身焦耳发热量仅为总焦耳发热量的 1/2。

结合式（6.4.7），热电耦从热端吸收的热量为

$$Q_h=\alpha_{np}T_hI+K(T_h-T_c)-\frac{1}{2}I^2R \tag{6.4.8}$$

式中：α_{np}为热电耦的相对塞贝克系数。

同理，热电耦从冷端吸收的热量为

$$Q_c=\alpha_{np}T_cI+K(T_h-T_c)+\frac{1}{2}I^2R \tag{6.4.9}$$

两者之差即为热电耦的热电转换能量，如式（6.4.10）所示。

$$P_e=Q_h-Q_c=\alpha_{np}I(T_h-T_c)-I^2R \tag{6.4.10}$$

此时，回路中的塞贝克电压为

$$U_{ab}=\alpha_{np}(T_h-T_c) \tag{6.4.11}$$

若连接负载电阻 R_L，则回路中所形成净电流和系统输出功率为式（6.4.12）和式（6.4.13）。

$$I_L=\frac{\alpha_{np}(T_h-T_c)}{R+R_L} \tag{6.4.12}$$

$$P_L=\left[\frac{\alpha_{np}(T_h-T_c)}{R+R_L}\right]^2R_L \tag{6.4.13}$$

（2）温差发电系统数学模型。图 6.4.5 给出了温差模块等效电路模型，该模型由一个与温度相关的电压源和一个内部电阻 R_{int}组成。负载 R_L 连接到温差模块的两端以从温差模块获取电能。

通过上述分析可知，单个温差模块向负载传输的功率为

$$P_L=(\alpha_{pn}\Delta T)^2\frac{R_L}{(R_{int}+R_L)^2} \tag{6.4.14}$$

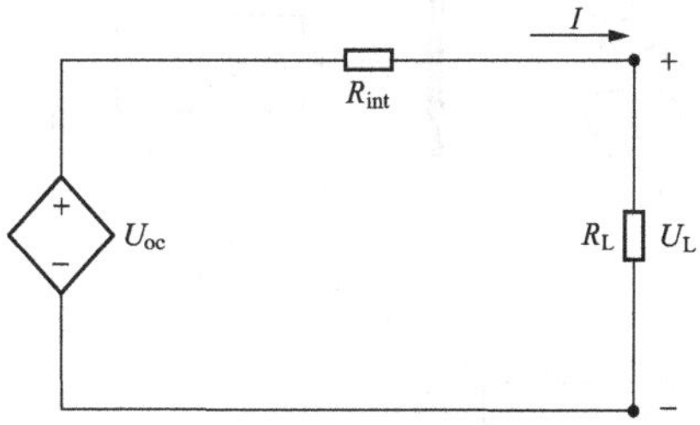

图 6.4.5　温差模块等效电路模型

式中：ΔT 表示冷热两端的温差；R_{int}表示温差模块的内阻，可通过式（6.4.15）获得。

$$R_{int}=\frac{U_{oc}}{I_{sc}} \tag{6.4.15}$$

式中：U_{oc}和 I_{sc}分别为温差模块的开路电压和短路电流。

为了产生更高的功率，需要将多个温差模块通过串联或并联的方式整齐排列在陶瓷板

上，形成一个集成的温差阵列。由多个温差模块所集成的温差阵列，第 i 个温差模块的端电流 I_{Li} 可以描述为式（6.4.16）。

$$I_{Li}=\begin{cases}\dfrac{U_{oci}-U_{Li}}{R_{int}}=(U_{oci}-U_{Li})\dfrac{I_{sci}}{U_{oci}}=I_{sci}-\dfrac{U_{Li}}{R_{int}},\text{如果 } 0\leqslant U_{Li}\leqslant U_{oci} & ,i=1,2,3,\cdots,M\\ 0,\text{否则} \end{cases}\tag{6.4.16}$$

式中：U_{Li} 表示第 i 个温差模块的端电压。

因此，TEG 系统向负载传输的功率可描述如下

$$P_{Li}=\begin{cases}U_{Li}I_{Li}=I_{sci}U_{Li}-\dfrac{1}{R_{int}}U_{Li}^{2},\text{如果 } 0\leqslant U_{Li}\leqslant U_{oci} & ,i=1,2,3,\cdots,M\\ 0,\text{否则}\end{cases}\tag{6.4.17}$$

综上所述，TEG 系统向负载传输的功率 $P_{L\Sigma}$ 可表示为式（6.4.18）。

$$P_{L\Sigma}=\sum_{i=1}^{m}P_{Li}\tag{6.4.18}$$

由式（6.4.17）可知，TEG 系统向负载传输的功率由端电压 U_L 和内阻 R_{int} 决定，而 R_{int} 的值与温差模块两端的温差密切相关。

3. 温差发电系统输出特性

（1）温差模块 Matlab/Simulink 模型。温差模块主要利用塞贝克效应，将温差模块两端的热能转换成电能。温差模块的内阻由温差模块冷热两端的温度差决定，其关系曲线如图 6.4.6 所示。为了使后续进行 TEG 系统的输出特性分析所搭建的模型结构更加清晰简洁，本节对温差模块 Matlab/Simulink 模型进行了封装（蓝色模块），输入端为热端温度（T_h）和冷端温度（T_c），输出端为端电压（U_{out}）。

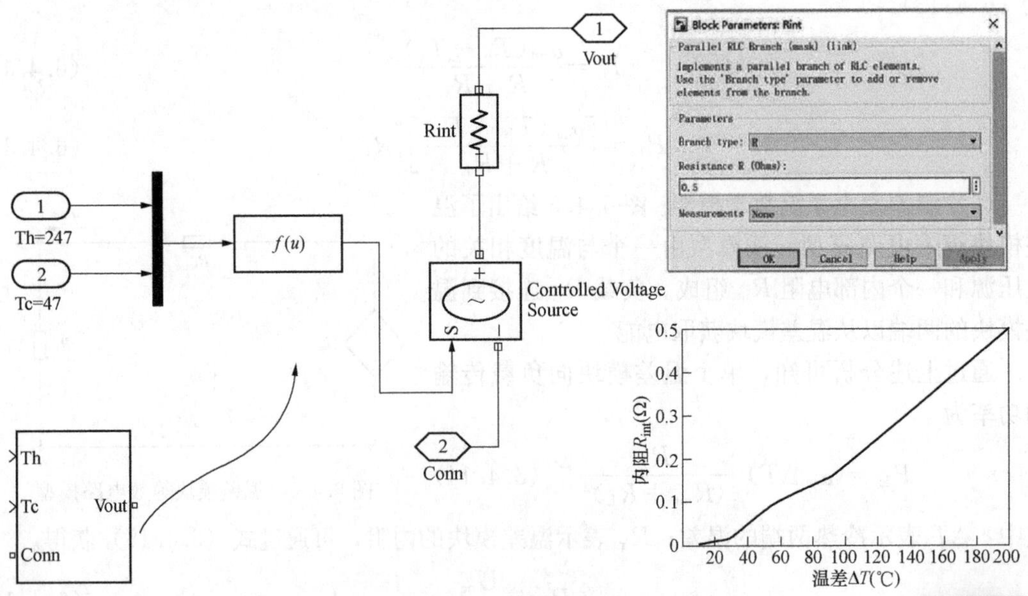

图 6.4.6 温差模块 Matlab/Simulink 模型

(2) 温差发电系统 Matlab/Simulink 模型。单个温差模块所产生的电能有限，实际运用中通常将多块温差模块组合起来形成一个温差阵列。温差阵列有多种拓扑结构，光伏阵列常见的串/并联结构、桥型结构、网络状连接结构，同样适用于温差阵列。由图 6.4.7 可以看出，本节所设计的温差阵列由 5 块温差模块并联连接而成。为防止温差阵列因在复杂多变的环境下运行，造成其中一些温差模块由于温差较小而成为负载，消耗其他温差模块所产生的能量现象的发生，本节在每一温差模块的输出端都串联了一个旁路二极管（绿色模块）。假设没有串联旁路二极管，当某一温差模块两端输出电压小于其他模块总的输出电压时，其他模块会将其视为负载，向该模块充电，当电流过大时，会导致模块直接烧毁。如果串联了旁路二极管，那此种情况发生时，其他模块输出的过大电流将加在二极管上，在二极管上被反向截止，不会流经温差模块，很好地保护了温差模块。电压测量模块（voltage measurement，VM）和电流测量模块（current measurement，CM）可以实时检测温差阵列的瞬时电压和电流。因为由 VM 和 CM 所测量的电压和电流是一个数字量，不具有实际的物理意义。因此本节搭建了一个动态电子负载（灰色模块），该模块包含受控电流源可以实现数字量到具有实际意义的物理量的转换。

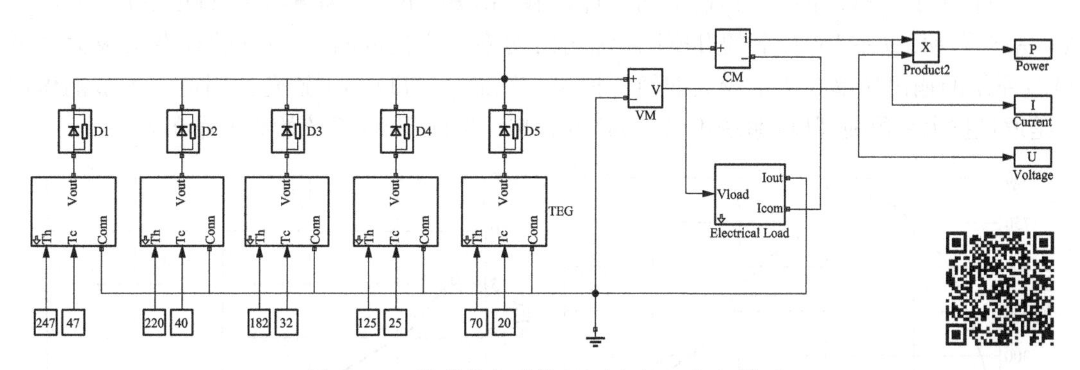

图 6.4.7　温差发电系统 Matlab/Simulink 模型

1) 均匀温差下的输出特性分析。TEG 系统的输出特性与温差模块热端和冷端表面的温度密切相关。为了探究温差模块两端的温度对温差模块输出功率的影响程度，本节基于上述搭建的 TEG 系统 Matlab/Simulink 模型，进行了不同温差（如 200、180、150、100、50℃）下的 TEG 系统输出功率仿真测试。其中，每块温差模块在每次测试时都设置为相同的温差，即均匀温差条件（uniform temperature distribution，UTD），仿真结果如图 6.4.8 所示。由图 6.4.8 可以看出，随着温差的变化，TEG 系统的输出特性也随之改变，这也说明温差是影响 TEG 系统输出的关键因素。此外，从 TEG 系统的 *P-I* 特性曲线可以看出，随着温差的增大，TEG 系统的输出功率呈线性增长。而且，TEG 系统的 *P-I* 特性曲线是明显的单峰曲线，MPP 存在且唯一。

2) 非均匀温差下的输出特性分析。在实际应用中，TEG 系统通常处于复杂多变的恶劣环境中。温差阵列中每一块温差模块冷热两端的温差不一定完全相同，因此，有必要探究非均匀温差条件 NTD 下，TEG 系统的输出特性。为了模拟 NTD 工况，本节将每一块温差模块设置不同的温差，如第一块设置为 $\Delta T=200$℃，第二块设置为 $\Delta T=180$℃，第三块设置为 $\Delta T=150$℃，第四块设置为 $\Delta T=100$℃，第五块设置为 $\Delta T=50$℃，仿真结果如图 6.4.9 所示。

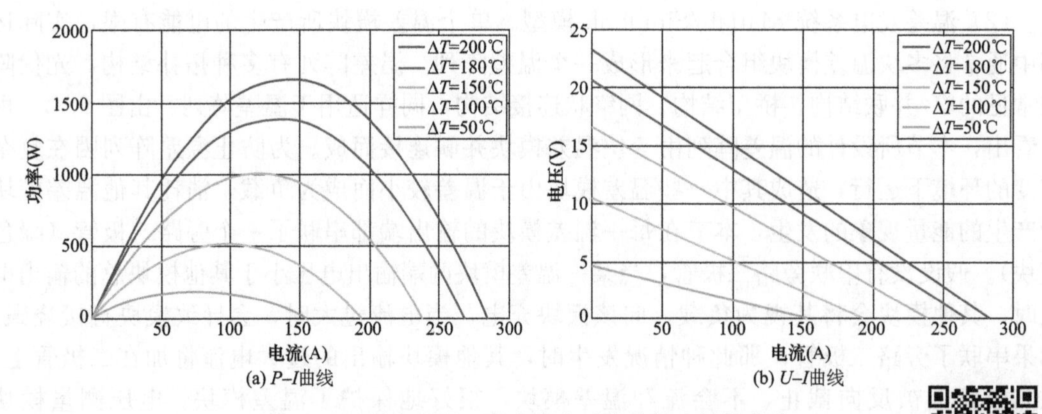

图 6.4.8 均匀温差下温差发电系统的输出特性曲线

由图 6.4.9 可以看出，TEG 系统的 P-I 特性曲线出现了多个 LMPP 和一个 GMPP。而且，对比图 6.4.8 和图 6.4.9 的 TEG 系统的 P-I 特性曲线，可以明显看出，处于 NTD 下的 TEG 系统，其输出功率即使在 GMPP 下，也远小于 UTD：$\Delta T=200$℃、$\Delta T=180$℃和 $\Delta T=150$℃下的 TEG 系统输出功率。这也说明，NTD 的存在会极大降低 TEG 系统的输出功率，产生较大的经济损失。然而，NTD 不可避免。因此，本节能做的就是通过技术手段使 TEG 系统不受 NTD 的影响，保证 TEG 系统始终工作在 MPP。

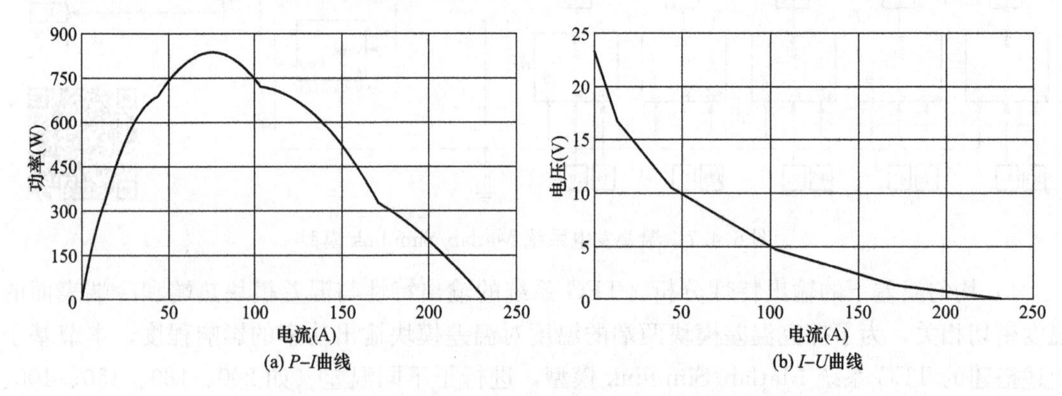

图 6.4.9 非均匀温差下温差发电系统的输出特性曲线

4. 温差发电系统建模

一般来说，单个 TEG 模块的输出功率不足以满足实际的电力需求。因此，将多个 TEG 模块串联和并联起来，形成 TEG 阵列，这可以显著提高输出功率。TEG 系统将 TEG 模块以串联和并联的配置连接起来以满足所需的输出功率。图 6.4.10（a）描述了 TEG 阵列的拓扑结构，而图 6.4.10（b）和图 6.4.10（c）则分别展示了单个 TEG 模块和 TEG 阵列的等效电路。

由于阵列中的模块是串联的，所以阵列中的电压是各个模块的电压之和。因此，TEG 阵列的输出电压可以写为式（6.4.19）。

$$U_{\mathrm{col}\_n}=\sum_{h=1}^{M}U_{hn},h=1,2,3,\cdots,M;n=1,2,3,\cdots,N \tag{6.4.19}$$

式中：U_{hn}代表从第 h 行和第 n 列提取的电压。

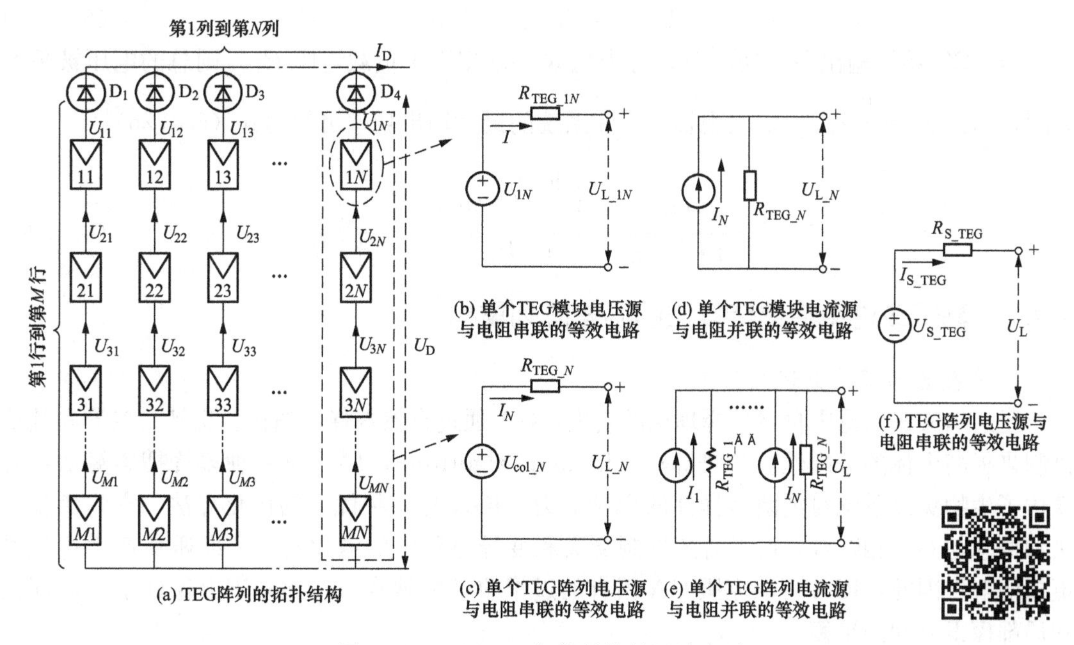

图 6.4.10　$M \times N$ 拓扑结构的温差阵列

同时，每个 TEG 模块都有一个相应的内阻，它受到温度的影响。根据欧姆定律、相应的阵列内阻可以表示为式（6.4.20）。

$$R_{\mathrm{TEG\_}n}=\sum_{h=1}^{M} R_{\mathrm{TEG\_}hn} \tag{6.4.20}$$

式中：$R_{\mathrm{TEG_}n}$是第 n 列的总电阻；$R_{\mathrm{TEG_}hn}$代表来自第 h 行和第 n 列的内阻。

需要注意的是，TEG 系统的输出功率主要由负载电压决定。此外，只有当某一列的输出电压大于负载电压时，才能产生和输送电力，否则就会被阻断为负载。因此，每个 TEG 模块的等效内阻可以表示为式（6.4.21）。

$$R_{\mathrm{e\_TEG}n}=\begin{cases} R_{\mathrm{TEG\_}n}, & \text{如果 } U_n \geqslant U_{\mathrm{L}} \\ \infty, & \text{否则} \end{cases} \tag{6.4.21}$$

根据诺顿定理，TEG 系统的每一列可以等同于一个与相应的内阻并联的电流源，如图 6.4.10（d）所示，而电流源可以通过式（6.4.22）计算。

$$I_{\mathrm{col\_}n}=\frac{U_{\mathrm{col\_}n}}{R_{\mathrm{e\_TEG}n}} \tag{6.4.22}$$

等效电路可以简化为 N 个并联的电流源，如图 6.4.10（e）所示，根据 Thevenin 定理，它可以被转换成一个总电压源，如图 6.4.10（f）所示。此外，TEG 系统的总内阻和电流源可以描述为式（6.4.23）和式（6.4.24）。

$$R_{\mathrm{s\_TEG}}=\frac{1}{\sum_{n=1}^{N} \frac{1}{R_{\mathrm{e\_TEG}n}}} \tag{6.4.23}$$

$$I_{\mathrm{s\_TEG}}=\sum_{n=1}^{N} I_{\mathrm{col\_}n} \tag{6.4.24}$$

总电压源的数值可以用数学方法描述为式（6.4.25）。

$$U_{s\_TEG}=R_{s\_TEG}\cdot I_{s\_TEG} \tag{6.4.25}$$

当 TEG 系统输出最大功率时，总内阻 R_{s_TEG} 相当于负载电阻 R_L，则总的电压被平均分配，如：$U_L=\frac{1}{2}\cdot U_{s\_TEG}$，因此，TEG 系统的最大输出功率可写为式（6.4.26）。

$$P_{s\_max}=\frac{U_L^2}{4\cdot R_{s\_TEG}}=\frac{\left(\frac{1}{2}\cdot U_{s\_TEG}\right)^2}{4\cdot R_{s\_TEG}}=\frac{U_{s\_TEG}^2}{16\cdot R_{s\_TEG}} \tag{6.4.26}$$

6.4.2 基于改进免疫遗传算法的温差阵列重构

1. 免疫遗传算法概述

受达尔文进化论中自然选择理论的启发，GA 通过自然选择、遗传、交叉、变异和其他机制来提高个体的适配性。免疫算法（immune algorithm，IA）是一种多峰搜索算法，它模仿了生物免疫系统对细菌多样性的识别能力。IGA 是一种优秀的优化算法，它将免疫方法和概念与 GA 相结合，可以有效抑制交叉和变异过程中的退化现象，即避免产生比父类更差的解。因此，IGA 可以克服 GA 固有的过早收敛的缺点，在此基础上保证了全局探索和局部探索之间的平衡。

2. 免疫遗传算法原理

IGA 和 IIGA 所需输入参数见表 6.4.1。

表 6.4.1　IGA 和 IIGA 所需输入参数

参数	IGA	IIGA
编码类型	实数编码	实数编码
种群大小	40	40
变异操作	—	—
互换	0.5	自适应控制
移位	0.5	自适应控制
反转	0.5	自适应控制

（1）种群初始化。首先，根据实数编码的要求生成一个初始抗体 $\boldsymbol{x}_i^{(0)}$，主要由 m 个决策变量来表示，其描述为式（6.4.27）。

$$x_i^{(0)}=[x_{i1}^{(0)}\quad x_{i2}^{(0)}\quad x_{i3}^{(0)}\quad \cdots\quad x_{im}^{(0)}]^{\mathrm{T}},i\in\{1,2,\cdots,n\} \tag{6.4.27}$$

式中：$x_{i1}^{(0)}$、$x_{i2}^{(0)}$、$x_{i3}^{(0)}$、…、$x_{im}^{(0)}$ 分别为第 i 个体的第 1、2、3、…、m 个成分的初始值。

随后，通过形成预设种群数量的抗体来实现种群 n 的初始化，可以写成式（6.4.28）。

$$X^{(0)}=[x_1^{(0)}\quad x_2^{(0)}\quad x_3^{(0)}\quad \cdots\quad x_n^{(0)}] \tag{6.4.28}$$

式中：$X^{(0)}$ 指初始的抗体群体。

（2）适应度计算。计算适应度函数是 IA 中的抗原识别。通过分析问题的可行性，可以构建和制定一个合适的适应度函数和各种约束条件，如式（6.4.29）所示。

$$F(X)=\max F(x_1,x_2,x_3,\cdots,x_n) \tag{6.4.29}$$

（3）抗体产生。根据预设的互换、移位和反转因子，选择一定数量的抗体进行变异，以增加群体的多样性。具体的抗体变异机制如图 6.4.11 所示。经过上述三种变异操作的抗体被引入第 k 代群体，形成新的抗体群体。

总共有 B_k 个抗体被互换，其计算公式为式（6.4.30）。

$$B_k = T(b_{\text{tranpos}}, m, X^{(k)}) \tag{6.4.30}$$

需要完成移位操作的抗体数量如式（6.4.31）所示。

$$C_k = T(c_{\text{shift}}, m, X^{(k)}) \tag{6.4.31}$$

此外，在第 k 次迭代中逆转的抗体数量由以下因素决定，如式（6.4.32）所示。

$$D_k = T(d_{\text{reveal}}, m, X^{(k)}) \tag{6.4.32}$$

式中：$T(p,m,q)$表示选择 b 乘以 m 的个体作为新的种群，而种群中的抗体元素则从 q 中随机抽取，没有重复；b_{tranpos}表示预设的互换概率；c_{shift}表示预设的移位概率；d_{reveal}表示预设的反转概率。

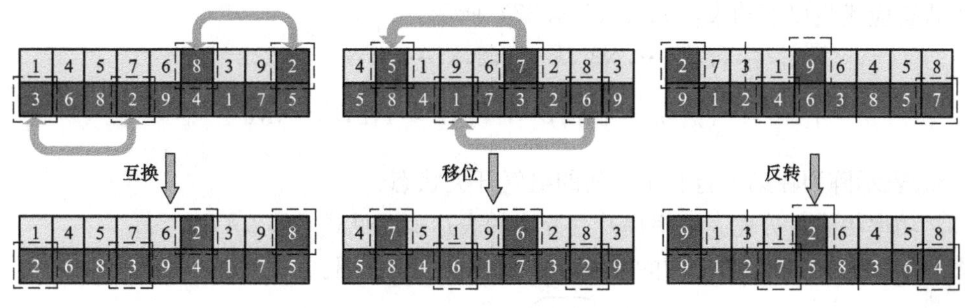

图 6.4.11　三种抗体生产机制

（4）记忆细胞分化。记忆细胞分化是一种在 IGA 中保留每一代最佳抗体的策略。因此，优秀的抗体可以被保留下来，在种群进化中可以防止种群退化。根据抗体的适配性按递减顺序排列，然后选择一定数量的顶级抗体作为记忆细胞，为新一代种群提供疫苗接种。

（5）疫苗接种操作。最终，疫苗接种是在记忆细胞的基础上进行的。在直接接种中，疫苗接种意味着适应性低的抗体被记忆细胞所取代，以产生新的抗体，其数量与母体数量相等。疫苗接种后的抗体作为下一个群体，可以避免劣质抗体的影响，提高 IGA 的稳定性。

3. 改进免疫遗传算法的优化机制

在基本 IGA 的变化过程中，互换、移位和反转因子是不变的，而全局探索和局部开发之间的平衡却不尽如人意。例如，在 IGA 迭代操作的早期阶段，存在大量的突变，由于计算时间长，导致效率降低。此外，一旦算法在迭代后期陷入局部最优解，就容易过早收敛，从而由于种群多样性的不足，导致全局搜索能力不足。

为了加强迭代过程中全局探索和局部开发之间的平衡，在优化过程中更新了三个因素。在保证 IGA 收敛的条件下，充分的变异保证了一些个体在后面的搜索期仍然保持相当的能力跳出局部最优，具体设计如式（6.4.33）～式（6.4.35）所示。

$$b'_{\text{tranpos}} = low + \frac{(up - low)k}{\text{Iteration}} \tag{6.4.33}$$

$$\mu = low + \frac{(up - low)k}{\text{Iteration}} \tag{6.4.34}$$

$$\boldsymbol{B}'_k = T(\mu \cdot b'_{\text{tranpos}}, m \cdot \boldsymbol{X}^{(k)}) \tag{6.4.35}$$

式中：μ 代表新增加的变量因子；low 和 up 表示 0 到 1 之间的任意常数，low 比 up 小；Iteration 表示最大迭代次数。

值得注意的是，c'_{shift}和d'_{reveal}的表达方式与b'_{tranpos}的表达方式相同，在此处不再重复。

4. 温差重构的IIGA设计

(1) 适应度函数。TEG系统重新配置的主要目标是在NTD条件下输出全局最大功率，因此适应度函数可以根据式（6.4.36）得到。

$$F(X)=P_{\max}=\max(\sum_{h=1}^{N}I_h\times U_h)=\frac{U_{\text{s\_TEG}}^2}{16\cdot R_{\text{s\_TEG}}} \tag{6.4.36}$$

(2) 约束条件。在TEG系统的重新配置过程中，每个TEG模块只与同一行的其他模块进行交换。此外，通过改变电气开关状态来调整电气连接，从而实现TEG的排列，而电气开关状态应满足以下约束，如式（6.4.37）所示。

$$\begin{cases} x_{hn}\in\{1,2,\cdots,N\},h=1,2,3,\cdots,M;n=1,2,3,\cdots,N \\ \bigcup_{n=1}^{N}x_{hn}=\{1,2,\cdots,N\},h=1,2,3,\cdots,M \end{cases} \tag{6.4.37}$$

式中：x_{hn}表示阵列在第h行和第n列的电气开关状态。

(3) 功率提升百分比。功率提升百分比的表达式参见式（6.2.4）。

图6.4.12为用于温差重构的改进免疫遗传算法流程图。

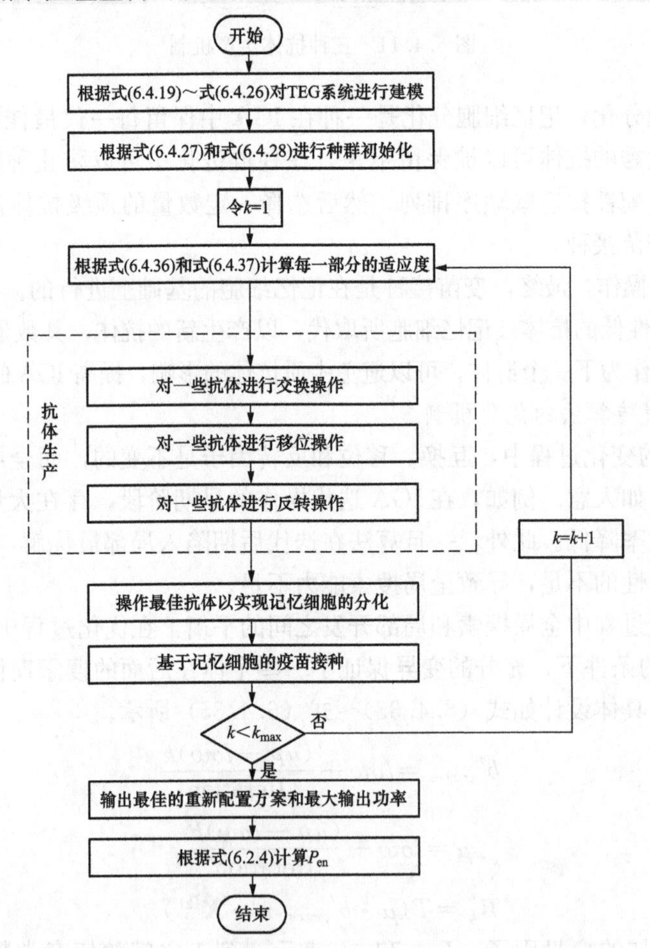

图6.4.12　用于温差重构的改进免疫遗传算法流程图

6.4.3　算例分析

为了验证 IIGA 在 NTD 条件下对 TEG 系统的配置性能，本节计了两个不同的测试 TEG 系统作为两个案例。温差阵列的主要参数见表 6.4.2。两个系统都是由 25 个相同的子系统组成，不同的是子系统分别由 9×9 的小型 TEG 阵列和 15×15 的大型 TEG 阵列组成。同时，两个测试 TEG 系统都采用了 8 种 NTD 模式，即非均匀行、非均匀列、短宽、长宽、对角线、外部、内部以及随机。此外，还采用了其他四种元启发式算法（即 IGA、PSO、ABC 和 BES）作为 IIGA 的对照进行比较。为了保证仿真结果的公平性和可靠性，所有算法的最大迭代次数 $k_{\max}$ 和种群大小 M_{pop} 相同，分别为 30 和 40，独立运行次数 T_{run} 为 50。

表 6.4.2　　温差阵列主要参数

参　数	数　值
并联串数	9/15
每一串串联的模块数量	81/225
每个阵列的电池数量（N_{cell}）	2025/5625
塞贝克系数的基础部分	$\alpha_0 = 210\mu V/K$
塞贝克系数的变化率	$\alpha_1 = 120\mu V/K$

1. 小型温差阵列（9×9）

四种算法（IGA、ABC、BES 和 PSO）与 IIGA 在第 1 至第 8 种 NTD 模式下进行了全面的比较。此外，8 种模式下的高温 T_{h} 和低温 T_{c} 可以在图 6.4.13 中显示，不同的温度用

不均匀行 T_{c}

27	27	27	27	27	27	27	27	27
27	27	27	27	27	27	27	27	27
27	27	27	27	27	27	27	27	27
27	27	27	27	27	27	27	27	27
27	27	27	27	27	27	27	27	27
6	6	70	70	70	63	63	23	23
6	6	70	70	70	63	63	23	23
6	6	70	70	70	63	63	23	23
6	6	70	70	70	63	63	23	23

不均匀行 T_{h}

107	107	107	107	107	107	107	107	107
107	107	107	107	107	107	107	107	107
107	107	107	107	107	107	107	107	107
107	107	107	107	107	107	107	107	107
107	107	107	107	107	107	107	107	107
180	180	80	80	80	77	77	145	145
180	180	80	80	80	77	77	145	145
180	180	80	80	80	77	77	145	145
180	180	80	80	80	77	77	145	145

不均匀列 T_{c}

27	27	27	27	27	14	14	17	17
27	27	27	27	27	14	14	17	17
27	27	27	27	27	14	14	17	17
27	27	27	27	27	14	14	17	17
27	27	27	27	27	14	14	17	17
27	27	27	27	27	57	57	10	10
27	27	27	27	27	57	57	10	10
27	27	27	27	27	57	57	10	10
27	27	27	27	27	57	57	10	10

不均匀列 T_{h}

107	107	107	107	107	93	93	117	117
107	107	107	107	107	93	93	117	117
107	107	107	107	107	93	93	117	117
107	107	107	107	107	93	93	117	117
107	107	107	107	107	93	93	117	117
107	107	107	107	107	64	64	167	167
107	107	107	107	107	64	64	167	167
107	107	107	107	107	64	64	167	107
107	107	107	107	107	64	64	167	167

短宽 T_{c}

27	27	27	27	27	27	27	27	27
27	27	27	27	27	27	27	27	27
27	27	27	27	27	27	27	27	27
27	27	27	27	27	27	27	27	27
71	71	71	71	27	27	27	27	27
71	71	66	66	27	27	27	27	27
71	71	66	66	29	29	29	27	27
71	71	66	66	29	29	29	67	67
71	71	66	66	29	29	29	67	67

短宽 T_{h}

107	107	107	107	107	107	107	107	107
107	107	107	107	107	107	107	107	107
107	107	107	107	107	107	107	107	107
107	107	107	107	107	107	107	107	107
81	81	81	81	107	107	107	107	107
81	81	84	84	107	107	107	107	107
81	81	84	84	158	158	158	107	107
81	81	84	84	158	158	158	127	127
81	81	84	84	158	158	158	127	127

长宽 T_{c}

27	27	27	27	27	27	62	62	62
27	27	27	27	27	27	62	62	62
27	27	27	27	27	27	31	31	31
27	27	27	27	27	27	31	31	31
27	27	27	27	27	27	7	7	7
27	27	27	27	27	27	7	7	7
62	62	31	31	7	7	59	59	59
62	62	31	31	7	7	59	59	59
62	62	31	31	7	7	59	59	59

长宽 T_{h}

107	107	107	107	107	107	78	78	78
107	107	107	107	107	107	78	78	78
107	107	107	107	107	107	54	54	54
107	107	107	107	107	107	54	54	54
107	107	107	107	107	107	84	84	84
107	107	107	107	107	107	84	84	84
78	78	54	54	84	84	63	63	63
78	78	54	54	84	84	63	63	63
78	78	54	54	84	84	63	63	63

对角线 T_{c}

27	27	27	27	27	27	27	78	78
27	27	27	27	27	27	27	78	78
27	27	27	27	27	77	77	78	78
27	27	27	27	27	77	77	27	27
27	27	27	27	27	77	77	27	27
27	27	27	40	40	77	77	27	27
22	22	22	40	40	27	27	27	27
22	22	22	27	27	27	27	27	27
22	22	22	27	27	27	27	27	27

外部

6	23	23	23	23	23	23	63	63
6	23	23	23	23	23	63	63	63
6	6	27	27	27	27	63	63	63
6	6	27	27	27	27	63	63	63
6	6	27	27	27	27	63	63	63
6	6	27	27	27	27	63	63	63
6	6	27	27	27	27	70	63	63
6	6	70	70	70	70	70	70	70
70	70	70	70	70	70	70	70	70

内部

27	27	27	27	27	27	27	27	27
27	27	27	27	27	27	27	27	27
27	30	30	30	30	15	15	27	27
27	30	30	30	30	15	15	27	27
27	62	43	43	43	15	15	27	27
27	62	43	43	43	15	15	27	27
27	62	62	62	62	15	15	27	27
27	62	62	62	62	15	15	27	27
27	27	27	27	27	27	27	27	27

随机

27	27	43	43	43	18	18	27	27
27	27	43	43	43	18	18	27	27
27	27	43	43	43	18	18	27	27
27	27	43	43	43	18	18	27	27
27	27	43	43	43	18	18	27	27
67	67	27	27	27	38	38	27	27
67	67	27	27	27	38	38	27	27
67	67	27	27	27	38	38	27	27
67	67	27	27	27	38	38	27	27

图 6.4.13　9×9 小型温差阵列的温差分布（一）

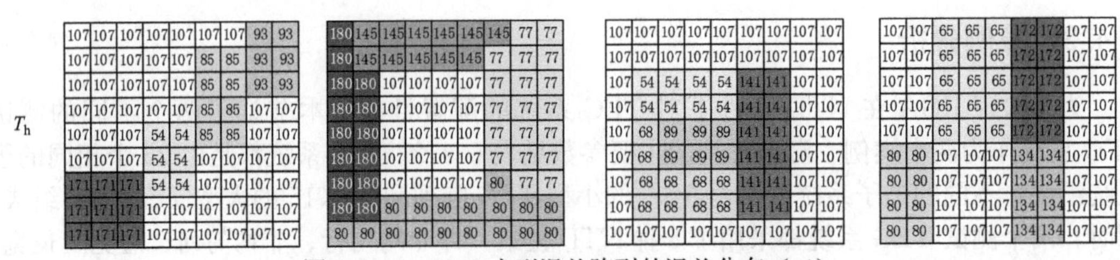

图 6.4.13　9×9 小型温差阵列的温差分布（二）

不同的颜色表示，而每块的数字则对应于具体的温度。图 6.4.14 提供了 IIGA 独立执行 50 次后具有最佳重构性能的 *P-I* 和 *U-I* 输出特性曲线。由第 6 种情况（即外部）给出，没有优化的 *P-I* 和 *U-I* 的输出曲线和 IIGA 优化后的输出曲线总结于图 6.4.15。可以看出，IIGA 可以明显提高 TEG 系统的输出功率，从而使废热能得到更有效地利用。此外，为了

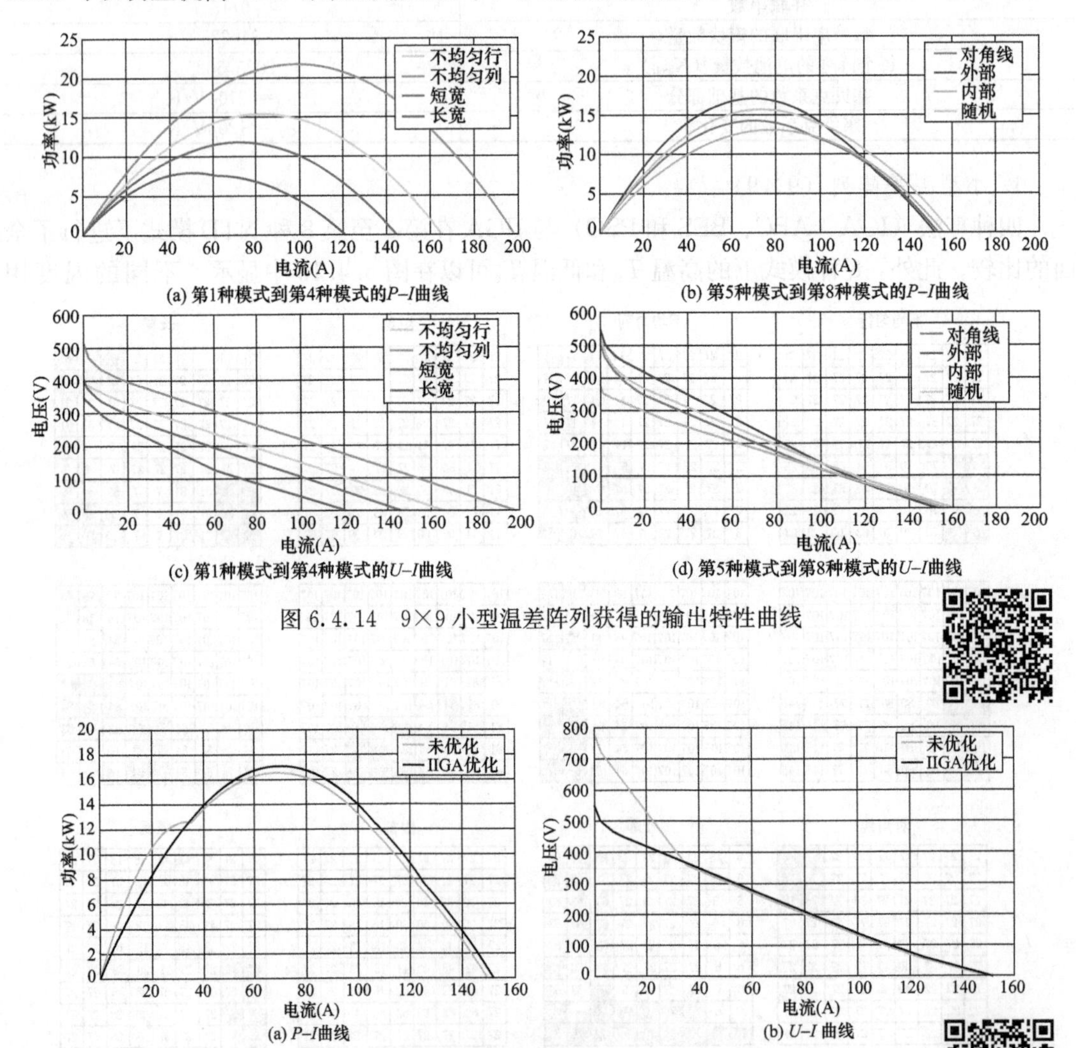

(a) 第1种模式到第4种模式的*P–I*曲线　(b) 第5种模式到第8种模式的*P–I*曲线

(c) 第1种模式到第4种模式的*U–I*曲线　(d) 第5种模式到第8种模式的*U–I*曲线

图 6.4.14　9×9 小型温差阵列获得的输出特性曲线

(a) *P–I*曲线　(b) *U–I* 曲线

图 6.4.15　基于改进免疫遗传算法的 *P-I* 和 *U-I* 曲线以及由第 6 种模式得到的未经优化的曲线

达到更高的整体输出功率，在 IIGA 重构后，每一行的温差模块被均匀地分布在不同的列中，图 6.4.16 给出了 TEG 系统的具体温差分布情况。

表 6.4.3 显示了最大输出功率 P_{max}、最小输出功率 P_{min}、平均输出功率 P_{avg}、标准差（STD）以及 50 次依赖性运行中五种算法的功率提升。这里，P_{en1}和 P_{en2}分别指 P_{max}和 P_{avg}的平均功率提升。而 P_{un}表示的是没有优化的输出功率。从表 6.4.3 来看，IGA 的 STD 在 8 个 NTD 模式中为零，这表明该策略在 30 次独立迭代中已经达到了优化极限。与 IGA 相比，IGA 在所有温差模式下都能获得更大的输出功率，由于其出色的优化机制，STD 值相当小且不为零。在第 8 种模式下，IIGA 的平均输出功率为 15.521kW，比 IGA 的输出功率多 368W，比 ABC 的输出功率多 616W。此外，与其他算法相比，IIGA 重构后在各种 NTD 模式下的输出功率都比较高，可以明显看出，IIGA 可以稳定地实现令人满意的性能，以提高 TEG 系统重构的输出功率。

表 6.4.3　　9×9 小型温差阵列通过五种算法获得的输出功率

NTD 模式		IIGA							IGA						
	P_{un} (kW)	P_{max} (kW)	P_{min} (kW)	P_{avg} (kW)	STD	P_{en1} (%)	P_{en2} (%)	P_{max} (kW)	P_{min} (kW)	P_{avg} (kW)	STD	P_{en1} (%)	P_{en2} (%)
1	15.419	15.701	15.696	15.698	0.050	1.830	1.811	15.699	15.699	15.699	0.000	1.820	1.820
2	20.861	22.099	22.079	22.088	0.210	5.935	5.883	22.091	22.091	22.091	0.000	5.899	5.899
3	12.168	12.299	12.286	12.292	0.117	1.080	1.023	12.288	12.288	12.288	0.000	0.992	0.992
4	8.091	8.094	8.091	8.091	0.028	0.041	0.004	8.091	8.091	8.091	0.000	0.000	0.000
5	13.310	14.460	13.906	13.998	3.330	8.642	5.171	13.905	13.905	13.905	0.000	4.469	4.469
6	16.775	17.336	16.775	16.985	6.967	3.344	1.252	16.775	16.775	16.775	0.000	0.000	0.000
7	12.995	13.315	13.302	13.309	0.130	2.465	2.418	13.307	13.307	13.307	0.000	2.405	2.405
8	13.875	15.915	15.384	15.521	4.213	14.700	11.861	15.153	15.153	15.153	0.000	9.207	9.207

NTD 模式		ABC							BES							PSO						
	P_{un} (kW)	P_{max} (kW)	P_{min} (kW)	P_{avg} (kW)	STD	P_{en1} (%)	P_{en2} (%)	P_{max} (kW)	P_{min} (kW)	P_{avg} (kW)	STD	P_{en1} (%)	P_{en2} (%)	P_{max} (kW)	P_{min} (kW)	P_{avg} (kW)	STD	P_{en1} (%)	P_{en2} (%)
1	15.419	15.623	15.615	15.618	0.068	1.325	1.294	15.699	15.690	15.694	0.081	1.817	1.785	15.698	15.691	15.695	0.063	1.811	1.791
2	20.861	22.090	22.060	22.071	0.239	5.890	5.800	22.096	22.052	22.074	0.384	5.921	5.816	22.094	22.066	22.078	0.267	5.912	5.835
3	12.168	12.279	12.264	12.271	0.127	0.914	0.846	12.292	12.274	12.280	0.151	1.023	0.924	12.292	12.276	12.282	0.138	1.023	0.940
4	8.091	8.094	8.091	8.091	0.035	0.045	0.004	8.100	8.091	8.093	0.107	0.115	0.029	8.091	8.091	8.091	0.000	0.004	0.004
5	13.310	14.126	13.574	13.860	2.968	6.130	4.134	13.939	13.527	13.726	5.690	4.728	3.128	13.967	13.575	13.802	4.989	4.938	3.699
6	16.775	16.895	16.775	16.781	1.026	0.716	0.038	17.289	16.775	16.986	5.566	3.064	1.258	16.775	16.775	16.775	0.000	0.000	0.000
7	12.995	13.312	13.291	13.301	0.177	2.443	2.357	13.308	13.288	13.298	0.168	2.411	2.334	13.309	13.294	13.301	0.137	2.418	2.357
8	13.875	15.153	14.712	14.905	5.928	9.206	7.424	15.468	14.720	15.028	5.649	11.479	8.308	15.468	14.824	15.149	6.562	11.479	9.180

图 6.4.17 显示了在情况 1 下，五种算法在 50 次运行中获得的 P_{max}和 P_{avg}的平均功率提升，其中清楚地描述了每种算法的有效性和稳定性。这里，P_{max}的平均功率提升从高到低依次是 IIGA 的 4.171%、BES 的 3.420%、PSO 的 3.056%、ABC 的 3.020%、IGA 的 2.774%。此外，在情况 1 下，P_{avg}在 50 次依赖性运行的平均值中的功率提升如下：与 IIGA、IGA、PSO、BES 和 ABC 相比，分别提升了 3.276%、2.774%、2.673%、2.671%和 2.489%。与未重构时的平均输出功率相比，重构后各算法的平均输出功率明显增大，这说明重构后发电效率确实可以提高，而 IIGA 在最大输出功率和平均输出功率方面拥有最可重构的优化效果。

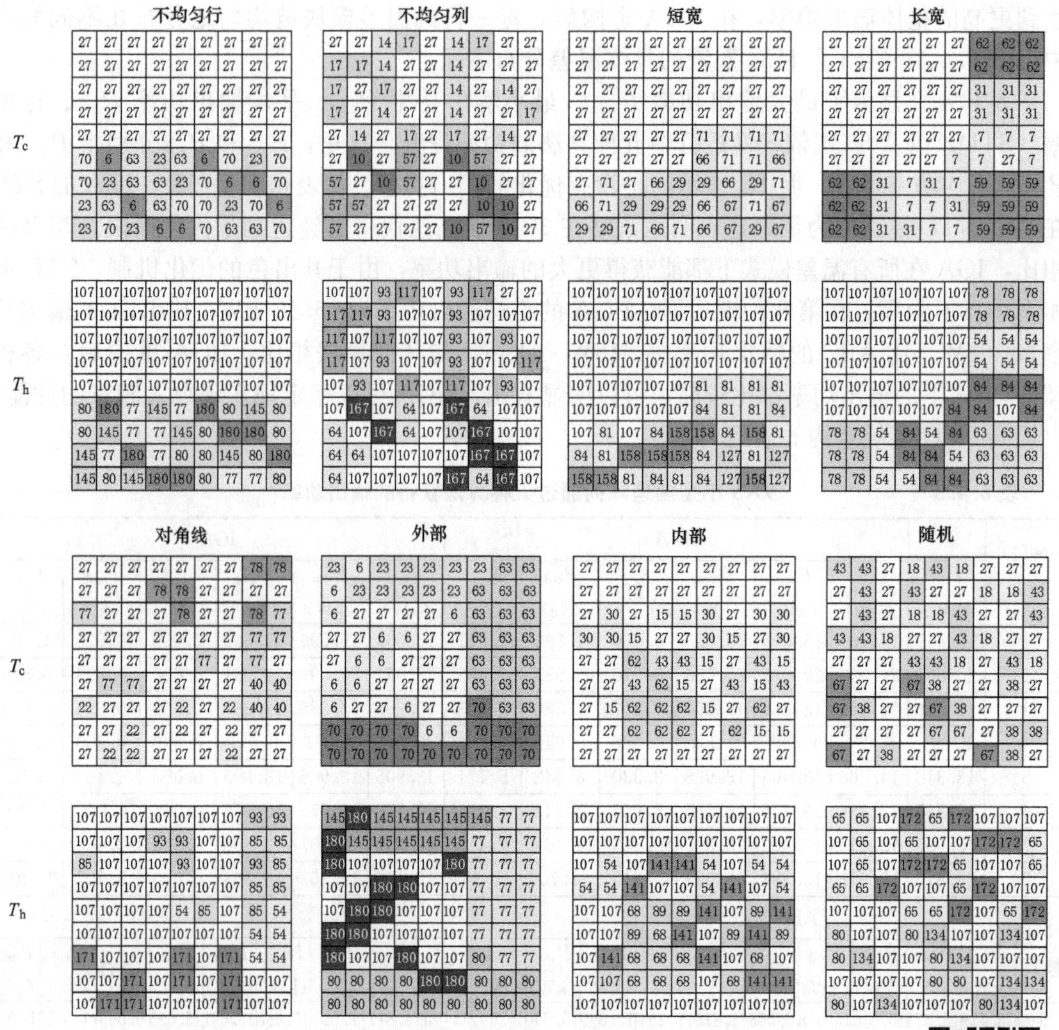

图 6.4.16　9×9 小型温差阵列通过改进免疫遗传算法获得的最优温差分布

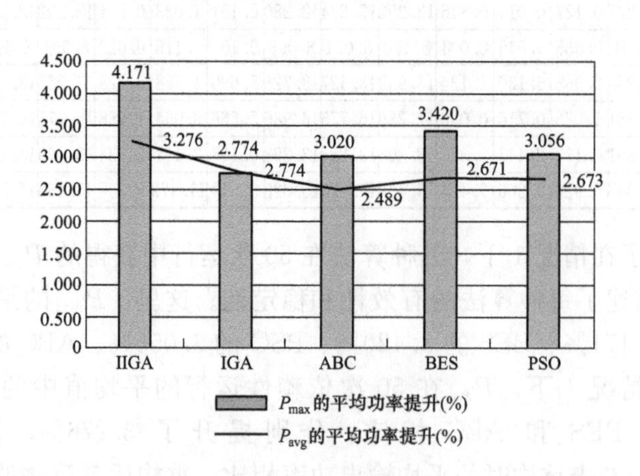

图 6.4.17　9×9 小型温差阵列获得的 P_{max} 和 P_{avg} 的平均功率提升

2. 大型温差阵列（15×15）

本节中，TEG 系统由 25 个相同的 TEG 子系统组成，同样，在 8 种 NTD 模式下，引入了 5 种先进的元启发式算法（IIGA、IGA、ABC、BES 和 PSO）进行模拟和优化。特别是在 15×15 大型阵列下，各种温差 T_c和 T_h的具体分布如图 6.4.18 所示。除了第 8 个随机模式外，其他的都是有规律地排列和分布。图 6.4.19 描述了在上述温差下，IIGA 重构后的 TEG 系统的 *P-I* 和 *U-I* 输出特性曲线。图 6.4.20 显示了在随机情况下没有重新配置和有 IIGA 重构的性能比较，我们可以很容易地观察到未重构的输出功率明显低于有 IIGA 重构的输出功率，这表明了基于 IIGA 的重构方法对提高发电量的有效性。此外，从图 6.4.21 可以看出，每一行的 NTD 模块位置都是根据 IIGA 重新安排的。

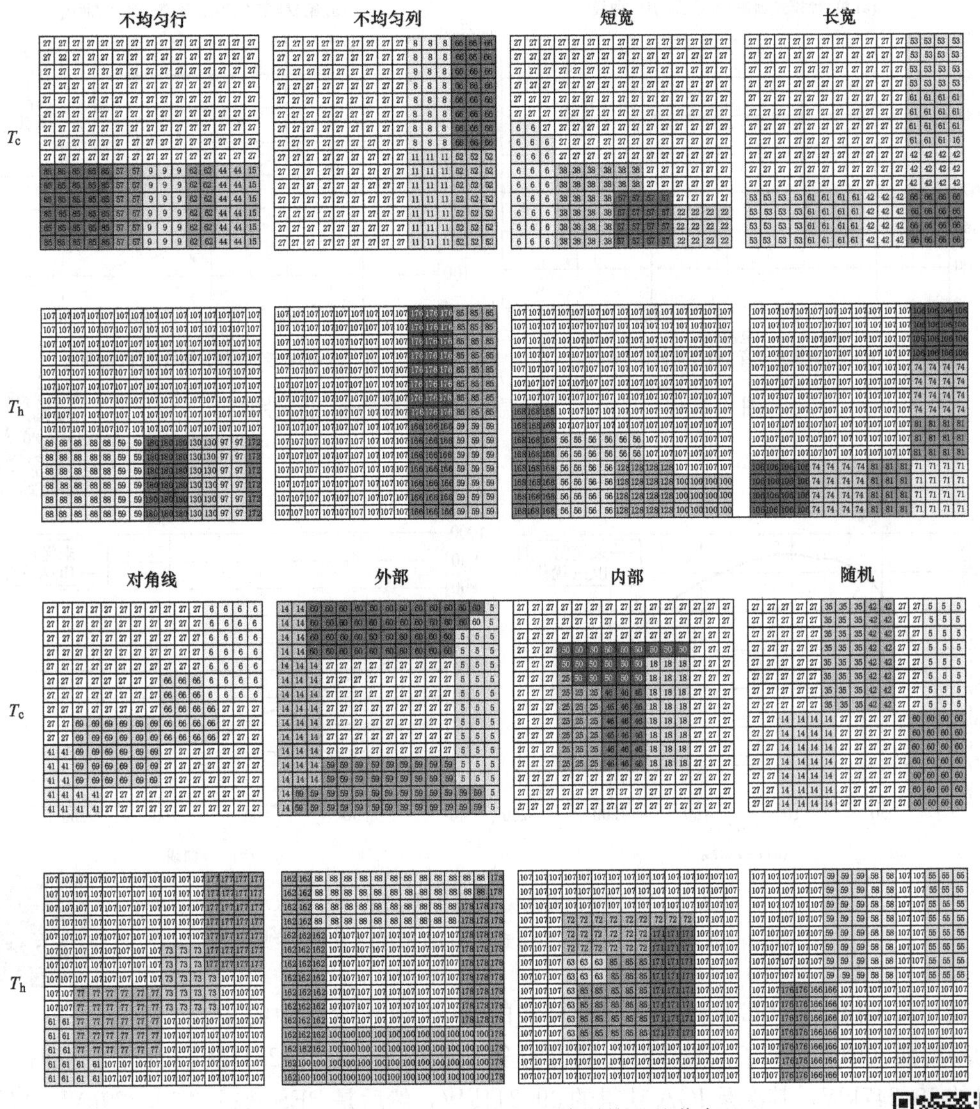

图 6.4.18　15×15 大型温差阵列的温差分布

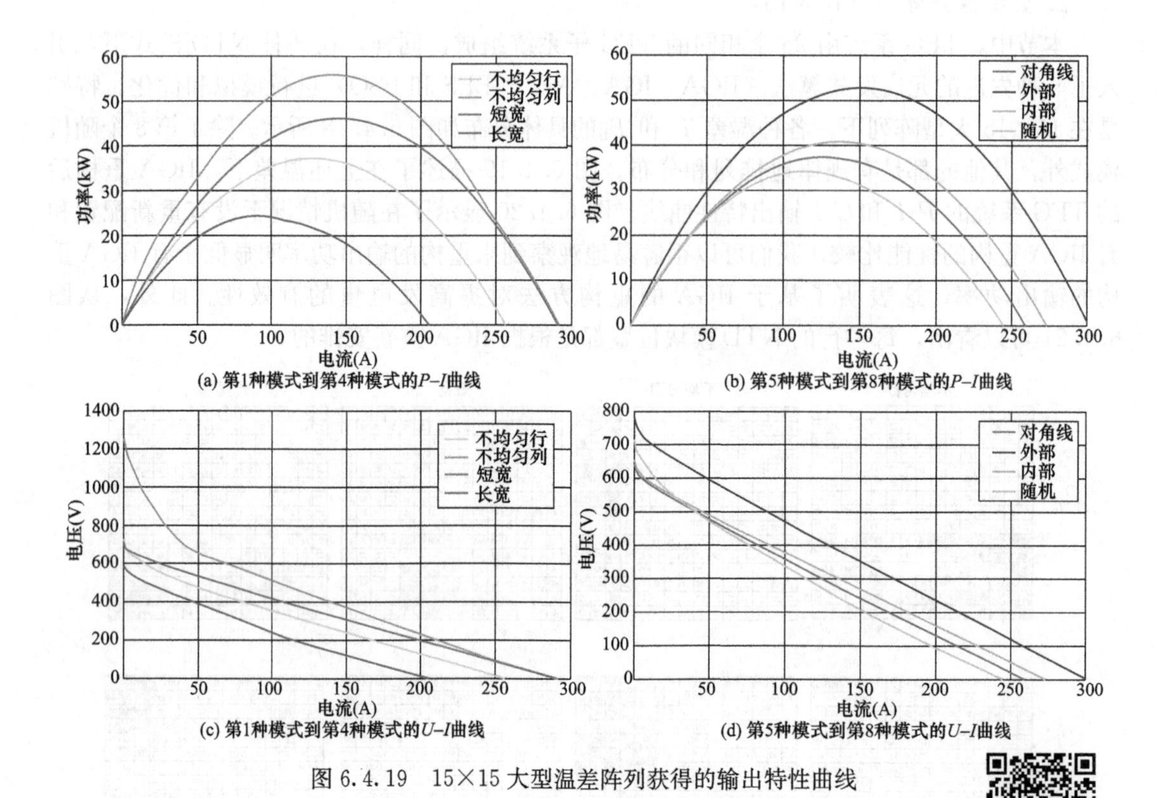

图 6.4.19　15×15 大型温差阵列获得的输出特性曲线

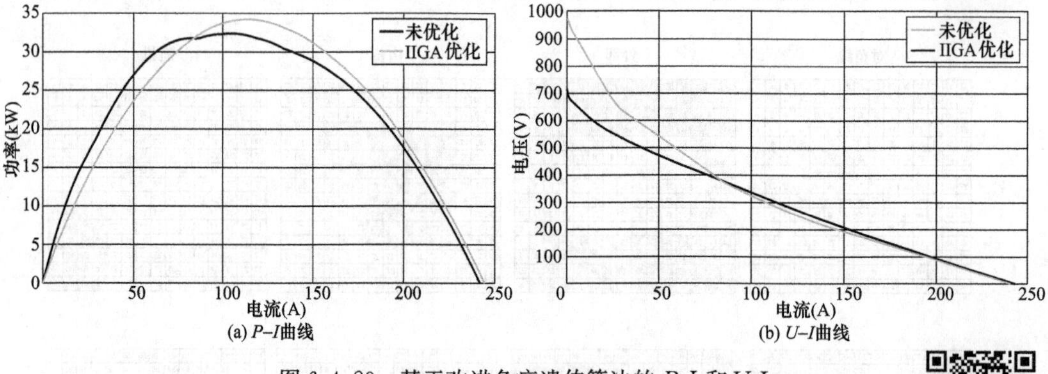

(a) P–I曲线　　(b) U–I曲线

图 6.4.20　基于改进免疫遗传算法的 P-I 和 U-I 曲线以及由第 8 种模式得到的未经优化的曲线

表 6.4.4 提供了 IIGA 和其他四种算法的 50 次独立运行中的 $P_{\max}$、$P_{\min}$、P_{avg}、STD 和功率增强（即 P_{en1} 和 P_{en2}）。IIGA 获得的全局最大功率为 39.281kW，而第二是通过 PSO 获得的 39.247kW，其次是 IGA 获得的 39.244kW，然后是 BES 获得的 39.229kW，以及在第一模式下 ABC 获得的 39.216kW，这表明 IIGA 由于其强大的全局搜索能力可以获得更高的功率输出。此外，IIGA 在第 8 种模式下获得的最优 $P_{\max}$ 为 36.589kW，与 IIGA、ABC、BES 和 PSO 相比，分别提升了 1.20%、3.19%、1.86%和 1.20%，这说明 IIGA 可

以有效提高 TEG 系统重构的优化精度。

表 6.4.4　　15×15 大型温差阵列通过五种算法获得的输出功率

NTD模式		IIGA						IGA					
	P_{un} (kW)	P_{max} (kW)	P_{min} (kW)	P_{avg} (kW)	STD	P_{en1} (%)	P_{en2} (%)	P_{max} (kW)	P_{min} (kW)	P_{avg} (kW)	STD	P_{en1} (%)	P_{en2} (%)
1	38.691	39.281	39.233	39.250	0.405	1.524	1.444	39.244	39.244	39.244	0.000	1.428	1.428
2	57.826	59.174	57.826	58.270	15.894	2.332	0.769	58.219	58.219	58.219	0.000	0.680	0.680
3	48.961	50.187	50.153	50.167	0.323	2.504	2.463	50.164	50.164	50.164	0.000	2.457	2.457
4	25.293	25.298	25.293	25.293	0.029	0.021	0.002	25.293	25.293	25.293	0.000	0.000	0.000
5	38.278	39.442	39.221	39.261	2.119	3.042	2.569	39.227	39.227	39.227	0.000	2.481	2.481
6	55.344	57.741	57.715	57.728	0.225	4.332	4.308	57.730	57.730	57.730	0.000	4.312	4.312
7	42.310	43.387	43.373	43.380	0.138	2.546	2.530	43.376	43.376	43.376	0.000	2.521	2.521
8	34.325	36.589	35.312	36.016	11.473	6.597	4.928	36.150	36.150	36.150	0.000	5.317	5.317

NTD模式		ABC						BES						PSO					
	P_{un} (kW)	P_{max} (kW)	P_{min} (kW)	P_{avg} (kW)	STD	P_{en1} (%)	P_{en2} (%)	P_{max} (kW)	P_{min} (kW)	P_{avg} (kW)	STD	P_{en1} (%)	P_{en2} (%)	P_{max} (kW)	P_{min} (kW)	P_{avg} (kW)	STD	P_{en1} (%)	P_{en2} (%)
1	38.691	39.216	39.216	39.216	0.000	1.355	1.355	39.229	39.195	39.210	0.350	1.389	1.340	39.247	39.190	39.212	0.485	1.436	1.345
2	57.826	57.826	57.826	57.826	0.000	0.000	0.000	59.042	57.826	58.304	11.650	2.104	0.827	57.826	57.826	57.826	0.000	0.001	0.001
3	48.961	50.141	50.141	50.141	0.000	2.410	2.410	50.173	50.109	50.139	0.464	2.475	2.406	50.165	50.110	50.141	0.375	2.459	2.410
4	25.293	25.293	25.293	25.293	0.000	0.000	0.000	25.306	25.293	25.296	0.169	0.053	0.013	25.293	25.293	25.293	0.000	0.002	0.002
5	38.278	39.275	39.275	39.275	0.000	2.605	2.605	39.329	39.200	39.220	0.884	2.747	2.462	39.224	39.198	39.210	0.264	2.473	0.978
6	55.344	57.715	57.715	57.715	0.000	4.285	4.285	57.727	57.679	57.706	0.415	4.306	4.268	57.732	57.685	57.708	0.384	4.315	2.312
7	42.310	43.369	43.369	43.369	0.000	2.504	2.504	43.380	43.349	43.363	0.260	2.530	2.489	43.380	43.349	43.363	0.282	2.530	2.436
8	34.325	35.421	35.421	35.421	0.000	3.195	3.195	35.910	34.951	35.260	8.048	4.619	2.725	35.784	34.952	35.246	8.358	4.252	4.272

这里，表 6.4.4 中的 P_{en1} 和 P_{en2} 分别代表五种算法的 P_{max} 和 P_{avg} 的平均功率增强，图 6.4.22 为其比较结果。在 8 个 NTD 模式中，P_{max} 最显著的平均功率提升是 IIGA 的 2.679%。特别是，其余四种竞争性算法的功率提升基本上都低于 IIGA。此外，IGA、IIGA、BES、ABC 和 PSO 的各种算法的 P_{avg} 平均功率提升率分别为 2.275%、2.261%、

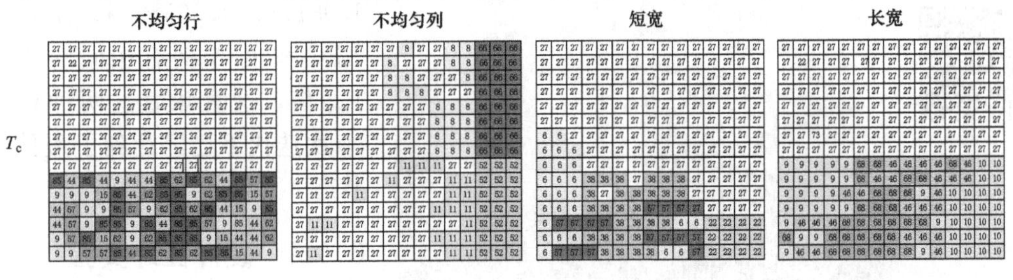

图 6.4.21　15×15 大型温差阵列通过改进免疫遗传算法获得的最优温差分布（一）

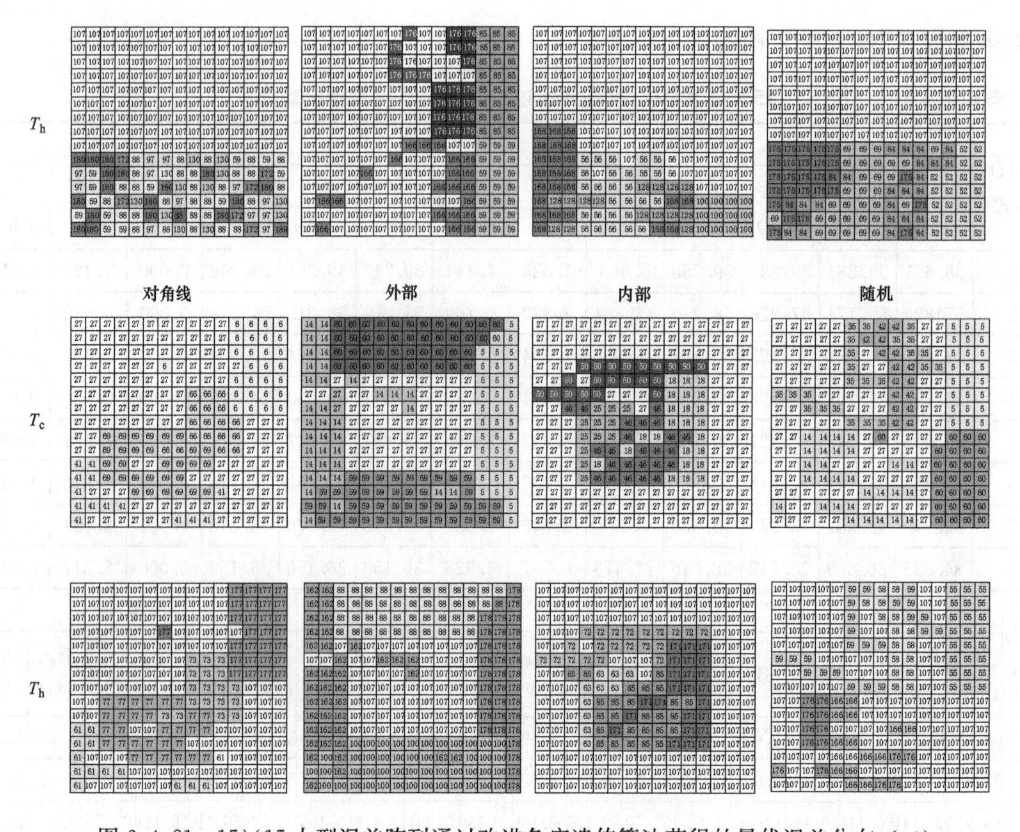

图 6.4.21　15×15 大型温差阵列通过改进免疫遗传算法获得的最优温差分布（二）

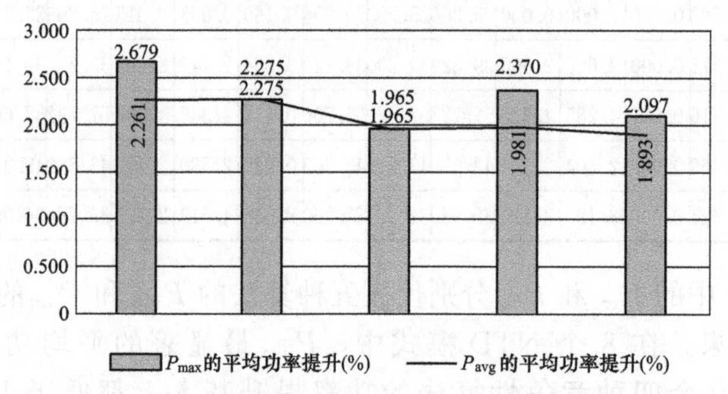

图 6.4.22　15×15 大型温差阵列获得的 P_{max} 和 P_{avg} 的平均功率提升

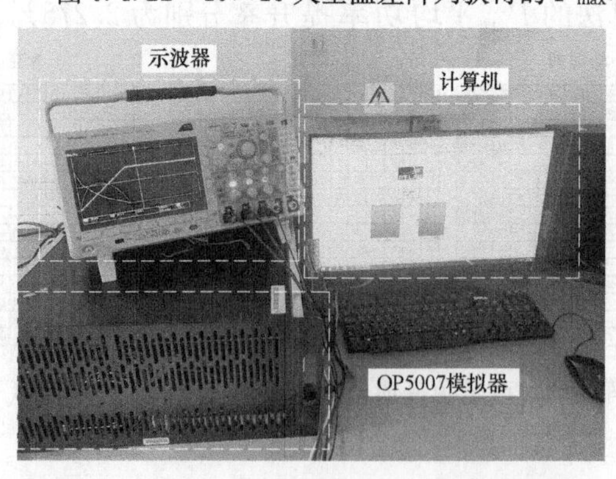

图 6.4.23　基于 RTLAB 平台的硬件在环实验

1.981%、1.965% 和 1.893%。ABC 和 IGA 拥有相同的 P_{en1} 和 P_{en2} 值，这意味着这两种算法在 30 次迭代下已经达到了最佳收敛状态。

6.4.4　硬件在环实验

基于 RTLAB 平台系统的 HIL 测试被用来验证实时处理器的仿真模型。基于 RTLAB 平台的 HIL 测试如图 6.4.23 所示。此外，在情况 1 和情况 2 下，通过 RTLAB 和 MATLAB 平台得到的 TEG 系统的输出特性曲线分别如图 6.4.24 和图 6.4.26 所示。此外，如图 6.4.25 和图 6.4.27 所示，在两种不同的 NTD 模式下，通过 IIGA 优化和不优化得到的 P-I 和 U-I 曲线表明，IIGA 总是能够获得更高的输出功率。请注意，带下标“s”的是指 RTLAB 仿真结果，不带下标“s”的是代表 MATLAB 仿真结果。

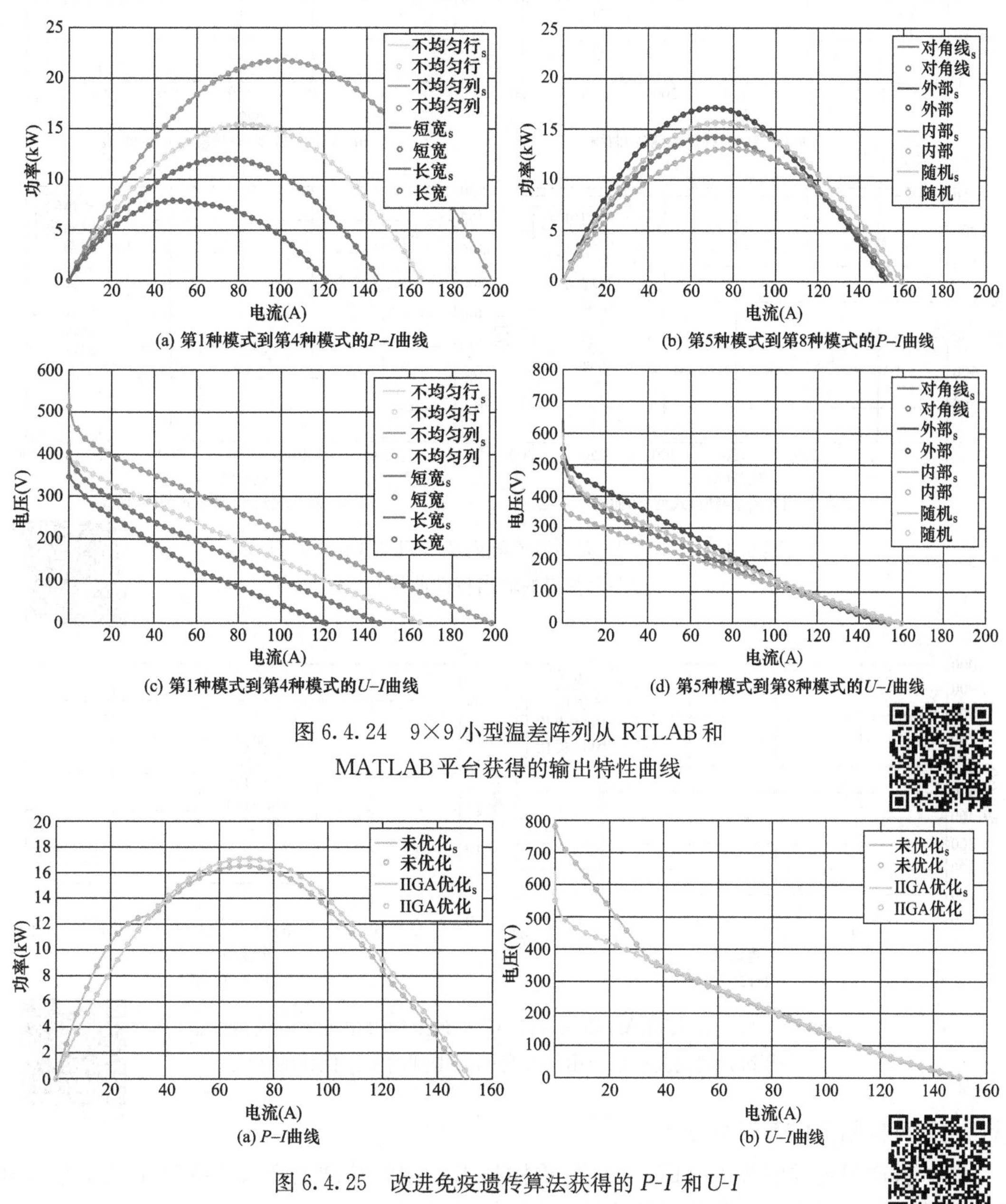

图 6.4.24　9×9 小型温差阵列从 RTLAB 和 MATLAB 平台获得的输出特性曲线

图 6.4.25　改进免疫遗传算法获得的 P-I 和 U-I 曲线以及由第 6 种模式得到的未经优化的曲线

6.4.5　小结

在本节中，为 NTD 条件下的 TEG 阵列设计了一种基于 IIGA 的新型重构方法，其贡

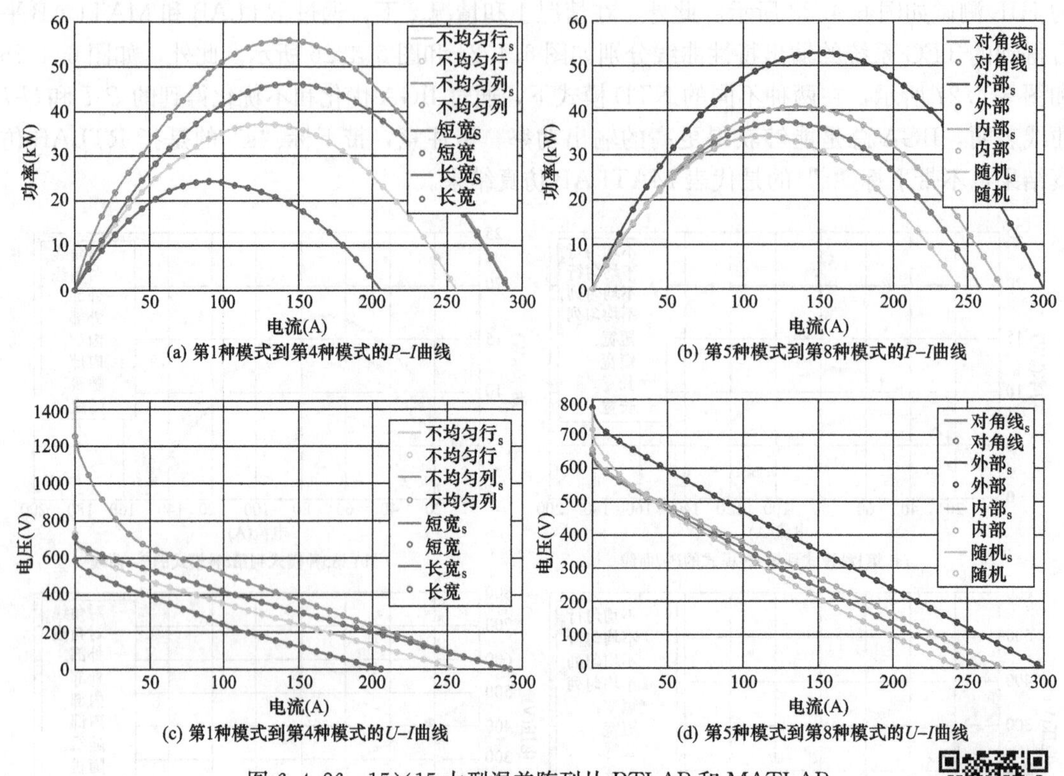

图 6.4.26　15×15 大型温差阵列从 RTLAB 和 MATLAB 平台获得的输出特性曲线

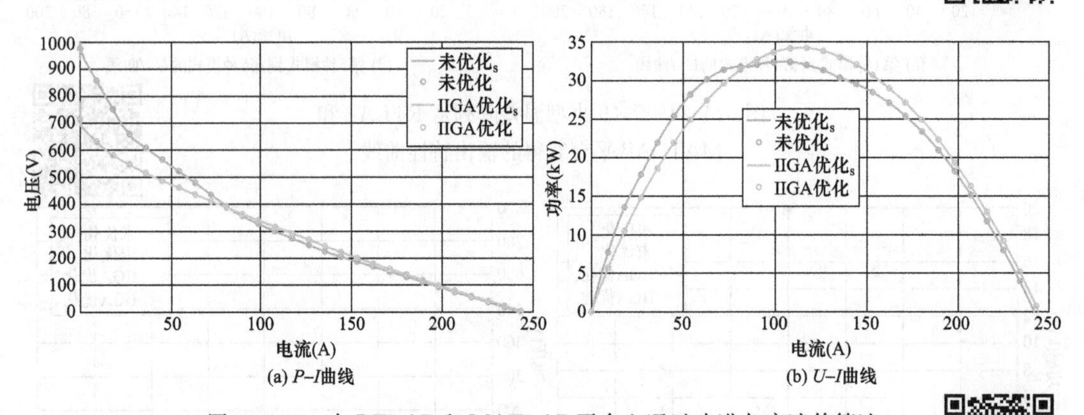

图 6.4.27　在 RTLAB 和 MATLAB 平台上通过改进免疫遗传算法得到的优化曲线以及由第 8 种模式得到的未经优化的曲线

献点主要可概括为以下五个方面：

（1）首次研究并解决了 TEG 系统的重构技术，在此基础上有效地提高了输出最大功率，并将 P-I 特性曲线转换为单峰曲线。

（2）IIGA 进行了一系列的离散操作，通过改变电气连接方式接近 GMPP，成功实现了 TEG 模块的布局优化。

（3）与没有重构的 TEG 系统相比，基于 IIGA 的重构极大地提高了系统的输出功率，例如，在9×9的小型TEG阵列和15×15的大型TEG阵列中，基于IIGA的重构的输出功率比未重构时分别提高了14.70%和6.60%。

（4）与其他几个著名的元启发式算法（如PSO、ABC、BES和IGA）相比，IIGA通过实施有效的引导搜索而不是随机搜索，可以明显提高输出功率。此外，在9×9的小型TEG阵列和15×15的大型TEG阵列下，通过IIGA获得的系统输出功率与通过ABC获得的输出功率相比，分别明显提高了4.79%和3.19%。

（5）通过基于RTLAB平台的HIL实验来验证IIGA的重构性能，在此基础上彻底验证了其硬件的实用性和实施的可行性。

6.5 基于改进合作搜索算法的模块化温差发电系统重构方法

6.5.1 非均匀温差条件下的模块化温差阵列建模

1. 模块化温差阵列重构

TEG系统的介绍详见6.4.1节。为了减少开关数量、计算成本和重构的复杂性，本节受自适应光伏阵列重新配置的启发，开发了一种模块化的TEG阵列重构。原有的15×15TEG阵列被分为三个模块，即模块Ⅰ、模块Ⅱ和模块Ⅲ，如图6.5.1（a）所示。

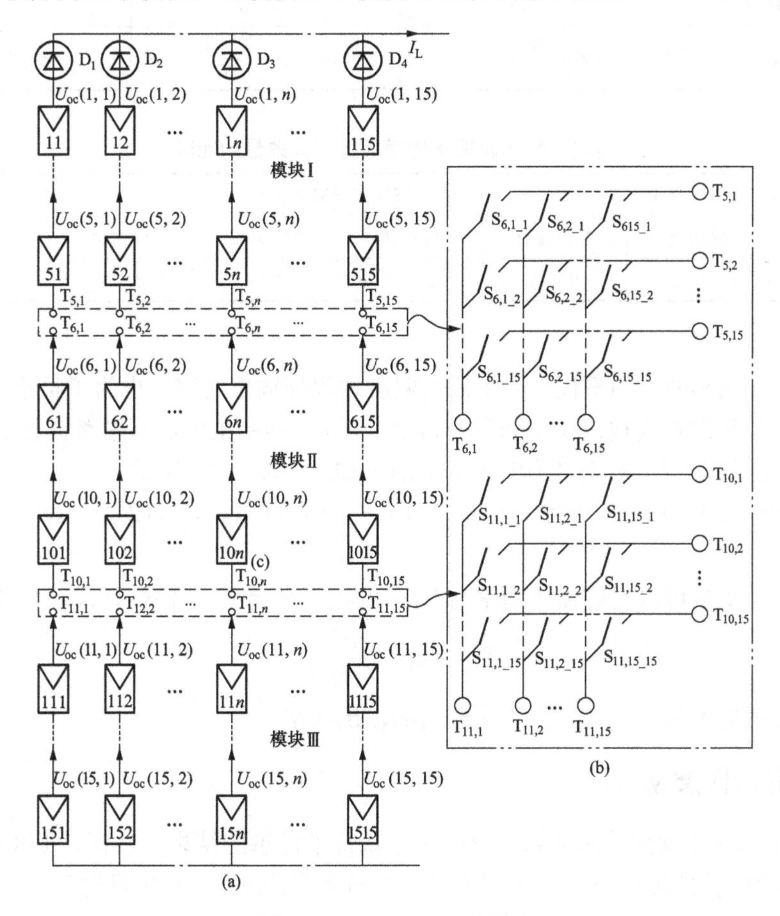

图6.5.1 $M\times N$ 温差阵列

需要注意的是，如果 TEG 阵列的行数（M）被 3 整除，每个区块将有$\left(\frac{M}{3}\times N\right)$个 TEG 模块。否则，每个区块中的行数将由式（6.5.1）和式（6.5.2）决定。

$$N_{\text{block I}}=N_{\text{block III}}=\text{floor}\left(\frac{M}{3}\right) \tag{6.5.1}$$

$$N_{\text{block II}}=M-N_{\text{block I}}-N_{\text{block III}} \tag{6.5.2}$$

式中：$N_{\text{block I}}$、$N_{\text{block II}}$和$N_{\text{block III}}$分别代表模块Ⅰ、模块Ⅱ和模块Ⅲ的行数；floor(*)代表在负无穷的方向上的四舍五入。例如，表 6.5.1 提供了各种 TEG 阵列尺寸的阻塞结果。需要注意的是，一个区块中同一列的 TEG 模块在重新配置时经历了相同的位置转换。因此，只需要两组开关来实现重构，详见图 6.5.1（b）。此外，本节提出的模块化建模方案大大减少了开关数量。表 6.5.2 列出了模块化和非模块化建模的开关数量的比较。

表 6.5.1　不同尺寸的温差阵列开关计算结果

TEG 阵列尺寸	第一组	第二组	第三组
9×9（M=9）	3×9	3×9	3×9
10×15（M=10）	3×15	4×15	3×15
15×15（M=15）	5×15	5×15	5×15
$M\times N$	$\text{floor}\left(\frac{M}{3}\right)\times N$	$M-2\cdot\left[\text{floor}\left(\frac{M}{3}\right)\times N\right]$	$\text{floor}\left(\frac{M}{3}\right)\times N$

表 6.5.2　模块化和非模块化建模所需开关数量的比较

TEG 阵列尺寸	**10×15**（M=10）		**15×15**（M=15）		$M\times N$	
建模方式	模块化	非模块化	模块化	非模块化	模块化	非模块化
开关数量	2×15	9×15	2×15	14×15	$2\times N$	$(M-1)\times N$

2. 目标函数

一般来说，重构的目的不仅是为了最大限度地提高输出功率，也为了最小化 TEG 阵列的 VIF。它可以同时提高输出功率和限制每个 TEG 阵列中由电压不平衡引起的串联二极管的反向电压。此外，VIF 被定义为电压的范围，如式（6.5.3）所示。

$$VIF=\max\{U_{\text{oc}}(1),U_{\text{oc}}(2),\cdots,U_{\text{oc}}(N)\}-\min\{U_{\text{oc}}(1),U_{\text{oc}}(2),\cdots,U_{\text{oc}}(N)\} \tag{6.5.3}$$

至此，目标函数可以通过输出功率与 VIF 的比例来定义，如式（6.5.2）所示。

$$F=\max\left(\frac{P_{\text{s}}}{VIF}\right) \tag{6.5.4}$$

式中：F 表示适应度值；P_{s} 代表 TEG 阵列的输出功率。

6.5.2　改进合作搜索算法

CSA 在不同的连续测试函数和工程问题中获得了优越的结果。然而，TEG 阵列重构是一个典型的离散优化问题。因此，本节提出了完全离散化的 CSA 来重构 TEG 阵列。

1. 合作搜索算法

按照现代企业管理模式，CSA 中有四个关键角色，即董事长、经理、主管和员工。此外，整个 CAS 由初始化、团队沟通算子、反思学习算子和内部竞争算子四部分组成。

(1) 初始化。为了确保所有个体的通用性，工作人员在搜索空间中随机初始化，如式 (6.5.5) 所示。

$$\boldsymbol{x}_i^0 = \varphi(\boldsymbol{L}, \boldsymbol{U}), i = 1, \cdots, I \tag{6.5.5}$$

式中：$\boldsymbol{x}_i^0$ 代表第 1 个工作人员的初始解；I 为工作人员的数量；$\varphi(\boldsymbol{L}, \boldsymbol{U})$ 表示随机函数，可描述为式 (6.5.6)。

$$\varphi(\boldsymbol{L}, \boldsymbol{U}) = \mathrm{L} + \mathrm{rand}() \cdot \boldsymbol{U} \tag{6.5.6}$$

式中：$\boldsymbol{L}=[L_1, \cdots, L_j, \cdots, L_J]$和$\boldsymbol{U}=[U_1, \cdots, U_j, \cdots, U_J]$代表搜索空间的下限和上限，$J$ 是待解决的问题的维度。

(2) 团队沟通算子。在这个阶段，每位员工都可以通过与董事长、董事会和监事会的领导交流信息来获得新的信息，如式 (6.5.7)～式 (6.5.10) 所示。

$$u_{i,j}^{k+1} = x_{i,j}^k + A_{i,j}^k + B_{i,j}^k + C_{i,j}^k, i \in [1, I], j \in [1, J], k \in [1, K_{\max}] \tag{6.5.7}$$

$$A_{i,j}^k = \log\left[\frac{1}{\varphi(0,1)}\right] \cdot (gbest_{\mathrm{bos},j}^k - x_{i,j}^k) \tag{6.5.8}$$

$$B_{i,j}^k = \alpha \cdot \varphi(0,1) \cdot \left[\left(\frac{1}{H}\sum_{h=1}^{H} gbest_{h,j}^k\right) - x_{i,j}^k\right] \tag{6.5.9}$$

$$C_{i,j}^k = \beta \cdot \varphi(0,1) \cdot \left[\left(\frac{1}{I}\sum_{i=1}^{I} pbest_{i,j}^k\right) - x_{i,j}^k\right] \tag{6.5.10}$$

式中：$u_{i,j}^{k+1}$表示在第 $(k+1)$ 次迭代中，根据第 i 个员工的领导，第 j 个候选位置的值；$x_{i,j}^k$代表第 k 次迭代中第 i 个员工的当前位置的第 j 个最优的值；$K_{\max}$是最大迭代次数；$gbest_{\mathrm{bos},j}^k$、$gbest_{h,j}^k$和$pbest_{i,j}^k$分别代表第 k 次迭代中董事长、第 h 个经理、第 i 个主管的第 j 个位置值。需要注意的是，所有的领导将根据他们在当前迭代中的适配值来选择。董事长是适应度值最大的员工。适应度值排在第 $(H+1)$ 名之后的员工为经理。此外，$A_{i,j}^k$ 为从董事长那里获得的知识；$B_{i,j}^k$ 和$C_{i,j}^k$ 分别为从 H 个经理和 I 个主管那里获得的知识的平均值。

(3) 反思学习算子。除了向领导学习之外，员工还可以通过总结自己在相反方向上的经验来获得新知识，具体如式 (6.5.11)～式 (6.5.14) 所示。

$$w_{i,j}^{k+1} = \begin{cases} p_{i,j}^{k+1}, \text{如果} u_{i,j}^{k+1} \geqslant c_j \\ q_{i,j}^{k+1}, \text{否则} \end{cases} \tag{6.5.11}$$

$$p_{i,j}^{k+1} = \begin{cases} \varphi(U_j + L_j - u_{i,j}^{k+1}, c_j), \text{如果} |u_{i,j}^{k+1} - c_j| < \varphi(0,1) \cdot (U_j - L_j) \\ \varphi(L_j, U_j + L_j - u_{i,j}^{k+1}), \text{否则} \end{cases} \tag{6.5.12}$$

$$q_{i,j}^{k+1} = \begin{cases} \varphi(c_j, U_j + L_j - u_{i,j}^{k+1}), \text{如果} |u_{i,j}^{k+1} - c_j| < \varphi(0,1) \cdot (U_j - L_j) \\ \varphi(U_j + L_j - u_{i,j}^{k+1}, U_j), \text{否则} \end{cases} \tag{6.5.13}$$

$$c_j = (U_j + L_j) \cdot 0.5 \tag{6.5.14}$$

式中：$w_{i,j}^{k+1}$表示根据第 $(k+1)$ 次迭代中的反射行为，第 i 个工作人员的候选位置的第 j 个值。

(4) 内部竞争算子。在整个优化过程中，内部竞争操作者被用来保存具有更好表现的候选员工，具体如式 (6.5.15) 所示。

$$x_i^{k+1}=\begin{cases}u_i^{k+1}, \text{如果} F(u_i^{k+1}) \geqslant F(w_i^{k+1}) \\ w_i^{k+1}, \text{否则}\end{cases} \tag{6.5.15}$$

式中：$x_i^{k+1}=[x_{i,1}^{k+1},\cdots,x_{i,j}^{k+1},\cdots,x_{i,J}^{k+1}]$指第（$k+1$）次迭代中第 i 个工作人员的位置；$u_i^{k+1}=[u_{i,1}^{k+1},\cdots,u_{i,j}^{k+1},\cdots,u_{i,J}^{k+1}]$ 和$w_i^{k+1}=[w_{i,1}^{k+1},\cdots,w_{i,j}^{k+1},\cdots,w_{i,J}^{k+1}]$ 分别代表了根据领导和自我反思得到的第 i 个员工的候选位置。

2. 改进合作搜索算法设计

（1）离散初始化。对于ICSA，其初始化可以用式（6.5.16）表示。

$$x_i^0=\mathrm{randperm}(J) \tag{6.5.16}$$

式中：randperm(J) 指随机生成 [1，J] 的范围内的一个向量，其中的元素不重复。

（2）强化探索算子。增强的探索算子被应用于提高 ICSA 的全局搜索能力，如式（6.5.17）所示。

$$u_i^{k+1}=\mathrm{randperm}(J), i=1,\cdots,\mathrm{round}(\varepsilon \cdot I) \tag{6.5.17}$$

式中：round(*) 代表中断操作和全局探索率；ε 为学习率，取 0.1。

（3）离散的团队沟通算子。在工作人员和他们的领导之间的原始合作机制的基础上，设计了一个离散的团队沟通，以有效解决离散的优化问题。需要注意的是，每个工作人员在一次迭代中由一个领导指导，如式（6.5.18）所示。

$$u_i^{k+1}=\begin{cases}f(gbest_{\mathrm{bos}}^k, x_i^k), \text{如果} \delta \leqslant \delta_1 \\ f(gbest_{\mathrm{mag}}^k, x_i^k), \text{如果} \delta_1 < \delta \leqslant \delta_2, i=\mathrm{round}(\varepsilon \cdot I)+1,\cdots,I \\ f(pbest_{\mathrm{sup}}^k, x_i^k), \text{如果} \delta > \delta_2\end{cases} \tag{6.5.18}$$

式中：$gbest_{\mathrm{mag}}^k$和 $pbest_{\mathrm{sup}}^k$是指从 H 个经理和 I 个主管中分别选出的经理和主管代表的职位；δ 指选择系数，从 0 到 1 随机生成；δ_1、($\delta_2-\delta_1$) 和 ($1-\delta_2$) 代表选择董事长、经理和主管的概率，$\delta_1=0.7$，$\delta_2=0.8$。

$f(x_{\mathrm{best}}^k, x_i^k)$ 代表第 k 次迭代中第 i 个员工的候选职位的更新机制，如式（6.5.19）和式（6.5.20）所示。

$$f(x_{\mathrm{best}}^k, x_i^k)=[x_{\mathrm{select},1}^k,\cdots,x_{\mathrm{select},j}^k,\cdots,x_{\mathrm{select},J}^k] \tag{6.5.19}$$

$$x_{\mathrm{select},j}^{k+1}=\begin{cases}x_{\mathrm{best},j}^k, (x_{\mathrm{best},j}^k=x_{i,j}^k) \\ x_{i,j}^k, (x_{\mathrm{best},j}^k \neq x_{i,j}^k)\end{cases} \tag{6.5.20}$$

为了遵循最佳方案，$f(x_{\mathrm{best}}^k, x_i^k)$应通过交换两个随机位置进一步确定，如式（6.5.21）所示。

$$f(x_{\mathrm{best}}^k, x_i^k)=[x_{\mathrm{select},1}^k,\cdots,x_{\mathrm{select},ind1}^k,\cdots,x_{\mathrm{select},ind2}^k,\cdots,x_{\mathrm{select},J}^k], \text{s.t.}\ ind1 > ind2 \tag{6.5.21}$$

式中：$ind1$ 和 $ind2$ 是从选择矢量 A 中选出的两个不同的随机数，如式（6.5.22）所示。

$$A=\mathrm{find}(x_{\mathrm{best}}^k \neq x_i^k) \tag{6.5.22}$$

（4）离散反思性学习算子。反思性学习算子是通过复归运算实现的，如式（6.5.23）所示。

$$w_i^{k+1}=[u_{i,1}^{k+1},\cdots,u_{i,rev-1}^{k+1}, u_{i,J}^{k+1}, u_{i,J-1}^{k+1},\cdots,u_{i,rev}^{k+1}] \tag{6.5.23}$$

式中：rev 是一个从 1 到 J 的随机数。

3. 基于改进合作搜索算法的温差阵列重构设计

重组的结果是一个 3 行的矩阵，如式（6.5.24）所示。

$$
\boldsymbol{x}_i^k = \begin{bmatrix} x_{(i-1)*3+1,1}^k, \cdots, x_{(i-1)*3+1,j}^k, \cdots, x_{(i-1)*3+1,J}^k \\ x_{(i-1)*3+2,1}^k, \cdots, x_{(i-1)*3+2,j}^k, \cdots, x_{(i-1)*3+2,J}^k \\ x_{(i-1)*3+3,1}^k, \cdots, x_{(i-1)*3+3,j}^k, \cdots, x_{(i-1)*3+3,J}^k \end{bmatrix} \tag{6.5.24}
$$

根据式（6.5.24），电压矩阵可写为式（6.5.25）。

$$
\boldsymbol{U}_i^k = \begin{bmatrix} U_{(i-1)*3+1,1}^k, \cdots, U_{(i-1)*3+1,j}^k, \cdots, U_{(i-1)*3+1,J}^k \\ U_{(i-1)*3+2,1}^k, \cdots, U_{(i-1)*3+2,j}^k, \cdots, U_{(i-1)*3+2,J}^k \\ U_{(i-1)*3+3,1}^k, \cdots, U_{(i-1)*3+3,j}^k, \cdots, U_{(i-1)*3+3,J}^k \end{bmatrix} \tag{6.5.25}
$$

对于TEG阵列，均匀的电压分布对于提高输出功率和延长使用寿命起着重要作用。因此，当在离散反思性学习算子执行后没有获得更好的结果时，执行电压均衡操作，如式（6.5.26）所示。

$$
\boldsymbol{w}_i^{k+1} = \boldsymbol{w}_{\text{equal\_}i}^{k+1} \tag{6.5.26}
$$

式中：$\boldsymbol{w}_{\text{equal_}i}^{k+1}$表示经过电压均衡操作后的第$i$个候选者。

基于模块化TEG阵列，所有重构操作都是通过切换图6.5.1中的两个开关矩阵来实现的。因此，最优解的第一行必须是$[1,\cdots,j,\cdots,J]$。此外，由于相同的温度分布，通常存在一行中的两个或多个模块完全等效的情况。在这种情况下，这些等效模块之间的位置交换是冗余的。因此，开发了一种新的SOP，以避免可能存在的无效开关动作并延长其使用寿命。表6.5.3给出了相应的流程表。

表6.5.3　创新解决方案优化程序整体运行流程

1. 输入原始最优解 $\boldsymbol{x}_{\text{opt\_org}}$；
2. 设置第一行的 $\boldsymbol{x}_{\text{opt\_org}}$ 为 $[1, \cdots, J]$；
3. 后列其他行的 $\boldsymbol{x}_{\text{opt\_org}}$ 作为第一行；
4. 获得临时最优解 $\boldsymbol{x}_{\text{opt\_temp}}$；
5. 根据 $\boldsymbol{x}_{\text{initial}}$，计算初始电压 U^0 和电阻 R^0 每个模块的初始电压和电阻；
6. 设置 $i_{\max}=3$；
7. FOR1 $i=2$：$i_{\max}$
8. 　　FOR2 $j=1$：J
9. 　　　　IF　$U^0(i, \boldsymbol{x}_{\text{opt\_temp}}(i,j)) == U^0(i,j)$ and $R^0(i, \boldsymbol{x}_{\text{opt\_temp}}(i,j)) == R^0(i,j)$；
10. 　　　　　$\boldsymbol{x}_{\text{opt\_temp}}(i, \boldsymbol{x}_{\text{opt\_temp}}(i,:) == j) = \boldsymbol{x}_{\text{opt\_temp}}(i,j)$；
11. 　　　　　$\boldsymbol{x}_{\text{opt\_temp}}(i,j) = j$；
12. 　　　　**END IF**
13. 　　**END FOR2**
14. **END FOR1**
15. $\boldsymbol{x}_{\text{opt}} = \boldsymbol{x}_{\text{opt\_temp}}$；
16. 输出最佳解决方案 $\boldsymbol{x}_{\text{opt}}$；
17. 结束

为了帮助读者清楚地理解上述程序，图6.5.2提供了一个基于ICSA的模块化TEG阵列（$M\times4$）的整体程序的重构示意图的例子。特别是，每个解决方案对应于一个TEG阵列的排列。经过ICSA的优化，可以找到一个简化的原始方案，通过SOP进一步优化为简化的最优方案，以尽可能地减少切换动作。例如，简化后的原始方案中的第三行是［2，1，

3，4]，这意味着第一个和第二个 TEG 模块应该相互交换，同时它们在初始 TEG 阵列中拥有相同的温度分布，如图 6.5.2（a）所示。但是，这样的交换是多余的，而且无助于提高输出功率。此外，对简化后的最优解进行等价扩展后生成新的最优解。最后，从最优解中可以得到最佳温度分布，如图 6.5.2（b）所示。并且，图 6.5.2（c）清楚地描述了对应于初始温度分布和最佳温度分布的 P-U 曲线的比较。很明显，与初始曲线相比，最优曲线表现出更高的 MPP 和更小的峰值，这有效地提高了功率输出。此外，图 6.5.3 说明了基于 ICSA 的模块化 TEG 阵列重构的总体流程图。

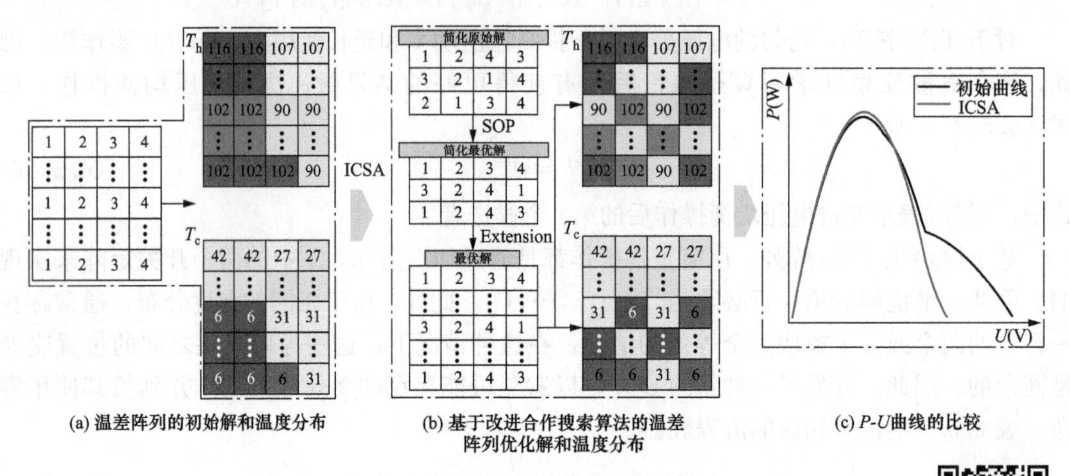

图 6.5.2　基于改进合作搜索算法的温差阵列重构的总体流程

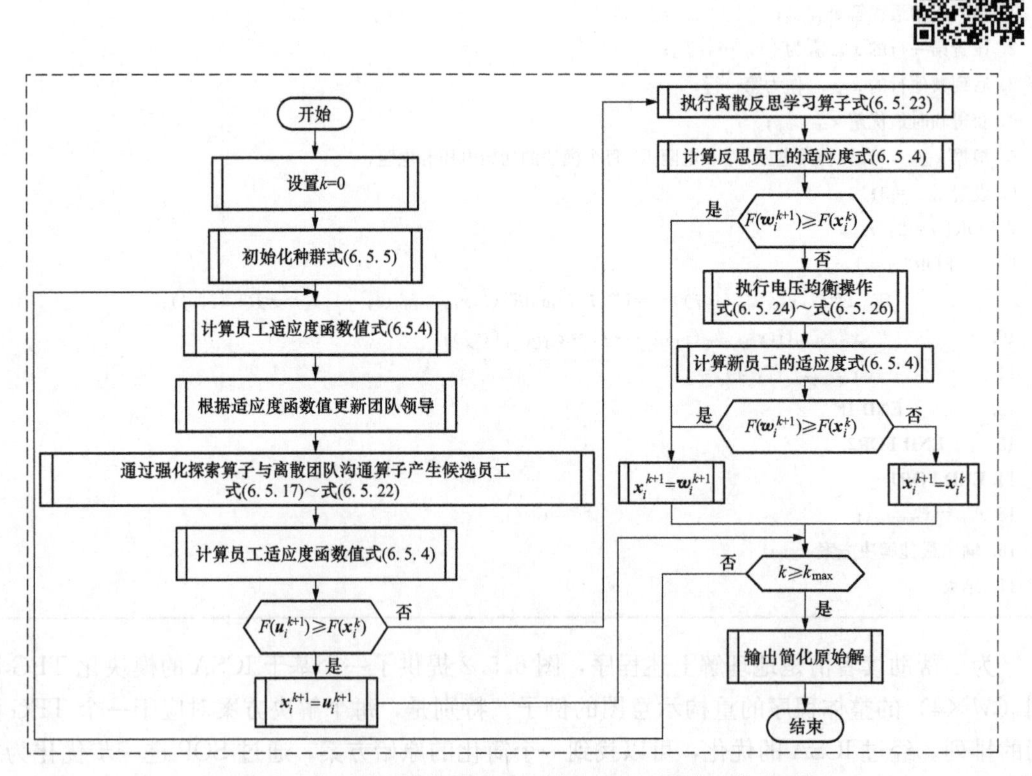

图 6.5.3　基于改进合作搜索算法的温差阵列重构总体流程图

6.5.3 算例分析

在本节中，ICSA 被应用于实现 TEG 阵列在三种典型 NTD 条件下（即外部、中心和随机）的重新配置，而三种传统离散的启发式算法作为比较算法，即 GA、PSO、SA。这里，所有算法的种群大小 $N_p=20$，最大迭代数 $k_{max}=500$，以通过试错实现公平比较。此外，表 6.5.4 提供了每种算法的主要参数。此外，每种算法独立运行 20 次，以实现统计结果。

表 6.5.4　　各种算法的主要参数

算法	参数	价值观
GA	交叉概率 P_c	0.8
	突变概率 P_m	0.05
PSO	权重系数 c_1	0.5
	权重系数 c_2	0.7
SA	冷却率 q	0.9
	初始温度 T_0	10^{17}
ICSA	学习系数 δ_1	0.7
	学习系数 δ_2	0.8
	勘探率 P_{exp}	0.05

1. 对称温差阵列（15×15）

采用尺寸为（15×15）的对称 TEG 阵列验证 ICSA 的有效性。图 6.5.4 通过热力图清楚地显示了不同 NTD 条件下基于 ICSA 的初始和优化温度分布，其中热端和冷端的标准温度分别设置为 127℃和 27℃。此外，根据最优解将初始温度分布转化为优化温度分布。此外，最优解是简化最优解的扩展形式，可以通过 SOP 优化简化原始解来获取。可以很容易地观察到，通过 ICSA，TEG 阵列每行中的温度均匀分布在不同的列中，显著提高了其总输出功率，并有效地平滑了 *P-U* 曲线，如图 6.5.5 所示。表 6.5.5 提供了三种典型 NTD 条件下各种算法的优化指标，其中最大适应度值 F、最大输出功率 P 和最小电压不平衡系数 *VIF* 用粗体突出显示。不难看出，与其他算法相比，ICSA 算法在所有 NTD 条件下都能获得最大的适应度值和最小的电压不平衡因子。此外，通过 ICSA，外部 *VIF* 下降至 164.02V，随机 *VIF* 下降至 120.82V，中心 *VIF* 下降至 67.2V，可有效防止每排 TEG 阵列中的串联二极管因反向电压过高而受损。而 GA 的输出功率仅比随机条件下 ICSA 获得的输出功率高 1W，外加 25.13V 的 *VIF*。

此外，对称 TEG 阵列在不同 NTD 条件下，算法在 20 次独立运行下获得的盒须图如图 6.5.6 所示。与其他算法相比，ICSA 在所有 NTD 条件下都获得了令人满意的性能。尤其是 ICSA 获得的盒须图在所有测试条件下都具有最大的适应度值和最小的离群值，并且在中心和随机条件下具有最小的分布范围，这表明 ICSA 可以有效地寻求精度和稳定性最高的全局最优重构方案。

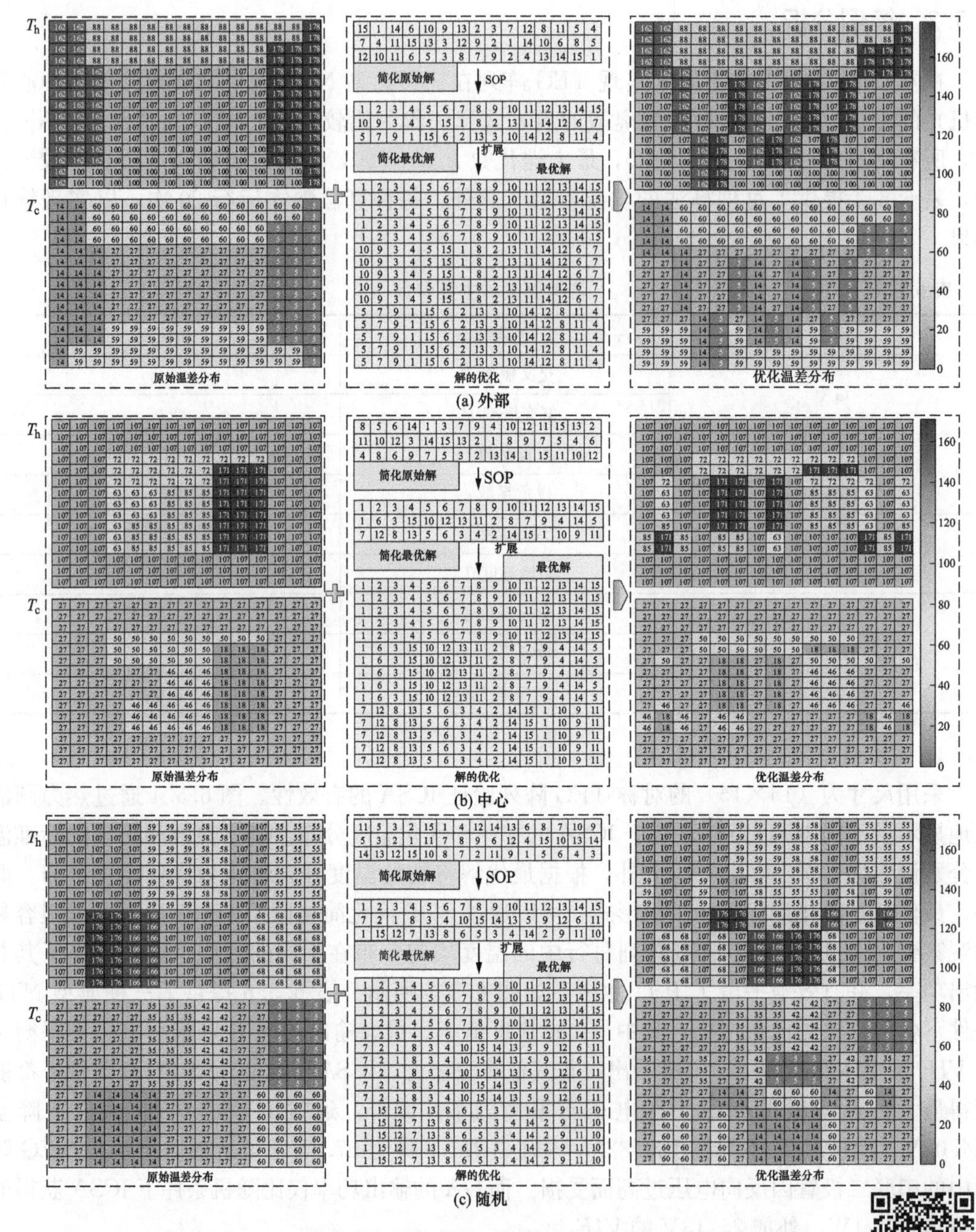

图 6.5.4　不同非均匀温差条件下初始和优化对称温差阵列的热图

表 6.5.5　　基于对称温差阵列的不同非均匀温差条件下各种算法的优化指标

NTD条件	指标	算法				
		初始数据	**SA**	**GA**	**PSO**	**ICSA**
外部	F(W/V)	11.10	65.06	65.06	65.06	**65.06**
	P(W)	2213.75	2307.52	2307.52	2307.52	**2307.52**
	VIF(V)	199.49	35.47	35.47	35.47	**35.47**

续表

NTD 条件	指标	算法				
		初始数据	**SA**	**GA**	**PSO**	**ICSA**
中心	F(W/V)	15.35	38.88	40.13	38.86	**40.13**
	P(W)	1692.39	1728.60	1729.32	1727.91	**1729.32**
	VIF(V)	110.29	44.46	43.09	44.46	**43.09**
随机	F(W/V)	9.16	46.77	25.84	45.00	**48.12**
	P(W)	1372.98	1399.29	**1400.79**	1399.30	1399.79
	VIF(V)	149.91	29.91	54.22	31.09	**29.09**

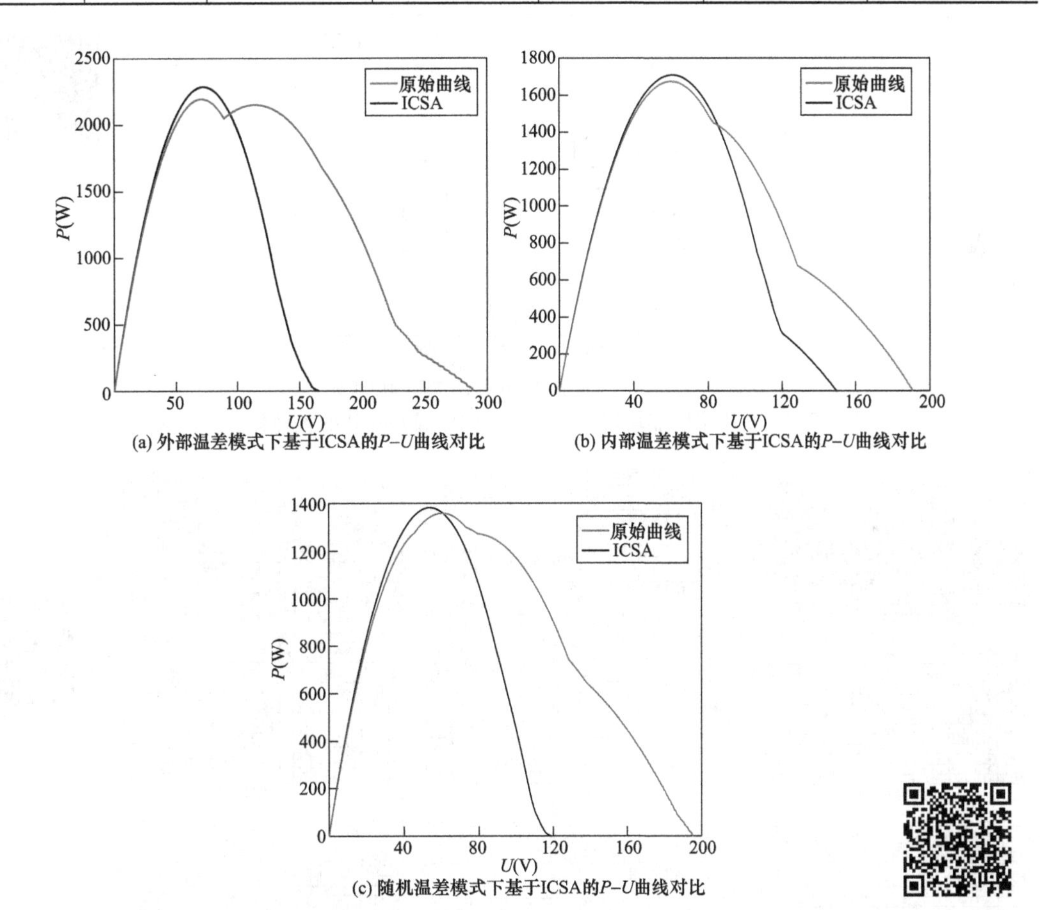

图 6.5.5 在各种非均匀温差条件下，改进合作搜索算法从对称温差阵列获得的 P-U 曲线

2. 不对称温差阵列（15×20）

对大小为（15×20）的非对称 TEG 阵列进行了模拟，以全面评估 ICSA 的重构性能。图 6.5.7 清楚地描述了 ICSA 获得的初始热力图和优化热力图。由图 6.5.7 可知，在初始情况下（即原始温度分布），温度是集中的，不均匀的，而经过 ICSA 优化后，温度明显分散且均匀地分布在各列之间，显示为优化后的温度分布。此时，TEG 每一列之间的电压分布被尽可能地均衡化，这明显增加了输出功率并减少了 MPP 的数量，如图 6.5.8 所示，其中

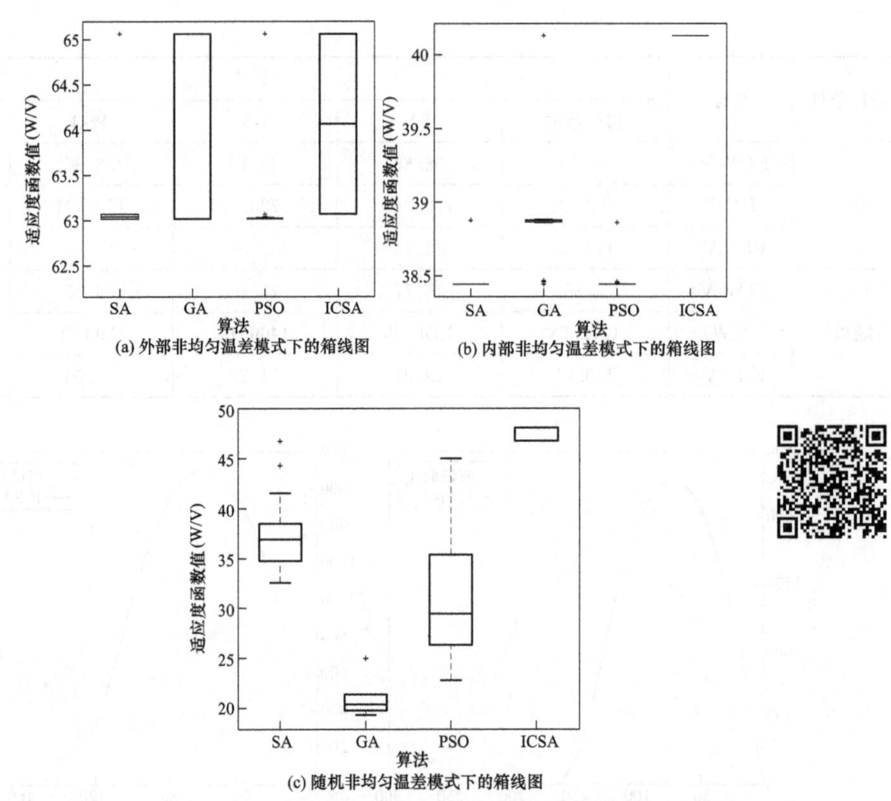

图 6.5.6 基于不同非均匀温差条件下对称温差阵列的各种算法的盒须图

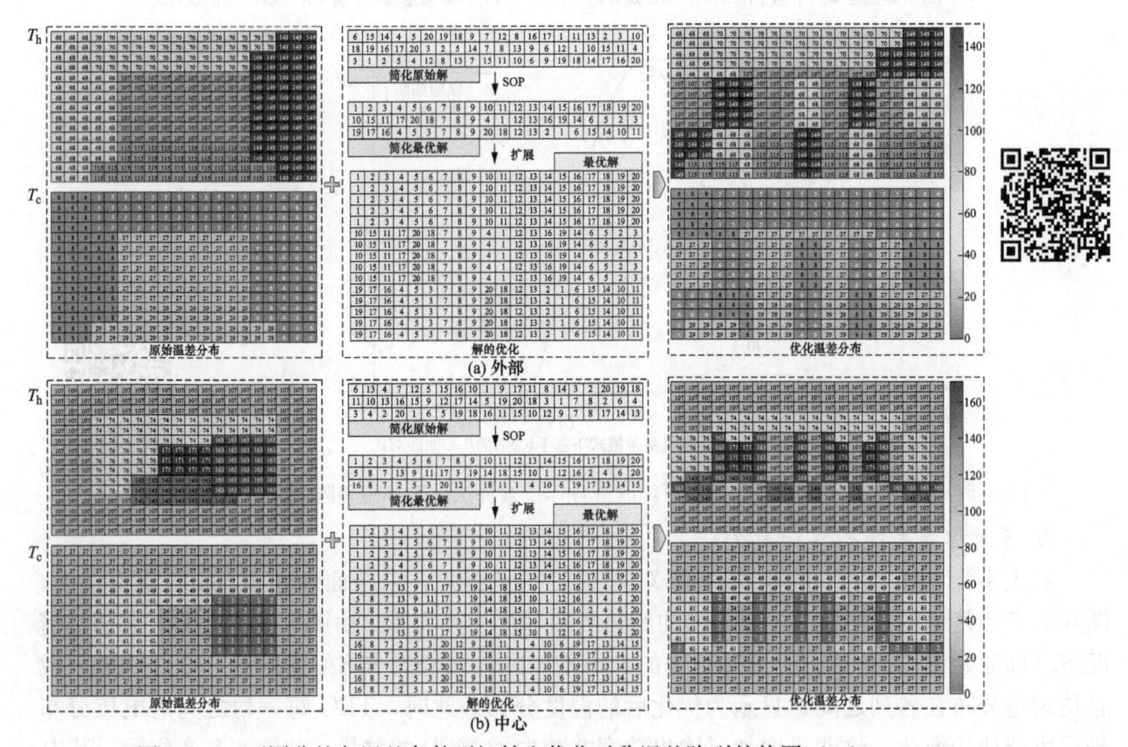

图 6.5.7 不同非均匀温差条件下初始和优化对称温差阵列的热图（一）

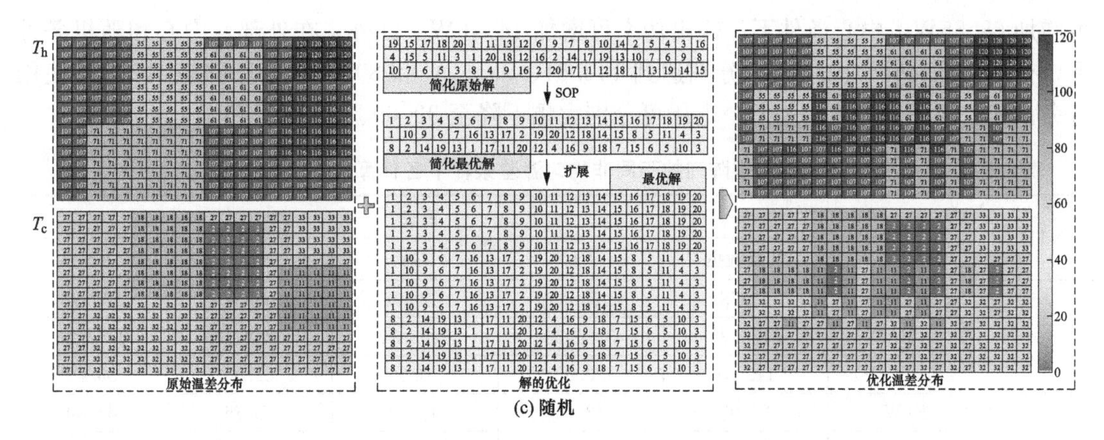

图 6.5.7 不同非均匀温差条件下初始和优化对称温差阵列的热图（二）

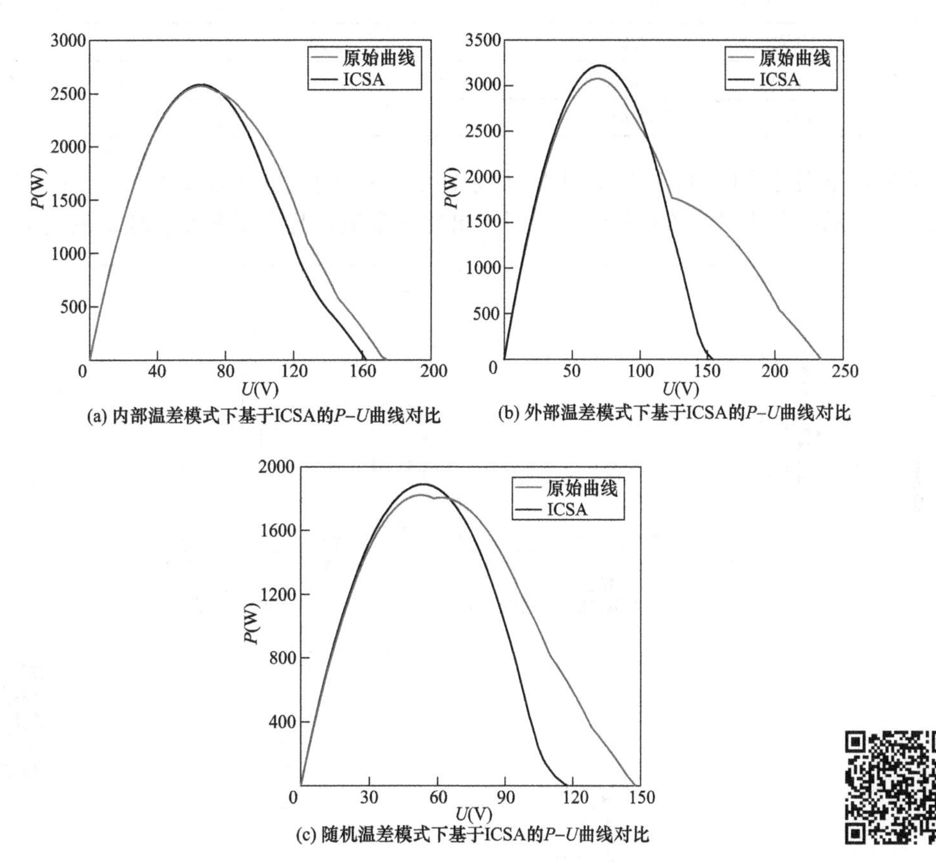

图 6.5.8 在各种非均匀温差条件下，改进合作搜索算法从对称温差阵列获得的 P-U 曲线

基于 ICSA 的 P-U 曲线在外部和随机的情况下只拥有一个峰值，这意味着其他传统的评估方法也能以高精确度和速度实现 TEG 阵列的 MPPT，如 INC 和扰动观测法（P&O）。

此外，表 6.5.6 列出了不同 NTD 条件下各种算法的优化指标。总体而言，ICSA 明显优于替代品，在所有 NTD 条件下，ICSA 可获得 17 个最大输出功率和最小电压不平衡。特别是，在外部、中心和随机条件下，其输出功率值分别比粒子群算法高 3.12、2.72W 和 4.16W。此外，在外部条件下，输出功率可增加 146.45W，其次是随机条件下，输出功率可增加 68.55W，中心条件下，输出功率可增加 14.46W。此外，在外部、中心和随机条件下，初始 TEG 阵列中的 *VIF* 分别达到 142.61、99.57V 和 89.61V，这可能会影响其使用寿命。相比之下，在 ICSA 下，电压可分别大幅下降至 30.69、59.62V 和 18.44V。

表 6.5.6　基于不对称温差阵列的不同非均匀温差条件下各种算法的优化指标

NTD 条件	指标	算法				
		初始数据	**SA**	**GA**	**PSO**	**ICSA**
外部	*F*(W/V)	21.78	105.93	105.93	100.60	**105.98**
	P(W)	3105.81	3250.63	3250.72	3249.14	**3252.26**
	VIF(V)	142.61	30.69	30.69	32.30	**30.69**
中心	*F*(W/V)	26.08	43.76	43.79	43.76	**43.80**
	P(W)	2596.84	2608.78	2610.75	2608.58	**2611.30**
	VIF(V)	99.57	59.62	59.62	59.62	**59.62**
随机	*F*(W/V)	20.59	86.22	90.83	84.54	**103.80**
	P(W)	1845.42	1910.06	1910.54	1909.81	**1913.97**
	VIF(V)	89.61	22.15	21.03	22.59	**18.44**

此外，不对称 TEG 阵列在不同 NTD 条件下，算法在 20 次独立运行下获得的盒须图如图 6.5.9 所示。其中 SA 和 GA 的盒须图均出现异常值，且主要分布在较低的值上，这意味

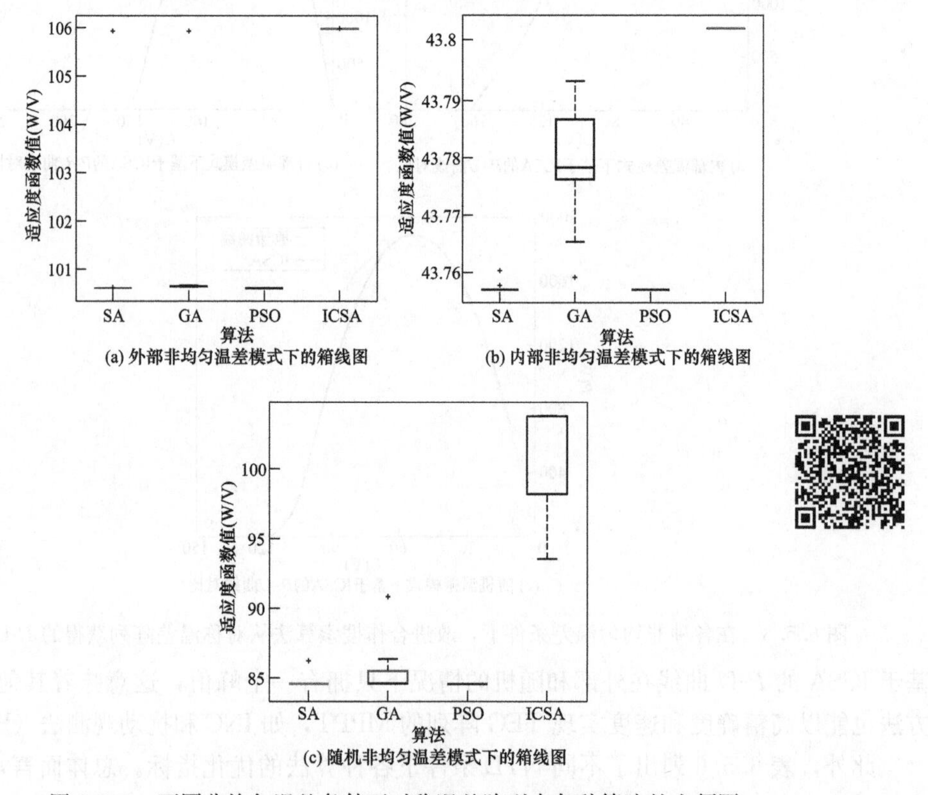

图 6.5.9　不同非均匀温差条件下对称温差阵列中各种算法的盒须图

着它们很难搜索全局重构方案并获得更高的适应度和稳定性。相反，ICSA的盒须图拥有最大的上下边界，并且在每个NTD条件下都没有异常值。

3. 统计分析

如图6.5.4和图6.5.7所示，进行SOP是为了优化ICSA获得的简化的原始解决方案，这样可以减少不必要的开关动作。因此，表6.5.7总结了在不同NTD条件下，基于对称和不对称TEG阵列，没有/有SOP的开关动作的统计。可以很容易地看到，在所有情况下，通过SOP优化简化的原始解决方案后，开关动作明显减少。特别是在对称和非对称TEG阵列的相同输出情况下，开关动作最多减少3次和9次。

表6.5.7　不同非均匀温差条件下基于不同温差阵列的开关动作的统计结果

TEG阵列		对称（15×15）			不对称（15×20）		
NTD条件		外层	中心	随机	外部	中心	随机
开关动作次数	不进行SOP	28	29	30	39	38	36
	进行SOP	25	26	29	30	36	35
结果标记		↓3	↓3	↓1	↓9	↓2	↓1

注释：↓表示优化后的开关动作次数会减少。例如，↓9代表9个开关动作被减少。

6.5.4 小结

提出了一种基于ICSA的模块化TEG阵列的重构方法，以明显降低不同NTD条件带来的负面影响，其贡献点主要可概括为以下五个方面：

(1) 与传统的非模块化TEG阵列相比，在模块化TEG阵列中只需要两个开关矩阵就可以完成各种重构，这可以极大地减少其开关数量和建设及运行成本。

(2) ICSA中加入了一个增强的探索算子和综合离散化，这可以极大地提高其在复杂拓扑结构下的全局搜索能力。

(3) SOP成功地减少了对称TEG阵列（15×15）和不对称TEG阵列（15×20）在所有NTD条件下不必要的开关动作。其开关动作分别最多减少3次和9次。

(4) 所提出的方法不需要精确的系统模型，可以直接扩展到更大规模的TEG阵列中。

(5) 在外部、中心和随机的NTD条件下针对两种TEG阵列，验证所提方法的有效性和可行性。与其他方法相比，ICSA可以在对称TEG阵列的外部和中心以及不对称TEG阵列的所有NTD条件下稳定地得到最高的输出功率和最低的*VIF*。在对称情况下，最大输出功率最多可增加93.77W，*VIF*减少164.02V，在不对称情况下，最大输出功率可增加146.45W，*VIF*减少111.92V。

第7章

人工智能在新能源发电系统最大功率点跟踪中的应用

7.1 概述

7.1.1 光伏最大功率点跟踪概述

随着时代的发展，环境污染和能源危机日益加剧。自21世纪以来，优化能源结构、提高能源效率、发展可再生能源已成为世界各国可持续发展的关键。其中，太阳能以其无噪声、无污染、分布广泛等优点越来越受到重视。光伏板作为光伏系统的重要组成部分，是整个光伏系统的能量来源，但光伏板的功率输出主要由外界温度与光照强度决定。然而，光伏系统的功率一电压（*P-U*）特性曲线易受外部因素（环境温度、光照强度等）影响，表现出明显的非线性。为了使光伏系统在各种复杂天气条件下最大限度地获取光能，提高光伏系统的发电效率，需设计MPPT算法。传统的MPPT算法具有结构简单、易于实现等优点，在均匀光照强度下可获得满意的控制性能，诸如P&O和INC。

但是，光伏系统在实际运行过程中，由于周围建筑物、树木或是云层遮挡等因素，其受到的光照强度往往不均匀，所出现的“热斑效应”极易对光伏阵列的运行产生不利影响。为抑制此不良效应，常加入旁路二极管以提高光伏系统的输出功率，但这也使得整个输出伏安特性曲线呈阶梯状，相应的功率-电压曲线则产生多个局部峰值。上述传统MPPT算法无法有效地识别局部最大功率点与全局最大功率点，因此，难以在PSC下获得满意的功率输出性能。

针对均匀光照强度下单峰特性的常规MPPT算法，如INC、P&O等，往往会陷入局部最大功率点LMPP，从而导致发电效率较低的问题。

近年来，各国学者提出了各类先进的MPPT算法来解决PSC的全局最大功率跟踪问题。设计了基于DC-DC升压换流器的自适应模糊控制器以实现MPPT；提出了改进粒子群算法（improved particle swarm optimization，IPSO），该算法能大幅降低算法陷入LMPP的概率；利用CS算法搜索时间短且搜索精度高的优点，实现了PSC下的全局MPPT；通过蝙蝠算法，在PSC下可实现高效可靠的MPPT；提出了萤火虫算法，其仅需较少的控制参数和较低的控制成本即可实现MPPT；采用飞蛾扑火算法，能精确跟踪到全局最大功率点；提出了广义模式搜索算法，其具有结构简单、收敛速度快和收敛稳定的优点；设计了模糊逻辑控制器（fuzzy logic controller，FLC）以实现MPPT，通过GA对其函数和控制策略进行优化设计；提出了利用PSO来有效地实现GMPP的跟踪；设计了一种ACO，其算法参数少且收敛迅速；采用CS算法，通过Lévy飞行加速收敛，从而快速寻找GMPP；利用WOA的快速收敛性和无振荡等优点在PSC下实现MPPT，所需调节的算法参数少且计算量较小；采用蛙跳算法（shuffled frog leap algorithm，SFLA）有效地识别了PSC下的GMPP；另外，应用了GWO在PSC下的光伏系统，其具有快速的GMPP识别速度。然而，上述启发式算法在MPPT应用中也存在一些缺陷。首先，由于启发式算法的随机搜索机制，即使在相同运行条件下，每次迭代得到的最优解也不尽相同，因此收敛稳定性较差。其次，启发式算法通常需要较长的计算时间，较大的种群规模和较多的迭代次数才能获得高质量的最优解，而MPPT的控制周期是较短的，故需平衡最优质量和计算时间的矛盾。

7.2节提出一种新颖的MPPT算法，即基于动态领导的集体智慧（dynamic leader based collective intelligence，DLCI），该算法用于PSC下光伏系统的MPPT。集体智慧（collective intelligence，CI）是一种群体智能，它的主要优势在于通过全局智能行为（合作或竞争），得到各个个体间最优的协调与合作。DLCI结合了多个子优化器的搜索机制并同时进行寻优搜索，选择适应度函数最小的子优化器作为领导者，对其他子优化器进行后续引导。因此，DLCI具有收敛速度快、振荡小等优点。最后，对DLCI与其他经典MPPT算法进行了三种算例下的对比。

7.3节提出了一种模因强化学习（memetic reinforcement learning，MRL）算法。RL因其强大的在线学习能力在近几年引起了广泛关注，其基本思想是：在每一次迭代中，智能体（agent）根据当前知识库选择一个动作作用于环境；环境状态由此发生改变，并产生一个强化信号（奖励）给智能体；智能体据此更新知识库，并进入下一次迭代。目前，RL已成功应用于社交机器人导航、路径规划和图像分类等工程领域。然而，传统的RL采用单一智能体来进行学习，学习效率较低。MRL在模因计算的框架下，采用多个智能体族群同时进行独立学习，以提高算法的寻优能力和收敛速度；通过基于种群的信息共享后重组产生新的族群，以避免算法陷入LMPP并提高算法的收敛稳定性。最后，在恒温恒光照强度、恒温变光照强度和变温变光照强度三种算例下，对MRL的寻优能力与INC、GA、PSO、CSA和GWO进行了对比，仿真结果验证了MRL的有效性。

7.1.2 温差最大功率点跟踪概述

全球人口和经济的快速增长，社会生活水平的提高，以及过去几十年的技术发展，推动了全球电力需求的大幅增长。到目前为止，传统的不可再生能源，如煤炭、石油、天然气仍是发电的主要来源，但它产生的大量温室气体将会持续恶化环境。应对这一紧迫的挑战，包括水电、风能、太阳能、地热和潮汐等可再生能源，为即将到来的能源和环境危机提供更绿色、更可持续的选择方案。

一般来说，在可再生能源的制造过程中仍会产生温室气体，特别是在大量消耗热量的情况下。因此，如何有效利用废热中的能量成为目前新能源发电领域的一个具有挑战性和希望的问题。TEG系统作为一种通过保持两端温差将热能转化为电能的固态设备，近年来得到了广泛关注。TEG主要由物理和电气稳定的半导体器件构成，具有可靠性高、结构紧凑、寿命长和质量轻等突出特点。近年来，随着热电材料的研发，TEG系统开始广泛应用于生产生活。如太阳能热电发电系统、热电联产系统、节能建筑、天然气锅炉和废热回收内燃机器等。

通常，TEG 系统工作在具有时变温差的动态环境中。TEG 系统的一个重要任务是在各种温度条件下实现最大可用功率的提取，即 MPPT。目前为止，国内外已经提出了一系列针对 TEG 系统的不同 MPPT 方法。例如，提出了一种扰动观测（perturb and observe，P&O）算法，首先通过扰动 TEG 系统的运行点，通过观察输出功率来识别变化的方向，最终实现输出功率的最大化；还有一种方法是采用增量电导法，通过比较电导导数与瞬时电导比值的增量来搜索最大功率点（maximum power point，MPP）。上述两种方法是 TEG 系统中两种常用的 MPPT 方法，具有结构简单、可靠性高的优点。但是，上述两种方法在收敛到 MPP 附近时振荡明显。此外，有学者采用一种开路电压法，通过降低负载电压为开路电压的一半，来实现 TEG 模块的 MPPT。也有学者提出了一种基于短路电流比例法的 MPPT，为了测量其短路电流，对 TEG 负载进行周期性地开断。但电压、电流的测量需周期性地断开 TEG 负载，易导致功率损失。之后，有的学者结合 P&O 和 OCV 的优点，设计了一种混合算法，其能快速实现 MPPT，且无需额外电路。但由于 P&O 的固有缺陷，该方法仍然存在稳态振荡的问题。为此，有人设计了一种基于线性外推的 MPPT 策略，在各种动态条件下只需三个采样周期即可获得 MPP，仅需两个工作点即可快速计算出 MPP 的位置，但该方法需要精确的 TEG 系统模型。

此外，上述 MPPT 算法多针对组串式 TEG 系统和模块式 TEG 系统开发。这两类 TEG 系统为实现精确的 MPPT，包含了大量 MPPT 换流器，极大地增加了系统的运行成本。相比之下，集中式 TEG 系统仅需一个 MPPT 换流器，可极大地降低系统成本。但是，在 TEG 系统实际运行中，每个 TEG 模块的温度不尽相同，即处于 NTD 条件。NTD 下，集中式 TEG 系统总输出功率 $P_{TEG\Sigma}$ 与 MPPT 换流器端电压 U_L 的特性曲线（$P_{TEG\Sigma}-U_L$）是一条含多个 LMPP 和唯一 GMPP 的非线性曲线。此时，上述文献所提 MPPT 算法还存在因无法识别 LMPP 和 GMPP，导致系统发电效率较低的问题，或是在稳态点附近产生振荡，难以获得令人满意的 MPPT 性能。

相比之下，由于启发式算法具有无模型、搜索能力强以及能避免局部最优的特点，可作为 TEG 系统在 NTD 条件下实现 MPPT 的有效方式。为解决上述难题，提供了新的思路。目前，PSO、GWO 和细菌觅食算法（bacteria foraging algorithm，BFA）等启发式算法已在与本节研究领域类似的阴影条件下光伏系统 MPPT 上得到了成功应用。然而，这类算法为找到高质量的 MPP 通常需要较长的计算时间，难以满足 TEG 系统实时快速 MPPT 的要求。

近年来，神经网络成为人工智能领域的研究热点，其通过模拟大脑处理信息的过程，可实现非线性关系的良好映射。目前，神经网络已成功应用于电力负荷识别、配网故障测距和锂离子电池健康状态预测等工程问题。因此，基于神经网络的思想，可以不考虑 TEG 系统的详细数学模型，将 NTD 下集中式 TEG 系统的 MPPT 等效为一个黑箱问题，从该“黑箱”的实际输入数据和输出数据中挖掘两者的非线性关系。

本节首先简要介绍了 TEG 系统的分类和组成，并发现了集中式 TEG 系统的大规模工程应用潜力。然后，基于热力学的基本知识和热电耦合效应分析了 TEG 系统的工作原理，并据此对 TEG 系统进行数学建模、搭建仿真模型。最后，基于仿真模型分别对 UTD 和 NTD 下 TEG 系统的输出特性进行分析，探究温度条件变化对 TEG 系统输出功率的影响程度。

7.4节先简要分析了MPPT的基本工作原理，然后对实现MPPT的DC-DC转换电路的工作原理和电路结构进行详细介绍，并对比多种DC-DC转换电路的适用范围和优缺点，选出适合用于集中式TEG系统MPPT控制的Boost转换电路。随后，对MPPT方法进行展开介绍，包含常用的传统MPPT方法（P&O、INC、OCV和SCC）和适用于NTD的智能MPPT方法（PSO、GWO、ACS和FASO），并从适用温度条件和优缺点方面对这两类MPPT控制方法进行比较分析。最后，基于上述分析展开介绍了集中式TEG控制系统的设计原理及其工作过程。

首先详细介绍了DLCI算法的设计原理，阐述该算法比较于其他算法的优势所在，然后对DLCI算法的设计框架进行详细介绍，该算法由5个启发式算法构成，通过所设计的随机交换机制和动态寻优机制交互协作，克服了常规启发式算法收敛速度慢、搜索精度低等缺陷。为验证所提算法的优化性能，选用了23个基准函数对DLCI算法进行性能测试，测试结果表明：DLCI算法具有较高的搜索效率和收敛精度。最后，基于DLCI算法进行集中式TEG系统MPPT控制设计，并从控制框架、适应度函数、执行流程及合理的控制参数4个方面展开分析介绍。

首先对带有MPPT控制的集中式TEG系统进行建模，然后设置仿真环境、模块参数和性能评估标准，基于4个研究算例：固定温度、阶跃温度、随机温度和灵敏度分析将DLCI算法的优化性能与5个子优化器算法（DA、FA、SSA、MFO、MVO）进行对比与分析，并对4个算例下所获得的集中式TEG系统MPPT响应结果进行统计分析，进一步证实了DLCI算法的强大全局搜索能力。无论何种温差情境，基于DLCI算的MPPT控制方法均能以较快的速度收敛到GMPP并进行平稳的功率输出，具有良好的稳态性能和动态性能。

7.5节针对NTD下集中式TEG系统的MPPT，提出了一种基于贪婪搜索的神经网络（greedy search based neural network，GSNN）算法。该方法采用前馈神经网络，基于系统实时运行数据拟合系统控制输入与功率输出的非线性关系，以准确区分LMPP和GMPP。其中，神经网络训练的样本数据通过贪婪搜索获得。最后，通过恒定温度、阶跃温度、灵敏度分析三种算例，对所提方法的MPPT效果与P&O、PSO和GWO进行对比，仿真结果验证了GSNN的有效性与优势。同时，基于dSpace的硬件在环（hardware-in-loop，HIL）实验验证了GSNN的硬件可行性。

7.2 基于集体智慧的光伏系统最大功率跟踪

7.2.1 基于阴影条件下光伏系统建模

1. 光伏电池建模

光伏系统结构示意图如图7.2.1所示，串联和并联的光伏电池数量分别用N_s和N_p表示，输出电流和电压之间的关系可描述为式（7.2.1）。

$$I_{pv}=N_pI_g-N_pI_s\left\{\exp\left[\frac{q}{AKT_c}\left(\frac{U_{pv}}{N_s}+\frac{R_sI_{pv}}{N_p}\right)\right]-1\right\} \tag{7.2.1}$$

式中：I_g是光伏电池产生的光生电流；I_s是光伏电池的反向饱和电流；电子电荷$q=1.602\ 177\ 33\times10^{-19}$ C；A为二极管的理想因子；K为玻尔兹曼常数，取值为

$1.380\ 658\times10^{-23}$ J/K；T_c为温度；U_{dc}是光伏输出电压；I_{pv}是光伏输出电流；R_s是串联电阻。

光伏电池产生的光生电流 I_g 计算如式（7.2.2）所示。

$$I_g=[I_{sc}+k_i(T_c-T_{ref})]\frac{s}{1000} \tag{7.2.2}$$

式中：I_{sc}是短路电流；k_i 是光伏电池短路电流温度系数；T_{ref}是光伏电池的参考温度；s 是光照强度。

随温度变化的光伏电池反向饱和电流 I_s 计算如式（7.2.3）所示。

$$I_s=I_{RS}\left[\frac{T_c}{T_{ref}}\right]^3\exp\left[\frac{qE_g}{Ak}\left(\frac{1}{T_{ref}}-\frac{1}{T_c}\right)\right] \tag{7.2.3}$$

式中：I_{RS}是在额定光照强度和温度下的光伏电池反向饱和电流；E_g是光伏电池半导体中带隙能。

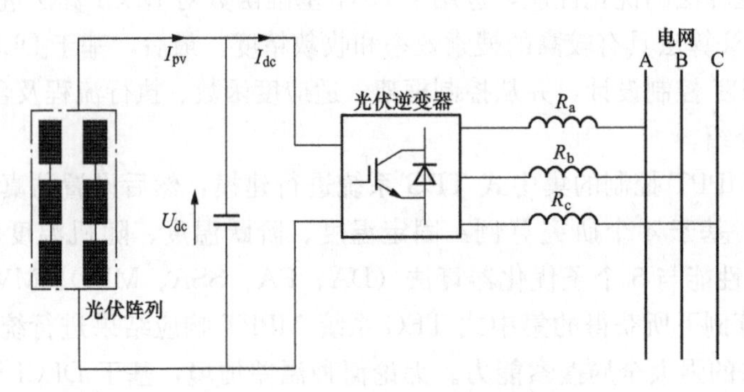

图 7.2.1　光伏系统结构示意图

2. 阴影现象

光伏系统实际运行中经常出现由于树木、云层或建筑物的遮挡从而导致光伏阵列受到光照强度不均匀而产生局部阴影，从而导致功率失配的现象。为此，通常需装设一个或几个旁路二极管以消除功率失配时造成的“热斑效应”。当其中某个光伏电池被遮挡或出现故障而停止发电时，该二极管两端会形成正向偏压，以保证其他光伏电池的正常发电。同时，保护光伏电池免受较高的正向偏压或发热损坏。图 7.2.2（a）显示光伏阵列未遮挡运行图，图 7.2.2（b）显示光伏阵列遮挡后不同光照强度下的运行图，特别地，受阴影影响的光伏电池上的电压由式（7.2.4）决定。

$$U_{re}=nU_{oc}+U_{diode} \tag{7.2.4}$$

式中：n 代表未被旁路二极管屏蔽的光伏电池数量。

通常来说，旁路二极管可以保护光伏电池，同时也会减少获得的太阳能。此外，光伏板短路电流低于被二极管分流后的串电流，因此功率-电压特性曲线中将会出现多个局部最大功率点，如图 7.2.2（c）所示。因此，需控制光伏系统在全局最大功率点处运行以获取最多的太阳能。

7.2.2　基于动态领导的集体智慧

1. 子优化器选取

DLCI 由多个子优化器组成，每个子优化器可以选择任意算法，而子优化器的数量及参

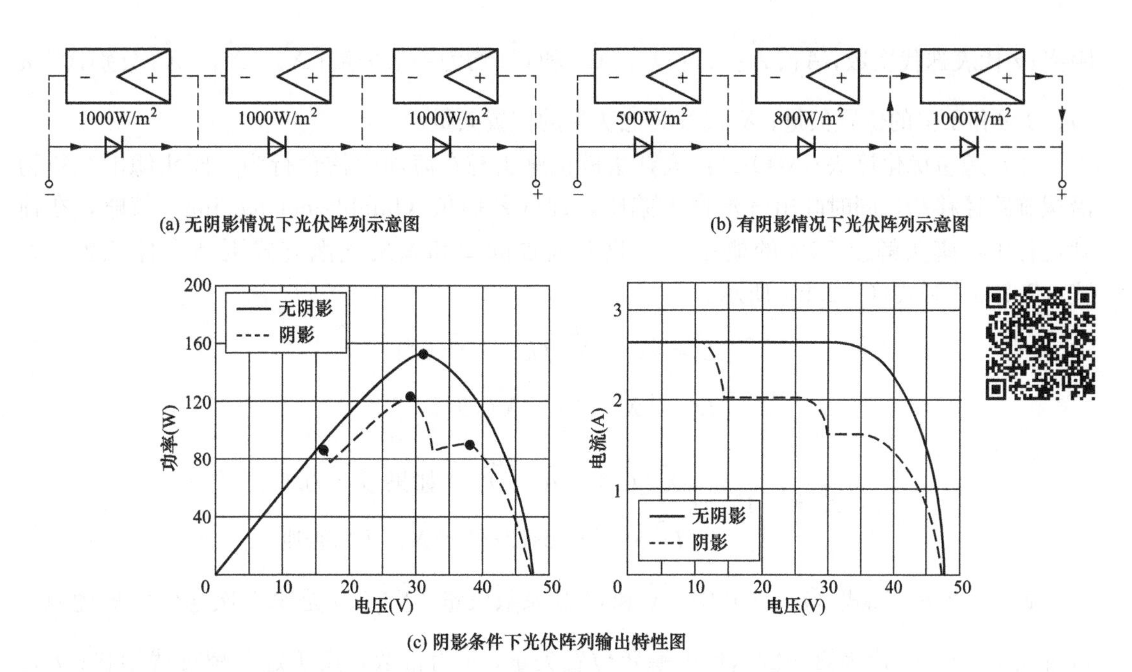

(c) 阴影条件下光伏阵列输出特性图

图7.2.2 光伏阵列不同工况下运行图及 *P-U* 特性曲线

数则根据特定的优化问题来决定。通常，由于搜寻的多样性，子优化器数量越多，获得的最优解的质量也越高，同时也会相应地增加计算时间。为了平衡最优解质量与搜索效率，本节选取了五个群智能算法，包括 GWO、WOA、MFO、ABC 和 PSO 作为 PSC 下 DLCI 的子优化器以实现光伏系统 MPPT。每个子优化器的主要运行机制介绍如下：

（1）灰狼算法（GWO）：本算法是一种模拟灰狼捕食的群智能优化算法。根据灰狼的社会等级将包围、追捕、攻击等捕食任务分配给不同等级的灰狼来完成。将灰狼划分成四个不同等级角色：α、β、δ 和 ω。其中，前三个等级的狼是占统治地位的狼，拥有最小的适应度函数 jω 代表随机搜索的狼。根据灰狼的狩猎策略，所有的灰狼通过式（7.2.5）～式（7.2.7）来更新自己的位置。

$$\begin{cases}\vec{D}_\alpha=|\vec{C}_1\cdot\vec{X}_\alpha-\vec{X}|\\\vec{D}_\beta=|\vec{C}_2\cdot\vec{X}_\beta-\vec{X}|\\\vec{D}_\delta=|\vec{C}_3\cdot\vec{X}_\delta-\vec{X}|\end{cases}\tag{7.2.5}$$

$$\begin{cases}\vec{X}_1=\vec{X}_\alpha-\vec{A}_1\cdot(\vec{D}_\alpha)\\\vec{X}_2=\vec{X}_\beta-\vec{A}_2\cdot(\vec{D}_\beta)\\\vec{X}_3=\vec{X}_\delta-\vec{A}_3\cdot(\vec{D}_\delta)\end{cases}\tag{7.2.6}$$

$$\vec{X}(k+1)=\frac{\vec{X}_1+\vec{X}_2+\vec{X}_3}{3}\tag{7.2.7}$$

式（7.2.5）～式（7.2.7）中：$\vec{D}_\alpha$、$\vec{D}_\beta$、$\vec{D}_\delta$ 分别代表其他灰狼与 α 狼、β 狼、δ 狼之间的

距离；k 代表迭代次数；$\vec{A}_1$、$\vec{A}_2$、$\vec{A}_3$、$\vec{C}_1$、$\vec{C}_2$ 和 $\vec{C}_3$ 均为系数矢量；$\vec{X}_\alpha$ 、$\vec{X}_\beta$ 、$\vec{X}_\delta$ 分别代表 α 狼、β 狼和 δ 狼的位置矢量；$\vec{X}$ 代表其他灰狼的位置矢量。

(2) 鲸鱼优化算法（WOA）：该算法模拟座头鲸在海洋中捕食行为，座头鲸围绕猎物沿螺旋路径移动，同时吐出气泡产生陷阱，即气幕捕鱼（bubble-net feeding）策略，在捕食过程中，座头鲸以 50%的概率选择收缩捕食圆圈和螺旋气泡方式更新个体位置，如式（7.2.8）和式（7.2.9）所示。

$$\begin{cases}\vec{D}=|\vec{C}\cdot\vec{X}^*(k)-\vec{X}(k)|\\ \vec{D'}=|\vec{X}^*(k)-\vec{X}(k)|\end{cases}\tag{7.2.8}$$

$$\vec{X}(k+1)=\begin{cases}\vec{X}^*(k)-\vec{A}\cdot\vec{D}, & 如果\ p<0.5\\ \vec{D'}\cdot e^{bl}\cdot\cos(2\pi l)+\vec{X}^*(k), & 否则\end{cases}\tag{7.2.9}$$

式（7.2.8）和式（7.2.9）中：$\vec{A}$ 和 $\vec{C}$ 是系数矢量；$\vec{X}^*(k)$ 是第 k 次迭代中最优鲸鱼位置矢量；$\vec{X}(k)$ 代表第 k 次迭代中鲸鱼位置矢量；b 为常数，用于定义螺旋线形状；l 是［−1，1］之间的随机数；p 是［0，1］之间的随机数。

(3) 飞蛾扑火优化算法（MFO）：该算法模拟飞蛾在趋向光源的飞行方式，即横向定位机制。飞蛾位置的更新机制选取为对数螺旋线，如式（7.2.10）～式（7.2.12）所示。

$$N_f(k)=\text{round}\left(N_f^{\max}-k\frac{N_f^{\max}-1}{k_{\max}}\right)\tag{7.2.10}$$

$$\vec{D}_i=|\vec{F}_j(k)-\vec{X}_i(k)|\tag{7.2.11}$$

$$\vec{X}_i(k+1)=\vec{D}_i\cdot e^{bl}\cdot\cos(2\pi l)+\vec{F}_j(k)\tag{7.2.12}$$

式（7.2.10）～式（7.2.12）中：N_f 是火焰的数量；$N_f^{\max}$ 代表火焰数量最大值；$k_{\max}$ 代表最大迭代次数；$\vec{F}_j$ 是第 j 个火焰的位置矢量；$\vec{X}_i$ 是第 i 个飞蛾的位置矢量。

(4) 人工蜂群算法（ABC）：自然界中，蜜蜂在觅食过程中根据不同蜜源，通过采用圆舞或摆尾舞方式传达蜜源信息。该算法通过模拟蜂群不同分工实现智能采蜜，交换蜜源信息以找到最优蜜源。其中，蜂群分为三组，包括引领蜂、跟随蜂和侦察蜂，搜索最优蜜源过程如下：

首先，引领蜂对领域蜜源（领域解）搜索，产生新蜜源（较优解），如式（7.2.13）所示。

$$\vec{X}_{id}(k+1)=\vec{X}_{id}(k)+\Phi_{id}[\vec{X}_{id}(k)-\vec{X}_{hd}(k)]\tag{7.2.13}$$

式中：$\vec{X}_{id}$ 是第 i 只蜜蜂的第 d 维位置；d 是随机选择的维度；$h(h\neq i)$ 代表蜂群中随机选择的蜜蜂；Φ_{id} 代表［−1，1］中均匀分布的随机数。

跟随蜂根据引领蜂分享的蜜源信息进行领域搜索，根据信息选择下一蜜源，第 i 只蜜蜂被选择的概率为式（7.2.14）。

$$p_i(k)=0.9\times\frac{\max\limits_{j=1,2,\cdots,N} f_j(k)-f_i(k)}{\max\limits_{j=1,2,\cdots,N} f_j(k)-\min\limits_{j=1,2,\cdots,N} f_j(k)}+0.1 \tag{7.2.14}$$

式中：f_i 代表第 i 只蜜蜂的适应度函数；N 代表种群数量。

在确定目标蜜源后，每只跟随蜂可以根据式（7.2.13）来更新自己的位置。此外，如果一只蜜蜂在预设的迭代次数中耗尽了一个蜜源，则相应的蜜蜂将被视为用于随机搜索的侦察蜂，侦察蜂搜索策略如式（7.2.15）所示。

$$\vec{X}_i(k+1)=\vec{X}^{\min}+r\cdot(\vec{X}^{\max}-\vec{X}^{\min}) \tag{7.2.15}$$

式中：$\vec{X}^{\min}$ 和 $\vec{X}^{\max}$ 分别是最小和最大位置矢量；r 是 [0，1] 中的随机数。

(5) 粒子群算法（PSO）：本算法模拟鸟类寻找食物的过程，每只鸟都是粒子群中的一个粒子，每次迭代中，各粒子按照式（7.2.16）和式（7.2.17）更新自己的速度和位置。

$$\vec{V}_i(k+1)=\omega\vec{V}_i(k)+c_1r_1[\vec{P}_i(k)-\vec{X}_i(k)]+c_2r_2[\vec{G}(k)-\vec{X}_i(k)] \tag{7.2.16}$$

$$\vec{X}_i(k+1)=\vec{X}_i(k)+\vec{V}_i(k+1) \tag{7.2.17}$$

式（7.2.16）和式（7.2.17）中：$\vec{V}_i$ 是第 i 个粒子的速度矢量；ω 代表惯性权重；c_1 和 c_2 代表学习因子；r_1 和 r_2 代表 [0，1] 中的随机数；$\vec{P}_i$ 是第 i 个粒子的个体最佳位置；$\vec{G}$ 是整个群体的全局最佳位置。

2. 基于动态领导的引导策略

为了提高 DLCI 的收敛性，引入基于动态领导的引导策略以实现各子优化器之间的有效合作。首先，选取当前拥有最优解的子优化器作为动态领导者，如式（7.2.18）所示。

$$L=\arg\max_{o=1,2,\cdots,n} f_o^{\text{best}}(k) \tag{7.2.18}$$

式中：L 代表动态领导者；$f_o^{\text{best}}(k)$ 是第 o 个子优化器在第 k 次迭代中得到最优解的适应度函数；n 代表子优化器的数量。

当选择一个子优化器作为动态领导后，它会把当前获得的最优解和对应的适应度函数传递给其他子优化器，如图 7.2.3 所示。随后，其他子优化器将会用该最优解来代替其自身当前最优解并继续迭代。但是，过于频繁地执行引导策略会降低 DLCI 算法的效率与稳定性。因此，本节设置子优化器分别进行三次迭代后执行一次引导策略，如式（7.2.19）所示。

$$\vec{X}_o^{\text{worst}}(k)=\begin{cases}\vec{X}_L^{\text{best}}(k), & \text{如果}\dfrac{k}{3}\in\boldsymbol{Z}\\ \vec{X}_o^{\text{worst}}(k), & \text{否则}\end{cases} \tag{7.2.19}$$

式中：$\vec{X}_o^{\text{worst}}(k)$ 是第 k 次迭代中第 o 个子优化器得到的较差解；$\vec{X}_L^{\text{best}}(k)$ 是第 k 次迭代中动态领导者得到的最优解；$\boldsymbol{Z}$ 是所有整数的集合。

一般地，光伏系统的 MPPT 可以通过调节其输出电压 U_{pv} 来实现。由于光伏系统的目标是尽可能实现其有功功率最大化，因此 PSC 下的 MPPT 优化模型可以描述为式（7.2.20）和式（7.2.21）。

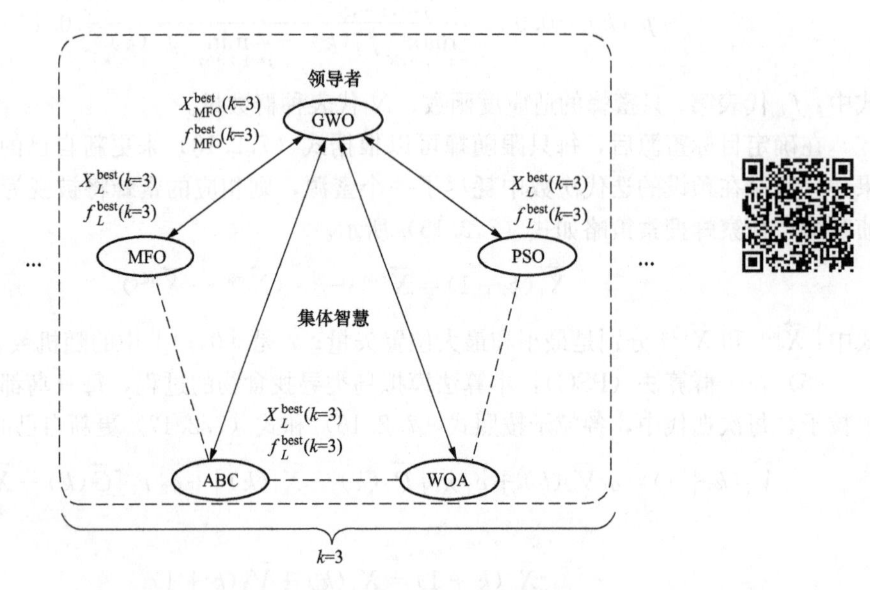

图 7.2.3　基于动态领导的引导策略示意图

$$\max f(U_{pv}) = -P_{out}(U_{pv}) = -U_{pv} I_{pv}(U_{pv}) \tag{7.2.20}$$

$$\text{s. t. } U_{pv}^{min} \leqslant U_{pv} \leqslant U_{pv}^{max} \tag{7.2.21}$$

式中：P_{out}是光伏系统的有功功率；U_{pv}^{min} 和 U_{pv}^{max} 分别表示光伏系统的最小和最大输出电压；I_{pv}表示光伏系统的输出电流。

DLCI 算法由五个群智能算法（子优化器）组成，各子优化器的主要参数见表 7.2.1。PSC 下光伏系统 MPPT 的 DLCI 算法流程图如图 7.2.4 所示。其中，每个子优化器并行运算。

表 7.2.1　　各子优化器主要参数

子优化器	参数	取值
灰狼算法（GWO）	适应因子 a	$2-\frac{2k}{k_{max}}$
鲸鱼优化算法（WOA）	适应因子 a	$2-\frac{2k}{k_{max}}$
	螺旋线形状常数 b	1
飞蛾扑火优化算法（MFO）	火焰数量最大值 N_f^{max}	8
	对数螺旋常数 b	1
	线性递减因子 a	$-1-\frac{k}{k_{max}}$
人工蜂群算法（ABC）	引领蜂的数量	8
	跟随蜂的数量	6
	侦察蜂的数量	3
	阈值	3

续表

子优化器	参数	取值
粒子群算法（PSO）	学习因子 c_1/c_2	2/1
	最小惯性系数	0.6
	最大惯性系数	0.85

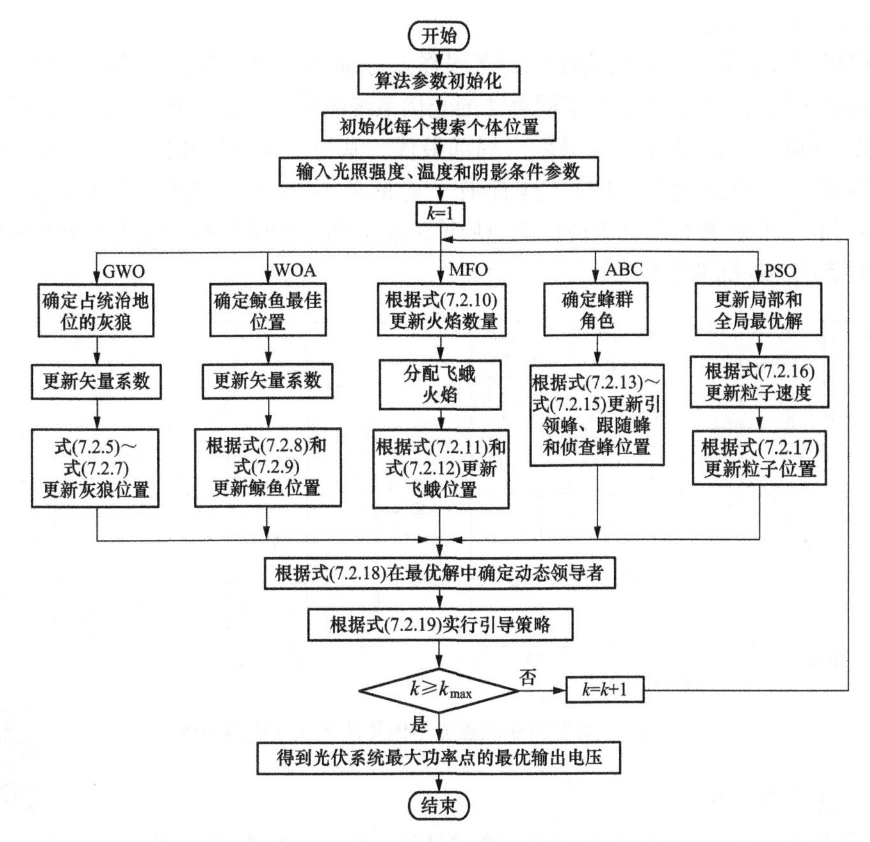

图 7.2.4　基于动态领导的集体智慧算法应用于光伏系统最大功率点跟踪流程图

7.2.3　算例分析

本章研究 PSC 下 DLCI 的 MPPT 性能，在恒温恒光照强度、恒温变光照强度、变温变光照强度三个算例下对 DLCI 和 INC、PSO、ABC、MFO、GWO、WOA 的仿真结果进行对比。将种群大小（$N=8$）和最大迭代次数（$k_{\max}=10$）设为一致，额定光照强度和温度分别设定为 1000W/m^2 和 25℃。此外，表 7.2.2 给出了光伏系统参数。

表 7.2.2　光伏系统参数

参数名称	数值	参数名称	数值
峰值功率	51.716W	额定工作温度（T_{ref}）	25℃
峰值功率下电压	18.47V	二极管理想因子（A）	1.5
峰值功率下电流	2.8A	开关频率（f）	100kHz

续表

参数名称	数值	参数名称	数值
短路电流（I_{sc}）	1.5A	电感（L）	500mH
开路电压（U_{oc}）	23.36V	电阻（R）	200Ω
I_{sc}的温度系数（k_1）	3mA/℃	电容（C_1，C_2）	1μF

1. 恒温恒光照强度

为了模拟阴影效果，三个光伏阵列的光照强度分别选择为 1000、200W/m^2 和 300W/m^2。图 7.2.5 表示在恒温恒光照强度下不同算法的光伏系统响应图。相比其他算法，INC 能够在较短时间内收敛到稳定点。但是，它易陷入局部最优。其他启发式算法的光伏模块输出电压和功率均呈现振荡，相比之下，DLCI 具有最平稳的收敛效果。因此，它能更精确地跟踪 GMPP。这是由于集体智慧可极大地提高全局搜索能力和收敛稳定性，而基于动态领导的引导策略则可显著提高局部搜索能力。

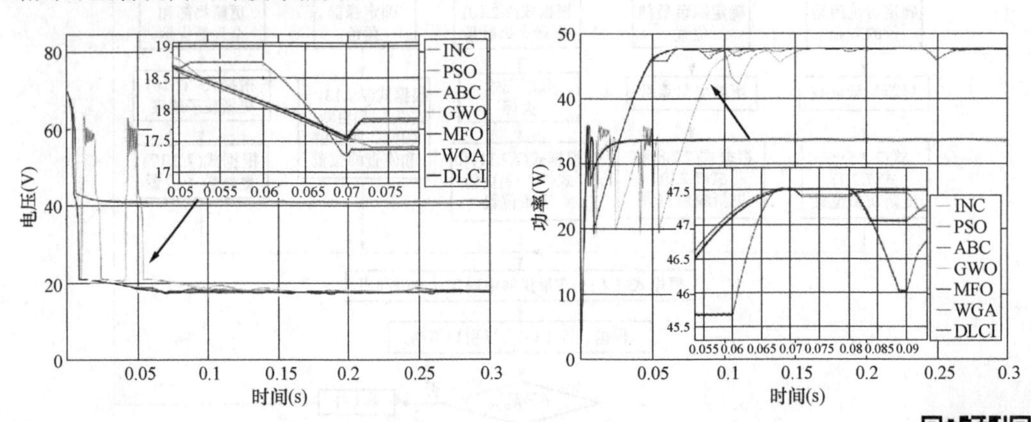

图 7.2.5　恒温恒光照强度不同算法光伏系统响应图

2. 恒温变光照强度

为了评估 DLCI 在恒温变光照强度下的 MPPT 性能，在光伏阵列上施加四个连续的光照强度阶跃信号，如图 7.2.6 所示，温度则保持在额定值（T=25℃）。

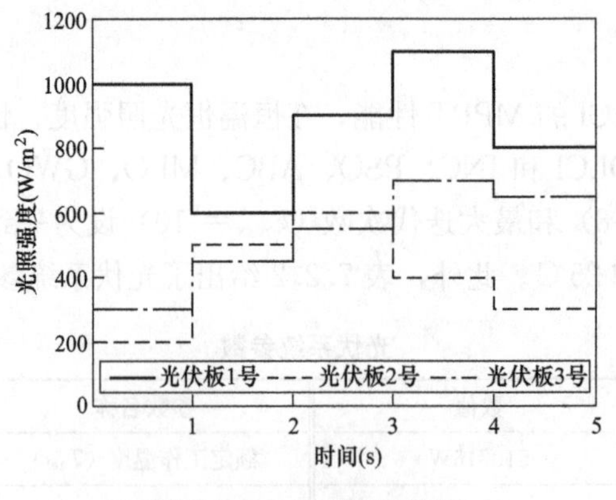

图 7.2.6　光照强度信号

图 7.2.7 给出了恒温变光照强度下不同算法的仿真结果图。由图 7.2.7 可见，与其他算法比较，当光照强度突变时，DLCI 功率波动最小，表明了不同搜索机制的子优化器相结合后可有效地提高 DLCI 的收敛稳定性。

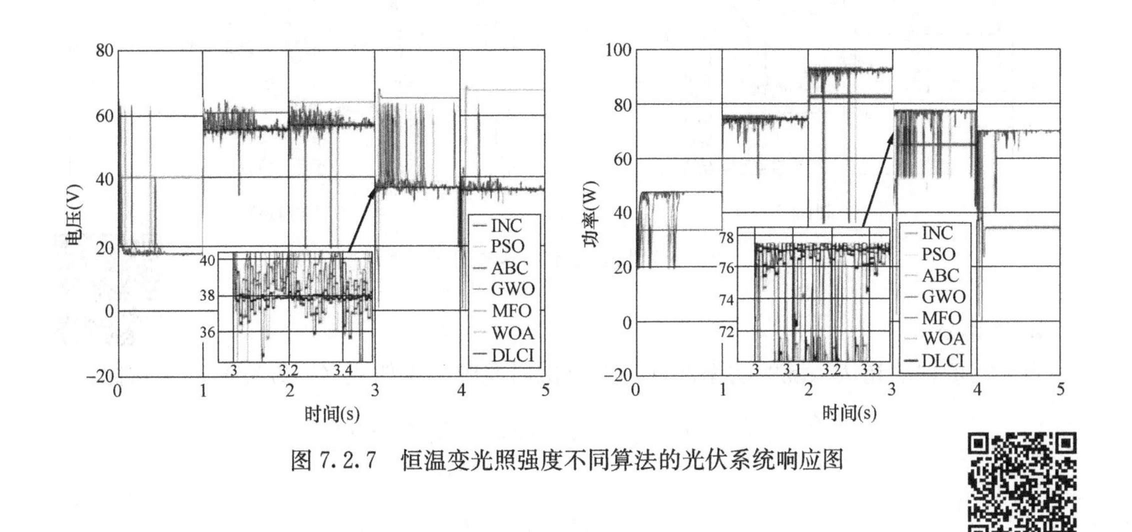

图 7.2.7 恒温变光照强度不同算法的光伏系统响应图

3. 变温变光照强度

为研究变温变光照强度下 DLCI 算法的 MPPT 性能，仿真在光伏阵列上施加连续的光照强度和温度随机信号，如图 7.2.8 所示。

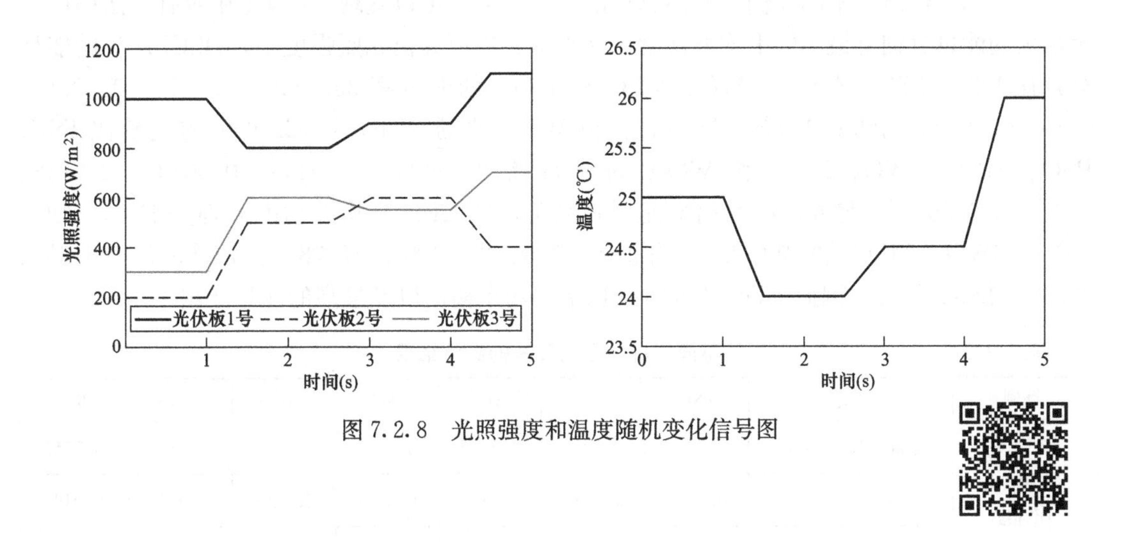

图 7.2.8 光照强度和温度随机变化信号图

图 7.2.9 为不同算法在变温变光照强度下的光伏系统响应图。可以发现，DLCI 可以通过更广泛的全局搜索和更深度的局部探索来显著地降低光伏系统的功率波动，并实现最快速的收敛。

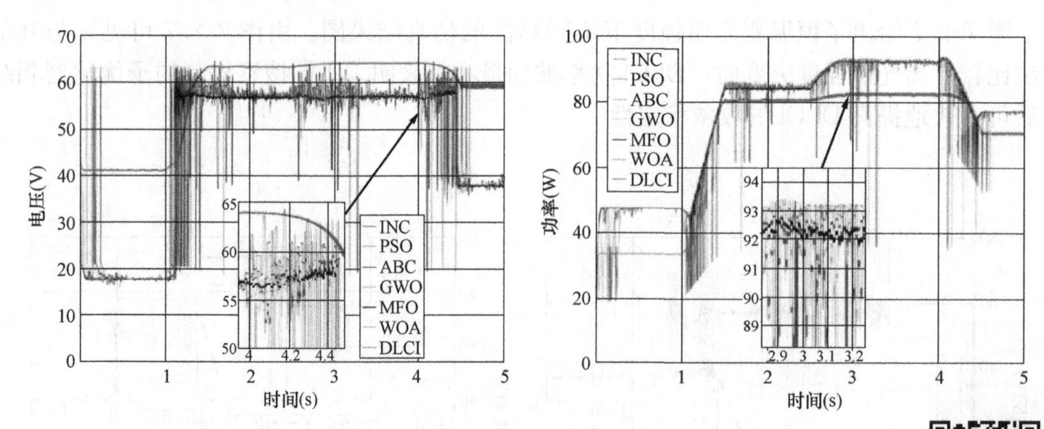

图 7.2.9　变温变光照强度不同算法的光伏系统响应图

4. 统计分析

为了定量评估光伏系统的功率波动，在算例研究中引入如式（7.2.22）两个指标。

$$\begin{cases}\Delta v^{\text{avg}}=\dfrac{1}{T-1}\sum_{t=2}^{T}\dfrac{|P_{\text{out}}(t)-P_{\text{out}}(t-1)|}{P_{\text{out}}^{\text{avg}}}\\ \Delta v^{\max}=\max\limits_{t=2,3,\cdots,T}\dfrac{|P_{\text{out}}(t)-P_{\text{out}}(t-1)|}{P_{\text{out}}^{\text{avg}}}\end{cases}\tag{7.2.22}$$

式中：Δv^{avg} 和 $\Delta v^{\max}$ 分别表示光伏系统输出功率平均波动度和最大波动度；T 表示运行时间段；$P_{\text{out}}^{\text{avg}}$ 是光伏系统此时间内的平均输出功率。

表 7.2.3 给出了不同算例下不同算法的统计结果。可以发现，DLCI 在所有算法中能产生最大的能量且拥有最小的平均波动度。特别地，在恒温恒光照强度下，DLCI 产生的能量分别比 INC、PSO、ABC、GWO、MFO 和 WOA 的能量高 35.64%、6.47%、0.208%、0.805%、0.229%和 0.194%。同时，在恒温变光照强度下，DLCI 产生的能量比 INC、PSO、ABC、GWO、MFO 和 WOA 的能量高 24.54%、0.691%、0.407%、0.79%、1.24%和 0.392%。另外，在变温变光照强度下，DLCI 的平均波动度分别是 INC、PSO、ABC、GWO、MFO 和 WOA 平均波动度的 23.33%、77.78%、76.09%、88.6%、72.16%和 83.33%。因此，DLCI 具有最稳定的功率输出以及最高的能量产出。

表 7.2.3　不同工况下不同算法的统计结果

算例	指标	INC	PSO	ABC	GWO	MFO	WOA	DLCI
恒温恒光照强度	能量（10^{-6}kWh）	2.7687	3.5273	3.7477	3.7255	3.7469	3.7482	**3.7555**
	$\Delta v^{\max}$（%）	0.0518	2.5039	0.0249	0.0441	0.0254	0.0221	**0.0109**
	Δv^{avg}（%）	0.0218	0.0099	0.0024	0.0030	0.0023	0.0025	**0.0020**
恒温变光照强度	能量（10^{-6}kWh）	80.2585	99.2695	99.5503	99.1720	98.7283	99.5658	**99.9561**
	$\Delta v^{\max}$（%）	43.5967	34.3122	34.1791	34.3135	34.5096	33.4909	**34.0296**
	Δv^{avg}（%）	0.0324	0.0080	0.0075	0.0079	0.0087	0.0074	**0.0069**

续表

算例	指标	INC	PSO	ABC	GWO	MFO	WOA	DLCI
变温变光照强度	能量（10^{-6}kWh）	94.5701	103.3233	104.4872	105.0092	103.9950	104.5620	**105.4400**
	Δv^{max}（%）	24.1141	21.9921	21.8254	21.7169	21.9287	21.8098	**21.6282**
	Δv^{avg}（%）	0.0300	0.0099	0.0092	0.0079	0.0097	0.0084	**0.0070**

7.2.4 小结

本节设计了一种新型DLCI算法用于PSC下光伏系统的MPPT，其贡献点主要可概括为以下三个方面：

(1) 随着各类型子优化器被合并到集体智慧中，可以显著提高DLCI的全局搜索能力。此外，基于动态领导的引导策略可实现更深度的局部搜索与快速收敛。

(2) 与其他经典的启发式算法相比，DLCI能更快速地收敛至全局最大功率点，并且能在不同工况下产生最高的能量。

(3) 由于DLCI的收敛稳定性最高，因此，在相同的天气条件下，其产生的功率波动相较于其他经典启发式算法而言最低。

7.3 基于模因强化学习的光伏系统最大功率跟踪

7.3.1 模因强化学习

1. 优化框架

Pablo Moscato等人首次提出了模拟文化进化过程的模因计算，其基于达尔文的自然进化理论和道金斯的文化进化思想，是一种结合全局搜索和局部探索的策略。MRL引入模因计算，以基于族群的强化学习和基于种群的信息分享为优化框架，如图7.3.1所示，主要包括以下4个概念：

(1) 模因（memetic）：模因与自然进化中的基因类似，是文化进化的基本单位。

(2) 智能体（agent）：智能体是模因的宿主，以“试错”的方式进行学习，通过与环境交互获得的强化信号（奖励）指导其动作。

(3) 种群（population）：所有智能体组成的集合称作种群。

(4) 族群（memeplex）：将种群分为多组，每组称作一个族群。

2. 基于族群的知识学习

(1) 知识学习。Q-学习不需要估计环境模型，而是通过迭代计算值函数$\boldsymbol{Q}(s, a)$以获得最高奖励，因此其在强化学习中有着广泛应用。然而，传统的Q-学习采用单一智能体来更新知识矩阵，一次迭代只能更新知识矩阵中的一个元素，学习效率较低。相反地，MRL采用多个智能体族群同时独立学习以提高寻优能力。并应用实编码联系记忆来解决维数灾难问题，将原始的单个知识矩阵分解为若干个小规模的子知识矩阵，每个族群中的智能体则通过协作来更新原始知识矩阵。故MRL可在一次迭代中更新知识矩阵中的多个元素，从而极大地提高了学习效率。

每个族群的知识矩阵更新公式如式（7.3.1）所示。

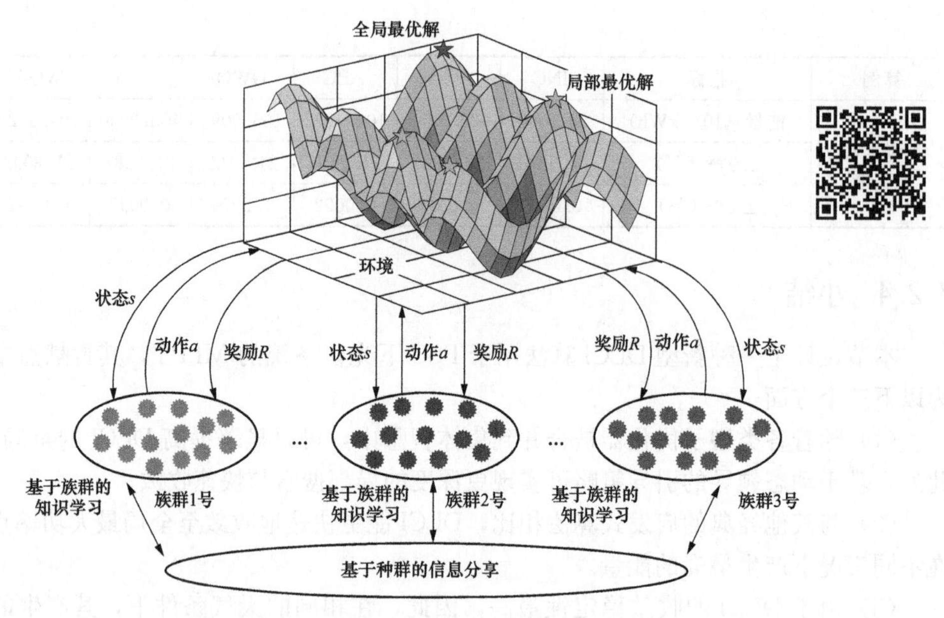

图 7.3.1 模因强化学习优化框架

$$\begin{cases} Q_{ij}^{l,k+1}(s_{ij}^{lp,k},a_{ij}^{lp,k})=Q_{ij}^{l,k}(s_{ij}^{lp,k},a_{ij}^{lp,k})+\alpha\Delta Q_{ij}^{l,k} \\ \Delta Q_{ij}^{l,k}=R_{ij}^{lp,k}(s_{ij}^{lp,k},a_{ij}^{lp,k})+\gamma\max\limits_{a_{ij}^{l}\in A_{ij}^{l}} Q_{ij}^{l,k}(s_{ij}^{lp,k+1},a_{ij}^{l})-Q_{ij}^{l,k}(s_{ij}^{lp,k},a_{ij}^{lp,k}) \\ i=1,2,\cdots,n;j=1,2,\cdots,J;l=1,2,\cdots,L;p=1,2,\cdots,P_{\mathrm{s}} \end{cases} \tag{7.3.1}$$

式中：下标 i 和 j 分别代表第 i 个族群和第 j 个控制变量；上标 l、p 和 k 分别代表第 l 个实编码、第 p 个智能体和第 k 次迭代；（s，a）表示状态-动作对；$Q_{ij}^{l,k}$ 是知识矩阵；$\Delta Q_{ij}^{l,k}$ 是知识增量；$s_{ij}^{lp,k}$ 是第 p 个智能体在第 k 次迭代中的状态；$a_{ij}^{lp,k}$ 是第 p 个智能体在第 k 次迭代中的动作；α 是学习因子；γ 是折扣因子；$R_{ij}^{lp,k}$ 是第 p 个智能体在第 k 次迭代中获得的奖励；$\boldsymbol{A}_{ij}^{l}$ 是第 l 个实编码的动作集合；n 是族群数；J 是控制变量数；L 是实编码长度；P_{s} 是种群规模。

（2）全局搜索和局部搜索。智能体的动作选择通常会面对如何平衡全局搜索和局部探索的问题。一般地，侧重全局搜索能有更大的概率获得全局最优解，但计算时间也因此增加；侧重局部探索，可以提高算法收敛速度，但易陷入局部最优。本节采用 ε-贪婪策略以平衡全局搜索和局部探索间的关系，如式（7.3.2）所示。

$$a_{ij}^{lp,k}=\begin{cases} \operatorname{argmax}\limits_{a_{ij}^{l}\in A_{ij}^{l}} Q_{ij}^{l,k}(s_{ij}^{lp,k},a_{ij}^{l}), & \text{如果}\ q_0<\varepsilon \\ a_{\mathrm{rand}}, & \text{否则} \end{cases} \tag{7.3.2}$$

式中：q_0 是 [0，1] 之间的随机数；ε 是局部探索权重系数；a_{rand} 是动作集合中的一个随机动作。

3. 基于种群的信息共享

为了避免 MRL 陷入 LMPP 并提升其收敛稳定性，种群中所有的智能体将共享自己的适应度函数，随即重组并产生新的族群，如图 7.3.2 所示。具体说来，首先将所有智能体按适应度函数降序排列，然后将所有智能体分成 n 个族群，分配规则为第一个智能体进入第一个族群，第 n 个智能体进入第 n 个族群，而第 $n+1$ 个智能体进入第一个族群，依此类推。

重组后的第 i 个族群可用式（7.3.3）表示。

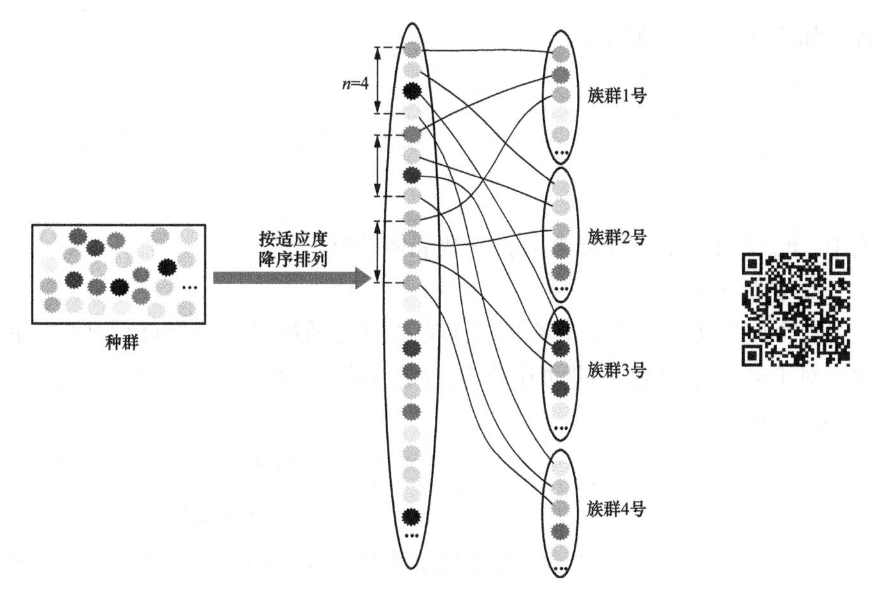

图 7.3.2 基于种群的信息共享

$$\boldsymbol{Y}^{i}=[\boldsymbol{x}_{p},f_{p}\mid \boldsymbol{x}_{p}=\boldsymbol{x}_{i+n(y-1)},f_{p}=f_{i+n(y-1)},y=1,2,\cdots,P_{s}],\qquad i=1,2,\cdots,n \tag{7.3.3}$$

式中：$\boldsymbol{x}_p$ 、f_p 分别代表按降序排列的第 p 个智能体的解和适应度函数，$p=1,\ 2,\ \cdots,\ nP_s$。

7.3.2 基于模因强化学习的光伏系统最大功率点跟踪设计

1. 部分遮蔽情况下最大功率点跟踪的优化模型

PSC 下的 MPPT 优化模型参见式（7.2.20）和式（7.2.21）。图 7.3.3 给出了 PSC 下基于 MRL 的光伏系统 MPPT 控制结构图。如图 7.3.3 所示，基于 MRL 的最大功率跟踪器输出的占空比指令经过脉冲宽度调制（pulse width modulation，PWM）后进入绝缘栅双极型晶体管（insulated gate bipolar transistor，IGBT），光伏系统输出电压因此动态变化并反馈至基于 MRL 的最大功率跟踪器中，直到满足算法收敛条件。

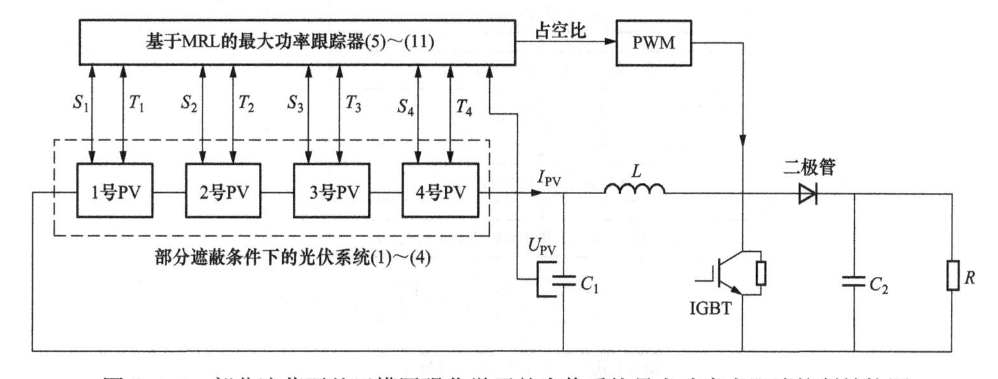

图 7.3.3 部分遮蔽下基于模因强化学习的光伏系统最大功率点跟踪控制结构图

2. 解的构建

结合 PSC 下的 MPPT 优化模型，智能体的寻优动作即可转化为具体控制变量的实数解，如式（7.3.4）所示。

$$x_{ip}=U_{\mathrm{pv}}^{\min}+\frac{\sum_{l=1}^{L}10^{l-1}\times(a_{ij}^{lp}-1)}{10^{L}-1}\times(U_{\mathrm{pv}}^{\max}-U_{\mathrm{pv}}^{\min}),i=1,2,\cdots,n;p=1,2,\cdots,P_{\mathrm{s}};j=1 \tag{7.3.4}$$

式中：x_{ip} 表示第 i 个族群中第 p 个智能体的解。

3. 奖励函数

每个族群将通过族群中各智能体的适应度函数对其动作进行评估，拥有越高适应度函数（对于最大化问题）的动作将获得越多的奖励。基于此机制，奖励函数的设计如式（7.3.5）所示。

$$R_{ij}^{lp,k}(s_{ij}^{lp,k},a_{ij}^{lp,k})=\begin{cases}\max\limits_{p=1,2,\cdots,P_{\mathrm{s}}}f_p,\text{如果}(s_{ij}^{lp,k},a_{ij}^{lp,k})\in \boldsymbol{SA}_{ij}^{\mathrm{best}}\\ 0,\text{否则}\end{cases} \tag{7.3.5}$$

式（7.3.5）表示第 i 个族群中第 j 个控制变量的最优智能体状态—动作对集合。

4. 总流程图

部分遮蔽下基于模因强化学习的光伏系统最大功率点跟踪总流程图如图 7.3.4 所示。

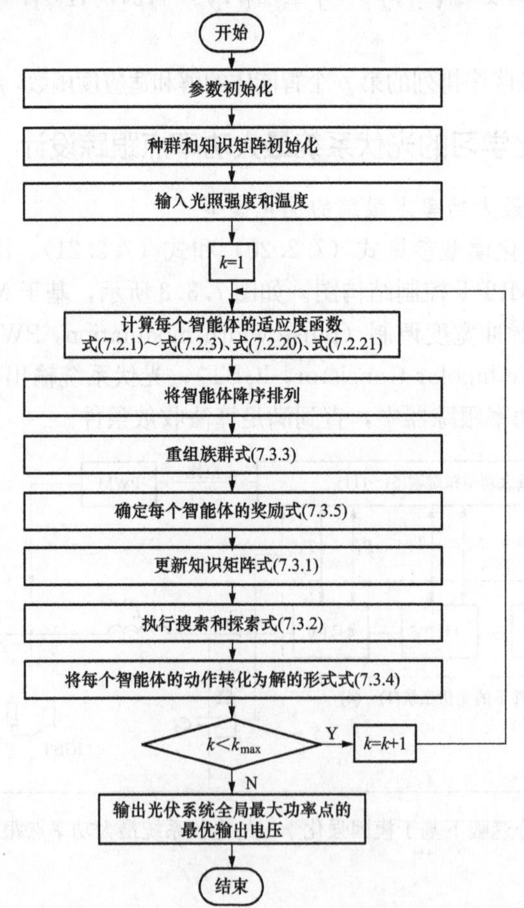

图 7.3.4　部分遮蔽下基于模因强化学习的光伏系统最大功率点跟踪总流程图

7.3.3 算例分析

本节将所提MRL应用于PSC下的光伏系统以实现MPPT。在恒温恒光照强度、恒温变光照强度和变温变光照强度三种算例下对其寻优性能与INC、GA、PSO、CSA、GWO进行对比。表7.3.1和表7.3.2分别给出了光伏系统参数和模因强化学习参数。同时，选取光照强度1000W/m^{2}和温度25℃作为额定值。所有启发式算法的优化周期均设置为0.01s。

表7.3.1 光伏系统参数

参数名称	数值	参数名称	数值
峰值功率	51.716W	额定工作温度（T_{ref}）	25℃
峰值功率下电压	18.47V	二极管理想因子（A）	1.5
峰值功率下电流	2.8A	开关频率（f）	100kHz
短路电流（I_{sc}）	1.5A	电感（L）	500mH
开路电压（U_{oc}）	23.36V	电阻（R）	200Ω
I_{sc}的温度系数（k_1）	3mA/℃	电容（C_1，C_2）	1μF

表7.3.2 模因强化学习参数

参数	n	P_s	α	γ	q_0	q_0	L
范围	$n>1$	$P_s>1$	$0<\alpha<1$	$0<\gamma<1$	$0<q_0<1$	$k_{max}>1$	$L>1$
取值	3	10	0.1	0.001	0.9	10	4

1. 恒温恒光照强度

在25℃温度下，将四块光伏阵列的光照强度分别设置为1000、800、600W/m^{2}和400W/m^{2}以模拟PSC。从图7.3.5可知，INC仅能够在较短时间内收敛到LMPP。其他启发式算法虽然能收敛到GMPP，但MRL获得的光能更大，且具有出色的收敛稳定性。

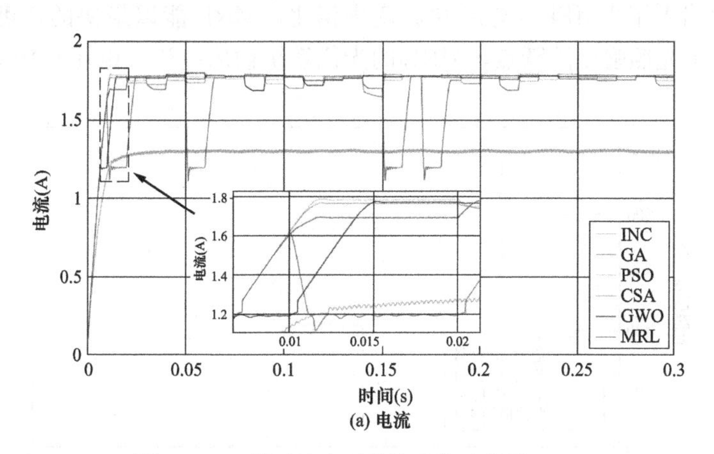

(a) 电流

图7.3.5 阶跃风速下系统响应示意图（一）

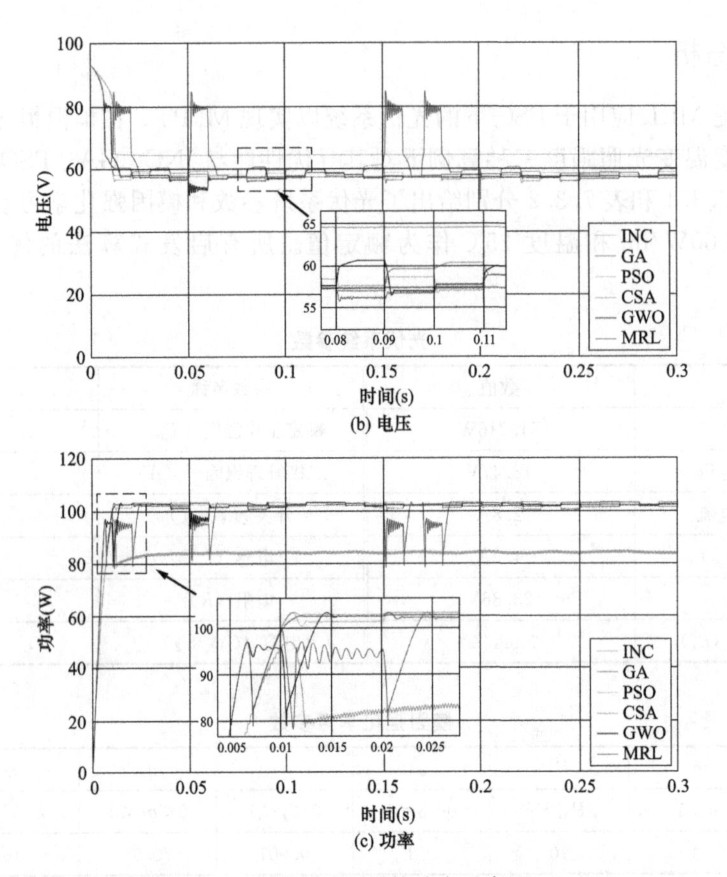

图 7.3.5　阶跃风速下系统响应示意图（二）

2. 恒温变光照强度

温度保持额定值 25℃不变，5s 内在光伏阵列上每隔 1s 施加一个阶跃的光照强度信号，如图 7.3.6 所示。图 7.3.7 给出了恒温变光照强度下不同算法的仿真结果图。由图 7.3.7 可见，INC 再次陷入了 LMPP。与启发式算法相比，MRL 能以最快的速度获得最大的光能。此外，在每个光照强度阶跃点，MRL 的光伏系统输出电流、电压和功率的振荡明显小于其他算法。

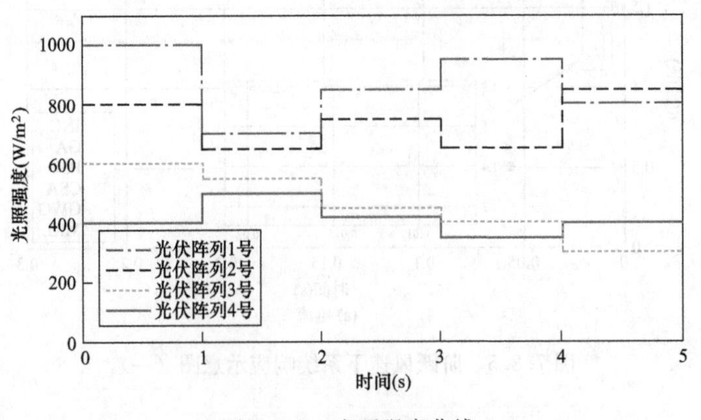

图 7.3.6　光照强度曲线

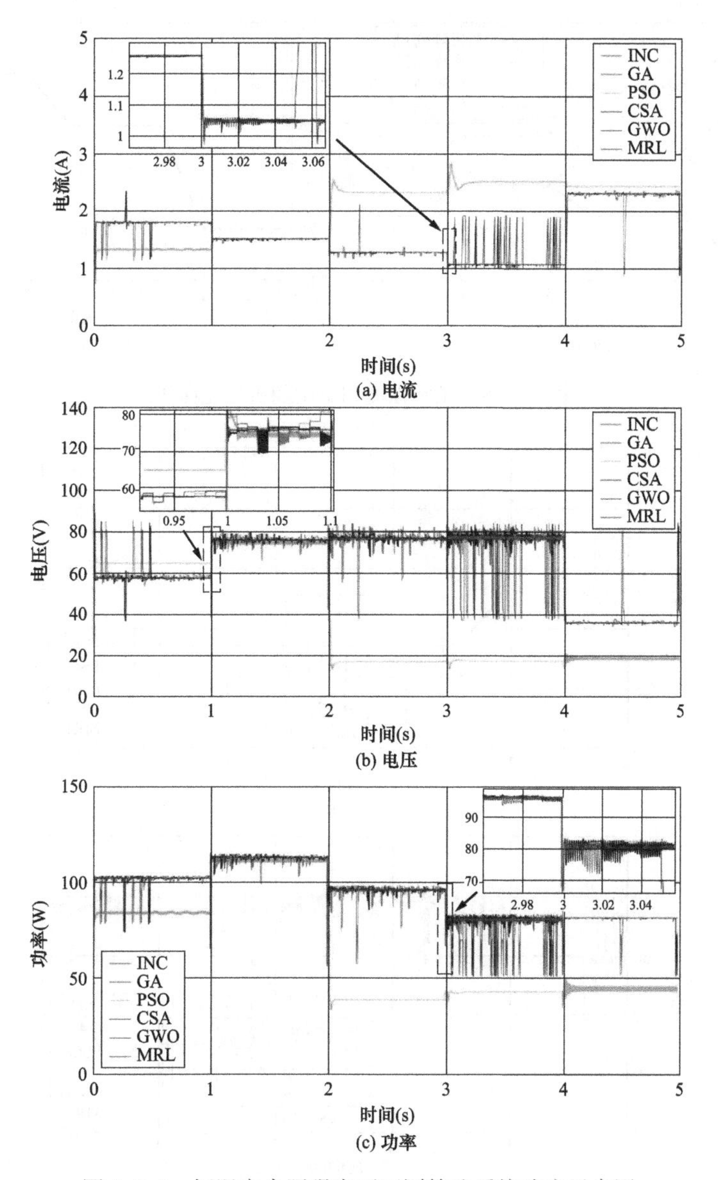

图 7.3.7　恒温变光照强度下不同算法系统响应示意图

3. 变温变光照强度

为研究变温变光照强度下 MRL 的 MPPT 性能，模拟光照强度和温度同时变化，如图 7.3.8 所示。图 7.3.9 显示了在上述条件下，不同算法获得的系统响应。由图 7.3.9 可知，MRL 能快速、精确地跟踪到全局最大功率点，且其输出电流、电压和功率的振荡最小。

7.3.4　小结

本节提出了一种新型 MPPT 算法，即 MRL 用以实现 PSC 下光伏系统的最大功率跟踪，其贡献点主要可概括为以下三个方面：

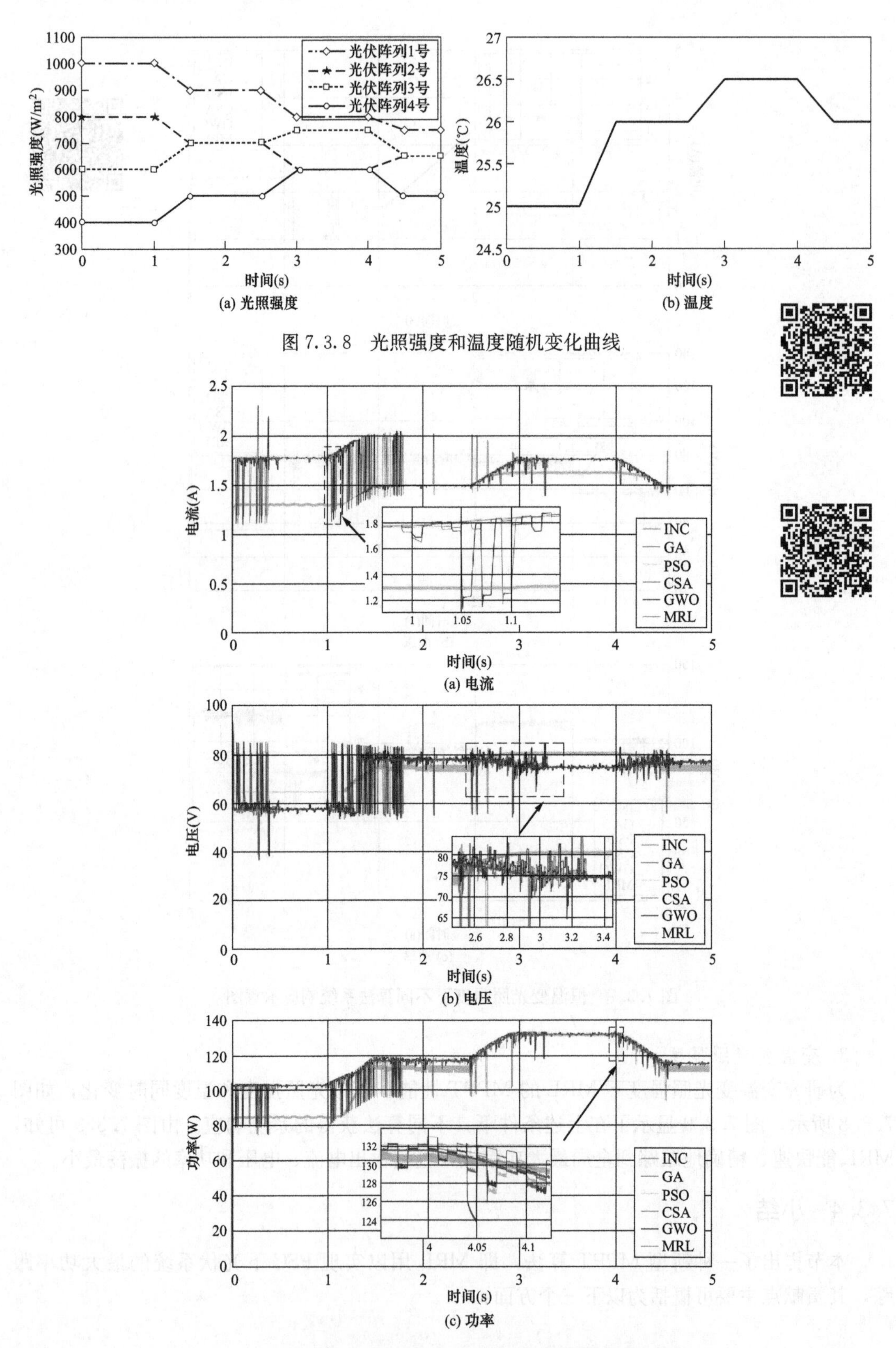

图 7.3.8　光照强度和温度随机变化曲线

图 7.3.9　变温变光照强度下不同算法的系统响应示意图

（1）MRL 在模因计算的基础上引入 RL 寻优机制，采用多个族群的智能体同时进行独立学习，从而大幅提高算法的寻优能力和收敛速度；同时，通过种群中所有智能体间的信息共享后重组产生新的族群，从而避免算法陷入 LMPP，并显著提升其收敛稳定性。

（2）与启发式算法相比，MRL 能在各种复杂天气条件下更快速、更精确地逼近到全局最大功率点。

（3）MRL 具有出色的收敛稳定性，仅产生最小的光伏系统输出电流、电压和功率的振荡。

7.4 基于集体智慧算法的集中式温差发电系统最大功率点跟踪

7.4.1 最大功率点跟踪方法研究与分析

1. 最大功率点跟踪原理分析

温差发电系统的介绍参见 6.4.1 节。任何 MPPT 方法的实现都是基于最大功率传输定理，该定理指出当负载电阻与系统内阻匹配时，从系统传输到负载的功率最大。具体分析如下：

由图 6.4.5 可知，TEG 系统可等效为由一个与温度相关的电压源（其内部电阻 R_{int}）和一个可变负载电阻 R_L 所组成的电路。其输出功率可描述为式（7.4.1）。

$$P_L = I_L^2 R_L = \left(\frac{U_{oc}}{R_{int}+R_L}\right)^2 R_L \tag{7.4.1}$$

式中：U_{oc} 和 R_{int} 的值与温差模块两端的温度密切相关，当两端温给定时，U_{oc} 和 R_{int} 的值固定不变。因此最终由 MPPT 控制器所捕获的 P_{TEG} 仅由 R_L 决定。当 $R_L=0$ 时，I_{TEG} 最大，但因为 $R_L=0$，故 $P_{TEG}=0$。当 $R_L=\infty$ 时，$I_{TEG}=0$，因此 $P_{TEG}=0$。由图 6.4.8 可知，当外界温度固定时，TEG 系统的 P-I 特性曲线呈单峰值。因此，当 R_L 取适当的值，P_{TEG} 必能取到最大值，即 $P_{TEG}=P_{TEG\_Max}$。

根据可导函数极值点处导数为 0（费马引理）可知，欲使负载 R_L 获取最大功率，需使 $dP_{TEG}/dR_L=0$，可得式（7.4.2）。

$$\frac{dP_{TEG}}{dR_L} = \frac{d}{dR_L}\left[\left(\frac{U_{oc}}{R_{int}+R_L}\right)^2 R_L\right] = \frac{U_{oc}^2}{(R_{int}+R_L)^3}(R_{int}-R_L)=0 \tag{7.4.2}$$

为使式（7.4.2）成立，需使 $R_{int}=R_L$，这是负载获取最大传输功率的条件。在此条件下，TEG 系统的输出功率为式（7.4.3）。

$$P_{TEG} = \frac{U_{oc}^2}{4R_{int}} \tag{7.4.3}$$

因此，TEG 系统的 MPPT 控制器原则上应保证负载电阻 R_L 与最大功率点处 TEG 系统的内阻 R_{int} 匹配，即当满足 $R_{int}=R_L$ 条件时，TEG 系统达到最大功率点。

2. DC-DC 转换电路介绍

DC-DC 转换电路是实现 TEG 系统 MPPT 控制的主要电路，它可以将存储在电容器和电感器等电路元件中的直流电压转换为另一水平的直流电压，加载在负载两端。该过程主要通过控制能量存储和传输的时间实现。因为负载电压可以高于或低于供电电压。所以直流输出电压必须被调控到等于所期望的幅值。能量存储和能量转移到负载的时间控制是通过半导体开关元件，如 BJT、IGBT 和 MOSFET 来完成的。

当 DC-DC 转换电路中的直流输入电压一定时，传输到负载上的电压由开关元件的导通和关闭时间（t_{on} 和 t_{off}）决定。DC-DC 转换电路普遍使用 PWM 的方式对开关元件的通断进行调制，从而改变开关元件的导通时间 t_{on}。导通时间 t_{on} 和开关周期 T_s（$T_s=t_{on}+t_{off}$）的比称为占空比，如式（7.4.4）所示。

$$D=\frac{t_{on}}{T_s} \tag{7.4.4}$$

温差发电系统 DC-DC 转换电路工作原理如图 7.4.1 所示。因为不能通过直接调整负载电阻实现负载电阻与温差阵列内阻匹配。故在温差阵列和负载之间接入了 DC-DC 转换电路。DC-DC 转换电路的输入电阻 $R_{converter}$ 可视为温差阵列的负载。而输入电阻 $R_{converter}$ 取决于负载电阻和占空比值。因此，若通过控制占空比信号调整 DC-DC 逆变器的输入电阻 $R_{converter}$ 和温差阵列内阻匹配，则相当于实现负载电阻与温差阵列的内阻匹配，从而使 TEG 系统的输出功率最大。

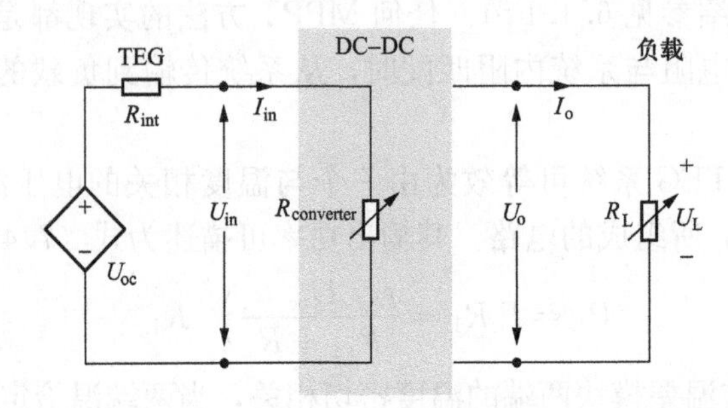

图 7.4.1　温差发电系统 DC-DC 转换电路工作原理示意图

为 TEG 系统选择合适的转换电路以实现最佳转换效率具有重要作用。目前，已有各种 DC-DC 转换电路被设计开发，例如 Buck、Boost、Buck-Boost、Cuk、单端一次侧电感、级联 Boost 和开关电容转换电路。其中，Boost、Buck、Buck-Boost 转换电路是 3 种较为常用的 DC-DC 转换电路。研究发现：Buck 电路降压功能并不符合 TEG 系统的要求，因此本节不予考虑。Buck-Boost 电路的升降压性能虽然能较好地满足调压需求，但是过于复杂，并且连续的输入电流并不符合 TEG 系统本身的要求，故在本节中也不予考虑。综合上述分析，本节选择 Boost 转换电路连入 TEG 系统。

Boost 转换电路是一种将直流电压电平从低压升到高压的装置，如图 7.4.2 所示。该转换电路的转换比由式（7.4.5）～式（7.4.7）给出。

$$\frac{U_o}{U_{in}}=\frac{I_{in}}{I_o}=\frac{1}{1-D} \tag{7.4.5}$$

$$U_{in}=U_o(1-D) \tag{7.4.6}$$

$$I_{in}=\frac{I_o}{1-D} \tag{7.4.7}$$

式中：U_o、U_{in}、I_o 和 I_{in} 分别是转换电路的输出、输入电压和输出、输入电流。转换电路的内阻可以通过计算 U_{in} 和 I_{in} 获得，如式（7.4.8）所示。

$$R_{converter}=\frac{U_{in}}{I_{in}}=\frac{U_o(1-D)}{I_o/(1-D)}=\frac{U_o\,(1-D)^2}{I_o}=R_L\,(1-D)^2 \tag{7.4.8}$$

式（7.4.8）表明转换电路的内阻可以随占空比而改变。因此，当 D 更改为 [0，1] 时，$R_{converter}$ 的变化范围为 [0，R_L]。

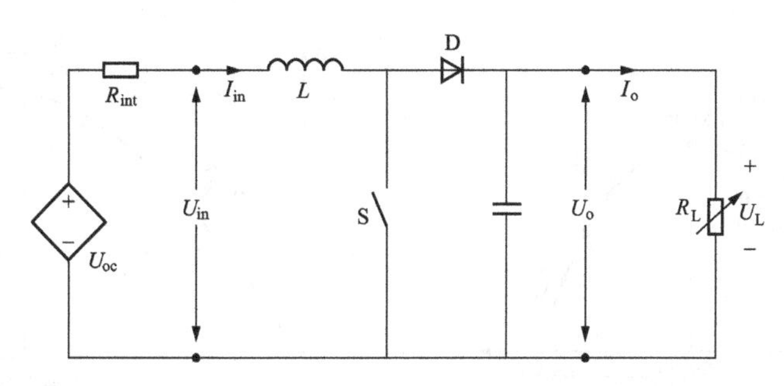

图 7.4.2　Boost 转换电路工作原理示意图

3. 最大功率点跟踪方法介绍

MPPT 技术最先应用于光伏和风力发电系统，以保证光伏和风力发电系统在复杂多变的外界环境下，能始终工作在 MPP，从而最大限度地提高系统的输出功率。MPPT 技术发展前期主要集中在 UTD 下的控制方法设计，此类方法也称之为传统 MPPT 控制方法。目前，已有大量文献证明，传统 MPPT 控制方法能在 UTD 下显示出良好的跟踪性能。然而，在快速变化的环境和 NTD 下，传统的 MPPT 控制方法无法跟踪全局峰值。因此，开发基于随机和人工智能的 MPPT 控制方法，以在任何温度条件下从 TEG 系统中提取最佳功率成为 TEG 系统优化控制的研究重点。

在本节中，将对 MPPT 控制方法从两部分展开介绍，第一部分讨论在 UTD 下具有令人满意性能的传统 MPPT 控制方法。第二部分介绍在 UTD 和 NTD 下都具备令人满意性能的智能 MPPT 方法。

（1）均匀温差条件下的最大功率点跟踪方法。

1）扰动观测法。扰动观测（P&O）法因其易于实现、简单且成本低而被广泛使用。电压，电流或占空比均可被选作 P&O 法的参考变量。执行过程如下：首先，在固定时间段内，以一定的步长或频率对参考变量实施扰动，然后计算系统在该扰动下的输出功率，并将该功率值与上次扰动实施后获得的系统输出功率进行比较。比较结果将作为下一次扰动方向的判断依据。如果经过该扰动，系统的输出功率有所提高，则下一次应继续向该方向实施扰动；反之则说明应实施反方向扰动。图 7.4.3 给出了扰动观测法的工作原理示意图。因为 TEG 系统的功率输出特性曲线为 P-I 特性曲线，所以采用输出电流作为扰动的参考变量。

尽管 P&O 法是一种简单可靠的 MPPT 控制方法，但它本身蕴含两个主要缺点。首先，随着跟踪不断接近 MPP，TEG 系统的工作点被迫在 MPP 周围来回振荡。这会导致 TEG 系统的输出功率发生振荡，使得能源利用效率降低。其次，P&O 法无法克服恶劣环境条件的变化。实际工程应用中，温度的时刻变化会导致 TEG 系统的输出特性具有时变性，因此，在运用此方法时，跟踪到的运行点与实际 MPP 之间将存在偏差，这种偏差也会导致功率损耗。

2）增量电导法。增量电导（INC）法是基于 P-U 功率特性曲线的斜率在 MPP 处为零的事实来实现 MPPT 的。当功率值小于 MPP 时，P-U 功率特性曲线的斜率为正值，反之则为负值。图 7.4.4 给出了 INC 法的工作原理示意图。考虑到 TEG 系统独特的功率输出特性曲线，即 P-I 特性曲线，将对 TEG 系统实施 INC 法的逆应用。

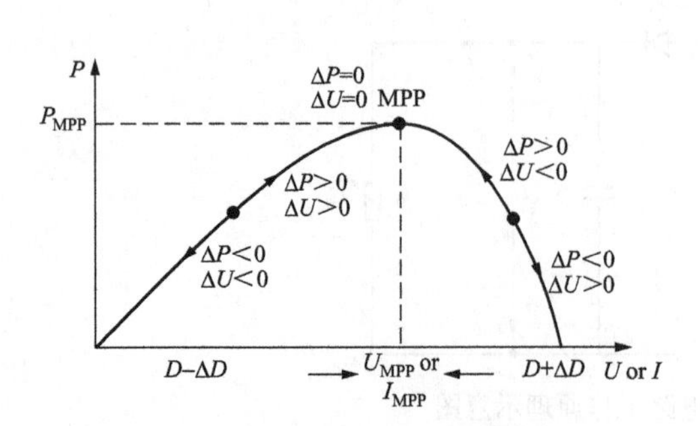

图 7.4.3　扰动观测法工作原理示意图

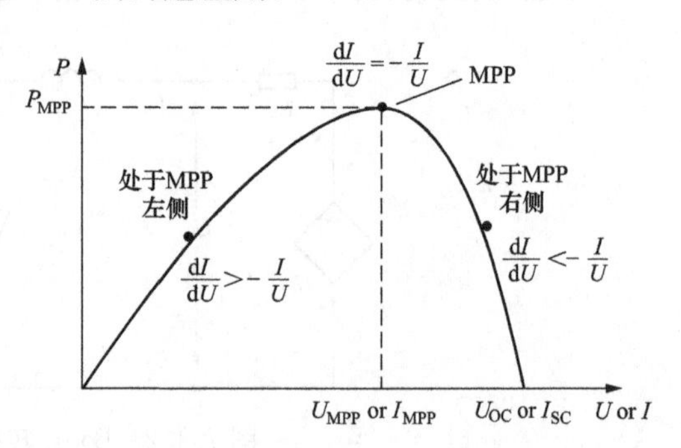

图 7.4.4　增量电导法工作原理示意图

INC-MPPT 控制方法类似于 P&O-MPPT 控制方法。但是，INC 法比 P&O 法有优势。P&O 法易导致系统在 MPP 附近发生振荡，INC 法却可以稳定跟踪到 MPP。因此，在复杂多变的外界环境下，INC 法具有更高的收敛精度。INC 法相对于 P&O 法的一个缺点是它更复杂，因为它需要使用两个传感器来测量电流和电压。相较之下，P&O 算法仅需要使用一个传感器来测量参考变量。

3）开路电压法。开路电压（OCV）法是最简单的离线法之一，其主要利用开路电压 U_{OC}和最大工作电压 U_{MPP}之间的关系几乎呈线性的事实，如式（7.4.9）所示。

$$U_{MPP} \approx k_1 U_{OC} \tag{7.4.9}$$

式中：k_1 表示比例常数。该常数是根据在不同环境条件下对 U_{OC} 和 U_{MPP} 的测量经验得出的，很难确定准确的 k_1值。因为 TEG 系统的 I-U 曲线呈线性关系，因此可将 k_1的值取为 0.5。

OCV 法有两个主要缺点。U_{OC} 和 U_{MPP} 之间的关系并非完全是线性的。因此，无法准确跟踪实际的 U_{MPP}，只能跟踪 MPP 附近。其次，U_{OC} 的测量需要周期性地卸除负载以确定 U_{MPP}，这可能会干扰电路运行，并会导致更多的功率损耗。

4）短路电流法。短路电流（short circuit current，SCC）法与 OCV 法类似，在 TEG 系统中，其短路电流 I_{SC} 与最大电流 I_{MPP} 同样存在近似的线性关系，如式（7.4.10）所示。

$$I_{MPP} \approx k_2 I_{SC} \tag{7.4.10}$$

式中：k_2 表示比例常数。在实际计算中，k_2 通常取为 0.5。

虽然 SCC 法比 OCV 法更准确、更有效，但其实施成本更高。并且，与 OCV 法类似，SCC 法同样需要周期性地卸除负载以确定 I_{MPP}，从而导致更多的功率损耗。

SCC 法比 OCV 法都不能归类为“真正寻求”MPP 的方法，但是，这两种方法的简单性和它们的实施便捷性使它们适合用作新型 MPPT 混合方法的一部分。

（2）非均匀温差下的最大功率点跟踪方法。在 NTD 下，温差阵列的 P-I 特性曲线会出现多个相对的 MPP，这种情况下，传统的 MPPT 方法将无法准确追踪到 GMPP，容易陷入低质量的 LMPP。因此，需要采用多峰 MPPT 方法从具有多个 LMPP 的 TEG 系统中准确识别 GMPP。启发式算法因其无模型特性和强大的全局搜索能力而成为解决上述障碍的强大而有效的工具。一些改进的算法也因其优秀的性能而被用于解决该类问题。下面将对这两种类型的多峰 MPPT 方法进行介绍和分析。

1）启发式算法。采用粒子群优化算法和灰狼优化算法，算法介绍见 7.2 节。

2）改进算法。

a. 自适应罗盘搜索算法。自适应罗盘搜索算法（ACS）是基于原始 CS 算法所做的一种改进。原始 CS 算法是一种经典的模式搜索方法，包含 3 个简单的步骤：矩阵模式确定、探索移动和模式移动。

在模式移动中，CS 算法会根据搜索移动结果更新其当前的最佳解决方案，如图 7.4.5（a）所示，更新解如式（7.4.11）所示。

$$x^{\text{new}}=\begin{cases}x_{\mathrm{b}}+M(:,2i-1),\text{如果 } f_k(x^{\text{new}})<f_k(x_{\mathrm{b}})\\ x_{\mathrm{b}}+M(:,2i),\text{否则}\end{cases}\tag{7.4.11}$$

式中：k 表示迭代次数；x^{new} 表示新的探索解；x_{b} 表示基准点；$f_k(\cdot)$ 表示适应度函数，适应度值越小表示越靠近最优解。

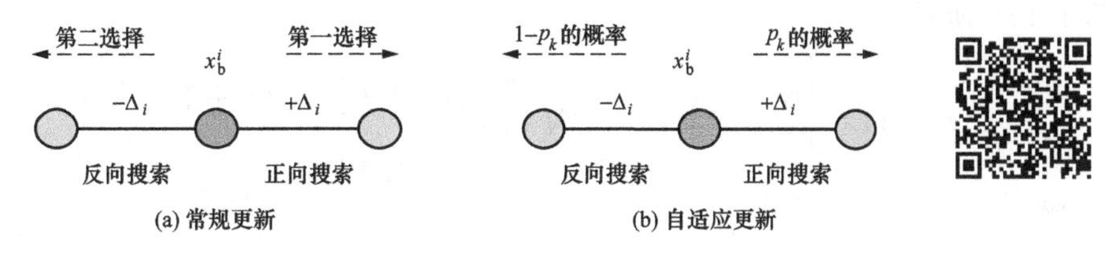

图 7.4.5 自适应罗盘搜索算法探索移动结果更新过程

不可避免的是：如果 CS 在正向搜索过程中找到了较好的解决方案，则不会再进行反向搜索，可能就此错过了潜在的最佳解决方案。因此，为了增强算法的全局搜索能力，避免此种情况发生。ACS 算法在模式移动中做了自适应改进，使搜索过程可以根据先前的搜索结果更高效地为每个优化变量选择搜索方向，如图 7.4.5（b）所示，更新解如式（7.4.12）所示。

$$x^{\text{new}}=\begin{cases}x_{\mathrm{b}}+M(:,2i-1),\text{如果 } r<p_k\\ x_{\mathrm{b}}+M(:,2i),\quad\text{否则}\end{cases}\tag{7.4.12}$$

式中：r 是 0 到 1 之间的随机数；p_k 表示第 k 次迭代时正向搜索的动态选择概率，计算方式如式（7.4.13）所示。

$$p_{k+1}=\begin{cases}p_k+\beta(1-p_k),\text{如果 } r<p_k \text{ 且 } f(x^{\text{new}})<f(x_{\mathrm{b}})\\ p_k(1-\beta),\text{如果 } r<p_k \text{ 且 } f(x^{\text{new}})>f(x_{\mathrm{b}})\\ p_k(1-\beta),\text{如果 } r\geqslant p_k \text{ 且 } f(x^{\text{new}})<f(x_{\mathrm{b}})\\ p_k+\beta(1-p_k),\text{如果 } r\geqslant p_k \text{ 且 } f(x^{\text{new}})>f(x_{\mathrm{b}})\\ p_k,\text{如果 } f(x^{\text{new}})=f(x_{\mathrm{b}})\end{cases}\tag{7.4.13}$$

式中：β 表示选择概率的增量比。值得注意的是：正向搜索和反向搜索的选择概率之和应始终等于 1，故反向搜索的动态选择概率应为 $(1-p_k)$。

原始 CS 算法不需要优化问题的内部信息（例如梯度信息），只需要优化变量的反馈评价信息，因此，它的应用灵活性与启发式算法一样高。此外，启发式算法由于需要通过大规模搜索来获取最优解，难以满足快速逼近 GMPP 的要求。而 CS 算法仅使用单个代理来实现局部探索和全局搜索，寻优速度较快。改进的 ACS 算法基于 CS 算法的优势采用了更突出的探索搜索来逼近 GMPP。因此，改进的 ACS 算法能以更快的速度和更高的收敛稳定性获得高质量 GMPP。

b. 快速原子搜索优化算法（FASO）。FASO 算法是基于原始 ASO 算法所做的一种改进。ASO 算法的详细介绍参见 3.2.1 节。

两原子之间的距离 h 可以直接影响相互作用力 F 的值。h 通常设置为 1.1 和 1.24。如果 h 的值小于 1.12，则原子倾向于排斥接近的原子；否则，原子将吸引离开的原子。根据此现象，FASO 算法基于原始 ASO 算法做了以下改进，如式（7.4.14）所示。

$$h(k+1)=\begin{cases}1.1,\text{如果 } f[x_{\text{best}}(k+1)]\leqslant f[x_{\text{best}}(k)]\\ 1.2,\text{否则}\end{cases}\tag{7.4.14}$$

此外，参数 L 对相互作用力也有很大影响。较大的 L 会带来更广泛的全局探索，但同时也会削弱算法的局部探索能力。为了获得高质量的解决方案，做了如下改进，如式（7.4.15）所示。

$$L(k+1)=\begin{cases}N-(N-2)\times\sqrt{\dfrac{k}{k_{\max}}},\text{如果 } f[x_{\text{best}}(k+1)]\leqslant f[x_{\text{best}}(k)]\\ 2,\text{否则}\end{cases}\tag{7.4.15}$$

式中：k 表示迭代次数；$k_{\max}$ 表示最大迭代次数；x_{best} 表示最优解；$f(x)$ 表示适应度函数；N 表示种群数量。

原始 ASO 的优化性能高度独立于初始解，它通过在具有多个交互原子的搜索空间中高效平衡局部探索和全局搜索能力，有效避免了算法陷入低质量的 LMPP。改进的 FASO 算法保留了 ASO 算法的优势，并根据动态优化结果自适应地调整探索和开发之间的权重，有效避免了算法因采用固定权重来平衡局部搜索和全局搜索而导致的搜索效率降低问题。因此，FASO 算法具有强大的全局搜索能力，可以收敛到更高质量的最优解。

4. 集中式温差发电系统最大功率点跟踪控制设计原理

由 6.4.1 节的分析可知，集中式 TEG 系统具有较高的大规模工程应用潜力。但随着集中式 TEG 系统的规模不断增大，温差阵列将出现余热分布不均现象。若长期运行于此种情境下，不可避免会造成严重的失配功率损耗。本节旨在改善 NTD 下集中式 TEG 系统的输出性能，从而使整个电力系统能以最低的运行和维护成本获得最高经济发电效益。

温度是影响着温差阵列输出特性的关键因素，在集中式 TEG 控制系统的设计过程中，有必要考虑 TEG 系统输出功率因温度的变化而发生非线性变化。由图 6.4.9 中的 P-I 曲线可以看出，NTD 下，集中式 TEG 系统的工作点并不总是停留在 MPP，而是随温度变化。因此，TEG 系统并不总是时刻向负载提供最充分的可用能量。为了解决这个问题，引入了一种革命性的电力电子设备—MPPT 控制器，来确定 TEG 系统的最佳运行工作点。带有 MPPT 控制器的 TEG 系统能够搜索 GMPP 从而充分利用温差能，其结构框图如图 7.4.6 所示。TEG 控制系统是由温差阵列、TEG 控制器和负载 3 部分构成。TEG 控制器包括检测电路、MPPT 控制器、PWM 控制器和 DC-DC 转换电路。

集中式 TEG 控制系统的工作过程如下：首先，温差阵列将热能转换成为电能，然后电压、电流检测器实时检测温差阵列的输出电压和电流信号，并将其传递给 MPPT 控制器。随后，内嵌置 MPPT 控制器中的优化算法会对电压、电流信号进行优化计算，输出能使温

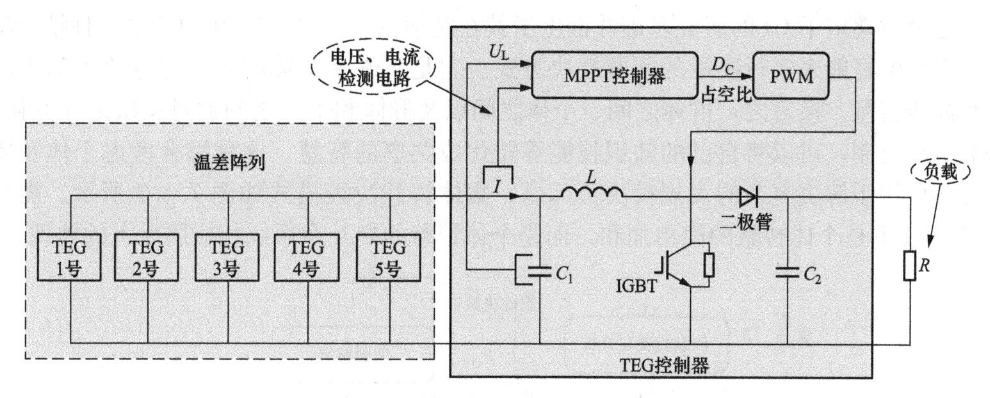

图 7.4.6 带有最大功率点跟踪功能的温差控制系统结构框图

差阵列获得最大功率的占空比信号。最后，该信号经过 PWM 模块，转换成脉冲信号的形式，对 DC-DC 逆变器的 IGBT 进行定时关断控制。通过对储存在电容器和电感器中的温差阵列电压进行调控，负载两端的电压将被升压至 U_{MPP}。此时，TEG 系统将工作在 MPP。因为该过程是时刻进行的，从而保证了 TEG 系统在任何温度情况下都能始终工作于 MPP。

7.4.2 集中式温差发电系统最大功率点跟踪控制优化设计

1. 集体智能算法设计

通过 7.4.1 节分析可知，传统的 MPPT 方法，虽然简单高效，易于实现，但面临复杂的外界环境时，将无法准确跟踪到 MPP，容易陷入低质量的 LMPP。启发式算法不受外界环境变化的影响，可以有效地解决大规模非线性优化问题。但却避免不了自身的固有缺点：随机性与普适性。即任意一个启发式算法多次求解同一问题往往会得到不同的解（随机性）；任意一个启发式算法通常对于某些问题寻优效果较好而对于其他问题寻优效果则较差（普适性）。这两个致命的缺陷同样使得启发式算法陷入低质量的 LMPP。改进算法虽然能通过平衡局部搜索与全局搜索有效提高算法的搜索精度，从而以更快的速度和更高的收敛稳定性趋近高质量 GMPP。但基于单一的启发式算法并不能最大限度地开发算法的潜能。因此，本节提出了一种新的 DLCI 控制算法，最大限度地开发启发式算法的优化潜能。

（1）算法原理分析。当今世界，科技变革不断创新。信息化、智能化的时代已然到来，人类社会面临的知识和信息量呈爆炸式增长。与此同时，人们所面对的决策问题也将越来越复杂，决策执行难度也日渐增大。通常，决策问题的复杂性主要表现为以下 3 个方面：

1）决策问题的结构具有非线性特性。同一个决策问题可能由多个复杂的单元组成，这些单元之间联系广泛，且互相影响，彼此构成了一个多层次的结构。每一层次之间还存在密切联系，某一单元层次的变化均是其他单元相互作用的结果。

2）决策问题环境具有动态性和开放性。动态的环境会引发决策问题的结构、参数和特性等方面发生不确定性变化，而开放性的环境又会导致决策问题向更深层次的不确定方向发生变化。

3）决策问题定性/定量建模呈现不可实现性。当面对复杂性问题决策时，决策者对问题的认识和掌握的知识并不总是完备的，即使是卓越的决策者和精英团队，单凭个人或团队的智慧和经验也难以做出准确的、令人满意的决策。

上述挑战奠定了CI的研究基础并催生了其在跨学科领域中的应用。CI是一种结合集体中每一个体的智能来实行决策的问题解决方式。它是从许多个体的合作与竞争中涌现出来的一种高级智慧。换言之，群体之间、个体之间以及群体和个体之间通过多次地相互协作、竞争和其他机制，可以将自己的知识技能等转化成共享的智慧。这种综合考虑个体及团队智慧方式可用于解决复杂的大规模决策问题，集体智慧决策模式如图 7.4.7 所示。需要指出的是，CI不是个体智慧的简单加和，而是个体智慧的交互在系统相应层次上的体现。

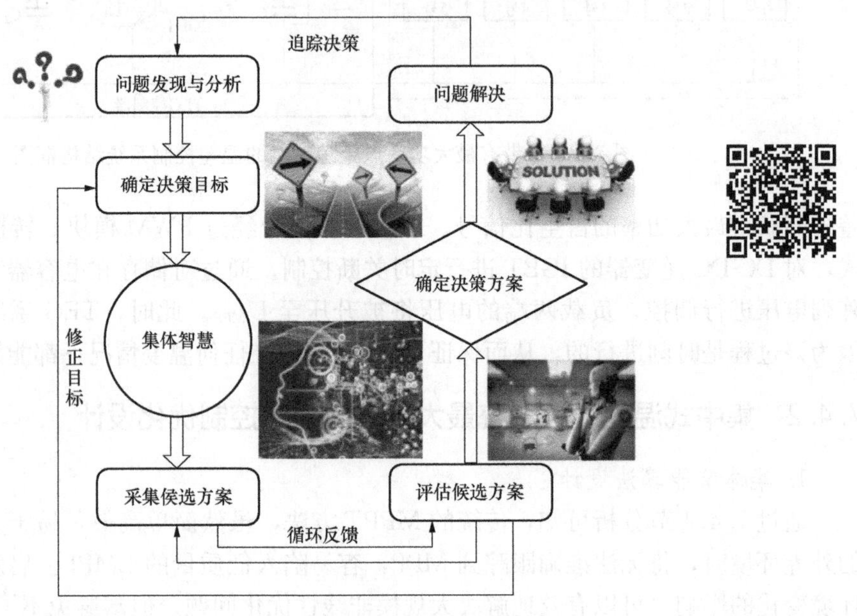

图 7.4.7 集体智慧决策模式示意图

基于上述启发，本节提出了一种新的DLCI算法。该算法设计了两个全新的优化机制：随机交换机制和动态寻优机制。这两个机制使得DLCI算法能有效避免常规启发式算法易陷入LMPP的问题，同时又可以最大限度地开发启发式算法的寻优潜能，其主要原理和优势如下：

1）与单一的启发式算法相比，多个启发式算法的优化机制可以通过DLCI算法结合，以优化搜索行为。由于不同子优化器之间的竞争与合作，可以更有效地平衡全局搜索和局部探索。

2）随机交换机制：通过随机选择一个子优化器中的任意两个个体与另一个子优化器中的个体进行交换，显著增加了DLCI算法中每个子优化器的种群多样性，有效避免了算法陷入低质量的LMPP。

3）动态寻优机制：在算法迭代过程中，该机制可以动态选择众多启发式算法中性能最优的一种算法作为当前最佳子优化器，然后该最佳子优化器会将当前获得的最优解和对应的最佳适应度值传递给其他算法，以为其提供更深层次的指导。该机制可以最大限度开发其内部子优化器的潜能，从而提高算法整体搜索性能。

（2）算法优化设计。

1）集体智能算法框架设计。如图 7.4.8 所示，DLCI算法由多个子算法，也称作子优化器组成，每个子优化器与最优子优化器交互协作，有效克服了单群智能算法收敛速度慢、搜索精度低等缺陷。

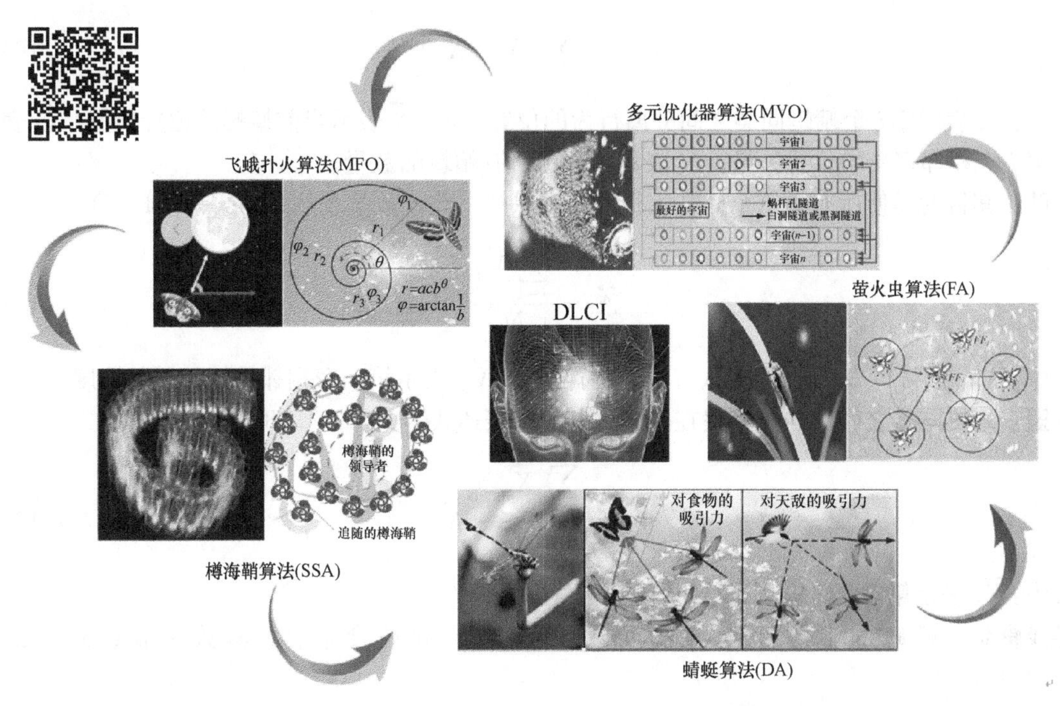

图 7.4.8　基于动态领导的集体智能算法框架结构示意图

子优化器的数量是用户根据具体优化问题综合考虑经济性和优化性能设置的。由于搜索机制的多样性，子优化器数量越多，所获得的最优解，其优化质量也越高，但也不可避免地会增加计算负担，造成计算资源的浪费。经过一系列性能仿真测试证明：当子优化器的数量设置为 5 时，可以实现收敛速度和寻优质量之间的平衡。为阐述 DLCI 算法的结构，采用了 5 个启发式算法进行进一步说明，即 DA、萤火虫算法（firefly algorithm，FA）、SSA、MFO 和多元优化算法（multi-verse optimization，MVO）。算法选择原因如下：

a. 上述 5 个算法都是较常用的群体智能算法，其原理简单，搜索效率高。其相似的群体智能优化机制，可以使他们很容易地集成到受 CI 理论（即个体智能可以通过竞争和合作转化为集体智能）启发的 DLCI 算法中，以更好地发挥各自的优势。

b. 与其他算法相比，上述 5 个算法包含的参数更少，性能更稳定，计算时间更短，能以较快的速度稳定收敛到高质量的 GMPP。

c. 上述 5 个算法受到不同自然现象或行为的启发，具有不同的搜索机制，它们的整体搜索能力是较为强大且极具动态特性。

d. 上述 5 个算法可以通过记忆存储机制保存当前最优解，从而显著提高收敛速度和全局搜索效率。

e. 在局部阴影下的光伏系统 MPPT 控制中，上述 5 个算法均表现出令人满意动态性能。因此，在类似的工作条件下，它们同样具有较大的应用潜力。

每个子优化器的主要寻优机制如下：

• **蜻蜓算法（DA）**：启发自蜻蜓的静态和动态集群行为，5 个主要行为描述如下：
分离：主要为了避免蜻蜓同类之间发生碰撞，其数学表达式为式（7.4.16）。

$$\vec{S}_i = -\sum_{j=1}^{N}(\vec{X} - \vec{X}_j) \tag{7.4.16}$$

式中：$\vec{S}_i$ 表示第 i 个蜻蜓同类之间分离行为的位置矢量；$\vec{X}$ 表示当前蜻蜓的位置矢量；$\vec{X}_j$ 表示第 j 个相邻蜻蜓的位置矢量；N 表示相邻的所有蜻蜓的数量。

排队：其目的是使所有蜻蜓个体在飞行时速度保持一致，数学表达式为式（7.4.17）。

$$\vec{A}_i = \frac{\sum_{j=1}^{N}\vec{V}_j}{N} \tag{7.4.17}$$

式中：$\vec{A}_i$ 为第 i 个蜻蜓个体排队行为的位置矢量；$\vec{V}_j$ 表示第 j 个相邻蜻蜓的飞行速度。

结盟：蜻蜓同类之间倾向于聚集在一起，其数学表达式为式（7.4.18）。

$$\vec{C}_i = \frac{\sum_{j=1}^{N}\vec{X}_j}{N} - \vec{X} \tag{7.4.18}$$

式中：$\vec{C}_i$ 表示第 i 个蜻蜓个体结盟行为的位置矢量。

寻找食物：蜻蜓的本能行为，所有个体聚集在一起捕食猎物，其数学表达式为式（7.4.19）。

$$\vec{F}_i = \vec{X}^{+} - \vec{X} \tag{7.4.19}$$

式中：$\vec{F}_i$ 表示第 i 个蜻蜓个体猎食行为的位置矢量；$\vec{X}^{+}$ 表示待捕食的猎物（食物源）所处的位置。

躲避天敌：蜻蜓的本能行为，遇到危险时，所有个体分散躲避天敌，其数学表达式为式（7.4.20）。

$$\vec{E}_i = \vec{X}^{-} + \vec{X} \tag{7.4.20}$$

式中：$\vec{E}_i$ 表示第 i 个蜻蜓个体躲避天敌行为的位置矢量；$\vec{X}^{-}$ 为天敌所处的位置。

使用步长向量（$\Delta\vec{X}$）模拟蜻蜓的飞行行为，其数学表达式如式（7.4.21）所示。

$$\Delta\vec{X}(k+1) = (s\vec{S}_i + a\vec{A}_i + c\vec{C}_i + f\vec{F}_i + e\vec{E}_i) + w\Delta\vec{X}(k) \tag{7.4.21}$$

式中：s、a、c、f、e 分别表示蜻蜓上述 5 种行为的权重；k 表示当前迭代次数；w 表示惯性权重。

因此，蜻蜓的位置矢量可通过式（7.4.22）更新。

$$\vec{X}(k+1) = \vec{X}(k) + \Delta\vec{X}(k+1) \tag{7.4.22}$$

为了使算法性能进一步强化，通常使用 Lévy 飞行的方式绕搜索空间飞行，以避免算法陷入局部最优解，如式（7.4.23）所示。

$$\vec{X}(k+1) = \vec{X}(k) + \text{Lévy}\Delta\vec{X}(k+1) \tag{7.4.23}$$

• **萤火虫算法（FA）**：启发自萤火虫的生物学特征：萤火虫会因发光强度不同而互相吸引。其中，吸引度由发光强度和距离决定。萤火虫自身光源越强，对同类的吸引度越大。但吸引度也会随距离的增大而减小。

发光强度：如式（7.4.24）所示。

$$I(r)=I_0 e^{-\gamma r_{ij}} \tag{7.4.24}$$

式中：I_0 表示最亮萤火虫的发光强度，即 $r_{ij}=0$ 处的亮度；γ 表示吸光系数，通常设置为固定常数；r_{ij} 表示第 i 只萤火虫 $\vec{X}_i$ 与第 j 只萤火虫 $\vec{X}_j$ 之间的距离，通过式（7.4.25）计算。

$$r_{ij}=\|\vec{X}_j-\vec{X}_i\|=\sqrt{\sum_{m=1}^{d}(\vec{X}_{j,m}-\vec{X}_{i,m})^2} \tag{7.4.25}$$

式中：d 表示维度；$\vec{X}_{j,m}$ 表示第 j 个萤火虫空间坐标 $\vec{X}_j$ 的 m 个分量；$\vec{X}_{i,m}$ 表示第 i 个萤火虫空间坐标 $\vec{X}_i$ 的第 m 个分量。

吸引度：如式（7.4.26）所示。

$$\beta_{ij}=\beta_0 e^{-\gamma r_{ij}^2} \tag{7.4.26}$$

式中：β_0 表示 $r_{ij}=0$ 处的吸引度。

发光弱的萤火虫会受发光强萤火虫吸引而跟随其运动。FA 主要利用这一生物学特征进行萤火虫位置更新，如式（7.4.27）所示。

$$\vec{X}_i(k+1)=\vec{X}_i(k)+\beta_0 e^{-\gamma r_{ij}^2}\cdot[\vec{X}_j(k)-\vec{X}_i(k)]+\alpha\cdot(\mathrm{rand}-0.5) \tag{7.4.27}$$

式中：α 是步长因子。

• **樽海鞘算法（SSA）**：启发自海洋中樽海鞘独特的捕食行为。樽海鞘通常聚集在一起行动，形成一条樽海鞘链。位于樽海鞘链前端的樽海鞘被视为整条链的领导者，其余的樽海鞘被视为追随者。樽海鞘个体位置的更新是根据搜索空间中领导者接收到的食物源信息而进行的，如式（7.4.28）和式（7.4.29）所示。

$$\vec{X}_j^{\mathrm{leader}}(k)=\begin{cases}\vec{F}_j(k)+c_1[(ub_j-lb_j)c_2+lb_j], & \text{如果} c_3\geqslant 0\\ \vec{F}_j(k)-c_1[(ub_j-lb_j)c_2+lb_j], & \text{否则}\end{cases} \tag{7.4.28}$$

$$\vec{X}_j^i(k+1)=\frac{1}{2}[\vec{X}_j^i(k)+\vec{X}_j^{i-1}(k)],\ \forall i\geqslant 2 \tag{7.4.29}$$

式中：$\vec{X}_j^{\mathrm{leader}}$ 表示领导者在第 j 维空间的位置矢量；$\vec{F}_j$ 表示食物源在第 j 维空间的位置矢量；ub_j 和 lb_j 分别表示第 j 维空间的上限和下限；c_1、c_2 和 c_3 是 0 到 1 之间的随机数，c_1 是收敛系数，用于控制整个群体的搜索能力，c_2 是移动长度系数，决定移动的长度，c_3 是移动方向系数，决定移动的方向；$\vec{X}_j^i$ 表示第 i 个跟随者在第 j 维空间的位置。

• **多元优化算法（MVO）**：启发自多元宇宙原理，即由大爆炸引起的多个宇宙可以通过黑洞、白洞和虫洞达到稳定状态。在 MVO 中，黑洞和白洞主要用于搜索全局最优解，而虫洞用于搜索局部最优解，如式（7.4.30）和式（7.4.31）所示。

$$\vec{X}_i^j(k+1)=\begin{cases}\vec{X}_m^j(k), & \text{如果 } r_1\geqslant NI(\vec{U}_i)\\ \vec{X}_i^j(k), & \text{否则}\end{cases} \tag{7.4.30}$$

$$\vec{X}_i^j(k+1)=\begin{cases}\begin{cases}[\vec{X}_j(k)+TDR\cdot(ub-lb)\cdot r_4+lb], & r_3<0.5\\ [\vec{X}_j(k)-TDR\cdot(ub-lb)\cdot r_4+lb], & r_3\geqslant 0.5\end{cases}, & \text{如果} r_2<WEP\\ \vec{X}_i^j(k), & \text{否则}\end{cases} \tag{7.4.31}$$

式中：$\vec{X}_i^j$ 表示第 i 个宇宙中的第 j 个变量；$\vec{X}_m^j$ 代表第 m 个宇宙中的第 j 个变量；$NI(\vec{U}_i)$ 表示第 i 个宇宙的标准膨胀率；$\vec{X}_j$ 表示当前最佳宇宙的第 j 个变量；TDR 代表虫洞旅行距离率；WEP 表示虫洞存在的概率；r_1、r_2、r_3 和 r_4 是 0 到 1 之间的随机数。

2）交互式机制设计。为了提高 DLCI 算法的收敛速度，设计了随机交换机制和动态寻优机制，使各个子优化器之间通过协作、竞争，更有效地平衡全局搜索和局部探索能力，具体如下：

a. 随机交换机制。随机选择一个子优化器中的任意两个个体与另一个子优化器中的个体进行交换。旨在增加种群的多样性，扩大全局搜索范围，以避免算法陷入局部最优解。具体步骤如下：

a）创建每个子优化器的初始种群。

b）从第一个子优化器开始，从所创建的初始种群 N_1 中随机取出两个个体（所取个体依据种群数量而定，本节设置的算法种群数量为 5，因此所选取个体数量为 2）。

c）从余下 4 个子优化器中，随机选择一个子优化器。

d）从选中的子优化器的初始种群 N_{m} 中随机取出两个个体。

e）用步骤 d）中取出的个体替换步骤 b）中取出的个体，形成新的种群 N_1^{new}，继续进行第一个子优化器的优化迭代。

f）依次对余下 4 个子优化器重复上述步骤 b)～e)。

b. 动态寻优机制。在迭代过程中，动态最优值由当前获得的最优值的子优化器确定，建模如式（7.4.32）所示。

$$O = \underset{m=1,2,\cdots,n}{\operatorname{argmax}} f_m^{\mathrm{best}}(k) \tag{7.4.32}$$

式中：O 表示动态最优值；$f_m^{\mathrm{best}}(k)$ 表示第 m 个子优化器在第 k 次迭代期间获得最优解的适应度函数；n 表示子优化器的数量。

当一个子优化器被选为动态最佳优化器时，它会把当前获得的最优解和对应的最佳适应度值传递给其他子优化器。随后，其他子优化器将会用这个最优解来代替自身当前最差解并继续迭代，这即是集体智能的体现，有效开发了子优化器的优化潜能，如图 7.4.9 所示，公式如式（7.4.33）所示。

$$\vec{X}_m^{\mathrm{worst}}(k) = \vec{X}_{\mathrm{O}}^{\mathrm{best}}(k) \tag{7.4.33}$$

式中：$\vec{X}_m^{\mathrm{worst}}(k)$ 表示第 m 个子优化器在第 k 次迭代中获得的最差解；$\vec{X}_{\mathrm{O}}^{\mathrm{best}}(k)$ 表示动态最优解在第 k 次迭代中获得的最优解。

2. 基于集体智能算法的温差发电系统最大功率点跟踪设计

图 7.4.10 给出了非均匀温差下基于动态领导的集体智慧算法的集中式温差发电系统最大功率点跟踪控制框图。MPPT 控制过程是动态进行的，DLCI 算法不断实施不同的解决方案（即占空比）到 DC-DC 逆变器以控制集中式 TEG 系统的输出电压和电流，然后 DLCI 算法根据 TEG 系统反馈回来的电压和电流评估每个解决方案的质量，直至迭代结束，选出最佳解决方案。因此，占空比 $D_{\mathrm{C}}(0 \leqslant D_{\mathrm{C}} \leqslant 1)$ 被视为 DLCI 算法中的控制变量。为了确保占空比可以限制在其下限和上限之间，应为新的解决方案实施额外的操作，如式（7.4.34）所示。

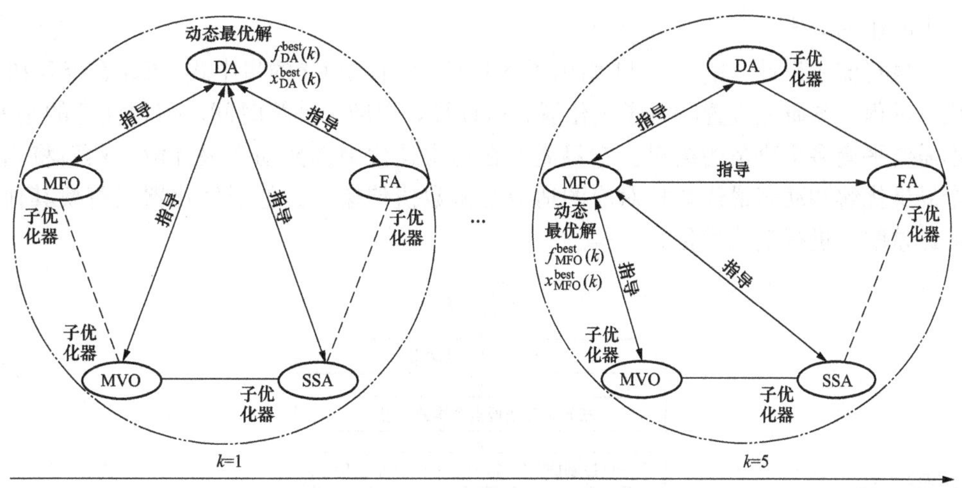

图 7.4.9　动态寻优机制原理图

$$\vec{X}^{\text{new}}(k)=\begin{cases}0,如果\vec{X}^{\text{new}}(k)<0\\1,如果\vec{X}^{\text{new}}(k)>1\end{cases} \tag{7.4.34}$$

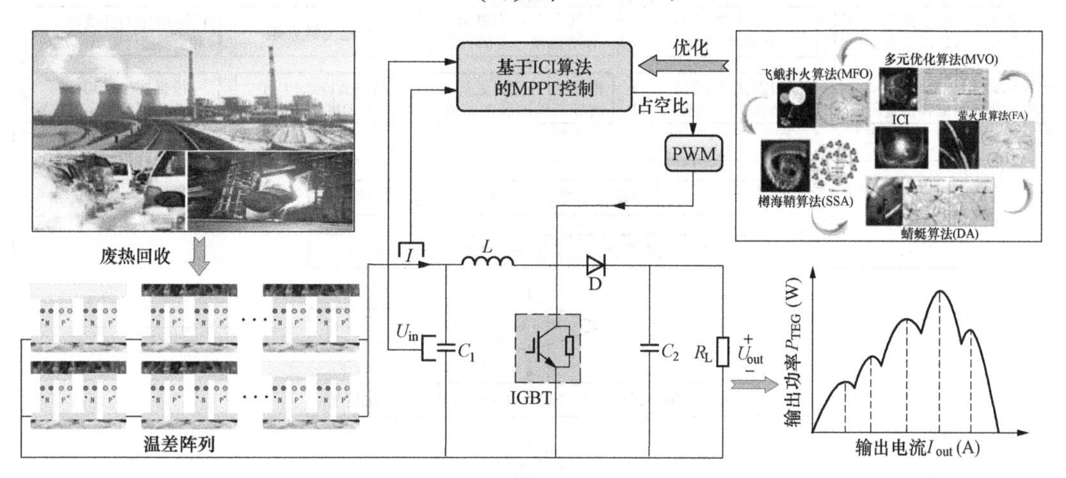

图 7.4.10　非均匀温差下基于动态领导的集体智慧算法的集中式温差发电系统最大功率点跟踪控制框图

（1）适应度函数。适应度函数的设计应较为直接地体现解决方案的质量。如式（6.4.17）所示，集中式 TEG 系统的总输出功率由输出电压 U_L 和内阻 R_{int} 决定，而内阻的值又与温差模块表面的温度相关，所以不能直接将式（6.4.17）定义为集中式 TEG 系统的目标函数，同样也不能简单地将集中式 TEG 系统的输出电压和输出电流的乘积定义为目标函数。因此，本设计将每个控制周期内（占空比内），实时采集的 TEG 系统输出电压和电流输出的乘积，定义为集中式 TEG 系统的适应度函数，建模如式（7.4.35）所示。

$$Fit(t_k)=U_L(t_k)\cdot I(t_k) \tag{7.4.35}$$

式中：$U_L(t_k)$ 和 $I(t_k)$ 分别表示在每个控制周期（占空比）t_k 内，实时采集的集中式 TEG 系统的输出电压和电流。

（2）执行流程设计。图 7.4.11 给出了 NTD 下基于 DLCI 的集中式 TEG 系统 MPPT 控制的执行过程。本研究设置所有子优化器并行计算，以减少计算时间。值得注意的是 DLCI 算法不需要平衡多个决策的结果。它只需要在每次迭代中选择动态最优解，然后将当前获得的全局最优解和动态最优解相对应的适应度函数值传递给其他子优化器以替换其他子优化器的最差解，进行迭代优化。

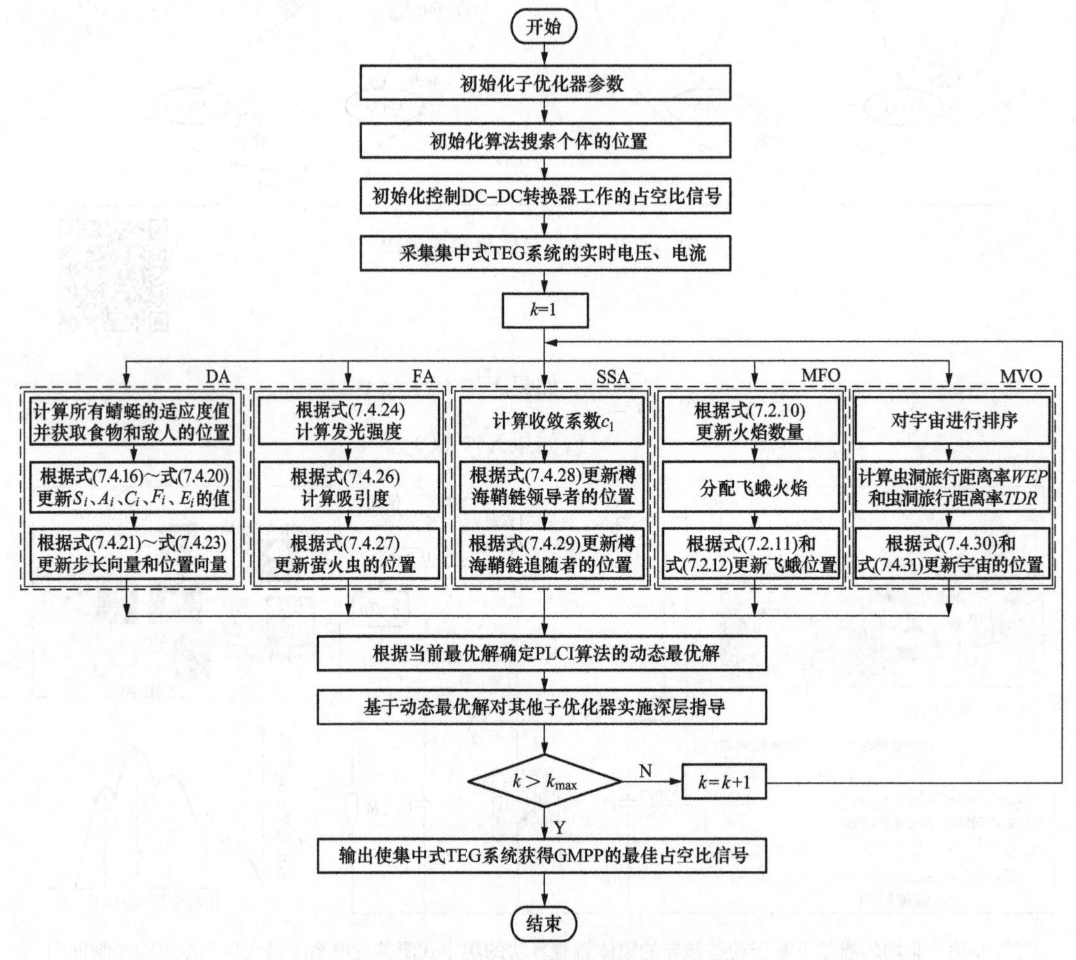

图 7.4.11　非均匀温差下基于动态领导的集体智慧算法的集中式温差发电系统最大功率点跟踪控制执行流程

（3）算法参数设置。DLCI 算法中每个子优化器的主要参数设置见表 7.4.1。它们是经过多次仿真试错分析确定的，以确保 DLCI 能够收敛到高质量的全局最优值。除表 7.4.1 所列参数外，DLCI 算法的两个最为关键的参数：种群大小 N_p 和最大迭代次数 k_{max} 也需要合理设置。N_p 和 k_{max} 的数值设置越大，算法获得更高质量最优解的概率越大，但过于频繁地执行的执行算法将浪费计算资源。且 TEG 系统需要算法能够满足快速逼近 MPP 的要求，因此所有算法在满足优化精度的同时，还需要尽可能减少计算迭代次数。根据这个原则，本节设置种群大小 $N_p=5$，最大迭代次数 $k_{max}=10$。

表 7.4.1　　基于动态领导的集体智慧算法中每个子优化器的主要参数

子优化器	参数	数值
DA	分离权重 s	0.1
	排队权重 a	0.1
	结盟权重 c	0.7
	寻找食物权重 f	1
	攻击敌人权重 e	$0.1-0.2k/k_{\max}$
	惯性权重 w	0.5
FA	吸光系数 γ	1
	步长因子 α	0.25
SSA	收敛系数 c_1	$2e^{-\left(\frac{4k}{k\max}\right)^2}$
	移动长度系数 c_2	0.5
	移动方向系数 c_3	0.5
MFO	形状常数 b	1
	线性递减因子 g	$-1-k/k_{\max}$
MVO	虫洞旅行距离率 TDR	$1-k^{\frac{1}{6}}/(k_{\max})^{\frac{1}{6}}$
	虫洞存在的概率 WEP	$0.2+0.8k/k_{\max}$

7.4.3 集中式温差发电系统最大功率点跟踪控制算例分析

1. 仿真模型设计

(1) Boost 电路仿真模型。DC-DC 转换电路是集中式 TEG 系统进行 MPPT 控制必不可少的部分。依据上文的分析，本节设计了用于后续算例的集中式 TEG 系统 Boost 电路模型，如图 7.4.12 所示。开关元件选用 IGBT（蓝色模块），其控制变量为占空比信号。设置集电极（C）-发射极（E）电压为正，当在栅极（G）输入端施加 0 信号（$g=0$）时，IGBT 将闭合。此时，储存了电能的电容器 C_1 向电感 L 充电，电感 L 开始储存能量。同时，电容器 C_2 也将自身储存的能量释放给负载 Load。当在栅极（G）输入端施加正信号（$g>0$）时，IGBT 将开启。此时，电感 L 将和电容器 C_1 一起通过二极管 D 把储存的电能释放到电容器 C_2 和负载 Load 上。

其中，电感 L 是 Boost 电路完成升压的关键，当 IGBT 闭合时，电感 L 将电能储存起来；IGBT 断开后，电感释放所储存的电能，这个能量和电容器 C_1 输出的电能叠加一起供给负载 Load 使用。正因如此，负载 Load 两端的电压将高于电容器 C_1 两端的电压，升压过程完成。反向二极管主要起隔离的作用。当 IGBT 闭合时，二极管左侧为负极，右侧为正极，由于右侧与电容器 C_2 连接，左侧与电感连接，正极电压高于负极电压，二极管处于反向偏置状态。这样，电感 L 的储能就不会影响电容器 C_2 向负载供能。

(2) 温差发电 MPPT 控制系统仿真模型。综合上述分析，基于 DLCI 算法的集中式 TEG 系统 MPPT 控制模型，如图 7.4.13 所示。该模型在温差阵列模型和 boost 电路模型的基础上，连接了基于 DLCI 算法的 MPPT 控制模块（绿色模块）。本节使用 S-function 模

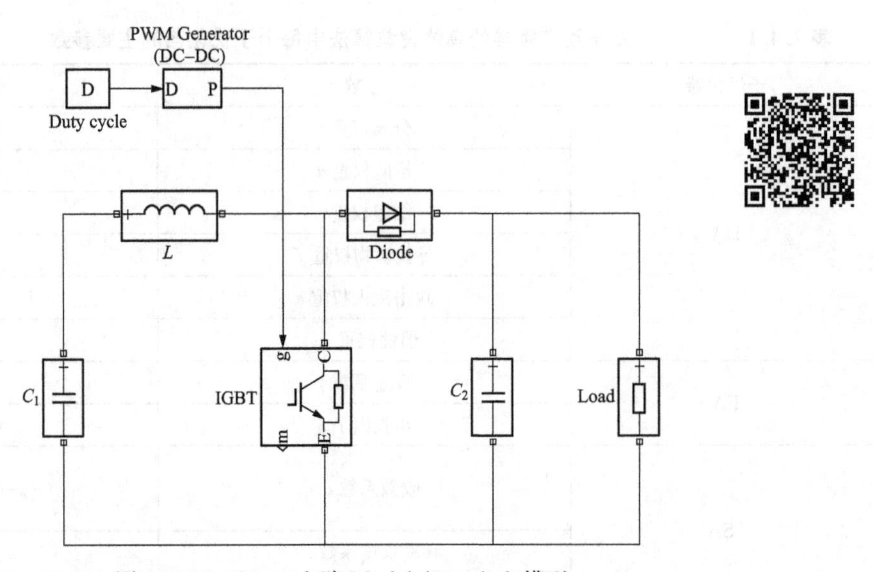

图 7.4.12　Boost 电路 Matlab/Simulink 模型

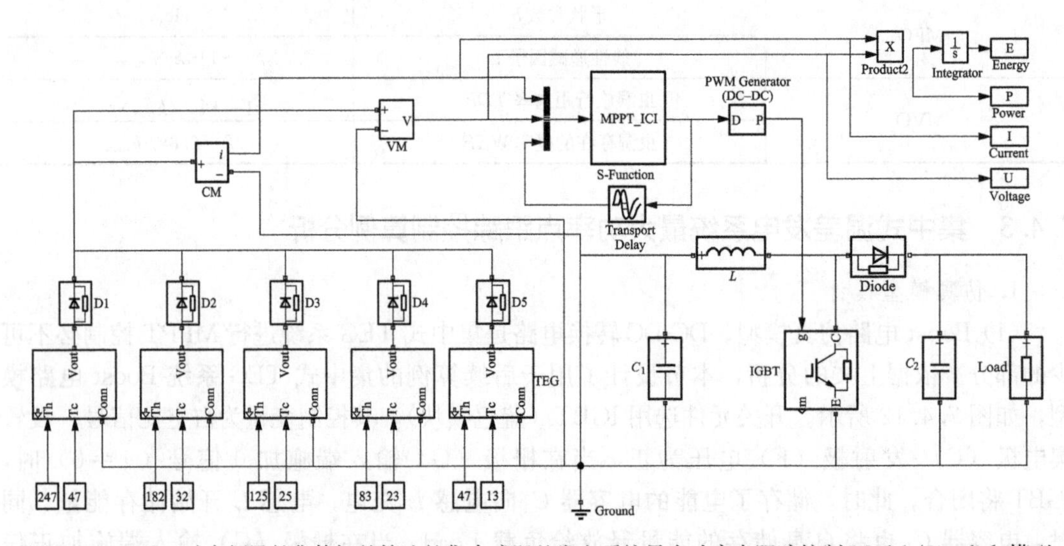

图 7.4.13　基于动态领导的集体智慧算法的集中式温差发电系统最大功率点跟踪控制 Matlab/Simulink 模型

块来设计基于 DLCI 算法的 MPPT 控制器。S-function 是一个动态系统的计算机语言描述，它提供了从模块访问以 S-Function 命名的 m 文件的途径，从而使 Matlab 和 Simulink 进行交互，实现 Matlab 程序直接控制硬件端口的操作。m 文件载有基于 DLCI 算法实现 MPPT 控制的优化程序，控制变量为 S-function 模块温差阵列的瞬时输出电压和电流，该电压和电流通过 VM 模块和 CM 模块采集获得。因为该电压和电流的值由占空比决定，所以真正的控制变量实际上是占空比，而使基于 DLCI 算法的 MPPT 控制器捕获最大 TEG 系统输出功率的占空比即为 DLCI 算法的最终解。为了判定 DLCI 算法是否收敛到最优解，加入了延时模块，将此次获得的占空比返回到输入端，使其与下一次得到的最优占空比进行比较，如果基于两个占空比得到的集中式 TEG 系统输出功率值相等，则说明 DLCI 算法已经收敛，反之则进行下一次迭代。当算法收敛后，最

优占空比信号将经过 PWM Generator 模块转换为脉冲信号，以控制 IGBT 开关的通断，使 Boost 转换电路完成升压工作。

2. 算例设计与分析

(1) 仿真环境设置。为了评估 DLCI 算法相对于集中式 TEG 系统的 MPPT 控制性能，本节设置了 4 种不同的温差情境作为研究算例，包括固定温度、阶跃温度、随机温度和灵敏度分析，并在上述 4 种情境下将 DLCI 算法分别与 DA、FA、SSA、MFO、MVO5 种子优化器算法进行比较。为保证竞争的公平性，所有算法均在相同的仿真环境下进行测试，即 DLCI 算法及其对比算法的种群大小和最大迭代次数均设置为 $N_p=5$，$k_{max}=10$；控制时间设置为 0.01s（即算法每 0.01s 更新一次占空比）。集中式 TEG 系统及其 Boost 转换电路的主要参数见表 7.4.2。

表 7.4.2　　集中式温差发电系统及其 Boost 转换电路的主要参数

温差模块		Boost 转换电路	
并联的温差模块串数	5	转换函数	$U_{out}=U_{in}/(1-D_C)$
每串的温差模块数量	200	开关频率	$f_s=20\text{kHz}$
塞贝克系数的初始变化率	$\alpha_0=210\mu\text{V/K}$	负载	$R=3\Omega$
塞贝克系数的变化率	$\alpha_1=120\mu\text{V/K}$	电感	$L=250\text{mH}$
参考温度	$T_0=300\text{K}$	电容	$C_1=66\mu\text{F}$，$C_2=200\mu\text{F}$

值得注意的是：上述 4 种情境设置的温度梯度和负载条件并不是真实条件，而是对真实条件的一种模拟，旨在验证 DLCI 算法在各种温度梯度条件下的动态响应性能。

(2) 性能评估标准。为了更明确、定量地评价不同算法的优化稳定性，设定了两个指标（Δv^{avg} 和 Δv^{max}）来反映 6 种 MPPT 控制算法下集中式 TEG 系统输出功率的振荡幅度，如下

$$\Delta v^{avg}=\frac{1}{T_{all}-1}\sum_{t=2}^{T_{all}}\frac{|P_{out}(t)-P_{out}(t-1)|}{P_{out}^{avg}} \tag{7.4.36}$$

$$\Delta v^{max}=\max_{t=2,3,\cdots,T_{all}}\frac{|P_{out}(t)-P_{out}(t-1)|}{P_{out}^{avg}} \tag{7.4.37}$$

式中：Δv^{avg} 和 Δv^{max} 分别表示集中式 TEG 系统输出功率的平均振荡率和最大振荡率；t 代表时间；T_{all} 表示总执行时间；P_{out}^{avg} 表示集中式 TEG 系统在整个执行周期内的平均输出功率。

1) 固定温度。此算例旨在验证基于 DLCI 算法的集中式 TEG 系统在固定温度下的 MPPT 控制性能。模拟的热端和冷端输入温度见表 7.4.3。图 7.4.14 从功率、电压、电流和能量 4 个方面全方位展示了基于 DLCI 算法和对比算法的集中式 TEG 系统 MPPT 响应结果。从图 7.4.14 可以看出：相较于其他对比算法，DLCI 算法能以最短的时间迅速收敛到一个高质量的 GMPP，这也说明集合了 5 种优秀性能的 DLCI 算法拥有较为强大的全局搜索能力，极大地开发了子优化算法的寻优潜能。同时，因为启发式算法自身的强随机性，无论是 DLCI 算法，还是 5 个对比算法都不可避免地令集中式 TEG 系统出现了明显的功率振荡。但是，由图 7.4.14 (a) 和图 7.4.14 (d) 可以很容易发现，在所有算法中，DLCI 算法具有最小的功率振荡，且其输出能量最高。这也进一步说明，随机交换机制和动态寻优机制在 DLCI 算法上得到了有效应用，显著改善了启发式算法固有的强随机性特征，使

DLCI 算法在全局搜索和局部探索之间取得了有效的动态平衡。

表 7.4.3　　　　固定温度下集中式温差发电系统热端和冷端的温度

TEG 串	1号	2号	3号	4号	5号
热端温度（℃）	247	182	125	83	47
冷端温度（℃）	47	32	25	23	13

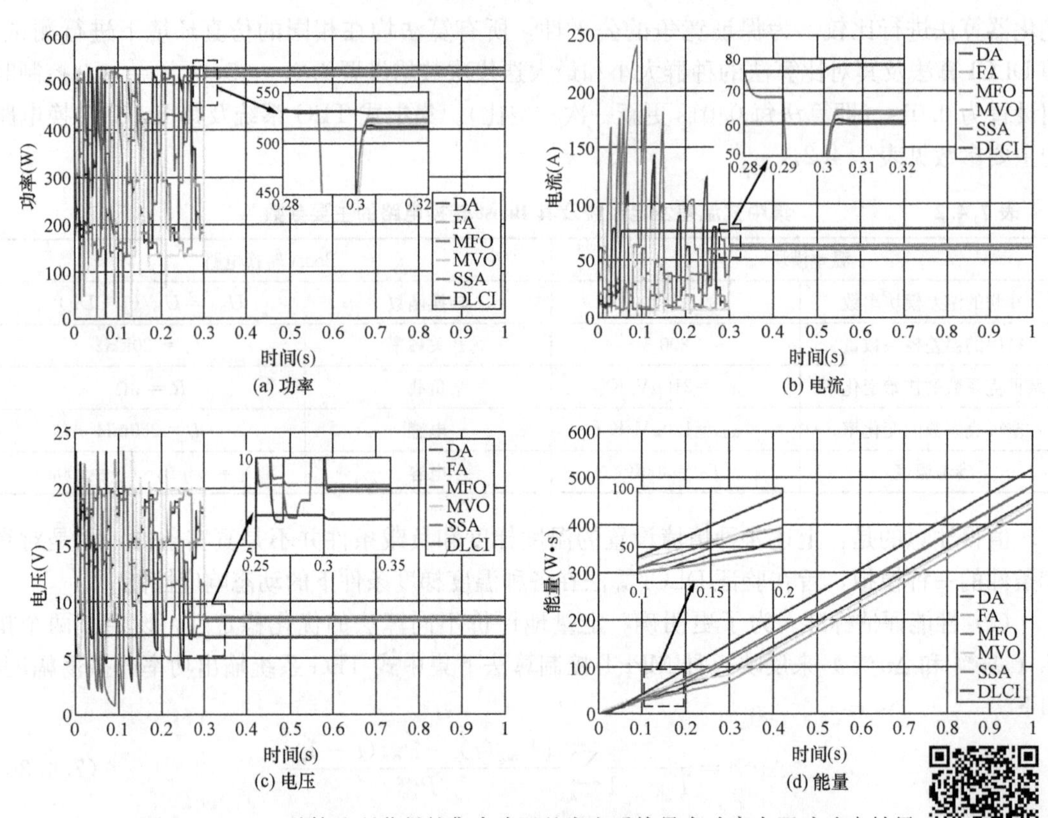

图 7.4.14　6 种算法所获得的集中式温差发电系统最大功率点跟踪响应结果

2）阶跃温度。实际应用中，集中式 TEG 系统周围环境温度通常不是固定不变的，而是随着时间发生缓慢的阶跃变化。因此，本算例模拟了集中式 TEG 系统在短时间内其表面温度随时间发生阶跃变化的过程，温度设置为每秒变化一次，如图 7.4.15（a）和图 7.4.15（b）所示。假设温差阵列中每一串的温差模块热端温度均随时间发生不同的变化，而冷端温度均发生相同的变化。每次温度变化时，都将执行一次 MPPT。图 7.4.16 给出了所有算法在一系列阶跃温度变化下所获得的 MPPT 响应结果。同样，DLCI 算法仍然具有其他对比算法无法匹敌的优越性能。在每一温度下，基于 DLCI 算法的 MPPT 控制方法仍然能以最小的功率振荡捕获最大的输出能量，所产生的能量分别为 DA、FA、SSA、MFO 和 MVO 的 109.24%、112.54%、108.61%、107.10%和 116.75%。同时，可以很容易地发现，MVO 产生的能量最小，仅为 DLCI 算法的 85.65%。这表明 MVO 具有较大的概率会陷入低质量 LMPP。相反，DLCI 算法能够找到一个收敛速度更快、功率振荡更小的高质量 GMPP，这也进一步验证了各种子优化器之间的相互作用可以显著提高算法的收敛速度和稳定性。

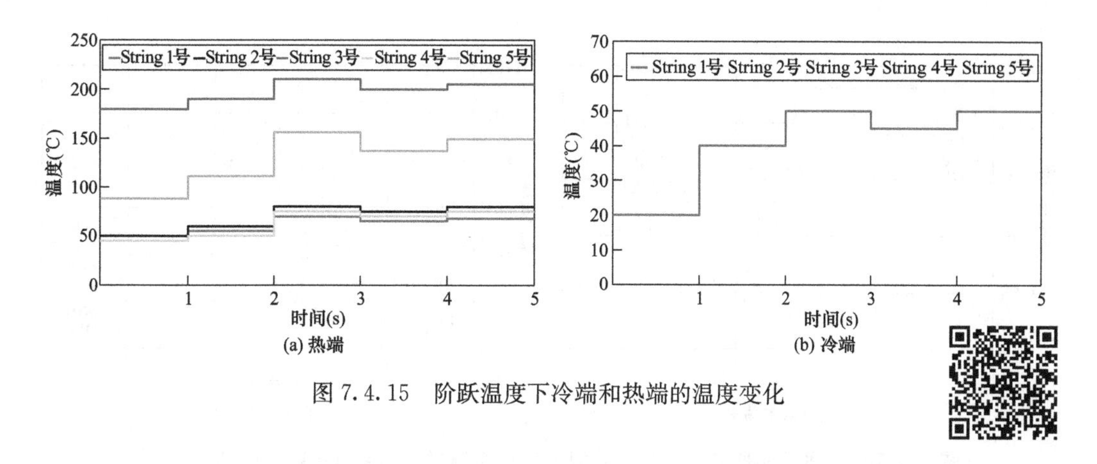

图 7.4.15 阶跃温度下冷端和热端的温度变化

为了进一步说明DLCI算法的稳定性，本节给出了6种算法的平均功率振荡率和最大功率振荡率曲线，如图 7.4.16（e）和图 7.4.16（f）所示。其值通过选取每一温度下集中式TEG系统的输出功率，然后根据式（7.4.36）和式（7.4.37）计算获得。每一温度均有各自的平均功率振荡率和最大功率振荡率。由图 7.4.16 可知，相较于其他对比算法，DLCI算法具有最小的平均功率振荡率和较小的最大功率振荡率，该结果进一步表明DLCI算法强的鲁棒性。

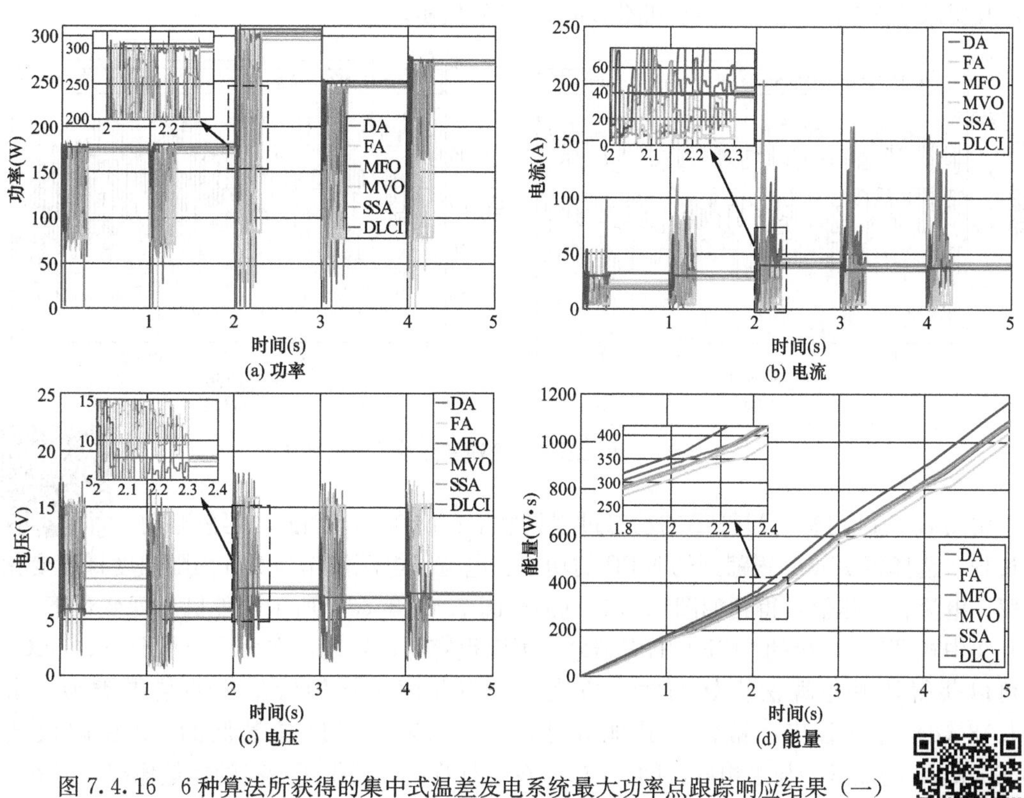

图 7.4.16 6种算法所获得的集中式温差发电系统最大功率点跟踪响应结果（一）

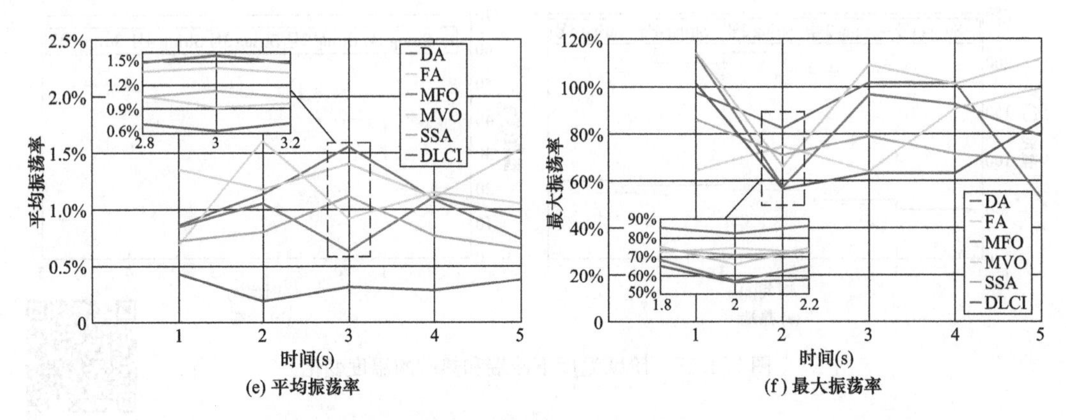

图 7.4.16　6 种算法所获得的集中式温差发电系统最大功率点跟踪响应结果（二）

3）随机温度。在实际工程实践中，集中式 TEG 系统周围的温度变化不再是一个短期的过程，但随时间发生阶跃变化的规律并没有发生改变。温度的快速变化将导致算法频繁地执行，以获取 MPP，这不可避免地导致 MPPT 的控制性能降低。所以在实际应用中，会采用各种方法使温度的变化过程减缓。因此，本算例设置外界温度每 15min 变化一次。此外，随着时间的延长，集中式 TEG 系统周围外界环境也不再是一成不变，其温度也不再是简单的阶跃变化。本算例设置 TEG 系统表面温度随时间发生随机变化，以应对复杂且动态的外界环境，其变化过程如图 7.4.17（a）和图 7.4.17（b）所示。

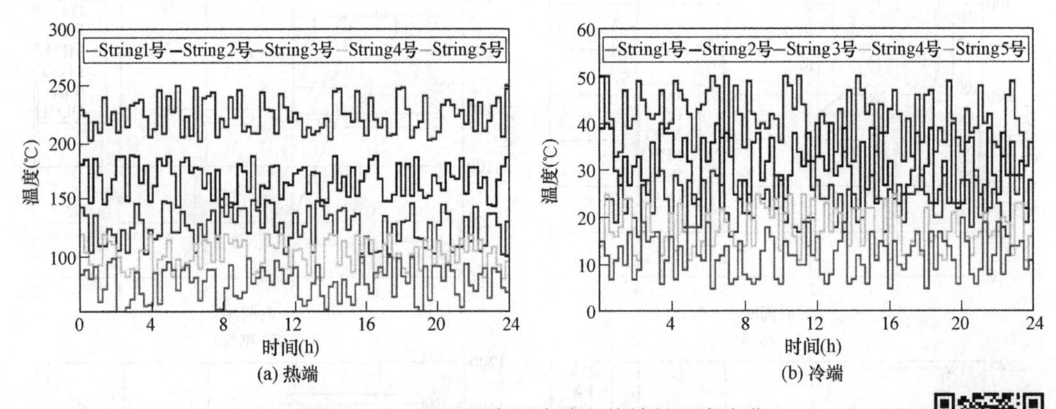

图 7.4.17　随机温度下冷端和热端的温度变化

由图 7.4.14 可知，MPPT 的动态过程只发生在前 0.3s。因此，可忽略动态过程，选择每 15min 跟踪到的 MPP 的功率、电流、电压值作为 24h 内随温度梯度变化的功率、电流、电压值，得到如图 7.4.18（a）～图 7.4.18（d）所示的随机温度变化下（24h 内）集中式 TEG 系统的 MPPT 响应结果。可以很容易地发现，在大多数情况下，DLCI 算法可以获得比其他算法更好的解决方案，这与前两个算例所呈现的结果类似。由图 7.4.18（d）可以看出：相较于其他算法，DA 产生的能量是最低的，24h 内仅产生 10.604kWh 的能量。与之相反，DLCI 算法在所有算法中获得了最高的能量输出，其在 24h 内产生的能量为 13.811kWh，超出 DA 所产能量的 30.24%。此外，图 7.4.18（e）和图 7.4.18（f）也给出了基于 6 种算法所获得的平均功率振荡率和最大功率振荡率曲线。其结果表明：虽然 DLCI 算法也像其他启发式算法一样，避免不了由于自身固有的强随机性导致的集中式 TEG 系统功率振荡问题。但是 DLCI 算法所呈现的平均功率振荡率和最大功率振荡率曲线变化率明显小于其他对比算法，这也进一步验证了交互式机制的有效性。

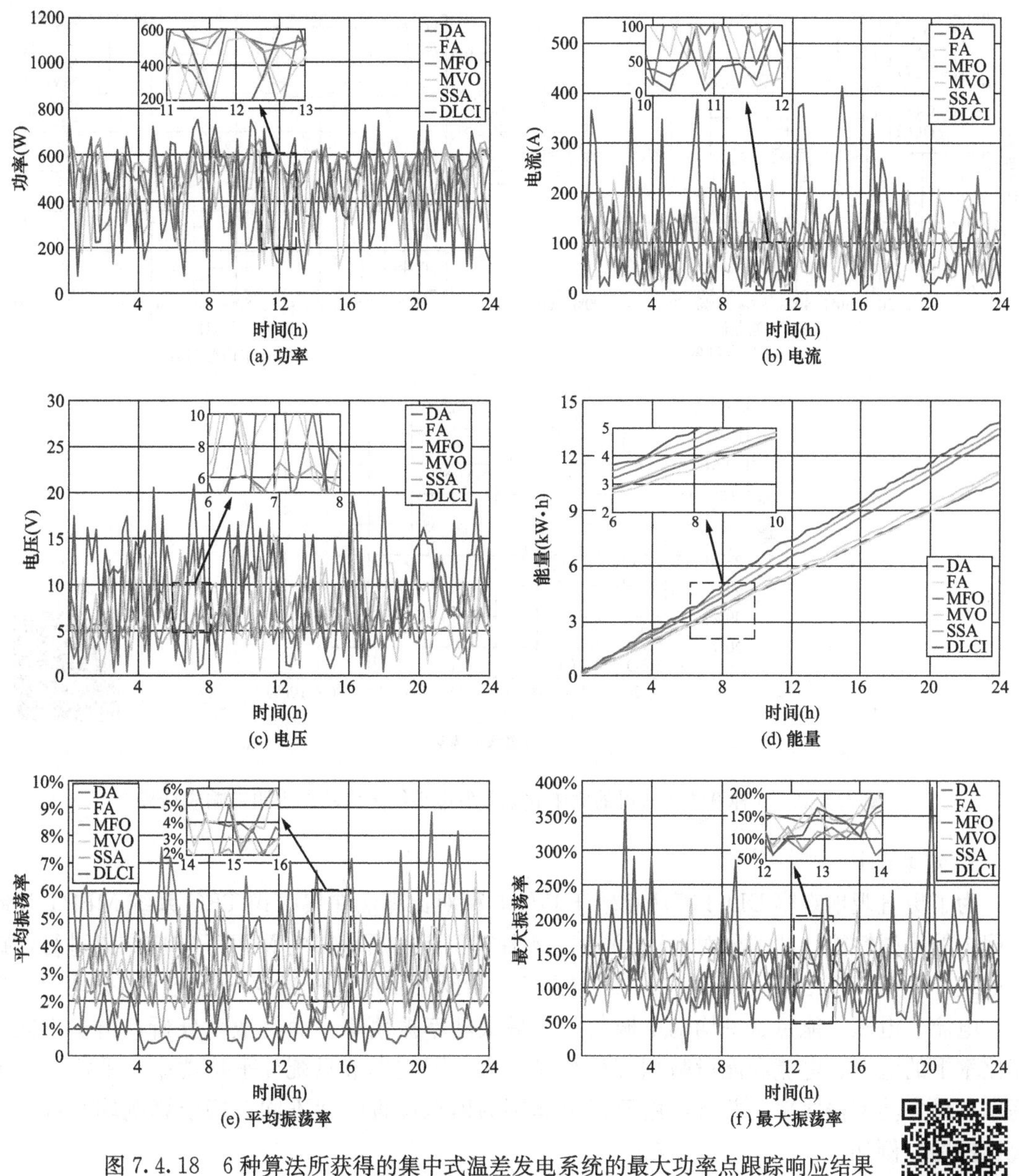

图 7.4.18　6 种算法所获得的集中式温差发电系统的最大功率点跟踪响应结果

4）灵敏度分析。为了进一步分析集中式 TEG 系统输出功率相对输入温度的敏感性，设置了从 0%到 100%的多个温度比率，比率间隔为 5%。热端和冷端的温度参照固定温度，见表 7.4.3。图 7.4.19 给出了基于 6 种算法所获得的集中式 TEG 系统的平均功率输出、平均功率振荡率和最大功率振荡率的灵敏度分析结果。从图 7.4.19（a）可以看出系统的平均输出功率将随着温度比率的增大而升高，这表明：TEG 系统对温度比较敏感，温度比率越大，TEG 系统的平均输出功率越大。而平均功率振荡率和最大功率振荡率在各种温度比率下往往是随机变化的，这说明温度对 TEG 系统的功率波动影响不大。由图 7.4.19（b）和图 7.4.19（c）可以看出，DLCI 算法相较于其他对比算法具有较小的功率振荡，这也意味着 DLCI 算法与其他算法相比具有更高的稳定性。

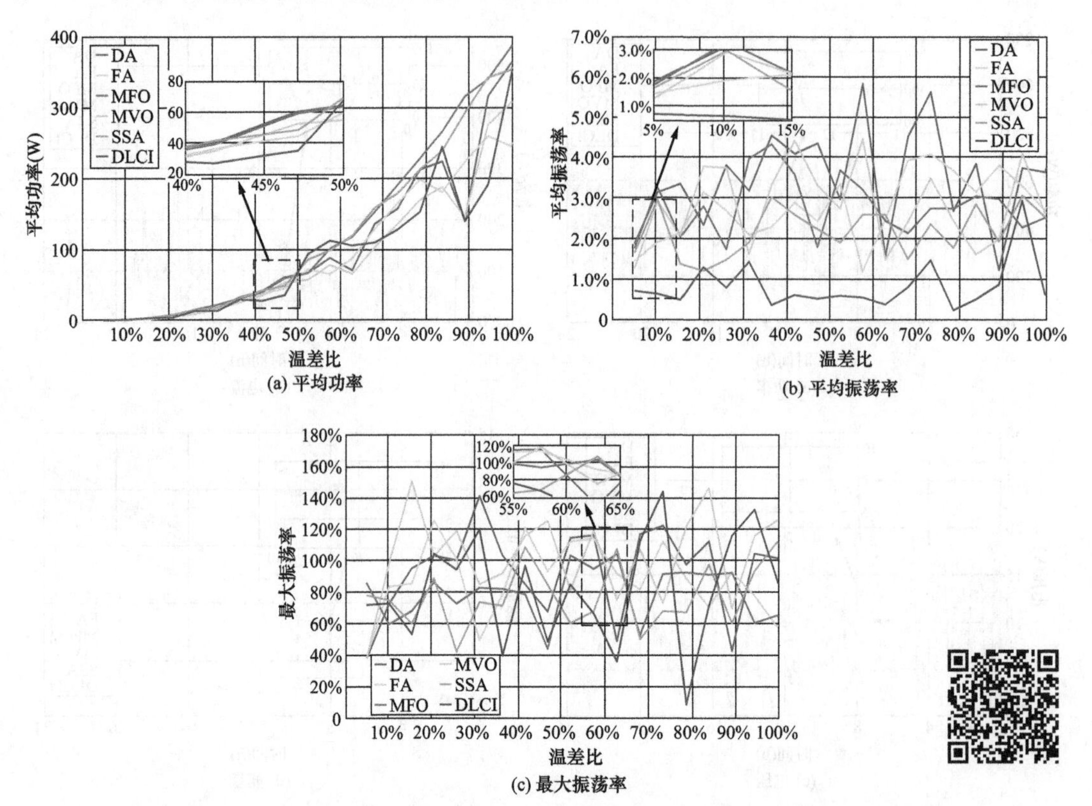

图 7.4.19　6 种算法所获得的集中式温差发电系统最大功率点跟踪响应结果

3. 定量统计

为了更直观地观察 DLCI 算法相较于其他 5 种对比算法在集中式 TEG 系统 MPPT 控制应用中的优越性能，此部分对上述 1)～4) 4 种算例下的所获得的 MPPT 响应结果进行数据定量统计分析，其结果见表 7.4.4。固定温度、阶跃温度和随机温度下的统计指标均为：功率、电流、电压、能量、平均功率振荡率和最大功率振荡率。而灵敏度分析，由于不同温度比率下的电压、电流和能量数据统计意义不大，因此本节只统计平均功率、平均功率振荡率和最大功率振荡率。并且，由于每个算例的模拟设置时间不同，每个算例均有各自的统计标准。例如：

（1）固定温度下（短时）：选择优化算法跟踪到的 MPP 的功率、电流和电压作为相应指标的统计结果，选择整个控制时间内的能量输出作为能量指标的统计结果，选择平均功率振荡率和最大功率振荡率的计算结果作为对应指标的统计结果。

（2）阶跃温度/随机温度下（长时）：每次温度变化时，MPPT 控制器将执行一次，因此可选择每个温度下优化算法跟踪到的 MPP 的功率、电压和电流的平均值作为相应指标的统计结果，同样选择整个控制时间内的能量输出作为能量指标的统计结果，选择每个温度下的平均功率振荡率和最大功率振荡率计算结果的平均值作为对应指标的统计结果；选择每个温度比率下的平均功率振荡率和最大功率振荡率计算结果的平均值作为对应指标的统计结果。

由统计结果分析可知，在固定温度、阶跃温度和随机温度下，DLCI算法均能产生最大的能量和最小的平均功率振荡率。在固定温度下，DLCI算法可以获得最小的平均功率振荡率和最大功率振荡率，其中DLCI算法获得的平均功率振荡率分别仅为DA、FA、SSA、MFO和MVO的15.09%、25.76%、21.15%、33.29%和17.64%。在阶跃温度下，DLCI算法产生的能量分别为DA、FA、SSA、MFO和MVO的109.24%、112.54%、108.61%、107.10%和116.75%。随机温度下，分别为DA、FA、SSA、MFO和MVO所产生能量的130.24%、125.09%、102.23%、104.70%和123.84%。灵敏度分析中，DLCI算法仍然可以获得最小的平均功率振荡率，仅为DA、FA、SSA、MFO和MVO的22.42%、28.27%、37.05%、29.42%和28.31%。因此，就稳定性和优化性能而言，DLCI算法的优化性能可被认为是6种算法中最令人满意的。

表7.4.4　4种算例下优化算法所获得的统计结果

算例	指标	DA	FA	SSA	MFO	MVO	DLCI
固定温度	功率(W)	515.897	522.808	521.682	514.007	519.946	529.686
	电流(A)	60.705	63.718	63.169	59.994	62.375	78.068
	电压(V)	8.498	8.205	8.258	8.567	8.336	6.785
	能量(W·s)	453.083	434.167	479.367	481.105	446.872	517.814
	Δv^{max}(%)	119.941	113.788	77.428	91.980	113.916	59.316
	Δv^{avg}(%)	3.698	2.166	2.638	1.676	3.163	0.558
阶跃温度	功率(W)	233.776	231.850	232.724	232.399	230.921	237.459
	电流(A)	32.509	33.856	31.795	35.017	31.364	33.897
	电压(V)	7.195	7.085	7.311	6.916	7.344	6.927
	能量(W·s)	1073.130	1041.731	1079.356	1094.592	1004.125	1172.317
	Δv^{max}(%)	86.970	78.390	74.920	87.600	100.380	73.650
	Δv^{avg}(%)	1.080	1.079	0.810	0.910	1.310	0.320
随机温度	功率(W)	441.832	460.038	562.904	549.640	464.667	575.437
	电流(A)	90.560	87.039	106.502	108.452	88.657	81.849
	电压(V)	7.485	7.286	5.691	5.820	7.225	10.171
	能量(kWh)	10.604	11.041	13.510	13.191	11.152	13.811
	Δv^{max}(%)	140.067	125.978	106.340	99.710	144.340	128.850
	Δv^{avg}(%)	4.696	3.182	2.310	2.580	3.510	0.960
灵敏度分析	平均功率(W)	116.965	106.113	133.877	139.263	100.847	112.063
	Δv^{max}(%)	114.541	107.844	97.842	97.953	124.000	106.333
	Δv^{avg}(%)	3.613	2.865	2.186	2.753	2.861	0.810

7.4.4　小结

本节提出了一种基于集体智慧算法的温差发电系统MPPT方法，其贡献点主要可概括为以下四个方面：

(1) 简要介绍了TEG系统的分类和组成，并发现了集中式TEG系统的大规模工程应用潜力。基于热力学的基本知识和热电耦合效应分析了TEG系统的工作原理，并据此对TEG系统进行数学建模。基于仿真模型分别对UTD和NTD下TEG系统的输出特性进行分析，探究温度条件变化对TEG系统输出功率的影响程度。

(2) 简要分析了MPPT的基本工作原理，然后对实现MPPT的DC-DC转换电路的工作原理和电路结构进行详细介绍，并对比多种DC-DC转换电路的适用范围和优缺点，选出适合用于集中式TEG系统MPPT控制的Boost转换电路。随后，对MPPT方法进行展开介绍，包含常用的传统MPPT方法（P&O、INC、OCV和SCC）和适用于NTD的智能MPPT方法（PSO、GWO、ACS和FASO），并从适用温度条件和优缺点方面对这两类MPPT控制方法进行比较分析。最后，基于上述分析展开介绍了集中式TEG控制系统的设计原理及其工作过程。

(3) 详细介绍了DLCI算法的设计原理，阐述该算法相较于其他算法的优势所在，然后对DLCI算法的设计框架进行详细介绍，该算法由5个启发式算法构成，通过所设计的随机交换机制和动态寻优机制交互协作，克服了常规启发式算法收敛速度慢、搜索精度低等缺陷。基于DLCI算法进行集中式TEG系统MPPT控制设计，并从控制框架、适应度函数、执行流程及合理的控制参数4个方面展开分析介绍。

(4) 对带有MPPT控制的集中式TEG系统进行模型设计，然后设置仿真环境、模块参数和性能评估标准，基于4个研究算例：固定温度、阶跃温度、随机温度和灵敏度分析将DLCI算法的优化性能与5个子优化器算法（DA、FA、SSA、MFO、MVO）进行对比与分析，并对4个算例下所获得的集中式TEG系统MPPT响应结果进行统计分析，进一步证实了DLCI算法的强大全局搜索能力。无论何种温差情境，基于DLCI算的MPPT控制方法均能以较快的速度收敛到GMPP并进行平稳的功率输出，具有良好的稳态性能和动态性能。

7.5 基于贪婪神经网络的集中式温差发电系统最大功率点跟踪

7.5.1 基于贪婪搜索的神经网络算法

1. 控制框架

GSNN实现MPPT的控制框架包括训练神经网络和贪婪搜索两部分，如图7.5.1所示。首先，将前馈神经网络的输入和输出分别设置为DC-DC升压变换器的占空比和对应的TEG系统输出功率，进行神经网络训练。然后，基于神经网络训练拟合的输入-输出（I/O）曲线，执行贪婪搜索，得到新的训练样本，并重新训练神经网络。上述过程将反复执行，直至满足算法迭代终止条件。

2. 训练神经网络

由MPPT控制结构可知，集中式TEG系统总输出功率$P_{\mathrm{TEG}\Sigma}$与DC-DC升压变换器占空比的特性曲线与$P_{\mathrm{TEG}\Sigma}$-U_{L}曲线一样，是一条具有多个局部极值的单输入-单输出非线性曲线。因此，采用简单的双层前馈神经网络即可实现上述单输入-单输出非线性曲线的良好拟合。双层前馈神经网络的结构如图7.5.1所示，其由输入层、隐含层和输出层组成。

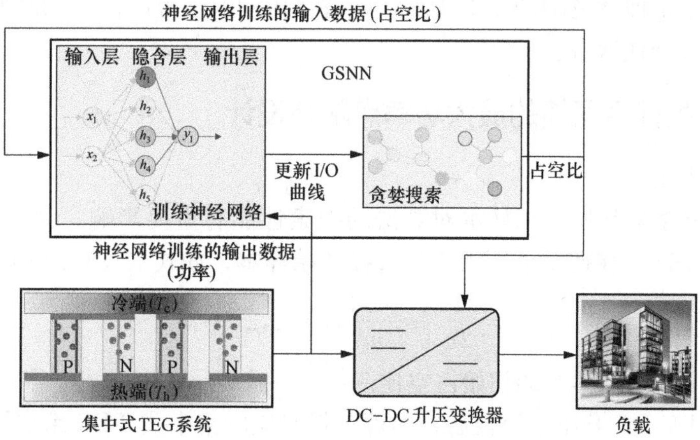

图 7.5.1 贪婪神经网络整体控制框架

为实现集中式 TEG 系统的 MPPT，分别将前馈神经网络的输入、输出矢量设置为 DC-DC 升压变换器占空比和对应的 TEG 系统输出功率，如式（7.5.1）所示。

$$x=\begin{bmatrix}x_1\\x_2\\\vdots\\x_n\end{bmatrix},y=\begin{bmatrix}y_1\\y_2\\\vdots\\y_n\end{bmatrix} \tag{7.5.1}$$

式中：x 为占空比矢量，即输入层输入矢量；y 为系统输出功率矢量，即输出层输出矢量；n 为训练样本数。

隐含层和输出层的输出分别为式（7.5.2）和式（7.5.3）。

$$h_j=f_{\mathrm{h}}(w_j^{\mathrm{in}}x+\theta_j),j=1,2,\cdots,J \tag{7.5.2}$$

$$y=f_{\mathrm{out}}(\sum_{j=1}^{J}w_j^{\mathrm{out}}h_j+\theta^{\mathrm{out}}) \tag{7.5.3}$$

式中：h_j 是第 j 个隐含层神经元的输出矢量；w_j^{in} 是输入层和第 j 个隐含层神经元之间的权值；w_j^{out} 是输出层和第 j 个隐含层神经元之间的权值；θ_j 是第 j 个隐含层神经元的阈值；θ^{out} 是输出层的阈值；J 是隐含层神经元总数；f_{h} 和 f_{out} 分别是隐藏层神经元和输出层神经元的激活函数，本节分别设计为 Sigmoid 函数和线性函数，如式（7.5.4）所示。

$$f_{\mathrm{h}}(z)=\frac{1}{1+\mathrm{e}^{-z}},f_{\mathrm{out}}(z)=z \tag{7.5.4}$$

3. 贪婪搜索

基于神经网络训练拟合的 I/O 曲线，GSNN 采用贪婪搜索来逼近真实的功率全局最优点。为提高收敛速度，贪婪搜索范围设计为随迭代次数的增加而逐渐压缩，如式（7.5.5）和式（7.5.6）所示。

$$x_{k+1}=\max_{lb_k\leqslant x\leqslant ub_k}f_k^{\mathrm{NN}}(x) \tag{7.5.5}$$

$$\begin{cases}lb_k=x_k^{\mathrm{best}}/(k_{\max}+1-k)\\ub_k=x_k^{\mathrm{best}}+(1-x_k^{\mathrm{best}})/k\end{cases} \tag{7.5.6}$$

式中：k 表示迭代次数；x_{k+1} 是第 $k+1$ 次迭代的占空比；f_k^{NN} 是神经网络在第 k 次迭代的映

射函数；lb_k 和 ub_k 是搜索范围的上下边界，即占空比的取值范围；x_k^{best} 是第 k 次迭代的当前最优解 k_{max} 是最大迭代次数。

7.5.2 基于贪婪神经网络的最大功率点跟踪设计

1. 神经网络设计

通常，神经网络的初始训练样本对算法的搜索性能有重要影响。为增加初始样本的代表性及多样性，GSNN 在搜索范围内均匀选择初始样本，如式（7.5.7）所示。

$$x_i^0 = \frac{1}{2n} + \frac{i-1}{n}, i = 1, 2, \cdots, n \tag{7.5.7}$$

式中：x_i^0 表示第 i 个训练样本的初始占空比。

占空比进入 DC-DC 升压变换器后，即可获得对应的集中式 TEG 系统输出功率，即第 i 个训练样本的实际输出值，如式（7.5.8）所示。

$$\hat{y}_i = U_{in}(x_i) \cdot I(x_i) \tag{7.5.8}$$

式中：$\hat{y}_i$ 是第 i 个训练样本期望的输出功率，即实际值；$U_{in}(x_i)$ 和 $I(x_i)$ 分别表示执行占空比 x_i 后集中式 TEG 系统的输出电压和电流。

目前，常用的神经网络训练方法有 Momentum 法、Adagrad 法和 Levenberg-Marquardt 法等。其中，Levenberg-Marquardt 法具有稳定性高、收敛速度快的优点，适合全局寻优。因此，本节选择其训练神经网络，以满足集中式 TEG 系统 MPPT 实时计算的需求。

将训练样本预测值与期望值的均方误差作为神经网络训练的目标函数，以最小化两者间的差异，如式（7.5.9）所示。

$$E = \frac{1}{2n}\sum_{i=1}^{n}(y_i - \hat{y}_i)^2 \tag{7.5.9}$$

式中：y_i 是第 i 个训练样本预测的输出功率。

基于上述设计，将初始训练样本数设置为 10，进行神经网络预训练，结果如图 7.5.2 所示。由图 7.5.2 可知，由初始样本获得的 I/O 曲线与实际曲线已十分接近。而随着样本数的增加，实际曲线与拟合曲线间的拟合误差将逐渐减小。

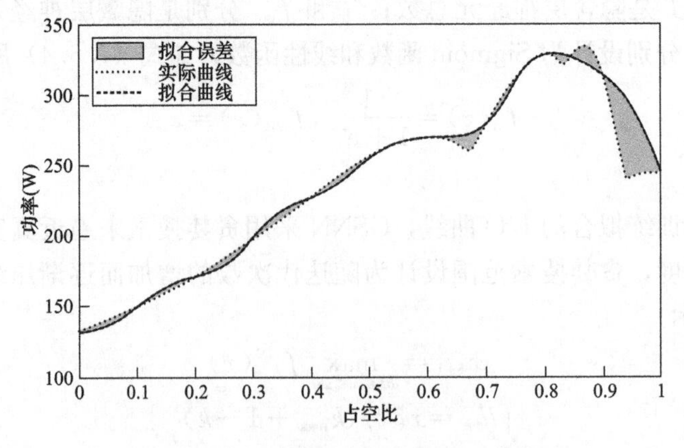

图 7.5.2 初始样本拟合的 I/O 曲线

2. 参数设置

在GSNN中，有五个主要参数对算法性能有重要影响，包括：初始训练样本数n_0、最小二乘法最大迭代次数I_{max}、隐含层神经元数目J、贪婪搜索的控制精度σ和GSNN的最大迭代次数k_{max}。本节通过多次仿真结果对比选择参数，具体参数值见表7.5.1。

表7.5.1　　贪婪神经网络主要参数

参数	范围	取值
n_0	$n_0 \geqslant 1$	10
I_{max}	$I_{max} \geqslant 1$	300
J	$J \geqslant 1$	5
σ	$0 < \sigma < 1$	0.001
k_{max}	$k_{max} \geqslant 1$	10

3. 总体流程

非均匀温差下基于贪婪神经网络的集中式温差发电系统最大功率点跟踪总体流程见表7.5.2。

表7.5.2 非均匀温差下基于贪婪神经网络的集中式温差发电系统最大功率点跟踪总体流程

```
1.  初始化训练样本［式（7.5.7）］；
2.  初始化前馈神经网络的激活函数［式（7.5.9）］；
3.  设置k：=1；
4.  FOR i：=1 to n0
5.      将第i个训练样本的占空比输入DC-DC升压变换器；
6.      采集集中式TEG系统的实时电流、电压信号；
7.      计算第i个训练样本的输出功率期望值［式（7.5.8）］；
8.  END FOR
9.  确定当前最优解；
10. WHILE k ≤ kmax
11.     以式（7.5.9）为目标函数，采用Levenberg-Marquardt法训练神经网络；
12.     更新搜索范围的上界和下界［式（7.5.6）］；
13.     执行贪婪搜索［式（7.5.5）］；
14.     将贪婪搜索得到的占空比输入DC-DC升压变换器；
15.     采集集中式TEG系统的实时电流、电压信号；
16.     计算当前占空比的输出功率期望值［式（7.5.8）］；
17.     给神经网络增加新的数据样本；
18.     设置k：=k+1；
19. END WHILE
20. 输出最优占空比；
21. 当输入温度发生变化时，重新执行步骤1到步骤21
```

7.5.3 算例研究

为验证所设计 GSNN 的有效性，本章以 P&O、PSO 和 GWO 为参照对象，在恒定温度、阶跃温度和灵敏度分析三种算例下进行仿真比较。其中，P&O 的固定步长设置为 0.005s，启发式算法的种群大小和最大迭代次数均设置为 5，而所有算法的控制周期均为 0.01s。集中式温差发电系统和 DC-DC 升压变换器参数见表 7.5.3。

表 7.5.3　　集中式温差发电系统和 DC-DC 升压变换器参数表

集中式 TEG 系统		DC-DC 升压变换器	
并联串数	4	传递函数	$U_{out}=U_{in}/(1-D_C)$
每串 TEG 模块数	200	开关频率	$f_s=20kHz$
Seebeck 系数初始变化率	$\alpha_0=210\mu V/K$	负载	$R=3\Omega$
Seebeck 系数变化率	$\alpha_1=120\mu V/K$	电感	$L=250mH$
参考温度	$T_0=300K$	电容	$C_1=66\mu F$，$C_2=200\mu F$

1. 恒定温度

将四个 TEG 模块串的冷端温度分别设置为 47、31、18℃和 13℃；热端温度分别设置为 247、123、76℃和 41℃。上述工况下，不同算法的 MPPT 结果如图 7.5.3 所示。显然，P&O 由于不能区分 LMPP 和 GMPP，输出的能量最小。相比之下，PSO 和所设计 GSNN 具有较强的搜索能力，能够收敛到高质量的 MPP。但是，与 PSO 相比，GSNN 收敛更加稳定。特别地，GSNN 的功率超调量分别仅为 PSO 和 GWO 的 4.85%、11.53%。这表明基于拟合曲线的高效引导，GSNN 可避免盲目的随机搜索。

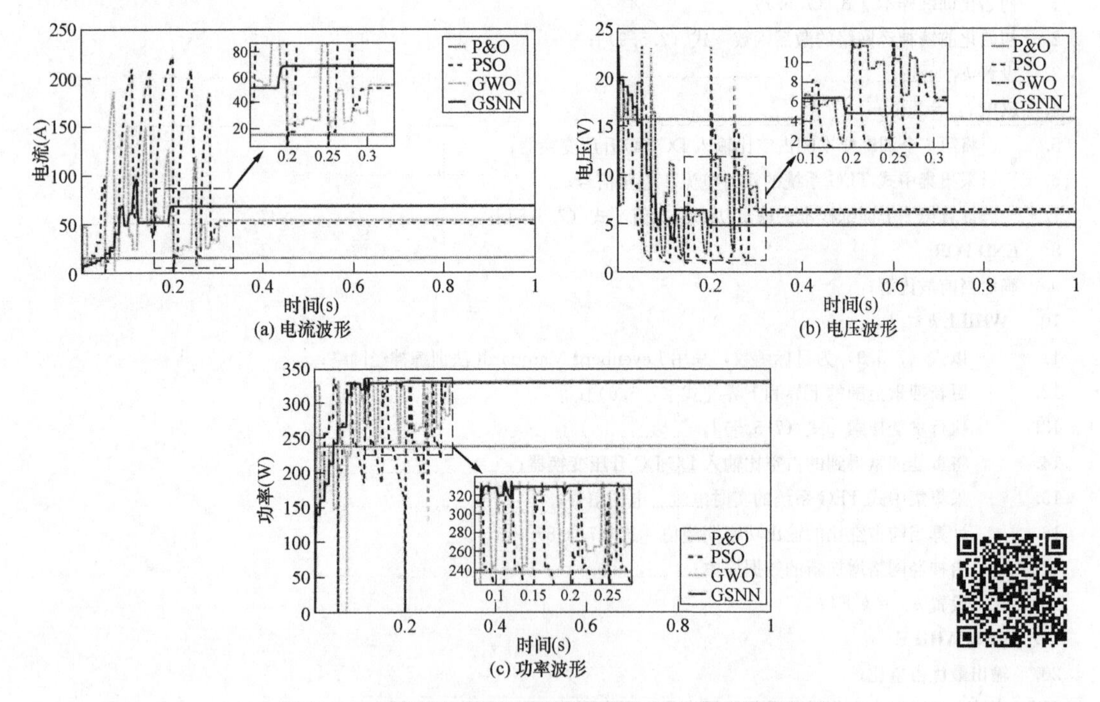

图 7.5.3　恒定温度下不同算法的最大功率点跟踪结果

2. 阶跃温度

TEG模块的冷端和热端温度阶跃变化曲线分别如图7.5.4（a）和图7.5.4（b）所示。图7.5.5给出了上述工况下4种算法的MPPT结果。由图7.5.5可知，P&O再次陷入了低质量的LMPP。而启发式算法由于其随机搜索特性，会产生较大的功率波动。相比之下，GSNN基于实时更新的神经网络映射关系，并采用高效的贪婪搜索策略，能以更快的速度和更小的功率波动收敛到高质量的MPP。特别地，在第1次温度阶跃变化时，GSNN的收敛时间仅为0.08 s，而PSO和GWO的收敛时间分别为0.37、0.29s；在第2次温度阶跃变化时，PSO、GWO和GSNN的功率超调量分别为94.07%、90.37%、55.56%。

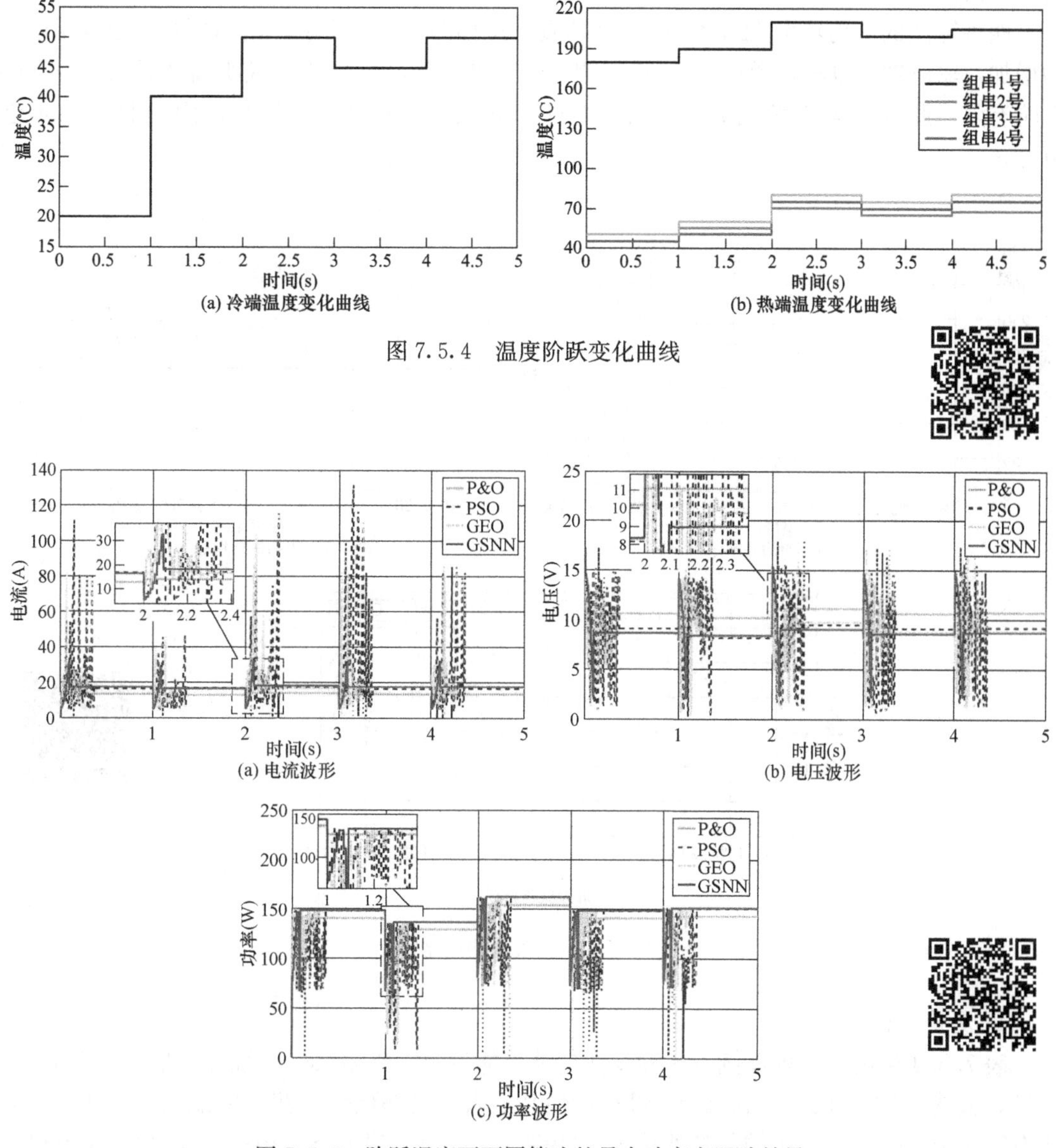

图7.5.4 温度阶跃变化曲线

图7.5.5 阶跃温度下不同算法的最大功率点跟踪结果

3. 灵敏度分析

对系统施加从0%到100%的一系列不同温度比进行温度和系统输出功率间的灵敏度分

析，其中温度比变化间隔设置为5%，冷端和热端的100%参考温度与恒定温度算例相同。

此外，为定量评估集中式TEG系统的功率振荡幅度，引入平均振荡指标Δv^{avg}和最大振荡指标Δv^{max}，如式（7.5.10）和式（7.5.11）所示。

$$\Delta v^{avg}=\frac{1}{T_{all}-1}\sum_{t=2}^{T_{all}}\frac{|P_{out}(t)-P_{out}(t-1)|}{P_{out}^{avg}} \tag{7.5.10}$$

$$\Delta v^{max}=\max_{t=2,3,\cdots,T_{all}}\frac{|P_{out}(t)-P_{out}(t-1)|}{P_{out}^{avg}} \tag{7.5.11}$$

式中：t是时间；T_{all}表示总运行时间；P_{out}^{avg}表示在总迭代次数内集中式TEG系统输出功率的平均值。

四种算法的平均功率、Δv^{avg}和Δv^{max}仿真结果如图7.5.6所示。由图可知，随着温度比的增加，输出功率也随之增加；而Δv^{avg}和Δv^{max}变化无明显规律，说明温度对功率波动的影响有限。此外，与启发式算法相比，GSNN的Δv^{avg}和Δv^{max}最小，因而收敛稳定性更好。

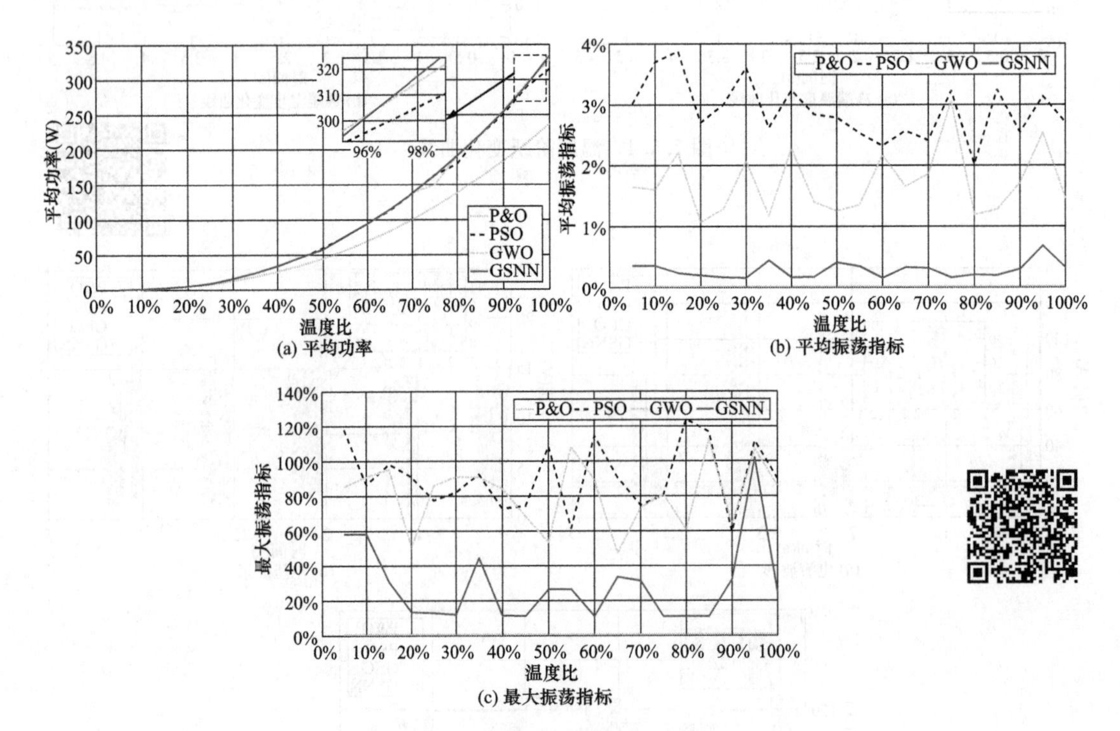

图7.5.6　灵敏性测试结果

4. 定量分析

表7.5.4给出了两种算例下4种算法的输出能量、Δv^{avg}和Δv^{max}统计结果。由表7.5.4可见，虽然P&O的Δv^{avg}和Δv^{max}最小，但其陷入了局部最优，获得的能量也最小。而在所有算例中，GSNN产生的能量均最大。特别地，在恒定温度下，P&O、PSO和GWO产生的能量分别为GSNN的73.91%、94.95%、97.38%。此外，GSNN的Δv^{avg}和Δv^{max}均小于启发式算法。

表 7.5.4 两种算例下各算法的统计结果

算例	指标	P&O	PSO	GWO	GSNN
恒定温度	能量(W·s)	237.0244	304.4679	312.2803	320.6557
	Δv^{max}(%)	0.4971	102.4401	69.6318	10.3711
	Δv^{avg}(%)	0.0106	1.0730	0.7997	0.1030
阶跃温度	能量(W·s)	706.2568	666.3892	712.9668	729.0830
	Δv^{max}(%)	13.6229	106.6675	90.3420	59.3423
	Δv^{avg}(%)	0.0082	1.5492	0.6695	0.2184

7.5.4 硬件在环实验

本章基于 dSpace 进行 HIL 实验以验证 GSNN 的硬件可行性，如图 7.5.7 所示。其中，算法（7.5.1）～算法（7.5.9）置于 DS1104 平台，其采样频率 f_c＝10kHz；集中式 TEG 系统和温度模拟器则置于 DS1006 平台，其采样频率 f_s＝100kHz。特别地，DS1006 平台实时模拟温度，并将数据传输到 DS1104 平台，以实时计算输出电压 U_L。

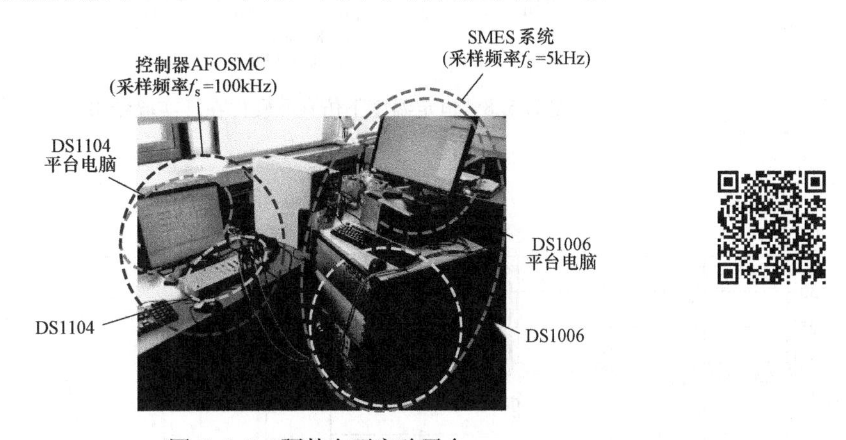

图 7.5.7 硬件在环实验平台

1. 恒定温度

将恒定温度的仿真结果与 HIL 实验结果进行比较，结果如图 7.5.8 所示。显然，HIL 实验能实现与仿真几乎相同的优化性能。

2. 阶跃温度

阶跃温度算例得到的仿真结果和 HIL 实验结果如图 7.5.9 所示。由图可见，HIL 实验结果与仿真结果非常接近。

7.5.5 小结

本节设计了一种新型 GSNN 算法以实现 NTD 下集中式 TEG 系统的 MPPT，其贡献点主要可概括为以下三个方面：

(1) GSNN 利用神经网络拟合出 NTD 下集中式 TEG 系统的控制输入-功率输出多极值曲线，将 MPPT 等效为一个黑箱问题，无需精确系统模型，就可实现快速稳定的全局 MPPT，符合 MPPT 实时控制的要求。

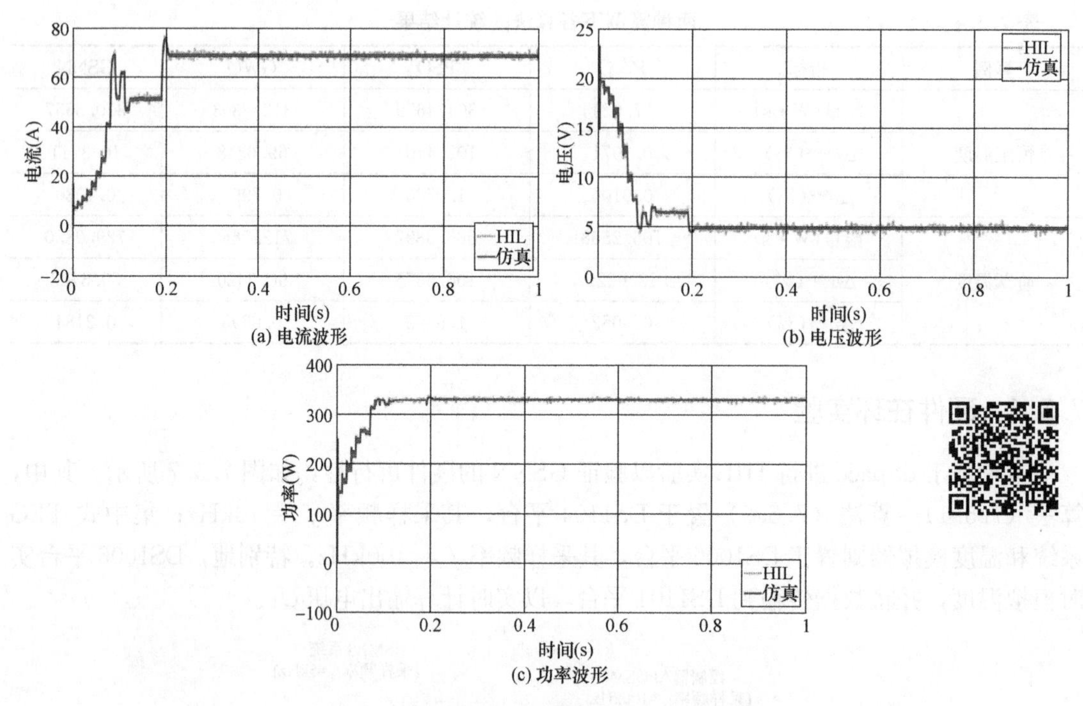

(a) 电流波形

(b) 电压波形

(c) 功率波形

图 7.5.8　恒定温度下仿真和硬件在环实验结果图

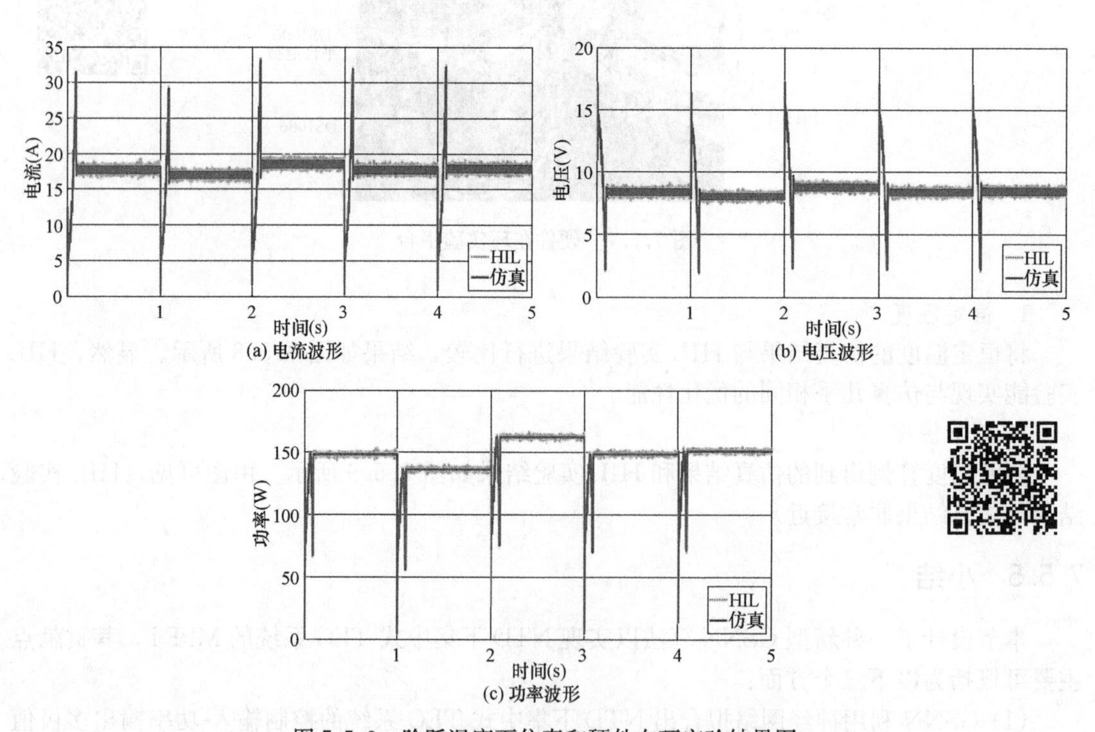

(a) 电流波形

(b) 电压波形

(c) 功率波形

图 7.5.9　阶跃温度下仿真和硬件在环实验结果图

（2）与传统启发式算法相比，GSNN 通过拟合的 I/O 曲线引导贪婪搜索，可有效避免盲目的随机搜索，从而提高收敛速度及稳定性。

（3）三种算例的仿真结果表明，GSNN 能在 NTD 下快速稳定地产生最大能量。特别地，在阶跃温度下，GSNN 产生的能量分别为 P&O、PSO 和 GWO 的 103.23%、109.40%、102.26%。此外，基于 dSpace 的 HIL 实验验证了所提算法的硬件可行性。

第8章

人工智能在新能源发电系统控制器调参中的应用

8.1 概述

随着全球经济的快速发展，化石能源的高污染与不可再生性等缺点日趋严重。近年来，以太阳能、风能、水能、潮汐能、生物质能和地热能等为代表的可再生能源引起了工业界与学术界的广泛关注。其中，风力发电技术已成为当下最成熟的新能源发电技术之一。风力发电机组主要可分为双馈感应发电机（doubly-fed induction generator，DFIG）与永磁同步发电机（permanent magnetic synchronous generator，PMSG）两类。由于PMSG具有发电效率高、无需变速箱和噪声低等优点，使得其在风力发电领域得到大量应用。

PMSG控制的一项重要任务即在不同风速下尽可能多地获取风能，也称为MPPT。目前，常规MPPT通常基于比例-积分-微分（proportional-integral-derivative，PID）控制器，其具有结构简单、可靠性高、稳定性好等优点，从而在PMSG控制中得到大规模的应用。但是，PID控制器各参数相互影响，如何合理地选取最优PID控制器参数是PMSG运行中一个亟待解决的难题。

为解决上述问题，基于启发式算法的PID控制器最优参数调节成为近年来的一个研究热点。例如，采用量子遗传算法（quantum genetic algorithm，QGA）实现随机风速下PMSG的MPPT；另外，采用PSO算法来改善PMSG在不同风速下的控制性能；提出了一种自适应蚁群优化（adaptive ant colony optimization，AACO）算法与神经网络相结合来实现MPPT；研究了FA来实现PMSG稳定的MPPT。事实上，启发式算法也广泛地应用于调节其他系统的最优PID控制参数上。如，采用GWO算法来优化计及时滞的互联电网的分数阶PID负荷频率控制。有学者改进了传统的教-学优化算法，通过引入多班级与小世界网络构建了交互式教-学优化算法（interactive teaching-learning optimizer，ITLO）来搜索柔性高压直流输电系统的最优PID控制参数。另外，应用CS算法来优化直流电机的PID控制参数；采用阴-阳对优化（yin-yang pair optimization，YYPO）来搜寻光伏逆变器的最优分数阶PID控制参数以实现MPPT；基于多目标改进黑洞优化算法（multi-objective modified black hole optimization algorithm，MOBHOA），对非线性机械手臂系统的分数阶PID控制参数进行了最优整定，从而显著提高了控制性能。

为有效解决上述PID控制器无法获得全局一致控制性能的问题，近年来涌现出一系列更为复杂的非线性控制策略来有效地处理风力发电系统的非线性与系统建模不确定性。针对机械转矩已知的情况设计了一款非线性自适应控制器来实现MPPT。同时针对机械转矩未知的情况设计了一个两层神经网络的在线逼近器（online approximator）对系统不确定动态进行学习，从而提高系统的稳态响应与动态响应。另外，应用基于自适应网络的强化学习（adaptive network-based reinforcement learning，ANRL）策略来实现PMSG在不同风速下的最大风能；基于模型预测控制（model predictive control，MPC），采用无差拍预测控制（dead-beat predictive control）来实现PMSG的MPPT；采用非线性观测器对PMSG的非线性与建模不确定性进行实时估计，从而实现在系统参数不确定条件下的自适应MPPT。

最近，受军队作战策略的启发，提出了一种新颖的启发式算法，即军队联合作战算法（joint operations algorithm，JOA）。该算法通过模拟多支军队在战斗中协同作战的军事思想，设计了进攻作战（全局搜索）、防御作战（局部探索）和重组作战（结构重组）三类策略。特别地，重组策略的引入使得JOA可大幅降低陷入局部最优解的概率，从而使得该算法可有效地寻找到全局最优解。

基于上述讨论，8.2节提出了深度军队联合作战算法（deep joint operations algorithm，DJOA）以进一步提高JOA的寻优能力，并将其用于调节PMSG的最优PID控制器参数，从而实现在各种风速下的MPPT。在三种算例（阶跃风速、低频随机风速和高频随机风速）下分别与其他的启发式算法进行了比较。仿真结果验证了DJOA的有效性。

如今，风力发电以其清洁无污染、资源丰富等显著优势，得到了迅速发展。风力发电机组主要可分为DFIG与PMSG两类，其中DFIG具有独立的无功功率控制能力且成本较低，在工业上应用广泛。

MPPT的目的在于当风速变化时，控制转子转速使风力涡轮机获得最大的机械能。考虑到DFIG的强非线性、风速的随机性、系统参数的不确定性、电网电压波动干扰等因素，近年来学界提出了许多非线性控制方法。其中，有改进的神经网络算法，它可以实现快速稳定的功率控制响应；有应用非线性反推策略来实现MPPT，其全局渐近稳定性可用李雅普诺夫理论来证明；此外，也有采用扰动观测法实现MPPT，同时应用滑模控制器来实现对有功功率和无功功率的控制。

然而，上述方法的控制结构比较复杂，在实践中不易实现。基于经典比例-积分（proportional-integral，PI）控制的矢量控制（vector control，VC）具有结构简单、容易实现等优点，得到了业界广泛认可，并应用在DFIG功率快速可靠调节中。通常，VC的控制性能主要取决于PI控制器的增益参数，而其增益参数相互影响，如何合理地选取最优PI控制器增益参数是DFIG最优运行中一个亟待解决的难题。

为解决上述问题，基于启发式算法的PI控制器最优增益参数调节成为近年来的热点研究问题。有学者提出利用PSO用于PI控制器增益参数的整定，通过间接功率控制来保证DFIG的MPPT，与手动调优PI控制器相比，PSO可以取得更好的控制效果；也有学者采用DE以提高DFIG受扰动时的性能；此外，更有学者将GA用于改善DFIG的故障穿越能力。然而，上述启发式算法存在过早收敛的问题，不易获取DFIG的全局最优PI控制器增益参数。

最近，模拟自然界中灰狼物种分层合作狩猎原理，提出了一种GWO算法。GWO将灰狼分为4种类型（α，β，δ和ω），用猎物探索、猎物包围、猎物捕捉三种策略，以实现合作狩猎。目前，GWO已成功应用于经济调度、表面波参数估计、光子晶体滤波器的设计等工程领域。

然而，GWO的优化效果高度依赖于全局搜索和局部探索之间的平衡。为此，8.3节提出了一种新的群灰狼优化算法（gathered grey wolf optimizer，GGWO）并将其用于整定DFIG的PI控制器最优参数，从而实现变风速下的MPPT，并提高系统的故障穿越能力（fault ride-through，FRT）。最后，8.3节在阶跃风速、随机风速和电网电压跌落三种算例下将所提算法的控制性能与GA、PSO、GWO和MFO进行了比较，仿真结果验证了GGWO的有效性。

近年来，随着风电装机容量及并网容量的日益增长，风速的随机性、时变性及波动性给大规模风电接入的电力系统稳定运行带来了较强的不确定性。目前，发电机励磁控制是改善电力系统动态性能和稳定性的最为常见的技术手段之一。因此，研究高渗透率风电的多机电力系统稳定控制对于提高系统暂态稳定性至关重要。

目前，大部分发电机励磁系统控制主要依赖传统的PID控制，其具有结构简单、易于实现等优点，从而获得工程控制领域的广泛认可。但PID控制参数的确定主要基于非线性系统在某一运行点处的线性化方程，当环境剧烈变化导致系统运行点在短时间内发生较大范围的频繁抖动时，其难以获得全局一致的控制性能。同时，PID控制参数整定通常根据以往的运行经验所得到，故在实际运行中难以获得其最优参数，对于含有高比例风电的大规模多机电力系统更是如此。

近年来，有学者开发了大量的启发式算法优化PID控制参数策略，为解决上述控制器缺陷提供了一套新的解决思路。提出了一种基于云自适应粒子群算法的模糊PID参数优化策略，实现快速响应的同时大幅度减小超调量，提高了励磁控制系统的动态响应性能。设计了一种基于PSO优化算法的模糊PID励磁控制器，可显著提升响应速度并减小超调量。另外，利用模糊神经网络算法优化同步发电机励磁控制系统中的PID控制参数，明显地改善了同步发电机的空载起励性能和带负载抗扰动性能。总的来说，上述研究存在两个主要问题：

（1）仅考虑对传统同步发电机励磁控制器参数的优化，缺乏对风电机组暂态稳定控制潜力的挖掘及控制器参数优化。

（2）启发式优化算法具有一定的随机性，收敛稳定性较低，容易导致每次获得的最优解偏差较大，需运行多次才能获得较为满意的最优参数配置方案，需要耗费较长的计算时间。

为解决上述问题，8.4节首先构建了传统同步发电机与风电机组的最优暂态稳定协调控制模型，并采用模式搜索（pattern search，PS）算法来获得传统同步发电机的PSS控制器最优参数、风电机组的转子侧及网侧换流器PI控制器最优参数。与GA、PSO等启发式优化算法相比，PS算法同样对优化问题数学模型的依赖性低，而且是一种确定性的搜索算法，具有较高的收敛稳定性和计算效率。为验证所构建模型及算法的有效性，8.4节引入含有16台同步发电机及4台风机的IEEE 68节点系统进行仿真测试分析。

随着高比例可再生能源接入电网，一定程度上解决了能源枯萎和环境破坏问题，与此同时，可再生能源所固有的随机性和间歇性特点给电网的安全稳定运行带来了诸多挑战，例如功率平衡、电压控制和频率调节等。电力储能系统具有平滑可再生能源波动、调峰调频、提高供电可靠性、改善电能质量、维持负荷平衡等显著优势。因此，在电网中配置一定的电力储能系统，并设计适当的控制策略，可以从根本上解决可再生能源大规模接入所带来的问题，保障电网的安全稳定运行。超导磁储能（superconducting magnetic energy storage，SMES）是一种具有高功率密度和高转换效率的典型电力储能系统，具有四象限运行、独立调节有功和无功功率的能力，现广泛应用于含可再生能源发电的微网中。脉宽调制电流源型换流器（pulse-width modulated current source converter，PWM-CSC）是实现 SMES 系统与电网之间能量交换的换流器装置。

在 SMES 系统的应用中，其控制策略的设计决定着 SMES 系统与电网的良好匹配，是最大限度改善系统性能的关键。目前，PID 控制是 SMES 系统普遍采用的线性控制策略。但是，PID 控制参数是基于对原始非线性系统在某一运行点处线性化所得，当系统运行点改变时，其控制性能将会降低甚至失稳。迄今为止，诸多非线性控制、鲁棒控制、自适应控制等先进控制策略被应用于 SMES 系统，以期最大限度地提高 SMES 系统的性能。有学者基于精确线性化方法设计了 SMES 的非线性鲁棒控制器，显著提高了系统的静态和暂态稳定性。该方法可实现闭环稳定，但抑制干扰的能力较差，且需要精确的系统参数。接着有学者提出了基于虚拟惯量的上层控制策略和基于模糊控制的电流调整策略，提高了电流的动态调节能力并维持了 SMES 系统的能量/功率水平。两种控制方法的互补利用，打破了需要精确数学模型的局限，然而模糊控制中的隶属度函数通过经验获取，缺乏一定的理论依据。也有其他学者提出了一种动态演化控制方法，实现了 SMES 系统控制参数的严格误差调节。动态演化控制不需要对系统模型进行线性化，但其占空比计算式中的除法项使该方法难以在模拟电路中实现。另外，为了进一步改善 SMES 系统的动态响应性能，基于系统能量观点的无源控制策略被广泛提出，这些策略能有效地降低谐波，具有强鲁棒性和快速收敛性。然而，上述先进的非线性控制方法往往需要系统的全状态可观测，或是需要精确的系统模型，因此在参数变化和外部干扰下，其控制性能不可避免地有所降低。滑模控制（sliding-mode control，SMC）可有效处理各类不确定性，且无需系统精确模型，具有更强的鲁棒性，因而在 SMES 系统控制领域颇有优势。近年来，基于 SMC 的控制策略渐渐被应用于 SMES 系统控制设计中。但是，常规 SMC 采用误差最大值来设计，其控制效果往往过于保守，难以实现最优的控制性能。

最近，受樽海鞘群体行为的启发，提出了一种 SSA。该算法将所有樽海鞘排序为一个樽海鞘链，每个樽海鞘仅跟随其紧邻的前一个个体移动。该算法具有结构简单和搜索快速的优点，已成功应用于短期负荷预测，模拟 CMOS 集成电路设计和分布式电网中新能源发电设备的分布与配容等工程问题。然而，与大多数启发式算法一样，SSA 难以合理平衡搜索速度和收敛稳定性之间的矛盾。

基于上述讨论，为解决线性 PID 控制无法实现全局一致的控制性能以及各类非线性控制器所需系统参数和变量较多而难以硬件实现的问题，8.5 节提出了一种自适应分数阶滑模控制（adaptive fractional-order sliding-mode control，AFOSMC）策略。具体如下：

(a) 采用滑模状态扰动观测器(sliding-mode state and perturbation observer, SMSPO)对SMES系统的非线性、参数不确定性、未建模动态和外部扰动等影响进行实时估计。此过程仅需测量d-q轴电流两个变量而无需任何其他系统变量或参数，易于硬件实现。

(b) 利用FOSMC将扰动估计完全补偿，由于所有系统非线性和不确定性均得以完全实时补偿，因此可实现全局一致的控制性能并大幅提高系统鲁棒性。

(c) 由于AFOSMC补偿的是扰动的实时在线估计值而非常规SMC的扰动最大值，因此其能获得更合理的控制成本与更优的控制性能。

(d) 相较于传统整数阶控制器，所引入的分数阶滑模控制器可进一步提高SMES系统的暂态响应和误差跟踪性能。这在强随机性的新能源发电系统接入电网下显得尤为重要。

(e) 四种算例下的仿真结果和HIL实验验证了AFOSMC的有效性及其硬件可行性。

8.2 永磁同步发电机系统控制器调参

8.2.1 永磁同步发电机系统建模

如图8.2.1所示，PMSG通过背靠背电压源换流器(voltage source converter, VSC)与无穷大电网相连。由于MPPT主要依靠发电机侧VSC来实现，因此本章忽略电网侧VSC的动态特性。

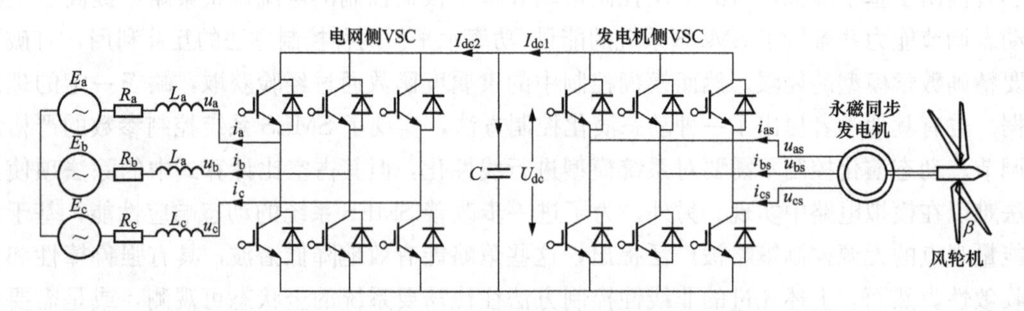

图8.2.1 永磁同步发电机系统示意图

1. 风轮机建模

一般来说，风能利用系数$C_p(\lambda, \beta)$由桨距角β和叶尖速比λ两者表示，其中λ定义如式(8.2.1)所示。

$$\lambda=\frac{\omega_m R}{v_{wind}} \tag{8.2.1}$$

式中：R代表叶片半径；ω_m为风轮机的机械转速；v_{wind}代表风速。基于风轮机的特性，风能利用系数$C_p(\lambda, \beta)$可由式(8.2.2)描述。

$$C_p(\lambda,\beta)=c_1\left(\frac{c_2}{\lambda_i}-c_3\beta-c_4\right)e^{-\frac{c_5}{\lambda_i}} \tag{8.2.2}$$

式中：$\frac{1}{\lambda_i}=\frac{1}{\lambda+0.08\beta}-\frac{0.035}{\beta^3+1}$，系数$c_1 \sim c_5$为：$c_1=0.22$，$c_2=116$，$c_3=0.4$，$c_4=5$，$c_5=12.5$。

风轮机从风速中捕获的机械功率为

$$P_{\mathrm{m}}=\frac{1}{2}\rho\pi R^{2}C_{\mathrm{p}}(\lambda,\beta)v_{\mathrm{wind}}^{3} \tag{8.2.3}$$

式中：ρ 是空气密度。由于 MPPT 下风轮机低于额定风速工作，故禁用桨距角控制系统。本章采用常用的最优叶尖速比法，即 $\omega_{\mathrm{m}}^{*}=\lambda^{*}v_{\mathrm{wind}}/R$，其中最优叶尖速比 $\lambda^{*}=6.325$。

2. 发电机建模

PMSG 在 d-q 轴坐标系下的动态模型为

$$\frac{\mathrm{d}}{\mathrm{d}t}\begin{pmatrix}L_{\mathrm{d}}i_{\mathrm{sd}}\\L_{\mathrm{q}}i_{\mathrm{sq}}\end{pmatrix}=-R_{\mathrm{s}}\begin{pmatrix}i_{\mathrm{sd}}\\i_{\mathrm{sq}}\end{pmatrix}-\begin{pmatrix}u_{\mathrm{sd}}\\u_{\mathrm{sq}}\end{pmatrix}+\omega_{\mathrm{e}}\begin{pmatrix}-L_{\mathrm{q}}i_{\mathrm{sq}}\\L_{\mathrm{d}}i_{\mathrm{sd}}+\Psi_{\mathrm{f}}\end{pmatrix} \tag{8.2.4}$$

式中：$L_{\mathrm{d}}=L_{\mathrm{ls}}+L_{\mathrm{dm}}$，$L_{\mathrm{q}}=L_{\mathrm{ls}}+L_{\mathrm{qm}}$，$L_{\mathrm{ls}}$ 代表定子绕组漏抗，L_{dm} 和 L_{qm} 为 d-q 轴定子和转子间的互感系数，Ψ_{f} 为永磁体磁链。

在稳态条件下，式（8.2.4）可以化简为式（8.2.5）。

$$\begin{pmatrix}U_{\mathrm{sd}}\\U_{\mathrm{sq}}\end{pmatrix}=\begin{pmatrix}-R_{\mathrm{s}} & -\omega_{\mathrm{e}}L_{\mathrm{q}}\\\omega_{\mathrm{e}}L_{\mathrm{d}} & -R_{\mathrm{s}}\end{pmatrix}\begin{pmatrix}I_{\mathrm{sd}}\\I_{\mathrm{sq}}\end{pmatrix}+\begin{pmatrix}0\\\omega_{\mathrm{e}}\Psi_{\mathrm{f}}\end{pmatrix} \tag{8.2.5}$$

式中：U_{sd}、U_{sq}、I_{sd}和 I_{sq}分别为稳态定子电压和电流的 d-q 轴分量。

电磁转矩 T_{e}、定子有功功率 P_{s}和定子无功功率 Q_{s}如式（8.2.6）计算。

$$\begin{cases}T_{\mathrm{e}}=p(\Psi_{\mathrm{sd}}i_{\mathrm{sq}}-\Psi_{\mathrm{sq}}i_{\mathrm{sd}})=p[\Psi_{\mathrm{f}}i_{\mathrm{sq}}+(L_{\mathrm{d}}-L_{\mathrm{q}})i_{\mathrm{sd}}i_{\mathrm{sq}}]\\P_{\mathrm{s}}=u_{\mathrm{sd}}i_{\mathrm{sd}}-u_{\mathrm{sq}}i_{\mathrm{sq}}\\Q_{\mathrm{s}}=u_{\mathrm{sd}}i_{\mathrm{sq}}-u_{\mathrm{sq}}i_{\mathrm{sd}}\end{cases} \tag{8.2.6}$$

式中：p 是极对数。

3. 转轴系统建模

机械转轴系统的动态建模如式（8.2.7）和式（8.2.8）所示。

$$J_{\mathrm{tot}}\frac{\mathrm{d}\omega_{\mathrm{m}}}{\mathrm{d}t}=T_{\mathrm{m}}-T_{\mathrm{e}}-D\omega_{\mathrm{m}} \tag{8.2.7}$$

$$T_{\mathrm{m}}=\frac{1}{2}\rho\pi R^{5}\frac{C_{\mathrm{p}}(\lambda,\beta)}{\lambda^{3}}\omega_{\mathrm{m}}^{2} \tag{8.2.8}$$

式中：J_{tot} 是转轴系统的总惯性系数；D 代表阻尼系数；T_{m} 是风轮机的机械转矩。

此外，有功功率为 $P_{\mathrm{e}}=T_{\mathrm{e}}\omega_{\mathrm{e}}$，其中 T_{e} 为电磁转矩。

8.2.2 深度军队联合作战算法

JOA 是模拟军队作战策略所提出的新型启发式算法，其主要包含以下三类策略：进攻作战（全局搜索）、防御作战（局部探索）和重组作战（结构重组）。其中重组作战的引入使得算法得以有效避免陷入局部最优解。JOA 包含以下四类角色：

(1) 军队（military unit）：由一名军官和一组士兵构成的最小作战单位，其适应度函数与其他军队相比较以确定是否重组。

(2) 指挥官（commander）：所有军队某次迭代中寻得的最优解（适应度函数最小）个体，其主要目标为指挥全体军官搜索更好的解。

(3) 军官（officer）：每个军队某次迭代中寻得的最优解（适应度函数最小）个体，其主要目标为指挥该军队中的士兵搜索更好的解。

(4) 士兵 (soldier)：每个军队某次迭代中剩余的适应度函数较大的个体，其搜索范围由军官决定。

DJOA 在每支军队中引入两名副官 (deputy officer)，即某次迭代中次最优的两个解，通过综合考虑军官与两名副官的解的信息来协同指挥士兵的防御位置，如图 8.2.2 所示。在所提框架下，DJOA 可以实现更深度的局部探索，从而提高最优解的求解质量。另外，JOA 的重组作战仅通过简单的随机排列来实现。而 DJOA 则采用 SFLA 的混合策略，即通过在所有士兵中共享位置信息实现军队的重组，从而进一步提高避免算法陷入局部最优解的概率。

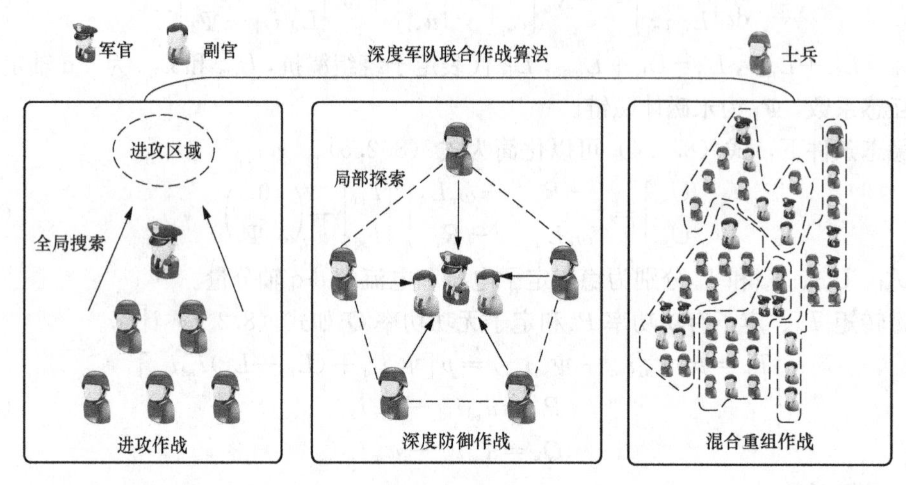

图 8.2.2　深度军队联合作战算法中三种作战策略

1. 初始化

首先，DJOA 需要对军队中每个士兵的位置初始化，然后将其划分为 K 支军队，每支军队拥有 M 个士兵。第 k 支军队的第 m 个士兵的位置记作 $x_m^k=(x_{m,1}^k, x_{m,2}^k, \cdots, x_{m,D}^k)$，其中 $m=1, 2, \cdots, M$，$k=1, 2, \cdots, K$。士兵 x_m^k 的第 d 维位置表示为式 (8.2.9)。

$$x_{m,d}^k = L_d + \mathrm{rand}[0,1] \times (R_d - L_d) \tag{8.2.9}$$

式中：函数 rand [0,1] 表示均匀分布于 [0, 1] 范围内的随机数；R_d 和 L_d 分别表示 x_d 的初始上界和下界。

另外，军官的位置用矢量表示为 $\boldsymbol{x}_m^{\mathrm{O}}=(x_{k,1}^{\mathrm{O}}, x_{k,2}^{\mathrm{O}}, \cdots, x_{k,D}^{\mathrm{O}})$，$k=1, 2, \cdots, K$，指挥官的位置用矢量表示为 $x^{\mathrm{C}}=(x_1^{\mathrm{C}}, x_2^{\mathrm{C}}, \cdots, x_D^{\mathrm{C}})$。

2. 进攻作战

进攻作战是赢得战斗最具决定性的因素之一。指挥官会根据当前的寻优信息将不同的进攻任务分配给各名军官；随后，军官将指挥各自的士兵严格执行该进攻任务。指挥官领导下军队中士兵根据式 (8.2.10)~式 (8.2.12) 更新其位置。

$$x_{m,d}^k = \begin{cases} x_{m,d}^k + \mathrm{rand}[0,1] \times (R_d^k - x_{m,d}^k), \text{如果} x_d^{\mathrm{C}} > x_{m,d}^k \\ x_{m,d}^k + \mathrm{rand}[0,1] \times (L_d^k - x_{m,d}^k), \text{否则} \end{cases} \tag{8.2.10}$$

$$\begin{cases} L_d^k = x_{k,d}^{\mathrm{O}} + P_t \times (L_d^k - x_{k,d}^{\mathrm{O}}) \\ R_d^k = x_{k,d}^{\mathrm{O}} + P_t \times (R_d^k - x_{k,d}^{\mathrm{O}}) \end{cases} \tag{8.2.11}$$

$$P_t = |\cos(t \times F \times \pi)| \tag{8.2.12}$$

式中：x_d^C 是指挥官的第 d 维位置；$x_{k,d}^O$ 表示第 k 个军队军官的第 d 维位置；$t=1$，2，…，T 为当前迭代次数，T 表示最大允许迭代次数；P_t 为一动态的周期性参数用以调整全局搜索与局部探索之间的平衡；F 为余弦函数频率。

非指挥官领导下军队中士兵根据式（8.2.13）更新其位置。

$$x_{m,d}^k=\begin{cases}x_{m,d}^k+\text{rand}[0,1]\times(R_d^k-x_{m,d}^k),\text{如果}x_d^C>x_{m,d}^O\\ x_{m,d}^k+\text{rand}[0,1]\times(L_d^k-x_{m,d}^k),\text{否则}\end{cases}\tag{8.2.13}$$

值得注意的是，位置更新式（8.2.10）和式（8.2.13）之间的区别在于指挥每个士兵进攻方向的信息来源不同（指挥官或军官）。

3. 防御作战

对于每支军队而言，士兵通常会在战场上建立强大的防御工事，以防止敌人发动潜在攻击。为确保军官和副官的人身安全，士兵必须在其附近寻求最佳的防御位置。定义第 k 个军队中第 m 个士兵的防御位置 $u_m^k=(u_{m,1}^k, u_{m,2}^k, \cdots, u_{m,D}^k)$，则士兵防御位置更新如下

$$\begin{cases}u_{m,d}^{k1}=\begin{cases}x_{m,d}^O+P_t\times\text{Gaussian}[0,(x_{m,d}^O-x_{m,d}^k)^2],\text{如果}(d=d_{\text{rand}}\text{ 或 }\text{rand}[0,1]\leqslant P_t)\\ x_{m,d}^k,\text{否则}\end{cases}\\ u_{m,d}^{k2}=\begin{cases}x_{m,d}^{v1}+P_t\times\text{Gaussian}[0,(x_{m,d}^{v1}-x_{m,d}^k)^2],\text{如果}(d=d_{\text{rand}}\text{ 或 }\text{rand}[0,1]\leqslant P_t)\\ x_{m,d}^k,\text{否则}\end{cases}\\ u_{m,d}^{k3}=\begin{cases}x_{m,d}^{v2}+P_t\times\text{Gaussian}[0,(x_{m,d}^{v2}-x_{m,d}^k)^2],\text{如果}(d=d_{\text{rand}}\text{ 或 }\text{rand}[0,1]\leqslant P_t)\\ x_{m,d}^k,\text{否则}\end{cases}\\ u_{m,d}^k=\dfrac{u_{m,d}^{k1}+u_{m,d}^{k2}+u_{m,d}^{k3}}{3}\end{cases}\tag{8.2.14}$$

式中：$u_{m,d}^k$ 为第 k 个军队中第 m 个士兵的第 d 维防御位置；$x_{m,d}^{v1}$、$x_{m,d}^{v2}$ 分别表示两名副官的第 d 维位置；Gaussian$[0, (x_{m,d}^O-x_{m,d}^k)^2]$ 表示一个期望值为 0、标准差为 $|x_{m,d}^O-x_{m,d}^k|$ 的高斯分布中的随机数；d_{rand} 代表随机维度，其中 $d_{\text{rand}}\in\{1, 2, \cdots, D\}$，$D$ 为空间维度个数。

每个士兵的新位置由当前位置 $x_{m,d}^k$ 和防御位置 $u_{m,d}^k$ 的适应度函数进行对比后更新，如式（8.2.15）所示。

$$x_m^k=\begin{cases}u_m^k,\text{如果 }f(u_m^k)<f(x_m^k)\\ x_m^k,\text{否则}\end{cases}\tag{8.2.15}$$

其中，式（8.2.14）所引入的两名副官可实现更深度的局部探索。

4. 重组作战

对所有士兵间的位置信息进行共享，从而引导每支军队的搜索方向趋向于最有前景的区域，如式（8.2.16）和式（8.2.17）所示。

$$Y^k=[D(m)^k f(m)^k \mid D(m)^k=D(K+N(m-1))]\tag{8.2.16}$$

$$f(m)^k=f[k+N(m-1)],m=1,\cdots,M;k=1,\cdots,K\tag{8.2.17}$$

式中：集合 $\{D(i), f(i), i=1, \cdots, N\}$ 是所有士兵按降序排列的位置与其对应的适应

度函数，其中 $i=1$ 表示具有最佳位置的士兵（即适应度函数值最小）。M 为每支军队的人数，K 代表军队的数量，$N=M\times K$ 为所有军队的总人数。

随后基于 SFLA 的混合机制对军队进行重组，DJOA 将在每个重组后的军队中选取一名新的军官。

至此，DJOA 相较于 JOA 的改进之处主要包括以下两个方面：

（1）在防守作战策略中，JOA 只对每支军队的军官进行防守，容易陷入局部最优解；而 DJOA 还在每支军队中引入两名副官（即除军官外适应度最小的两个士兵），进而让所有士兵同时对军官和两名副官进行防守［如式（8.2.14）所示］。因此，DJOA 可有效提高算法的局部搜索能力，提高最优解的质量。

（2）在重组作战策略中，JOA 只是采用简单的随机置换方式对军队进行重组；与之相比，DJOA 采用蛙跳算法的重组机制对军队进行有规则的重组，首先根据所有士兵的适应度由小到大进行排序，然后将 N 个士兵分成 K 个军队，分配规则为第一个士兵进入第一个军队，第 K 个士兵进入第 K 个军队，而第（$K+1$）个士兵进入第一个军队，依此类推。因此，DJOA 可以进行更合理的重组，提高局部搜索的效率。

另外，DJOA 相较于其他启发式优化算法（仅包含全局搜索和局部探索两个策略）而言，其所引入的第三种策略（重组作战策略）可大幅降低算法陷入局部最优的概率，从而进一步提高优化能力。这一独特机制的优点在高维度优化问题中表现得更加显著。

8.2.3 基于深度军队联合作战算法的永磁同步发电机最优 PID 控制器参数调节

1. 优化框架

图 8.2.3 给出了基于 DJOA 的 PMSG 最优 PID 控制器框架示意图。其中，u_{sd}^* 和 u_{sq}^* 是控制器 d-q 轴的最终输出电压；u'_{sd} 和 u'_{sq} 表示 d-q 轴电压；$-\omega_e L_q i_{sq}$ 和 $\omega_e L_d i_{sd}+\omega_e \Psi_f$ 分别为 d-q 轴电压补偿量。上述变量关系如式（8.2.18）所示。最终控制器输出通过正弦脉宽调制（sinusoidal pulse width modulation，SPWM）后接入发电机侧 VSC。

$$\begin{cases} u_{sd}^*=u'_{sd}-\omega_e L_q i_{sq} \\ u_{sq}^*=u'_{sq}+\omega_e L_d i_{sd}+\omega_e \Psi_f \end{cases} \tag{8.2.18}$$

采用 DJOA 对图 8.2.3 中所包含的三个 PID 控制回路参数进行优化以获得最佳控制性能，考虑如下三种算例：阶跃风速、低频随机风速、高频随机风速。最后，计及控制成本（U_d 与 U_q）的 DJOA 优化问题描述如式（8.2.19）和式（8.2.20）所示。

$$\text{Minimize} f(x)=\sum_{\text{三种算例}}\int_0^T(|i_{sd}-i_{sd}^*|+|\omega_m-\omega_m^*|+\omega_1|U_q|+\omega_2|U_d|)\mathrm{d}t \tag{8.2.19}$$

$$\text{subject to}\begin{cases} K_{Pi}^{\min}\leqslant K_{Pi}\leqslant K_{Pi}^{\max} \\ K_{Ii}^{\min}\leqslant K_{Ii}\leqslant K_{Ii}^{\max} \\ K_{Di}^{\min}\leqslant K_{Di}\leqslant K_{Di}^{\max} \\ v_{wind}^{\min}\leqslant v_{wind}\leqslant v_{wind}^{\max} \\ i_{sd}^{\min}\leqslant i_{sd}\leqslant i_{sd}^{\max} \\ U_q^{\min}\leqslant U_q\leqslant U_q^{\max} \\ U_d^{\min}\leqslant U_d\leqslant U_d^{\max} \end{cases} \tag{8.2.20}$$

式中：共有九个 PID 控制参数需调节，即比例增益 K_{Pi}，积分增益 K_{Ii} 和微分增益 K_{Di}，其取值分别在［0，1000］，［0，1000］和［0，200］之间；$T=25s$ 代表运行时间；风速 v_{wind} 在 8m/s 至 12m/s 之间改变；权重系数 $\omega_1=\omega_2=0.25$。

在此，优化目标函数式（8.2.19）的含义为在所考虑的三种算例下，无功功率跟踪误差（对应 $|i_{sd}-i_{sd}^*|$）、有功功率跟踪误差（对应 $|\omega_m-\omega_m^*|$）以及控制成本（对应于 $\omega_1|U_q|+\omega_2|U_d|$）最小。在满足此条件下，PMSG 将在所研究的三种算例下通过较小的控制成本获得较高的风能。另外，本章所建立的模型为 PMSG 接入无穷大电网，因此发电机所发的所有功率均可被电网完全吸收。

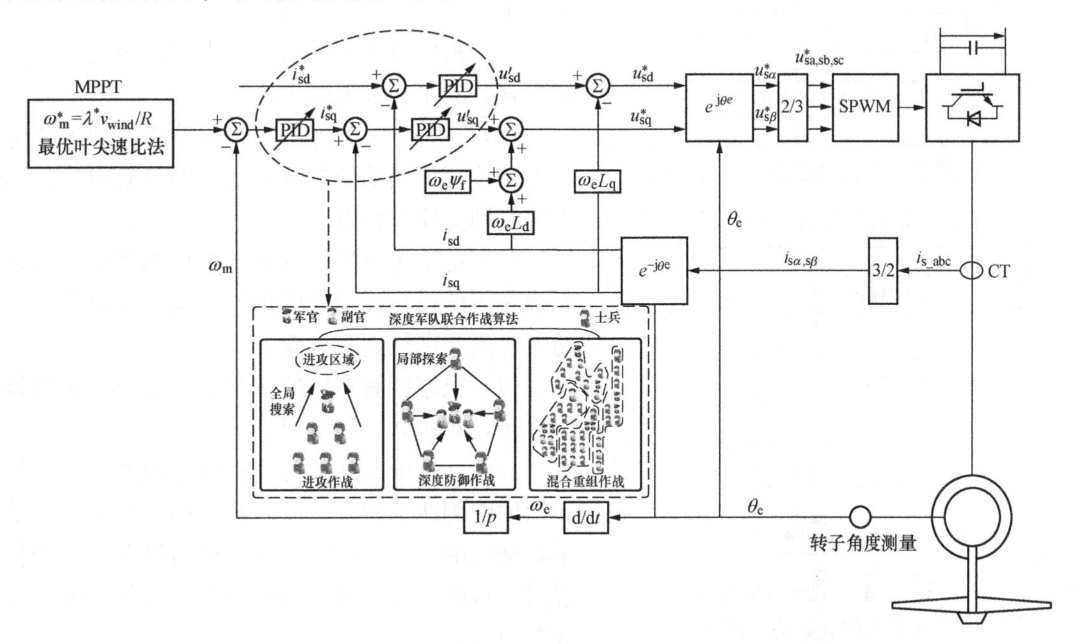

图 8.2.3　永磁同步电机的深度军队联合作战算法控制结构图

2. 参数设置

DJOA 有三个参数需设置，即余弦函数频率 F、军队数量 K 以及每支军队中的人数 M。其中较大的 F 会使得算法趋向于进攻作战；反之，则使得算法趋向于深度防御作战；另外，较大的 K 和 M 值将提高算法全局搜索性能，但同时也会延长求解时间；采用均匀设计（uniform design）获得 DJOA 的参数如下：$F=0.006$，$K=40$，$M=15$。最后，DJOA 的收敛判据为

$$|F_k-F_{k-1}|\leqslant\varepsilon \tag{8.2.21}$$

式中：ε 是收敛误差，本章选取 $\varepsilon=10^{-6}$；F_k 和 F_{k-1} 为第 k 次迭代和 k-1 次迭代的适应度函数。

最后，PMSG 的 PID 控制器表达如式（8.2.22）和式（8.2.23）所示。

$$\begin{cases} u_{sd}^*=K_{P1}(i_{sd}-i_{sd}^*)+K_{I1}\int(i_{sd}-i_{sd}^*)dt+K_{D1}\dfrac{d(i_{sd}-i_{sd}^*)}{dt}-\omega_e L_q i_{sq} \\ u_{sq}^*=K_{P3}(i_{sq}-i_{sq}^*)+K_{I3}\int(i_{sq}-i_{sq}^*)dt+K_{D3}\dfrac{d(i_{sq}-i_{sq}^*)}{dt}+\omega_e L_d i_{sd}+\omega_e\Psi_f \end{cases} \tag{8.2.22}$$

其中

$$i_{sq}^{*}=K_{P2}(\omega_{m}-\omega_{m}^{*})+K_{I2}\int(\omega_{m}-\omega_{m}^{*})dt+K_{D2}\frac{d(\omega_{m}-\omega_{m}^{*})}{dt} \tag{8.2.23}$$

式中：K_{Pi}，K_{Ii}，K_{Di}分别为PID控制器的比例增益，积分增益，微分增益。

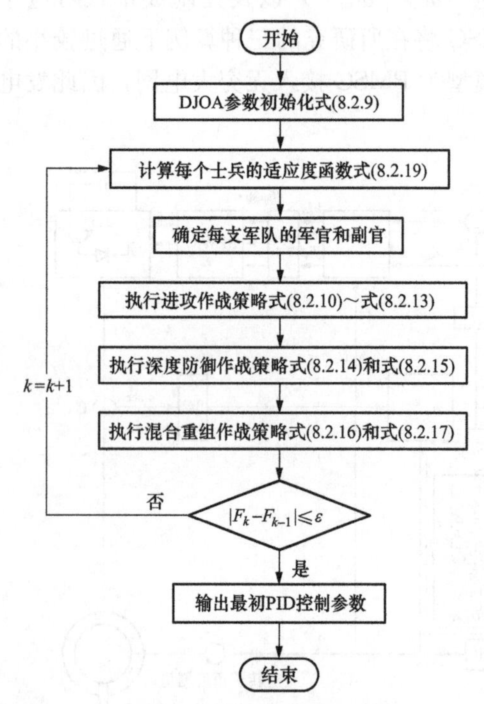

图 8.2.4　永磁同步电机的深度军队联合作战算法流程图

3. 优化流程

图 8.2.4 给出了基于 DJOA 的优化流程图。在每次迭代过程中，算法的执行过程主要分为如下四步：

(1) 根据每个士兵的适应度，确定每个军队的军官、副军官及普通士兵。

(2) 每个士兵执行进攻作战策略，如果作战获得的位置比当前的位置更优，即具有更小的适应度，则更新其位置。

(3) 每个士兵执行深度防御作战策略，如果作战获得的位置比当前的位置更优，即具有更小的适应度，则更新其位置。

(4) 根据所有军队的所有士兵适应度函数排序分布，对军队进行重组。

其中，每个士兵的位置更新先后经历了进攻和深度防御两个阶段，最后是依据深度防御作战策略确定的；混合重组则是在更新每个士兵的位置后进行的；蛙跳规则是在军队重组的排序分布环节引入的。

8.2.4 算例研究

本章将所提 DJOA 与几种典型启发式算法进行比较，即 QGA、生物地理学习的粒子群算法（biogeography-based learning particle swarm optimization，BLPSO）以及 JOA，上述三类算法参数值与其对应的参考文献一致。由于控制输入可能会在某个运行点超过 VSC 的最大容量，因此需对其值进行限幅。本章将 q 轴电压 U_q 和 d 轴电压 U_d 限制于 [−0.65，0.65]（标幺值）。另外，表 8.2.1 给出了永磁同步电机系统参数。最后，由于初始解的位置会影响上述各优化算法的优化效果，为尽可能多地覆盖整个搜索区域，本章从可行域内随机地选取初始解如式（8.2.24）所示

$$x_{di}^{0}=lb_{d}+r(ub_{d}-lb_{d}),d=1,2,\cdots,D;i=1,2,\cdots,n \tag{8.2.24}$$

式中：x_{di}^{0} 是第 i 个个体的第 d 个维度的初始解；lb_d 和 ub_d 是第 d 个维度的下限和上限；r 是 [0，1] 范围内的一个随机数；D 是可控变量的数量；n 是种群规模，对于所有优化算法取同一值 $n=100$。不同优化算法得到的最优 PID 控制器参数见表 8.2.2。

仿真的阶跃风速通过 Matlab 自带阶跃模块搭建，两类随机风速数据通过随机信号产生器得到。

表 8.2.1　　永磁同步电机系统参数

发电机额定功率	P_{base}	2MW	电机系数	K_e	136.25V·s/rad
风轮机半径	R	39m	极对数	p	11
d 轴定子电感	L_d	5.5mH	空气密度	ρ	1.205kg/m^3
q 轴定子电感	L_q	3.75mH	额定风速	v_{wind}	12m/s
总惯性系数	J_{tot}	10 000kg·m^2	定子电阻	R_s	50$\mu\Omega$

表 8.2.2　　不同优化算法得到的最优 PID 控制参数

算法	K_{P1}	K_{I1}	K_{D1}	K_{P2}	K_{I2}	K_{D2}	K_{P3}	K_{I3}	K_{D3}
QGA	761.1	611.3	55.4	194.2	50.3	5.6	361.1	274.4	1.7
BLPSO	742.6	708.4	93.1	164.5	43.1	9.9	293.5	252.1	5.3
JOA	810.4	485.3	124.7	204.7	98.1	6.8	272.6	191.2	6.3
DJOA	792.1	565.6	149.2	170.1	74.2	6.2	283.6	183.6	8.7

图 8.2.5 比较了各类算法运行 30 次后获得的适应度函数分布情况的 Box-and-Whisker 图。显然，DJOA 在四种算法中具有最高的收敛稳定性，这主要归咎于其在全局搜索和局部探索之间的合理平衡；另外，DJOA 拥有最小的适应度函数，故其具有最佳的优化性能。

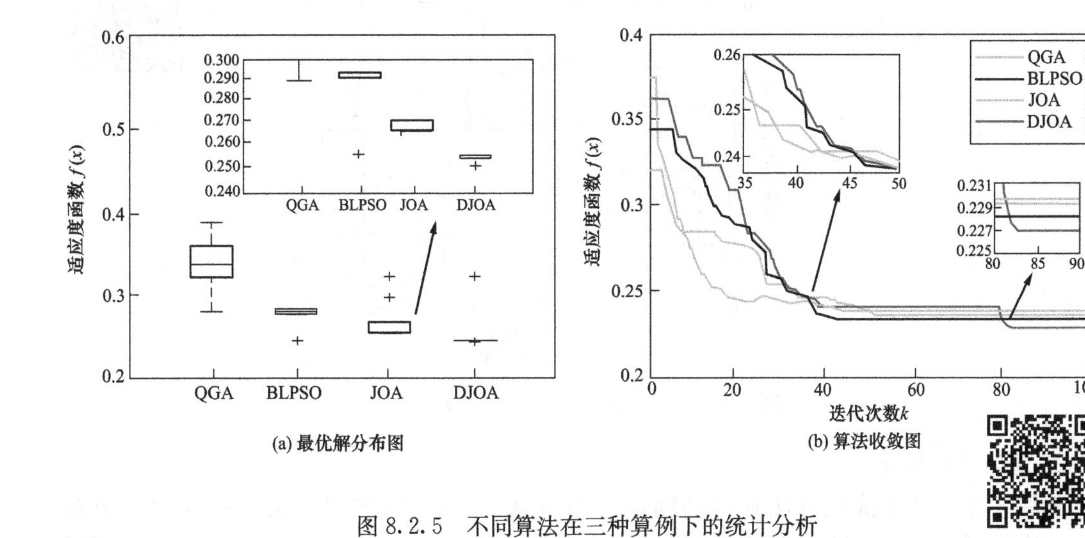

图 8.2.5　不同算法在三种算例下的统计分析

1. 阶跃风速

首先研究四次连续阶跃风速（由 8m/s 增加到 12m/s）下各优化算法的 MPPT 性能，系统响应如图 8.2.6 所示。由图可见，在阶跃风速下，DJOA 具有最小的有功功率超调量与最快的跟踪速率。同时，DJOA 可在最小超调量下快速地调节 d 轴电流。在所有算法中，DJOA 的机械转矩也具有最小的波动与最快的调节速率。

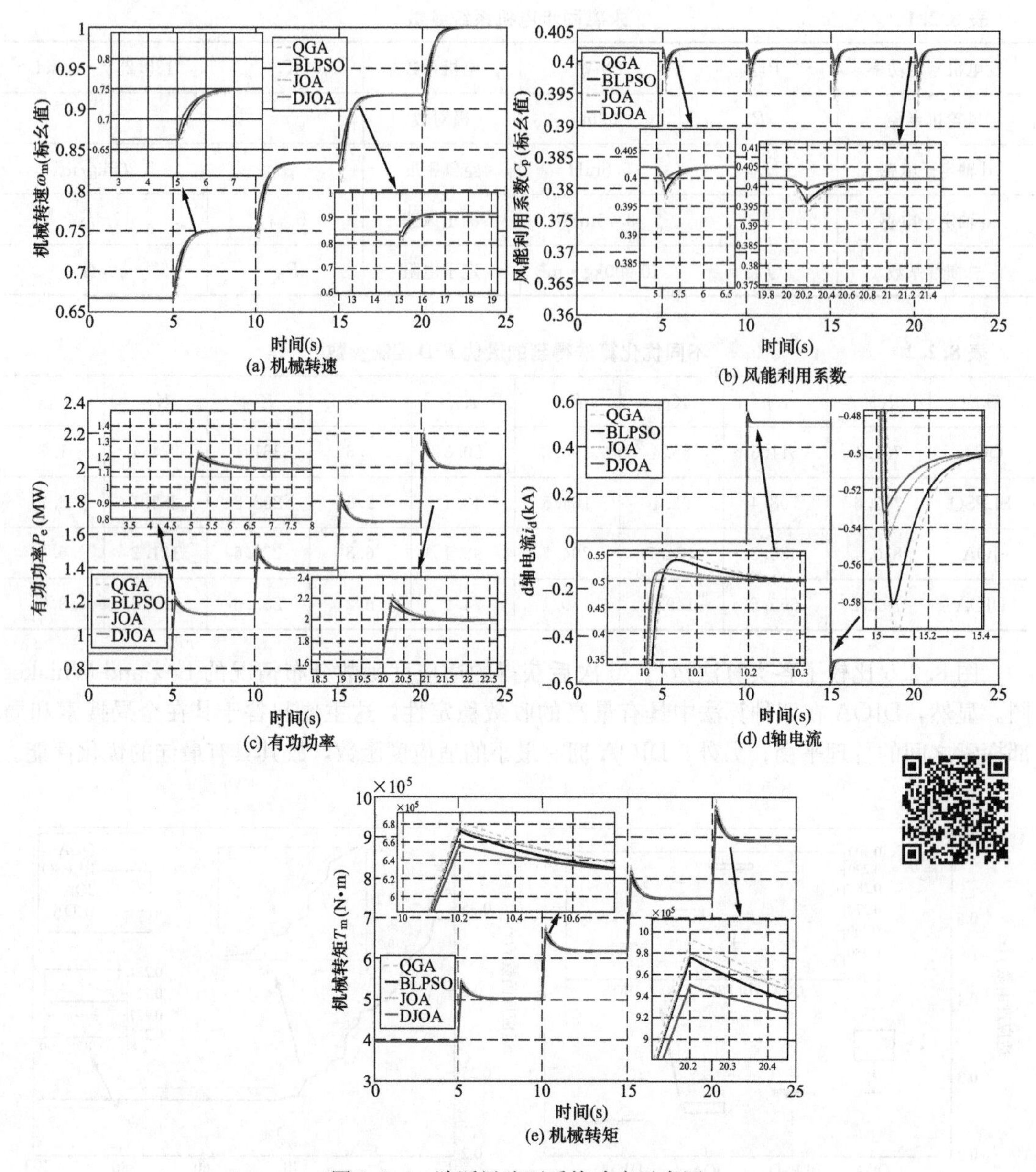

图 8.2.6　阶跃风速下系统响应示意图

2. 低频随机风速

随后，比较各类优化算法在低频随机风速下（7～11m/s 之间变化）的 MPPT 性能。系统响应如图 8.2.7 所示。从图中可见 DJOA 在所有优化算法中具有最大的风能利用系数，因此 DJOA 可在低频随机风速下有效地实现 MPPT。

3. 高频随机风速

最后，研究各类优化算法在高频随机风速（6～12m/s）下的 MPPT 性能。系统响应如图 8.2.8 所示，由图可见 DJOA 在高频风速下可获得最大的风能利用系数，因此其具有最佳的 MPPT 性能。

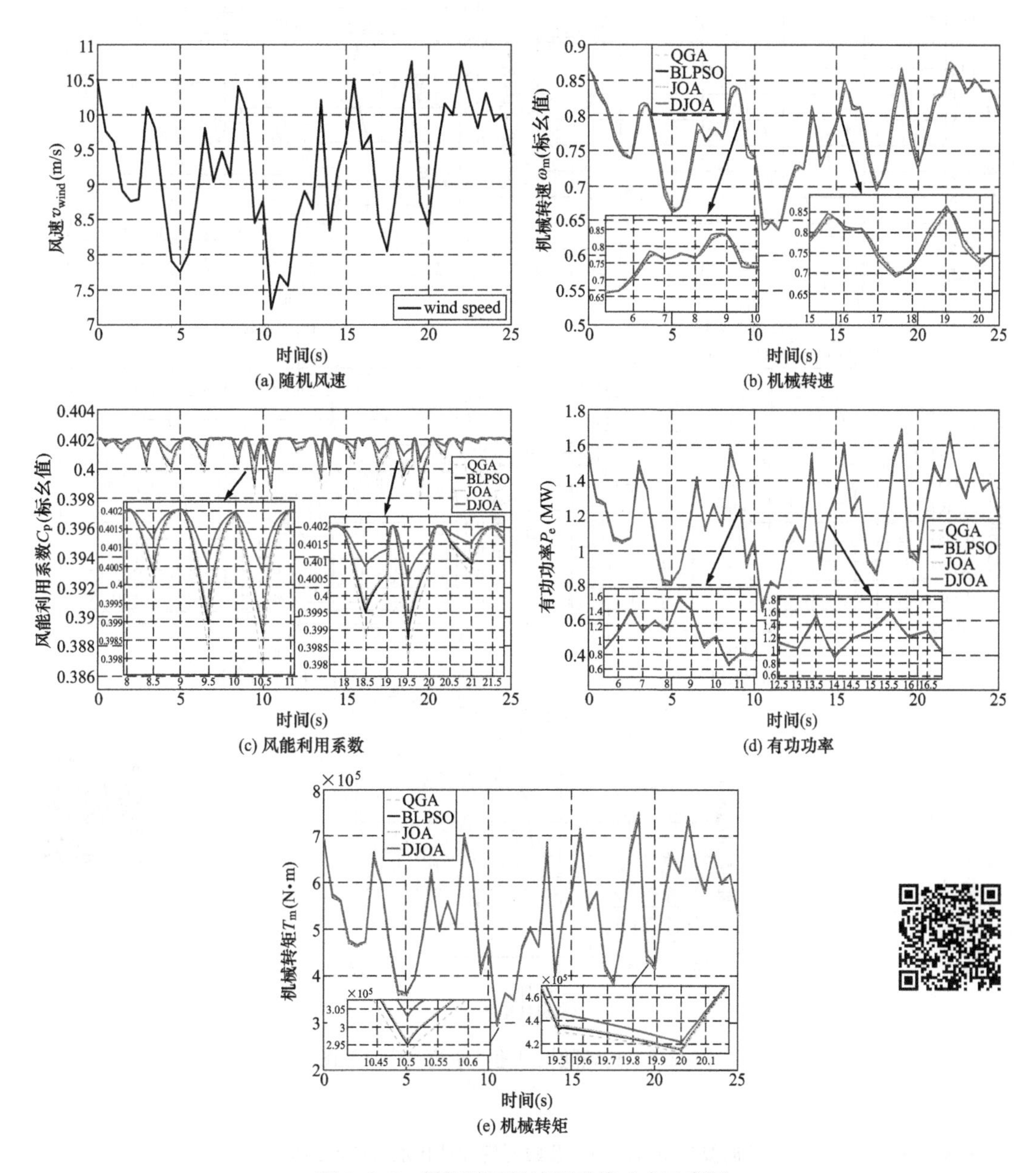

图 8.2.7 低频随机风速下系统响应示意图

4. 统计分析

表 8.2.3 给出了各类优化算法的执行时间、收敛时间和收敛迭代次数的统计结果。从表 8.2.3 中可知，由于 DJOA 具有较为复杂的优化机理，导致其相较 JOA 需要更长的执行时间。需要指出的是，由于算法是对 PMSG 进行离线优化而非在线优化，因此对实时性没有要求，事实上，由表 8.2.3 可见 DJOA 的执行时间和收敛时间相较其他优化算法而言并未增加太多，因此这在实际中完全可以接受。

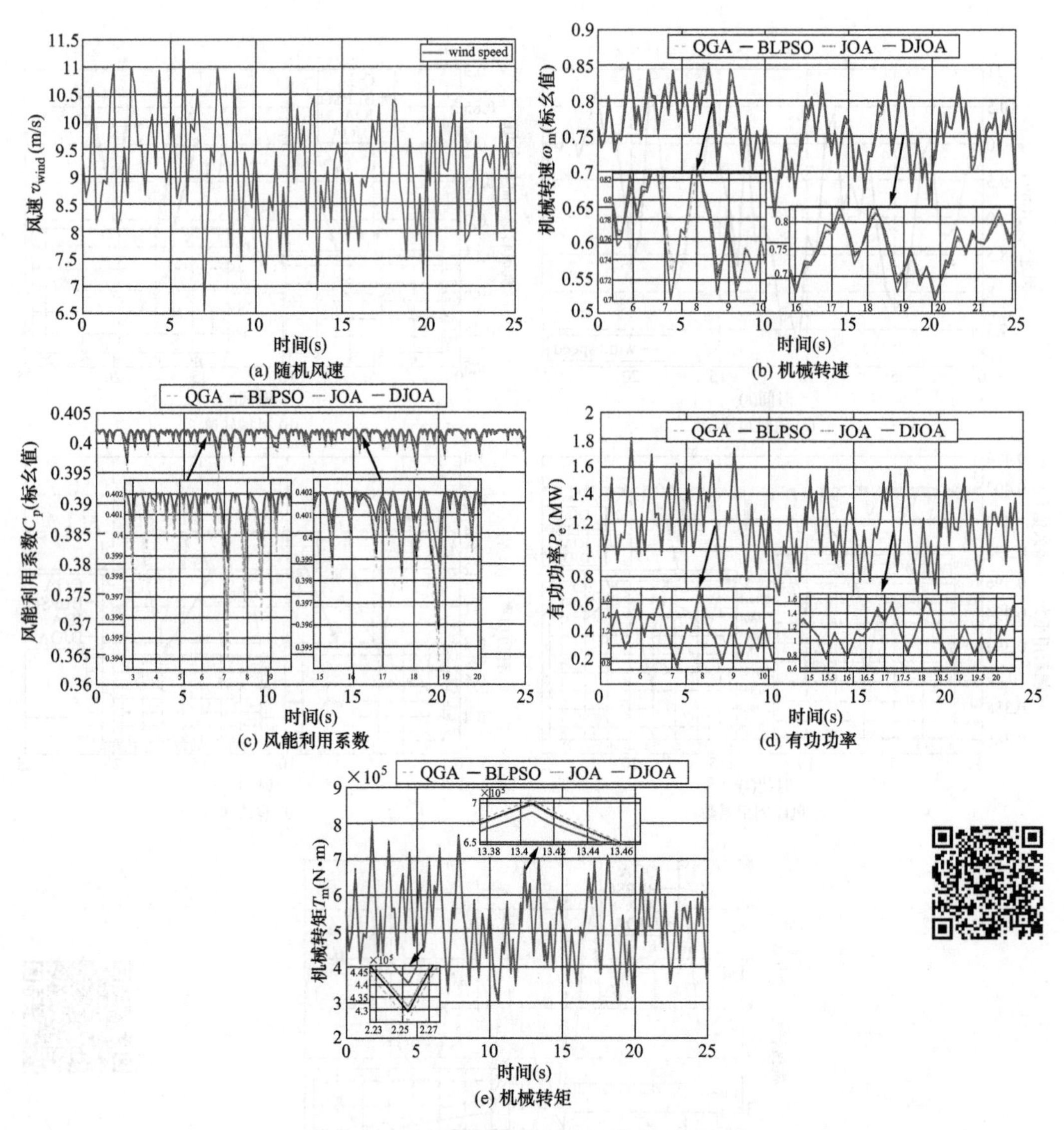

图 8.2.8　高频随机风速下系统响应示意图

表 8.2.3　　　　　　不同算法执行时间、收敛时间和迭代次数统计结果

算法	执行时间（s）			收敛时间（s）			迭代次数		
	最大值	最小值	平均值	最大值	最小值	平均值	最大值	最小值	平均值
QGA	22.41	19.57	20.99	4.55	3.15	3.85	161	132	147
BLPSO	10.87	6.72	8.80	3.86	1.56	2.71	176	152	164
JOA	11.25	6.34	8.80	5.58	1.94	3.76	185	163	174
DJOA	12.62	6.89	9.76	4.77	2.02	4.06	190	170	180

同时，表 8.2.4 中列出了考虑 3%测量误差下的稳定边界法与上述各类优化算法在阶跃风速、低频随机风速和高频随机风速三种算例下的绝对误差积分指标（integral absolute error, IAE)，即 $IAE_x=\int_0^T|x-x^*|dt$ 。由表 8.2.4 可见，DJOA 的 IAE 指标在各类算例下均最小，因此其可获得最佳的优化性能。特别地，在阶跃风速中，DJOA 的 IAE_{wr} 分别是稳定边界法、QGA、BLPSO 和 JOA 的 64.81%、71.50%、72.66%和 76.71%；此外，在高频随机风速中，DJOA 的 IAE_{Id} 分别是稳定边界法、QGA、BLPSO 和 JOA 的 67.53%、80.87%、84.26%和 86.83%。最后，上述五类算法在 3%的测量误差下的总控制成本如图 8.2.9 所示。由图 8.2.9 可知 DJOA 的控制成本在所有三种算例下均为最低。特别的，DJOA 在低频随机风速下的控制成本分别是稳定边界法、QGA、BLPSO 和 JOA 的 62.84%、81.50%、89.67%和 92.43%。

表 8.2.4　　考虑 3%测量误差下各算例不同算法的 IAE 指标

算例	IAE 指标	稳定边界法	QGA	BLPSO	JOA	DJOA
阶跃风速	IAE_{Id}	0.2029	0.1637	0.1612	0.1533	0.1342
	IAE_{wr}	0.3887	0.3523	0.3467	0.3284	0.2519
低频随机风速	IAE_{Id}	0.2062	0.1659	0.1587	0.1512	0.1417
	IAE_{wr}	0.7638	0.7231	0.6701	0.6609	0.6137
高频随机风速	IAE_{Id}	0.2704	0.2258	0.2167	0.2103	0.1826
	IAE_{wr}	0.9736	0.9101	0.8889	0.8726	0.7948

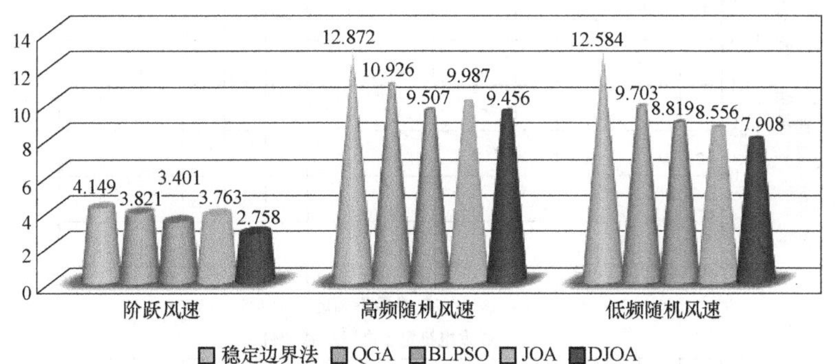

图 8.2.9　考虑 3%测量误差下各算例不同算法的总控制成本

综上所述，DJOA 相较于传统合理整定后（稳定边界法）的 PID 控制参数而言可以大幅提高控制精度（阶跃风速中转速误差可减少 35.19%）；DJOA 所需的控制成本也更低（低频风速下控制成本可减少 37.16%）。

需要说明的是，本章的 PID 参数是离线优化而非在线优化，这主要是由于优化算法耗时过长而无法实现实时在线优化导致的。具体来说，首先，构建一个适应度函数式（8.2.19）和式（8.2.20）；随后，在三种算例下（阶跃风速、低频随机风速、高频随机风速）分别求解每一种算例下的适应度函数并求和，从而得到一次迭代中的适应度函数值。对此值进行优化，即通过 DJOA（或其他对比优化算法）更新 PID 参数后进入下一次迭代从而得到新的适应度函数值；最后，经过反复迭代直至三种算例［即阶跃风速（由 8m/s 增加到 12m/s）；低频随机风速，如图 8.2.7（a）所示；以及高频随机风速如图 8.2.8（a）所示］下的适应度函数收敛，如式（8.2.21）所示。此时优化结束，其所对应的 PID 参数即为最优的 PID 参数并输入到

PMSG控制器中并保持不变。对于其他的风速变化，所求解的最优PID参数可能无法获得最优的控制性能，这是由于本章仅考虑了上述三类风速变化的情形。在实际应用场合有局限性，且离线优化的方式也无法考虑现场工作时将遇见的环境参数、系统模型、工作点等关键因素的变化。事实上，本章所选取的三种典型风速主要旨在验证算法的优化性能。为解决这一问题，在实际应用中，可将当下的三种风速变化算例扩展到常见的风速变化，常见的工作点，以及常见的故障等多种算例下进行优化。

5. 鲁棒性测试

为研究发电机参数不确定时系统的鲁棒性，对定子电阻 R_s 和 d 轴电感 L_d 在额定值 ±20%范围内变化时进行研究（由于本章主要研究MPPT，并未考虑电网侧VSC与电网侧动态，因此鲁棒性测试主要针对发电机参数）。PMSG系统在额定风速下增加1m/s的风速阶跃后有功功率 $|P_e|$ 峰值对比如图8.2.10所示。由图可知稳定边界法、QGA、BLPSO、JOA和DJOA在±20%的发电机定子电阻 R_s 不确定下的 $|P_e|$ 分别是15.76%、14.66%、13.87%、13.02%和12.17%；同时在±20%的发电机d轴电感 L_d 不确定下的 $|P_e|$ 分别是15.81%、14.72%、13.91%、13.09%和12.24%。因此相较于其他算法而言，DJOA对于发电机参数不确定具有最强的鲁棒性。

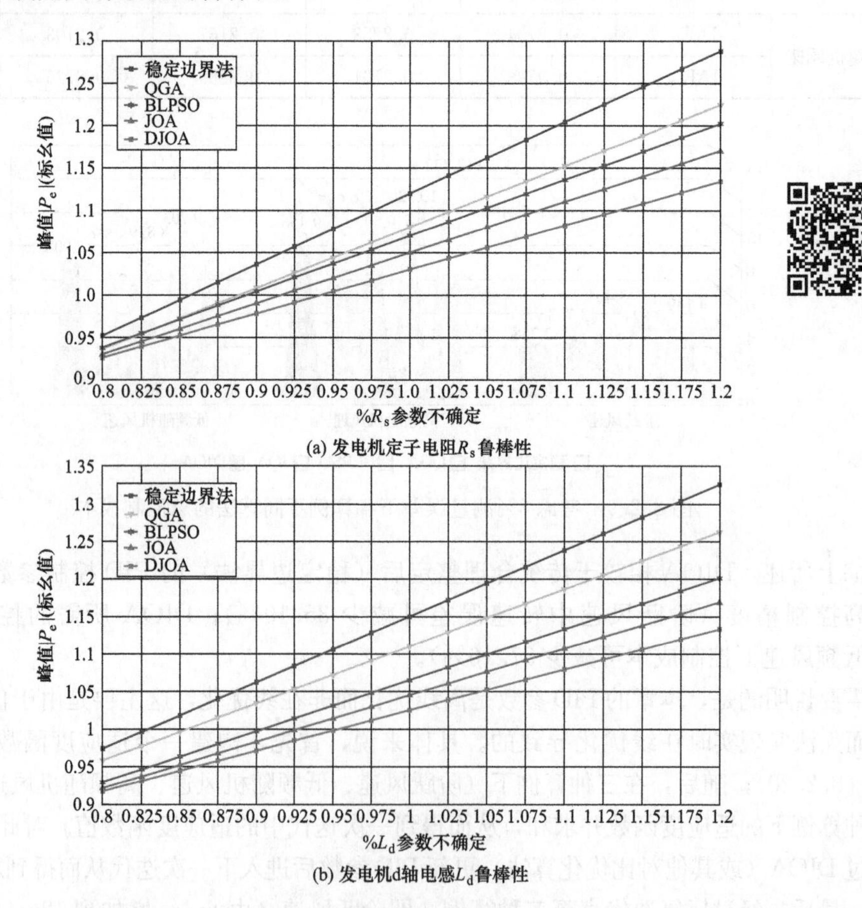

(a) 发电机定子电阻 R_s 鲁棒性

(b) 发电机d轴电感 L_d 鲁棒性

图8.2.10 发电机定子电阻 R_s 和 d 轴电感 L_d 在额定值±20%范围内变化时，系统在额定风速下增加1m/s的风速阶跃后有功功率 $|P_e|$ 峰值对比图

8.2.5 小结

本章设计了一款基于军队作战策略的新型启发式算法，即 DJOA 用以实现 PMSG 的 MPPT，其贡献点主要可概括为以下四个方面：

(1) DJOA 采取了三种基本策略，即进攻作战（全局搜索）、防御作战（局部探索）和重组作战（结构重组），从而大幅提高最优解的质量。

(2) DJOA 在深度防御作战中引入两名副官来实现更深度的局部探索。同时，在混合重组作战中引入 SFLA 的混合机制，从而显著减少算法陷入局部最优解的概率。

(3) 四类算例仿真结果表明，与稳定边界法、QGA、BLPSO 和 JOA 相比，DJOA 在各类风速下均具有最佳的 MPPT 性能、最低的控制成本以及在发电机参数不确定下具有最高的鲁棒性。

(4) 本节所研究的问题是风机在额定风速以下设计最优 PID 控制器以实现风机 MPPT，该问题吸引了近年来大量的文献进行研究，各类非线性控制器也基于该问题进行了深入探讨。

8.3 双馈感应发电机系统控制器调参

8.3.1 双馈感应发电机系统建模

双馈感应发电机的基本结构示意图如图 8.3.1 所示。其中，风轮机通过机械轴系统与发电机相连接，定子与无穷大电网直接相连，转子与背靠背换流器相连。转子侧换流器（rotor-side converter，RSC）的目标是控制转子转速和无功功率。而电网侧换流器（grid-side converter，GSC）的目标是在无功功率幅值和方向改变的情况下维持直流电压恒定。

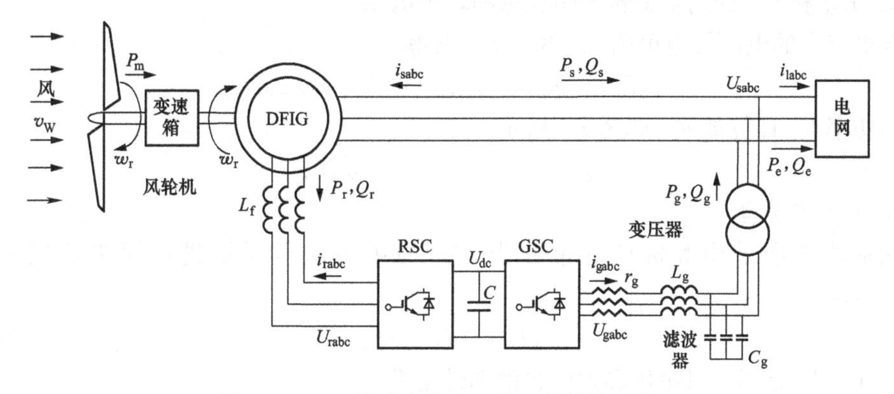

图 8.3.1 双馈感应发电机的基本结构示意图

1. 风轮机模型

风轮机从风能中获取的机械功率为式（8.3.1）所示。

$$P_m = \frac{1}{2}\rho\pi R^2 C_p(\lambda,\beta) v_{wind}^3 \tag{8.3.1}$$

式中：ρ 表示空气密度；R 表示风轮机半径；v_{wind} 表示风速，$C_p(\lambda, \beta)$ 表示一个关于叶尖速比 λ 和桨距角 β 的函数，也可称为风能利用系数，其中 λ 可以定义如式（8.3.2）所示。

$$\lambda=\frac{\omega_{\mathrm{m}}R}{v_{\mathrm{wind}}} \tag{8.3.2}$$

式中：ω_{m} 为风轮机的机械转速。基于风轮机的运行特性，功率系数 $C_{\mathrm{p}}(\lambda,\ \beta)$ 可用式（8.3.3）表示。

$$C_{\mathrm{p}}(\lambda,\beta)=c_1\left(\frac{c_2}{\lambda_i}-c_3\beta-c_4\right)\mathrm{e}^{-\frac{c_5}{\lambda_i}}+c_6\lambda \tag{8.3.3}$$

式中：$c_1=0.5176$；$c_2=116$；$c_3=0.4$；$c_4=5$；$c_5=21$；$c_6=0.0068$。

以及 λ_i 如式（8.3.4）所示。

$$\frac{1}{\lambda_i}=\frac{1}{\lambda+0.08\beta}-\frac{0.035}{\beta^3+1} \tag{8.3.4}$$

2. 发电机模型

发电机的动态方程可用式（8.3.5）表示。

$$\begin{cases}\dfrac{\mathrm{d}i_{\mathrm{qs}}}{\mathrm{d}t}=\dfrac{\omega_{\mathrm{b}}}{L'_{\mathrm{s}}}\left(-R_1 i_{\mathrm{qs}}+\omega_{\mathrm{s}}L'_{\mathrm{s}}i_{\mathrm{qs}}+\dfrac{\omega_{\mathrm{r}}}{\omega_{\mathrm{s}}}e'_{\mathrm{qs}}-\dfrac{1}{T_{\mathrm{r}}\omega_{\mathrm{s}}}e'_{\mathrm{ds}}-v_{\mathrm{qs}}+\dfrac{L_{\mathrm{m}}}{L_{\mathrm{rr}}}v_{\mathrm{qr}}\right)\\ \dfrac{\mathrm{d}i_{\mathrm{ds}}}{\mathrm{d}t}=\dfrac{\omega_{\mathrm{b}}}{L'_{\mathrm{s}}}\left(-\omega_{\mathrm{s}}L'_{\mathrm{s}}i_{\mathrm{qs}}-R_1 i_{\mathrm{qs}}+\dfrac{1}{T_{\mathrm{r}}\omega_{\mathrm{s}}}e'_{\mathrm{qs}}+\dfrac{\omega_{\mathrm{r}}}{\omega_{\mathrm{s}}}e'_{\mathrm{ds}}-v_{\mathrm{ds}}+\dfrac{L_{\mathrm{m}}}{L_{\mathrm{rr}}}v_{\mathrm{qr}}\right)\\ \dfrac{\mathrm{d}e'_{\mathrm{qs}}}{\mathrm{d}t}=\omega_{\mathrm{b}}\omega_{\mathrm{s}}\left[R_2 i_{\mathrm{ds}}-\dfrac{1}{T_{\mathrm{r}}\omega_{\mathrm{s}}}e'_{\mathrm{qs}}+\left(1-\dfrac{\omega_{\mathrm{r}}}{\omega_{\mathrm{s}}}\right)e'_{\mathrm{ds}}-\dfrac{L_{\mathrm{m}}}{L_{\mathrm{rr}}}v_{\mathrm{dr}}\right]\\ \dfrac{\mathrm{d}e'_{\mathrm{ds}}}{\mathrm{d}t}=\omega_{\mathrm{b}}\omega_{\mathrm{s}}\left[-R_2 i_{\mathrm{ds}}-\left(1-\dfrac{\omega_{\mathrm{r}}}{\omega_{\mathrm{s}}}\right)e'_{\mathrm{qs}}-\dfrac{1}{T_{\mathrm{r}}\omega_{\mathrm{s}}}e'_{\mathrm{ds}}+\dfrac{L_{\mathrm{m}}}{L_{\mathrm{rr}}}v_{\mathrm{qr}}\right]\end{cases} \tag{8.3.5}$$

式中：ω_{b} 是机械转速；ω_{s} 是同步角速度；ω_{r} 是转子角速度；e'_{ds} 和e'_{qs} 分别是 d-q 轴内部电压；i_{ds} 和 i_{qs} 分别是 d-q 轴定子电流；v_{ds} 和 v_{qs} 分别是 d-q 轴定子端电压；v_{dr} 和 v_{qr} 分别是 d-q 轴转子端电压；L_{m} 和 L_{rr} 分别是定转子间互感和转子电感。

发电机产生的电磁转矩可由式（8.3.6）求得。

$$T_{\mathrm{e}}=(e'_{\mathrm{qs}}/\omega_{\mathrm{s}})\,i_{\mathrm{qs}}+(e'_{\mathrm{ds}}/\omega_{\mathrm{s}})\,i_{\mathrm{ds}} \tag{8.3.6}$$

无功功率 Q_{s} 计算如式（8.3.7）所示。

$$Q_{\mathrm{s}}=v_{\mathrm{qs}}i_{\mathrm{ds}}-v_{\mathrm{ds}}i_{\mathrm{qs}}=v_{\mathrm{qs}}i_{\mathrm{ds}} \tag{8.3.7}$$

3. 转轴系统模型

转轴系统通常采用等价惯性常数为 H_{m} 的集中惯量系统进行简单的建模，如式（8.3.8）所示。

$$H_{\mathrm{m}}=H_{\mathrm{t}}+H_{\mathrm{g}} \tag{8.3.8}$$

式中：H_{t} 和 H_{g} 分别为风轮机和发电机的惯性常数。

机电动态方程如式（8.3.9）所示。

$$\frac{\mathrm{d}\omega_{\mathrm{m}}}{\mathrm{d}t}=\frac{1}{2H_{\mathrm{m}}}(T_{\mathrm{m}}-T_{\mathrm{e}}-D\,\omega_{\mathrm{m}}) \tag{8.3.9}$$

式中：ω_{m} 为聚合系统的旋转角速度，与发电机的转子角速度 ω_{r} 相等；D 代表集中惯量系统的综合阻尼；T_{m} 为机械转矩，并满足 $T_{\mathrm{m}}=P_{\mathrm{m}}/\omega_{\mathrm{m}}$。

8.3.2 群灰狼优化算法

GGWO 引入“分组”机制，扩展了 GWO 的领导等级，以模仿灰狼群体间更广泛更深入的合作，从而提高寻优的效率和精度。与原有的 GWO 相比，GGWO 有如下三个有前景的特点：

（1）灰狼分为独立的两组，即：合作狩猎组、随机侦察组。前者包括四种类型的灰狼，即 α、β、δ 和 ω 狼，而后者仅包括 δ 狼。

（2）随机侦察组的任务是对未知环境进行更广泛的探索，以提高全局最优收敛性；而合作狩猎组则通过增加 β 和 δ 狼的数量来进化，即分别为 2 只 β 狼和 3 只 δ 狼，以便进行更深入的开发，从而实现更深度的局部探索。

（3）合作狩猎组中的 α、β 和 δ 狼可以在下次迭代过程中根据他们当前适应度函数，与随机侦察组中的 δ 狼进行角色互换。因此，GGWO 可以在算法全局搜索与局部探索间取得适当的平衡。

1. 领导等级、任务分配和角色互换

原始 GWO 采用单组灰狼进行狩猎，包含 α、β、δ 和 ω 四种类型的灰狼。而 GGWO 将灰狼分为合作狩猎组和随机侦察组两组，δ 狼分为狩猎狼（δ_1）和侦察狼（δ_2）两种类型。其中，合作狩猎组中的 β 狼和 δ 狼较 GWO 分别增至 2 个和 3 个。GGWO 中灰狼的领导等级规定如图 8.3.2 所示：α 是最高级别的灰狼，β 是排位第二第三的次等级别的灰狼，而 δ_1 代表排位第四、第五和第六的中等级别的狩猎狼，其余的是中等级的侦察狼 δ_2 和下等级的 ω 狼。

合作狩猎组包含 α、β、δ 和 ω 狼，它们会进行深度的局部探索。随机侦察组中的 δ_2 狼会进行广泛的全局搜索。此外，合作狩猎组中 α、β 和δ_1狼的与随机侦察组中的 δ_2 狼会在下一次迭代中由其当前适应度函数，进行角色交换，从而平衡算法全局搜索与局部探索间的矛盾。

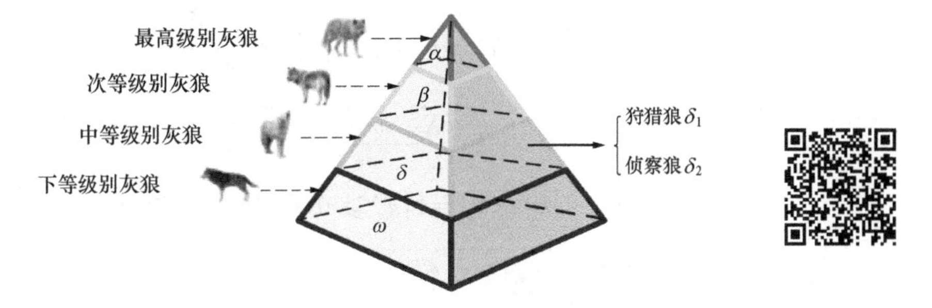

图 8.3.2　群灰狼优化算法所使用灰狼的领导等级（优势等级由上而下递减）

2. 猎物包围策略

在合作狩猎组，所有灰狼在狩猎过程中对猎物的围捕策略，可以描述为式（8.3.10）和式（8.3.11）。

$$\vec{D}=|\vec{C}\cdot\vec{X}_{\mathrm{p}}(t)-\vec{X}(t)| \tag{8.3.10}$$

$$\vec{X}(t+1)=\vec{X}_{\mathrm{p}}(t)-\vec{A}\cdot\vec{D} \tag{8.3.11}$$

式中：t 代表当前迭代过程；$\vec{X}_{\mathrm{p}}$ 和 $\vec{X}$ 分别为猎物和灰狼的定位向量；$\vec{A}$ 和 $\vec{C}$ 分别是系数向量，如式（8.3.12）和式（8.3.13）所示。

$$\vec{A}=2\vec{\alpha}\cdot\vec{r_1}-\vec{\alpha} \tag{8.3.12}$$

$$\vec{C}=2\cdot\vec{r_2} \tag{8.3.13}$$

式中：$\vec{\alpha}$ 是包围系数向量，其分量在每次迭代过程中从 2 线性下降到 0；而 $\vec{r_1}$ 和 $\vec{r_2}$ 分别是 [0，1] 中的均匀分布的随机向量。

此外，包围系数向量 $\vec{\alpha}$ 的值决定了系数向量 $\vec{A}$。如果 $|\vec{A}|<1$，灰狼会攻击当前猎物。而 $|\vec{A}|>1$，它们将离开当前猎物，并寻找下一个潜在的猎物。

3. 猎物捕捉策略

如图 8.3.3 所示，为了进行组织良好的狩猎，合作狩猎组将由 α，β 和 δ_1 狼共同领导，一般来说，这些领导者拥有最丰富的经验，并且对潜在猎物准确位置有着最可靠的了解。然后，根据领导者的指示的位置信息，ω 狼能够及时更新自己的位置，其位置更新的规律可以表示为式（8.3.14）～式（8.3.16）。

$$\begin{cases}\vec{D}_\alpha=|\vec{C}_1\cdot\vec{X}_\alpha-\vec{X}|,\vec{D}_{\beta1}=|\vec{C}_2\cdot\vec{X}_{\beta1}-\vec{X}|,\\ \vec{D}_{\beta2}=|\vec{C}_2\cdot\vec{X}_{\beta2}-\vec{X}|,\vec{D}_{\delta1}=|\vec{C}_3\cdot\vec{X}_{\delta1}-\vec{X}|,\\ \vec{D}_{\delta2}=|\vec{C}_3\cdot\vec{X}_{\delta2}-\vec{X}|,\vec{D}_{\delta3}=|\vec{C}_3\cdot\vec{X}_{\delta3}-\vec{X}|\end{cases} \tag{8.3.14}$$

$$\begin{cases}\vec{X}_1=\vec{X}_\alpha-\vec{A}_1\cdot(\vec{D}_\alpha),\vec{X}_{21}=\vec{X}_{\beta1}-\vec{A}_2\cdot(\vec{D}_{\beta1}),\\ \vec{X}_{22}=\vec{X}_{\beta2}-\vec{A}_2\cdot(\vec{D}_{\beta2}),\vec{X}_{31}=\vec{X}_{\delta1}-\vec{A}_3\cdot(\vec{D}_{\delta1})\\ \vec{X}_{32}=\vec{X}_{\delta2}-\vec{A}_3\cdot(\vec{D}_{\delta2}),\vec{X}_{33}=\vec{X}_{\delta3}-\vec{A}_3\cdot(\vec{D}_{\delta3})\end{cases} \tag{8.3.15}$$

$$\begin{cases}\vec{X}(t+1)=k_\alpha\vec{X}_1+k_\beta\left(\dfrac{\vec{X}_{21}+\vec{X}_{22}}{2}\right)\\ \qquad\qquad +k_\delta\left(\dfrac{\vec{X}_{31}+\vec{X}_{32}+\vec{X}_{33}}{3}\right)\\ k_\alpha+k_\beta+k_\delta=1,k_\alpha\geqslant 0,k_\beta\geqslant 0,k_\delta\geqslant 0\end{cases} \tag{8.3.16}$$

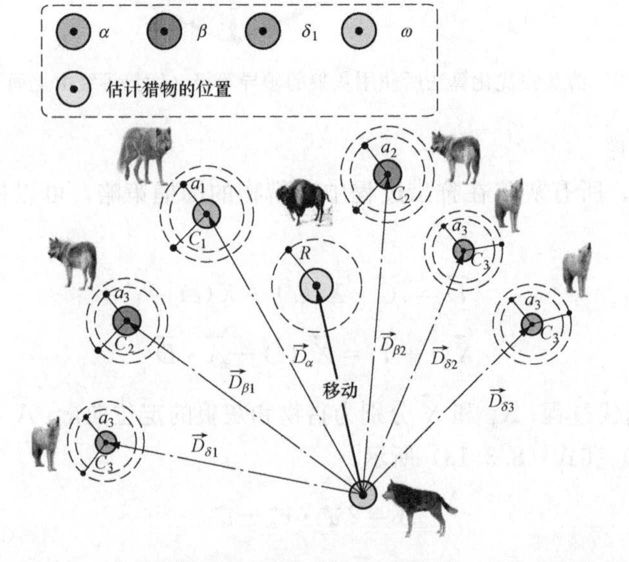

图 8.3.3　群灰狼优化算法采用的 ω 狼群定位引导和更新机制

式中：$\vec{X}_\alpha$、$\vec{X}_\beta$ 和 $\vec{X}_\delta$ 分别是 α、β 和 δ 狼的位置；而 k_α、k_β 和 k_δ 分别是 α、β 和 δ 狼的引导系数。

4. 猎物探索策略

侦察狼 δ_2 随机探索潜在的猎物以实现深度的局部探索，它们的位置可以更新为式（8.3.17）。

$$\vec{X}(t+1)=\vec{X}(t)+\vec{r}_{\delta 2} \tag{8.3.17}$$

式中：$\vec{r}_{\delta 2}$ 是一个随机的侦察矢量，范围仅受可控变量上限和下限的限制。

8.3.3 基于群灰狼优化算法的双馈感应电机最优 PI 控制器增益参数整定

1. 控制结构

RSC 采用传统的基于 PI 的 VC 来实现 MPPT，外部控制环路通过独立调节发电机转子速度和无功功率，分别获得 d-q 轴转子电流参考值 i_{qr}^* 和 i_{dr}^*。而内部控制环路通过调节这两个电流，并添加补偿项 u_{qr2} 和 u_{dr2}，最终获得控制器输出 u_{qr} 和 u_{dr}。上述框架构成了四个耦合的 PI 控制环，并通过 GGWO 进行优化，以获得最佳控制性能，如图 8.3.4 所示。相关变量定义如式（8.3.18）所示。

$$\begin{cases} s=\dfrac{\omega_{\mathrm{s}}-\omega_{\mathrm{r}}}{\omega_{\mathrm{s}}} \\ \sigma=1-\dfrac{L_{\mathrm{m}}^2}{L_{\mathrm{s}}L_{\mathrm{r}}} \\ i_{\mathrm{ms}}=\dfrac{u_{\mathrm{qs}}-R_{\mathrm{s}}i_{\mathrm{qs}}}{\omega_{\mathrm{s}}L_{\mathrm{m}}} \\ u_{\mathrm{qr2}}=s\,\omega_{\mathrm{s}}\left(\sigma L_{\mathrm{r}}i_{\mathrm{dr}}+\dfrac{L_{\mathrm{m}}^2 i_{\mathrm{ms}}}{L_{\mathrm{s}}}\right) \\ u_{\mathrm{dr2}}=-s\omega_{\mathrm{s}}\sigma L_{\mathrm{r}}i_{\mathrm{qr}} \end{cases} \tag{8.3.18}$$

式中：s 是发电机转差率；σ 是漏抗系数。

考虑以下三种情况：阶跃风速、随机风速、电网电压跌落，建立 PI 控制器增益参数的优化模型，如式（8.3.19）和式（8.3.20）所示。

$$\mathrm{Minimize} f(x)=\sum_{\text{三种算例}}\int_0^T(|Q_{\mathrm{s}}-Q_{\mathrm{s}}^*|+|\omega_{\mathrm{r}}-\omega_{\mathrm{r}}^*|+\omega_1|u_{\mathrm{qr}}|+\omega_2|u_{\mathrm{dr}}|)\mathrm{d}t \tag{8.3.19}$$

$$\mathrm{subjectto}\begin{cases} K_{\mathrm{P}i\mathrm{min}}<K_{\mathrm{P}i}<K_{\mathrm{P}i\mathrm{max}} \\ K_{\mathrm{I}i\mathrm{min}}<K_{\mathrm{I}i}<K_{\mathrm{I}i\mathrm{max}} \\ v_{\mathrm{windmin}}<v_{\mathrm{wind}}<v_{\mathrm{windmax}} \\ u_{\mathrm{smin}}<u_{\mathrm{s}}<u_{\mathrm{smax}} \qquad ,i=1,2,3,4 \\ Q_{\mathrm{smin}}<Q_{\mathrm{s}}<Q_{\mathrm{smax}} \\ u_{\mathrm{qrmin}}<u_{\mathrm{qr}}<u_{\mathrm{qrmax}} \\ u_{\mathrm{drmin}}<u_{\mathrm{dr}}<u_{\mathrm{drmax}} \end{cases} \tag{8.3.20}$$

式中：四个耦合的 PI 控制环的参数需要进行优化调整，它们分别表示为 $K_{\mathrm{P}i}$ 和 $K_{\mathrm{I}i}$。在相对较慢的外部控制环路中，比例增益 $K_{\mathrm{P}i}$ 和积分增益 $K_{\mathrm{I}i}$ 的取值范围分别位于［0，0.5］和

[0，2] 之间，而在相对较快的内部控制环路中，它们的取值范围分别位于 [0，15] 和 [0，50] 之间。T 是每种算例下的总运算时间。风速 v_{wind} 在 8～12m/s 之间变化，电网电压 u_s 在 0.2（标幺值）～1.0（标幺值）之间，无功功率 Q_s 在 −1.0（标幺值）～1.0（标幺值）之间。此外，权重系数 $\omega_1 = \omega_2 = 1/16$。

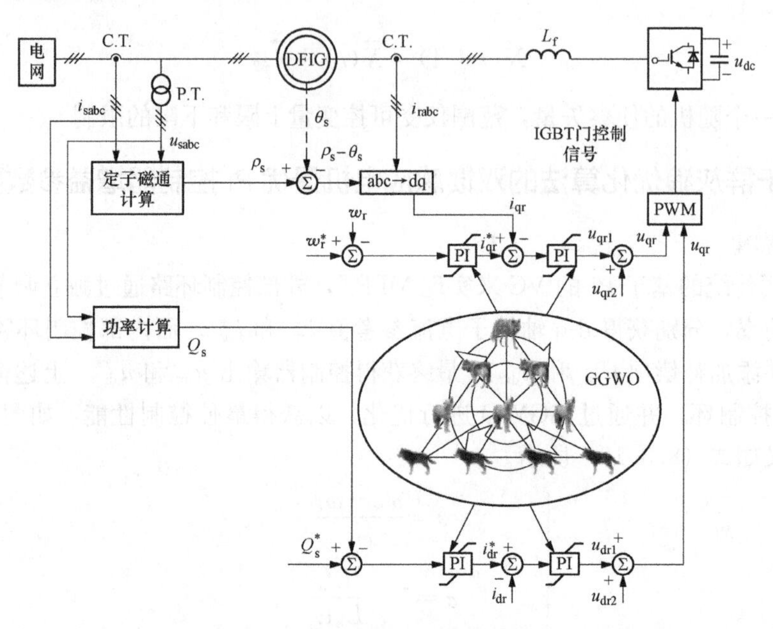

图 8.3.4　基于群灰狼优化算法的双馈感应电机控制结构

2. 参数设置

GGWO 中，引导系数k_α、k_β和k_δ，最大迭代次数 $t_{\max}$，合作狩猎群的种群大小 n_h 和随机侦察群的种群大小 n_s，这六个参数直接影响优化效果，因此需要谨慎选择。本章中，参数 $t_{\max}$ 在给定值的区间{50，100，150，200，250} 中选取。一般来说，最大迭代次数 $t_{\max}$ 越大，表示运算时间越长，其得到的最优解质量相应也越高。通过试验和分析表明，证明了最优解的存在性，并且当最大迭代次数 $t_{\max} \geqslant 100$ 时，不同算法得到的最优解仍然保持不变，或者只是略有变化，因此参数 $t_{\max}$ 设置为 100 以适当缩短各种算法的运算时间。

GGWO 的其他参数通过均匀设计方法得到，见表 8.3.1。

表 8.3.1　群灰狼优化算法参数

参数	范围	数值
k_α	$0 \leqslant k_\alpha \leqslant 1$	0.3
k_β	$0 \leqslant k_\beta \leqslant 1$	0.4
k_δ	$0 \leqslant k_\delta \leqslant 1$	0.3
$t_{\max}$	$t_{\max} > 1$	100
n_h	$n_h > 6$	12
n_s	$n_s \geqslant 1$	6

8.3.4　算例研究

本章将所提出的 GGWO 算法应用于 DFIG 的 MPPT 中，并将其与 GA、PSO、GWO

和 MFO 的控制性能进行比较。

图 8.3.5 中给出了不同算法在运行 10 次后得到的 Box-and-Whisker 图，结果表明，在五种算法中，GGWO 的收敛稳定性最高。

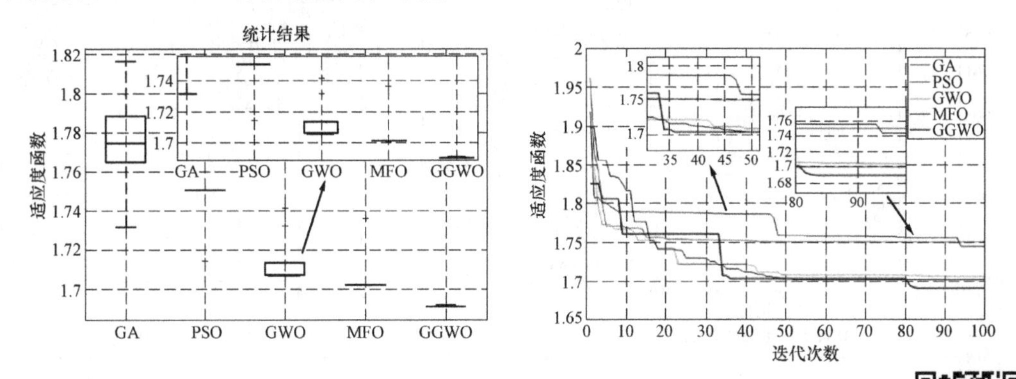

图 8.3.5 每种算法在三种情况下的统计结果

1. 阶跃风速

模拟风速从 8m/s 连续阶跃到 12m/s，风速每次阶跃变化增加 1m/s。不同算法在上述工况下的系统响应如图 8.3.6 所示。可以看出，与其他算法相比，GGWO 可以更平稳、更快速地调节无功功率和有功功率。

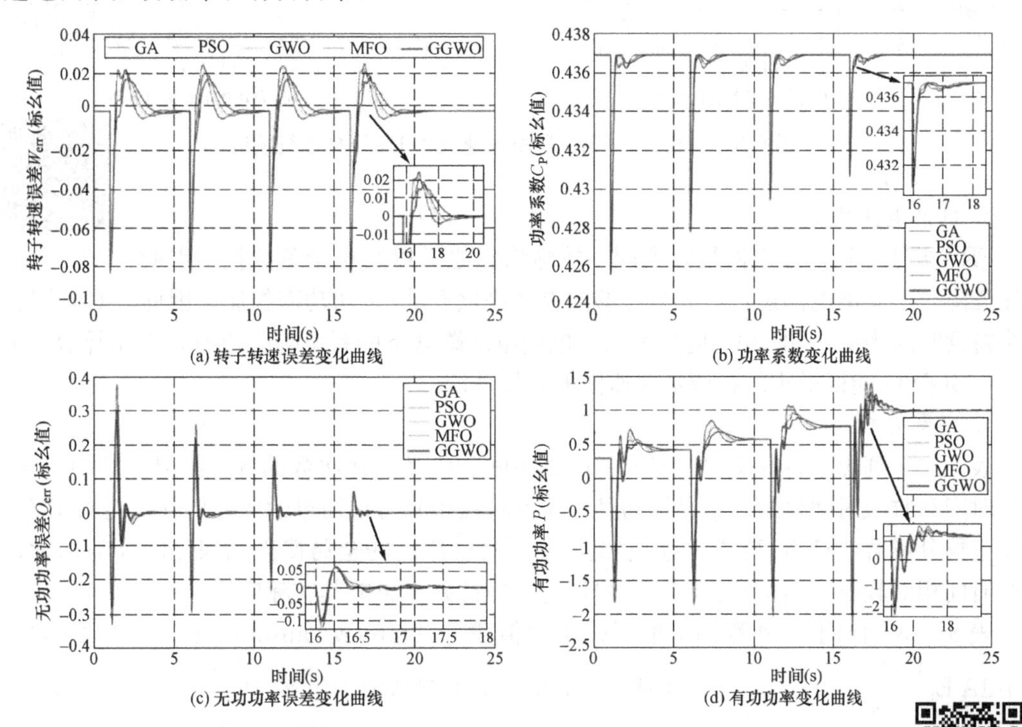

图 8.3.6 在风速从 8～12m/s 连续 4 步变化的情况下得到系统响应

2. 随机风速

模拟风速在 8～12m/s 随机变化，系统响应如图 8.3.7 所示。显然，GGWO 的转子角速度误差和无功功率振荡最小，因此其具有最平滑的控制性能。此外，其功率系数较其他算法更接近于最优值，因此GGWO能最有效地捕获最大风能。

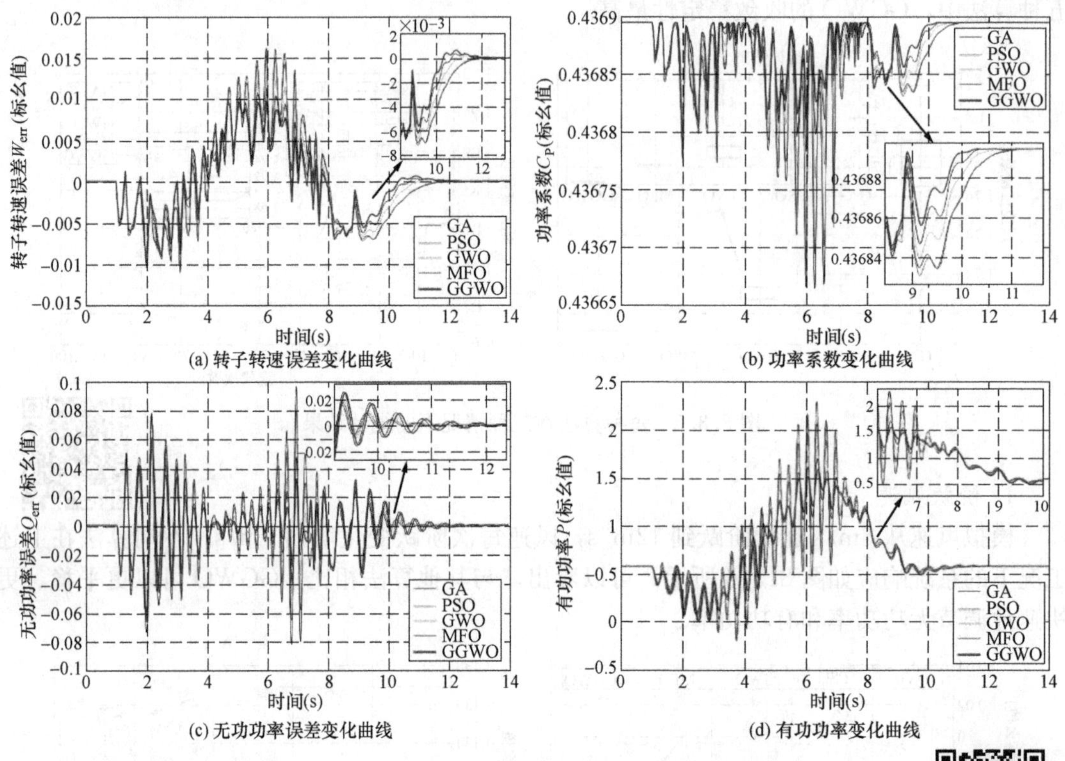

图 8.3.7　在 8～12m/s 随机风速变化 10s 下的系统响应

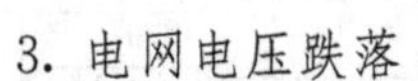
3. 电网电压跌落

FRT要求DFIG在电网故障期间、故障恢复之后以及由于负载扰动引起电压骤降时不脱离电网运行，并且能够向电网提供有功/无功功率控制。因此，对电网施加一个持续时间为0.2s的30%电压跌落。电网电压跌落下的系统响应如图8.3.8所示，由图可见，GGWO能以最小的超调量快速恢复受扰系统。

4. 定量分析

表8.3.2列出了各算法执行时间、收敛时间和收敛迭代次数的统计结果，其中PSO的执行时间和收敛时间最短，这是因为其在所有算法中具有最简单的优化机制。而GGWO由于将狼群分成合作狩猎组和随机侦察组，分别实现广泛的全局搜索和深度的局部探索，故执行时间相对较长。但由于算法为离线优化，因此并不影响其实际应用。

表8.3.3列出了三种算例下的误差绝对值积分（integral absolute error，IAE）指标。其中 $\mathrm{IAE}_x=\int_0^T |x-x^*|\,\mathrm{d}t$，并且 x^* 是变量 x 的参考值，仿真时间 T=25s。由表8.3.3可见，除在阶跃风速下，GGWO的IAE_{wr}指标略高于MFO，其他算例下，GGWO的IAE指标均最低。特别地，在风速阶跃变化时，GGWO的IAE_Q仅为GA的77.57%，随机风速变化时GGWO的IAE_Q是GWO的89.54%，电网电压跌落时GGWO的IAE_Q是GA的84.35%。

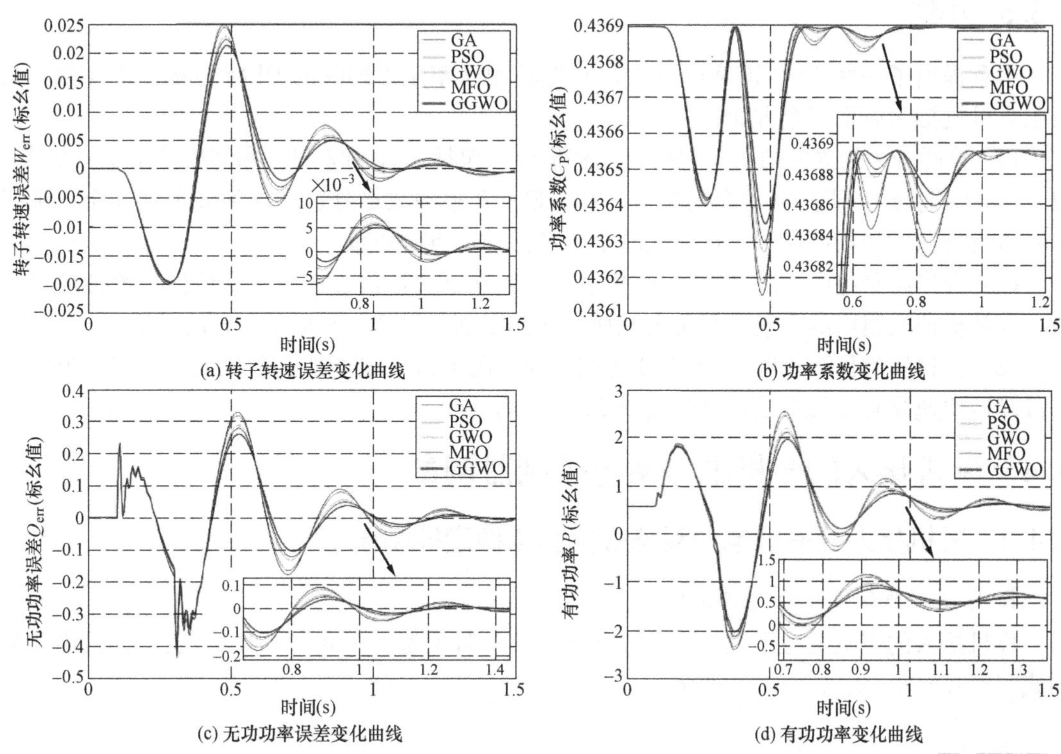

(a) 转子转速误差变化曲线　(b) 功率系数变化曲线

(c) 无功功率误差变化曲线　(d) 有功功率变化曲线

图 8.3.8　在电网电压跌落 30%的情况下获得的系统响应

表 8.3.2　不同算法的执行时间和收敛时间的统计结果

算法	执行时间（h）			收敛时间（h）			收敛迭代次数		
	最大	最小	平均	最大	最小	平均	最大	最小	平均
GA	24.04	19.23	23.30	23.73	4.19	7.12	74	19	30.5
PSO	6.40	5.12	6.22	6.32	1.24	2.27	80	22	36.8
GWO	7.41	5.93	6.88	7.10	1.65	3.19	85	24	45.6
MFO	7.03	5.62	6.91	6.98	2.49	3.70	81	36	53.1
GGWO	10.73	8.59	9.71	10.03	4.08	6.82	92	42	68.7

表 8.3.3　三种算例下不同算法的 IAE 指标（标幺值）

算例	IAE	GA	PSO	GWO	MFO	GGWO
阶跃风速	IAE_Q	0.452 93	0.441 69	0.417 11	0.386 70	0.351 32
	IAE_{wr}	0.222 96	0.243 29	0.254 12	0.219 75	0.231 05
随机风速	IAE_Q	0.263 31	0.281 59	0.290 19	0.271 98	0.259 84
	IAE_{wr}	0.084 33	0.089 80	0.088 27	0.081 07	0.078 99
电压跌落	IAE_Q	0.172 56	0.169 88	0.169 57	0.157 09	0.145 56
	IAE_{wr}	0.014 02	0.013 69	0.013 58	0.011 48	0.010 69

8.3.5 小结

本章提出了一种新的 GGWO 算法，并将其用于整定 DFIG 的 PI 控制器最优参数，其贡献点可概括为以下三个方面：

（1）狼群分为独立的两组，包括合作狩猎组（包括 α 、β 和 δ 狼）和随机侦察组（仅含 δ 狼）。合作狩猎组负责广泛的全局探索，且 β 狼和 δ 狼的数量分别增加到 2 个和 3 个，随机侦察组负责深度的局部探索，从而提高全局最大功率点的质量。

（2）合作狩猎组中 α、β 和 δ 狼的角色，可以在下次迭代过程中根据他们当前适应度函数，与随机侦察组中的 δ 狼进行角色互换，从而平衡全局搜索和局部探索的矛盾。

（3）三种算例仿真表明，GGWO 能在不同工况下最大限度地获取风能，且能在电网发生故障后快速恢复受扰系统，具有最佳 FRT 能力。

8.4 风机接入的多机电力系统控制器调参

8.4.1 风机接入的多机电力系统最优暂态稳定控制模型

1. 传统同步发电机暂态稳定控制模型

风机接入的多机电力系统中第 i 台发电机的三阶模型可由式（8.4.1）表示。其中参数如式（8.4.2）～式（8.4.7）所示。

$$\begin{cases}\dot{\delta}=\omega_i-\omega_0\\ \dot{\omega}_i=\dfrac{\omega_0}{2H_i}\left[P_{\mathrm{m}i}-\dfrac{D_i}{\omega_0}(\omega_i-\omega_0)-P_{\mathrm{e}i}\right]\\ \dot{E}'_{\mathrm{q}i}=\dfrac{1}{T_{\mathrm{d0}i}}(u_{\mathrm{fd}i}+E_{\mathrm{f0i}}-E_{\mathrm{q}i}),\ i=1,2,\cdots,n\end{cases}\tag{8.4.1}$$

$$E_{\mathrm{q}i}=E'_{\mathrm{q}i}-(x_{\mathrm{d}i}-x'_{\mathrm{d}i})I_{\mathrm{d}i}\tag{8.4.2}$$

$$P_{\mathrm{e}i}=\sum_{j=1}^{n}E'_{\mathrm{q}i}E'_{\mathrm{q}j}\beta_{ij},\ Q_{\mathrm{e}i}=\sum_{j=1}^{n}E'_{\mathrm{q}i}E'_{\mathrm{q}i}\alpha_{ij}\tag{8.4.3}$$

$$I_{\mathrm{d}i}=\sum_{j=1}^{n}E'_{\mathrm{q}j}\alpha_{ij},\ I_{\mathrm{q}i}=\sum_{j=1}^{n}E'_{\mathrm{q}j}\beta_{ij}\tag{8.4.4}$$

$$U_{\mathrm{t}i}=\sqrt{U_{\mathrm{d}i}^2+U_{\mathrm{q}i}^2},\ U_{\mathrm{d}i}=x_{\mathrm{q}i}I_{\mathrm{q}i},\ U_{\mathrm{q}i}=E'_{\mathrm{q}i}-x'_{\mathrm{d}i}I_{\mathrm{d}i}\tag{8.4.5}$$

$$\alpha_{ij}=B_{ij}\cos(\delta_i-\delta_j)+G_{ij}\sin(\delta_i-\delta_j)\tag{8.4.6}$$

$$\beta_{ij}=B_{ij}\sin(\delta_i-\delta_j)+G_{ij}\cos(\delta_i-\delta_j)\tag{8.4.7}$$

式中：δ_i 和 ω_i 分别为发电机 i 的功角和转子角速度；ω_0 为同步角速度；$E_{\mathrm{q}i}$、$E'_{\mathrm{q}i}$ 分别为 q 轴转子端电压和 q 轴暂态阻抗后的电压；$P_{\mathrm{m}i}$ 为机械功率；$P_{\mathrm{e}i}$ 为电磁功率；$U_{\mathrm{t}i}$ 为机端电压；$U_{\mathrm{d}i}$ 和 $U_{\mathrm{q}i}$ 分别为 d 轴和 q 轴的机端电压；$x_{\mathrm{d}i}$ 和 $x'_{\mathrm{d}i}$ 分别为发电机的同步电抗和暂态电抗；H_i 为发电机惯性常数；$T_{\mathrm{d0}i}$ 为 d 轴暂态时间常数；$I_{\mathrm{d}i}$、$I_{\mathrm{q}i}$ 分别为 d 轴和 q 轴定子电流；B_{ij} 为 i 节点和 j 节点之间的等效电纳；G_{ij} 为 i 节点和 j 节点之间的等效电导；$u_{\mathrm{fd}i}$ 为励磁电压。

2. 双馈感应电机暂态稳定控制模型

风轮机所能捕获的机械功率如式（8.4.8）所示。

$$P_{\mathrm{m}}=\frac{1}{2}\rho\pi R^2C_{\mathrm{p}}(\lambda,\beta)v_{\mathrm{wind}}^3\tag{8.4.8}$$

式中：ρ 表示空气密度；R 表示风轮机半径；v_{wind} 表示风速；$C_p(\lambda, \beta)$ 为与叶尖速比（tip-speed ratio）λ 和桨距角（blade pitch angle）β 相关的功率系数（power coefficient），也可称为风能利用系数。考虑到风轮机运行特性，$C_p(\lambda, \beta)$ 可由式（8.4.9）通用描述，其中参数如式（8.4.10）所示。

$$C_p(\lambda, \beta) = c_1\left(\frac{c_2}{\lambda_i} - c_3\beta - c_4\right)e^{-\frac{c_5}{\lambda_i}} + c_6\lambda \tag{8.4.9}$$

$$\frac{1}{\lambda_i} = \frac{1}{\lambda + 0.08\beta} - \frac{0.035}{\beta^3 + 1} \tag{8.4.10}$$

式中：各系数 c_i 的值分别为：$c_1 = 0.5176$，$c_2 = 116$，$c_3 = 0.4$，$c_4 = 5$，$c_5 = 21$，$c_6 = 0.0068$。

发电机的动态方程可如式（8.4.11）所示。

$$\begin{cases}\dfrac{di_{qs}}{dt} = \dfrac{1}{L'_s}\left(-R_1 i_{qs} + \omega_s L'_s i_{qs} + \dfrac{\omega_r}{\omega_s}e'_{qs} - \dfrac{1}{T_r\omega_s}e'_{ds} - u_{qs} + \dfrac{L_m}{L_{rr}}u_{qr}\right) \\ \dfrac{di_{ds}}{dt} = \dfrac{1}{L'_s}\left(-\omega_s L'_s i_{qs} - R_1 i_{qs} + \dfrac{1}{T_r\omega_s}e'_{qs} + \dfrac{\omega_r}{\omega_s}e'_{ds} - u_{ds} + \dfrac{L_m}{L_{rr}}u_{qr}\right) \\ \dfrac{de'_{qs}}{dt} = \omega_s\left[R_2 i_{ds} - \dfrac{1}{T_r\omega_s}e'_{qs} + \left(1 - \dfrac{\omega_r}{\omega_s}\right)e'_{ds} - \dfrac{L_m}{L_{rr}}u_{dr}\right] \\ \dfrac{de'_{ds}}{dt} = \omega_s\left[-R_2 i_{qs} - \left(1 - \dfrac{\omega_r}{\omega_s}\right)e'_{qs} - \dfrac{1}{T_r\omega_s}e'_{ds} + \dfrac{L_m}{L_{rr}}u_{qr}\right]\end{cases} \tag{8.4.11}$$

式中：ω_s为同步角速度；ω_r为转子角速度；$e'_{ds} = K_{mrr}\omega_s\Psi_{dr}$ 和 $e'_{qr} = K_{mrr}\omega_s\Psi_{qr}$ 为 d-q 轴暂态阻抗后的电压，Ψ_{dr}和 Ψ_{qr}为 d-q 轴磁通，$K_{mrr} = L_m/L_{rr}$；i_{ds} 和 i_{qs}为 d-q 轴定子电流；u_{ds}和 u_{qs}为 d-q 轴定子端电压；u_{dr}和 u_{qr}为 d-q 轴转子端电压；L'_s 为定子等效电感，$L'_s = L_{ss} - L_m^2/L_{rr}$，$L_{ss}$ 为定子电感；T_r为转子时间常数，$T_r = L_{rr}/R_r$；R_1为定子侧等效电阻，$R_1 = R_s + R_2$，R^2为转子侧等效电阻，$R^2 = (L_m/L_{rr})^2 R_r$；L_{rr}和 L_m为转子电感以及互感。

转轴系统模型同 8.3.1 节所述。

风机功率计算式可简化为式（8.4.12）。

$$\begin{cases}P_s = U_{ds}I_{ds} + U_{qs}I_{qs} = U_{ds}I_{ds} \\ Q_s = U_{qs}I_{ds} - U_{ds}I_{qs} = -U_{ds}I_{qs}\end{cases} \tag{8.4.12}$$

矢量解耦控制的原则可由式（8.4.14）阐述，显然 P_s、Q_s可以被分开控制，互不影响。为了调节 P_s，只需调节 d 轴电流 I_{ds}，由于 P_s与 I_{ds}正相关，故采用负反馈控制；为了调节 Q_s，只需调节 q 轴电流 I_{qs}，不同的是，由于 Q_s与 I_{qs}为负相关，故需采用正反馈控制。

公共连接点（point of common coupling，PCC）与无穷大电网侧之间的连接公式为

$$\begin{cases}U_{ds} = U_g + I_d R - I_q X = U_{PCC} \\ U_{qs} = I_q R + I_d X = 0\end{cases} \tag{8.4.13}$$

3. 风机接入的多机电力系统最优暂态稳定控制模型

在系统发生故障到切除故障恢复稳定过程中，每个机组的有功和无功功率输出会出现波动。本章以最小化所有机组的功率波动为目标，来制定每台同步发电机及每台风机的控制器最优参数。因此，本章所构建的风机接入的多机电力系统最优暂态稳定控制模型可描

述为式（8.4.14）。

$$\min f=\sum_{i=1}^{N}\int_{0}^{T}[|P_i(t)-P_i^*|+|Q_i(t)-Q_i^*|]\mathrm{d}t \tag{8.4.14}$$

$$\text{s. t.}\begin{cases}K_{\text{pss},i}^{\min}\leqslant K_{\text{pss},i}\leqslant K_{\text{pss},i}^{\max}\\T_{1,i}^{\min}\leqslant T_{1,i}\leqslant T_{1,i}^{\max}\\T_{2,i}^{\min}\leqslant T_{2,i}\leqslant T_{2,i}^{\max}\\T_{3,i}^{\min}\leqslant T_{3,i}\leqslant T_{3,i}^{\max}\\T_{4,i}^{\min}\leqslant T_{4,i}\leqslant T_{4,i}^{\max}\\i=1,2,\cdots,N_1\end{cases} \tag{8.4.15}$$

$$\text{s. t.}\begin{cases}K_{j,i}^{\min}\leqslant K_{j,i}\leqslant K_{j,i}^{\max}\\j=1,2,\cdots,J\\i=1,2,\cdots,N_2\end{cases} \tag{8.4.16}$$

式中：N 代表机组的总数量；T 是暂态稳定控制的时间；P_i、Q_i 分别代表第 i 个机组的实时有功及无功输出；P_i^*、Q_i^* 分别代表第 i 个机组的有功及无功参考值；$K_{\text{pss},i}$、$T_{1,i}$、$T_{2,i}$、$T_{3,i}$、$T_{4,i}$ 为第 i 台同步发电机的PSS控制器参数；$K_{j,i}$ 代表第 i 台风电机组的第 j 个PI控制器参数；上标min和max分别代表对应控制器参数的下限及上限；N_1 和 N_2 分别代表同步发电机和风机的数量；J 为每台风电机组的PI控制器参数总数，包括转子侧和网侧换流器的7个PI控制器，因此 $J=14$。

8.4.2 模式搜索算法应用设计

1. 算法基本原理

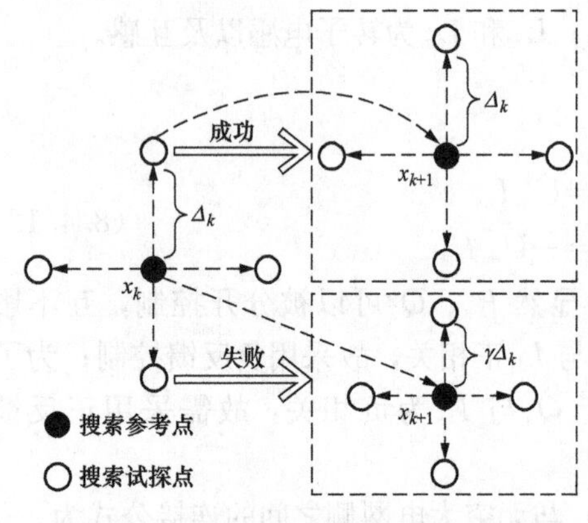

图 8.4.1　模式搜索算法寻优原理示意图

模式搜索算法主要是通过试探当前点的多个搜索方向，来找出目标函数值可下降的方向，来不断改善解的质量。如图 8.4.1 所示，对于一个双变量的优化问题，当前有 4 个寻优方向。如果在这 4 个寻优方向中可以找到比参考点 x_k 更好的解，则表示算法当前搜索成功，保持同样的步长，更新参考点位置，继续寻优；否则，则表示算法当前搜索失败，按一定比例 γ 缩短搜索步长，保持参考点位置不变，继续寻优。

对于一个含有 n 个变量的优化问题来说，模式搜索算法在每个搜索参考点都有 $2n$ 个探索方向，如式（8.4.17）所示。

$$\boldsymbol{D}=\begin{bmatrix}\Delta_1 & -\Delta_1 & 0 & 0 & \cdots & \cdots & 0 & 0\\0 & 0 & \Delta_2 & -\Delta_2 & \cdots & \cdots & 0 & 0\\\vdots & \vdots & \vdots & \vdots & \Delta_i & -\Delta_i & \vdots & \vdots\\0 & 0 & 0 & 0 & \cdots & \cdots & \Delta_n & -\Delta_n\end{bmatrix} \tag{8.4.17}$$

式中：$\boldsymbol{D}$ 代表模式探索矩阵，矩阵每一列则代表一个探索方向，每一行则代表一个优化变量；Δ_i 表示第 i 个控制变量的搜索步长，在本章中每个变量的搜索步长均设为一样的值。

因此，对于一般的优化问题，模式搜索算法的求解步骤为：

步骤 1：初始化搜索参考点及算法参数，并设置迭代步数 $k=0$。

步骤 2：根据优化问题计算当前搜索参考点的目标适应度函数 $Fit(x_k)$。

步骤 3：设置搜索方向次数 $j=1$。

步骤 4：当 $j>2n$ 时，直接跳到步骤 7，否则按照模式探索矩阵 $\boldsymbol{D}$，探索第 j 个新解，如式（8.4.18）所示。

$$x_j^{\text{new}}=x_k+D_k(:,j) \tag{8.4.18}$$

步骤 5：如果 $Fit(\boldsymbol{x}_j^{\text{new}})<Fit(\boldsymbol{x}_k)$，则直接跳到步骤 6；否则，$j=j+1$，返回步骤 4。

步骤 6：更新 $k=k+1$，$\boldsymbol{x}_k=\boldsymbol{x}_j^{\text{new}}$，返回步骤 3 继续执行优化。

步骤 7：缩短搜索步长 $\Delta_{k+1}=\gamma\Delta_k$，更新矩阵 $\boldsymbol{D}$。

步骤 8：如果 $\Delta_k<\varepsilon$，则优化结束，输出最优解 x_k；否则，返回步骤 3 继续执行优化。

其中，步骤 8 中的参数 ε 为搜索步长收敛限值。

2. 算法应用设计

为确保初始解是一个可行解，本章在每个控制器参数约束范围内随机形成初始解。同时，为保证算法在寻优过程中，每个控制变量始终都能在其上下限范围内，即满足式（8.4.15）和式（8.4.16）的约束条件，则搜索步长需满足式（8.4.19）的条件。

$$\begin{cases}\Delta_i\leqslant ub_i-x_i\\ \Delta_i\leqslant x_i-lb_i\end{cases} \tag{8.4.19}$$

式中：ub_i 和 lb_i 分别代表第 i 个控制变量的上下限，可由式（8.4.15）和式（8.4.16）来在线确定；x_i 表示当前搜索参考点的第 i 个控制变量值。

3. 优化复杂度简化设计

如式（8.4.15）和式（8.4.16）所示，优化变量总个数 $n=5N_1+14N_2$。因此，对于大规模风机接入的多机电力系统来说，参数优化具有较高的复杂度及难度。为降低优化复杂度，缩短计算时间，本章将每台同步发电机的 PSS 控制器参数设置成相同的值。同样地，每台风电机组的 PI 控制器参数也采用相同的值。因此，简化后的优化变量个数为 $n=5+14=19$。

8.4.3 算例分析

1. 仿真模型

为了抑制区间振荡，提高一次频率响应，并且实现故障后频率恢复。在本章仿真算例中，在一个扩展后的含高比例风电的 IEEE 68 节点系统中验证优化方法的有效性。其中，电力系统网络拓扑图如图 8.4.2 所示，16 台同步发电机分布在 5 个互联的区域；4 台风电机组全部接入到区域 1；故障点设置在联络线 45-51，故障类型为三相短路；13 号母线为本例中的平衡节点；9、13、14、15 号和 16 号发电机被标为绿色，在它们相应区域被选来执行二次控制 AGC；仿真时间长度 T 为 30s。

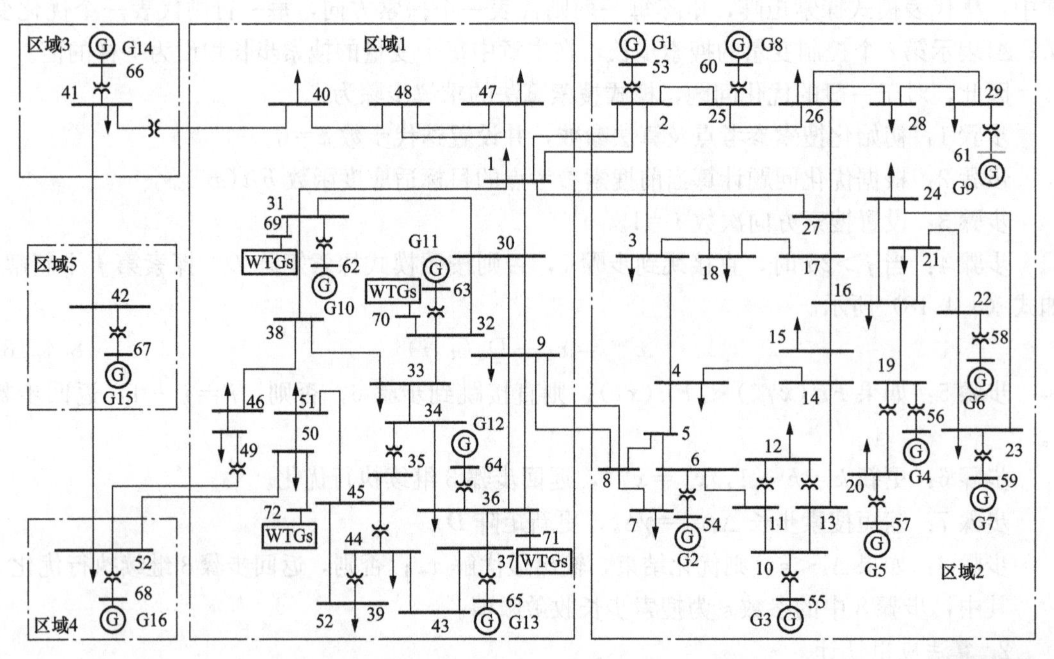

图 8.4.2 含高比例风电的 IEEE 68 节点测试系统网络拓扑图

2. 收敛过程分析

如图 8.4.3 所示，PS 算法最大迭代步数设置为 100。然而，在给定的初始解情况下，PS 算法可以在迭代 10 次之后搜索到较高质量的参数组合，降低有功和无功功率的总偏差值。这也说明了 PS 算法可快速找到风机接入的多机电力系统最优暂态稳定控制的最优控制参数组合。另一方面，随着迭代步数的增加，目标函数值也缓慢减少，这说明 PS 算法已逐渐收敛到某一个较高质量最优解。

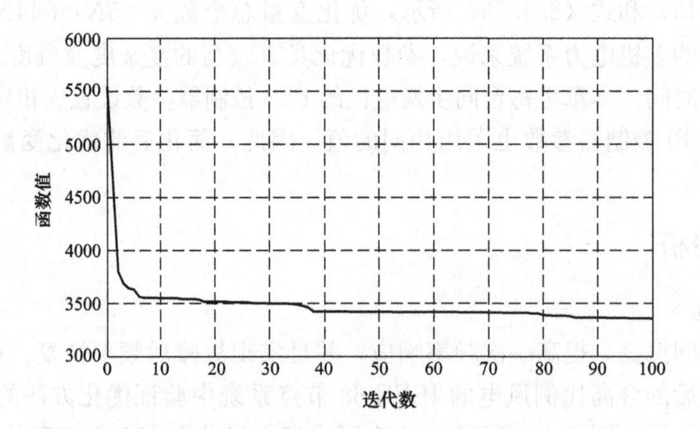

图 8.4.3 模式搜索算法目标函数收敛曲线

3. 优化结果分析

为测试 PS 算法的寻优性能，本章节除了引入无优化的一组参数进行比较之外，还引入

GA、PSO 算法进行比较。为更公平地对比算法性能，GA 和 PSO 的种群规模和最大迭代步数均设置为 10 和 10。从表 8.4.1 可以看出：①不同优化算法的最优参数组合差异性较大，这也说明系统存在多个控制参数配置方案可以满足最优暂态稳定控制的要求；②相比优化前，其他三种优化算法均能明显降低系统在暂态稳定控制过程中的整体功率波动，其中 PS 算法可找到更好的解，而且每次运行都能保证收敛到同样的解。从图 8.4.4 给出的机组功率实时曲线也可看出：在优化前，1 号和 5 号同步发电机的有功及无功输出容易出现较大波动；其他三种优化算法可在抑制功率波动的同时快速过渡到稳定状态，其中 PS 算法过渡过程最为平稳，这也验证了其最优参数组合质量更高。

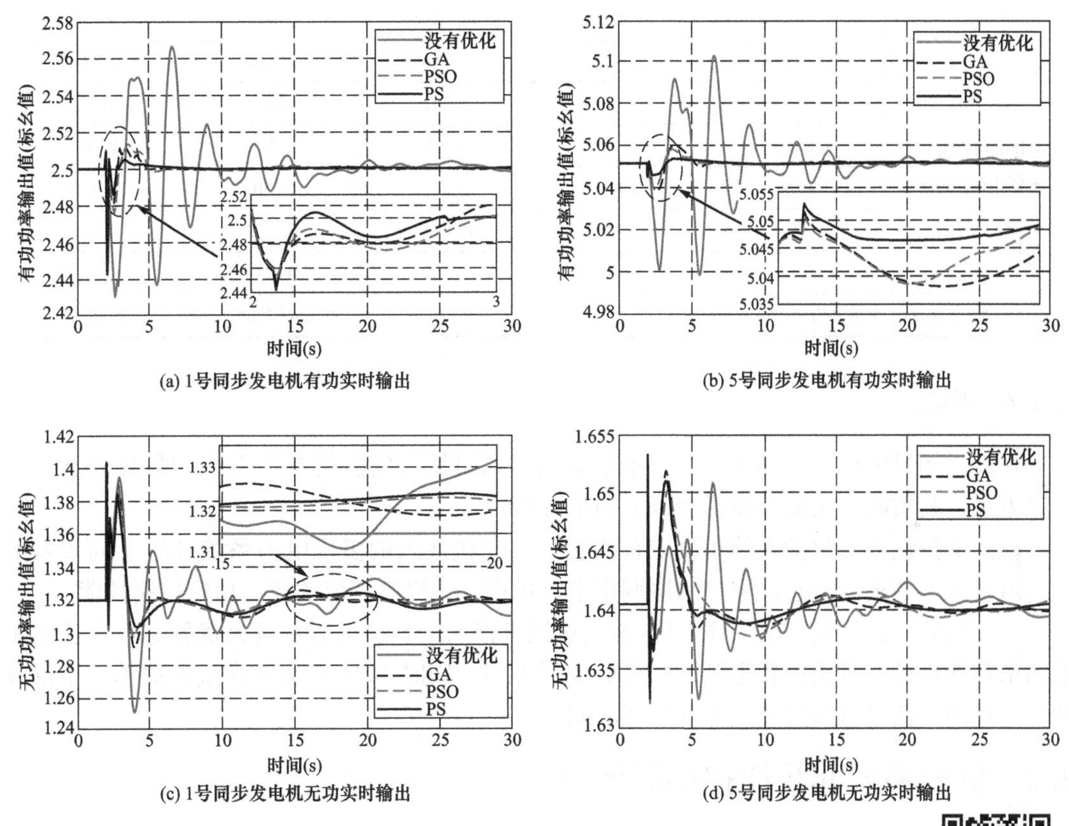

图 8.4.4　不同算法下 1 号和 5 号同步发电机的功率实时输出曲线

表 8.4.1　　不同算法最优解及目标函数比较

控制器	类型	优化前	GA	PSO	PS
同步发电机 PSS 控制器	K_{pss}	5.000	20.725	14.883	24.657
	T_1	0.050	0.125	0.061	0.007
	T_2	0.020	0.075	0.027	0.036
	T_3	3.000	14.909	13.954	8.650
	T_4	5.400	5.907	7.668	6.463

续表

控制器	类型	优化前	GA	PSO	PS
风电机组转子侧换流器 PI 控制器	K_1	3.000	5.585	7.487	4.189
	K_2	0.100	0.098	0.330	0.488
	K_3	0.500	0.466	0.125	0.119
	K_4	0.020	0.019	0.059	0.009
	K_5	0.300	1.051	0.766	1.133
	K_6	0.010	0.010	0.041	0.050
	K_7	0.500	0.461	1.109	0.574
	K_8	0.020	0.019	0.041	0.032
风电机组网侧换流器 PI 控制器	K_9	0.800	0.786	1.735	3.834
	K_{10}	0.300	0.951	1.115	0.595
	K_{11}	0.800	0.829	1.718	2.057
	K_{12}	0.300	0.340	1.010	0.886
	K_{13}	0.300	0.733	0.326	0.521
	K_{14}	0.200	0.189	0.591	0.319
总功率波动（标幺值）		5548.26	3600.73	3466.93	3356.05

8.4.4 小结

在高比例风电接入电网背景下，本章提出了风机接入的多机电力系统的最优暂态稳定控制方法，其贡献点主要可概括为以下两个方面：

（1）从控制器参数优化的角度，首次构建了风机接入的多机电力系统环境下同步发电机与风电机组的最优暂态稳定控制协调模型，可进一步提高系统的暂态稳定控制性能。

（2）与启发式优化算法一样，PS 算法对风机接入的多机电力系统最优暂态稳定控制模型的依赖性很低，可快速获得最优的参数配置方案。同时，PS 算法寻优过程简单，不仅收敛稳定性高，而且可明显降低寻优计算时间。

8.5 储能系统非线性控制器调参

8.5.1 超导磁储能系统建模

基于 PWM-CSC 的 SMES 结构如图 8.5.1 所示。由于本章采用 d-q 轴旋转坐标系建模，DC 转 AC 过程的拓扑结构仅在图 8.5.1 中表示，后续 abc 静止坐标系转 d-q 轴旋转坐标系由于属于常规知识本章不再赘述。为建立合理的 SMES 系统控制模型，忽略以下因素：①直流纹波对超导线圈电感的影响；②换流器内部的电压降；③换流器产生的谐波功率。因此，SMES 系统的数学模型可为式（8.5.1）～式（8.5.5）。

$$L_{\mathrm{T}} \frac{\mathrm{d}}{\mathrm{d}t} i_{\mathrm{d}} = -R_{\mathrm{T}} i_{\mathrm{d}} - \omega L_{\mathrm{T}} i_{\mathrm{q}} + u_{\mathrm{d}} - E_{\mathrm{d}} \tag{8.5.1}$$

$$L_{\mathrm{T}} \frac{\mathrm{d}}{\mathrm{d}t} i_{\mathrm{q}} = -R_{\mathrm{T}} i_{\mathrm{q}} + \omega L_{\mathrm{T}} i_{\mathrm{d}} + u_{\mathrm{q}} - E_{\mathrm{q}} \tag{8.5.2}$$

$$C\frac{\mathrm{d}}{\mathrm{d}t}u_{\mathrm{d}}=-i_{\mathrm{d}}-\omega Cu_{\mathrm{q}}+m_{\mathrm{d}}i_{\mathrm{dc}} \tag{8.5.3}$$

$$C\frac{\mathrm{d}}{\mathrm{d}t}u_{\mathrm{q}}=-i_{\mathrm{q}}+\omega Cu_{\mathrm{d}}+m_{\mathrm{q}}i_{\mathrm{dc}} \tag{8.5.4}$$

$$\frac{1}{2}L_{\mathrm{sc}}\frac{\mathrm{d}}{\mathrm{d}t}i_{\mathrm{dc}}^{2}=-E_{\mathrm{d}}i_{\mathrm{d}}-E_{\mathrm{q}}i_{\mathrm{q}} \tag{8.5.5}$$

式中：E_{d} 和 E_{q} 分别表示交流电网侧的 d-q 轴电压；u_{d} 和 u_{q} 表示换流器侧的 d-q 轴定子电压；i_{d} 和 i_{q} 是流经变压器的 d-q 轴电流；L_{T} 和 R_{T} 分别是变压器的电感和电阻；L_{sc} 表示超导线圈的电感；ω 是交流电网的频率；C 表示连接在换流器和变压器之间的三相电容器组的电容；m_{d} 和 m_{q} 是 d-q 轴调制指数，其范围为（-1，1）；i_{dc} 表示 SMES 的直流电流。

电机 d-q 轴同步旋转所产生的有功功率 P_{ac} 和无功功率 Q_{ac} 可描述为式（8.5.6）和式（8.5.7）。

$$P_{\mathrm{ac}}=E_{\mathrm{d}}i_{\mathrm{d}}+E_{\mathrm{q}}i_{\mathrm{q}} \tag{8.5.6}$$

$$Q_{\mathrm{ac}}=E_{\mathrm{q}}i_{\mathrm{d}}-E_{\mathrm{d}}i_{\mathrm{q}} \tag{8.5.7}$$

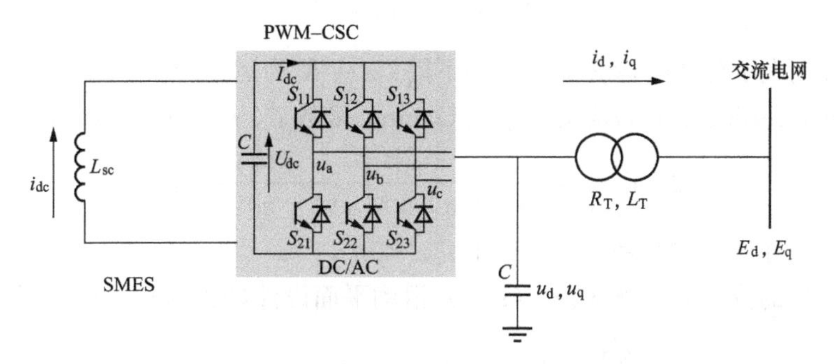

图 8.5.1　基于脉宽调制电流源型换流器的超导磁储能系统结构示意图

8.5.2　基于扰动观测器的自适应分数阶滑模控制设计

1. 扰动观测器设计

针对标准的 n 阶不确定非线性系统，如式（8.5.8）所示。

$$\begin{cases}\dot{x}=Ax+B[a(x)+b(x)u+d(t)]\\ y=x_{1}\end{cases} \tag{8.5.8}$$

式中：$x=[x_1，x_2，\cdots，x_n]^{\mathrm{T}}\in R^{n}$ 表示状态变量；$y\in R$ 和 $u\in R$ 分别表示系统输出和控制输入；$a(x)$：$R^{n}\rightarrow R$ 和 $b(x)$：$R^{n}\rightarrow R$ 为未知平滑函数；$d(t)$：$R^{+}\rightarrow R$ 表示外部时变干扰。矩阵 A 和 B 如式（8.5.9）所示。

$$A=\begin{bmatrix}0&1&0&\cdots&0\\0&0&1&\cdots&0\\\cdots&\cdots&\cdots&\cdots&\cdots\\0&0&0&\cdots&1\\0&0&0&\cdots&0\end{bmatrix}_{n\times n},B=\begin{bmatrix}0\\0\\\vdots\\0\\1\end{bmatrix}_{n\times 1} \tag{8.5.9}$$

可设计如下 SMSPO，如式（8.5.10）所示。

$$\begin{cases}\dot{\hat{x}}_1=\hat{x}_2+\alpha_1\tilde{x}_1+k_1\tanh(\tilde{x}_1,\varepsilon_o)\\ \vdots\\ \dot{\hat{x}}_n=\hat{\psi}(\cdot)+\alpha_n\tilde{x}_1+k_n\tanh(\tilde{x}_1,\varepsilon_o)+b_0u\\ \dot{\hat{\psi}}(\cdot)=\alpha_{n+1}\tilde{x}_1+k_{n+1}\tanh(\tilde{x}_1,\varepsilon_o)\end{cases} \tag{8.5.10}$$

式中：$\hat{x}$ 表示 x 的估计值；$\tilde{x}=x-\hat{x}$ 为 x 的估计误差；$\alpha_i=C_{n+1}^i\lambda_\alpha^i(i=1,2,\cdots,n+1)$ 是 Luenberger 观测器的增益；而 $k_i=C_n^i\lambda_k^i k_1$（$i=1,2,\cdots,n$）表示滑模观测器的增益。

2. 分数阶滑模控制设计

分数阶基本运算符 ${}_aD_t^\alpha$ 定义为式（8.5.11）。

$$\begin{cases}\dfrac{\mathrm{d}^\alpha}{\mathrm{d}t^\alpha},\alpha>0\\ 1,\alpha=0\\ \displaystyle\int_a^t(\mathrm{d}\tau)^{-\alpha},\alpha<0\end{cases} \tag{8.5.11}$$

式中：a 和 t 分别表示分数阶运算的上限和下限；$\alpha\in R$ 为运算阶次。

根据 Riemann-Liouville 的定义，采用 Gamma 函数 $\Gamma(\cdot)$，可得式（8.5.12）。

$${}_aD_t^\alpha f(t)=\frac{1}{\Gamma(n-\alpha)}\frac{\mathrm{d}^n}{\mathrm{d}t^n}\int_a^t\frac{f(\tau)}{(t-\tau)^{\alpha-n+1}}\mathrm{d}\tau \tag{8.5.12}$$

式中：n 是一个不小于 α 的整数，即 $n-1\leqslant\alpha<n$。

式（8.5.8）的分数阶比例-微分（PD^α）滑动平面设计如式（8.5.13）所示。

$$\hat{S}_{\mathrm{FO}}=\sum_{i=1}^n\left[\rho_i(\hat{x}_i-y_\mathrm{d}^{(i-1)})+D^\alpha(\hat{x}_i-y_\mathrm{d}^{(i-1)})\right] \tag{8.5.13}$$

式中：正常数 ρ_i 表示滑动平面的增益。

3. 整体 AFOSMC 设计

至此，式（8.5.8）的 AFOSMC 设计如式（8.5.14）所示。

$$u=\frac{1}{b_0}\left[y_\mathrm{d}^{(n)}-\hat{\psi}(\cdot)-\varsigma\hat{S}_{\mathrm{FO}}-\varphi\operatorname{sat}(\hat{S}_{\mathrm{FO}},\epsilon_c)\right] \tag{8.5.14}$$

式中：ς 和 φ 是确保滑动平面 $\hat{S}_{\mathrm{FO}}$ 收敛的滑模控制增益；ϵ_c 为控制器的层宽系数。

8.5.3 超导磁储能系统的 AFOSMC 设计

对于 SMES 式（8.5.1）～式（8.5.5），分别定义系统状态 $x=(x_1,x_2,x_3,x_4,x_5)^\mathrm{T}=(i_\mathrm{d},i_\mathrm{q},u_\mathrm{d},u_\mathrm{q},i_\mathrm{dc})^\mathrm{T}$，输出 $y=(y_1,y_2)^\mathrm{T}=(i_\mathrm{d},i_\mathrm{q})^\mathrm{T}$，以及输入 $u=(u_1,u_2)^\mathrm{T}=(m_\mathrm{d},m_\mathrm{q})^\mathrm{T}$，故 SMES 式（8.5.1）～式（8.5.5）的状态方程可表示为式（8.5.15）。

$$\dot{x}=f(x)+g(x)u \tag{8.5.15}$$

其中 $f(x)$ 为式（8.5.16）所示。

$$f(x)=\begin{pmatrix}f_1\\f_2\\f_3\\f_4\\f_5\end{pmatrix}=\begin{pmatrix}-\dfrac{R_T}{L_T}x_1-\omega x_2+\dfrac{x_3}{L_T}-\dfrac{E_d}{L_T}\\-\dfrac{R_T}{L_T}x_2+\omega x_2+\dfrac{x_4}{L_T}-\dfrac{E_q}{L_T}\\-\dfrac{1}{C}x_1-\omega x_4\\-\dfrac{1}{C}x_2+\omega x_3\\\dfrac{-E_d x_1-E_q x_2}{L_{sc}x_5}\end{pmatrix};g(x)=\begin{pmatrix}0&0\\0&0\\\dfrac{x_5}{C}&0\\0&\dfrac{x_5}{C}\\0&0\end{pmatrix}\tag{8.5.16}$$

对式（8.5.8）的输出 y 求导，直至控制输入 u 显式出现，可得式（8.5.17）。

$$\begin{cases}\ddot{y}_1=\left(\dfrac{R_T^2}{L_T^2}-\omega^2-\dfrac{1}{CL_T}\right)i_d+\dfrac{2\omega R_T}{L_T}i_q+\dfrac{R_T}{L_T^2}(E_d-u_d)\\\qquad+\dfrac{w}{L_T}E_q-\dfrac{2w}{L_T}u_q-\dfrac{1}{L_T}\dot{E}_d+\dfrac{1}{CL_T}i_{dc}m_d\\\ddot{y}_2=\left(\dfrac{R_T^2}{L_T^2}-\omega^2-\dfrac{1}{CL_T}\right)i_q-\dfrac{2\omega R_T}{L_T}i_d+\dfrac{R_T}{L_T^2}(E_q-u_q)\\\qquad-\dfrac{w}{L_T}E_d+\dfrac{2w}{L_T}u_d-\dfrac{1}{L_T}\dot{E}_q+\dfrac{1}{CL_T}i_{dc}m_q\end{cases}\tag{8.5.17}$$

式中：R_T 为变压器电阻；L_T 为变压器电感；ω 为交流等效节点的电气频率；E_d 为交流等效节点 d 轴电压；E_q 为交流等效节点 q 轴电压；i_{dc}为流过超导线圈的直流电流；i_q 为流过变压器的 q 轴电流；i_d 为流过变压器的 d 轴电流；m_q 为 q 轴调制指标；m_d 为 d 轴调制指标；u_q 为 PWM-CSC 端子的 q 轴电压；u_d 为 PWM-CSC 端子的 d 轴电压；C 用作低通滤波器的电容器的电容值。

将式（8.5.17）表示为如下矩阵形式：

$$\begin{bmatrix}\ddot{y}_1\\\ddot{y}_2\end{bmatrix}=\begin{bmatrix}h_1(x)\\h_2(x)\end{bmatrix}+B(x)\begin{bmatrix}u_1\\u_2\end{bmatrix}\tag{8.5.18}$$

其中 $h_1(x)$ 和 $h_2(x)$ 如式（8.5.19）和式（8.5.20）所示。

$$h_1(x)=\left(\frac{R_T^2}{L_T^2}-\omega^2-\frac{1}{CL_T}\right)i_d+\frac{2\omega R_T}{L_T}i_q+\frac{R_T}{L_T^2}(E_d-u_d)+\frac{\omega}{L_T}E_q-\frac{2\omega}{L_T}u_q-\frac{1}{L_T}\dot{E}_d\tag{8.5.19}$$

$$h_2(x)=\left(\frac{R_T^2}{L_T^2}-\omega^2-\frac{1}{CL_T}\right)i_q-\frac{2\omega R_T}{L_T}i_d+\frac{R_T}{L_T^2}(E_q-u_q)-\frac{\omega}{L_T}E_d+\frac{2\omega}{L_T}u_d-\frac{1}{L_T}\dot{E}_q\tag{8.5.20}$$

控制增益矩阵 $B(x)$ 可描述为式（8.5.21）。

$$B(x)=\begin{bmatrix}\dfrac{i_{dc}}{CL_T}&0\\0&\dfrac{i_{dc}}{CL_T}\end{bmatrix}\tag{8.5.21}$$

为保证等式（8.5.18）输入-输出线性化可行，要求控制增益矩阵 $B(x)$ 在整个运行范围内必须是非奇异的，即满足式（8.5.22）。

$$\det[B(x)]=\frac{i_{dc}^2}{C^2L_T^2}\neq 0 \tag{8.5.22}$$

定义 $\psi_1(\cdot)$ 和 $\psi_2(\cdot)$ 为式（8.5.18）的扰动，用以表征系统的不确定性和非线性，如式（8.5.23）所示。

$$\begin{bmatrix}\psi_1(\cdot)\\\psi_2(\cdot)\end{bmatrix}=\begin{bmatrix}h_1(x)\\h_2(x)\end{bmatrix}+[(B(x)-B_0]\begin{bmatrix}u_1\\u_2\end{bmatrix} \tag{8.5.23}$$

式中：B_0 为常数控制增益矩阵，表示为式（8.5.24）。

$$B_0=\begin{bmatrix}b_{11} & 0\\0 & b_{22}\end{bmatrix} \tag{8.5.24}$$

式中：b_{11} 和 b_{22} 为常数控制增益。由于矩阵 B_0 为对角线形式，故可使原本内在耦合的 d 轴电流和 q 轴电流实现完全解耦控制。

定义跟踪误差 $e=[e_1,e_2]^T=[i_d-i_d^*,i_q-i_q^*]^T$。为使控制输入 u 显式出现，对跟踪误差 e 进行求导，如式（8.5.25）所示。

$$\begin{bmatrix}\ddot{e}_1\\\ddot{e}_2\end{bmatrix}=\begin{bmatrix}\psi_1(\cdot)\\\psi_2(\cdot)\end{bmatrix}+B_0\begin{bmatrix}u_1\\u_2\end{bmatrix}-\begin{bmatrix}\ddot{i}_q^*\\\ddot{i}_d^*\end{bmatrix} \tag{8.5.25}$$

定义 $z_{11}=i_d$，$z_{12}=\dot{z}_{11}$，并采用一个三阶 SMSPO 估计扰动 $\psi_1(\cdot)$，如下：

$$\begin{cases}\dot{\hat{z}}_{11}=\hat{z}_{12}+\alpha_{11}\tilde{z}_{11}+k_{11}\tanh(\tilde{z}_{11},\varepsilon_o)\\\dot{\hat{z}}_{12}=\hat{\psi}_1(\cdot)+\alpha_{12}\tilde{z}_{11}+k_{12}\tanh(\tilde{z}_{11},\varepsilon_o)+b_{11}u_1\\\dot{\hat{\psi}}_1(\cdot)=\alpha_{13}\tilde{z}_{11}+k_{13}\tanh(\tilde{z}_{11},\varepsilon_o)\end{cases} \tag{8.5.26}$$

式中：正常数 k_{11}，k_{12}，k_{13}，α_{11}，α_{12}，α_{13} 为观测器增益。

同理，定义 $z_{21}=i_q$，$z_{22}=\dot{z}_{21}$，采用一个三阶 SMSPO 估计扰动 $\psi_2(\cdot)$，如下：

$$\begin{cases}\dot{\hat{z}}_{21}=\hat{z}_{22}+\alpha_{21}\tilde{z}_{21}+k_{21}\tanh(\tilde{z}_{21},\varepsilon_o)\\\dot{\hat{z}}_{22}=\hat{\psi}_2(\cdot)+\alpha_{22}\tilde{z}_{21}+k_{22}\tanh(\tilde{z}_{21},\varepsilon_o)+b_{22}u_2\\\dot{\hat{\psi}}_2(\cdot)=\alpha_{23}\tilde{z}_{21}+k_{23}\tanh(\tilde{z}_{21},\varepsilon_o)\end{cases} \tag{8.5.27}$$

式中：正常数 k_{21}，k_{22}，k_{23}，α_{21}，α_{22}，α_{23} 均为观测器增益。

设计跟踪误差式（8.5.25）的分数阶比例-微分（PD^α）滑动平面为式（8.5.28）。

$$\begin{bmatrix}\hat{S}_{FO1}\\\hat{S}_{FO2}\end{bmatrix}=\begin{bmatrix}D^{\alpha_1}(\hat{i}_d-i_d^*)+\lambda_{c1}(\hat{i}_d-i_d^*)\\D^{\alpha_2}(\hat{i}_q-i_q^*)+\lambda_{c2}(\hat{i}_q-i_q^*)\end{bmatrix} \tag{8.5.28}$$

式中：α_1 和 α_2 表示分数阶微分阶数；λ_{c1} 和 λ_{c2} 为滑动平面的增益。

至此，SMES 式（8.5.20）的 AFOSMC 设计如式（8.5.29）。

$$\begin{bmatrix}m_d\\m_q\end{bmatrix}=B_0^{-1}\begin{bmatrix}\ddot{i}_d^*-\hat{\psi}_1(\cdot)-\zeta_1\hat{S}_{FO1}-\varphi_1\tanh(\hat{S}_{FO1},\varepsilon_c)\\\ddot{i}_q^*-\hat{\psi}_2(\cdot)-\zeta_2\hat{S}_{FO2}-\varphi_2\tanh(\hat{S}_{FO2},\varepsilon_c)\end{bmatrix} \tag{8.5.29}$$

式中：正常数 ζ_1、ζ_2、φ_1 和 φ_2 表示滑模控制增益。

综上，基于脉宽调制电流源型换流器的超导磁储能系统的 AFOSMC 整体控制结构如图

8.5.2 所示。控制器设计步骤如下所示：

步骤 1：测量交流电网 d-q 轴电流 i_d 和 i_q，并将其值输入至 SMSPO，即式（8.5.26）和式（8.5.27）。

步骤 2：基于 SMSPO 实时估计 d-q 轴电流端扰动 $\psi_1(\cdot)$ 和 $\psi_2(\cdot)$，即式（8.5.23）。

步骤 3：将 SMSPO 获得的扰动实时估计值 $\hat{\psi}_1(\cdot)$ 和 $\hat{\psi}_2(\cdot)$ 通过 AFOSMC 式（8.5.28）和式（8.5.29）在线实时完全补偿。

步骤 4：将控制器输出 m_d 与 m_q［式（8.5.29）］反馈回被控系统［式（8.5.17）］。

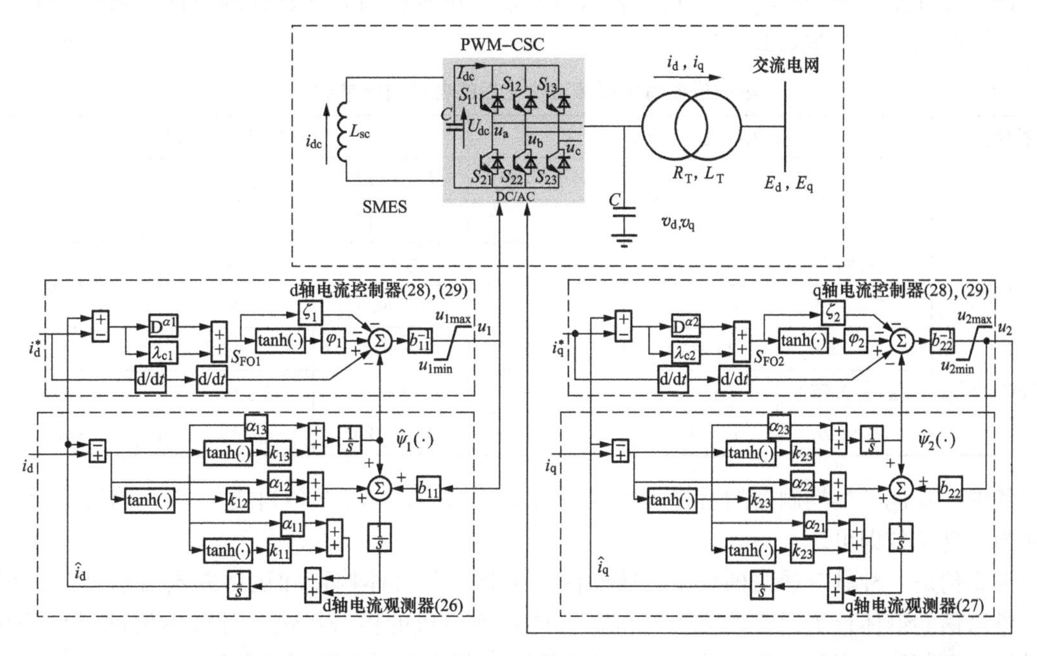

图 8.5.2　基于脉宽调制电流源型换流器的超导磁储能系统的 AFOSMC 整体结构图

为获取 AFOSMC 以及其他三种对比控制器参数，即 PID 控制，基于互连和阻尼配置的无源控制（interconnection and damping assignment passivity-based control，IDA-PBC）以及 FOSMC，本节采用改进樽海鞘群（modified salp swarm algorithm，MSSA）对上述四种控制器在所研究的三个算例下进行参数寻优，如式（8.5.30）所示。

$$
\text{Minimize} f=\sum_{\text{三种算例}}\int_0^T\left(|P_{ac}-P_{ac}^*|+|Q_{ac}-Q_{ac}^*|+\omega|\tilde{\psi}_1(\cdot)|+\omega|\tilde{\psi}_2(\cdot)|+|m_d|+|m_q|\right)\mathrm{d}t
$$

$$
\text{s.t.}\begin{cases}0<\zeta_i\leqslant 30\\0<\varphi_i\leqslant 50\\0<\lambda_{ci}\leqslant 50\\0\leqslant\alpha_i\leqslant 2\\0<\lambda_{ki}\leqslant 50\\0<\lambda_{\alpha i}\leqslant 50\\0<b_{ii}\leqslant 2000\\-1<m_d<1\\-1<m_q<1\end{cases},\qquad i=1,2. \tag{8.5.30}
$$

式中：ω 为折扣因子，$\omega=0.01$（取上述值为了使扰动估计误差变量的数量级与有功/无功功率和控制器成本为同一数量级。通过观察仿真波形可见：P、Q、m_d、m_q 在优化时采用的均为标幺值且属于同一量纲，而扰动误差则在仿真中可见其峰值可达到上述变量的百倍以上）。同时，仿真时间 $T=10s$。MSSA 参数选择为种群数量 $n=10$，樽海鞘链数 $M=3$，最大迭代次数 $k_{max}=10$。

优化迭代收敛判据如式（8.5.31）所示。

$$|f_k-f_{k-1}|\leqslant\xi \tag{8.5.31}$$

在此，收敛判据 $\xi=10^{-4}$，f_k 与 f_{k-1} 表示第 k 次与第（$k-1$）次迭代的目标函数值。上述四种控制器优化后的参数值见表 8.5.1。

表 8.5.1　经改进樽海鞘群算法优化后的各控制器参数

控制器	d 轴电流控制参数			q 轴电流控制参数		
PID	$K_{P1}=215$	$K_{I1}=108$	$K_{D1}=15$	$K_{P2}=277$	$K_{I2}=126$	$K_{D2}=9$
IDA-PBC	$k_1=42$			$k_2=42$		
FOSMC	$\zeta_1=25$	$\varphi_1=21$	$\lambda_{c1}=37$	$\zeta_2=31$	$\varphi_2=23$	$\lambda_{c2}=41$
	$\alpha1=0.88$	$\varepsilon_c=0.2$		$\alpha2=0.92$	$\varepsilon_c=0.2$	
AFOSMC	$b_{11}=800$	$\zeta_1=20$	$\varphi_1=28$	$b_{22}=950$	$\zeta_2=27$	$\varphi_2=32$
	$\alpha1=0.75$	$\lambda_{c1}=33$	$\lambda_{k1}=15$	$\alpha2=0.86$	$\lambda_{c2}=37$	$\lambda_{k2}=15$
	$\lambda_{a1}=20$	$\varepsilon_o=0.2$	$\varepsilon_c=0.2$	$\lambda_{a1}=20$	$\varepsilon_o=0.2$	$\varepsilon_c=0.2$

其中，其他三类控制器的目标函数中没有 $\omega|\tilde{\psi}_1(\cdot)|+\omega|\tilde{\psi}_2(\cdot)|$ 这一项，同时约束条件换为各自参数即可。

樽海鞘是一种具有透明桶状型身体的深海生物，其身体构造和运动方式与水母极其相似。樽海鞘的群体行为通常以多个樽海鞘首尾相连组成的樽海鞘链为种群单位进行。SSA 是模拟樽海鞘群体行为所提出的新型启发式算法，其主要包括以下四个角色：

（1）食物源（resource）：在实际寻优过程中，并不知道食物的位置。因此，设定拥有最小适应度樽海鞘的位置为当前食物的位置。

（2）樽海鞘链（salp chain）：多个樽海鞘首尾相连组成的一条链状结构，可以看作一个樽海鞘种群。

（3）领导者（leader）：位于樽海鞘链链首的第一个樽海鞘。

（4）追随者（follower）：樽海鞘链中其余的樽海鞘，其仅受紧邻的前一个樽海鞘的影响来更新自己的位置。

MSSA 在 SSA 基础上进行了改进，通过引入文化基因算法（memetic algorithm），以基于种群的独立寻优和基于群落的信息交流为优化框架，进一步提升算法的寻优能力和收敛稳定性。

（1）优化框架。文化基因算法由 Pablo Moscato 首次提出，该算法用局部启发式搜索来模拟由大量专业知识支撑的变异过程，是一种结合种群全局搜索和个体局部探索的策略。MSSA 引入文化基因算法，其思想是：每个樽海鞘的文化被定义为优化问题的一个解。群落中所有的樽海鞘又以樽海鞘链为单位分为不同的种群，每个樽海鞘链有自己的文化并独立搜寻食物源。同时，每个樽海鞘的文化既影响其他个体同时又受其他个体的影响，并随种群的进化而进化。当种群进化到一定阶段后，整个群落再进行信息交流以实现种群间的混合进化，直到满足优化问题的收敛条件为止。

改进樽海鞘群算法优化框架如图 8.5.3 所示，主要包括以下两个部分：

1）基于种群的独立寻优：以樽海鞘链为种群单位，多个樽海鞘链同时进行独立寻优，以提高算法的全局搜索和局部探索能力。

2）基于群落的信息交流：群落中的所有樽海鞘进行信息交流，并重组产生新的樽海鞘链，以提高算法的收敛稳定性。

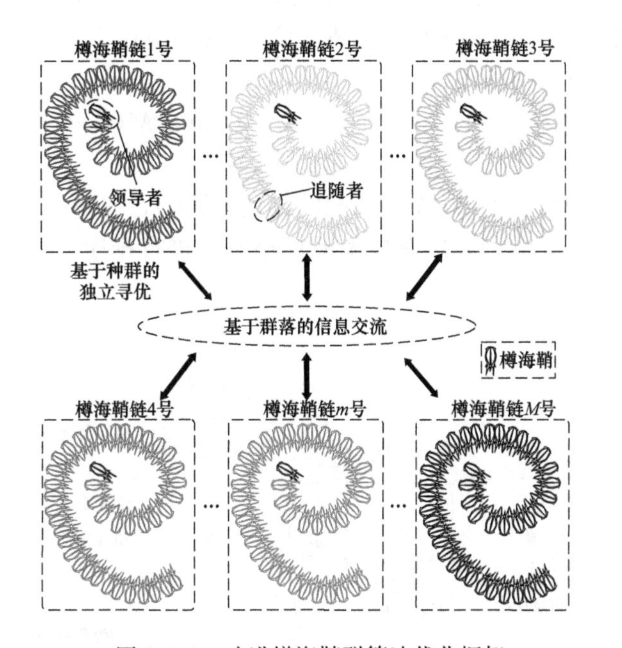

图 8.5.3　改进樽海鞘群算法优化框架

(2) 基于种群的独立寻优。樽海鞘的群体行为以樽海鞘链为种群单位。在樽海鞘链中存在领导者和追随者两种角色。领导者负责引导整个樽海鞘链向食物源移动，跟随者彼此跟随。对于第 m 条樽海鞘链，领导者按式（8.5.32）更新其位置。

$$x_{m1}^{j}=\begin{cases}F_{m}^{j}+c_{1}[c_{2}(ub^{j}-lb^{j})+lb^{j}],c_{3}\geqslant 0\\F_{m}^{j}-c_{1}[c_{2}(ub^{j}-lb^{j})+lb^{j}],c_{3}<0\end{cases}\tag{8.5.32}$$

式中：上标 j 代表第 j 维搜索空间；x_{m1}^{j} 代表第 m 条樽海鞘链中的领导者；F_{m}^{j} 代表食物源，即由第 m 条樽海鞘条获得的当前最优解；ub^{j} 与 lb^{j} 分别是第 j 维搜索空间的上界和下界；$c_{1}=2\mathrm{e}^{-\left(\frac{4k}{k_{\max}}\right)^{2}}$ 是式（8.5.32）中最重要的参数，用于平衡算法的全局搜索和局部探索，k 和 $k_{\max}$ 分别是当前迭代次数和最大迭代次数；c_{2} 和 c_{3} 均是［0，1］间的随机数。

式（8.5.32）表明，领导者仅根据食物源来更新自己的位置。

追随者则按式（8.5.33）更新其位置。

$$x_{mi}^{j}=\frac{1}{2}(x_{mi}^{j}+x_{m,i-1}^{j}),i=2,3,\cdots,n;m=1,2,\cdots,M\tag{8.5.33}$$

式中：x_{mi}^{j} 代表第 m 条樽海鞘链中的第 i 个樽海鞘；n 代表每条樽海鞘链中樽海鞘的数目；M 代表总的樽海鞘链数目。

式（8.5.33）表明追随者只受其紧邻的前一个樽海鞘的影响来更新自己的位置。因此领导者对追随者的影响逐级递减，追随者能够保持自己的多样性，从而降低了 MSSA 陷入局部最优解的概率。

（3）基于群落的信息交流。为了提高 MSSA 的收敛稳定性，群落中所有樽海鞘将进行信息交流，并重组产生新的樽海鞘链，如图 8.5.4 所示。具体来说，首先樽海鞘将自己的适应度在群落中进行交流；然后所有樽海鞘按适应度由小到大的顺序进行排序；最后樽海鞘将分为 M 个樽海鞘链，分配规则为第一个樽海鞘进入第一个樽海鞘链，第 M 个樽海鞘进入第 M 个樽海鞘链，第 $M+1$ 个樽海鞘进入第一个樽海鞘链，以此类推。第 m 个樽海鞘链的更新规则描述如下式（8.5.34）：

$$\boldsymbol{Y}^m=[\boldsymbol{x}_{mi},\ f_{mi}\,|\,\boldsymbol{x}_{mi}=\boldsymbol{X}[m+\boldsymbol{M}(i-1)],\ f_{mi}=\boldsymbol{F}[m+M(i-1)],\ i=1,\ 2,\ \cdots,\ n]$$
$$m=1,2,\cdots,M \tag{8.5.34}$$

式中：$\boldsymbol{x}_{mi}$ 是第 m 个樽海鞘链中第 i 个樽海鞘的位置矢量；f_{mi} 是第 m 个樽海鞘链中第 i 个樽海鞘的适应度函数；X、F 分别是所有樽海鞘由小到大进行排序对应的位置矢量和适应度函数。

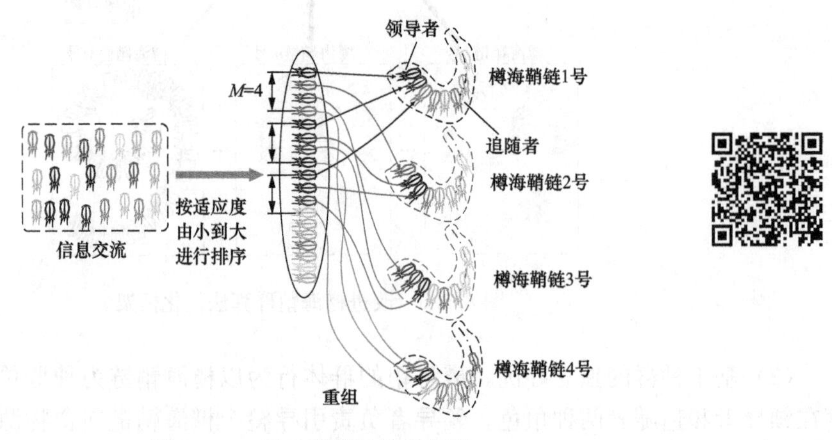

图 8.5.4　基于群落的信息交流

8.5.4　算例分析

新能源与 SMES 系统并网的拓扑结构如图 8.5.5 所示。由图可知，新能源（风能和太阳能）发电系统通过母线 1 连接到电网中。在此，SMES 额定容量 $S_{\mathrm{SMES}}^{\mathrm{rated}}=37.5\mathrm{kVA}$，风电与光伏总装机容量各为 20kW。

1. 有功功率和无功功率调节

本算例旨在评估 SMES 系统维持有功功率和无功率平衡的能力。图 8.5.6 给出了四种控制器跟踪 SMES 系统在某一时段参考功率的系统响应。与 PID 控制、IDA-PBC、FOSMC 相比，AFOSMC 能最快速实现有功和无功功率调节。值得注意的是，在每一次阶跃响应时，系统功率会产生一个非常短暂的尖峰冲击，这主要是由于该时刻的不连续性导致的扰动观测器瞬时的一个误差观测延迟所导致的，这也是本章所基于的扰动观测器的一系列控制框架下的一个固有特性。在基于扰动观测器的各类控制策略中，该现象通常称之

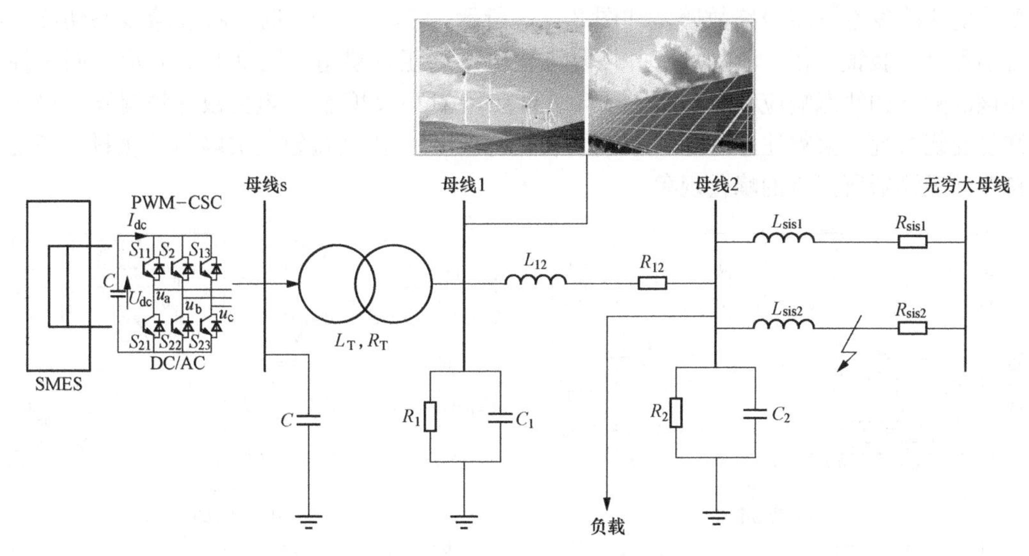

图 8.5.5 新能源与超导磁储能系统并网拓扑结构图

为峰化现象（peaking phenomenon）。事实上，本章所采用的 SMSPO 相较于另外一类常用的高增益扰动观测器（high-gain state and perturbation observer，HGSPO）而言已经显著地减小了峰化现象的尖峰幅值。由图 8.5.6 仿真结果可见，该峰化现象持续时间较短，同时理论分析已严格证明了其闭环系统的稳定性。

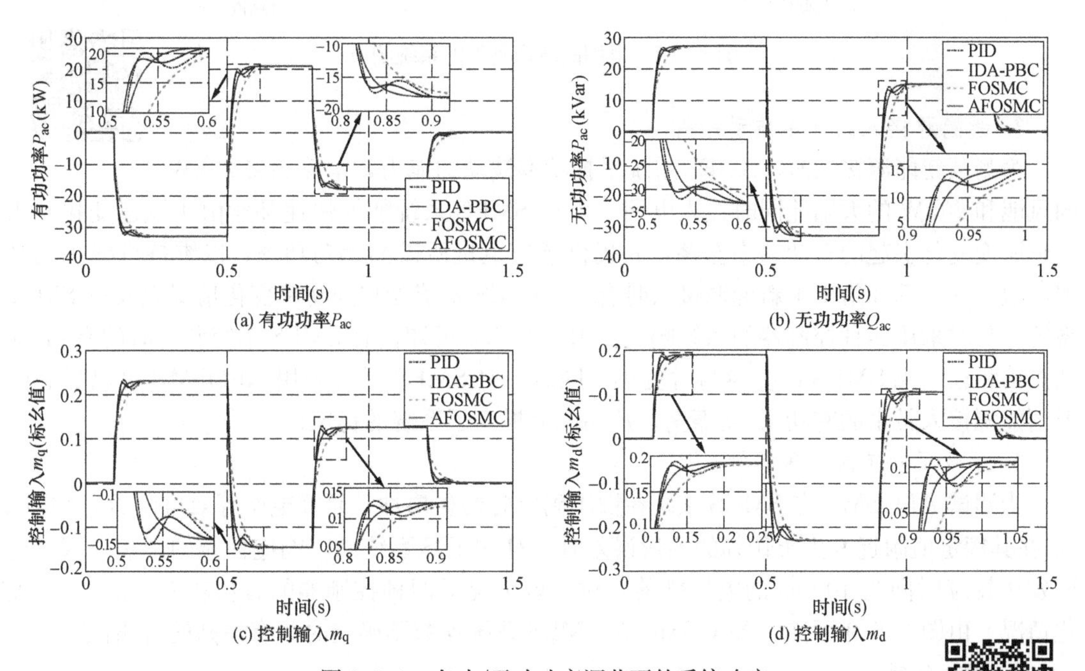

图 8.5.6 有功/无功功率调节下的系统响应

2. 电网故障下的系统恢复

为评估 SMES 系统的故障恢复能力，在 $t=0.5$s 时，模拟母线 2 与无穷大母线之间的一条输电线路发生三相短路故障，如图 8.5.5 所示。当 $t=0.6\text{s}$ 时，将故障线路切除，随后自动重合闸装置工作，清除故障并恢复该输电线路正常供电。图 8.5.7 显示了四种控制器在该故障下的暂态响应性能。由图 8.5.7 可知，AFOSMC 能在电网故障情况下以最快速度恢复受绕系统。值得注意的是，AFOSMC 在故障时刻出现短暂的尖峰与低频抖动情况均来自扰动观测器所固有的峰化现象。

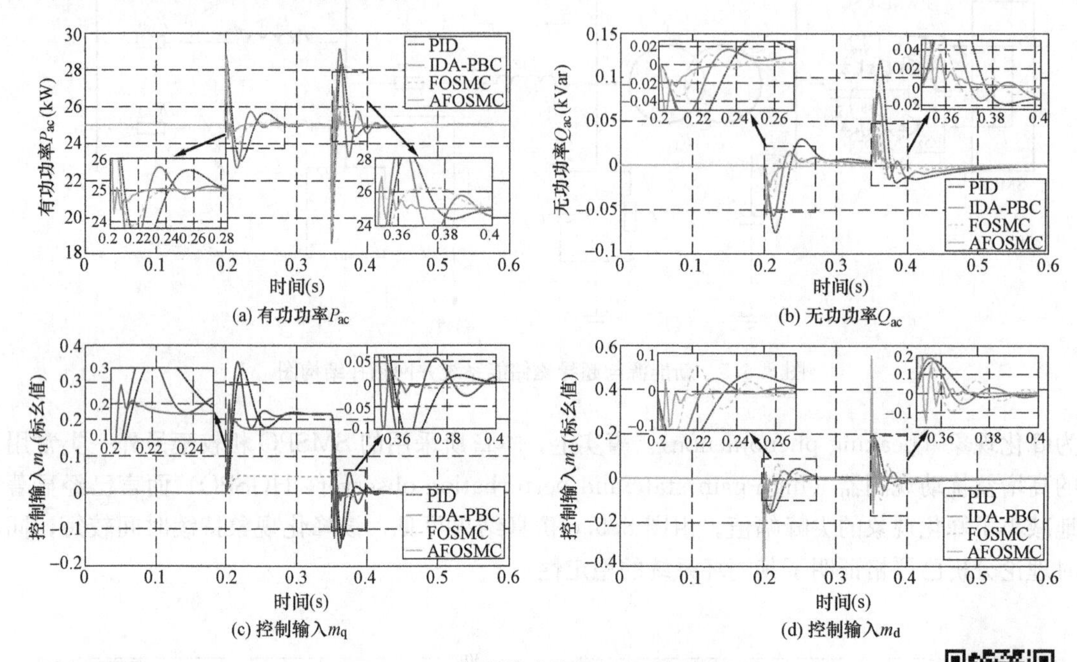

图 8.5.7 电网故障恢复下的系统响应

3. 新能源接入的功率波动平抑

为测试新能源接入时，SMES 系统平抑功率波动的能力，本算例将 20kW 的风能和 20kW 的太阳能同时接入电网。要求 SMES 系统能够快速补偿由于风速变化和太阳辐照度变化引起的有功功率振荡，并提供感应电机所需的无功功率，以维持母线 1 的功率因数。图 8.5.8 给出了新能源接入时有/无 SMES 系统参与的功率变化情况以及有 SMES 系统参与时采用四种控制器的系统响应。由图 8.5.8 可知，有 SMES 系统参与时的有功/无功振荡相较于无 SMES 系统参与时更小，同时，对 SMES 系统采用 AFOSMC 可以显著降低新能源接入带来的有功/无功振荡，从而大大提高了系统的稳定性。

4. 参数不确定时的鲁棒性

为测试 AFOSMC 在 SMES 系统参数不确定时的鲁棒性，研究电网等效电阻 R_{eq} 和电感 L_{eq} 在其额定值附近发生 $\pm10\%$ 的测量误差时，对 SMES 系统动态响应性能的影响。假设电网发生持续时间为 100ms 的电压跌落，对比该工况下四种控制器的有功功率峰值 $|P_{ac}|$ 变化情况。由图 8.5.9 可知，AFOSMC 在 SMES 系统参数不确定时具有最高的鲁棒性。

5. 定量分析

两种算例下各控制器的绝对值误差积分（integral of absolute error，IAE）指标见表 8.5.2。其中，$\text{IAE}_x=\int_0^T|x-x^*|\,\text{d}t$。由表可知，AFOSMC 在三种算例下均具有最低的

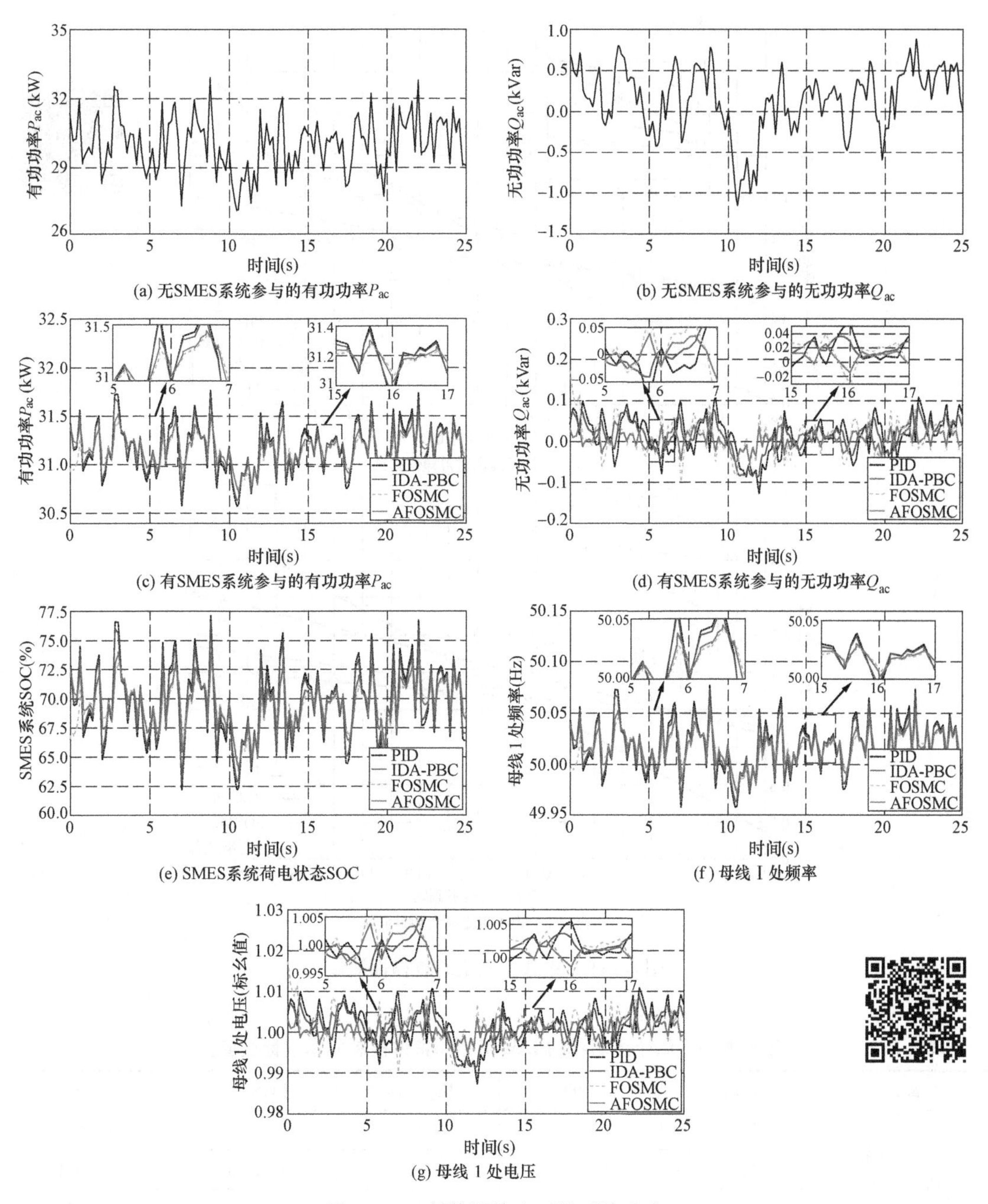

(a) 无SMES系统参与的有功功率P_{ac}
(b) 无SMES系统参与的无功功率Q_{ac}
(c) 有SMES系统参与的有功功率P_{ac}
(d) 有SMES系统参与的无功功率Q_{ac}
(e) SMES系统荷电状态SOC
(f) 母线Ⅰ处频率
(g) 母线1处电压

图8.5.8 新能源接入下的系统响应

IAE指标，可实现最佳的控制性能。特别地，AFOSMC在功率调节时的$IAE_{P_{ac}}$分别为PID、IDA-PBC和FOSMC的63.55%、83.44%和69.60%；在电网故障恢复下的$IAE_{Q_{ac}}$分别仅为PID、IDA-PBC和FOSMC的55.29%、73.90%和58.78%。另外，表8.5.2还给出了不同算例下各控制器的整体控制成本，即$C_{tot}=\int_0^T(|u_1|+|u_2|)\mathrm{d}t$。可见，AFOSMC仅需最低的控制成本。

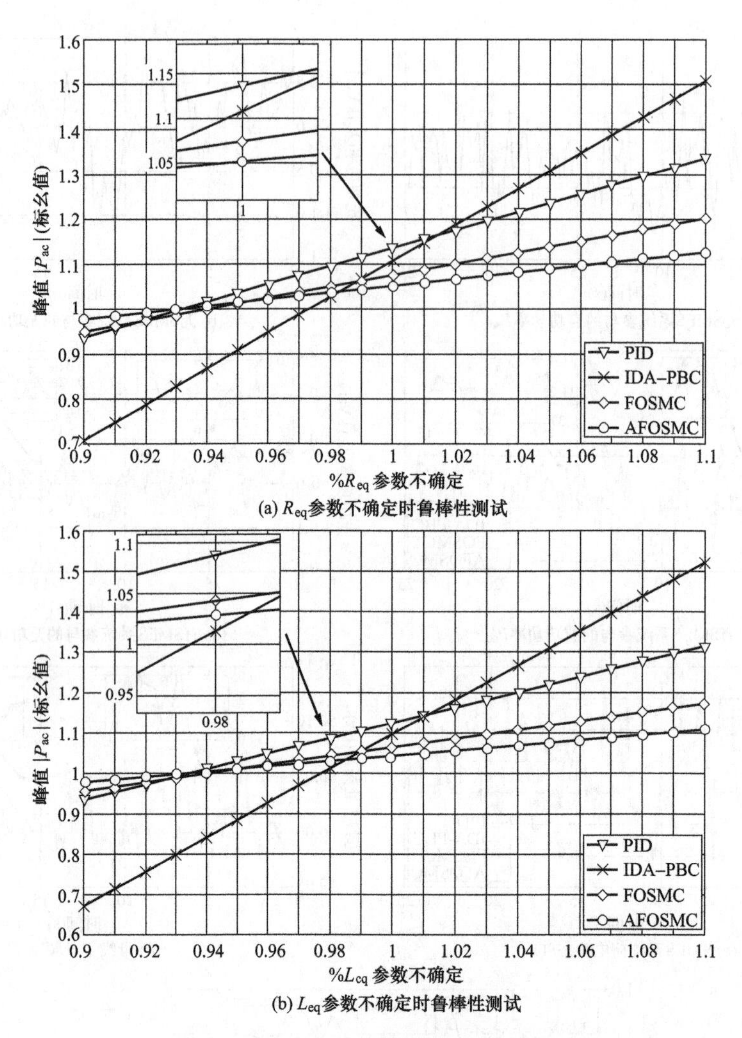

(a) R_{eq}参数不确定时鲁棒性测试

(b) L_{eq}参数不确定时鲁棒性测试

图 8.5.9　参数不确定时鲁棒性测试

表 8.5.2　　三种算例下四个控制器的 IAE 指标和整体控制成本（标幺值）

算例	指标	PID	IDA-PBC	FOSMC	AFOSMC
有功功率和无功功率调节	$IAE_{P_{ac}}$	0.2735	0.2083	0.2267	**0.1738**
	$IAE_{Q_{ac}}$	0.2941	0.2114	0.2346	**0.1851**
	C_{tot}	0.3947	0.3316	0.3489	**0.3027**
电网故障下的系统恢复	$IAE_{P_{ac}}$	0.1758	0.1303	0.1485	**0.1069**
	$IAE_{Q_{ac}}$	0.1823	0.1364	0.1527	**0.1008**
	C_{to}	0.2628	0.2275	0.2356	**0.1964**
新能源接入时的功率波动平抑	$IAE_{P_{ac}}$	0.4579	0.3536	0.3729	**0.3122**
	$IAE_{Q_{ac}}$	0.4728	0.3657	0.3833	**0.3246**
	C_{tot}	0.8579	0.7812	0.8057	**0.7506**

8.5.5 硬件在环实验

本章基于 dSpace 平台进行 HIL 实验，以验证 AFOSMC 的可行性。其结构和实验平台分别由图 8.5.10 和图 8.5.11 所示。

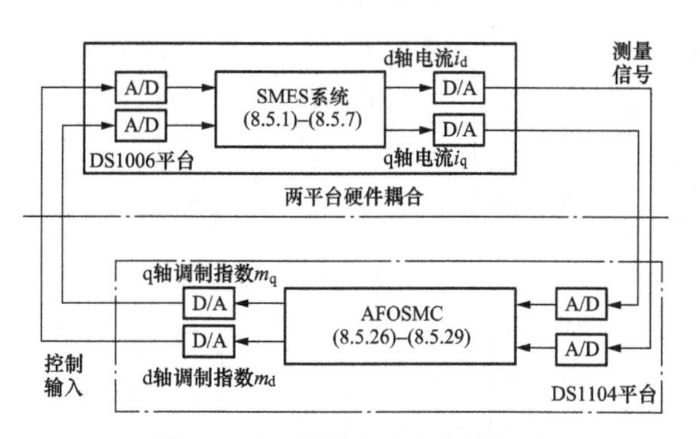

图 8.5.10 硬件在环实验结构图

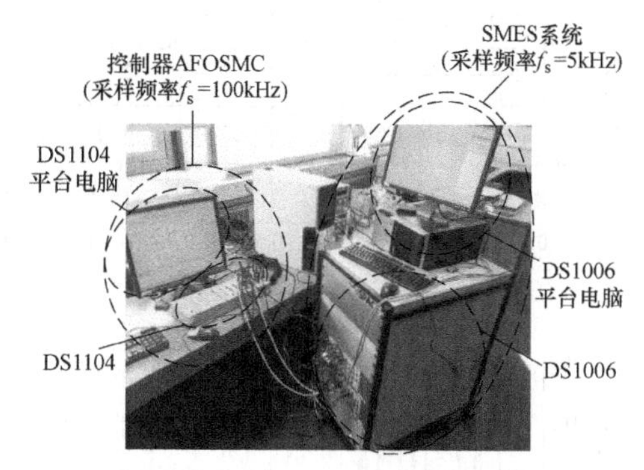

图 8.5.11 硬件在环实验平台

1. 有功功率和无功功率调节

有功功率和无功功率调节下的系统响应如图 8.5.12 所示。HIL 实验结果和仿真结果十分相似。

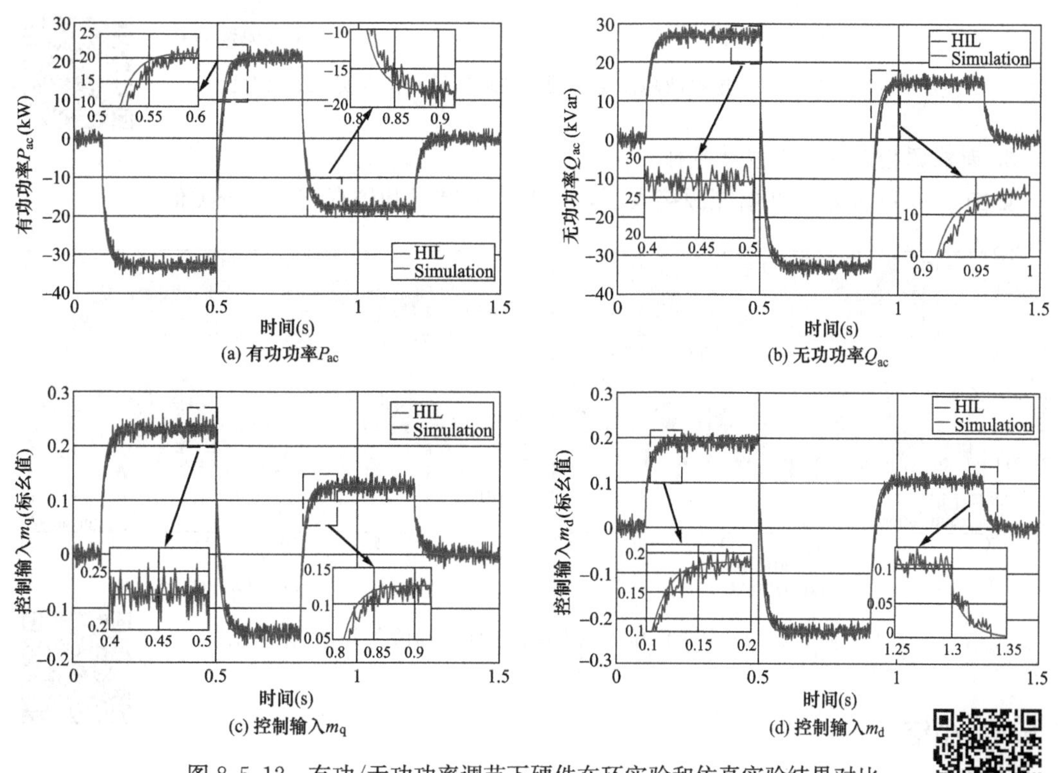

图 8.5.12 有功/无功功率调节下硬件在环实验和仿真实验结果对比

2. 电网故障下的系统恢复

如图 8.5.13 所示，在电网故障恢复下，HIL 实验结果和仿真实验结果非常接近。

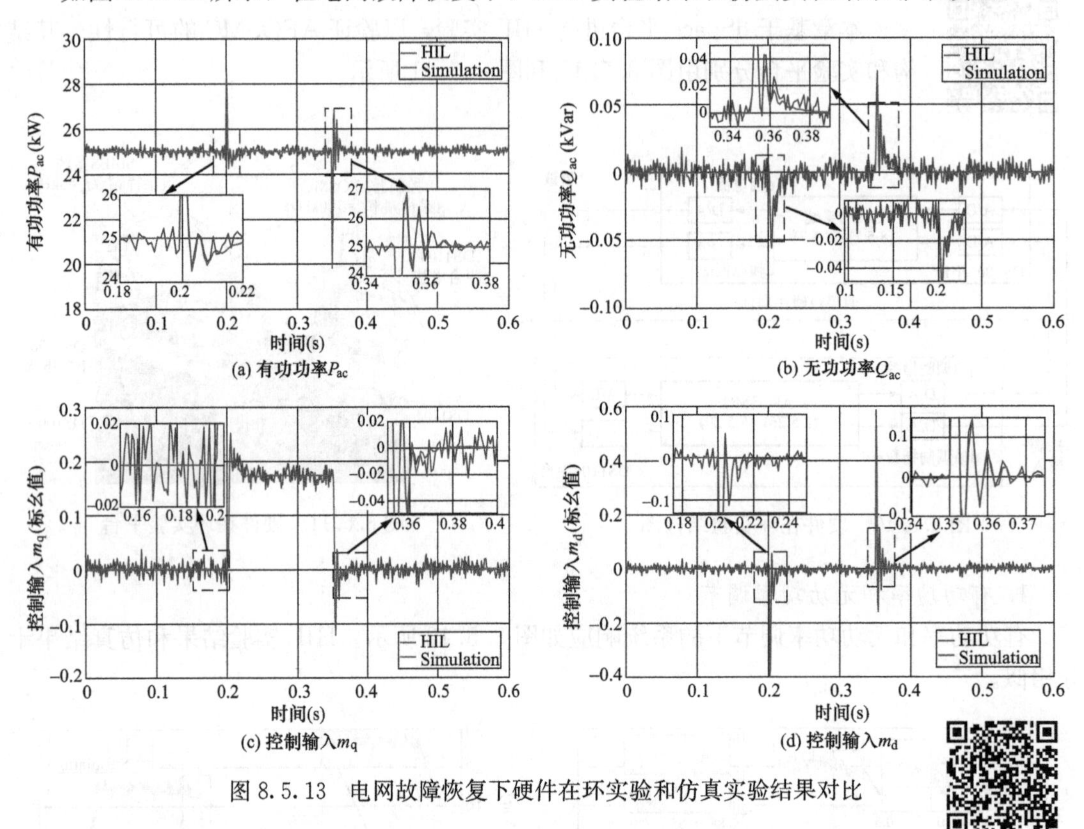

图 8.5.13 电网故障恢复下硬件在环实验和仿真实验结果对比

3. 新能源接入的功率波动平抑

如图 8.5.14 所示，在新能源接入下，HIL 实验结果和仿真结果十分类似。

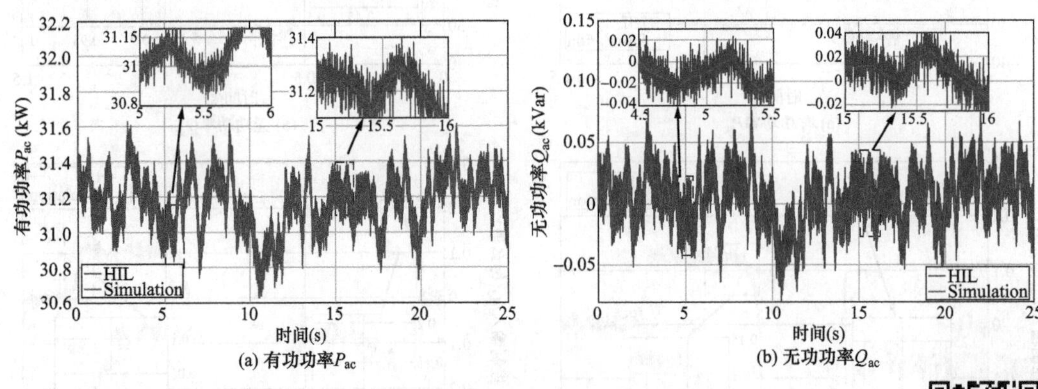

图 8.5.14 新能源接入下硬件在环实验和仿真实验结果对比

8.5.6 小结

本章针对超导磁储能系统设计了一种新型的 AFOSMC 策略，其贡献点主要可概括为以下五个方面：

(1) 利用 SMSPO 在线估计由 SMES 系统的非线性、参数不确定性、未建模动态以及外部扰动所聚合而成的广义扰动，并通过 FOSMC 对其扰动估计进行实时补偿，显著提高了 SMES 系统的鲁棒性；同时，引入分数阶比例-微分（PD^{α}）滑动平面，进一步改善了闭环系统的动态响应性能。

(2) AFOSMC 无需系统的精确模型，仅需测量 d-q 轴电流两个状态量，因此计算复杂度低且易于实现；此外，由于扰动的上限值被实时估计值所取代，使得 AFOSMC 具有更合理的控制成本。

(3) 四种算例下的仿真结果表明，相较于 PID 控制、IDA-PBC 和 FOSMC，AFOSMC 能以最快速度实现 SMES 系统的有功功率和无功功率调节以及电网故障下的系统恢复，且仅需最低的控制成本。

(4) 基于 dSpace 的 HIL 实验验证了 AFOSMC 的硬件实施可行性。

(5) 本章所设计的控制器并不受容量配置的限制，因此从控制器设计本身而言并无任何容量配置边界条件，具有普适性。事实上，SMES 系统的容量配置主要受到实际工程造价预算的限制，目前 SMES 系统配置的费用大约为 2062 元/kW，价格相对而言较为高昂。因此，其能否大规模配置主要依赖于预算规模和未来 SMES 系统的进一步发展以期降低其造价。

第9章

人工智能在新能源发电系统参与电网调频和调压中的应用

9.1 概述

9.1.1 人工智能在新能源发电系统参与电网调频的概述

近年来，为减少对化石燃料的依赖，世界能源正向着以风光为代表的新能源发展。但风电机组、光伏机组的输出在很大程度上受天气气候的影响，其发电功率存在较大的随机波动，使得发电侧“弃风”“弃光”等现象常有发生。因此，为避免该现象的发生，有必要对其展开研究，使之成为优质的调频资源，缓解传统水火电厂的调频压力，加快系统调频的动态响应性能。

电网调频技术的应用旨在当电网受到负荷变化扰动时，将电网的频率控制在稳定范围内。传统的调频机组主要由水火电机组来构成，其调节惯性较大，难以快速响应其功率输入命令。近年来，随着新能源机组的大规模并网，其输出依靠电力电子设备调节，可以快速响应动态的功率输入调节命令，因此，风电机组、光伏机组可采用定功率点控制方式，将其控制在低于最大功率点的运行工况，留有一定的备用容量参与到二次调频。

目前，二次调频工程领域常按可调容量来比例地分配各机组输出功率，但该策略无法满足系统最优控制需求。因此，有必要开发风光电站与传统水火电站之间的最优协同调频方法。但目前研究的建模相对简单，未考虑各机组间的动态响应特性。另外，该问题为复杂的非线性优化问题，传统的数学方法具有搜索能力差，难以获得全局最优的缺陷。与之相比，NSGA-II、基于强度 Pareto 进化算法 2（strength pareto evolutionary algorithm 2，SPEA2）等多目标智能优化算法具有收敛速度快等优点，但全局搜索能力还有待提高。

为此，9.2 节尝试搜索能力更强、收敛速度更快的多目标蝠鲼觅食优化算法（multi-objective manta ray foraging optimization，MMRFO）进行求解，其可以获得分布更加广泛、更加均匀的 Pareto 前沿，并基于熵权法，设计了灰靶决策法客观地选择折中解，可以得到最优经济条件下具有最小功率响应总偏差的功率分配方案。为验证该方法的有效性，基于扩展的两区域负荷频率控制（load frequency control，LFC）模型进行验证。

9.1.2 人工智能在新能源发电系统参与电网调压的概述

作为电力系统日常运行的核心调控任务之一，无功优化主要负责制定电网中无功补偿装置功率、发电机的机端电压输出、变压器分接头挡位等无功可控设备的最优操作方案，使电网在满足不同运行约束的条件下，最大化电网运行经济性及安全性的相关指标。随着风光新能源的快速发展，新能源将逐渐取代传统的火电机组，促使电网逐渐发展为含高比例风光新能源的电网，这也将增加电网的无功调控压力及复杂度。然而，这些新能源不仅可满足电网的有功负荷需求还可通过控制电力电子装置快速调节无功输出。因此，为进一步提高电网的经济性和安全性，需将风光新能源纳入全局无功调控，充分发挥新能源的无功调节能力。

与传统电网无功优化问题一样，考虑风光新能源参与调控的电网无功优化也是一个非线性、非凸、含离散优化变量的复杂多目标优化问题。对于电网线损、电压偏差等多个不同优化目标，不少研究只是利用线性加权等方法将其转换为单个优化目标，无法给电网调度运行提供更多的多目标最优调控方案。与之相比，基于帕累托的多目标智能优化算法更适合求解复杂多目标无功优化问题。对于不考虑风光新能源参与调控的多目标无功优化问题，采用了多目标飞蛾算法、多目标进化算法以及自适应选择进化算法进行求解。针对高维多目标无功优化问题，提出了基于帕累托熵的多目标粒子群算法。另一方面，在风光新能源参与调控的情况下，提出了基于多目标鲸鱼优化算法的配电网多目标无功优化调度。总的来说，这些研究都能较好地获得多目标无功优化的高质量帕累托前沿，但较少考虑大容量风电场及光伏电站的统一调控。

为此，9.3 节拟搭建含高比例风电场、光伏电站的电网多目标无功优化数学模型，并利用寻优性能高效的 MSSA 进行求解。MSSA 是一种全新的基于樽海鞘群运动及觅食的多目标智能优化算法，在多个标准函数测试环境下显现出较高的优化性能。9.3 节将具体介绍其优化原理，并给出具体的多目标无功优化应用设计流程，最后通过含高比例风光新能源的扩展 IEEE 标准 9 节点和 39 节点算例进行仿真测试。仿真结果表明本节所提的多目标无功优化算法能够获得分布更广、更均匀的帕累托前沿，再利用改进理想点法进行折中解选择，能够更好满足系统整体运行的目标需求。

9.2 人工智能在新能源发电系统参与电网调频中的应用

9.2.1 多源协同互补控制模型

1. 控制框架

图 9.2.1 给出了基于扩展的两区域 LFC 模型的调频框架，其中 ΔP_{T} 为联络线功率偏差；Δf 是实时频率偏差；ΔP_{out} 为实际功率调节输出；ΔP_{L} 为负荷扰动。另外，电网调频控制技术主要由控制器和功率优化分配两个环节组成，控制器通常采用 PID 控制方式，将实时频率偏差 Δf 和联络线功率偏差 ΔP_{T} 作为输入，输出整个区域电网的实时总调节功率 ΔP_{C}，随后由功率分配算法分配 ΔP_{C}至各个调频机组。

2. 约束条件

功率分配过程中，为保证电力系统的稳定运行，需重点考虑功率平衡约束、爬坡约束（generation ramp constraint,.GRC）、机组容量约束、能量传递约束，如下：

(1) 功率平衡约束。在第 k 个控制周期内，控制器输出的实时总调节功率应等于所有调频机组接收到的功率调节输入指令之和，如式（9.2.1）所示。

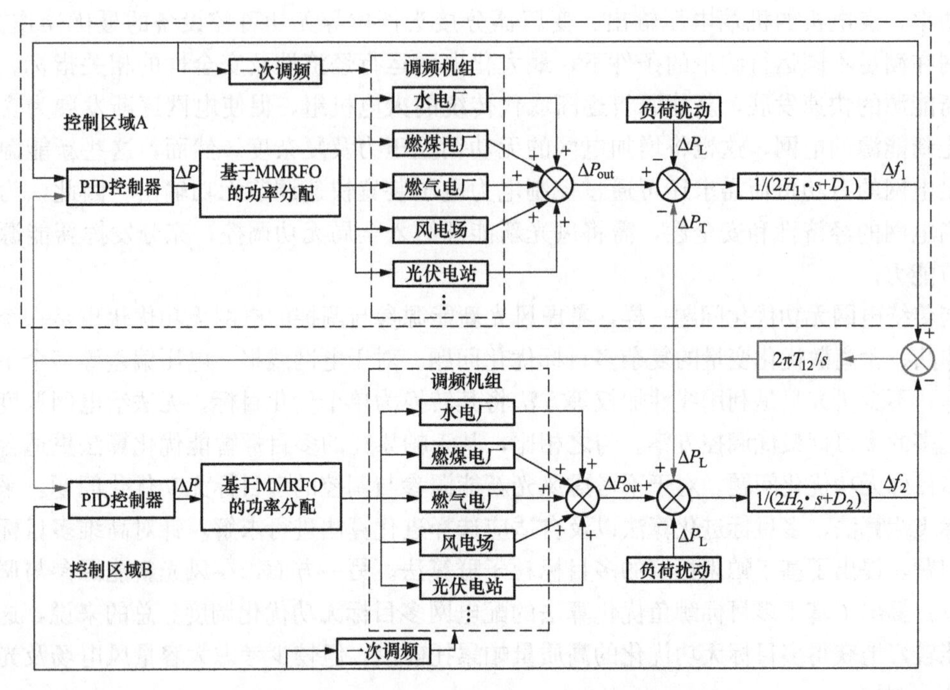

图 9.2.1　基于扩展两区域 LFC 模型的调频框架

$$\sum_{i=1}^{n_G}\Delta P_i^{\mathrm{in}}(k)-\Delta P_{\mathrm{c}}(k)=0 \tag{9.2.1}$$

式中：$\Delta P_i^{\mathrm{in}}(k)$ 为第 i 台调频机组在第 k 个控制周期内接收到的功率输出指令；$\Delta P_{\mathrm{c}}(k)$ 为第 k 个控制周期内的实时总调节功率；n_{G} 为调频机组的数量。

(2) GRC。表 9.2.1 和图 9.2.2 分别给出了所示不同类型调频机组的动态响应传递函数和动态响应模型。其中，T_{d}为机组二次调频时延；$G(s)$ 为机组功率响应传递函数。若不考虑 GRC 和功率输出限制，实际调节功率输出可通过频域传递函数的拉普拉斯逆变换得到，如式（9.2.2)～式（9.2.4）所示。

$$\Delta P_i^{\mathrm{out}}(t)=L^{-1}\left\{\frac{G_i(s)}{s\left[1+T_{\mathrm{d}}^i(s)\right]}\sum_{k=1}^{n_G}\left[\mathrm{e}^{-\Delta T(k-1)s}M_i^{\mathrm{in}}(k)\right]\right\} \tag{9.2.2}$$

$$\Delta P_i^{\mathrm{out}}(k)=\Delta P_i^{\mathrm{out}}(t=k\cdot\Delta T) \tag{9.2.3}$$

$$M_i^{\mathrm{in}}(k)=\Delta P_i^{\mathrm{in}}(k)-P_i^{\mathrm{in}}(k\text{-}1) \tag{9.2.4}$$

式中：$G_i(s)$ 为第 i 台调频机组的功率响应传递函数；$\Delta P_i^{\mathrm{out}}(k)$ 为第 i 台调频机组在第 k 个控制周期的实时输出功率；ΔT 为控制周期；$M_i^{\mathrm{in}}(k)$ 为第 i 台调频机组在第 k 个控制周期的调频里程输入。

若考虑 GRC 和功率输出限制，调频机组的输出可改写为式（9.2.5)～式（9.2.6）所示。

$$\Delta P_i^{\mathrm{out}}(k)=\begin{cases}\Delta P_i^{\mathrm{out}}(k\text{-}1)+R_i^{\min}, \text{如果 } \Delta P_i^{\mathrm{out}}(k)<R_i^{\min}\\ \Delta P_i^{\mathrm{out}}(k), \text{如果} R_i^{\min}\leqslant\Delta P_i^{\mathrm{out}}(k)\leqslant R_i^{\max}\\ \Delta P_i^{\mathrm{out}}(k\text{-}1)+R_i^{\max}, \text{如果 } \Delta P_i^{\mathrm{out}}(k)>R_i^{\min}\end{cases} \tag{9.2.5}$$

$$R_i^{\min}=\begin{cases}0, \text{如果} M_c(k)\geqslant 0\\ \max[-\Delta P_i^{\text{rate}}\cdot\Delta T, \Delta P_i^{\min}-\Delta P_i^{\text{out}}(k\text{-}1)], \text{如果} M_c(k)<0\end{cases} \tag{9.2.6}$$

$$R_i^{\max}=\begin{cases}\min[\Delta P_i^{\text{rate}}\Delta T, \Delta P_i^{\max}-\Delta P_i^{\text{out}}(k-1)], \text{如果} M_c(k)\geqslant 0\\ 0, \text{如果} M_c(k)<0\end{cases} \tag{9.2.7}$$

式中：$\Delta P_i^{\min}$ 和 $\Delta P_i^{\max}$ 分别为第 i 台调频机组的最小调节容量和最大调节容量；$R_i^{\min}$ 和 $R_i^{\max}$ 分别为第 i 台调频机组功率调节范围的最小值和最大值；ΔP_i^{rate} 为第 i 台调频机组的最大爬坡速率。

表 9.2.1　不同类型调频机组动态响应传递函数

类型	传递函数形式
非再热式机组	$\dfrac{1}{1+T_1 s}$
再热式机组	$\dfrac{1+T_2 s}{(1+T_3 s)(1+T_4 s)(1+T_5 s)}$
水电机组	$\dfrac{(1-T_6 s)(1+T_7 s)}{(1+0.5T_6 s)(1+T_8 s)}$
风光新能源	$\dfrac{1}{1+T_9 s}$

注　$T_1 \sim T_9$ 为时间常数。

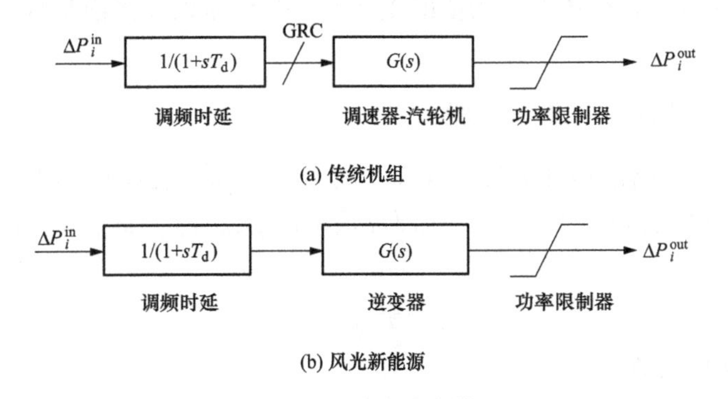

图 9.2.2　动态响应模型

3. 目标函数

为提升整个区域电网的动态响应性能，设定调节功率指令值和功率响应值的偏差，以及总调频里程支出最小化作为目标函数，可表示为式（9.2.8）。

$$\begin{cases}\min f_1=\sum\limits_{k=1}^{n_G}\left|\Delta P_c(k)-\sum\limits_{i=1}^{n}\Delta P_i^{\text{out}}(k+1)\right|\\ \min f_2=\sum\limits_{i=1}^{n}R_i\end{cases} \tag{9.2.8}$$

式中：R_i 为第 i 台调频机组的调频里程支出，如式（9.2.9）所示。

$$R_i=\sum_{k=1}^{n_G}\gamma S_i^{\text{P}} M_i^{\text{out}}(k) \tag{9.2.9}$$

$$M_i^{\text{out}}(k)=|\Delta P_i^{\text{out}}(k)-\Delta P_i^{\text{out}}(k-1)| \tag{9.2.10}$$

式中：γ 为调频里程价格；S_i^{P} 为绩效评分；$\Delta P_i^{\mathrm{out}}(k)$ 为第 i 台调频机组在第 k 个控制周期的实时输出功率；$M_i^{\mathrm{out}}(k)$ 为第 k 个控制周期的调频里程输出。

9.2.2 多目标蝠鲼觅食优化算法及应用设计

1. 蝠鲼觅食优化算法

MMRFO 受蝠鲼的觅食策略所启发，其中包括链式觅食、螺旋觅食和翻滚觅食。

（1）链式觅食。蝠鲼排成有序的头尾排列，形成一条链来捕捉浮游生物。在 MMRFO 中，蝠鲼链的目标猎物为浮游生物，因此，假设目前得到的最佳解是浓度较高的浮游生物群。个体根据当前最优解和前一个个体更新当前位置，如式（9.2.11）和式（9.2.12）所示。

$$x_i^d(t+1)=\begin{cases} x_i^d(t)+r[x_{\mathrm{best}}^d(t)-x_i^d(t)]+\alpha\,[x_{\mathrm{best}}^d(t)-x_i^d(t)], i=1 \\ x_i^d(t)+r[x_{i-1}^d(t)-x_i^d(t)]+\alpha[x_{\mathrm{best}}^d(t)-x_i^d(t)], i=2,3,\cdots,N \end{cases} \tag{9.2.11}$$

$$a=2r\sqrt{|\log(r)|} \tag{9.2.12}$$

式中：$x_i^d(t)$ 为第 i 个蝠鲼在第 t 代时第 d 维的位置；N 为个体数量；r 为［0，1］上的随机数；$x_{\mathrm{best}}^d(t)$ 为第 t 代最优个体在第 d 维上的位置。

（2）螺旋觅食。另外，当蝠鲼发现深水中有一群浮游生物时，其会采用螺旋的方式进行捕食。在 MMRFO 中，个体的移动依旧受到前一个个体以及当前最优个体的影响，该搜索方式可描述为：

当 $\dfrac{t}{T}>rand$，如式（9.2.13）所示。

$$x_i^d(t+1)=\begin{cases} x_{\mathrm{best}}^d(t)+r\,[x_{\mathrm{best}}^d(t)-x_i^d(t)]+\beta[x_{\mathrm{best}}^d(t)-x_i^d(t)], i=1 \\ x_{\mathrm{best}}^d(t)+r[x_{i-1}^d(t)-x_i^d(t)]+\beta[x_{\mathrm{best}}^d(t)-x_i^d(t)], i=2,3,\cdots,N \end{cases} \tag{9.2.13}$$

$$\beta=2\,\mathrm{e}^{r_1\frac{T-i+1}{T}}\sin(2\pi r_1) \tag{9.2.14}$$

式中：T 为最大迭代次数。

当 $\dfrac{t}{T}\leqslant rand$，如式（9.2.15）所示。

$$x_i^d(t+1)=\begin{cases} x_{rand}^d(t)+r[x_{rand}^d(t)-x_i^d(t)]+\beta[x_{rand}^d(t)-x_i^d(t)], i=1 \\ x_{rand}^d(t)+r[x_{i-1}^d(t)-x_i^d(t)]+\beta[x_{rand}^d(t)-x_i^d(t)], i=2,3,\cdots,N \end{cases} \tag{9.2.15}$$

$$x_{rand}^d=Lb^d+r(Ub^d-Lb^d) \tag{9.2.16}$$

式中：$rand$ 为（0，1）之间的随机数；$x_{rand}^d(t)$ 为第 t 代、第 d 维的随机位置；Ub^d、Lb^d 分别为变量第 d 维取值的上、下界。

（3）翻滚觅食。在 MMRFO 中，为提高全局搜索能力，蝠鲼个体会以当前最优解作为支点，进行翻滚操作到与其当前位置成镜像关系的另一侧，如式（9.2.17）表示。

$$x_i^d(t+1)=x_i^d(t)+S[r_2x_{\mathrm{best}}^d(t)-r_3x_i^d(t)], i=1,2,\cdots,N \tag{9.2.17}$$

式中：r_2 和 r_3 为在［0，1］上均匀分布的随机数；S 为常数，取值为 2。

2. Pareto 解集存储与筛选

MMRFO 会不停更新有限规模的存储池里 Pareto 解集以完成迭代过程，该过程中，获得的新的非支配解会与存储池里非支配解进行比较，从而判断新的非支配解是否对存储池进行更新，其中分为3种情况，如下：

(1) 若新的非支配解支配存储池里一个或多个解，则存储池的非支配解将被新的非支配解进行替换；

(2) 若存储池里至少一个非支配解支配新的非支配解，则不进行更新操作；

(3) 若存储池里的非支配解与新的非支配解不构成支配与被支配的关系，则将新的非支配解储存在存储池中。

为提升算法的搜索效率，需对存储池的规模进行限制，当非支配解的分布过于密集时，算法将通过式（9.2.18）剔除部分非支配解。

$$\begin{cases} |f_h(x^i)-f_h(x^j)|<D_h,\forall h\in H \\ D_h=\dfrac{f_h^{\max}-f_h^{\min}}{n_r} \end{cases} \tag{9.2.18}$$

式中：f_h 为第 h 个目标函数的适应度值；D_h 为第 h 个目标函数值的Pareto前沿距离阈值；H 为目标函数的集合；$f_h^{\max}$、$f_h^{\min}$ 分别为当前存储池中第 h 个目标函数的最大值和最小值；n_r 为存储池保存非支配解的个数上限。

3. 基于熵权法的灰靶决策法设计

(1) 效应样本矩阵的设计。基于MMRFO的Pareto解集 X 为一个 n 行 m 列的矩阵，可将 X 中各解的绝对值作为决策指标之一，也可作为Pareto前沿的单位解输出，如式（9.2.19）所示。

$$X'(i,j)=|X(i,j)|,i=1,2,\cdots,n;j=1,2,\cdots,N \tag{9.2.19}$$

为了降低总功率偏差和调频里程支出，其两个目标函数值可分别设置为 F_1 和 F_2。另外，本节引入了一个表示 X' 中每个解到坐标原点的欧几里得距离的矩阵 D，如式（9.2.20）所示。

$$D_i=\sqrt{\sum_{j=1}^{m}X'(i,j)^2} \tag{9.2.20}$$

至此，评估指标一共由 $m+3$ 个构成，即 m 个Pareto前沿单位解的输出，两个目标函数值以及欧氏距离平方 D。进一步，可将其用矩阵表示为式（9.2.21）。

$$X''=[X' \quad F_1 \quad F_2 \quad D] \tag{9.2.21}$$

(2) 靶心矢量设计。基于奖励最好、惩罚最差原则的算子 Z_j 的计算如式（9.2.22）所示。

$$Z_j=\frac{1}{n}\sum_{i=1}^{n}X''(i,j),j=1,2,\cdots,(m+3) \tag{9.2.22}$$

值得注意的是，所有指标均大于0，且指标越小，代表解的质量更佳，决策矩阵 V 可表示为

$$v_{ij}=\frac{z_{ij}-x_{ij}}{\max\{\max\limits_{1\leqslant i\leqslant n}\{x_{ij}\}-z_j,z_j-\min\limits_{1\leqslant i\leqslant n}\{x_{ij}\}\}} \tag{9.2.23}$$

进一步，决策矩阵可改写为 $V=(v_{ij})_{n\times(m+3)}$，$v_j^0=\max\{v_j^i|1\leqslant i\leqslant n\}$，$j=1,2,\cdots,(m+3)$。因此，靶心向量可定义为 $v^0=\{v_1^0,v_2^0,\cdots,v_{(m+3)}^0\}$。

（3）靶心设计。本节基于熵权法，设计了灰靶决策法来更客观地选择折中解并得到各个目标函数之间的权重，其中，权重 y_{ij} 和熵值 E_j 可由式（9.2.24）～式（9.2.26）计算。

$$y_{ij}=x_{ij}/\sum_{i=1}^{n}x_{ij},x_{ij}\geqslant 0 \tag{9.2.24}$$

$$E_j=-\frac{1}{\ln n}\sum_{i=1}^{n}y_{ij}\ln y_{ij},E_j>0 \tag{9.2.25}$$

$$\omega_j=(1-E_j)/\sum_{j=1}^{(m+3)}(1-E_j) \tag{9.2.26}$$

根据靶心向量 $v^0=\{v_1^0, v_2^0, \cdots, v_{(m+3)}^0\}$，每个解的靶心距离可表示为式（9.2.27）。

$$d_i=|v_i-v^0|=\left|\sqrt{\sum_{j=1}^{(m+3)}\omega_j\,(v_{ij}-v_j^0)^2}\right| \tag{9.2.27}$$

至此，靶心距离最小的解，便可选择为折中解，作为最优的功率分配方案。图 9.2.3 给出了该方法的计算流程。此外，图 9.2.4 给出了在三个连续的控制周期内，获得的 Pareto 前沿与被选择的折中解。

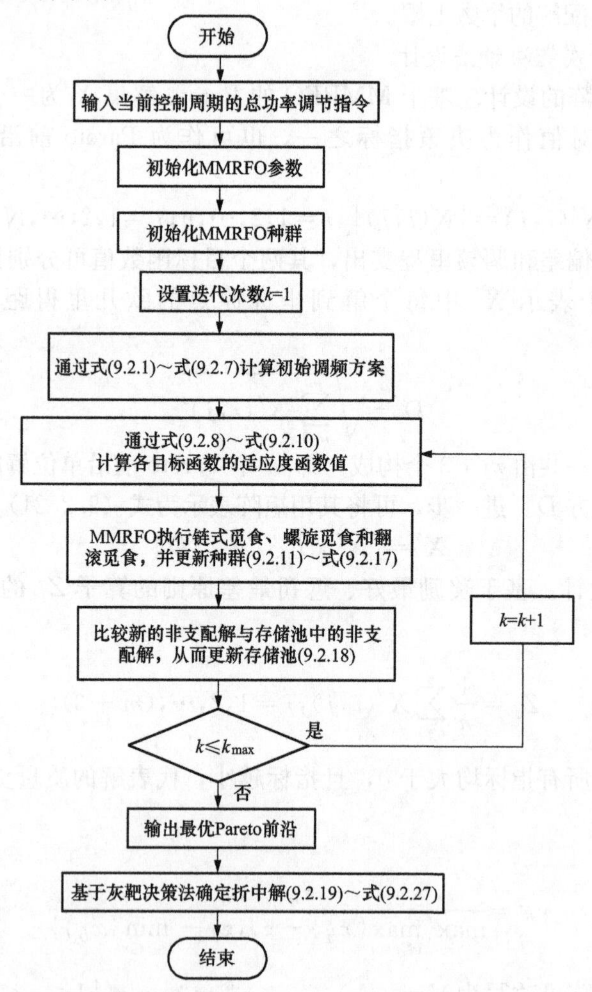

图 9.2.3　多目标蝠鲼觅食优化算法求解流程

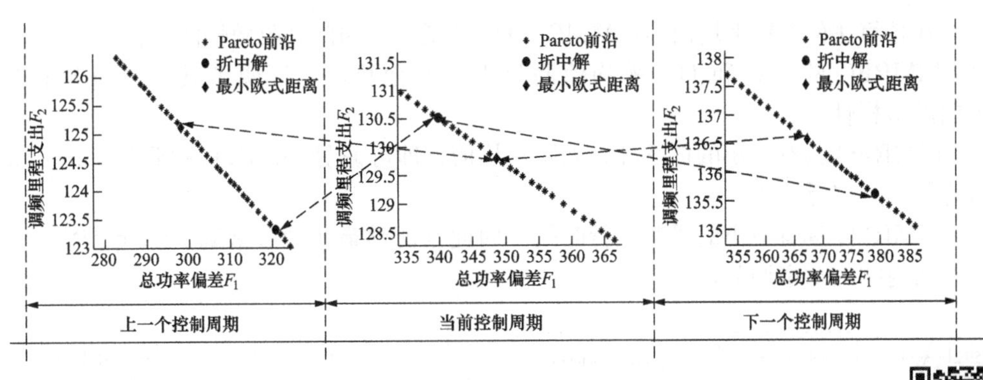

图 9.2.4 折中解的选择

9.2.3 算例分析

为验证 MMRFO 以及灰靶决策法的有效性，本节基于扩展的两区域 LFC 模型进行测试。并引入基于非支配领域选择的多目标免疫算法（non-dominated neighbor based immune algorithm，NNIA）、NSGA-II 以及 SPEA2 进行比较。为公平比较各算法的搜索性能，所有算法的种群大小和最大迭代次数均分别设置为 $N=50$ 和 $k_{max}=50$。其中，调频控制时间周期为 4s，调频里程价格为 13.76 元/MW。此外，各机组的传递函数参数见表 9.2.2，表 9.2.3 给出了各机组的主要参数。

表 9.2.2 调频机组传递函数参数

机组	传递函数参数
燃煤机组	$T_2=5$，$T_3=0.08$，$T_4=10$，$T_5=0.3$
LNG 机组	$T_2=2$，$T_3=0.05$，$T_4=5$，$T_5=0.2$
水电机组	$T_6=1$，$T_7=5$，$T_8=0.513$
光伏电站、风电站	$T_1=0.01$

表 9.2.3 调频机组功率调节参数

组	类型	T_d(s)	ΔP^{rate} (MW/min)	ΔP_{max} (MW)	ΔP_{min} (MW)
G1	燃煤机组	60	30	50	−50
G2	LNG 机组	20	18	30	−30
G3	水电机组	5	150	20	−10
G4	风电场	1	—	15	−5
G5	光伏电站	1	—	10	−10

1. 算法性能测试

为测试算法遭遇负荷扰动时的调节能力，本算例采用 $\Delta P_D=50$MW 和 $\Delta P_D=-50$MW 的负荷扰动进行测试。图 9.2.5（a）比较了各算法在 $\Delta P_D=50$MW 时获得的 Pareto 前沿，可以看出，NNIA 得到的解明显偏离理想的 Pareto 前沿。另外，NNIA、NSGA-Ⅱ 和 SPEA2 在 $\Delta P_D=-50$MW 时获得的 Pareto 前沿表现不佳，如图 9.2.5（b）所示。而 MMRFO 在两种功率扰动下能够获取分布最均匀且广泛的 Pareto 前沿。

表 9.2.4 给出了各算法运行 10 次后，包括 IGD、DG、PD、HV、DM、广泛性、间距以及平均运行时间 T(s) 8 种指标，从而比较各算法的搜索性能，可以看出：

(1) 在各算法的 GD 平均值中，MMRFO 的值最小，因此其收敛性能最佳。

(2) MMRFO 的 DM 和 HV 平均值明显大于其他算法，证明了其具有表现良好的 Pareto 前沿多样性。

(3) MMRFO 具有最小的广泛性、间距平均值，即可证明 MMRFO 得到的 Pareto 前沿分布最为均匀且广泛。

(4) MMRFO 具有最小的平均运行时间，因此其能够最快地收敛到 Pareto 前沿，从而在最短时间内响应功率调节指令。

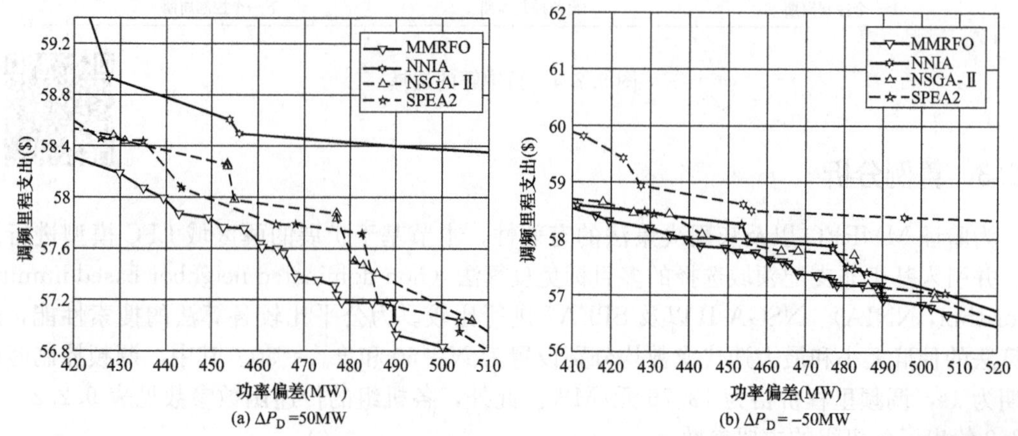

(a) ΔP_D=50MW　　(b) ΔP_D=−50MW

图 9.2.5　基于扩展的两区域 LFC 模型，4 种算法的 Pareto 前沿比较

表 9.2.4　　各算法性能比较

ΔP_D	算法		IGD	GD	PD	HV	DM	广泛性	间距	T(s)
50MW	MMRFO	Ave	11.08	**0.62**	2.33×10^5	**0.574**	**0.754**	**0.471**	**3.64**	**6.51×10^{-2}**
		Std	5.35	**0.16**	7.62×10^4	0.006	0.078	0.091	0.77	1.93×10^{-3}
	NNIA	Ave	8.39	1.03	3.41×10^5	0.581	0.724	0.665	6.01	7.25×10^{-2}
		Std	2.94	0.27	7.16×10^4	0.005	0.061	0.087	1.04	1.93×10^{-3}
	NSGA-Ⅱ	Ave	11.19	0.96	2.97×10^5	0.581	0.687	0.693	4.94	6.55×10^{-2}
		Std	5.14	0.28	5.29×10^4	0.006	0.049	0.065	0.70	1.93×10^{-3}
	SPEA2	Ave	12.23	0.99	2.46×10^5	0.572	0.654	0.836	9.11	6.73×10^{-2}
		Std	4.18	0.36	3.49×10^4	0.007	0.059	0.078	2.07	1.93×10^{-3}
−50MW	MMRFO	Ave	22.35	**0.45**	1.74×10^5	**0.499**	**0.692**	**0.523**	**2.96**	**6.47×10^{-2}**
		Std	25.49	**0.11**	3.52×10^4	0.009	0.151	0.143	**0.87**	**1.93×10^{-3}**
	NNIA	Ave	12.56	0.67	2.19×10^5	0.486	0.671	0.734	5.43	7.79×10^{-2}
		Std	11.88	0.17	2.49×10^4	0.004	0.066	0.073	1.25	1.93×10^{-3}
	NSGA-Ⅱ	Ave	14.67	0.51	2.15×10^5	0.485	0.663	0.749	4.76	6.49×10^{-2}
		Std	11.35	0.12	3.37×10^4	0.005	0.071	0.054	1.03	1.93×10^{-3}
	SPEA2	Ave	13.11	0.63	2.13×10^5	0.486	0.613	0.877	7.79	6.71×10^{-2}
		Std	6.03	0.17	4.71×10^4	0.007	0.064	0.068	2.33	1.93×10^{-3}

2. 负荷阶跃扰动测试

为进一步验证 MMRFO 以及灰靶决策法的有效性，本算例采用 $\Delta P_{\mathrm{D}}=70\mathrm{MW}$ 和 $\Delta P_{\mathrm{D}}=-50\mathrm{MW}$ 的负荷扰动进行测试，并与 PROP 进行比较。因此，第 i 台调频机组在第 k 个控制周期的输出计算如式（9.2.28）所示。

$$\Delta P_{i}^{\mathrm{out}}(k)=\begin{cases}\Delta P_{\mathrm{c}}(k)\cdot\Delta P_{i}^{\max}/\sum\limits_{i=1}^{ng}P_{i}^{\max},\text{如果 }\Delta P_{\mathrm{c}}(k)\geqslant 0\\ \Delta P_{\mathrm{c}}(k)\cdot\Delta P_{i}^{\min}/\sum\limits_{i=1}^{ng}\Delta P_{i}^{\min},\text{否则}\end{cases}\tag{9.2.28}$$

从图 9.2.6（a）可以看出，MMRFO 以及灰靶决策法可以很好地协调各机组之间的功率输出，在 $\Delta P_{\mathrm{D}}=70\mathrm{MW}$ 时，获得的总功率偏差显著低于 PROP。

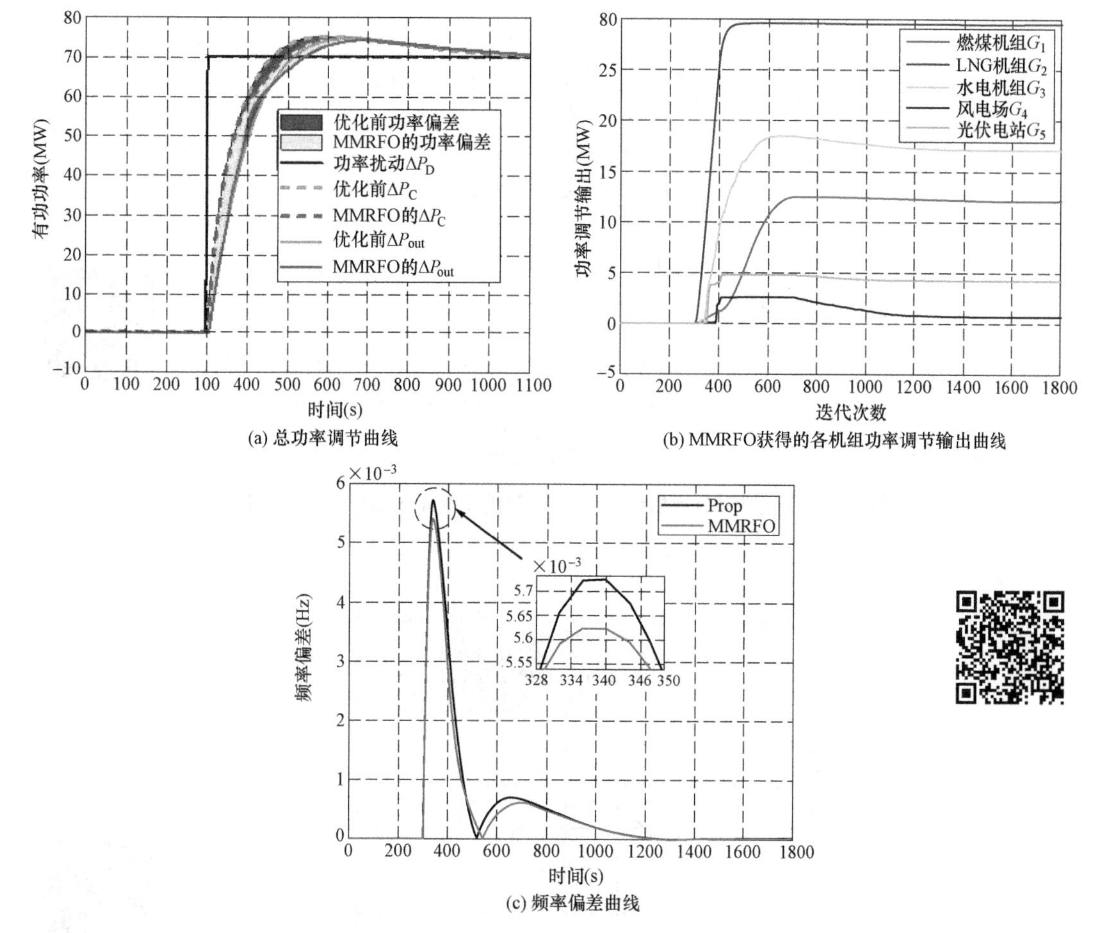

图 9.2.6 基于扩展的两区域 LFC 模型优化结果（$\Delta P_{\mathrm{D}}=70\mathrm{MW}$）

另外，从图 9.2.7（a）可以看出，与 PROP 相比，本节所提方法获得的功率偏差更小，减少了总功率指令的超调，能够在更短时间内恢复受到扰动的系统。

图 9.2.8 给出了不同扰动情况下的调频里程支出变化。综合图 9.2.6～图 9.2.8，可以看出，MMRFO 能够在兼顾调频里程支出的前提下，显著提升电能质量。

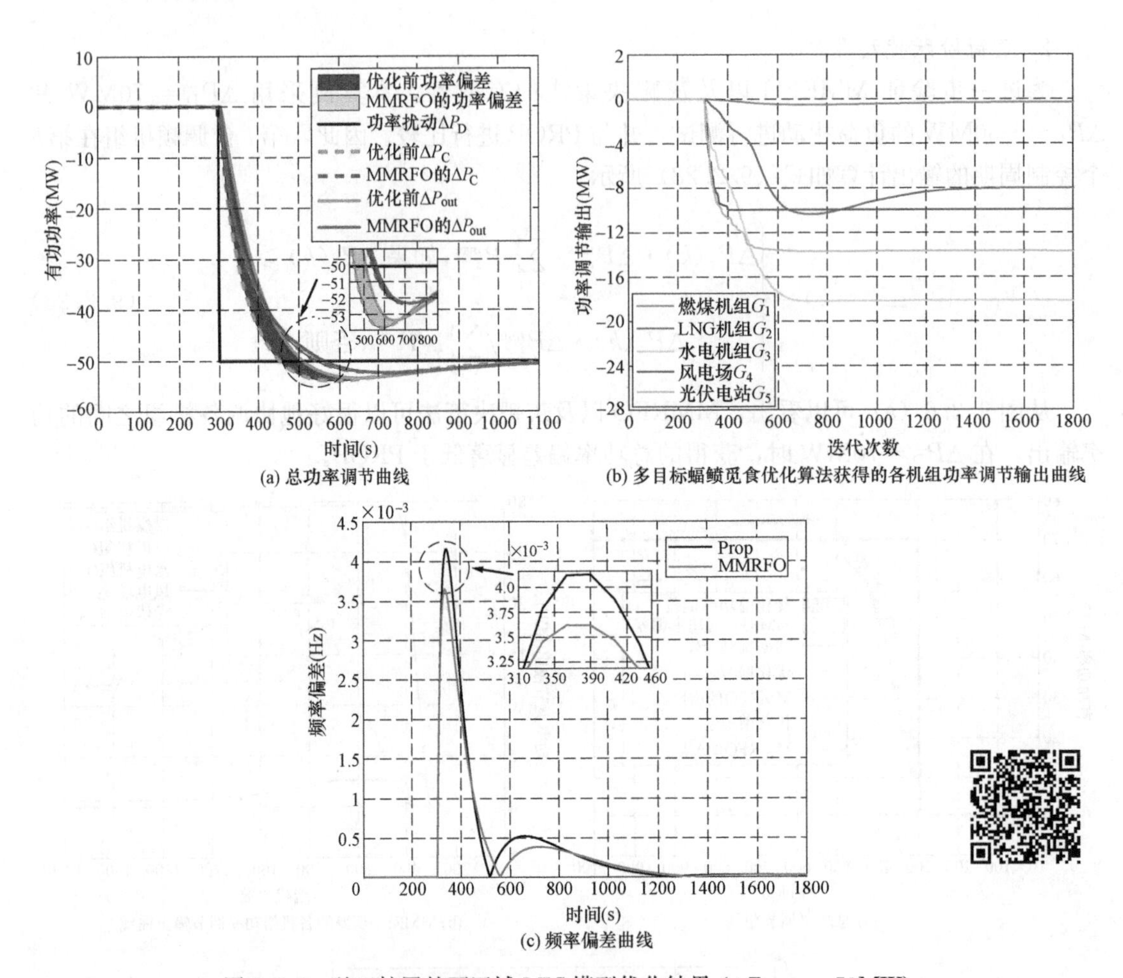

图 9.2.7　基于扩展的两区域 LFC 模型优化结果（$\Delta P_{\mathrm{D}}=-50\mathrm{MW}$）

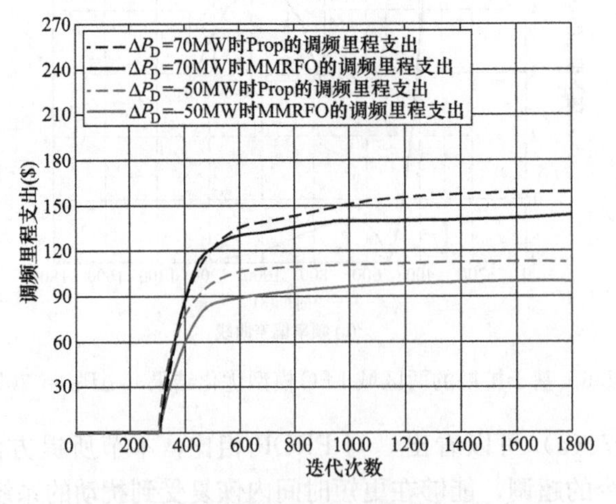

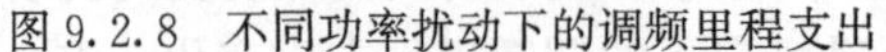
图 9.2.8　不同功率扰动下的调频里程支出

表9.2.5比较了两种工况下的在线优化结果，可知该方法能够有效减小功率响应总偏差，降低平均|Δf|和|ACE|，并有效提升系统的动态响应性能。

表9.2.5　　不同扰动下优化结果比较

ΔP_D		70MW		−50MW	
算法		PROP	MMROF	PROP	MMROF
|ACE|（MW）	Ave	0.89	0.88	0.64	0.61
	Max	11.17	11.06	8.09	6.93
|Δf|（Hz）	Ave	4.78×10^{-4}	4.52×10^{-4}	3.46×10^{-4}	3.04×10^{-4}
	Max	5.73×10^{-3}	5.67×10^{-3}	4.15×10^{-3}	3.58×10^{-3}
CPS1（%）	Ave	199.99	199.99	199.99	199.99
	Min	199.82	199.82	199.90	199.93
功率偏差（MW）		550.06	383.36	426.14	53.36
精确度（%）		81.34	81.87	81.19	82.87

9.2.4 小结

本节提出了利用MMRFO得到最优经济条件下具有最小功率响应总偏差的功率分配方案，其贡献点主要可概括为以下三个方面：

（1）该策略能够在最优经济效益的前提下，有效降低总功率偏差，最优分配各种调频资源。

（2）多目标蝠鲼觅食优化算法能够在最短时间内获得分布最为均匀且广泛的理想Pareto前沿，而基于熵权法设计的灰靶决策法可以客观地选择折中解，充分发挥了各种调频资源的优势。

（3）针对扩展的两区域负荷频率控制模型进行测试，其结果显示|ACE|、平均|Δf|、总功率偏差得到降低，能够在获得最佳经济性的同时提高动态响应性能，证明了该策略能有效地解决多目标优化问题。

9.3 人工智能在新能源发电系统参与电网调压中的应用

9.3.1 考虑风光新能源参与调控的电网多目标无功优化数学模型

1. 风电无功调控模型

本节以双馈感应风机为例描述风电机组的无功调控模型，如图9.3.1所示。其中，输入机械功率P_m和注入电网有功功率P_g跟风速直接相关。一般来说，风轮机所能捕获的机械功率可计算如式（9.3.1）所示。

$$P_m=\frac{1}{2}\rho\pi R^2C_p(\lambda,\beta)v_w^3 \tag{9.3.1}$$

式中：ρ表示空气密度；R表示风轮机半径；v_w为当前风速；$C_p(\lambda,\beta)$为与叶尖速比λ和桨距角β相关的功率系数。

假设有功功率输出按最大功率点进行跟踪控制，功率大小可由当前风速进行计算，

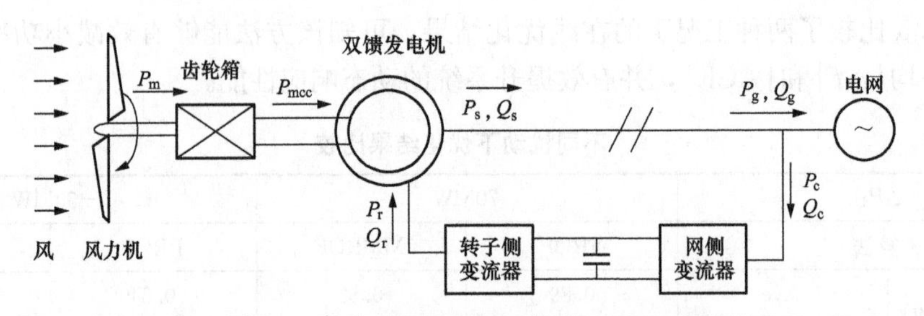

图 9.3.1　双馈感应风机功率转换模型

如式（9.3.2）所示。

$$P_g=\begin{cases}0, & \text{如果 } v_w<v_w^{in}\text{且 } v_w>v_w^{out} \\ P_w^{base}\dfrac{v_w-v_w^{in}}{v_w^{base}-v_w^{in}}, & \text{如果 } v_w^{in}\leqslant v_w\leqslant v_w^{base} \\ P_w^{base}, & \text{如果 } v_w^{base}<v_w\leqslant v_w^{out}\end{cases} \tag{9.3.2}$$

式中：v_w^{in}和v_w^{out}分别为风机的切入和切出风速；v_w^{base}为风机的额定风速；P_w^{base}为风机的额定输出功率。

风机的无功输出调节范围与定子侧及网侧换流器的无功调节能力直接相关，如式（9.3.3）所示。

$$\begin{cases}Q_{g,max}=Q_{s,max}+Q_{c,max} \\ Q_{g,min}=Q_{s,min}+Q_{c,min}\end{cases} \tag{9.3.3}$$

式中：$Q_{g,max}$和$Q_{g,min}$分别为风机注入电网的无功调节范围上下限；$Q_{s,max}$和$Q_{s,min}$分别为风机定子侧的无功调节范围上下限；$Q_{c,max}$和$Q_{c,min}$分别为风机网侧换流器的无功调节范围上下限。

其中，定子侧的无功调节范围受定子侧和转子侧的最大电流约束影响，如式（9.3.4）～式（9.3.6）所示：

$$\begin{cases}Q_{s,max}=\min\{Q_{s1,max},Q_{s2,max}\} \\ Q_{s,min}=\max\{Q_{s1,min},Q_{s2,min}\}\end{cases} \tag{9.3.4}$$

$$\begin{cases}Q_{s1,max}=-\dfrac{3U_s^2}{2\omega_1 L_s}+\sqrt{\left(\dfrac{3L_m}{2L_s}U_s I_{r,max}\right)^2-\left(\dfrac{P_m}{1-s}\right)^2} \\ Q_{s1,min}=-\dfrac{3U_s^2}{2\omega_1 L_s}-\sqrt{\left(\dfrac{3L_m}{2L_s}U_s I_{r,max}\right)^2-\left(\dfrac{P_m}{1-s}\right)^2}\end{cases} \tag{9.3.5}$$

$$\begin{cases}Q_{s2,max}=\sqrt{(U_s I_{s,max})^2-\left(\dfrac{P_m}{1-s}\right)^2} \\ Q_{s2,min}=-\sqrt{(U_s I_{s,max})^2-\left(\dfrac{P_m}{1-s}\right)^2}\end{cases} \tag{9.3.6}$$

式中：$Q_{s1,max}$和$Q_{s1,min}$分别为风机定子侧在转子侧最大电流约束下的无功调节范围的上下限；$Q_{s2,max}$和$Q_{s2,min}$分别为风机定子侧在定子侧最大电流约束下的无功调节范围的上下限；L_s、L_m分别为定子电感和励磁电感；$I_{r,max}$、$I_{s,max}$分别为转子侧和定子侧规定的最大电流值；s为转差率；ω_1为同步旋转角速度；U_s为定子电压有效值。

另外，网侧换流器的无功调节范围主要受换流器容量的影响，如式（9.3.7）所示。

$$\begin{cases} Q_{c,\max}=\sqrt{S_{c,\max}^{2}-\left(\dfrac{sP_{m}}{1-s}\right)^{2}} \\ Q_{c,\min}=-\sqrt{S_{c,\max}^{2}-\left(\dfrac{sP_{m}}{1-s}\right)^{2}} \end{cases} \tag{9.3.7}$$

式中：$S_{c,\max}$为网侧换流器的容量。

因此，在获知当前风速条件下，即可计算每台风机的无功输出调节范围，从而可获知整个风电场的无功输出调节范围。

2. 光伏无功调控模型

光伏电站的有功输出主要取决于当前的光照强度及气温，假定电站采用最大功率点跟踪进行控制，其有功输出计算如式（9.3.8）所示。

$$P_{pv}=P_{pv}^{base}[1+\alpha_{pv}\cdot(T-T_{ref})]\cdot\frac{S_{pv}}{1000} \tag{9.3.8}$$

式中：P_{pv}^{base}为光伏电站的额定发电功率；α_{pv}为光伏的温度转换功率系数；T 为当前时刻的气温；T_{ref}为气温参考值；S_{pv}为当前时刻的光照强度。

光伏电站的无功输出可调范围主要取决于当前的有功功率输出及逆变器的容量，如式（9.3.9）所示。

$$\begin{cases} Q_{pv,\max}=\sqrt{S_{pv}^{2}-P_{pv}^{2}} \\ Q_{pv,\min}=-\sqrt{S_{pv}^{2}-P_{pv}^{2}} \end{cases} \tag{9.3.9}$$

式中：$Q_{pv,\max}$和$Q_{pv,\min}$分别为光伏电站的无功调节范围上下限；S_{pv}为光伏逆变器容量。

3. 目标函数

本节构建的无功优化目标包括线损最小化、电压偏差最小化以及静态电压稳定裕度最大化三个目标。其中，最大化静态电压稳定裕度转换为最小化系统的雅可比矩阵最小奇异值倒数。这三个目标函数可分别描述如式（9.3.10）所示。

$$\begin{cases} \min f_{1}(x)=\sum\limits_{i,j\in N_{L}} g_{ij}\,[U_{i}^{2}+U_{j}^{2}-2U_{i}U_{j}\cos\theta_{ij}] \\ \min f_{2}(x)=\sum\limits_{j\in N_{i}} (U_{j}-U_{j}^{*})^{2} \\ \min f_{3}(x)=1/\delta_{\min} \end{cases} \tag{9.3.10}$$

式中：f_1、f_2、f_3分别代表电网线损、电压偏差以及静态电压稳定裕度目标；U_i、U_j、θ_{ij}分别为节点i、j 的电压幅值及两者间的相角差；g_{ij}为节点i 和j 之间的导纳；N_i、N_L分别代表总节点集合和所有支路集合；U_j^* 为节点j 的额定电压值；$\delta_{\min}$为系统雅可比矩阵最小奇异值。

4. 约束条件

考虑风光新能源参与调控的电网无功优化需同时满足多个等式及不等式约束条件，如下：

（1）潮流等式约束，如式（9.3.11）所示。

$$\begin{cases}P_{Gi}-P_{Di}-U_i\sum\limits_{j\in N_i}U_j(g_{ij}\cos\theta_{ij}+b_{ij}\sin\theta_{ij})=0, i\in N_0\\Q_{Gi}-Q_{Di}-U_i\sum\limits_{j\in N_i}U_j(g_{ij}\sin\theta_{ij}-b_{ij}\cos\theta_{ij})=0, i\in N_{PQ}\end{cases}\tag{9.3.11}$$

式中：P_{Gi}、Q_{Gi}分别是节点i的发电有功功率和无功功率；P_{Di}、Q_{Di}分别是节点i的有功和无功功率需求；b_{ij}为节点i和j之间的电纳；N_0表示除平衡节点外的节点集合；N_{PQ}为PQ节点集合。

（2）发电机约束，如式（9.3.12）所示。

$$\begin{cases}Q_{Gi}^{\min}\leqslant Q_{Gi}\leqslant Q_{Gi}^{\max}, i\in N_G\\U_{Gi}^{\min}\leqslant U_{Gi}\leqslant U_{Gi}^{\max}, i\in N_G\end{cases}\tag{9.3.12}$$

式中：$Q_{Gi}^{\min}$、$Q_{Gi}^{\max}$分别表示第i台发电机的无功功率调节下限及上限；$U_{Gi}^{\min}$、$U_{Gi}^{\max}$分别为第i台发电机的输出电压下限及上限；N_G为发电机集合。

（3）无功补偿装置及变压器分接头约束，如式（9.3.13）所示。

$$\begin{cases}Q_{Ci}^{\min}\leqslant Q_{Ci}\leqslant Q_{Ci}^{\max}, i\in N_C\\T_h^{\min}\leqslant T_h\leqslant T_h^{\max}, h\in N_T\end{cases}\tag{9.3.13}$$

式中：$Q_{Ci}^{\min}$、$Q_{Ci}^{\max}$分别为第i台无功补偿装置的容量下限及上限；$T_h^{\min}$、$T_h^{\max}$分别为第h个变压器分接头的调节范围下限及上限；N_C为无功补偿装置集合；N_T为变压器分接头集合。

（4）安全约束，如式（9.3.14）所示。

$$\begin{cases}U_i^{\min}\leqslant U_i\leqslant U_i^{\max}, i\in N_{PQ}\\|S_l|\leqslant S_l^{\max}, l\in N_L\end{cases}\tag{9.3.14}$$

式中：$U_i^{\min}$、$U_i^{\max}$分别为节点i的电压下限及上限；S_l为线路l的视在功率；$S_l^{\max}$为线路l的传输功率极限；N_L为线路集合。

9.3.2 多目标樽海鞘群算法及应用设计

1. 樽海鞘群算法

樽海鞘群算法的具体介绍见8.5.3节。

2. 帕累托解集存储与筛选

在MSSA算法寻优过程中，会不断更新帕累托解集，并放入有限规模的存储池里面。当算法迭代获得新的非支配解后，需跟存储池里面的非支配解集进行比较，然后判断是否将新的非支配解放入存储池。跟一般的多目标优化算法一样，判断过程分为以下三种情况：

（1）如果新解支配存储池里面某一个或几个解，则用新解将其替换。

（2）如果存储池里面至少有一个解支配新解，则直接放弃新解。

（3）如果新解与存储池里面的所有解之间不存在支配关系，则将新解放入存储池中。

为提高算法计算效率，存储池只存储有限个动态非支配解。因此，当存储池里面的非支配解数量超过限值时，就需要剔除多余的非支配解。为筛选出分布比较密集的非支配解，算法根据每个非支配解的相邻解数量进行剔除。其中，若使非支配解$\boldsymbol{x}^i$和$\boldsymbol{x}^j$互为相邻，其目标函数距离需满足以下条件

$$\begin{cases}|f_h(\boldsymbol{x}^i)-f_h(\boldsymbol{x}^j)|<D_h, \forall h\in H\\D_h=\dfrac{f_h^{\max}-f_h^{\min}}{n_r}\end{cases}\tag{9.3.15}$$

式中：f_h表示第h个目标函数值；D_h为第h个目标函数值的帕累托前沿距离阈值；H代表目标函数集合；$f_h^{\max}$、$f_h^{\min}$分别代表当前存储池在第h个目标函数找到最大值及最小值；n_r为存储池的非支配解存储个数限值。

根据式（9.3.15）算法即可得到存储池每个非支配解的相邻解个数，然后采用轮盘赌的方法即可剔除超出限值个数的非支配解。其中，非支配解的相邻解数量越多，被剔除的概率就越大。

3. 无功优化应用设计

本节所提的MSSA算法本质上也是多目标智能优化算法，因此在无功优化应用求解需主要解决优化变量处理、适应度函数以及折中解决策这3个关键问题。

（1）变量处理：无功优化同时含有连续和离散变量，其中，连续变量按正常优化迭代即可；离散变量通过连续空间的值取整即可，连续寻优空间的上下限即对应离散变量的上下限。

（2）适应度函数：算法的适应度函数需有效结合无功优化的目标及约束条件。首先，个体找到的解会先进行潮流计算，满足式（9.3.11）。然后，根据潮流计算结果，再去评估每个目标函数值以及约束条件是否满足。因此，每个目标函数对应的适应度函数可设计为式（9.3.16）。

$$Fit_h(\boldsymbol{x}^i)=f_h(\boldsymbol{x}^i)+\eta q,\ h\in H \tag{9.3.16}$$

式中：η为惩罚系数，一般设为较大的正常数；q为不满足式（9.3.12）～式（9.3.14）的个数。

（3）改进理想点决策方法：根据MSSA获得的最优帕累托前沿，即可确定当前优化问题的目标理想点以及每个非支配解到理想点的欧式距离平方。首先，对非支配解获得的目标函数值进行归一化处理，如式（9.3.17）所示。

$$y_h(\boldsymbol{x}^m)=\frac{f_h(\boldsymbol{x}^m)-f_h^{\min}}{f_h^{\max}-f_h^{\min}} \tag{9.3.17}$$

式中：y_h为表示第h个目标函数的归一值；$f_h^{\max}$和$f_h^{\min}$分别代表帕累托前沿在第h个目标的最大值和最小值；$\boldsymbol{x}^m$代表第m个非支配解。

因此，可知归一化后的帕累托前沿理想点为（0，0，0），即可计算出每个非支配解到理想点的欧式距离平方，如式（9.3.18）所示。

$$E_m=\sum_{h\in H}[y_h(\boldsymbol{x}^m)-0]^2\omega_h^2 \tag{9.3.18}$$

式中：E_m为第m个非支配解到理想点的欧式距离平方；ω_h为第h个目标的权重系数。

为更客观地给出各个目标的权重系数，可构造最优权重模型如式（9.3.19）所示。

$$\min Z=\sum_{m=1}^{n_r}E_m=\sum_{m=1}^{n_r}\sum_{h\in H}[y_h(\boldsymbol{x}^m)-0]^2\omega_h^2,s.t.\ \sum_{h\in H}\omega_h=1,\ \omega_h>0,\ h\in H \tag{9.3.19}$$

通过构造拉格朗日函数，求得上述最优权重系数为式（9.3.20）。

$$\omega_h=\frac{1}{\left\{\sum_{h\in H}\frac{1}{\sum_{m=1}^{n_r}[y_h(x^m)-0]^2}\right\}\left\{\sum_{m=1}^{n_r}[y_h(x^m)-0]^2\right\}} \tag{9.3.20}$$

因此，决策折中解可确定如式（9.3.21）所示。

$$x_{\text{best}}=\arg\min_{m=1,2,\ldots n_{\Gamma}}\sum_{h\in H}\left[y_h(x^m)-0\right]^2\omega_h^2 \tag{9.3.21}$$

式中：x_{best}为决策折中解。

（4）求解流程：综上所述，MSSA 算法求解含风光新能源的电网无功优化问题具体流程如图 9.3.2 所示。其中，在每次迭代过程中，每个优化解需进行潮流计算，然后计算出对应的目标函数值，进而结合约束条件转换成适应度函数；MSSA 算法根据所有解的适应度函数再进行非支配解的筛选和剔除，然后根据寻优机制更新整个种群的解，并返回到下一次迭代。

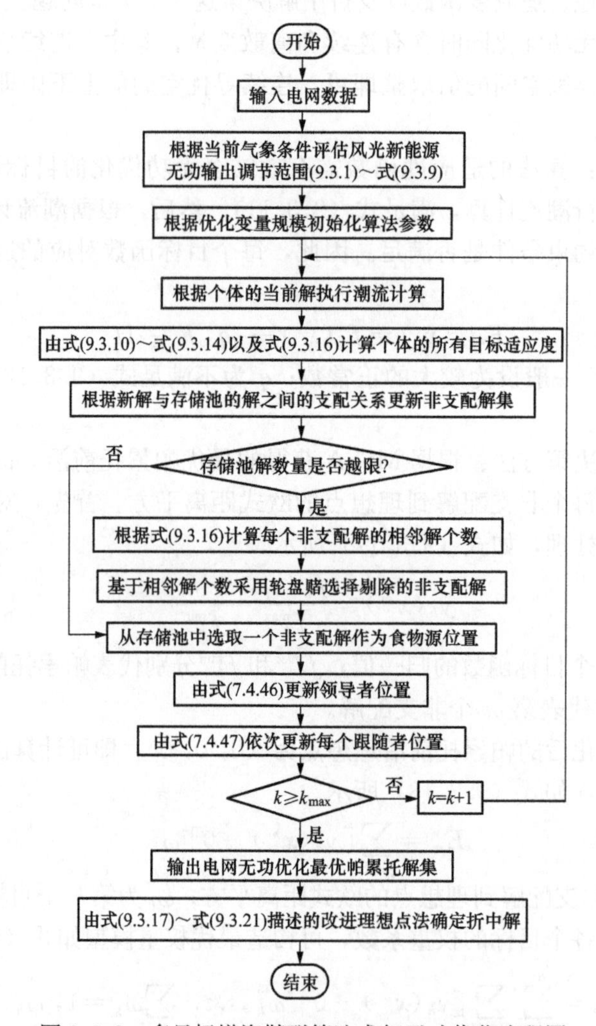

图 9.3.2　多目标樽海鞘群算法求解无功优化流程图

9.3.3　算例分析

1. 仿真模型

本节利用扩展的 IEEE 9 节点和 IEEE 39 节点系统对算法性能进行测试，其拓扑及风光接入位置如图 9.3.3 所示。其中，IEEE 9 节点系统的风电场及光伏电站装机容量分别为 20MW 和 10MW，新能源装机容量占系统当前负荷的比例为 9.52%，优化变量包括 3 台传统发电机的机端电压、1 个无功补偿离散配置量以及 2 个风光新能源无功输出，机端电压标幺值优化区间为 [1，1.05]；无功补偿有 5 个离散控制量，分别为 {3，6，9，12，15} MW；风光无功调节范围见表 9.3.1。IEEE 39 节点系统下每个风电场和每个光伏电站的装机容量分别为 30MW 和 20MW，新能源装机容量占系统当前负荷的比例为 4%，优化变量包括 10 台传统发电机的机端电压、12 个变压器分接头挡位以及 10 个风光新能源无功输出，机端电压标幺值优化区间为 [1，1.07]；变压器分接头设置有 10 个控制挡位，分别为 {0.98，0.99，…，1.07}（标幺值）；风光无功调节范围见表 9.3.2。

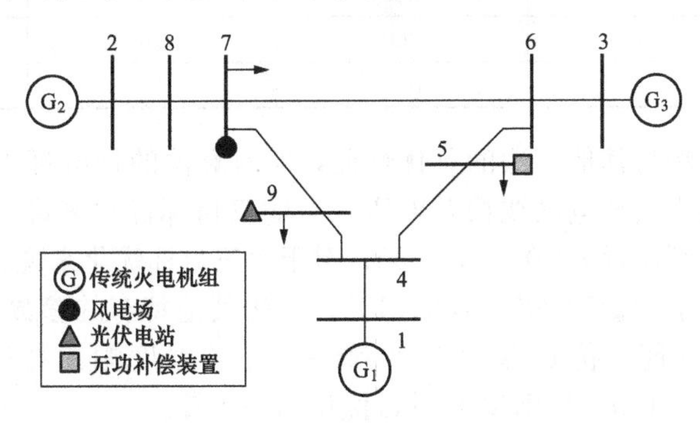

(a) IEEE9节点拓扑

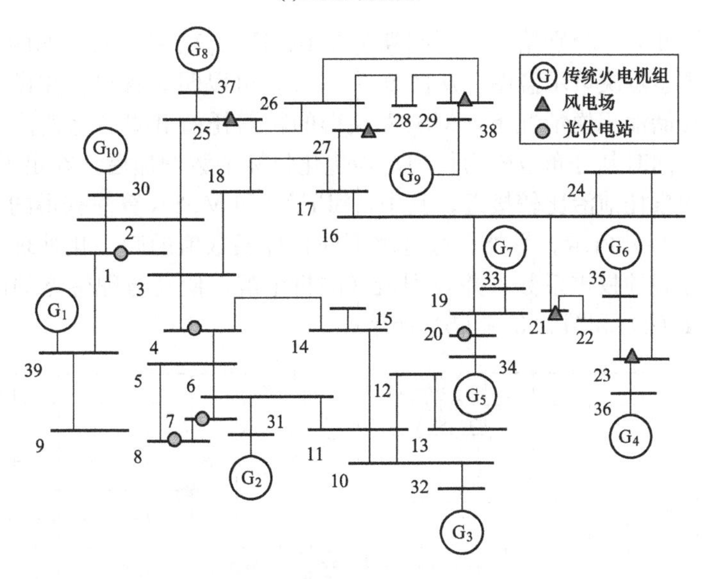

(b) IEEE39节点拓扑

图 9.3.3 测试系统拓扑示意图

表 9.3.1 IEEE 9 节点系统下风光发电参数

编号	风速（m/s）	光照强度（W/m²）	有功功率（MW）	无功容量（Mvar）
风电 1 号	10	—	15.56	[−7.62，9.09]
光伏 1 号	—	800	8.00	[−7.55，7.55]

表 9.3.2　　IEEE 39 节点系统下风光发电参数

编号	风速（m/s）	光照强度（W/m²）	有功功率（MW）	无功容量（Mvar）
风电 1 号	8	—	16.67	[−15.88，16.59]
风电 2 号	9	—	20.00	[−13.66，15.11]
风电 3 号	10	—	23.33	[−11.44，13.63]
风电 4 号	11	—	26.67	[−9.21，12.15]
风电 5 号	12	—	30.00	[−6.99，10.67]
光伏 1 号	—	600	12	[−17.23，17.23]
光伏 2 号	—	700	14	[−15.65，15.65]
光伏 3 号	—	800	16	[−13.60，13.60]
光伏 4 号	—	900	18	[−10.82，10.82]
光伏 5 号	—	1000	20	[−6.40，6.40]

为公平比较所提算法与其他算法的寻优性能，所有算法的种群规模及最大迭代步数均设置为一样。其中，对于只含电网线损及电压偏差的双目标优化来说，种群规模、最大迭代步数、存储池规模分别设置为 100、50、50；对于含三目标优化来说，种群规模、最大迭代步数、存储池规模分别设置为 200、100、100。算法其他特有的参数按默认值设置即可。为测试 MSSA 算法的性能，仿真算例引入 NSGA-Ⅱ和强度帕累托进化算法（strength Pareto evolutionary algorithm，SPEA2）进行优化结果比较。

2. 寻优结果分析

图 9.3.4 和图 9.3.5 分别给出了不同算法在 IEEE 9 节点系统获得的两目标和三目标帕累托前沿及改进理想点决策示意图。从图 9.3.4（a）可以明显看出：在设定同样的迭代步数、种群数量及存储池规模情况下，MSSA 获得的帕累托前沿明显比其他两种算法更逼近理想帕累托前沿，同时其分布也较为均匀。当优化目标个数增加后，在足够的迭代步数内，三种算法获得的帕累托前沿比较接近，其中，SPEA2 和 MSSA 算法获得的非支配解集更加均匀，如图 9.3.5（a）所示。另外，通过对不同目标函数值的归一化处理，改进的理想点法可以获得较为客观的权重系数，并找到最好的折中解，使其与理想点的欧式距离平方和最小，如图 9.3.4（b）和图 9.3.5（b）所示。

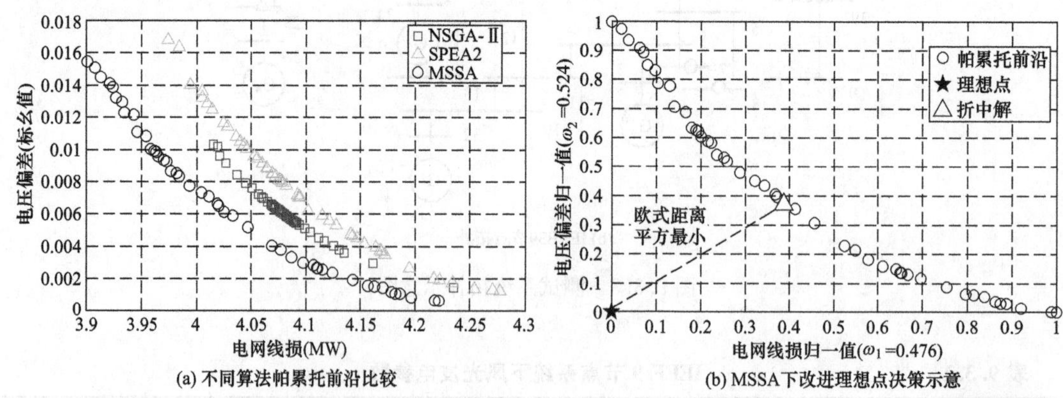

(a) 不同算法帕累托前沿比较　　(b) MSSA下改进理想点决策示意

图 9.3.4　IEEE 9 节点系统的两目标帕累托寻优结果

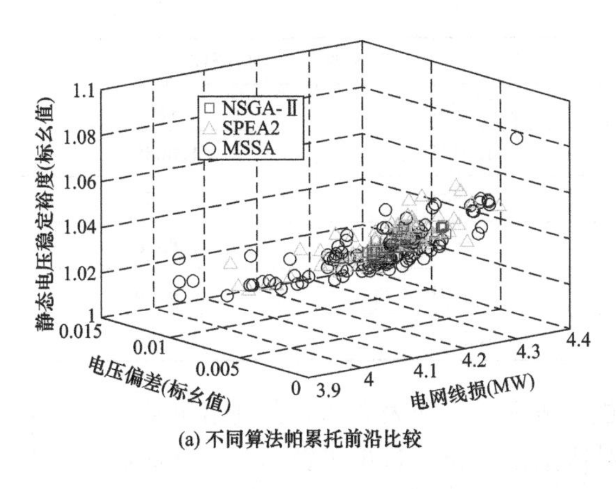

(a) 不同算法帕累托前沿比较

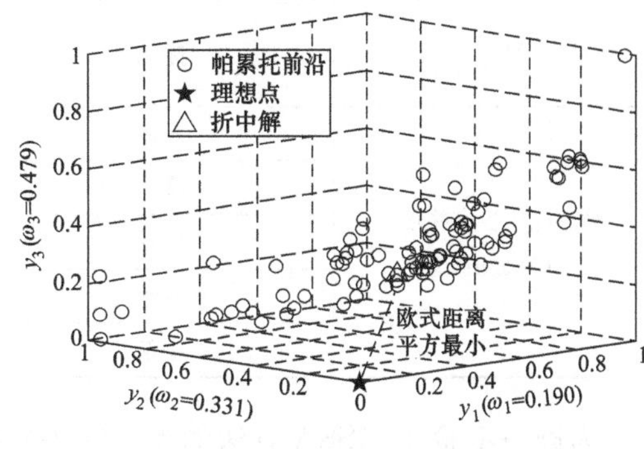

(b) MSSA算法下的改进理想点决策示意

图 9.3.5 IEEE 9 节点系统的三目标帕累托寻优结果

另外，为验证所提模型及改进理想点法决策的优越性。表 9.3.3 分别给出了风光新能源参与无功调控前后的帕累托结果对比，并给出了改进理想点法（折中解 1）与传统理想点法（折中解 2）的结果比较，其中，传统理想点法人为设定式（9.3.20）中的目标权重分别为 1/3。其中，表 9.3.3 中的最好、最差、平均值及折中解，分别代表不同目标函数所获得帕累托前沿中的最小值、最大值、平均值和折中解对应值。从表 9.3.3 中可以看出：①当考虑风光新能源参与电网无功调控时，帕累托前沿在每个目标的最大值与最小值之间相差更大，分布更广，同时每个目标的最小值明显更低，这充分说明风光新能源参与无功调控可以明显提高电网运行的经济性和安全性；②与传统理想点法相比，改进理想点法获得的折中解结果更均匀，在网损和静态电压稳定裕度指标上表现更好，这也说明改进理想点法能更好给定满足系统整体运行的目标客观权重，避免传统理想点法人为主观权重导致对某一目标值的较大偏好。

表 9.3.3　IEEE 9 节点系统 MSSA 算法下帕累托寻优结果

目标	标准	风光新能源参与无功调控	
		不考虑	考虑
电网线损（MW）	最好	4.1906	**3.9880**
	最差	**4.2284**	4.3318
	平均值	4.2088	**4.1775**
	折中解 1	4.2079	**4.1788**
	折中解 2	4.2064	4.1003
电压偏差（标幺值）	最好	0.0037	**0.0008**
	最差	**0.0047**	0.0132
	平均值	**0.0041**	0.0057
	折中解 1	**0.0041**	0.0062
	折中解 2	0.0042	0.0062

续表

目标	标准	风光新能源参与无功调控	
		不考虑	考虑
静态电压稳定裕度（标幺值）	最好	1.0475	**1.0085**
	最差	**1.0544**	1.0854
	平均值	1.0510	**1.0338**
	折中解 1	1.0501	**1.0265**
	折中解 2	1.0501	1.0343

为进一步验证 MSSA 算法的无功优化性能，表 9.3.4 和表 9.3.5 分别给出了不同算法在两个测试系统下获得帕累托前沿统计指标对比结果，表 9.3.6 和表 9.3.7 分别给出了不同算法获得的折中解优化对比结果。从表 9.3.4 中可以看出：MSSA 算法的指标最大最小值差别更大，这说明获得的帕累托前沿分别更广；同时算法获得的最好指标均是最低的，这也说明算法具有较强的探索和利用寻优能力。另外，从表 9.3.5 可以看出：由于 IEEE 39 节点系统变量的增加，不同算法最终的帕累托结果目标偏好也不太一致；NSGA-II 算法下，电压偏差指标值较优；SPEA2 算法下，电网网损指标较优；MSSA 算法下，静态电压稳定裕度指标较优，可以给系统提供更多的可选非支配解。

表 9.3.4　　IEEE 9 节点系统帕累托统计结果比较表

目标	标准	NSGA-Ⅱ	SPEA2	MSSA
电网线损（MW）	最好	4.1210	4.0172	**3.9880**
	最差	**4.2522**	4.3378	4.3318
	平均值	4.1807	4.1778	**4.1775**
	折中解	**4.1465**	4.1683	4.1788
电压偏差（标幺值）	最好	0.0028	0.0016	**0.0008**
	最差	**0.0058**	0.0113	0.0132
	平均值	**0.0043**	0.0047	0.0057
	折中解	0.0047	0.0037	0.0062
静态电压稳定裕度（标幺值）	最好	1.0281	1.0113	**1.0085**
	最差	**1.0489**	1.0662	1.0854
	平均值	1.0381	1.0388	**1.0338**
	折中解	1.0370	1.0450	**1.0265**

表 9.3.5　　IEEE 39 节点系统帕累托统计结果比较表

目标	标准	NSGA-Ⅱ	SPEA2	MSSA
电网线损（MW）	最好	42.0741	**41.1362**	41.6694
	最差	46.6301	**43.8047**	45.3539
	平均值	43.3360	**42.6882**	42.8102
	折中解	42.8329	42.8123	**42.3454**

续表

目标	标准	NSGA-Ⅱ	SPEA2	MSSA
电压偏差（标幺值）	最好	**0.0071**	0.0119	0.0083
	最差	**0.0490**	0.0783	0.0589
	平均值	**0.0209**	0.0278	0.0287
	折中解	**0.0199**	0.0236	0.0324
静态电压稳定裕度（标幺值）	最好	1.4067	1.3713	**1.3653**
	最差	1.4921	1.4285	**1.4264**
	平均值	1.4401	1.3936	**1.3908**
	折中解	1.4458	1.3940	**1.3866**

表 9.3.6　　IEEE 9 节点系统折中解优化结果统计表

变量		NSGA-Ⅱ	SPEA2	MSSA
机端电压（标幺值）	U_{G1}	1.034	1.031	1.045
	U_{G2}	1.023	1.022	1.019
	U_{G3}	1.014	1.010	1.013
无功补偿（Mvar）	Q_{C1}	9	9	9
风光无功（Mvar）	Q_w^1	3.03	6.68	6.41
	Q_{pv}^1	12.67	8.66	8.94

表 9.3.7　　IEEE 39 节点系统折中解优化结果统计表

变量		NSGA-Ⅱ	SPEA2	MSSA
机端电压（标幺值）	U_{G1}	1.015	1.001	1.001
	U_{G2}	1.036	1.050	1.049
	U_{G3}	1.022	1.031	1.017
	U_{G4}	1.002	1.031	1.018
	U_{G5}	1.009	1.024	1.017
	U_{G6}	1.021	1.024	1.011
	U_{G7}	1.012	1.016	1.016
	U_{G8}	1.004	1.025	1.018
	U_{G9}	1.012	1.038	1.032
	U_{G10}	1.011	1.025	1.014
变压器分接头挡位（标幺值）	T_1	1.02	1.03	1.03
	T_2	1.02	1.00	1.00
	T_3	1.06	1.07	1.06
	T_4	1.04	1.02	1.02
	T_5	1.02	1.02	1.02
	T_6	1.02	1.02	1.01

续表

变量		NSGA-Ⅱ	SPEA2	MSSA
变压器分接头挡位（标幺值）	T_7	1.03	1.02	1.03
	T_8	1.04	1.01	1.01
	T_9	1.04	1.04	1.05
	T_{10}	1.03	1.03	1.03
	T_{11}	1.03	1.03	1.03
	T_{12}	1.03	1.01	1.01
风光无功（MVar）	Q_w^1	−2.72	3.50	5.00
	Q_w^2	0.18	7.11	3.33
	Q_w^3	−2.94	1.45	-0.32
	Q_w^4	2.78	−1.14	3.61
	Q_w^5	3.03	−2.37	5.36
	Q_{pv}^1	1.45	−0.99	0.78
	Q_{pv}^2	3.14	5.44	4.80
	Q_{pv}^3	3.01	8.43	4.54
	Q_{pv}^4	−0.18	4.66	5.75
	Q_{pv}^5	0.60	0.14	3.40

9.3.4 小结

考虑到高比例风光新能源参与电网无功调控，本节提出了基于 MSSA 的帕累托多目标无功优化算法，其贡献点主要可概括为以下三个方面：

（1）搭建了考虑风光新能源参与电网无功调控的无功优化模型，充分发挥了高比例新能源的无功调节潜力，减轻了系统无功调控的负担。

（2）提出了基于 MSSA 的电网多目标无功优化算法，给出了具体应用设计及过程。IEEE 9 节点及 39 节点系统仿真结果表明：与其他两种传统多目标智能优化算法相比，本节所提算法在帕累托解集分布及质量具有一定优势。

（3）提出了改进理想点的多目标决策方法，有效回避权重系数人为设置主观性带来的影响，可根据最优的客观权重系数，选择最接近理想点的折中解。

参 考 文 献

[1] Global Electricity Review 2022. EMBER [EB/OL]. https://ember-climate.org/insights/research/global-electricity-review-2022.

[2] 国家能源局．2021 年光伏新增装 54.88GW. [EB/OL]. 2022-1-28. http://guangfu.bjx.com.cn/news/20220128/1202209.shtml.

[3] 杨逸卉．"十三五"以来云南金融支持绿色能源发展成效明显 [J]. 时代金融，2022 (1)：11-12.

[4] 陆师禹．氢能发电的应用前景探究 [J]. 科技风，2018 (22)：203.

[5] 李艳坤，周荣斌．光伏发电的现状及发展前景 [J]. 现代工业经济和信息化，2021，11 (1)：53-54.

[6] 谷梦瑶，李森．氢能技术现状及其在储能发电领域的应用研究 [J]. 中国航班，2022 (3)：145-147.

[7] 姚若军，高啸天．氢能产业链及氢能发电利用技术现状及展望 [J]. 南方能源建设，2021，8 (4)：9-15.

[8] 刘延俊，武爽，王登帅，等．海洋波浪能发电装置研究进展 [J]. 山东大学学报（工学版），2021，51 (5)：63-75.

[9] 王迪，梁海军，黄嘉超，等．"双碳"目标下我国地热产业发展路径思考 [J]. 当代石油石化，2022，30 (5)：6-10+15.

[10] 单明．生物质能开发利用现状及挑战 [J]. 可持续发展经济导刊，2022 (4)：48-49.

[11] 李建林，李光辉，梁丹曦，等．"双碳目标"下可再生能源制氢技术综述及前景展望 [J]. 分布式能源，2021，6 (5)：1-9.

[12] 中国氢能联盟．中国氢能源及燃料电池产业白皮书 2020 [R]. 2020.

[13] Council H. Path to hydrogen competitiveness—A cost perspective [R]. 2020.

[14] Hargreaves T, Middlemiss L. The importance of social relations in shaping energy demand [J]. Nature Energy, 2020, 5 (3): 195-201.

[15] Kadhem A A. Reliability assessment of generating systems with wind power penetration via BPSO [J]. International Journal on Advanced Science, Engineering and Information Technology, 2017, 7 (4): 1248-1254.

[16] Nazir M S. Wind generation forecasting methods and proliferation of artificial neural network: a review of five years research trend [J]. Sustainability, 2020, 12 (9): 3778.

[17] Barroso L A, H¨olzle U. The case for energy-proportional computing [J], Computer, 2007, 40 (12): 33-37.

[18] Zhao P, Dai Y, Wang J. Design and thermodynamic analysis of a hybrid energy storage system based on A-CAES (adiabatic compressed air energy storage) and FESS (flywheel energy storage system) for wind power application [J]. Energy, 2014, 70: 674-684.

[19] Benato A, Stoppato A. Pumped thermal electricity storage: a technology overview [J]. Thermal Science and Engineering Progress, 2018, 6: 301-315.

[20] Alamatsaz M E, Nazari. Smart grid unit commitment with considerations for pumped storage units using hybrid GA-heuristic optimization algorithm [J]. International Journal of Smart Electrical Engineering, 2019, 8 (1): 1-7.

[21] Peng T, Zhang C, Zhou J, et al. Negative correlation learning-based RELM ensemble model integrated with OVMD for multi-step ahead wind speed forecasting [J]. Renewable Energy, 2020, 156: 804-819.

[22] Sebastian R, Alzola R P. Flywheel energy storage systems: Review and simulation for an isolated wind power system [J]. Renewable and Sustainable Energy Reviews, 2012, 16 (9): 6803-6813.

[23] Mustafa A, Keith P. A review of flywheel energy storage system technologies and their applications [J]. Applied Sciences, 2017, 7 (3): 286.

[24] Ji J. System design and optimisation study on a novel CCHP system integrated with a hybrid energy storage system and an ORC [J]. Complexity, 2020, 2020: 1278751.

[25] Zou Y, Bian X, Shang J, et al. Calculation and measurement of the magnetic field of Nd2Fe14B magnets for high-temperature superconducting magnetic bearing rotor [J]. Journal of Superconductivity and Novel Magnetism, 2020, 33 (2): 1-10.

[26] Kim C J. Applications of superconductors. superconductor levitation [M]. Springer, 2019: 213-236.

[27] Muttaqi K M, Islam M R, Sutanto D. Future power distribution grids: integration of renewable energy, energy storage, electric vehicles, superconductor, and magnetic bus [J]. IEEE Transactions on Applied Superconductivity, 2019, 29 (2): 1-5.

[28] Sticlet D, Moca C P, D′ora B. All-electrical spectroscopy of topological phases in semiconductor-superconductor heterostructures [J]. Physical Review B, 2020, 102 (7): 075437.

[29] Bours L. Unveiling mechanisms of electric field effects on superconductors by magnetic field response [J]. Physical Review Research 2 (3): 03353.

[30] Hourdakis E, Nassiopoulou A G. Microcapacitors for energy storage: general characteristics and overview of recent progress [J]. Physica Status Solidi (A), 2020, 217 (10): 1900950.

[31] Hekmat F. Hybrid energy storage device from binder-free zinc-cobalt sulfide decorated biomass-derived carbon microspheres and pyrolyzed polyaniline nanotube-iron oxide [J]. Energy Storage Materials, 2020, 25: 621-635.

[32] Yan Z. Renewable electricity storage using electrolysis [J]. Proceedings of the National Academy of Sciences of the United States of America, 2019, 117 (23): 12558-12563.

[33] Sumboja A, Liu J, Zheng W G, et al. Electrochemical energy storage devices for wearable technology: a rationale for materials selection and cell design [J]. Chemical Society Reviews, 2018, 47 (15): 5919-5945.

[34] Alva G, Lin Y, Fang G. An overview of thermal energy storage systems [J]. Energy, 2018, 144: 341-378.

[35] Cabeza L F. Advances in thermal energy storage systems: Methods and applications [M]. Advances in Thermal Energy Storage Systems. Woodhead Publishing, 2021: 37-54.

[36] Alva G, Liu L, Huang X, et al. Thermal energy storage materials and systems for solar energy applications [J]. Renewable and Sustainable Energy Reviews, 2017, 68: 693-706.

[37] Agyenim F, Hewitt N, Eames P, et al. A review of materials, heat transfer and phase change problem formulation for latent heat thermal energy storage systems (LHTESS) [J]. Renewable and Sustainable Energy Reviews, 2010, 14 (2): 615-628.

[38] Tian Y, Zhao C Y. A review of solar collectors and thermal energy storage in solar thermal applications [J]. Applied Energy, 2013, 104: 538-553.

[39] Krane R J. A second law analysis of the optimum design and operation of thermal energy storage systems [J]. International Journal of Heat and Mass Transfer, 1987, 30 (1): 43-57.

[40] Prieto C, Cooper P, Fernández A I, et al. Review of technology: Thermochemical energy storage for concentrated solar power plants [J]. Renewable and Sustainable Energy Reviews, 2016, 60: 909-929.

[41] El-Shatter T F, Eskandar M N, El-Hagry M T. Hybrid PV/fuel cell system design and simulation [C]. International Solar Energy Conference. American Society of Mechanical Engineers, Washington, DC, USA. April 21-25, 2001: 267-273.

[42] Zhang F, Zhao P, Niu M, et al. The survey of key technologies in hydrogen energy storage [J]. International Journal of Hydrogen Energy, 2016, 41 (33): 14535-14552.

[43] Colbertaldo P, Agustin S B, Campanari S, et al. Impact of hydrogen energy storage on California electric power system: Towards 100% renewable electricity [J]. International Journal of Hydrogen Energy, 2019, 44 (19): 9558-9576.

[44] Yartys V A, Lototskyy M V, Akiba E, et al. Magnesium based materials for hydrogen based energy storage: Past, present and future [J]. International Journal of Hydrogen Energy, 2019, 44 (15): 7809-7859.

[45] Khan N, Dilshad S, Khalid R, et al. Review of energy storage and transportation of energy [J]. Energy Storage, 2019, 1 (3): e49.

[46] Yi J Y, Kim K M, Lee J, et al. Exergy analysis for utilizing latent energy of thermal energy storage system in district heating [J]. Energies, 2019, 12 (7): 1391.

[47] Pospíšil J, Charvát P, Arsenyeva O, et al. Energy demand of liquefaction and regasification of natural gas and the potential of LNG for operative thermal energy storage [J]. Renewable and Sustainable Energy Reviews, 2019, 99: 1-15.

[48] Angenendt G, Zurmühlen S, Rücker F, et al. Optimization and operation of integrated homes with photovoltaic battery energy storage systems and power-to-heat coupling [J]. Energy Conversion and Management: X, 2019, 1: 100005.

[49] Bullich-Massagué E, Cifuentes-García F J, Glenny-Crende I, et al. A review of energy storage technologies for large scale photovoltaic power plants [J]. Applied Energy, 2020, 274: 115213.

[50] 叶秋红，武万才，徐志婧，等．储能技术在新能源电力系统中的应用现状及对策 [J]. 中国新通信，2021, 23 (23): 77-78.

[51] Nazari M E, Bahravar S, Olamaei J. Effect of storage options on price-based scheduling for a hybrid trigeneration system [J]. International Journal of Energy Research, 2020, 44 (9): 7342-7356.

[52] Arani A A K, Gharehpetian G B, Abedi M. Review on energy storage systems control methods in microgrids [J]. International Journal of Electrical Power and Energy Systems, 2019, 107: 745-757.

[53] Li S, Zhang S, Habetler T G, et al. Modeling, design optimization, and applications of switched reluctance machines—a review [J]. IEEE Transactions on Industry Applications, 2019, 55 (3): 2660-2681.

[54] Mozafar M R, Moradi M H, Amini M H. A simultaneous approach for optimal allocation of renewable energy sources and electric vehicle charging stations in smart grids based on improved GA-PSO algorithm [J]. Sustainable Cities and Society, 2017, 32: 627-637.

[55] Razavi S E, Rahimi E, Javadi M S, et al. Impact of distributed generation on protection and voltage regulation of distribution systems: A review [J]. Renewable and Sustainable Energy Reviews, 2019, 105: 157-167.

[56] Tan Z, Ju L, Li H, et al. A two-stage scheduling optimization model and solution algorithm for wind power and energy storage system considering uncertainty and demand response [J]. International Journal of Electrical Power and Energy Systems, 2014, 63: 1057-1069.

[57] Abbey C, Joós G. A stochastic optimization approach to rating of energy storage systems in wind-diesel isolated grids [J]. IEEE Transactions on Power Systems, 2008, 24 (1): 418-426.

[58] Gallagher R V, Leishman M R, Moles A T. Traits and ecological strategies of Australian tropical and temperate climbing plants [J]. Journal of Biogeography, 2011, 38 (5): 828-839.

[59] 蒋新强．汽车尾气半导体温差发电系统研究 [D]. 华南理工大学，2010.

[60] 秦小林，罗刚，李文博，等．集群智能算法综述 [J]. 无人系统技术，2021, 4 (3): 1-10.

[61] 丛明煜，王丽萍．现代启发式算法理论研究 [J]. 高技术通信，2003, 13 (5): 105-110.

[62] Dorigo M, Maniezzo V, Colorni A. Ant system: ptimization by a colony of cooperating agents [J]. IEEE Transactions on Systems, Man and Cybernetics-Part B, 1996, 26 (1): 29-41.

[63] Eberhart R, Kennedy J. A new optimizer using particle swarm theory [C]. MHS'95. Proceedings of the Sixth International Symposium on Micro Machine and Human Science. IEEE, Nagoya, Japan, October 04-06, 1995: 39-43.
[64] Gandomi A H, Alavi A H. Krill herd: A new bio-inspired optimization algorithm [J]. Communications in Nonlinear Science and Numerical Simulation, 2012, 17 (12): 4831-4845.
[65] Sm A, Smm B, Al A. Grey wolf optimizer [J]. Advances in Engineering Software, 2014, 69: 46-61.
[66] Yao X, Liu Y, Lin G. Evolutionary programming made faster [J]. IEEE Transactions on Evolutionary Computation, 1999, 3 (2): 82-102.
[67] Goldberg D E, Holland J H. Genetic algorithms and machine learning [J]. Machine Learning, 1988, 3 (2): 95-99.
[68] Koza J R. Genetic programming as a means for programming computers by natural selection [J]. Statistics and Computing, 1994, 4 (2): 87-112.
[69] Storn R. Differential evolution-a simple and efficient heuristic for global optimization over continuous space [J]. Journal of Global Optimization, 1997, 11 (4): 341-359.
[70] Dai C, Chen W, Zhu Y, et al. Seeker optimization algorithm for optimal reactive power dispatch [J]. IEEE Transactions on Power Systems, 2009, 24 (3): 1218-1231.
[71] Rao R V, Savsani V J, Vakharia D P. Teaching-learning-based optimization: A novel method for constrained mechanical design optimization problems [J]. Computer-Aided Design, 2011, 43 (3): 303-315.
[72] Moghdani R, Salimifard K. Volleyball premier league algorithm [J]. Applied Soft Computing, 2017, 64: 161-185.
[73] Moosavi S, Bardsiri V K. Poor and rich optimization algorithm: A new human-based and multi populations algorithm [J]. Engineering Applications of Artificial Intelligence, 2019, 86: 165-181.
[74] Khishe M, Mosavi M R. Chimp optimization algorithm [J]. Expert Systems with Applications, 2020, 149: 113338.
[75] Hamdi M M. Water cycle algorithm-A novel metaheuristic optimization method for solving constrained engineering optimization problems [J]. Computers and Structures, 2012, 110-111: 151-166.
[76] Bayraktar Z, Komurcu M, Werner D H. Wind Driven Optimization (WDO): A novel nature-inspired optimization algorithm and its application to electromagnetics [C]. 2010 IEEE Antennas and Propagation Society International Symposium, Toronto, ON, Canada, July 11-17, 2010: 1-4.
[77] Kirkpatrick S, Gelatt C D, Vecchi M P. Optimization by simulated annealing [M]. Science, 1983, 220 (4598): 671-680.
[78] Ezugwu A E, Prayogo D. Symbiotic organisms search algorithm: theory, recent advances and applications [J]. Expert Systems with Applications, 2019, 119: 184-209.
[79] Rashedi E, Nezamabadi-Pour H, Saryazdi S. GSA: A gravitational search algorithm [J]. Information Sciences, 2009, 179 (13): 2232-2248.
[80] Lam A Y, Li V O. Chemical-reaction-inspired metaheuristic for optimization [J]. IEEE Transactions on Evolutionary Computation, 2010, 14 (3): 381-399.
[81] Birbil S I, Fang S C. An Electromagnetism-like Mechanism for Global Optimization [J]. Journal of Global Optimization, 2003, 25 (3): 263-282.
[82] Abualigah L, Elaziz M A, Khasawneh A M, et al. Meta-heuristic optimization algorithms for solving real-world mechanical engineering design problems: a comprehensive survey, applications, comparative analysis, and results [J]. Neural Computing and Applications, 2022, 34: 4081-4110.
[83] 何雨．超启发式算法综述 [J]. 数字技术与应用，2020，38 (9): 94-95.
[84] 倪浩哲．神经网络算法在人工智能识别中的应用 [J]. 长江信息通信，2021，34 (12): 118-120.

[85] 张庆，刘中儒，郭华．神经网络算法在人工智能识别中的应用研究 [J]. 江苏通信，2019，35 (1)：63-67.

[86] 曹纳．基于 BP 神经网络的人工智能审计系统研究 [J]. 信息技术，2021 (8)：117-121.

[87] 曾瑜民．探讨神经网络算法在人工智能识别中的应用 [J]. 信息通信，2019 (7)：104-105.

[88] 张晓华，冯长有，王永明，等．电网调控机器人设计思路 [J]. 电力系统自动化，2019，43 (13)：1-8.

[89] 杨挺，赵黎媛，王成山．人工智能在电力系统及综合能源系统中的应用综述 [J]. 电力系统自动化，2019，43 (1)：2-14.

[90] 程乐峰，余涛，张孝顺，等．机器学习在能源与电力系统领域的应用和展望 [J]. 电力系统自动化，2019，43 (1)：15-31.

[91] 蒙亮，于超，张希翔，等．基于一维卷积神经网络和自注意力机制的非侵入式负荷分解 [J]. 电力大数据，2020，23 (10)：1-8.

[92] 吴双，胡伟，张林，等．基于 AI 技术的电网关键稳定特征智能选择方法 [J]. 中国电机工程学报，2019，39 (1)：14-21+316.

[93] Heng S，Minghao X，Ran L. Deep leaming for household load forecasting-a novel pooling deep RNN [J]. IEEE Transactions on Smart Grid，2018，9 (5)：5271-5280.

[94] 陈达，朱林，张健，等．基于卷积神经网络的暂态电压稳定评估及风险量化 [J]. 电力系统自动化，2021，45 (14)：65-71.

[95] 周勇良，余光正，刘建锋，等．基于改进长期循环卷积神经网络的海上风电功率预测 [J]. 电力系统自动化，2021，45 (3)：183-191.

[96] 杨旗，曾华荣，黄欢，等．基于 BP 神经网络的输电线路隐患预放电识别研究 [J]. 电力大数据，2020，23 (3)：47-54.

[97] 张琦，贾梦雨．基于神经网络评价的农村电网投资分配决策研究 [J]. 电力大数据，2019，22 (9)：72-78.

[98] 唐浪，李慧霞，颜晨倩，等．深度神经网络结构搜索综述 [J]. 中国图象图形学报，2021，26 (2)：245-264.

[99] 王扬，陈智斌，吴兆蕊，等．强化学习求解组合最优化问题的研究综述 [J]. 计算机科学与探索，2022，16 (2)：261-279.

[100] Mnih V，Kavukcuoglu K，Silver D，et al. Playing Atari with deep reinforcement learning [J]. Computer Science，2013：arXiv：1312. 5602.

[101] Mnih V，Kavukcuoglu K，Silver D，et al. Humanlevel control through deep reinforcement learning [J]. Nature，2015，518：529-533.

[102] Lillicrap T P，Hunt J J，Pritzel A，et al. Continuous control with deep reinforcement learning [J]. Computer Science，2015：arXiv：1509. 02971.

[103] 何立，沈亮，李辉，等．强化学习中的策略重用：研究进展 [J]. 系统工程与电子技术，2022，44 (3)：884-899.

[104] 李晨溪，曹雷，张永亮，等．基于知识的深度强化学习研究综述 [J]. 系统工程与电子技术，2017，39 (11)：2603-2613.

[105] Sutton R，Barto A. Reinforcement learning：an introduction [M]. Cambridge：MIT Press，1998.

[106] Sweeney C，Bessa R J，Browell J，et al. The future of forecasting for renewable energy [J]. Wiley Interdisciplinary Reviews：Energy and Environment，2020，9 (2)：420-465.

[107] Tsai S B，Xue Y，Zhang J，et al. Models for forecasting growth trends in renewable energy [J]. Renewable and Sustainable Energy Reviews，2017，77：1169-1178.

[108] Andrade J R，Bessa R J. Improving renewable energy forecasting with a grid of numerical weather predictions [J]. IEEE Transactions on Sustainable Energy，2017，8 (4)：1571-1580.

[109] Ren Y，Suganthan P N，Srikanth N. Ensemble methods for wind and solar power forecasting-A state-

of-the-art review [J]. Renewable and Sustainable Energy Reviews，2015，50：82-91.
[110] 陆刘春．新能源风光发电功率预测模型的研究 [D]. 北京：华北电力大学（北京），2013.
[111] Ssekulima E B，Anwar M B，Al Hinai A，et al. Wind speed and solar irradiance forecasting techniques for enhanced renewable energy integration with the grid：a review [J]. IET Renewable Power Generation，2016，10 (7)：885-989.
[112] 毛志伟．风光发电功率预测及风光抽水蓄能电站联合运行 [D]. 武汉：华中科技大学，2018.
[113] 崔响．基于 PSO-BP 神经网络的光伏发电功率预测 [D]. 哈尔滨：东北农业大学，2021.
[114] 胡然．基于深度学习的新能源电站发电功率预测方法研究 [D]. 北京：华北电力大学（北京），2019.
[115] Yang B，Zhong L，Wang J，et al. State-of-the-art one-stop handbook on wind forecasting technologies：An overview of classifications，methodologies，and analysis [J]. Journal of Cleaner Production，2021，283：124628.
[116] Lu P，Ye L，Zhao Y，et al. Review of meta-heuristic algorithms for wind power prediction：Methodologies，applications and challenges [J]. Applied Energy，2021，301：117446.
[117] Jung J，Broadwater R P. Current status and future advances for wind speed and power forecasting [J]. Renewable and Sustainable Energy Reviews 2014，31：762-777.
[118] Foley A M，Leahy P G，Marvuglia A，et al. Current methods and advances in forecasting of wind power generation [J]. Renewable Energy，2012，37 (1)：1-8.
[119] 刘金莹．考虑时空特性的可再生能源发电功率预测模型研究 [D]. 北京：北京交通大学，2021.
[120] Wang J，Song Y，Liu F，et al. Analysis and application of forecasting models in wind power integration：A review of multi-step-ahead wind speed forecasting models [J]. Renewable and Sustainable Energy Reviews，2016，60：960-981.
[121] 丁乃千，陈正洪．风电功率组合预测技术研究综述 [J]. 气象科技进展，2016，6 (6)：26-29.
[122] Rubio G，Pomares H，Rojas I，et al. A heuristic method for parameter selection in LS-SVM：Application to time series prediction [J]. International Journal of Forecasting，2011，27 (3)：725-739.
[123] Bokde N，Feijóo A，Villanueva D，et al. A review on hybrid empirical mode decomposition models for wind speed and wind power prediction [J]. Energies，2019，12 (2)：254-269.
[124] Davò F，Alessandrini S，Sperati S，et al. Post-processing techniques and principal component analysis for regional wind power and solar irradiance forecasting [J]. Solar Energy，2016，134：327-338.
[125] 吴硕．光伏发电系统功率预测方法研究综述 [J]. 热能动力工程，2021，36 (8)：1-7.
[126] Ferlito S，Adinolfi G，Graditi G. Comparative analysis of data-driven methods online and offline trained to the forecasting of grid-connected photovoltaic plant production [J]. Applied Energy，2017，205：116-129.
[127] Shi J，Lee W J，Liu Y，et al. Forecasting power output of photovoltaic systems based on weather classification and support vector machines [J]. IEEE Transactions on Industry Applications，2012，48 (3)：1064-1069.
[128] 刘阿慧．基于深度学习组合模型的光伏发电功率短期预测研究 [D]. 西安：长安大学，2021.
[129] Law E W，Prasad AA，Kay M，et al. Direct normal irradiance forecasting and its application to concentrated solar thermal output forecasting-A review [J]. Solar Energy，2014，108：287-307.
[130] 朱晓飞．超短期光伏发电功率预测方法的研究 [D]. 南京：南京邮电大学，2020.
[131] 王函．风光发电功率与用电负荷联合预测方法研究 [D]. 北京：华北电力大学（北京），2021.
[132] Guermoui M，Melgani F，Gairaa K，et al. A comprehensive review of hybrid models for solar radiation forecasting [J]. Journal of Cleaner Production，2020，258：120357.
[133] Bo J，Lunnong T，Zheng Q，et al. An overview of research progress of short-term photovoltaic forecasts [J]. Electrical Measurement & Instrumentation，2017，12 (54)：1-6.

[134] Zhao W, Wang L, Zhang Z. Atom search optimization and its application to solve a hydrogeologic parameter estimation problem [J]. Knowledge-Based Systems, 2019, 163: 283-304.
[135] 洪欣. 基于原子搜索优化算法的结构参数识别 [D]. 深圳: 深圳大学, 2019.
[136] 王雨薇. 基于混沌理论和改进人工神经网络的短期风速预测研究 [D]. 保定: 华北电力大学, 2019.
[137] 袁超. 基于混沌鲸鱼群优化人工神经网络的短期电力负荷预测 [D]. 保定: 华北电力大学, 2018.
[138] 杨万里, 周雪婷, 陈孟娜. 基于 Logistic 映射的新型混沌简化 PSO 算法 [J]. 计算机与现代化, 2019 (12): 15-20.
[139] 孙朴. 基于改进 ASO 优化神经网络对浮选精矿品位的预测研究 [D]. 鞍山: 辽宁科技大学, 2021.
[140] Han J X, Ma M Y, Wang K. Product modeling design based on genetic algorithm and BP neural network [J]. Neural Computing and Applications, 2021, 33 (9): 4111-4117.
[141] 何家裕, 吴杰康, 杨金文, 等. 基于改进 BP 神经网络的光伏发电预测模型 [J]. 黑龙江电力, 2021, 43 (1): 1-10.
[142] 王思睿, 薛云灿, 李彬, 等. 基于 BP 神经网络的光伏发电预测模型设计 [J]. 微处理机, 2016, 37 (2): 82-85.
[143] 刘如慧, 姜军, 王剑峰, 等. 基于 BP 神经网络的双模型光伏发电量预测 [J]. 天津理工大学学报, 2020, 36 (1): 25-30.
[144] 赵龙. 基于 NWP 和改进 BP 神经网络的风电功率预测研究 [D]. 北京: 北京交通大学, 2015.
[145] 刘增里, 杨静, 刘亚林, 等. 基于改进 BP 神经网络的风电功率超短期预测 [J]. 船舶工程, 2019, 41 (1): 282-287.
[146] 张雲钦. 基于深度学习的光伏功率预测模型研究 [D]. 太原: 太原理工大学, 2017.
[147] 陈祖成, 王硕禾, 赵绍策, 等. 基于 GA-BP 和小波-SVM 算法的风电场短期功率预测 [J]. 石家庄铁道大学学报 (自然科学版), 2020, 33 (1): 104-109.
[148] 曾燕婷. 新能源功率预测及储能系统容量优化配置技术研究 [D]. 重庆: 重庆大学, 2019.
[149] 丁宇飞. 考虑风和光预测的微网系统优化研究 [D]. 北京: 北京交通大学, 2021.
[150] Yang B, Yu T, Shu H C, et al. Adaptive fractional-order PID control of PMSG-based wind energy conversion system for MPPT using linear observers [J]. International Transactions on Electrical Energy Systems, 2019, 29 (1): e2697.
[151] 孙立明, 杨博. 蓄电池/超导混合储能系统非线性鲁棒分数阶控制 [J]. 电力系统保护与控制, 2020, 48 (22): 76-83.
[152] Yang B, Wang J, Chen Y, et al. Optimal sizing and placement of energy storage system in power grids: a state-of-the-art one-stop handbook [J]. Journal of Energy Storage, 2020, 32: 101814.
[153] 付学谦, 陈皓勇, 刘国特, 等. 分布式电源电能质量综合评估方法 [J]. 中国电机工程学报, 2014, 34 (25): 4270-4276.
[154] 薛帅, 高厚磊, 郭一飞, 等. 大规模海上风电场的双层分布式有功控制 [J]. 电力系统保护与控制, 2021, 49 (3): 1-9.
[155] 沈鑫, 曹敏. 分布式电源并网对于配电网的影响研究 [J]. 电工技术学报, 2015, 30 (S1): 346-351.
[156] 曲绍杰, 王绍然, 刘明波, 等. 基于互补内点法的多目标静态电压稳定约束无功规划 [J]. 电力系统保护与控制, 2010, 38 (23): 49-54.
[157] Yang B, Yu L, Chen Y X, et al. Modelling, applications, and evaluations of optimal sizing and placement of distributed generations: a critical state-of-the-art survey [J]. International Journal of Energy Research, 2020, 45 (3): 3615-3642.
[158] Abu-Mouti F S, El-Hawary M. Optimal distributed generation allocation and sizing in distribution systems via artificial bee colony algorithm [J]. IEEE Transactions on Power Delivery, 2011, 26 (4): 2090-2101.
[159] Quadri I A, Bhowmick S, Joshi D. A hybrid teaching-learning-based optimization technique for

optimal DG sizing and placement in radial distribution systems [J]. Soft Computing, 2019, 23 (20): 9899-9917.

[160] Kefayat M, Ara A L, Niaki S N. A hybrid of ant colony optimization and artificial bee colony algorithm for probabilistic optimal placement and sizing of distributed energy resources [J]. Energy Conversion and Management, 2015, 92: 149-161.

[161] 徐俊杰. 元启发式优化算法：理论阐释与应用 [M]. 北京：中国科学技术大学出版社，2015.

[162] Yang B, Wang J B, Wang J T, et al. Robust fractional-order PID control of supercapacitor energy storage systems for distribution network applications: A perturbation compensation based approach [J]. Journal of Cleaner Production, 2021, 279: 123362.

[163] Yang B, Wang J T, Zhang X S, et al. Control of SMES systems in distribution networks with renewable energy integration: A perturbation estimation approach [J]. Energy, 2020, 202: 117753.

[164] Yang B, Wang J B, Zhang X S, et al. Applications of battery/supercapacitor hybrid energy storage systems for electric vehicles using perturbation observer based robust control [J]. Journal of Power Sources, 2020, 448: 227444.

[165] Li R, Wang W, Chen Z, et al. Optimal planning of energy storage system in active distribution system based on fuzzy multi-objective bi-level optimization [J]. Journal of Modern Power Systems and Clean Energy, 2018, 6 (2): 342-355.

[166] 贾雨龙，米增强，刘力卿，等. 分布式储能系统接入配电网的容量配置和有序布点综合优化方法 [J]. 电力自动化设备，2019，39 (4)：1-7，16.

[167] 张忠会，雷大勇，李俊，等. 基于自适应 ε-支配多目标粒子群算法的含 SOP 的主动配电网源-网-荷-储双层协同规划模型 [J]. 电网技术，2021，1-18 .

[168] Abu-Mouti F S, El-Hawary M. Optimal distributed generation allocation and sizing in distribution systems via artificial bee colony algorithm [J]. IEEE Transactions on Power Delivery, 2011, 26 (4): 2090-2101.

[169] Hung D Q, Mithulananthan N, Bansal R. Analytical expressions for DG allocation in primary distribution networks [J]. IEEE Transactions on Energy Conversion, 2010, 25 (3): 814-820.

[170] 余祥. 计及不确定性的分布式电源选址定容 [D]. 长沙：湖南大学，2019.

[171] 高健祥. 分布式电源接入配网选址定容方法研究 [D]. 徐州：中国矿业大学，2017.

[172] Mahat P, Ongsakul W, Mithulananthan N. Optimal placement of wind turbine DG in primary distribution systems for real loss reduction [C]. Proceedings of Energy for Sustainable Development: Prospects Issues for Asia, Phuket, 2006: 1-5.

[173] 祝贺，徐建源. 风电场 GM-WEIBULL 风速分布组合模型功率预测 [J]. 华东电力，2008，36 (11)：144-146.

[174] Celli G, Ghiani E, Mocci S, et al. A multiobjective evolutionary algorithm for the sizing and siting of distributed generation [J]. IEEE Transactions on Power Systems, 2005, 20 (2): 750-757.

[175] 朱靖雯. 时序下分布式电源接入配电网优化配置的研究 [D]. 淮南：安徽理工大学，2020.

[176] 白园飞，程启明，吴凯，等. 独立交流微电网中储能电池与微型燃气轮机的协调控制 [J]. 电力自动化设备，2014，34：65-70.

[177] 马麟，刘建鹏. 考虑时序特性和环境效益的多目标多类型分布式电源规划 [J]. 电力系统保护与控制，2016，44 (19)：32-40.

[178] Doagou-Mojarrad H, Gharehpetian G, Rastegar H, et al. Optimal placement and sizing of DG (distributed generation) units in distribution networks by novel hybrid evolutionary algorithm [J]. Energy, 2013, 54: 129-138.

[179] Shukla T, Singh S, Naik K. Allocation of optimal distributed generation using GA for minimum system losses in radial distribution networks [J]. International Journal of Engineering, Science Technolo-

gy，2010，2（3）：94-106.

[180] 吴小刚，刘宗歧，田立亭，等．基于改进多目标粒子群算法的配电网储能选址定容［J］．电网技术，2014，38：3405-3411.

[181] Zhao W G，Zhang Z X，Wang L Y. Manta ray foraging optimization：an effective bio-inspired optimizer for engineering applications［J］. Engineering Applications of Artificial Intelligence，2020，87：103300.

[182] 吴功兴，阙凌燕，琚春华．基于帕累托前沿的双目标两阶段电网电压优化方法［J］．系统科学与数学，2021，41（11）：3207-3217.

[183] 邓兰梅．基于相对有效性的理想点法研究［D］．成都：西南交通大学，2018.

[184] Yanez-Borjas J J，Machorro-Lopez J M，Camarena-Martinez D，et al. A new damage index based on statistical features，PCA，and Mahalanobis distance for detecting and locating cables loss in a cable-stayed bridge［J］. International Journal of Structural Stability Dynamics，2021，21（09）：2150127.

[185] Goswami S K，Basu S K. A new algorithm for the reconfiguration of distribution feeders for loss minimization［J］. IEEE Transactions on Power Delivery，1992，7（3）：1484-1491.

[186] 李亮，唐巍，白牧可，等．考虑时序特性的多目标分布式电源选址定容规划［J］．电力系统自动化，2013，37：58-63，128.

[187] 王丽萍，邱飞岳．复杂多目标问题的优化方法及应用［M］．北京：科学出版社，2018.

[188] 胡旺，Yen G G，张鑫．基于 Pareto 熵的多目标粒子群优化算法［J］．软件学报，2014，25（05）：1025-1050.

[189] 王彦虹，郃能灵，嵇康．含大规模风光电源的配电网储能电池选址定容优化方案［J］．电力科学与技术学报，2017，32（2）：23-30.

[190] Pal N R，Bezdek J C. On cluster validity for the fuzzy c-means model［J］. IEEE Transactions on Fuzzy Systems，1995，3（3）：370-379.

[191] 何颖源，陈永翀，刘勇，等．储能的度电成本和里程成本分析［J］．电工电能新技术，2019，38（9）：1-10.

[192] 张志义，余涛，王德志，等．基于集成学习的含电气热商业楼宇群的分时电价求解［J］．中国电机工程学报，2019，39（1）：112-125.

[193] 林君豪，张焰，陈思，等．考虑可控负荷影响的主动配电系统分布式电源优化配置［J］．电力自动化设备，2016，36（9）：46-53.

[194] 中华人民共和国国家发展和改革委员会，国家能源局．解决弃水弃风弃光问题实施方案［EB/OL］．［2017-11-08］. http：//zfxxgk. nea. gov. cn/auto87/201711/t20171113_3056. htm.

[195] Wang J B，Yang B，Chen Y J，et al. Novel phasianidae inspired peafowl（pavo muticus/cristatus）optimization algorithm：Design，evaluation，and SOFC models parameter estimation［J］. Sustainable Energy Technologies and Assessments，2022，50：101825.

[196] Harikrishnan S，Vasudevan K，Sivakumar K. Behavior of Indian peafowl Pavo cristatus Linn. 1758 during the mating period in a natural population［J］. The Open Ornithology Journal，2010，3（1）：13-19.

[197] Gandomi A H，Yang X S，Alavi A H. Cuckoo search algorithm：a meta-heuristic approach to solve structural optimization problems［J］. Engineering with Computers，2013，29：17-35.

[198] Faramarzi A，Heidarinejad M，Stephens B，et al. Equilibrium optimizer：A novel optimization algorithm［J］. Knowledge Based Systems，2020，191：105190.

[199] Sun S N，Nie X T. Assessment of agent system project risk based on entropy method［C］. 2010 International Conference on Management and Service Science. Wuhan，China，August 24-26，2010：1-4.

[200] 杨博，俞磊，王俊婷，等．基于自适应蝠鲼觅食优化算法的分布式电源选址定容［J］．上海交通大学学报，2021，55（12）：1673-1688.

[201] Ran F, Timothy R, Robert M. Utility-scale photovoltaics-plus-energy storage system costs benchmark [M/OL]. United States: National Renewable Energy Laboratory, 2018. [2018-12-12].

[202] 杨蕾，吴琛，黄伟，等．含高比例风光新能源电网的多目标无功优化算法 [J]. 电力建设，2020，41 (7)：100-109.

[203] Durillo J J, Nebro A J, Coello C A, et al. A comparative study of the effect of parameter scalability in multi-objective metaheuristics [J]. IEEE Congress on Evolutionary Computation (IEEE World Congress on Computational Intelligence), 2008, 1893-1900.

[204] 舒印彪，陈国平，贺静波，等．构建以新能源为主体的新型电力系统框架研究 [J]. 中国工程科学，2021，6：61-69.

[205] 万家豪，苏浩，冯冬涵，等．计及源荷匹配的风光互补特性分析与评价 [J]. 电网技术，2020，44 (9)：3219-3226.

[206] 舒印彪，张丽英，张运洲，等．我国电力碳达峰、碳中和路径研究 [J]. 中国工程科学，2021，23 (6).

[207] 杨明也，唐美玲，关多娇，等．300MW 太阳能辅助发电系统经济性研究 [J]. 太阳能学报，2021，42 (9)：140-144.

[208] Humada A M, Hojabri M, Mekhilef S, et al. Solar cell parameters extraction based on single and double-diode models: A review [J]. Renewable and Sustainable Energy Reviews, 2016, 56: 494-509.

[209] Wang J B, Yang B, Li D Y, et al. Photovoltaic cell parameter estimation based on improved equilibrium optimizer algorithm [J]. Energy Conversion and Management, 236, 114051, 2021.

[210] Chan D S H, Phang J C H. Analytical methods for the extraction of solar-cell single- and double-diode model parameters from I-V characteristics [J]. IEEE Transactions on Electronic Devices, 1987, 34 (2): 286-293.

[211] Roeva O, Fidanova S. Comparison of different metaheuristic algorithms based on intercriteria analysis [J]. Journal of Computational and Applied Mathematics, 2018, 340: 615-628.

[212] Zhang Z Z, Ji J, Cheng X F, et al. Universal analytical solution to the optimum load of the solar cell [J]. Renewable Energy, 2015, 83: 55-60.

[213] Fathy A. Recent meta-heuristic grasshopper optimization algorithm for optimal reconfiguration of partially shaded PV array [J]. Solar Energy, 2018, 171: 638-651.

[214] Pillai D S, Rajasekar N. Metaheuristic algorithms for PV parameter identification: A comprehensive review with an application to threshold setting for fault detection in PV systems [J]. Renewable and Sustainable Energy Reviews, 2018, 82 (3): 3503-3525.

[215] 徐岩，高兆，朱晓荣．基于混合蛙跳算法的 PV 阵列参数辨识方法 [J]. 太阳能学报，2019 (7)：1903-1911.

[216] 徐明，焦建军，龙文．改进灰狼优化算法辨识 PV 模型参数 [J]. 中国科学论文，2019，14 (8)：917-926.

[217] 查晓锐，王冰，黄存荣，等．一种基于遗传算法的 PV 阵列参数辨识方法 [J]. 可再生能源，2014，32 (8)：1075-1080.

[218] Ye M Y, Wang X D, Xu Y S. Parameter extraction of solar cells using particle swarm optimization [J]. Journal of Applied Physics, 2009, 105 (9): 094502-094502-8.

[219] Yang B, Wang J B, Zhang X S, et al. Comprehensive overview of meta-heuristic algorithm applications on PV cell parameter identification [J]. Energy Conversion and Management, 2020, 208, 112595.

[220] Oliva D, Cuevas E, Pajares G. Parameter identification of solar cells using artificial bee colony optimization [J]. Energy, 2014, 72: 93-102.

[221] Nayak B, Mohapatra A, Mohanty K B. Parameter estimation of single diode PV module based on

GWO algorithm [J]. Renewable Energy Focus，2019，30：1-12.

[222] Chen X，Yu K J. Hybridizing cuckoo search algorithm with biogeography-based optimization for estimating photovoltaic model parameters [J]. Solar Energy，2019，180：192-206.

[223] Gao S C，Wang K Y，Tao S C，et al. A state-of-the-art differential evolution algorithm for parameter estimation of solar photovoltaic models [J]. Energy Conversion and Management，2021，230，113784.

[224] Li S J，Gong W Y，Wang L，et al. A hybrid adaptive teaching-learning-based optimization and differential evolution for parameter identification of photovoltaic models [J]. Energy Conversion and Management，2020，225，113474.

[225] 崔杨，张家瑞，仲悟之，等．考虑源-荷多时间尺度协调优化的大规模风电接入多源电力系统调度策略 [J]. 电网技术，2021，45 (5)：1828-1836.

[226] 李静轩，周明，朱凌志，等．可再生能源电力系统运行灵活性需求量化及优化调度方法 [J]. 电网技术，2021，1-11.

[227] 李勇汇，朱海昱．固体氧化物燃料电池分布式电源静态运行分析 [J]. 中国电机工程学报，2011，31 (32)：69-75.

[228] Huang Z，Fang B，Deng J. Multi-objective optimization strategy for distribution network considering V2G enabled electric vehicles in building integrated energy system [J]. Protection and Control of Modern Power Systems，2020，5 (1)：48-55.

[229] 杨博，王俊婷，王景博，等．超导磁储能系统自适应分数阶滑模控制设计 [J]. 电网技术，2020，44 (05)：1714-1724.

[230] 谭玲君，杨晨．固体氧化物燃料电池与质子交换膜燃料电池联合系统的建模与仿真 [J]. 中国电机工程学报，2011，31 (20)：33-39.

[231] Gong W Y，Yan X S，Hu C Y，et al. Fast and accurate parameter extraction for different types of fuel cells with decomposition and nature-inspired optimization method [J]. Energy Conversion and Management，2018，174：913-921.

[232] Yang B，Guo Z X，Wang J B，et al. Solid oxide fuel cell systems fault diagnosis：Critical summarization，classification，and perspectives [J]. Journal of Energy Storage，2021，34：102153.

[233] Yang B，Wang J B，Zhang M T，et al. A state-of-the-art survey of solid oxide fuel cell parameter identification：Modelling，methodology，and perspectives [J]. Energy Conversion and Management，2020，213：112856.

[234] 王成山，黄碧斌，李鹏，等．燃料电池 3 种典型仿真模型的适应性分析 [J]. 电力系统自动化，2010，34 (22)：103-108.

[235] Cao H L，Deng Z H，Li X，et al. Dynamic modeling of electrical characteristics of solid oxide fuel cells using fractional derivatives [J]. International Journal of Hydrogen Energy，2010，35 (4)：1749-1758.

[236] Caliandro P，Nakajo A，Diethelm S，et al. Model-assisted identification of solid oxide cell elementary processes by electrochemical impedance spectroscopy measurements [J]. Journal of Power Sources，2019，436，226838.

[237] Jayasankar B R，Huang B，Ben-Zvi A. Receding horizon experiment design with application in SOFC parameter estimation [J]. IFAC Proceedings Volumes，2010，43 (5)：541-546.

[238] Yang J，Li X，Jiang J H，et al. Parameter optimization for tubular solid oxide fuel cell stack based on the dynamic model and an improved genetic algorithm [J]. International Journal of Hydrogen Energy，2011，36 (10)：6160-6174.

[239] Jiang B，Wang N，Wang L P. Parameter identification for solid oxide fuel cells using cooperative barebone particle swarm optimization with hybrid learning [J]. International Journal of Hydrogen Energy，

2014，39 (1)：532-542.
[240] Wei Y，Stanford R J. Parameter identification of solid oxide fuel cell by chaotic binary shark smell optimization method [J]. Energy，2019，188，115770.
[241] Yousri D，Hasanien H M，Fathy A. Parameters identification of solid oxide fuel cell for static and dynamic simulation using comprehensive learning dynamic multi-swarm marine predators algorithm [J]. Energy Conversion and Management，2021，228：113692.
[242] Wolpert D H，Macready W G. No free lunch theorems for search [J]. IEEE Transactions on Evolutionary Computation，1997，1 (1)：67-82.
[243] Yang B，Wang J B，Yu L，et al. A critical survey on proton exchange membrane fuel cell parameter estimation using meta-heuristic algorithms [J]. Journal of Cleaner Production，2020，265：121660.
[244] Olivier P，Bourasseau C，Bouamama B. Dynamic and multiphysic PEM electrolysis system modelling：A bond graph approach [J]. International Journal of Hydrogen Energy，2017，42 (22)：14872-14904.
[245] 潘文霞，陈健强，张阳，等．混合发电系统中的质子交换膜燃料电池建模及其应用 [J]. 电力系统保护与控制，2012，40 (12)：13-18.
[246] Attia A E，Hany M H，Ahmed M A. Semi-empirical PEM fuel cells model using whale optimization algorithm [J]. Energy Conversion and Management，2019，201：112197.
[247] Isa Z M，Nayan N M，Arshad M H，et al. Optimizing PEMFC model parameters using ant lion optimizer and dragonfly algorithm：A comparative study [J]. International Journal of Electrical and Computer Engineering，2019，9 (6)：5295.
[248] Seleem S I，Hasanien H M，El-fergany A A. Equilibrium optimizer for parameter extraction of a fuel cell dynamic model [J]. Renewable Energy，2021，169：117-128.
[249] 易威，杨家强，张晓军．一种基于改进型樽海鞘群算法的 PV 电池参数辨识方法 [J]. 电工技术，2021 (14)：58-61+64.
[250] 吴忠强，申丹丹，尚梦瑶，等．基于改进蝗虫优化算法的 PV 电池模型参数辨识 [J]. 计量学报，2020，41 (12)：1536-1543.
[251] Muangkote N，Sunat K，Chiewchanwattana S，et al. An advanced onlooker-ranking-based adaptive differential evolution to extract the parameters of solar cell models [J]. Renewable Energy，2019，134：1129-1147.
[252] Zhao W G，Wang L Y，Zhang Z X. Artificial ecosystem-based optimization：a novel nature-inspired meta-heuristic algorithm [J]. Neural Computing and Applications，2019，32：9383-9425.
[253] Kler D，Rana-Kanwar P S，K V. Parameter extraction of fuel cells using hybrid interior search algorithm [J]. International Journal of Energy Research，2019，43 (7)：2854-2880.
[254] Wang C S，Nehrir M H. A physically based dynamic model for solid oxide fuel cells [J]. IEEE Transactions on Energy Conversion，2007，22 (4)：887-897.
[255] Wang C S，Nehrir M H. Dynamic models for tubular SOFCs [EB/OL]. http://www.coe.montana.edu/ee/fuelcell/. 2006-11-15 [2021-04-03].
[256] Yang B，Li D Y，Zeng C Y，et al. Parameter extraction of PEMFC via Bayesian regularization neural network based meta-heuristic algorithms [J]. Energy，2021，228：120592.
[257] Yang B，Zeng C Y，Wang L，et al. Parameter identification of proton exchange membrane fuel cell via Levenberg-Marquardt backpropagation algorithm [J]. International Journal of Hydrogen Energy，2021，46 (44)：22998-23012.
[258] 孙术发，杨洁，唐华林，等．PEMFC 输出特性建模与多因素仿真分析 [J]. 哈尔滨工业大学学报，2019，51 (10)：144-151.
[259] Blanco C L，Botello R S，Ordoñez L C，et al. Robust parameter estimation of a PEMFC via optimiza-

tion based on probabilistic modelbuilding [J]. Mathematics and Computers in Simulation, 2021, 185: 218-237.

[260] 殷豪，曾云，孟安波，等．基于奇异谱分析-模糊信息粒化和极限学习机的风速多步区间预测 [J]. 电网技术，2018，42 (5)：1467-1474.

[261] 周锋，孙廷玺，权少静，等．基于集合经验模态分解和极限学习机的变压器油中溶解气体体积分数预测方法 [J]. 高电压技术，2020，46 (10)：3658-3665.

[262] Murty V V S N, Kumar A. Multi-objective energy management in microgrids with hybrid energy sources and battery energy storage systems [J]. Protection and Control of Modern Power Systems, 2020, 5 (1): 1-20.

[263] 王炳楠，谭占鳌．中国典型Ⅰ类辐照地区的光伏并网逆变器性能评价方法 [J]. 电力系统自动化，2020，44 (12)：139-145.

[264] Karmakar B K, Karmakar G. A current supported PV array reconfiguration technique to mitigate partial shading [J]. IEEE Transactions on Sustainable Energy, 2021, 12 (2): 1449-1460.

[265] Yang B, Zhong L E, Yu T, et al. Novel bio-inspired memetic salp swarm algorithm and application to MPPT for PV systems considering partial shading condition [J]. Journal of Cleaner Production, 2019, 215: 1203-1222.

[266] Yang B, Zhu T J, Wang J B, et al. Comprehensive overview of maximum power point tracking algorithms of PV systems under partial shading condition [J]. Journal of Cleaner Production, 2020, 268: 121983.

[267] Yang B, Yu T, Zhang X S, et al. Dynamic leader based collective intelligence for maximum power point tracking of PV systems affected by partial shading condition [J]. Energy Conversion and Management, 2019, 179: 286-303.

[268] 夏永洪，李梦茹，曾繁鹏，等．基于 TCT 结构及开关控制的光伏阵列重构 [J]. 太阳能学报，2018，39 (10)：2797-2802.

[269] 张明锐，陈喆旸．一种基于最小均衡差的光伏阵列重构方案 [J]. 电力自动化设备，2021，41 (2)：33-38.

[270] Potnuru S R, Pattabiraman D, Ganesan S I, et al. Positioning of PV panels for reduction in line losses and mismatch losses in PV array [J]. Renewable Energy, 2015, 78: 264-275.

[271] 李峰，孟少飞．局部阴影条件下的光伏阵列插空列循环静态重构方法 [J/OL]. 电力自动化设备，2021，DOI：10.16081/j. epae. 202107016.

[272] Ajmal A M, Babu T S, Ramachandaramurthy V K, et al. Static and dynamic reconfiguration approaches for mitigation of partial shading influence in photovoltaic arrays [J]. Sustainable Energy Technologies and Assessments, 2020, 40: 100738.

[273] Ajmal A M, Ramachandaramurthy V K, Naderipour A, et al. Comparative analysis of two-step GA-based PV array reconfiguration technique and other reconfiguration techniques [J]. Energy Conversion and Management, 2021, 230 (1): 113806.

[274] Yousri D, Babu T S, Beshr E, et al. A robust strategy based on marine predators algorithm for large scale photovoltaic array reconfiguration to mitigate the partial shading effect on the performance of PV system [J]. IEEE Access, 2020, 8: 112407-112426.

[275] Yang B, Shao R N, Zhang M T, et al. Socio-inspired democratic political algorithm for optimal PV array reconfiguration to mitigate partial shading [J]. Sustainable Energy Technologies and Assessments, 2021, 48: 101627.

[276] Balraj R, Stonier AA. A novel PV array interconnection scheme to extract maximum power based on global shade dispersion using grey wolf optimization algorithm under partial shading conditions [J]. Circuit World, 2020, DOI: 10.1108/CW-07-2020-0143.

[277] Fathy A. Butterfly optimization algorithm based methodology for enhancing the shaded photovoltaic array extracted power via reconfiguration process [J]. Energy Conversion and Management, 2020, 220: 113115.
[278] 朱铁超，聂一雄，李哲，等. 基于改进粒子群优化算法的 CVT 杂散电容参数估计方法 [J]. 电力系统自动化，2020，44 (04)：178-186.
[279] Velasco-Quesada G, Guinjoan-Gispert F, Pique-Lopez R, et al. Electrical PV array reconfiguration strategy for energy extraction improvement in grid-connected PV systems [J]. IEEE Transactions on Industrial Electronics, 2009, 56 (11): 4319-4331.
[280] Ngoc T N, Sanseverino E R, Quang N N, et al. A hierarchical architecture for increasing efficiency of large photovoltaic plants under non-homogeneous solar irradiation [J]. Solar Energy, 2019, 188: 1306-1319.
[281] Karakose M, Baygin M, Parlak K S, et al. A novel reconfiguration method using image processing based moving shadow detection, optimization, and analysis for PV Arrays [J]. Journal of Information Science and Engineering, 2018, 34 (5): 1307-1328.
[282] Hasanien H M, Al-durra A, Muyeen S M. Gravitational search algorithm-based photovoltaic array reconfiguration for partial shading losses reduction [C]. 5th IET International Conference on Renewable Power Generation (RPG) 2016. London, UK. Institution of Engineering and Technology, September 21-23, 2016: 1-6.
[283] Babu T S, Ram J P, Dragičević T, et al. Particle swarm optimization based solar PV array reconfiguration of the maximum power extraction under partial shading conditions [J]. IEEE Transactions on Sustainable Energy, 2018, 9 (1): 74-85.
[284] Mahmoud A, Shamseldein M, Hasanien H, et al. Photovoltaic array reconfiguration to reduce partial shading losses using water cycle algorithm [C]. 2019 IEEE Electrical Power and Energy Conference. October 16-18, 2019, Montreal, QC, Canada. IEEE, 2019: 1-6.
[285] Yang B, Jiang L, Yao W, et al. Perturbation estimation based coordinated adaptive passive control for multimachine power systems [J]. Control Engineering Practice 2015, 44: 172-192.
[286] Zhao Y L, Wang S X, Ge M H, et al. Analysis of thermoelectric generation characteristics of flue gas waste heat from natural gas boiler [J]. Energy Convers Manage 2017, 148 (15): 820-829.
[287] Liu Y H, Chiu Y H, Huang J W, et al. A novel maximum power point tracker for thermoelectric generation system [J]. Renewable Energy 2016, 97: 306-318.
[288] Aljaghtham M, Celik E. Design optimization of oil pan thermoelectric generator to recover waste heat from internal combustion engines [J]. Energy 2020, 200: 117547.
[289] Teymouri M, Sadeghi S, Moghimi M, et al. 3E analysis and optimization of an innovative cogeneration system based on biomass gasification and solar photovoltaic thermal plant [J]. Energy 2021, 230: 120646.
[290] Hewawasam L S, Jayasena A S, Afnan M M M, et al. Waste heat recovery from thermo-electric generators (TEGs) [J]. Energy Reports 2019, 6: 474-479.
[291] Yang B, Ye H Y, Wang J B, et al. PV arrays reconfiguration for partial shading mitigation: Recent advances, challenges and perspectives [J]. Energy Conversion and Management 2021, 247: 114738.
[292] Tuoi T T K, Toan N V, Ono T. Theoretical and experimental investigation of a thermoelectric generator (TEG) integrated with a phase change material (PCM) for harvesting energy from ambient temperature changes [J]. Energy Reports 2020, 6: 2022-2029.
[293] Shittu S, Li G Q, Tang X, et al. Analysis of thermoelectric geometry in a concentrated photovoltaic-thermoelectric under varying weather conditions [J]. Energy 2020, 202: 117742.
[294] Merienne R, Lynn J, McSweeney E, et al. Thermal cycling of thermoelectric generators: The effect of

heating rate [J]. Applied Energy 2019, 237: 671-81.

[295] He M, Wang E H, Zhang YY, et al. Performance analysis of a multilayer thermoelectric generator for exhaust heat recovery of a heavy-duty diesel engine [J]. Applied Energy 2020, 274: 115298.

[296] Yang B, Zhang M T, Zhang X S, et al. Fast atom search optimization based MPPT design of centralized thermoelectric generation system under heterogeneous temperature difference [J]. Journal of Cleaner Production 2019, 248: 119301.

[297] Zhou Y, Ho C N M, Siu K K. A fast PV MPPT scheme using boundary control with second-order switching surface [J]. IEEE Journal of Photovoltaics 2019, 9 (3): 849-857.

[298] Twaha S, Zhu J, Yan Y Y, et al. Performance analysis of thermoelectric generator using DC-DC converter with incremental conductance based maximum power point tracking [J]. Energy for Sustainable Development 2017, 37: 86-98.

[299] Montecucco A, Knox A R. Maximum power point tracking converter based on the open-circuit voltage method for thermoelectric generators [J]. Power Electronics IEEE Transactions 2015, 30 (2): 828-839.

[300] Motahhir S, El-Hammoumi A, El-Ghzizal A. The most used MPPT algorithms: Review and the suitable low-cost embedded board for each algorithm [J]. Journal of Cleaner Production 2020, 246: 118983.

[301] Li F S, Lin D, Yu T, et al. Adaptive rapid neural optimization: A data-driven approach to MPPT for centralized teg systems [J]. Electric Power Systems Research 2021, 199: 107426.

[302] Zhang X S, Tan T, Yang B, et al. Greedy search based data-driven algorithm of centralized thermoelectric generation system under non-uniform temperature distribution [J]. Applied Energy 2020, 260: 114232.

[303] Zhang X S, Yang B, Yu T, et al. Dynamic surrogate model based optimization for MPPT of centralized thermoelectric generation systems under heterogeneous temperature difference [J]. IEEE Transactions on Energy Conversion 2020, 35 (2): 966-976.

[304] Zhang X S, Li C Z, Li Z L, et al. Optimal mileage-based PV array reconfiguration using swarm reinforcement learning [J]. Energy Conversion and Management 2021, 232: 113892.

[305] Deshkar S N, Dhale S B, Mukherjee J S, et al. Solar PV array reconfiguration under partial shading conditions for maximum power extraction using genetic algorithm [J]. Renewable and Sustainable Energy Reviews 2015, 43: 102-110.

[306] Shankar N, Saravana Kumar N. Reduced partial shading effect in multiple PV Array configuration model using MPPT based enhanced particle swarm optimization technique [J]. Microprocessors and Microsystems 2020. DOI: https: //doi. org/10. 1016/j. micpro. 2020. 103287.

[307] Zervoudakis K, Tsafarakis S. A mayfly optimization algorithm [J]. Computers & Industrial Engineering, 2020, 145: 106559.

[308] Yousri D, Allam D, Eteiba M B. Optimal photovoltaic array reconfiguration for alleviating the partial shading influence based on a modified harris hawks optimizer [J]. Energy Conversion and Management 2020, 206: 112470.

[309] Winston D P, Karthikeyan G, Pravin M, et al. Parallel power extraction technique for maximizing the output of solar PV array [J]. Solar Energy, 2021, 213 (3): 102-117.

[310] González-castaño C, Restrepo C, Kouro S, et al. MPPT algorithm based on artificial bee colony for PV system [J]. IEEE Access, 2021, 9: 43121-43133.

[311] Krishnan S G, Kinattingal S, Simon S P, et al. MPPT in PV systems using ant colony optimisation with dwindling population [J]. IET Renewable Power Generation, 2020, 14 (7): 1105-1112.

[312] Romano P, Candela R, Cardinale M, et al. Optimization of photovoltaic energy production through an

efficient switching matrix [J]. Journal of Sustainable Development of Energy, Water and Environment Systems, 2013, 1 (2): 227-236.

[313] ALsattar H A, Zaidan A A, Zaidan B B. Novel meta-heuristic bald eagle search optimisation algorithm [J]. Artificial Intelligence Review, 2020, 53 (3): 2237-2264.

[314] Yang B, Wang J T, Zhang X S, et al. MPPT design of centralized thermoelectric generation system using adaptive compass search under nonuniform temperature distribution condition [J]. Energy Conversion and Management, 2019, 199: 111991.

[315] Zulkepli N, Yunas J, Mohamed M A, et al. Review of thermoelectric generators at low operating temperatures: working principles and materials [J]. Micromachines, 2021, 12: 734.

[316] 刘清．采暖制冷技术中的热电效应 [J]．武汉工程职业技术学院学报，2008 (2): 17-21.

[317] Jia X D, Gao W Y. Estimation of thermoelectric and mechanical performances of segmented thermoelectric generators under optimal operating conditions [J]. Applied Thermal Engineering, 2014, 73 (1): 335-342.

[318] 张洗玉，王旭，陈国庆．基于塞贝克效应的热电转换仪器的研制 [J]．仪表技术与传感器，2018 (4): 32-35.

[319] Drebushchak, V A. The Peltier effect [J]. Journal of Thermal Analysis and Calorimetry, 2008, 91: 311-315.

[320] Zhang M J, Tian Y Y, Xie H Q, et al. Influence of Thomson effect on the thermoelectric generator [J]. International Journal of Heat and Mass Transfer, 2019, 137: 1183-1190.

[321] Nguyen N Q, Pochiraju K V. Behavior of thermoelectric generators exposed to transient heat sources [J]. Applied Thermal Engineering, 2013, 51 (1-2): 1-9.

[322] Laird I, Lovatt H, Savvides N, et al. Comparative study of maximum power point tracking algorithms for thermoelectric generators [C]. 2008 Australasian Universities Power Engineering Conference, Sydney, NSW, Australia, December14-17. 2008: 1-6.

[323] Zhang R, Yang B, Chen N. Arithmetic optimization algorithm based MPPT technique for centralized TEG systems under different temperature gradients [J]. Energy Reports, 2022, 8: 2424-2433.

[324] 杨昕骜，王军，阎铁生，等．基于改进型短路电流法的温差发电 MPPT 方法 [J]．电源技术，2020, 44 (11): 1634-1637, 1670.

[325] Benbouzid-Si T F, Bessedik M, Benbouzid M, et al. Research on permutation flow-shop scheduling problem based on improved genetic immune algorithm with vaccinated offspring [J]. Procedia Computer Science 2017, 112: 427-436.

[326] Tao LL, Kong X D, Zhong W M, et al. Modified self-adaptive immune genetic algorithm for optimization of combustion side reaction of p-xylene oxidation [J]. Chinese Journal of Chemical Engineering 2012, 20 (6): 1047-1052.

[327] Pilakkat D, Kanthalakshmi S. Single phase PV system operating under partially shaded conditions with ABC-PO as MPPT algorithm for grid connected applications [J]. Energy Reports 2020, 6: 1910-1921.

[328] Sayed G I, Soliman M M, Hassanien A E. A novel melanoma prediction model for imbalanced data using optimized SqueezeNet by bald eagle search optimization [J]. Computers in Biology and Medicine 2021, 136: 104712.

[329] 孙秋野，杨凌霄，张化光．智慧能源-人工智能技术在电力系统中的应用与展望 [J]．控制与决策，2018, 33 (5): 938-949.

[330] Alik R, Awang J. Modified Perturb and Observe (P&O) with checking algorithm under various solar irradiation [J]. Solar Energy, 2017, 148: 128-139.

[331] Loukriz A, Haddadi M, Messalti S. Simulation and experimental design of a new advanced variable

step size incremental conductance MPPT algorithm for PV systems [J]. ISA Transactions, 2016, 62: 30-38.

[332] 刘晓艳，祁新梅，郑寿森，等．局部阴影条件下光伏阵列的建模与分析 [J]. 电网技术，2010，34（11）：192-197.

[333] 陈阿莲，冯丽娜，杜春水，等．基于支持向量机的局部阴影条件下光伏阵列建模 [J]. 电工技术学报，2011，26（3）：140-147.

[334] Lokanadham M, Bhaskar K V. Incremental conductance based maximum power point tracking (MPPT) for photovoltaic system [J]. International Journal of Engineering Research and Applications (IJERA), 2012, 2 (2): 1420-1424.

[335] Ishaque K, Salam Z, Amjad M, et al. An improved particle swarm optimization (PSO)-based MPPT for PV with reduced steady-state oscillation [J]. IEEE Transactions on Power Electronics, 2012, 27 (8): 3627-3638.

[336] Shi J Y, Xue F, Qin Z J, et al. Improved global maximum power point tracking for photovoltaic system via cuckoo search under partial shaded conditions [J]. Journal of Power Electronics, 2016, 16 (1): 287-296.

[337] Aouchiche N, Aitcheikh M S, Becherifc M, et al. AI-based global MPPT for partial shaded grid connected PV plant via MFO approach [J]. Solar Energy, 2018, 171: 593-603.

[338] Javed M Y, Murtaza A F, Ling Q, et al. Gulzar M M. A novel MPPT design using generalized pattern search for partial shading [J]. Energy and Buildings, 2016, 133: 59-69.

[339] Daraban S, Petreus D, Morel C. A novel MPPT (maximum power point tracking) algorithm based on a modified genetic algorithm specialized on tracking the global maximum power point in photovoltaic systems affected by partial shading [J]. Energy, 2014, 74: 374-388.

[340] Ahmed J, Salam Z. A maximum power point tracking (MPPT) for PV system using Cuckoo search with partial shading capability [J]. Applied Energy, 2014, 119: 118-130.

[341] Kumar N, Hussain I, Singh B, et al. MPPT in dynamic condition of partially shaded PV system by using WODE technique [J]. IEEE Transactions on Sustainable Energy, 2017, 8 (3): 1204-1214.

[342] Levy P, Bononno R. Collective intelligence: mankind's emerging world in cyberspace [M]. Cambridge, Mass: Basic Books, 1999.

[343] 康重庆，陈启鑫，夏清．低碳电力技术的研究展望 [J]. 电网技术，2009，33（2）：1-7.

[344] 张建华，曾博，张玉莹，等．主动配电网规划关键问题与研究展望 [J]. 电工技术学报，2014，29（2）：13-23.

[345] Ioan S, Alexandru D. A comprehensive review of solar thermoelectric cooling systems [J]. International Journal of Energy Research, 2018, 42: 395-415.

[346] Paraskevas A, Koutroulis E. A simple maximum power point tracker for thermoelectric generators [J]. Energy Conversion and Management, 2016, 108: 355-365.

[347] Bijukumar B, Raam A G K, Ganesan S I, et al. A linear extrapolation-based MPPT algorithm for thermoelectric generators under dynamically varying temperature conditions [J]. IEEE Transactions on Energy Conversion, 2018, 33 (4): 1641-1649.

[348] Champier D. Thermoelectric generators: A review of applications [J]. Energy Conversion and Management, 2017, 140: 167-181.

[349] Sun K, Qiu Z, Wu H, et al. Evaluation on high-efficiency thermoelectric generation systems based on differential power processing [J]. IEEE Transactions on Industrial Electronics, 2017, 65 (1): 699-708.

[350] Rezk H, Fathy A, Abdelaziz A Y. A comparison of different global MPPT techniques based on meta-heuristic algorithms for photovoltaic system subjected to partial shading conditions [J]. Renewable

and Sustainable Energy Reviews, 2017, 74: 377-386.
[351] Mohapatra A, Nayak B, Das P, et al. A review on MPPT techniques of PV system under partial shading condition [J]. Renewable and Sustainable Energy Reviews, 2017, 80: 854-867.
[352] 徐春华，陈克绪，马建，等．基于深度置信网络的电力负荷识别 [J]. 电工技术学报，2019，34 (19)：4135-4142.
[353] 周念成，肖舒严，虞殷树，等．基于质心频率和 BP 神经网络的配网故障测距 [J]. 电工技术学报，2018，33 (17)：4154-4166.
[354] 郭永芳，黄凯，李志刚．基于短时搁置端电压压降的快速锂离子电池健康状态预测 [J]. 电工技术学报，2019，34 (19)：3968-3978.
[355] Lalili D, Mellit A, Lourci N, et al. Input output feedback linearization control and variable step size MPPT algorithm of a grid-connected photovoltaic inverter [J]. Renewable Energy, 2011, 36: 3282-3291.
[356] 卞海红，徐青山，高山，等．考虑随机阴影影响的光伏阵列失配运行特性 [J]. 电工技术学报，2010，25 (6)：104-109.
[357] Mirjalili S, Lewis A. The whale optimization algorithm [J]. Advances in Engineering Software, 2016, 95: 51-67.
[358] Mirjalili S. Moth-flame optimization algorithm: a novel nature-inspired heuristic paradigm [J]. Knowledge-Based Systems, 2015, 89: 228-249.
[359] Xiang W L, Li Y Z, Meng X L, et al. A grey artificial bee colony algorithm [J]. Applied Soft Computing, 2017, 60: 1-17.
[360] 余涛，张孝顺．一种具有记忆自学习能力的快速动态寻优算法及其无功优化求解 [J]. 中国科学：技术科学，2016，46 (3)：256-267.
[361] Vieira J A B, Mota A M. Maximum power point tracker applied in batteries charging with PV panels [C]. 2008 IEEE International Symposium on Industrial Electronics, Cambridge, UK, 30 June-2 July 2008: 202-207.
[362] Laird I, Lu DD. High step-up DC/DC topology and MPPT algorithm for use with a thermoelectric generator [J]. IEEE Transactions on Power Electronics, 2013, 28 (7): 3147-3157.
[363] 胡德安，李利翔，李哲熙，等．光伏发电系统中三种 DC-DC 转换电路的比较研究 [J]. 电子设计工程，2013，21 (12)：145-148.
[364] Mamur H, Üstüner M A, Bhuiyan M R A. Future perspective and current situation of maximum power point tracking methods in thermoelectric generators [J]. Sustainable Energy Technologies and Assessments, 2022, 50: 101824.
[365] Mamur H, Ahiska R. Application of a DC-DC boost converter with maximum power point tracking for low power thermoelectric generators [J]. Energy Conversion and Management, 2015, 97: 265-272.
[366] Win K K, Dasgupta S, Panda S K. An optimized MPPT circuit for thermoelectric energy harvester for low power applications [C]. 8th International Conference on Power Electronics - ECCE Asia, Jeju, Korea (South). 30 May-3 June 2011: 1579-1584.
[367] Siouane S, Jovanović S, Poure P. Influence of contact thermal resistances on the open circuit voltage MPPT method for thermoelectric generators [C]. 2016 IEEE International Energy Conference (ENERGYCON), Leuven, Belgium, April 4-8, 2016: 1-6.
[368] Dalala Z M, Zahid Z U. New MPPT algorithm based on indirect open circuit voltage and short circuit current detection for thermoelectric generators [C]. 2015 IEEE Energy Conversion Congress and Exposition (ECCE), Montreal, QC, Canada, September 20-24, 2015: 1062-1067.
[369] Lee H S, Yun JJ. Advanced MPPT algorithm for distributed photovoltaic systems [J]. Energies, 2019, 12 (18): 3576-3593.

[370] Wen L, Gao L, Li X Y, et al. Free pattern search for global optimization [J]. Applied Soft Computing, 2013, 13: 3853-3863.

[371] Zhao W G, Wang L Y, Zhang Z X. Atom search optimization and its application to solve a hydrogeologic parameter estimation problem [J]. Knowledge-Based Systems. 2019, 163: 283-304.

[372] 张羽. 基于群体智能的企业知识发现能力提升策略研究 [D]. 燕山大学, 2018.

[373] Raman G, Raman G, Manickam C, et al. Dragonfly algorithm based global maximum power point tracker for photovoltaic systems [J]. International Conference on Swarm Intelligence, 2016, 9712: 211-219.

[374] Yetayew T T, Jyothsna T R, Kusuma G. Evaluation of incremental conductance and firefly algorithm for PV MPPT application under partial shade condition [C]. 2016 IEEE 6th International Conference on Power Systems (ICPS), New Delhi, India. March 4-6, 2016: 1-6.

[375] Urvashi C, Asha R, Bhavnesh K, et al. A multi verse optimization based MPPT controller for drift avoidance in solar system [J]. Journal of Intelligent & Fuzzy Systems, 2019, 36 (3): 2175-2184.

[376] Chakraborty A, Saha B B, Koyama S, et al. Thermodynamic modeling of a solid state thermoelectric cooling device: temperature-entropy analysis [J]. International Journal of Heat and Mass Transfer, 2006, 49 (19): 3547-3554.

[377] 孙祥晟, 陈芳芳, 贾鉴, 等. 基于经验模态分解的神经网络光伏发电预测方法研究 [J]. 电气技术, 2019, 20 (8): 54-58.

[378] Wang X, Cao W. Non-iterative approaches in training feed-forward neural networks and their applications [J]. Soft Computing, 2018, 22 (11), 3473-3476.

[379] Kayri M. Predictive abilities of Bayesian regularization and Levenberg-Marquardt algorithms in artificial neural networks: A comparative empirical study on social data [J]. Mathematical and Computational Applications, 2016, 21 (2): 20.

[380] 杨博, 钟林恩, 朱德娜, 等. 部分遮蔽下改进樽海鞘群算法的光伏系统最大功率跟踪 [J]. 控制理论与应用, 2019, 36 (3): 339-352.

[381] 艾超, 陈立娟, 孔祥东, 等. 反馈线性化在液压型风力发电机组功率追踪中的应用 [J]. 控制理论与应用 2016, 33 (7): 915-922.

[382] Yang B, Zhang X, Yu T, et al. Grouped grey wolf optimizer for maximum power point tracking of doubly-fed induction generator based wind turbine [J]. Energy Conversion and Management, 2017, 133: 427-443.

[383] Shehata E G. A comparative study of current control schemes for a direct-driven PMSG wind energy generation system [J]. Electric Power Systems Research, 2017, 143: 197-205.

[384] 王成, 程慧祥, 岳士刚. 基于 QGA 的风力发电最大功率跟踪 [C]. 信息电子与计算机工程国际会议. 2012: 88-93.

[385] Hong C M, Cheng F S, Chen C H. Optimal control for variable-speed wind generation systems using general regression neural network [J]. International Journal of Electrical Power & Energy Systems, 2014, 60 (11): 14-23.

[386] Yang B, Yu T, Shu H C, et al. Energy reshaping based passive fractional-order PID control design of a grid-connected photovoltaic inverter for optimal power extraction using grouped grey wolf optimizer [J]. Solar Energy, 2018, 170: 31-46.

[387] Yang B, Yu T, Zhang X S, et al. Interactive teaching-learning optimizer for parameter tuning of VSC-HVDC systems with offshore wind farm integration [J]. IET Generation, Transmission & Distribution, 2018, 12 (3): 678-687.

[388] Puangdownreong D. Optimal PID controller design for dc motor speed control system with tracking and regulating constrained optimization via cuckoo search [J]. Journal of Electrical Engineering &

Technology, 2018, 13 (1): 460-467.

[389] Yang B, Yu T, Shu H C, et al. Perturbation observer based fractional-order PID control of photovoltaics inverters for solar energy harvesting via Yin-Yang-Pair optimization [J]. Energy Conversion and Management, 2018, 171: 170-187.

[390] Meng W, Yang Q, Ying Y, et al. Adaptive power capture control of variable-speed wind energy conversion systems with guaranteed transient and steady-state performance [J]. IEEE Transactions on Energy Conversion 2013, 28 (3): 716-725.

[391] Meng W, Yang Q, Sun Y. Guaranteed performance control ofdfig variable-speed wind turbines [J]. IEEE Transactions on Control Systems Technology 2016, 24 (6): 2215-2223.

[392] Yang B, Yu T, Shu H C, et al. Passivity-based sliding-mode control design for optimal power extraction of a PMSG based variable speed wind turbine [J]. Renewable Energy 2018, 119: 577-589.

[393] Seyed M M, Maarouf S, Hani V, et al. Sliding mode control of PMSG wind turbine based on enhanced exponential reaching law [J]. IEEE Transactions on Industrial Electronics 2016, 63 (10), 6148-6159.

[394] Wei C, Zhang Z, Qiao W, et al. An adaptive network-based reinforcement learning method for MPPT control of PMSG wind energy conversion systems [J]. IEEE Transactions on Power Electronics 2016, 31 (11), 7837-7848.

[395] Ikram M H, Mohamed W N, Najiba M B. Predictive control strategies for wind turbine system based on permanent magnet synchronous generator [J]. ISA Transactions 2016, 62: 73-80.

[396] Fantino R, Solsona J, Busada C. Nonlinear observer-based control for PMSG wind turbine [J]. Energy 2016, 113: 248-257.

[397] 陈毅东，杨育林，王立乔，等．风力发电最大功率点跟踪技术及仿真分析 [J]．高电压技术，2010，36 (5): 1322-1326.

[398] Liu J Z, Meng H M, Hu Y, et al. A novel MPPT method for enhancing energy conversion efficiency taking power smoothing into account [J]. Energy Convers Manage, 2015, 101: 738-48.

[399] 金林骏，方建安，潘磊宁．一种基于改进的粒子群优化算法的神经网络 PID 控制器 [J]．机电工程，2015，32 (2): 295-300.

[400] Xiong P, Sun D. Backstepping-based DPC strategy of a wind turbine-driven DFIG under normal and harmonic grid voltage [J]. IEEE Transactions on Power Electronics, 2016, 31 (6): 4216-4225.

[401] Liu H, Li S. Speed control for PMSM servo system using predictive functional control and extended state observer [J]. IEEE Transactions on Industrial Electronics, 2012, 59 (2): 1171-1183.

[402] 胡江，魏星．基于自适应粒子群算法的直流输电 PI 控制器参数优化 [J]．电网技术，2008 (S2): 71-74.

[403] 段建东，杨杉．基于改进差分进化法的含双馈型风电场的配电网无功优化 [J]．电力自动化设备，2013，33 (11): 123-127.

[404] Vrionis T D, Koutiva X I, Vovos N A et al. A genetic algorithm-based low voltage ride-through control strategy for grid connected doubly fed induction wind generators [J]. IEEE Trans Power Syst, 2014, 29 (3): 1325-34.

[405] Fehmi B O. Effects of dominant wolves in grey wolf optimization algorithm [J]. Applied Soft Computing Journal, 2019, 83 (6): 115-119.

[406] Jayabarathi T, Raghunathan T, Adarsh B R, et al. Economic dispatch using hybrid grey wolf optimizer [J]. Energy, 2016, 111: 630-641.

[407] Chaman M A. Superdefect photonic crystal filter optimization using grey wolf optimizer [J]. IEEE Photonics Technology Letters, 2015, 27 (22): 2355-2358.

[408] 顾威，徐梅梅，邵梦桥，等．大规模风电场次同步振荡分析 [J]．电力建设，2015，36 (4): 95-103.

[409] 黄国栋，许丹，丁强，等．考虑热电和大规模风电的电网调度研究综述 [J]. 电力系统保护与控制，2018，46 (15)：162-170.

[410] 江岳春，何钟南，刘爱玲．基于改进 BBO 算法的风电-水电互补优化运行策略 [J]. 电力系统保护与控制，2018，46 (10)：39-47.

[411] 霍承祥，刘增煌，朱方．运用电力系统稳定器对励磁系统进行相位补偿的理论与实践 [J]. 中国电机工程学报，2015，35 (12)：2989-2997.

[412] 金敏杰，高金峰，王俊鹍．一种自适应模糊 PID 发电机励磁电压调节器设计 [J]. 电网技术，2001 (10)：26-29.

[413] 李崇坚，郭国晓，高龙，等．电力系统非线性 PID 励磁控制器 [J]. 清华大学学报（自然科学版），2000 (03)：48-51.

[414] 李超顺，周建中，肖剑．基于改进引力搜索算法的励磁控制 PID 参数优化 [J]. 华中科技大学学报（自然科学版），2012，40 (10)：119-122.

[415] 郭伟，倪家健，李涛，等．基于时域的分数阶 PID 预测函数励磁控制器 [J]. 仪器仪表学报，2011，32 (11)：2461-2467.

[416] Jiang L, Wu Q H. Nonlinear adaptive control via sliding-mode state and perturbation observer [J]. IEE Proceedings-Control Theory and Applications, 2002, 149 (4): 269-277.

[417] 应明峰，王海祥，翟力欣．一种云自适应粒子群优化的模糊 PID 控制器设计 [J]. 计算机测量与控制，2013，21 (12)：3278-3280，3305.

[418] 王镇道，张乐，彭子舜．基于 PSO 优化算法的模糊 PID 励磁控制器设计 [J]. 湖南大学学报（自然科学版），2017，44 (08)：106-111，136.

[419] 杨美艳，徐庆增．改进粒子群模糊神经网络算法在同步发电机励磁参数整定中的应用 [J]. 内蒙古师范大学学报（自然科学汉文版），2015，44 (06)：817-821.

[420] 王秀云，王见，田壁源，等．基于智能旁路二极管对遮阴影响下的太阳能模组优化设计 [J]. 电力系统保护与控制，2018，46 (11)：68-75.

[421] 刘舒，李正力，王翼，等．含分布式发电的微电网中储能装置容量优化配置 [J]. 电力系统保护与控制，2016，44 (3)：78-84.

[422] 杨博，束洪春，朱德娜，等．基于扰动观测器的永磁同步发电机最大功率跟踪滑模控制 [J]. 控制理论与应用，2019，36 (2)：207-219.

[423] 刘锋，梅生伟，夏德明，等．基于超导储能的暂态稳定控制器设计 [J]. 电力系统自动化，2004 (1)：24-29.

[424] 刘洋，王倩，龚康，等．基于超导磁储能系统的微电网频率暂态稳定控制策略 [J]. 电力系统保护与控制，2018，46 (15)：101-110.

[425] 朱英伟，付伟真，林晓冬，等．基于动态演化理论的 SMES 变流器控制策略 [J]. 电力自动化设备，2019，39 (12)：7-13.

[426] Montoya O D, Gil-González W, Serra F M. PBC approach for SMES devices in electric distribution networks [J]. IEEE Transactions on Circuits and Systems II: Express Briefs, 2018, 65 (12): 2003-2007.

[427] 李学斌，赵彩宏，肖立业，等．基于伪滑模控制的模块化超导储能系统电网电压补偿算法 [J]. 电网技术，2006，30 (20)：83-87.

[428] 庄述燕．基于逆系统方法的带 SMSE 的静态无功补偿器的 RBF 滑模控制研究 [J]. 电力系统保护与控制，2013，41 (3)：91-95.

[429] Tolba M, Rezk H, Diab A, et al. A Novel robust methodology based salp swarm algorithm for allocation and capacity of renewable distributed generators on distribution grids [J]. Energies, 2018, 11 (10): 2556.

[430] Chen J, Jiang L, Yao W, et al. A feedback linearization control strategy for maximum power point

tracking of a PMSG based wind turbine [C]. International Conference on Renewable Energy Research and Applications. IEEE, Madrid, Spain, October 20-23, 2013: 79-84.

[431] Uehara A, Pratap A, Goya T, et al. A coordinated control method to smooth wind power fluctuations of a PMSG-based WECS [J]. IEEE Transactions on Energy Conversion, 2011, 26 (2): 550-558.

[432] Li S, Haskew T A, Xu L. Conventional and novel control designs for direct driven PMSG wind turbines [J]. Electric Power Systems Research, 2010, 80 (3): 328-338.

[433] Yang B, Jiang L, Wang L, et al. Nonlinear maximum power point tracking control and modal analysis of DFIG based wind turbine [J]. International Journal of Electrical Power and Energy Systems, 2016, 74: 429-436.

[434] Wu F, Sun D, Duan J. Diagnosis of single-phase open-line fault in three-phase PWM rectifier with LCL filter [J]. IET Generation Transmission and Distribution, 2016, 10 (6): 1410-1421.

[435] 崔建峰，张科，吕梅柏．基于均匀设计的张量积分布补偿控制系统设计 [J]. 控制与决策，2015，30 (4): 745-750.

[436] Wang J. Research on PID control algorithm based on inverted pendulum [J]. Modern Electronics Technique, 2012, 35 (23): 152-154.

[437] Wu F, Zhang X P, Ju P, et al. Decentralized nonlinear control of wind turbine with doubly fed induction generator [J]. IEEE Transactions on Power Systems, 2008, 23 (2): 613-621.

[438] Fang K T, Lin D K J, Winker P, et al. Uniform design: theory and application [J]. Technometrics, 2000, 42 (3): 237-248.

[439] Yang B, Jiang L, Yao W, et al. Perturbation estimation based coordinated adaptive passive control for multi-machine power systems [J]. Control Engineering Practice, 2015: 44: 172-192.

[440] 黄天云．约束优化模式搜索法研究进展 [J]. 计算机学报，2008 (07): 1200-1215.

[441] Ebrahimkhani S. Robust fractional order sliding mode control of doubly-fed induction generator (DFIG) -based wind turbines [J]. ISA transactions, 2016, 63: 343-354.

[442] 杨博，束洪春，邱大林，等．变风速下双馈感应发电机非线性鲁棒状态估计反馈控制 [J]. 电力系统自动化，2019，43 (4): 60-69.

[443] Podlubny I. Fractional differential equations. Academic Press [M]. New York: Academic Press, 1999.

[444] Yang B, Shu H, Yu T, et al. Sliding-mode perturbation observer based sliding-mode control design and analysis for stability enhancement of power systems [J]. Transactions of the Institute of Measurement and Control, 2019, 41 (5): 1418-1434.

[445] Ortega A, Milano F. Generalized model of VSC-based energy storage systems for transient stability analysis [J]. IEEE Transactions on Power System, 2016, 31 (5): 3369-3380.

[446] Calderón A J, Vinagre B M, Feliu V. Fractional order control strategies for power electronic buck converters [J]. Signal Processing, 2006, 86 (10): 2803-2819.

[447] Moscato P, Cotta C, Mendes A. Memetic algorithms [M]. New optimization techniques in engineering. Springer, Berlin, Heidelberg, 2004: 53-85.

[448] 刘漫丹．文化基因算法 (Memetic Algorithm) 研究进展 [J]. 自动化技术与应用，2007，26 (11): 1-4.

[449] 麻常辉，潘志远，刘超男，等．基于自适应下垂控制的风光储微网调频研究 [J]. 电力系统保护与控制，2015，43 (23): 21-27.

[450] Sahu R K, Panda S, Sekhar G T C. A novel hybrid PSO-PS optimized fuzzy PI controller for AGC in multi area interconnected power systems [J]. International Journal of Electrical Power & Energy Systems, 2015, 64: 880-893.

[451] Yu X C, Zhou Q R. Practical implementation of the SCADA+ AGC/ED system of the Hunan power

pool in the central China power network [J]. IEEE transactions on energy conversion, 1994, 9 (2): 250-255.

[452] Zhang X S, Yu T, Pan Z N, et al. Lifelong learning for complementary generation control of interconnected power grids with high-penetration renewables and EVs [J]. IEEE Transactions on Power Systems, 2017, 33 (4): 4097-4110.

[453] 闫何贵枝,王克文,刘艳红. 计及小干扰稳定约束的互联系统 AGC 最优经济控制策略 [J]. 高电压技术,2020, 46 (4): 1302-1310.

[454] Deb K, Pratap A, Agarwal S, et al. A fast and elitist multi-objective genetic algorithm: NSGA-II [J]. IEEE transactions on evolutionary computation, 2002, 6 (2): 182-197.

[455] Zitzler E, Laumanns M, Thiele L. SPEA2: Improving the strength Pareto evolutionary algorithm [J]. TIK-report, 2001, 103.

[456] 徐茂鑫,张孝顺,余涛. 迁移蜂群优化算法及其在无功优化中的应用 [J]. 自动化学报,2017, 43 (1): 83-93.

[457] 黄河,任佳依,高松,等. 基于场景分析的有源配电系统有功无功协调鲁棒优化策略 [J]. 电力建设,2018, 39 (8): 32-41.

[458] 郭焱林,刘俊勇,唐永红,等. 考虑无功资源协同优化的配电网分布式可再生能源双层规划模型 [J]. 电力建设,2018, 39 (6): 80-88.

[459] 方金涛,龚庆武. 考虑运行风险的主动配电网分布式电源多目标优化配置 [J]. 电力建设,2019, 40 (5): 128-134.

[460] Mohseni-bonab S M, Rabiee A, Mohammadi-ivatloo B. Voltage stability constrained multi-objective optimal reactive power dispatch under load and wind power uncertainties: A stochastic approach [J]. Renewable Energy, 2016, 85: 598-609.

[461] 李伟琨,阙波,王万良,等. 基于多目标飞蛾算法的电力系统无功优化研究 [J]. 计算机科学,2017, 44 (11A): 503-509.

[462] 李智欢,段献忠. 多目标进化算法求解无功优化问题的对比分析 [J]. 中国电机工程学报,2010, 30 (10): 57-65.

[463] 李鸿鑫,李银红,陈金富,等. 自适应选择进化算法的多目标无功优化方法 [J]. 中国电机工程学报,2013, 33 (10): 71-78.

[464] 蔡博,黄少锋. 基于多目标粒子群算法的高维多目标无功优化 [J]. 电力系统保护与控制,2017, 45 (15): 77-84.

[465] 滕德云,滕欢,刘鑫,等. 考虑多个分布式电源接入配电网的多目标无功优化调度 [J]. 电测与仪表,2019, 56 (13): 39-44.

[466] 吴丽珍,蒋力波,郝晓弘. 基于最优场景生成算法的主动配电网无功优化 [J]. 电力系统保护与控制,2017, 45 (15): 152-159.

[467] Zhang X S, Tan T, Yu T, et al. Bi-objective optimization of real-time AGC dispatch in a performance-based frequency regulation market [J/OL]. CSEE Journal of Power and Energy Systems, 2020. DOI: 10.17775/CSEEJPES.2020.01860.

[468] Yu T, Wang Y M, Ye W J, et al. Stochastic optimal generation command dispatch based on improved hierarchical reinforcement learning approach [J]. IET generation, transmission & distribution, 2011, 5 (8): 789-797.

[469] Gong M, Jiao L, Du H, et al. Multiobjective immune algorithm with nondominated neighbor-based selection [J]. Evolutionary computation, 2008, 16 (2): 225-255.

[470] Zhou A, Jin Y, Zhang Q, et al. Combining model-based and genetics-based offspring generation for multi-objective optimization using a convergence criterion [C]. 2006 IEEE international conference on evolutionary computation. Vancouver, BC, Canada, July 16-21, 2006: 892-899.

[471] 付张杰，王育飞，薛花，等．基于 NSGA-Ⅲ与模糊聚类的光储式充电站储能系统优化运行方法 [J]. 电力建设，2021，42 (3)：27-34.

[472] 岳彩通，梁静，瞿博阳，等．多模态多目标优化综述 [J/OL]. 控制与决策，2020，https：//doi. org/10. 13195/j. kzyjc. 2020. 1509.

[473] Deb K，Jain S. Running performance metrics for evolutionary multi-objective optimization [J]. 2002，13-20.

[474] Wang Y N，Wu L H，Yuan X F. Multi-objective self-adaptive differential evolution with elitist archive and crowding entropy-based diversity measure [J]. Soft Computing，2010，14 (3)：193-209.

[475] Schott J R. Fault tolerant design using single and multicriteria genetic algorithm optimization [D]. Massachusetts Institute of Technology，1995.

[476] Edrah M，Lo K L，Anaya-lara O. Reactive power control of DFIG wind turbines for power oscillation damping under a wide range of operating conditions [J]. IET Generation，Transmission & Distribution，2016，10 (15)：3777-3785.

[477] Brini S，Abdallah H H，Ouali A. Economic dispatch for power system included wind and solar thermal energy [J]. Leonardo Journal of Sciences，2009，14 (2009)：204-220.

后　记

人类面临化石能源日益枯竭、环境污染、气候变化等共同难题。为此，大力开发利用风能、太阳能、生物质能等新能源，提升传统能源利用效率，发展智能电网已成为世界各国的基本共识和应对策略。在碳达峰、碳中和的背景下，我国将大力调整能源结构，加快能源转型，实现绿色低碳发展，大力发展能源科技，加快技术创新，规划建设以新能源为主体的新型绿色电力已上升为国家战略，我国新能源产业将迎来快速发展期。为实现能源清洁，保护环境，新能源的相关应用成为近年来的热门研究方向。随着电力系统转型和互联网的发展，电力系统技术的创新整合面临着新机遇和新挑战，各种信息通信技术和人工智能技术在电力行业中得到应用、新材料和新能源技术的深度融合，也为新能源发电系统带来了新的机遇。因此，国内新能源产业面临着更高的要求，加大对新能源发电系统技术研发创新的资金投入，开发先进的新能源发电系统优化技术具有实际的工程价值，是新能源发电系统发展的必然趋势。

风能发电技术、光伏发电技术以及温差发电技术是最具潜力的新能源发电技术。然而，这些发电技术易受时间、季节、天气条件的影响，具有较大的随机性，在运行过程中伴随的多种扰动等因素的影响。在电力系统中采用储能模块是解决电力系统变负荷和新能源电力接入产生问题的有效措施。储能可作用于电力系统的不同环节，总体的作用是实现新能源电力上网、保持电网高效安全运行和电力供需平衡。因此，现代电力系统在控制和优化方面需要更高的智能性和灵活性。“智能电网”这一建设概念提倡将先进的信息通信技术、智能控制与优化技术与综合能源系统、新能源产业和能源消纳深度融合，构建符合生态文明和可持续发展要求的综合能源体系，推进新型电力系统智能化、自动化、信息化、自律控制，最终满足电力系统能源清洁、高安全性和高稳定性的要求。在智能电网的建设过程中，为最大化能源的利用，需要减少成本，优化能源，进一步提升电网的运行效率，最终实现能源生产和消费的高度自动化和智能化。所以，开发先进高效的节能技术，借助人工智能探索先进的新能源发电系统优化技术对于实现能源优化配置意义非凡。

人工智能最早于20世纪50年代提出，随着大规模并行计算、大数据、深度学习算法的提出，近几十年来在电力系统中得到了充分的应用。能源系统作为电力系统的关键环节，应用广泛，运行特性复杂，需要较高的调节能力，加之风电、光伏发电、温差发电等新能源发电系统比例的增加，传统的建模、优化和控制技术存在诸多局限性，人工智能技术将是解决复杂电力系统优化问题的有效手段。针对风电、光伏发电呈现出的不稳定性和随机性，人工智能技术可以有效减小预测误差，提高预测精度；由于光伏电池和燃料电池模型具有高度非线性、多变量、各未知参数间强耦合等特点，人工智能方法可替代传统方法，有效解决上述问题；在电力系统规划方面，综合考虑设计满足各种目标需求的储能系统规划方案，可有效降低储能系统的经济成本，实现储能系统的精确规划；针对光伏发电系统与温差发电系统易受部分遮蔽与不均匀温差的影响导致组件发电效率严重降低的问题，人工智能优化算法能够有效、快速地实现其最大功率的提取；针对新能源发电系统发电功率存在的较大随机波动，设计了人工智能算法将电网频率控制在稳定范围内。因此，人工智能技术与新能源发电系统相结合，在相关领域创新研发前沿技术具有广阔的应用前景。

笔者于英国利物浦大学攻读博士学位期间，师从国家千人计划获得者、IEEE Fellow吴青华教授和科睿唯安高被引科学家蒋林教授，以及广东省“珠江学者”余涛教授，对基于人工智能的新能源发电系统优化技术进行了大量深入的研究：在深入研究风力发电系统、光伏发电系统、储能系统基础理论和运行特点的基础上，结合启发式算法、神经网络、深度学习等现代人工智能技术，开展了大量针对新能源发电系统广泛存在的非线性、不确定性等特点的研究工作。回国后，笔者作为云南省“云岭学者”、昆明理工大学原副校长束洪春教授电力系统保护与控制创新团队和云南省智能电网工程技术研究中心的核心成员，对智能电网发展建设中面临的优化与控制等重大基础理论进行了深入研究，并开展了相应的关键技术研发和工程化应用。期间，笔者还与国内著名电力系统专家华南理工大学余涛教授开展了大规模复杂电力系统的优化与智能控制方面等问题的研究。在本书编写过程中，本书作者之一，孙立明博士提出了许多宝贵的建议和意见，在此表示衷心感谢。本书正是在笔者与以上诸位专家教授长期从事新能源发电系统和人工智能研究的基础上完成的。

在本书的编写过程中，笔者得到了许多的支持和帮助。利物浦大学的吴青华教授与蒋林教授是笔者对新能源发电系统优化领域进行初步探索的领路人；华南理工大学的余涛教授对基于人工智能的新型电力系统优化的研究理论给予了笔者很多的启发；华中科技大学的姚伟教授为本书的理论研究与写作方向提供了宝贵的意见，使笔者受益匪浅；广州水沐青华科技有限责任公司总经理孙立明博士常年来与笔者共同编写许多相关控制的文章，并进行了在科研理论方面的协助研究工作，对笔者团队的科研成果落地转化提供了宝贵的软硬件支持。此外，特别感谢南洋理工大学的董朝阳教授和东北电力大学的穆钢教授在百忙之中审阅本书并为本书作序；感谢昆明理工大学云南省智能电网工程技术研究中心的曹璞璘、韩一鸣、安娜、曾芳等老师给予笔者研究工作上的支持和帮助；笔者的六位研究生邵瑞凝、段金航、谢蕊、王加荣、胡袁炜骥与郑如意在本书的资料收集、文字录入等方面做了大量工作，在此一并表示感谢；最后，感谢笔者的家人和朋友一直以来对笔者工作与生活上的照料与支持。

最后，感谢国家自然科学基金项目（61963020，62263014）和云南省应用基础研究计划项目（202201AT070857）的资助。

2023 年 5 月于云南昆明